SPECIES

DES

HYMÉNOPTÈRES

D'EUROPE & D'ALGÉRIE

Rédigé d'après les principales collections,
les mémoires les plus récents des auteurs et les communications
des entomologistes spécialistes

ENRICHI DE PLANCHES COLORIÉES DONNANT,
D'APRÈS NATURE,
OUTRE UN OU PLUSIEURS SPÉCIMENS DES INSECTES DE CHAQUE GENRE,
DE NOMBREUX DESSINS AU TRAIT
DES CARACTÈRES UTILES A L'INTELLIGENCE DU TEXTE ;

FONDÉ PAR

ED. ANDRÉ

Lauréat de l'Institut

ET CONTINUÉ SOUS LA DIRECTION SCIENTIFIQUE DE

ERNEST ANDRÉ

Membre de la Société Entomologique de France, etc.

Ouvrage couronné par l'Academie des Sciences, par la Société Entomologique de France (prix Dollfus, 1882, 1883, et 1895) et par l'Académie des Sciences, Arts et Belles-Lettres de Dijon, 1888.

Est quâdam prodire tenus, si non datur ultrà
(HORACE, épître I, livre I, vers 32)

TOME SIXIEME

PARIS

Vve DUBOSCLARD, ÉDITEUR

18 *bis*, RUE DENFERT-ROCHEREAU, 18 *bis*

1896

SPECIES

DES

HYMÉNOPTÈRES

D'EUROPE

SPECIES

DES

HYMÉNOPTÈRES

D'EUROPE & D'ALGÉRIE

Rédigé d'après les principales collections,
les mémoires les plus récents des auteurs et les communications
des entomologistes spécialistes

ENRICHI DE PLANCHES COLORIÉES DONNANT,
D'APRÈS NATURE,
OUTRE UN OU PLUSIEURS SPÉCIMENS DES INSECTES DE CHAQUE GENRE,
DE NOMBREUX DESSINS AU TRAIT
DES CARACTÈRES UTILES A L'INTELLIGENCE DU TEXTE ;

FONDÉ PAR

ED. ANDRÉ

Lauréat de l'Institut

ET CONTINUÉ SOUS LA DIRECTION SCIENTIFIQUE DE

ERNEST ANDRÉ

Membre de la Société Entomologique de France, etc.

Ouvrage couronne par l'Academie des Sciences, par la Societé Entomologique de France (prix Dollfus, 1882, 1883, et 1895) et par l'Academie des Sciences, Arts et Belles-Lettres de Dijon, 1888.

Est quàdam prodire tenus, si non datur ultrà
(HORACE, épître I, livre I, vers 32)

TOME SIXIÈME

PARIS
Vve DUBOSCLARD, ÉDITEUR
18 *bis*, RUE DENFERT-ROCHEREAU, 18 *bis*
1896

—

AVANT-PROPOS

Puisque la fatalité m'oblige à prendre ici la place de celui que la mort nous a si soudainement ravi, c'est à moi qu'incombe le devoir de présenter aux lecteurs du *Species* les nouveaux collaborateurs au dévouement desquels cette utile publication devra désormais son existence. La tâche est facile quand il s'agit, comme aujourd'hui, d'un nom sympathique à tous et d'un travailleur bien connu de l'Europe savante par ses études sérieuses et persévérantes sur la belle famille des Chrysides.

C'est sur la demande de mon regretté frère que M. Robert du Buysson a écrit la monographie de ces charmants insectes, de ces guêpes dorées (Goldwespen), comme disent les Allemands. En formulant sa requête, Edmond savait s'adresser à celui de nos compatriotes qui, par suite de la généreuse retraite de notre ami commun, M. Abeille de Perrin, connaissait le mieux ces fastueux Hyménoptères.

Que M. R. du Buysson reçoive donc ici, avec mes remerciements personnels, l'expression de la reconnaissance de tous les entomologistes, dont je puis hardiment me faire l'interprète. Son œuvre, qu'ils vont pouvoir juger, est celle d'un spécialiste absolument maître de son sujet et comptera parmi les meilleures des monographies publiées jusqu'à ce jour dans le *Species*.

ERNEST ANDRÉ.

Gray, le 1er mai 1891.

A MON AMI

ELZÉAR ABEILLE DE PERRIN

Qu'il me soit permis de dédier cette monographie à l'auteur du *Synopsis des Chrysides de France*, car c'est lui qui devait faire ce travail. Cependant, avec un désintéressement sans égal et après m'avoir guidé dans l'étude difficile de cette famille d'Hyménoptères, il m'a cédé l'honneur d'en écrire l'histoire, en me faisant en outre l'abandon complet de ses remarques personnelles sur les types des auteurs, examinés par lui dans différents musées de France et de l'étranger.

R. DU BUYSSON.

SPECIES DES HYMÉNOPTÈRES

LES CHRYSIDES*

par ROBERT DU BUYSSON

PRÉFACE

> Aux regards de Celui qui fit l'immensité,
> L'Insecte vaut un monde : ils ont autant coûté.
> LAMARTINE

Ce n'est pas sans appréhension que j'ai accepté d'écrire la monographie de la famille des Chrysides pour l'œuvre immense entreprise avec tant de succès par mon ami très regretté, Edmond André. Toutefois, autorisé par une étude presque exclusive de sept années et avec l'aide

* M. R. du Buysson avait écrit « Chrysidides, » ce qui, je le reconnais, est beaucoup plus correct au point de vue grammatical. Mais le nom de « Chrysides » est si connu et, en même temps, si harmonieux, qu'avec l'autorisation de l'auteur, je n'ai pas hésité à le substituer au précédent, malgré Vaugelas et ses successeurs.

J'ai imité en cela l'exemple de mon ami, M. Abeille de Perrin, qui, tout en étant aussi fin lettré qu'entomologiste distingué, n'a pas craint, dans son *Synopsis*, d'employer ce vocable réprouvé des puristes, préférant se rendre coupable d'un barbarisme plutôt que de se servir d'un mot barbare pour désigner des êtres si charmants qu'on pourrait appeler les colibris des Hyménoptères.

Que les grammairiens intransigeants veuillent donc bien se prendre à moi seul de cette faute volontaire et non à M. du Buysson qui eût été tout disposé à les satisfaire sans mon intervention.

ER. ANDRÉ.

des nombreux matériaux que chacun a eu l'obligeance de me communiquer, je vais faire tous mes efforts pour que la partie qui m'est confiée ne laisse rien à désirer au point de vue de la clarté et de l'exactitude.

Je dois tout d'abord remplir un devoir qui m'est dicté par la plus vive reconnaissance, c'est l'expression de mes remerciements pour la générosité, l'inépuisable bonté et l'intérêt qu'ont bien voulu m'accorder presque tous les entomologistes.

Avec la haute protection de M. E. Blanchard, de l'Institut, j'ai pu obtenir la communication des types du Museum de Paris, faveur extraordinaire dont je suis le premier à apprécier la valeur. Je n'oublierai pas le cordial accueil que m'a fait M. H. Lucas, l'excellent et respectable contemporain de Latreille et de Lepeletier, lorsque je suis allé voir la collection des « Articulés d'Algérie. » M. J. Bolivar a eu l'obligeance de me prêter la collection du musée de Madrid; M. E. Frey-Gessner quelques insectes du musée de Genève et les types de la collection de M. H. de Saussure qui ne refuse jamais son bienveillant concours aux travailleurs; M. le Dr F. Kohl un certain nombre de types du musée de Vienne; M. H. Lichtenstein une partie de la collection de son père; M. le Dr A. Mocsary bon nombre des types du musée de Budapest; M. Valery Mayet la collection Perris, acquise par l'Ecole d'agriculture de Montpellier; M. le conseiller aulique, le Dr A.-B. Meyer quelques types du musée de Dresde; M. A. Preudhomme de Borre, que je remercie d'une manière spéciale, m'a offert et envoyé les cartons du musée de Bruxelles, renfermant des types de Vesmaël et de M. J. Gribodo; M. le général O. Radoszkowsky, dont la complaisance est infatigable, m'a prêté un très grand nombre de types d'auteurs pris dans sa riche collection; enfin M. Walter Innes a bien voulu me communiquer dix des types de Walker restés au Caire et malheureusement très mutilés par les anthrènes.

Ont bien voulu chasser pour moi, MM. E. Abeille de Perrin en Provence, l'abbé V. Berthoumieu dans l'Allier, le capitaine C. Ferton à Alger, mon frère le marquis H. du Buysson à Toulouse, le Dr M. Medina en Andalousie, le lieutenant M. Vauloger de Beaupré en Algérie, le Dr W. Innes au Caire, en Egypte.

M. le Marquis d'Abzac de Ladouze a eu la bonté de m'envoyer des nids d'Hyménoptères rubicoles.

M'ont communiqué leur collection en totalité ou en partie : MM. E. Abeille de Perrin, F. Ancey, C. Ancey, Edmond André, l'abbé G. d'Antessanty, le frère Augustalis, Baldini Ugo, A. de Bormans, Bossavy, Dr Chobaut, J. Desbrochers des Loges, l'abbé J. Dominique, G. Fallou, L. Fairmaire, J. Gazagnaire, Dr Gobert, M. des Gozis, E. Grandjean, Dr Guédel, E. Hervé, le major Dr L. von Heyden, A. Houry, F.-W. Konow, A. Korlevic, Dr Th. Kruper, A. Léveillé, C. Marchal, Dr P. Magretti, Dr H. Marmottan, M. Marquet, Cne Minsmer, E. Mocquerys, H. Nicolas, E. Olivier, L. Pandellé, le prof. J. Pérez, R.-P. Pestre, Dr A. Puton, A. Ravoux, Dr F. Rudow, Dr O. Schmiedeknecht, Dr Sicard, Th. de Stefani-Perez, J. Vachal, Cne Xambeu. A tous ces chers collègues ou amis, le témoignage public de ma profonde reconnaissance. Je termine enfin en adressant mes plus sincères remerciements à l'Académie des sciences de Budapest, qui m'a fait, au nom de l'auteur, M. le Dr Mocsary, le don généreux de la remarquable et savante monographie des Chrysides du monde entier. M. Mocsary a rendu ma tâche beaucoup plus facile, non seulement par la communication d'insectes précieux, mais aussi par son magistral ouvrage, car je m'empresse de le reconnaître, ce travail m'a évité beaucoup de peine et m'a permis, je crois, de mener le mien à une fin meilleure.

Soit par suite de règlements trop sévères ou mal interprétés, soit pour d'autres causes que j'ignore, j'ai été privé de l'examen de certains types appartenant à des musées ou à des collections particulières ; c'est une lacune dont je décline toute la responsabilité, mais je ne puis passer sous silence les regrets que je ressens mieux que tout autre. C'est pourquoi, dans mes tableaux analytiques, il ne se trouve que les espèces qui me sont connues, les autres, encore trop nombreuses malheureusement, sont laissées à la fin de chaque genre ou de chaque division avec leur diagnose typique. M. le Dr F.-W. Kirby, ne pouvant faire fléchir en ma faveur les règlements du British Museum, a eu l'amabilité de relever à mon intention la description de quelques types de Walker. A lui aussi l'expression de toute ma gratitude.

Je ne veux pas clore cette préface sans adresser ici publiquement à mon frère mes remerciements les plus affectueux pour l'utile concours qu'il m'a accordé dans le coloriage de mes dessins.

ROBERT DU BUYSSON.

Le Vernet, ce 2 février 1891.

13e FAM. — CHRYSIDIDÆ

Insectes de deux sexes, à existence solitaire et dont la larve vit en parasite. Corps de taille le plus souvent petite ou médiocre, rarement moyenne ou grande, recouvert d'une cuirasse de consistance crustacée, presque toujours orné des couleurs métalliques les plus brillantes. Animal pouvant parfois se rouler sur lui-même et protéger ainsi les parties inférieures, particulièrement ses membres. Antennes coudées, insérées près de la bouche, composées de 13 articles chez les deux sexes ; yeux convexes, très entiers ; métathorax toujours muni, de chaque côté, d'un angle postico-latéral en forme de dent ou de mucron. Pattes normales ; tibias avec 2 éperons ; trochanters uniarticulés. Stigmates métathoraciques visibles uniquement sur les épimères du métathorax. Ailes, au nombre de quatre, membraneuses, planes ; les supérieures ont un stigma distinct et 2-6 cellules complètes, mais sans cellule lancéolée ni aucune cellule cubitale fermée ; les inférieures pauvres en nervures et sans aucune cellule complète. Abdomen sessile, réuni au thorax par une articulation mobile, composé de 3-6 segments visibles ; le troisième souvent garni transversalement d'une série anté-apicale de fovéoles ; la marge apicale du troisième ou du quatrième segment entière, ondulée, émarginée, incisée, anguleuse, dentée ou denticulée en scie. Chez la femelle, les derniers segments abdominaux, très réduits en largeur, sont protractiles et ont l'aspect d'un tuyau formé de plusieurs pièces se glissant les unes sous les autres pendant le repos. Ventre concave, en forme de voûte plus ou moins cintrée, rarement convexe.

§ I. — CARACTÈRES GÉNÉRAUX

(Pl I et II)

1. — Tête et annexes. — La *tête* est verticale, plus large que le thorax ou subégale à sa largeur, rarement plus petite. Le *vertex* est la partie la plus épaisse, sauf dans quelques cas exceptionnels où il n'est pas plus épais que la face ; sa surface est plus ou moins convexe, et il est toujours pourvu d'*ocelles*. La *face*, triangulaire, carrée, ou arrondie, peut être plane ou plus ou moins profondément creusée entre les yeux ; on y remarque presque toujours un petit sillon médian longitudinal aboutissant entre les antennes. En dessous, la tête est à peu près plane ou subconcave, souvent avec deux petites carènes saillantes, situées obliquement et convergeant vers le cou ; parfois ces deux carènes s'élèvent davantage antérieurement et forment chacune une sorte de dent unciforme ; elles semblent destinées à empêcher la tête de tourner, en la maintenant solidement contre le prosternum dont la base s'emboîte avec précision dans leur intervalle. Les côtés de la tête, derrière les yeux, sont étroits ou dilatés, arqués ou arrondis, souvent marginés, carénés ou sillonnés, parfois frangés de poils blancs. Les *yeux* sont presque toujours grands, convexes, jamais échancrés, noir-brun foncé, accidentellement avec quelques décolorations, parfois avec des petits poils clairsemés, presque imperceptibles.

Les *antennes* sont coudées et couvertes d'une fine pubescence; le premier article ou *scape*, toujours plus épais, un peu arqué, légèrement aplati en dessous, est paré généralement de teintes métalliques; les 12 autres articles forment un *fouet* filiforme ou sétacé, dont le premier article est constamment très petit. Par exception chez quelques mâles, les premiers articles du fouet sont renflés en dessous. Le scape tient à la tête par une articulation très mobile, fonctionnant dans une ouverture arrondie, enfoncée en dessous du tégument. Rarement le scape s'insère sur une sorte de *torulus* non articulé et partant fixe.

L'*épistome* est assez developpé ; les *joues*, c'est-à-dire l'espace compris entre les yeux et la base des mandibules, sont de forme et de dimension très variables. Elles peuvent être presque nulles ou plus ou moins longues, parallèles ou non, parfois même elles forment une sorte de bec. Le *clypeus* est plan, convexe ou gibbeux, exceptionnellement caréné au milieu de son disque; son extrémité peut être tronquée, émarginée ou arrondie, avec la bordure apicale dépourvue de couleur métallique et parfois subscarieuse, amincie. Les *mandibules*, courtes mais fortes, sont simples ou diversement dentées; leur base extérieure est ordinairement de couleur métallique. Le *labre* est arrondi, toujours caché sous le clypeus, parfois légèrement convexe en dessus, rarement avec quelques teintes métalliques. Les *mâchoires* ont la tige cornée, l'extrémité du lobe simple et arrondie ou bilobulée, ordinairement courte; quelquefois cependant le lobe est allongé et visible extérieurement au repos ; par exception il est linéaire et longuement prolongé. Les *palpes sous-maxillaires*, situés à la base du lobe des mâchoires, sont composés de 5 ou de 2 articles cylindriques, de longueur variable, les deux derniers souvent plus longs que les autres. Les *palpes labiaux* sont très petits et composés de 3 ou de 2 articles. La *languette* est généralement courte, arrondie, simple ou bilobée; exceptionnellement elle est linéaire et longuement prolongée avec l'extrémité bifide et pliée en deux.

2. — Thorax. — Le *pronotum* est constamment transversal, très visible, de longueur variable, souvent avec un sillon longitudinal médian et parfois aussi avec des lignes de points sulciformes situées dans la partie postérieure ou antérieurement. Les angles postérieurs sont toujours assez rapprochés des écailles. Le *prosternum*, dissimulé et aminci en coin sous la tête et le pronotum, n'a de bien visible que ses *épimères* qui même peuvent être cachées par les côtés du pronotum.

Le *mesonotum* est divisé longitudinalement en trois *aires* ; les aires latérales, en certains cas, sont divisées chacune en deux autres aires ou simplement séparées par une suture médiane longitudinale, parfois peu visible et très courte. Les *episternum du mésothorax*, lorsqu'ils existent, sont petits, peu visibles, placés en avant des *mésopleures* ou *épimères du mesosternum*. Celles-ci sont toujours très développées, occupant une grande partie du profil du thorax ; elles forment près des ailes supérieures un repli assez petit mais toujours visible. L'*écusson* ou *scutellum du mésothorax* est bien développé et, de chaque côté, près des ailes supérieures, il porte une incision infundibuliforme et infléchie. C'est en avant de cette incision en cornet que se trouvent, de chaque côté, les *parapsides*, parfois nuls ou plutôt mal limités ; ils forment souvent une petite dent obtuse, oblique, près des ailes supérieures. Le *postécusson* ou *scutum du métathorax* est de forme ɟe de grandeur très variables ; quelquefois la suture postérieure est indistincte au milieu. Le *scutellum du métathorax*, de dimension fort variable, quelquefois très réduit et peu distinct, est sillonné-sculpté d'une manière toujours compliquée ; il se continue jusqu'à l'articulation de l'abdomen ou tout au moins fort près de celle-ci. Les sutures latérales en sont toujours larges et sculptées plus ou moins profondément. Les *épimères du métathorax* ou *métapleures* forment constamment, dans leur milieu, un fort angle dentiforme plus ou moins long, à pointe aiguë, obtuse ou tronquée, décombante ou droite, ou encore légèrement divariquée. Elles sont toujours très développées et séparent les *episternum* du *medisternum* ; elles forment quelquefois un repli très sensible près des hanches. Les *stigmates*, de forme très allongée, sublinéaire ou arrondie, ouverts ou fermés, sont situés près de la base des angles posticolatéraux dont je viens de parler, tantôt en dessous, tantôt en dessus, et alors non loin de l'articulation des ailes inférieures.

Les *episternum du métathorax*, toujours à peu près triangulaires et plus ou moins nettement limités en dessous, forment souvent chacun un angle dentiforme, situé à peu près dans le même plan que celui de la métapleure, et, vers l'articulation des ailes inférieures, ils portent chacun un petit repli parfois peu distinct. Le *medisternum du métathorax* n'est pas visible de profil ; on n'en voit, dans cette position, que l'arête des sutures latérales ; il est entièrement refoulé en dessous.

Comme on vient de le voir, cette division des pièces du métathorax est un peu différente de l'enseignement de feu Edmond

André dans le premier volume de cet ouvrage. Le scutellum du métathorax n'existe pas chez la *Vespa crabro*(vol. I, pl. III, fig. 1). Dans la figure 2 de la même planche, les sutures qui devraient limiter le scutellum absent, forment un sillon longitudinal. Les côtés K, au lieu de constituer le scutellum sont les métapleures portant les stigmates. J'ai recherché ces pièces chez des représentants de toutes les familles des Hyménoptères. Le scutellum du métathorax n'existe pas toujours et les métapleures sont constamment distinctes du medisternum et des episternum. Avec les autres théories sur les pièces du thorax, il me semble impossible de donner un nom aux différentes parties du métathorax des Chrysides, tandis que d'après le système que j'ai exposé, tout concorde aussi bien pour les Chrysides que pour les autres familles d'hyménoptères.

3. — Pattes et ailes. — Les *pattes* sont assez fortes et longues, robustes plutôt que maigres, couvertes de poils fins. Les *hanches* et les *cuisses* sont épaisses et plus ou moins dilatées ; les hanches sont rarement munies d'apophyses dentiformes ; les cuisses ne portent point de dent ; exceptionnellement les pattes antérieures peuvent avoir leur côté postérieur dilaté en forme de coude. Les *tibias* sont grêles ; rarement ceux des pattes postérieures sont élargis, aplatis et subconcaves en dedans ; ils sont toujours terminés par deux *éperons* dont un surtout est constamment fort. Aux pattes antérieures, ce dernier est aminci er lame et sinué du côté des tarses dont le premier article est alors, en regard de ce plus grand éperon, sinué et aminci lui-même en lame, de manière à former avec celle de l'éperon comme les deux lames des ciseaux. Ces lames appelées *peignes* ou *étrilles*, parce qu'elles servent à la toilette de l'insecte, sont toujours garnies de poils de longueur et d'épaisseur variables : on les retrouve d'ailleurs chez un grand nombre d'Hyménoptères. Les *tarses* sont médiocrement longs, tous les articles à base plus ou moins cunéiforme, avec des poils spiniformes à l'extrémité ; le côté interne est toujours garni de poils plus fins et plus denses ; le premier article mesure toujours environ la longueur de trois des suivants. Les *ongles* sont simples ou avec 1-6 *crochets* de dimension variable et diversement insérés.

Les *écailles* sont toujours relativement grandes. Les *ailes supérieures*, peu riches en cellules, sont à nervures assez épaisses : les cellules *brachiale*, *costale*, *médiane*, *anale* sont toujours complètes ; les cellules *radiale*, première et troisième *discoïdales* sont nulles ou incomplètes ou bien encore simulées par une fausse nervure figurée simplement par une ligne rembrunie. On distingue souvent quelques traces en ligne rembrunie des nervures *postérieures* et *cubitales*. Le *stigma* est toujours bien distinct et épais ; parfois il s'allonge un peu sur la nervure cubitale. Le limbe est hyalin ou enfumé, parfois avec des reflets bleuissants, généralement couvert de petits poils très fins ; la nervure costale est ciliée de poils plus gros. Les *ailes inférieures*, toujours beaucoup plus petites et étroites, n'ont aucune cellule complète. La nervure costale est constamment forte mais dépasse rarement la moitié de la longueur totale de l'aile ; elle porte toujours quelques crochets. La nervure anale est toujours visible au moins à la base de l'aile ; la nervure médiane, chez les plus grosses espèces, est nulle ou parfois simulée. Les nervures radiale et cubitale sont quelquefois figurées par un trait brun. Le limbe est toujours plus hyalin que celui des ailes supérieures et porte également de très petits poils fins.

4. — **Abdomen**. — L'*abdomen* est sessile, uni au thorax par une articulation mobile ; il est ovale, arrondi, ou subhémisphérique ; généralement convexe en dessus, rarement comprimé et, par exception, déprimé. Le dessous ou ventre est plan et marginé en creux ; après la mort de l'insecte il devient souvent plus ou moins concave ; rarement il est convexe. Le dessus et le dessous ont chacun huit segments dont 3-5 sont visibles et normalement développés, les autres sont protractiles et rentrent les uns dans les autres comme les parties d'une lunette. Le dernier segment dorsal visible, soit le troisième ou le quatrième, est entier, arrondi ou tronqué, subacuminé, souvent diversement ondulé, émarginé, incisé ou denté. La marge apicale est quelquefois scarieuse, hyaline.

Chez la femelle les segments proctractiles sont assez longs et forment, dans leur état d'extension, comme un long fourreau à l'*oviscapte*; les segments dorsaux se replient de chaque côté en dessous et très souvent cachent ainsi en partie les segments ventraux. Les segments dorsaux sont reliés aux segments ventraux soit par un petit appendice soit par une simple membrane plus ou moins hyaline. Le cinquième segment ventral est parfois terminé de chaque côté par un fort crochet corné ; d'autres fois le sixième segment ventral porte de chaque côté un appendice allongé, sublinéaire, ou bien il est d'une forme particulière et épaissi. Quelquefois le septième segment ventral est rudimentaire et figuré par un simple demi-tuyau hyalin ; quant au huitième segment ventral, il se termine toujours par deux *baguettes* ou appendices presque constamment linéaires, demi-cylindriques. Dans quelques genres, le cinquième segment dorsal est garni d'aspérités et le sixième segment dorsal est épaissi au milieu et sillonné longitudinalement. Généralement le huitième segment dorsal n'est qu'un simple demi-tuyau hyalin.

Chez le mâle, les segments protractiles sont beaucoup plus courts et plus larges, les derniers étant très petits. En dessus, on compte sept segments de forme normale, allant en diminuant de grandeur ; le huitième dorsal fait partie de l'appareil génital ; on lui a donné le nom de *branche du forceps*. En dessous, il n'y a que six segments de forme normale ; le septième appelé *couvercle génital* est très petit ; le huitième fait partie des pièces entourant les organes génitaux ; on l'appelle *volsella* ; il porte de chaque côté une division que l'on nomme *tenettes*.

5. — **Armures génitales**. — Chez la femelle, l'extrémité de l'oviducte aboutit à la base de l'*oviscapte*, laquelle base est pliée en gouttière. L'oviscapte, véritable aiguillon, est corné, jaunâtre, de la forme d'une lancette se terminant en une pointe finement aiguë. Il est composé des mêmes pièces que l'aiguillon des guêpes et des abeilles, mais il n'y a pas de glandes à venin. Quelques personnes ont affirmé avoir été piquées par cette pièce cornée. Bien qu'il soit possible que cet organe puisse percer une peau très mince, il est parfaitement inoffensif. J'ai saisi vivantes plusieurs milliers de Chrysides, mais je n'ai jamais été piqué. La base de l'oviscapte retient également deux *stylets* de même

consistance et de même couleur ; leur forme est également celle d'une lancette, mais ils sont plus courts et plus étroits. Leur mobilité est assez grande et, en se séparant, ils élargissent la base de l'oviscapte, ce qui permet, dans la copulation, à la verge du mâle de s'introduire dans l'oviducte. Au repos, ces trois pièces cornées sont étroitement appliquées les unes contre les autres et sont entourées de chaque côté par une *baguette*. Les baguettes elles-mêmes sont parfois précédées chacune d'un appendice beaucoup plus grand mais à peu près semblable, dont j'ai parlé tout à l'heure et qui appartient au sixième segment ventral.

Chez le mâle, les appendices entourant les organes génitaux sont nombreux, de forme variable, bien que l'on en retrouve toujours le même nombre. La dernière pièce porte le nom de *crochets* : elle est double, souvent cornée, en forme de lames de couteau, les tranchants en regard ; parfois on y remarque extérieurement des entailles ou une apophyse lamelliforme. Les crochets peuvent aussi par leur forme rappeler deux hameçons à pointes opposées et denticulées. A la base des crochets et en dessous, on remarque deux replis ou lamelles soudées d'un côté chacune à l'un des crochets et se repliant plus ou moins l'une sur l'autre. Ces deux lamelles constituent le *fourreau* : c'est entre elles et en écartant aussi les crochets que sort la verge qui est exsertile. En dessus, les crochets sont recouverts par le huitième segment dorsal qui forme deux lobes ou *branches du forceps*, une de chaque côté, mais dont la base entoure tout l'appareil. L'extrémité des branches du forceps est simple ou bifide. En dessous, le huitième segment ventral forme également deux lobes ou *volsella* dont chacun, au bord externe inférieur et en regard l'un de l'autre, porte une division appelée *tenette*, en forme de lancette, plus ou moins large et plus ou moins longue, exceptionnellement indistincte. Enfin, une sorte de renflement ou *pièce basilaire* semble séparer du reste de l'abdomen cet ensemble de pièces composant l'appareil copulateur.

L'examen des derniers segments abdominaux et des crochets fournit de très bons caractères pour la distinction des familles et des genres, parfois même des espèces. Cependant, au point de vue spécifique, si l'on veut tenir compte d'une manière absolue et rigoureuse des petites variations que l'on rencontre dans l'appareil génital, on est presque certain de tomber dans des erreurs grossières ou d'arriver à diviser une espèce polymorphe en un grand nombre de fausses espèces. En effet, d'après la dissection que j'ai faite d'une série d'individus d'une même espèce, j'ai constaté que très souvent les pièces étaient plus ou moins pointues, de largeur variable, plus ou moins incisées ou sinuées, etc... en variations assez sensibles. C'est par leur ensemble que les divers caractères acquièrent de la valeur et peuvent conduire à la certitude. Vouloir prendre pour criterium exclusif les variations d'une partie unique, c'est se vouer au système, à l'erreur, et renoncer à la méthode naturelle, la seule scientifique. Il est donc impossible de recourir à la forme des pièces entourant les organes génitaux comme à un caractère spécifique pouvant toujours servir. Autrement il faudrait diviser certaines espèces en un grand nombre d'autres ou, au contraire, en réunir plusieurs très distinctes et pourvues d'autres très bons caractères distinctifs. On retrouve, dans ces derniers segments abdominaux, tout un enchaînement de variations de forme, comme on peut en constater dans les premiers segments, dans la nervulation des ailes, dans les mandibules et dans les autres parties du corps. Ce n'est pas parce que ces pièces sont cachées qu'elles doivent posséder des caractères plus sérieux et plus constants.

L'étude des derniers segments de l'abdomen et des crochets étant délicate et minutieuse, il est nécessaire d'avoir une certaine habitude du microscope et de la dissection à la loupe. Dans les descriptions des espèces, je ne parlerai donc point de ces caractères difficiles à constater pour la plupart des entomologistes, les diverses parties du corps en fournissant assez d'autres pour qu'il ne soit pas indispensable de signaler ceux des organes génitaux.

M. le général O. Radoszkowsky s'est beaucoup occupé, et avec succès, des « Armures copulatrices » des mâles des Chrysides; bien que ses dessins ne soient pas toujours exacts, on doit les consulter utilement.

Quelques naturalistes accordent une valeur tellement exclusive aux organes génitaux des mâles qu'ils négligent les caractères des autres parties du corps et naturellement ne s'occupent point de la femelle, puisqu'elle ne présente pas les caractères spéciaux au mâle. C'est une étrange manière de faire de la classification. En effet, si l'on veut se donner la peine, pour les insectes qui nous occupent en ce moment, d'examiner les derniers segments abdominaux des femelles, on y distingue des caractères aussi sensibles que chez l'autre sexe, pouvant varier d'une espèce à une autre, mais surtout de genre à genre et de sous-famille à sous-famille. Je parlerai des femelles comme des mâles dans les diagnoses de genres, et l'on verra qu'on a grandement tort de négliger ce sexe.

Je ne considère donc pas comme sérieuse une espèce dont le mâle seul permet de la distinguer de la voisine, les femelles étant « semblables et non autrement distinctes. » Car, de deux choses l'une : ou la femelle de ce mâle ne lui appartient pas puisqu'elle est pareille à celle qu'elle copie si fidèlement, ou bien les caractères du mâle sont illusoires.

6. — Distinction des sexes. — En dehors des segments protractiles de l'abdomen et des organes génitaux, il y a relativement peu de caractères pouvant permettre de distinguer la femelle du mâle. Généralement on voit, chez la première, les derniers segments abdominaux former un tuyau exsertile, et, chez le second, le troisième segment abdominal est plus court et plus transversal, car son bord tend toujours à se rapprocher de la ligne droite.

Les mâles des *Cleptes* ont le cinquième segment dorsal de l'abdomen crustacé comme les premiers, tandis qu'il n'y en a que quatre de cette consistance chez les femelles. Les mâles des *Notozus* et des *Ellampus* ont le troisième segment abdominal plus court, l'incision apicale un peu moins profonde ; l'abdomen est moins comprimé ou même parfois déprimé sur le disque, les sinus des côtés du troisième segment sont ordinairement moins profonds, la plate-forme apicale est parfois scarieuse, la ponctuation souvent plus forte, les antennes moins grêles, le troisième article ordinairement plus court, les cuisses antérieures parfois dilatées et les tarses de couleur plus claire.

Chez les *Philoctetes*, les mâles se distinguent surtout par les tibias des pattes postérieures beaucoup plus dilatés et légèrement creusés en dedans.

Les mâles des *Holopyga* et des *Hedychridium* ont le troisième segment abdominal arrondi et plus court. Chez les *Hedychrum*, les femelles ont parfois le troisième segment ventral avec un crochet plus ou moins fort, quelquefois mucroniforme, situé au milieu du bord apical ; le pronotum peut aussi être de couleur différente et sa ponctuation est plus fine.

Chez les *Chrysididæ*, les mâles sont parfois de couleur différentes, les articles des antennes sont plus courts, autrement colorés, et quelques uns d'entre eux peuvent être renflés en dessous; la face est généralement couverte de poils soyeux, les joues sont plus courtes, les tarses d'une teinte plus claire, le troisième segment plus court, plus transversal, avec les dents apicales moins fortes, plus réunies à l'apex.

Le mâle des *Parnopes* a quatre segments visibles à l'abdomen, tandis que la femelle n'en a que trois.

Cette difficulté de distinguer les sexes, surtout lorsque les derniers segments abdominaux de la femelle sont rentrés, a donné lieu à quelques méprises de la part des auteurs, méprises bien excusables du reste, lorsqu'on ne peut pas détériorer ou risquer de détruire un insecte précieux ou qui nous a été confié.

7. — Espèce, variété, race. — Il est fort difficile, chez les espèces polymorphes, de savoir précisément où s'arrête l'espèce dans cette série d'individus s'enchaînant tous les uns aux autres, pour se terminer souvent par un dernier terme très différent du premier. Ce polymorphisme a été cause que plusieurs individus de cet enchaînement ont été ou sont encore considérés comme espèces distinctes, jusqu'à ce qu'on ait découvert des passages qui les relient entre eux. De plus, dans un même genre, il y a parfois tant d'affinité dans une suite d'espèces, qu'on se demande s'il ne s'agit pas de races ou de variétés. Il ne faut accorder qu'une valeur relative à la coloration et à la ponctuation ; du reste, une étude suivie et comparative est l'unique criterium du classificateur consciencieux. C'est donc en voyant un grand nombre d'exemplaires que l'on peut préciser le mieux ce que doit être un individu pris isolément. Depuis que je m'occupe de l'étude des Chrysides, je me suis efforcé de réunir de grandes séries de specimens; voilà pourquoi j'ai été amené à reconnaître, dans un bon nombre d'espèces de création récente, des variétés d'espèces connues depuis longtemps. Lorsque j'ai eu des doutes, j'ai toujours laissé l'insecte sous son nom primitif. On a parfois abusé de la distinction spécifique d'une manière regrettable, mais qui se conçoit cependant, si l'on songe que l'auteur n'a eu sous les yeux qu'un nombre très restreint d'individus. Je n'ai pas pu faire entrer dans mes tableaux quelques unes de ces espèces trop peu distinctes. Car, quelle valeur possède une espèce dont il est absolument impossible de dresser une description différentielle? Cette valeur est nulle à mon avis.

Il est donc impossible, le plus souvent, d'indiquer où finit l'espèce, où commence la variété; mais, dans les descriptions de variétés, j'envisage surtout les formes extrêmes. Les formes transitoires se trouvent décrites par là même, puisqu'elles participent du type et de la variété.

J'ai constaté que plusieurs variétés forment des races locales. En effet, on ne les rencontre que dans certains habitats où elles revêtent toujours la même livrée. Je ferai remarquer cependant qu'on trouve des intermédiaires. Mais cette constance d'une variété à remplacer, dans des conditions particulières, le type vulgaire (ou plutôt ce que l'on a coutume d'appeler le type), m'a frappé et je tiens à la signaler. Je croirais, avec les partisans du transformisme, que ce sont des variétés en voie de devenir espèces. Les caractères distinctifs abondent chez les Chrysis, aussi sera-t-il toujours facile de trouver une différence sensible lorsqu'il s'agira d'une véritable et bonne espèce. La longueur des joues, des articles antennaires, les mandibules, la forme du pronotum et des angles posticolatéraux du métathorax, la sculpture des mésopleures, la conformation du troisième segment abdominal, etc...; voilà bien des pièces d'étude et fournissant constamment de bons signalements.

Dans chaque genre, il se trouve ordinairement un ou plusieurs types plus remarquables que les autres. Or, chacun d'eux a presque toujours une espèce tellement affine qu'il faut être très versé dans la connaissance de ces insectes pour pouvoir la distinguer. Cette grande similitude rend presque inextricable la synonymie, surtout pour les auteurs anciens. Dans quelques cas, il est très difficile de dire si un auteur a voulu décrire telle espèce plutôt que telle autre. Comme le vénérable classique ne donne qu'une description très brève de son insecte, on reste à son égard dans un doute profond ou avec une simple probabilité. En raison de ce manque de précision dans les diagnoses, j'ai cru préférable d'adopter les noms admis par les auteurs plus récents. Je préviens donc que, dans cette monographie, je conserverai les noms figurant dans l'ouvrage de Dahlbom, de préférence à de plus anciens peut-être. Dahlbom a examiné presque tous les types des auteurs ; il a donc une autorité incontestable et, comme son ouvrage est le premier qui soit spécial à cette famille d'hyménoptères et parconséquent monographique, je me suis appuyé sur lui pour ne point bouleverser la nomenclature adoptée, du reste, par presque tout le monde.

8. — Rufinisne et mélanisme. — Les insectes à couleurs métalliques et de consistance crustacée sont sujets à de nombreuses variations de coloris dont deux surtout sont très remarquables : le *mélanisme* et le *rufinisme*, qui consistent dans l'absence partielle ou totale de reflets métalliques. Dans le mélanisme, l'insecte est en entier ou en partie noir-mat. Dans le rufinisme, il est roussâtre ou roux. Tous les passages se retrouvent dans ces deux décolorations et même très souvent un seul individu peut être atteint par les deux à la fois.

Chez les Chrysis, on rencontre cette anomalie, mais généralement corrigée plus ou moins par des teintes bronzées. Le rufinisme est alors localisé dans les antennes, les écailles, les nervures des ailes, les pattes, le ventre et le troisième segment abdominal. Le mélanisme affecte principalement l'avant-corps ou le dorsulum de l'abdomen.

Les insectes ainsi décolorés semblent jouir de la même santé que les autres aux étincelants reflets. Dans mes élevages de *Chrysis ignita L.*, il s'est trouvé un individu melanos, mais il ne m'a pas été possible de découvrir la cause de cette particularité.

Plusieurs cas de rufinisme et de mélanisme ont été décrits comme espèces distinctes; je les signalerai comme variétés à l'article de chacune des espèces auxquelles elles appartiennent, car parfois elles rappellent le nom de naturalistes qu'il serait regrettable d'abandonner à l'oubli.

Il est bon d'indiquer encore que les espèces bleues peuvent prendre des reflets verts, les vertes, des teintes vert-gai ou vert-doré. Chez les espèces dont le thorax est de couleur différente de celle de l'abdomen, on distingue le plus souvent des teintes vert-bleu, bleu-vert, vert-gai, vert-doré, cuivré-verdâtre ou même feu. Ces exagérations se montrent de préférence sur la face, le front ou le vertex, sur le pronotum, les aires latérales du mesonotum, l'écusson et sur les côtés de l'abdomen. Généralement ce sont les mâles qui portent ces teintes exagérées.

J'ai très rarement vu de monstruosités chez les Chrysides. Celles que j'ai rencontrées avaient été occasionnées sans doute par quelques blessures faites à la larve ou à la nymphe. Voici les principales : les segments abdominaux 2 et 3 sont soudés ensemble et alors le troisième est très diminué de longueur ; l'apex des espèces à marge apicale sans dents est plus ou moins profondément incisé ou bosselé; les dents apicales du troisième segment abdominal sont bizarrement recourbées, ou arquées en dessous, ou tronquées irrégulièrement; le troisième segment abdominal est aplati et alors les dents apicales sont disposées transversalement sur une ligne droite; un des angles posticolatéraux du métathorax peut manquer, etc. Toutes ces difformités se reconnaissent de suite après un examen tant soit peu attentif, et ne méritent pas d'être décrites.

§ II. — VIE ÉVOLUTIVE

(Pl II)

1. — Premiers états. — L'œuf est petit, proportionnellement à l'insecte, allongé, ovale ou obové ou encore subelliptique avec l'axe toujours droit. La Pl. II, fig. 9 et 10 en représente quelques uns. L'œuf est blanchâtre, subhyalin, à parois délicates et peu épaisses. L'éclosion a lieu 3-5 jours après la ponte. La paroi se déchire le plus souvent en deux lobes sur une des extrémités. La jeune larve, à sa sortie de l'œuf, est droite, très mince, excessivement délicate, mais assez vive d'allure et se mouvant dans tous les sens, principalement, toutefois, dans le sens ventral et le sens dorsal. Elle est formée de 13 anneaux représentés par des plis; l'ensemble a la forme d'une ellipse très allongée, terminée d'un côté par la tête et de l'autre par le treizième anneau, s'allongeant lui-même plus ou moins en deux petits mucrons. Ces derniers aident beaucoup à la locomotion de la larve qui se hâte d'aller attaquer, à l'autre extrémité de la cellule, celle qui doit lui servir de nourriture. La locomotion s'opère précisément par les mouvements alternés du corps s'arquant dans les deux sens comme je viens de le dire.

La tête est plus ou moins grosse, épaisse, avec un fort museau rétractile. Les mandibules sont encore indistinctes; ce n'est que vers le sixième jour qu'on peut les apercevoir. Elles sont alors de teinte brune et assez fortes pour mordre et même pour couper la peau de la larve victime. Ces mandibules sont courtes, bi ou tridentées, ne se touchant pas au repos. Le troisième ou le quatrième jour s'effectue la mue : c'est alors que la larve prend plus de volume, s'élargit; les anneaux se distendent et les mucrons du dernier segment se raccourcissent, tendant à disparaître. La couleur est encore très hyaline, laiteuse ou verdâtre, parfois subtestacé-clair. La deuxième mue a lieu après la consommation complète ou presque complète de la victime; cependant je ne l'ai point constaté chez toutes les larves que j'ai élevées, mais peut-être m'a-t-elle échappé? Douze à dix-huit jours après l'éclosion, la larve a atteint la taille qu'elle doit avoir : elle est alors épaisse, sensiblement arquée en dessous avec des replis latéraux. Les stigmates sont beaucoup plus visibles, la peau est devenue épaisse et blanchâtre, le dernier anneau s'est contracté. La tête n'est plus proportionnellement aussi grosse. La planche II, fig. 12-17 représente plusieurs larves à différents âges.

Ainsi, après avoir vécu de 12-18 jours sans accident, la larve de Chrysis a dévoré la larve victime que son instinct lui a fait choisir de préférence aux provisions. Ayant atteint sa grosseur normale, elle est en état de filer un cocon, ce qu'elle fait de suite, de la même manière que les autres larves d'Hyménoptères. Par la bouche elle dégorge un liquide visqueux, se durcissant rapidement à l'air et prenant la consistance de la soie. D'un mouvement de va-et-vient lent mais infatigable. elle s'enferme complètement dans une coque plus ou moins translucide, qu'elle semble agrandir et mouler à sa fantaisie par les contorsions qu'elle opère de temps en temps. Elle s'isole ainsi des déjections et du reste des provisions que la victime n'a pas eu le temps d'achever. Le cocon a la forme d'un dé à coudre, de forme ovale pas toujours très régulière, ou encore d'un court cylindre arrondi aux deux extrémités. Les fils de soie dont il est formé sont tellement collés les uns aux autres qu'ils forment un parchemin, tantôt blanchâtre ou jaunâtre, tantôt brunâtre ou encore présentant ces teintes fondues et plus ou moins foncées.

J'ai constaté plusieurs fois que des larves de Chrysis n'avaient point filé de coque et étaient ainsi restées à nu dans la cellule où l'œuf avait été pondu, placées dans le feutre du nidifiant ou dans le cocon même tissé par la victime. La coque une fois achevée (et vers cette époque également pour celles qui ne filent point), la larve perd peu à peu sa vivacité et ne se remue même plus lorsqu'on la touche. Elle attend paisiblement dans son berceau le retour des beaux jours. Engourdie pendant tout l'hiver, elle reprend insensiblement sa force lorsque le soleil réchauffe sa demeure, pour s'immobiliser de nouveau les jours froids et les nuits de gelée. Enfin, quand la belle saison est bien rétablie et peu de temps avant de se changer en nymphe, la larve retrouve toute sa vigueur et s'agite constamment dans sa loge.

La transformation en nymphe est toujours un travail fort pénible auquel succombent les larves malportantes. La nymphe est blanche et d'une grande délicatesse ; le moindre coup sec la meurtrit et la met en bouillie au moins en quelque point. C'est pourquoi il peut se produire des déformations pendant que la bestiole est dans cet état vulnérable qui heureusement pour elle n'est pas de longue durée. Huit ou quinze jours suffisent pour que son épiderme ait pris de la consistance et se soit paré de ses belles couleurs métalliques. De temps à autre la frêle nymphe se tourne et retourne sur elle-même, pleine d'insomnie et comme d'impatience de voir ce soleil sous l'éclat et la chaleur duquel elle doit, insecte parfait, étaler ses splendeurs et passer des jours si heureux. Les ailes, d'abord très petites, se développent et finissent, comme le reste du corps, par abandonner leur étroit fourreau de peau blanche, dernier vestige de leur enfance délicate. Pour que cette dernière mue s'opère d'une manière convenable, il est nécessaire qu'elle se fasse rapidement et pour cela une certaine absorption d'humidité est nécessaire. En effet, dans les lieux trop secs, il y a encore bien des représentants de cette famille privilégiée qui meurent à la veille même de jouir de la vraie vie, de cette existence en plein air si patiemment attendue. Quelquefois même l'insecte, bien que plein de force, ne peut déplier ses ailes mal développées ; il arrive alors que, se frayant néanmoins un passage hors du cocon et de la cellule, il essaie de prendre ses ébats au soleil, mais il ne tarde pas à succomber à son malheureux sort.

Quelques espèces beaucoup plus précoces sont, dès le mois de septembre, dépouillées de leur enveloppe nymphale, et leurs ailes ont leur entier développement. Elles restent cependant engourdies tout l'hiver, pour sortir de leur prison aux premiers jours chauds.

2. — Nourriture. — Les Chrysides adultes se nourrissent exclusivement de matières sucrées. Elles sucent le nectar des fleurs à corolles peu profondes, puisque leur languette est très courte, au moins pour la plupart d'entre elles. Les fleurs préférées sont les ombellifères : *Daucus*, *Achillea*, *Laserpitium*, *Peucedanum*, *Petroselinum*, *Heracleum*, *Pimpinella*, *Eryngium*, etc., les *Thapsia*, les Euphorbes, les Potentilles, les *Thesium*, les Menthes, etc. On les voit constamment aussi léchant les exsudations produites par la miellée sur les feuilles et les jeunes tiges de certains arbres comme les tilleuls, les lilas, les frênes, les cerisiers, los banksies, etc. A l'instar des fourmis, elles sont très friandes des déjections des pucerons des saules et des sureaux. Beaucoup aussi vivent en maraudeuses ; en effet, pendant l'absence des Hyménoptères mellifères, elles visitent la cellule fraîchement approvisionnée pour s'y repaître d'une nourriture toute préparée. Je n'ai jamais vu les Chrysides toucher aux fruits, ni dévorer aucun insecte.

3. — Moyens de défense. — Comme nous l'avons vu dans les caractères généraux, ces insectes n'ont point d'aiguillon proprement dit. Ils ne résistent pas à ceux qui les attaquent, mais cherchent plutôt leur salut dans la fuite et se fient entièrement à la puissance de leurs ailes qui ne laissent rien à désirer sous ce rapport. Leur vol est vif, d'une rapidité étonnante ; l'œil le mieux exercé ne peut le suivre. Un très léger bruissement d'un timbre particulier annonce seul le passage d'un de ces petits météores ailés ; encore faut-il avoir l'ouïe très fine pour le saisir et surtout le distinguer de celui produit par les autres insectes. Les Chrysis sont tellement sauvages et craintives que les Diptères eux-mêmes se jettent sur elles, les bousculent ou leur donnent la chasse. Le moindre mouvement les met en éveil. Aussi, les voit-on alors relevant la tête et, les antennes agitées, ralentir et scander leur marche ; puis, si elles ont aperçu de nouveau quelque chose d'insolite, s'arrêter court pour fuir.

Lorsqu'on saisit une femelle, elle allonge les derniers segments abdominaux et sort ses stylets menaçants mais inoffensifs. Un Odynère la surpend-il dans son nid ? Si la fuite n'est pas possible, elle se roule sur elle-même et simule la mort. L'Odynère s'y méprend ordinairement et abandonne la Chrysis qui en profite aussitôt pour détaler. Mais s'il reconnait la supercherie, il attaque la voleuse et, de ses robustes mandibules, coupe ou déchire la partie du corps ou des membres qu'il peut saisir, sa fureur s'accroissant par la résistance qu'oppose la cuirasse de son adversaire. Il n'est point rare de rencontrer des individus mutilés, impuissants à reprendre leur essor, boiteux ou privés d'une antenne.

Par un beau soleil de juin, je vis une *Megachile argentata* entrer dans un trou de pierre calcaire, et j'attendis sa sortie pour m'en emparer. Mais, à peine m'étais-je baissé pour mieux l'épier, que je la vis paraître, emportant dans ses pattes antérieures une Chrysis roulée en boule. Celle-ci se sentant entraînée au dehors, se déroula en se débattant, et, sans mon filet, elle eût gagné les airs. L'ayant capturée, je reconnus une belle femelle de *Chrysis cyaniventris* Ab.

Plusieurs de ces espèces répandent, quand on les touche, une odeur assez désagréable, « rappelant d'ordinaire, suivant l'appréciation de M. J. Pérez, celle des vieux champignons desséchés. » Les *Chrysis ignita* L. *fulgida* L. *austriaca* F, entre autres, présentent cette particularité commune, d'ailleurs, à presque tous les Hyménoptères parasites. Cette odeur, qui provient d'un liquide particulier dégorgé par la bouche, ne fournirait-elle pas aussi un moyen de défense? Ne serait-elle pas un terrifiant pour les autres Hyménoptères, puisque chez eux l'odorat joue un si grand rôle? C'est également l'hypothèse émise par M. Pérez, dans son charmant et si instructif ouvrage sur les abeilles.

4. — Accouplement.— L'acccouplement a lieu soit dans les airs, soit au repos. Dans ce dernier cas il m'a été plusieurs fois permis d'en surprendre toutes les circonstances. Il est toujours de courte durée et à peu de chose près tel que l'a décrit Edmond André dans le vol. I. p. XCI. Le rapprochement des deux sexes se fait de différentes manières, mais toujours en plein soleil. Le mâle se précipite brutalement sur la femelle et la saisit dans ses pattes. Une lutte vive s'engage pour se terminer bientôt par le triomphe du mâle qui, après s'être commodément installé et avoir donné le « baiser de paix » à son épouse du moment, recourbe légèrement l'abdomen en arrière. Un léger tressaillement et quelques vibrations d'ailes, puis il se sépare brusquement de la femelle qui s'envole aussi de son côté, soit immédiatement, soit après avoir fait une rapide toilette. D'autres fois, la femelle semble rechercher le mâle : arrivant près du lieu où il s'est posé, elle approche par saccades et, de ses antennes agitées, paraît l'inviter à l'amour. J'ai vu plusieurs fois des Chrysis accouplées se laisser tomber sur le sol, comme si la femelle eût été entraînée par le poids du mâle. Jamais le mâle ne reste attaché à la femelle comme cela arrive souvent chez les autres Hyménoptères; aussi n'y laisse-t-il jamais ses organes génitaux. Un mâle pourrait-il donc féconder plusieurs femelles, comme le fait a été constaté chez les Chalcidiens? La promptitude de la copulation le donnerait à penser, mais je ne l'ai jamais observé.

5. — Durée de la vie des Chrysides. — Comme tous les Hyménoptères qui ne nidifient point, les Chrysis ne vivent pas longtemps après être sortis de leur cocon. Deux mois est la moyenne de la vie des femelles ; les mâles ont une existense plus courte encore. J'ai dit plus haut que les Chrysis sont très sauvages ; cependant j'en ai vu d'assez familières. Pendant plus d'un mois, dès que j'arrivais sur un point très abrité du parc de ma résidence, un mâle de *Chrysis ignita* L. venait se poser sur mes vêtements, mon chapeau, sur mes mains même ; je le saisissais sans difficulté et le montrais à mes compagnons de promenade, sans que cette manipulation semblât l'effaroucher beaucoup. La filoche avec laquelle je capturais ses congénères ne l'effrayait point. Au contraire, il en visitait tous les replis. Il m'était aisé de le reconnaître à un petit défaut de régularité d'une des dents de son abdomen. Derrière le mur du parc, en cet endroit, se trouve un chemin qu'il fréquentait également et, lorsque je m'y trouvais, il ne manquait pas de venir me rendre visite. Je dois avouer que j'ai dû d'abord le prendre bien souvent et le mettre ensuite en liberté pour le rendre aussi confiant dans la suite. Le même fait s'est renouvelé pour une femelle de *Chrysis cyanea* L. et plusieurs autres femelles de *Chrysis ignita* L. Mais je ne les retrouvais pas tous les jours comme leur frère, sans doute parce qu'elles étaient à la recherche des nids propre à recevoir leur ponte. C'est ainsi que je me suis rendu compte de la durée de l'existence des Chrysis à l'état parfait. Les espèces précoces, qui ont effectué leur transformation complète en septembre, auraient la vie beaucoup plus longue. Mais, comme elles restent engourdies jusqu'à l'été suivant, je considère uniquement cette phase comme une modification de la vie larvaire ou nymphale.

6. — Mœurs. — Nos étincelants Hyménoptères, pendant toute la durée de leur existence, recherchent le soleil dont la chaleur leur est indispensable. Aussi, sont-ils peu nombreux en espèces dans les pays septentrionaux, tandis qu'ils abondent dans les chaudes contrées du bassin de la Méditerranée. On les rencontre pendant toute la belle saison, depuis le mois d'avril jusqu'en septembre dans la région du centre, depuis février jusqu'en novembre dans les pays les plus chauds, comme en Espagne, en Algérie, en Egypte, etc. C'est à partir de huit à neuf heures du matin jusqu'à quatre ou cinq heures du soir que ces petits météores ailés prennent leurs ébats, partout où le soleil frappe et chauffe. Les murs, les vieux bois, les arbres secs, les talus, les tertres des chemins et des fossés, les carrières de sable, les tas de pierres, les galets anciens et les berges des rivières, voilà où vivent nos bestioles. Leur vivacité semble augmenter en raison directe de la chaleur. J'ai pris une *Chrysis hybrida* Lep. sur un arrosoir tellement surchauffé qu'il était littéralement impossible de le toucher sans se brûler ; tous les jours elle venait s'y reposer aux heures les plus chaudes. La nuit, les jours sombres, pendant la pluie et les vents froids, nos frileuses, blotties dans quelque trou ou nid abandonné, jeûnent et restent immobiles. A l'arrière saison, beaucoup d'espèces ont disparu et celles qui restent ne se montrent plus que quelques heures par jour.

Les Chrysis sont avant tout parasites des autres Hyménoptères : Euménides, Sphégides, Pompilides, Apiaires ; aussi, elles ne s'écartent guère des localités fréquentées par ceux-ci que pour aller butiner sur les fleurs. Dès que leur faim ou leur gourmandise est apaisée, elles y retournent au plus vite. Là elles vivent gaiement, s'accouplent et surveillent les manœuvres de chaque nidifiant.

Le mâle, entièrement adonné aux douceurs du « far-niente », ne s'occupe nullement du choix de la nourrice de ses enfants. La femelle se charge de ce soin et sur elle seule retombe toute la responsabilité de la lignée. Douée d'une sagacité surprenante, elle s'en va furetant partout, épiant les allées et venues des nidifiants, et elle ne tarde pas à voir ses perquisitions couronnées de succès. Si elle vient à découvrir un nid d'Odynère en voie d'approvisionnement, elle fait plusieurs fois le tour de l'entrée, puis, les antennes en avant et tout son sens olfactif en éveil, elle s'assure que l'ouvrière est absente. Elle pénètre alors dans la cellule avec rapidité : un gros œuf est au fond suspendu par un fil, et de grasses chenilles anesthésiées et enchevêtrées les unes dans les autres encombrent la cellule. Il ne manque qu'une ou deux de ces dernières pour que la cellule soit close. Notre Chrysis y dépose prestement, mais non sans quelques efforts, un petit œuf presque imperceptible. Il est bien placé et dissimulé par une chenille. L'opération faite, la vigilante mère sort, parfois juste à temps pour ne pas être aperçue de l'Odynère qui, avec un bourdonnement avertisseur pour l'intruse, se pose alourdi par sa charge. Celle-ci emmagasinée précieusement, l'Odynère achève la cellule : un peu de terre enduite de salive et la voilà close. La Chrysis a rempli son rôle; elle se met en quête d'un autre nid ou attend la confection d'une nouvelle cellule. Dans ce dernier cas, elle reste assidue à sa première découverte, entrant fréquemment dans la galerie pour inspecter le travail et saisir le moment voulu pour y pondre.

Cet exemple peut servir pour toutes les Chrysides déposant leurs œufs chez les Hyménoptères qui approvisionnent leurs cellules de chenilles, larves, araignées ou pucerons.

Un jour, je fus témoin d'un trait de mœurs assez curieux. J'avais remarqué un nid d'*Odynerus parietum* L. fréquenté par de nombreuses *Chrysis ignita.*

La dernière cellule de l'Odynère affleurait le crépissage du mur dans lequel le nid était creusé, et l'on voyait du dehors les chenilles entassées. D'un coup d'ongle j'agrandis l'ouverture; un moment après, une grosse femelle de Chrysis vint se poser près de l'entrée. Je restai immobile. La Chrysis, ne voyant rien remuer, se rassura et, après une courte exploration dans la cellule, y entra de nouveau, mais à reculons, et je la vis pondre un œuf sur la poitrine d'une des chenilles. L'œuf pondu, la Chrysis courait çà et là non loin du nid. L'Odynère survient brusquement avec une chenille, se pose juste au bord du trou. Soudain il s'arrête comme flairant l'ennemi qui reste immobile et dissimulé par une aspérité du mortier. L'Odynère, relevé sur ses tarses et l'air courroucé, reconnaît le dégât fait par moi; plein de dépit, il abandonne sa proie et bouleverse tout dans la cellule. La Chrysis, d'un pas saccadé et méfiant, approche, puis met la tête à l'ouverture; elle veut pénétrer un peu plus loin, mais ses pattes font rouler du sable sur le dos de l'Odynère en fureur qui, à reculons, rejette au dehors tout ce qu'il trouve sur son passage. L'œuf de Chrysis roule avec les chenilles ; je m'en empare et, depuis trop longtemps en espalier, je laisse les deux mouches se tirer d'affaire. Le soir, je revins sur le théâtre de cette nouvelle « struggle for life » : la cellule était close. Je l'ouvris, mais quelles ne furent pas ma surprise et mon admiration ! je trouvai un autre œuf de Chrysis sur une des nouvelles chenilles fraîchement anesthésiées : les premières gisaient encore sur le crépissage et au pied du mur au-dessous du nid. Je soupçonne beaucoup la Chrysis que j'avais vu pondre, d'être la mère de ce nouvel œuf. Quelle preuve de persévérance, s'il en a été ainsi !

On a cru jusqu'ici que la larve des Chrysis qui pondent chez les hyménoptères emmagasineurs de proies anesthésiées, vivait des provisions amoncelées. Or, j'ai constaté que, dans ces circonstances, la larve de Chrysis ne touche jamais aux provisions et attaque seulement la larve du nidifiant chez lequel elle est née. Pendant plusieurs années, j'ai étudié cette question avec le plus grand soin et je puis certifier que la larve de Chrysis ne mange que la larve de l'hyménoptère à l'exclusion des provisions. J'avais soupçonné ce genre de parasitisme en examinant des nids d'Odynères et de *Cemonus*, et j'ai voulu m'en rendre compte d'une manière absolue. Je me mis à la recherche de nids d'Odynères en construction ; j'étudiai les manœuvres des Chrysis qui en surveillaient l'avancement. Dès qu'une cellule était close, je la dépouillais de son contenu que je replaçais, suivant le même ordre, dans un tube de verre : l'œuf d'Odynère au fond, les chenilles au milieu et l'œuf de Chrysis près de l'entrée. Dès son éclosion, la larve de Chrysis se faufile jusqu'auprès de celle de l'Odynère qui naît ordinairement avant elle, et dès ce moment elle ne s'en éloigne plus. Quand la faim se fait sentir, la larve de Chrysis applique vigoureusement son museau contre la peau de sa voisine qui continue de son côté à dévorer les chenilles. Les premiers jours, la larve de Chrysis ne fait pas grand mal à sa victime, car elle n'a pas de mandibules assez fortes pour entamer la peau ; elle se contente de sucer et obtient ainsi une exosmose. Vers le sixième jour, ses mandibules sont devenues assez puissantes pour couper la peau de sa victime qui, cependant, grossit encore rapidement, mais ne tarde pas à avoir les intestins perforés. Alors s'arrête la croissance et la vie chez l'Odynère, pâture facile, promptement consommée par la Chrysis. Tant que cette dernière a de la nourriture elle reste attablée, la tête plongée dans les entrailles mêmes de sa victime qu'elle absorbe voracement. Lorsque la larve de l'Odynère a pu grossir avant d'être trop gravement atteinte dans ses organes, la Chrysis, ayant abondance d'aliments, devient superbe. Mais si, par hasard, le jeune Odynère est blessé mortellement dans son bas âge, la Chrysis, n'ayant que peu de nourriture, reste petite ; bien souvent même, elle périt avant d'avoir pu atteindre un développement suffisant. L'œuf de l'Odynère est pondu bien avant celui de la Chrysis et l'approvisionnement est parfois interrompu par deux ou trois journées sombres et par conséquent de chômage forcé. Voilà pourquoi la larve d'Odynère est toujours l'aînée de la Chrysis. Quelquefois, par je ne sais quel fâcheux hasard, l'œuf d'Odynère manque dans la cellule ou n'éclôt pas ; un horrible sort attend alors la jeune Chrysis qui, suivant tous les recoins de la cellule, ne trouve rien à manger. Après un jour de recherches inutiles, souvent même plus tôt, elle perd ses forces et meurt fatalement au sein d'une abondance d'aliments qui ne lui étaient point destinés et dont son instinct ne lui permet pas de profiter.

Il m'est arrivé plusieurs fois de voir pondre, sous mes yeux, des Chrysis dans des cellules affleurant l'extérieur de l'arbre ou du mur où bâtissait le nidifiant. J'avais soin, si c'était nécessaire, de briser un coin de la paroi du nid, ce qui me permettait de voir l'opération en pleine lumière.

J'ai fait de nombreux élevages dans des tubes de verre et je me suis efforcé de reproduire artificiellement toutes les chances du hasard. La larve de Chrysis à aucun âge n'a touché aux provisions, et chaque fois que j'ai enlevé l'œuf ou la jeune larve d'Odynère, la Chrysis est morte de faim. Une expérience curieuse qui réussit très bien, c'est qu'à une larve d'*Odynerus spinipes* L. on peut en substituer une d'*Odynerus lævipes* Shuck, sans que la Chrysis s'en trouve incommodée. J'ai même fait manger, l'une après l'autre, deux larves d'Odynère à une seule larve de Chrysis.

Quand on place une larve de Chrysis vers celle d'un Odynère déjà forte et plus ou moins prête à filer son cocon, elle est tuée par celle dont elle comptait faire sa victime. J'ai élevé bon nombre d'œufs de *Chrysis ignita*, L., *inæqualis*, Dahlb., *bidentata*, L., *neglecta*, Shuck., et j'ai toujours constaté que l'alimentation des larves de ces Chrysis consiste en larves d'*Odynerus spinipes*, L., *lœvipes*, Shuck., *parietum*, L., *Eumenes coarctatus*, L., et qu'elles ne touchent jamais aux provisions de chenilles. De même, la larve des *Chrysis fulgida*, L. et *cyanea*, L., des *Ellampus auratus*, L. et *pusillus*, F. dévore celle des *Trypoxylon figulus*, L. et *attenuatum*, Sm., du *Cemonus unicolor*, Latr. et du *Pemphredon lugubris*, Fabr., sans jamais toucher aux araignées ni aux pucerons approvisionnant les cellules de ces Sphégides.

M. le professeur J. Pérez, qui mérite la plus grande confiance, m'a dit avoir trouvé « dans des nids d'*Eumenes unguiculus*, assez souvent deux cocons de Chrysis, quelquefois, mais très rarement, trois cocons. » Une seule larve d'un gros Eumène peut donc supporter les attaques de plusieurs larves de Chrysis et leur fournir une nourriture suffisante.

On a été jusqu'à croire qu'avant de pondre la Chrysis avait soin de détruire l'œuf de l'Euménide ! C'est une erreur grossière; quand l'œuf d'Euménide manque, ce n'est que par l'effet d'un accident et il en résulte la mort certaine par inanition du rejeton chrysidien. En histoire naturelle, il est bien rare que nous ne fassions pas fausse route du moment que nous laissons travailler notre imagination.

Pour ce qui concerne les Chrysis déposant leurs œufs chez les Mellifères, je suis beaucoup moins bien renseigné et j'ignore encore le moment de la ponte. La larve de Chrysis est carnivore et en conséquence ne peut vivre de la pâtée mielleuse emmagasinée par le Mellifère pour sa couvée : elle se nourrit donc de la larve même du nidifiant, et il est permis de supposer qu'elle se comporte vis-à-vis cette dernière comme je viens de l'expliquer pour les espèces vivant chez les carnassiers. En effet, j'ai rencontré fréquemment des *Chrysis dichroa*, Dahlb. et *cœruleipes*, F., dans les cocons de l'*Osmia rufohirta*, Latr. qui niche dans les coquilles vides des petits Helix et Bulimes si communs sur les côtes calcaires. La Chrysis se transforme à même dans le cocon de l'Osmie, à la mode des Ichneumons, quelquefois en tapissant l'intérieur d'une fine pellicule translucide. J'ai même découvert ainsi des larves de *Chrysis dichroa* déjà grosses. Les ayant sorties des cocons d'Osmie, je les plaçai dans des tubes où elles se sont parfaitement transformées dès le mois de septembre, mais sans s'être enveloppées de nouveau dans une coque. M. le capitaine C. Ferton m'a cité le même fait pour la *Chrysis ærata*, Dahlb., parasite de l'*Osmia aurulenta*. Panz., chez laquelle il l'a découverte transformée en octobre, à Chatellerault; et pour la *C. cæruleipes*, parasite des *Osmia bicolor*, Schranck, et *rufohirta*, Latr., à Château-Thierry. Comme M. C. Ferton a beaucoup étudié les mœurs des hyménoptères, je ne puis faire mieux que de donner ici textuellement ce qu'il m'a écrit à ce sujet.

« Je pense que la Chrysis doit pondre pendant le travail. Le « nid de l'*Osmia bicolor*, par exemple, me paraît trop bien dé- « fendu, quand la coquille est fermée, pour que la Chrysis s'y « introduise. Tout autour de la bouche, l'Osmie a soin de former « un réseau de brins de chaume desséchés, fichés en terre et assu- « jettis de façon à en interdire l'entrée à un insecte de taille ana- « logue à celle de notre parasite. A un demi-tour de spire au « delà de l'ouverture commence un remplissage formé de gros « moëllons enchevêtrés, puis des brins de bois, mousse, terre en « poudre, etc... le tout sur une longueur d'un demi-tour de spire. « A l'extérieur, cet *opus* se termine par une très légère cloison « végétale, mais celle qui ferme l'entrée des chambres est solide « et épaisse. Le réseau de paille lui-même est assez solide : je l'ai « vu résister à un orage.

« Il ne semble pas que la Chrysis, avec ses faibles moyens, « puisse pénétrer dans le logis; si elle n'y pondait pas pendant « le travail, ses mœurs seraient bien curieuses. »

... « Le repas de la larve de Chrysis peut très bien commencer « de fort bonne heure; cela n'empêcherait pas la larve de l'Osmie « de continuer son évolution et de faire son cocon. En 1887, ma « petite sœur a trouvé, sous une pierre, une araignée en liberté « qui portait au côté une très petite larve blanche. Je reconnus « de suite une larve de Pompile et je pus suivre son évolution

« en même temps que celle de la larve d'un *Pogonius*. Pendant « longtemps l'araignée ne paraissait pas souffrir, elle était très « vive et nous avions toujours peur de la voir sauter hors de la « boite, quand on l'examinait. Elle maigrissait seulement en « même temps que s'engraissait le parasite. Finalement elle se « creusa, comme beaucoup de ses congénères, un trou dans le « sable et s'y enterra.

« Cette araignée continuant sa vie habituelle n'est pas moins « étonnante qu'une larve d'Osmie construisant son cocon, mal- « gré les atteintes de la larve de Chrysis. Il suffit que le dévelop- « pement de celle-ci soit suffisamment lent. »

...« Le *Pompilus vagans*, Costa, fort commun à Alger, pond « sur une Lycosoïde (Lucas) sans la piquer. Celle-ci est renfer- « mée dans son terrier ; le trou est fermé par une couche de terre « épaisse de deux à cinq centimètres, très compacte et que rien « ne distingue du terrain environnant. Le chasseur creuse au- « dessus de ce canal, y entre et en sort après quelque temps « pour reboucher le trou.

« En creusant après lui, on retrouve l'araignée très vivante, « portant un œuf à la partie antérieure du dos. Une de ces arai- « gnées, prise le 1er septembre, après la ponte du Pompile, pa- « raissait, le 8 septembre, jouir d'une parfaite santé, bien que la « larve de l'Hyménoptère fut déjà au tiers de sa taille. Le 15, il « ne restait plus de traces de l'araignée, mais à sa place une « grosse larve grise avait commencé à filer son cocon. »

Je dois encore à la générosité de M. le capitaine Ferton, un *Hedychridium Algirum*, Mocs., obtenu d'un nid de *Tachytes tarsina*, Lep. La larve de l'*Hedychridium* a subi sa transformation dans le cocon du *Tachytes* et n'a fait que s'entourer d'une légère coque translucide, jaunâtre. M. Abeille de Perrin m'a assuré qu'il avait souvent extrait la *Chrysis Mulsanti*, Ab. des cocons de l'*Osmia aurulenta*, Panz., et j'ai pu voir moi-même, dans la collection de mon ami, la *C. ærata*, Dahlb., et son berceau qui n'est autre chose que le cocon d'une *Osmia bicolor*.

J'ai surpris bien des fois des Chrysis visitant des nids de Mellifères, mais depuis que j'essaie de découvrir les mystères de la vie évolutive par des élevages faits dans des tubes, je n'ai pu réussir à me procurer les nids de ces mellifères dans lesquels j'avais vu les Chrysis femelles entrer, puis sortir, pour entrer de nouveau, mais à reculons, à cause de l'étroitesse du passage. Ces nids se trouvaient dans des pierres, des murs ou des pièces de bois qu'il ne m'était pas permis de détériorer.

M. le capitaine Xambeu m'a affirmé avoir obtenu la *Chrysis refulgens*, Spin., des nids d'*Anthidium 7-dentatum*, Latr., placés dans des coquilles d'*Helix pisana*.

Je dois mentionner, malgré son insuccès, une expérience que j'ai tentée. Ayant à ma disposition un œuf d'*Osmia rufa*, L., pondu le 2 juin et un œuf de *Chrysis ignita*, L., datant du 5 juin, je plaçai ce dernier dans la cellule de l'Osmie. L'éclosion de la Chrysis eut lieu le 8 et celle de l'Osmie le 12. La larve de Chrysis périt le 9. Le 8, voyant que l'œuf d'Osmie n'était pas éclos, j'avais cependant ajouté deux petites chenilles prises dans le nid d'Odynère où l'œuf de Chrysis avait été pondu, mais la jeune larve, comme toujours, n'y toucha pas et mourut promptement. Je ferai remarquer que je n'ai jamais surpris de Chrysis visitant les nids des *Osmia rufa*, L., et *cornuta*, Latr. Il faudrait donc conclure que les œufs des Osmies chez lesquelles pondent les Chrysis sont beaucoup moins longs à éclore, ou bien que ceux des Chrysis pondant chez ces Osmies demeurent plus longtemps avant de donner naissance à leur larve. Je pencherais plutôt pour cette dernière hypothèse, car le fabricant de miel pond son œuf lorsque la chambre est garnie, c'est-à-dire en même temps que peut être déposé l'œuf de Chrysis.

En déterrant un nid d'*Anthidium punctatum*, Latr. que je voyais approvisionner par la mère, je trouvai une femelle d'*Holopyga gloriosa*, F. var. *ovata*, Dahlb., dans la cellule presque achevée. Bien que je n'y aie pas découvert d'œuf, je crois cependant que l'*Holopyga* était là dans l'intention d'y pondre, ce qui ferait supposer que la ponte a lieu avant la clôture de la cellule.

Dans une cellule d'*Osmia rufohirta* fraîchement close, mais non encore parfaitement cloisonnée d'herbes mâchées, je trouvai, en même temps que celui de l'Osmie, un autre œuf très petit que je soupçonnai appartenir à une Chrysis. Malheureusement je ne pus en obtenir l'éclosion.

Je remarquai un jour une femelle d'*Hedychridium minutum*, Lep., var. *reticulatum*, Ab. explorer à plusieurs reprises le nid d'un *Halictus Smeathmanellus*, Kirb. Sur le champ, je creusai le tertre et je découvris dans la dernière cellule incomplètement close, en même temps qu'un œuf d'*Halictus*, un autre beaucoup plus petit que je mis dans l'alcool. J'ai pu, dans la suite, le comparer à d'autres que j'ai obtenus directement de femelles du même *Hedychridium*. En effet, j'ai vu plusieurs fois ces femelles, lorsque je les saisissais, me laisser collé aux doigts un petit œuf semblable, qu'elles étaient sans doute contraintes de laisser sortir de l'oviducte par suite de la pression de mes doigts. Si le premier œuf en question était vraiment celui de l'*Hedychridium*, on devrait en tirer une conclusion semblable à la précédente.

Quant aux *Cleptes*, je ne sais rien sur leur manière de pondre. On lit cependant dans l'Encyclopédie méthodique, t. X, p. 9, le récit suivant fait par Lepeletier de Saint-Fargeau : « J'ai vu une « femelle de Clepte semi-doré entrer successivement à reculons « dans les trous qu'avaient formés en s'enfonçant en terre un « grand nombre de larves d'une Tenthrédine qui avaient vécu « sur le même groseiller. L'année suivante, je jouis à cette même « place d'un spectacle fort brillant; une centaine (?) de mâles et « quelques femelles de cette espèce couraient dans tous les sens « sur le petit espace de terrain où les larves de Tenthrédines « s'étaient cachées, et reflétaient toutes les couleurs des pierres « précieuses. Ce spectacle se renouvela pour moi plusieurs jours « de suite, de dix à onze heures du matin; ces individus se dis- « persaient après cette heure, et je pense que ceux que je voyais « chaque jour étaient nouvellement éclos dans cet endroit. »

Dahlbom, à l'article du *Cleptes nitidula*, F., rapporte un autre récit de Lepeletier : « J'ai vu le *Cleptes nitidula* allonger beau- « coup son tuyau auprès d'une larve de Tenthrède et le pousser « vivement contre elle. Quoiqu'il lui eût fallu pour cela recourber « son abdomen et diriger ce tuyau entre ses pattes en avant de « la tête, l'opération entière fut l'affaire d'une seconde. » Ces insectes pondraient donc directement dans la larve de Tenthrédine ou sur elle, à la façon des Ichneumons ou des Pompiles ? Je visite tous les ans les groseillers dont les feuilles sont mangées par les Tenthrèdes, mais je n'ai jamais eu la chance de voir semblable spectacle. Il ne m'est même jamais arrivé d'apercevoir des *Cleptes* sur ces arbustes.

7. — Parasites des Chrysides (Pl. III). — Nul n'est à l'abri du malfaiteur, même le voleur. Les Chrysis ont également leurs parasites ! Ce sont les Chalcidides qui m'ont fourni jusqu'à présent cette seconde phase de destruction au profit d'un troisième insecte.

Je vis un jour une femelle de *Diomorus Kollari*, Foerst. se poser sur une tige sèche de ronce contenant un nid de *Trypoxylon figulus*, L. que j'avais conservé pour étudier la vie évolutive d'une larve d'*Ellampus pusillus*, F. Après une courte inspection, le Chalcidide sonda, à l'aide de sa tarière, plusieurs points de la ronce, puis je m'aperçus qu'il perçait la tige à l'endroit même où se trouvait le cocon de mon *Ellampus*. Dès qu'il eut retiré son appareil, je capturai le malfaiteur. Tout d'abord je n'étais pas sûr qu'il eût pondu. Mais peu de jours après, je pus distinguer, à travers la pupe, que la larve de l'Hétéronichide dont j'avais suivi la croissance, était dévorée par une autre plus petite. Je songeai de suite au *Diomorus*. Un peu plus tard, la larve de l'*Ellampus* était entièrement absorbée par celle du Chalcidide et, au printemps suivant, je vis dans le même cocon resté intact, une nymphe à tarière repliée sur le dos. Cette nymphe, le 1er juin, me donna une superbe femelle de *Diomorus Kollari*. Depuis, j'ai rencontré plusieurs fois la même espèce de *Diomorus* dans des cocons d'*Ellampus*, mais, comme les cocons de ces derniers se ressemblent tous, je n'ai pu savoir s'ils appartenaient à l'*E. pusillus*. J'ai vu le même fait se reproduire de la part du *Diomorus igneiventris*, Costa aux dépens de l'*E. auratus*, L. ayant niché chez le *Trypoxylon figulus* et le *Cemonus unicolor*. J'ai constaté, par la même occasion, que le *Diomorus* n'est pas exclusivement parasite de l'*Ellampus*, car il pique également les larves du *Cemonus*.

J'ai trouvé fréquemment des coques de *Chrysis cyanea*, L. occupées par l'*Eurytoma tibialis*. Boh.

Il est probable que le *Leptobatides Abeillei*, Buyss. dont je parlerai à l'article *Stilbum*, agit de même avec le *Stilbum splendidum*, F., sans mépriser sans doute les larves de l'*Eumenes dimidiatipennis*, Sauss. Il doit percer de sa tarière le mortier du nid de l'Eumène, sans plus de difficulté que le *Monodontomerus cupreus*, Sm. le fait pour la maçonnerie du *Chalicodoma muraria*, F.

Outre ces parasites, les Chrysides ont encore plusieurs ennemis qui ne leur sont pas moins nuisibles. Ce sont les larves de *Clerus alvearius*, F. Tandis qu'elles ne sont encore que d'imperceptibles triongulins, elles s'attaquent de suite aux œufs des Euménides ; puis, lorsqu'elles sont plus grosses, elles achèvent le ravage en consommant les provisions de chenilles et de larves et. par la même occasion, les Chrysides et leur nourriture.

Dans les arbres, les bois et les tiges sèches des arbustes et des plantes contenant de précieuses couvées d'Hyménoptères où viennent pondre les Chrysis, ce sont des légions de petites fourmis appelées *Leptothorax tuberum*, F. qui parfois viennent tout ravager. Elles n'épargnent rien sur leur passage : œufs, larves. provisions, nymphes, tout est éventré et dévoré ; et, en véritables conquérants, elles établissent leur domicile dans ces galeries qu'un travail ingénieux agrandit et complète.

§ III. — DISTRIBUTION GÉOGRAPHIQUE

La famille des Chrysides a des représentants sur toutes les parties du globe, excepté peut-être sur les terres polaires. Lorsqu'on en a sous les yeux une collection un peu complète, on reconnaît de suite cinq faunes spéciales aux différents continents. Ces cinq faunes sont :

1° La faune *Européenne*, celle que comprend cet ouvrage, c'est-à-dire l'Europe classique, les côtes africaines et asiatiques baignées par la mer Méditerranée, la mer Noire et la mer Caspienne, et de plus la Perse, le Turkestan et la Sibérie la plus occidentale.

2° La faune *Asiatique* comprenant le reste de l'Asie, avec les îles de la Malaisie et de la Micronésie.

3° La faune *Australienne* qui est la plus réduite tant au point de vue de son aire géographique qu'à celui du petit nombre d'espèces qui lui sont particulières.

4° La faune *Africaine*, c'est-à-dire celle de toute l'Afrique et de Madagascar, moins la basse Egypte, Tripoli, la Tunisie, l'Algérie et le Maroc.

5° La faune *Américaine* comprenant les deux Amériques. Cependant au Chili et au Brésil il se trouve des espèces que l'on ne rencontre pas plus haut.

Ces divisions sont très arbitraires, mais n'en sont pas moins basées sur des données dignes d'être prises en considération; et elles deviendront plus distinctes lorsque l'exploration des diverses contrées nous aura fourni de plus amples matériaux.

Il existe en outre des insectes cosmopolites que l'on retrouve presque partout; telle est par exemple la *Chrysis ignita*, L. qui vit en Europe, en Asie, en Afrique et en Amérique. Ou bien ce sont des espèces communes à plusieurs faunes : ainsi la *Chrysis fuscipennis*, Brullé, habite l'Egypte, la Chine et l'Australie; la *C. incisa*, Ab. — Buyss., l'Espagne, l'Algérie et la Syrie; l'*Hedychrum neotropicum*, Mocs., le Mexique et le Brésil; la *Chrysis dubia*, Cress., le Tonkin et l'Australie; la *Parnopes carnea*, Rossi, les dunes de la mer Baltique, l'Algérie et le Turkestan, etc.

§ IV. — CHASSE ET PRÉPARATION

1. — Chasse. — Pour capturer les Chrysis, il est indispensable de se servir d'un filet, car on ne peut jamais les approcher d'assez près pour les prendre autrement. Quelquefois, en été, sur les ombellifères, on parvient cependant à saisir à la main celles qui ont la tête plongée dans les étamines des fleurs. Il est nécessaire que le filet soit petit et léger. Douze centimètres de diamètre suffisent, car on a des parois difficiles à couvrir et sur lesquelles un plus grand filet laisserait des jours dont profiterait aussitôt la captive. Un manche court, de 30-40 centimètres, permet de frapper avec plus de justesse et, s'il est brisé, il a l'avantage de pouvoir aisément se loger dans la poche du chasseur. Le filet doit être en tissu léger, mais solide, et autant que possible de couleur peu voyante, car nos mouches s'en effraieraient à la première approche.

Le flacon de chasse sera, comme pour les autres Hyménoptères, à large ouverture avec un goulot pas trop court, car lorsqu'on y introduit une Chrysis, celle-ci peut quelquefois s'évader avant qu'on ait le temps de remettre le bouchon. Le cyanure de potassium donne de bons résultats; cependant les Chrysis ne dégageant pas d'acide comme le font les Carabes, par exemple, il arrive parfois que le cyanure ne se décompose pas assez vite, et les bestioles ont le temps, dans leur agonie, de se couper les antennes et les pattes avec leurs mandibules. Je préfère donc la bonne benzine aux émanations promptement intenses et qui, lorsqu'elle est bien rectifiée, ne nuit pas à la couleur ni à la propreté des captures.

Quant à la chasse, elle n'est nullement fatigante et réclame un temps splendide. Comme les Chrysis sont éminemment héliophiles, on est assuré de ne rien faire les jours sombres ou froids. On doit les chercher dans tous les endroits ensoleillés et surtout dans les localités riches en Hyménoptères nidifiants.

Connaissez-vous une côte bien abritée,

« Et de tous les côtés au soleil exposée? »

vous devez y inspecter les ombellifères et les feuillages, car les *Cleptes* y butinent et y voltigent; dans les gazons ras et les endroits sablonneux, des fouisseurs y sont en colonies; c'est pourquoi les *Chrysis*, les *Hedychrum*, les *Hedychridium* et les *Holopyga* s'y donnent rendez-vous; enfin, sur les fleurs minuscules et les graminées, les *Ellampus* prennent leurs ébats. Les bords des fossés et des chemins ont presque toujours de petits tertres ou au moins quelques places fréquentées par des Halictes et des Pompiles; là encore, vous trouverez des Chrysides durant toute la belle saison et principalement en août et septembre. Les vieux arbres décortiqués, les bois secs, les vieux poteaux sont très recherchés de nos petites frileuses qui viennent s'y chauffer et, par la même occasion, visiter les nids des Hyménoptères habitant les trous du bois. On les aperçoit de fort loin, étincelantes au soleil dans leur course rapide d'incessante exploration, ou encore immobiles, le ventre appliqué contre le point surchauffé, brillantes comme la pierre précieuse enchâssée dans le métal bruni par le temps. Elles repartent du même coup d'aile invisible, aussi lestes au départ qu'à l'arrivée. Ces soudaines apparitions font battre le cœur du jeune naturaliste et, avant que son filet se soit mis en mouvement, la belle convoitée n'est plus qu'une vaine impression fatigante pour sa rétine trop attentive.

Sur les sommets herbeux et incultes des collines calcaires, ou le long des chemins qui y séparent les vignes ou les champs, vous ferez aussi de bonnes captures, malgré le vent qui y règne habituellement. On y prend les Chrysis marchant sur le sol, voltigeant sur le gazon court, ou se posant sur les pierres de calcaire à phryganes, dans les trous desquelles sont établis des Osmies, des *Trypoxylon*, des Odynères, etc. Dans ces mêmes localités, bon nombre d'Osmies cachent leur progéniture dans les coquilles vides des Helix et des Bulimes; aussi, près de ces coquilles, lorsque le nid n'est pas achevé, vous verrez sûrement des Chrysis. Les pierres calcaires entassées depuis plusieurs années vous procureront également bon nombre d'espèces intéressantes. Dans les chemins secs, mais peu fréquentés, l'*Osmia papaveris* Latr. établit ses galeries tapissées d'éclatants coquelicots et attire un grand nombre de Chrysides de tous les genres. Les grandes plages incultes et sablonneuses des bords des eaux sont couvertes de fleurs de *Sedum*, d'Achillée, de Menthes et d'*Eryngium* : ce sont les fleurs et les parages préférés des *Stilbum*, *Euchroeus* et *Parnopes*. Ces dernières avec leur grande trompe, visitent également les corolles profondes. Elles ne négligent point le serpolet à l'odeur pénétrante et vulgaire; c'est là aussi que tout en butinant, elles retrouvent le *Bembex* qui doit être la mère des victimes de leurs futurs enfants. Telles sont les conditions et localités à rechercher. Mais il faut avant tout beaucoup de patience, et lorsqu'on a découvert un coin giboyeux, le visiter chaque jour jusqu'à ce qu'on n'y prenne plus rien.

On a préconisé la récolte des nids d'Hyménoptères que l'on fait éclore en caisse. Pour mon compte, cette méthode ne m'a rien procuré de rare. Mais les jours sombres, en insufflant de la fumée de tabac dans les trous des bois perforés, des pierres et des murs, j'ai fait parfois des récoltes assez belles.

Avec le filet fauchoir, on prend des *Cleptes*, des *Notozus* et des *Ellampus* sur les feuillages bien exposés, les malvacées, les graminées, les broussailles, les ronces, les épines noires, etc. C'est de cette manière que je me procure des *Cleptes* assez facilement. M. F. Ancey a pris ainsi en Algérie de très jolis *Philoctetes*.

2. — **Préparation**. — Lorsque les Chrysis sont encore fraîches et souples, on doit, après les avoir piquées, enfiler en dessous du corps un petit morceau de bristol pour maintenir l'abdomen dans une position horizontale. Lorsqu'elles sont sèches on enlève le petit carton et l'insecte reste bien étalé, d'un aspect splendide et aussi très commodément disposé pour l'examen à la loupe. Si l'on n'a pas soin de relever ainsi l'abdomen, il reste incliné en dessous, l'apex près de l'épingle. Cette position est très défectueuse tant pour le plaisir des yeux que pour l'étude. Quelquefois, lorsqu'on ne prend pas la peine de préparer sa chasse de cette manière, si le lendemain, lorsque les insectes sont presque desséchés, on veut relever l'abdomen, presque toujours on brise, par cette opération, quelques uns des téguments qui le relient au thorax, de sorte qu'au moindre choc l'insecte se sépare en deux parties.

Si les ailes sont rebelles à prendre une position convenable, on enfonce l'épingle jusque près du corps de la Chrysis, dans de l'agavé ou autre moëlle, et, à l'aide d'autres épingles fixées près des côtés de l'insecte, on force les ailes à se relever. La bestiole devenue sèche, ses ailes conservent la position qu'on leur a donnée.

Lorsque, par achat ou échange, on a de vieux specimens crasseux et gras qu'il répugne de mettre en collection, on les fait ramollir sur du sable humide, puis, lorsqu'ils sont devenus souples, on les brosse doucement avec un pinceau imbibé d'alcool. Après les avoir bien nettoyés, on passe légèrement à la surface un pinceau imprégné de benzine rectifiée, puis on les fait sécher rapidement soit près du feu, soit au soleil. Par cette méthode les spécimens les plus hideux reprennent une certaine fraîcheur et peuvent figurer dans les cartons les mieux tenus. La pubescence seule tombe en partie.

§ V. — AVERTISSEMENT SUR LA TERMINOLOGIE

Avant d'entrer dans la partie descriptive de cet ouvrage, je dois donner quelques explications au sujet des termes employés dans les descriptions. Ils ont été préférés à d'autres souvent à cause de leur brièveté.

La taille *moyenne* est supérieure à la taille *médiocre*. Par le mot seul de *pubescence*, j'entends celle du dessus de la tête et du pronotum; autrement j'indique toujours de quelle partie du corps je veux parler. Lorsque je réunis plusieurs épithètes par un trait d'union, c'est la première de ces épithètes qui a la plus grande valeur. Les *joues* sont formées par l'espace compris entre les yeux et la base des mandibules. Par *abdomen*, je veux indiquer l'ensemble des segments dorsaux visibles, c'est-à-dire non protractiles. Les *côtés* du troisième segment abdominal sont l'espace compris de chaque côté entre la base du segment lui-même et le commencement de la marge apicale. Par *emarginatura*, j'entends l'incision en entier, et je nomme *sinus* le fond de cette incision. Le *ventre* est l'ensemble des segments ventraux non protractiles. L'*oviscapte* est l'ensemble des segments dorsaux et ventraux protractiles de la femelle; le terme est impropre, mais évite une série de mots.

Les descriptions sont forcément très longues, car, chez les Chrysides, presque toutes les parties du corps portent des caractères qu'il est absolument nécessaire de signaler afin que plus tard on puisse distinguer une espèce inédite sans avoir recours au type, qu'il est parfois impossible de voir. Si les descriptions des auteurs avaient été mieux rédigées, il n'y aurait point de confusion ni de doute, comme il en surgit à chaque pas, surtout pour les anciens. Les Chrysides ont été négligées de tout temps, comme la plupart des Hyménoptères, et cependant la synonymie en est très compliquée, précisément parce qu'un très grand nombre de diagnoses typiques sont insignifiantes.

Lorsque je ne parle pas d'une partie quelconque du corps, c'est qu'elle est semblable à celle des espèces affines déjà décrites.

La méthode dichotomique du *Species* ne permet pas de placer les espèces par ordre d'affinité. Je me suis cependant efforcé d'y remédier, autant que possible, en cherchant des caractères communs. J'ai cru bien faire en outre, dans la dichotomie, en opposant les caractères faciles à reconnaître du premier coup d'œil, de préférence à d'autres peut-être plus sérieux mais difficiles à constater.

Comme priorité nominale je ne me suis occupé que de la certitude absolue que telle espèce est bien celle qui a été décrite par tel auteur, et ensuite de la date de publication de la description sans distinction de sexe. Ratzeburg prétendait que le mâle, en vertu de son « *potior sexus* », devait toujours imposer son nom à la femelle. Wesmaël pensait, au contraire, que la femelle perpétuant l'espèce, parfois même sans le secours du mâle, devait l'emporter sur ce dernier. Les naturalistes sont partagés à ce sujet. Quant à moi, et je ne suis pas seul de cet avis, je trouve que le sexe, quel qu'il soit, qui est décrit le premier, doit donner son nom à l'autre qui l'a été postérieurement sous un autre nom. Dans un même ouvrage, lorsque les deux sexes sont décrits séparément comme espèces distinctes, je donne la priorité nominale à celui qui se trouve à la page la plus antérieure.

Pour les localités, je ne cite que celles ayant fourni des spécimens que j'ai vus. Les noms de personnes, qui suivent parfois ceux des localités, appartiennent aux entomologistes qui m'ont communiqué les insectes.

BIBLIOGRAPHIE SPÉCIALE

DES OUVRAGES CONTENANT DES DESCRIPTIONS DE CHRYSIDES D'EUROPE ET PAYS LIMITROPHES

1. **Abeille de Perrin (Elz.)** 1877 Diagnoses d'espèces nouvelles et remarques sur des espèces rares. (*Feuille des Jeunes Naturalistes*, VII, n° 78, p. 65-68).

2. — 1878 Diagnoses de Chrysides nouvelles. Marseille, p. 65-68).

3. — 1879 Synopsis critique et synonymique des Chrysides de France. (*Ann. de la Soc. Linn. de Lyon*. XXVI, p. 1-108.

4. **Ahrens (A).** 1814 Fauna insectorum Europæ. Halæ. Fasc. II, tab. 17.

4. **Brullé (A).** 1832-36. Expédition scientifique de Morée. 3 vol. Paris. Zoologie, t. III, 1re partie, 2e section. Des animaux articulés, par A. Brullé. — Paris, 1832, p. 374-78.

6. — 1839 Webb et Berthelot. Animaux articulés recueillis aux îles Canaries. Histoire naturelle des îles Canaries. T. II. Part. II. Entomologie. Insectes, par Brullé. — Paris, p. 93.

7. — 1836-46. Histoire naturelle des Insectes. Suite à Buffon. Hyménoptères, par le comte Amédée Lepeletier de Saint-Fargeau. 4 vol. Paris. T. IV, par A. Brullé, p. 1-55. — Paris, 1846.

8. **Buysson (R. du).** 1886 Description d'une espèce nouvelle de Chryside. (*Revue d'Entom.*, V, *p.* 151).

9. — 1887 Chrysidides inédites. (*Revue d'Entom.*, VI, p. 6-8).

10. — 1887-88. Descriptions de Chrysides nouvelles. (*Revue d'Entom.*, VI, *p.* 167-201 ; VII, p. 1-13).

11. — 1890 Imenotteri di Siria raccolti dall' av^to Augusto Medena r. console d'Italia a Tripoli di Siria, con descrizione di alcune specie nuove pel Dott. P. Magretti Fam. VI, Chrysididæ, pel R. du Buysson, p. 10-13. (*Annali del Museo civico di Storia natur. di Genova, serie 2a vol.* IX (XXIX), 26-30 *Giugno e 1o luglio* 1890).

12. — 1890 Diagnoses de Chrysis inédites capturées par M. J. Gazagnaire en Algérie. (*Bulletin des séances de la Soc. Entom. de France, p.* CXXXIII-CXXXV).

13. **Cederhjelm (J).** 1798 Faunæ Ingricæ prodromus exhibens methodicam descriptionem Insectorum agri Petropolensis, etc. — Lipsiæ, p. 167.

14. **Chevrier (Fr.)** 1862 Description des Chrysides du bassin du Léman. — Genève, p. 1-34.

15. — 1869 Description de deux Chrysides du bassin du Léman. (*Mittheilungen der Schweizerischen Entomologischen Gesellschaft. Vol.* III, *n°* 1, *p.* 41).

16. — 1870 Description de quelques Hyménoptères du bassin du Léman. (*Mittheil. der Schweiz. Ent. Gesells. vol.* III, *n°* 6, *p.* 265-68).

17. **Christ (J.-L.)** 1791 Naturgeschichte, Classification und Nomenclatur der Insecten von Bienen.- Wespen- und Ameisengeschlecht. — Frankfurt a. Main, p. 260 ; 393-406.

18. **Coquebert (A.-J.)** 1799-1804 Illustratio iconographica Insectorum quæ in Musæis Parisinis observavit et in lucem edidit Joh. Christ. Fabricius præmissis, ejusdem descriptionibus. 3 Decades. — Paris, 1799-1804. — Dec. I, 1799, p. 19; Dec. II, 1801, p. 58-61.

19 **Costa (Ach.)** 1864 Stilbum variolatum, Chrysis Selenia, vomerina, laborans n. sp. (*Annuario del Museo Zoologico della r. università di Napoli. Anno* II (1862) 1864, *p.* 67-68.

20. **Courtiller (A.)** 1858 Descriptions de Chrysides observées aux environs de Saumur. (*Annales de la Soc. Linn de Maine-et-Loire,* III, 1858 (1859), p. 61-72).

21. **Dahlbom (A.-G.)** 1829 Monographia Chrysidum Sueciæ. — Lundini Gothorum, p. 1-19.

22. — 1831-33 Exercitationes Hymenopterologicæ ad illustrandam faunam Suecicam.—Lundini Gothorum, part. I-VI.

23. — 1845 Dispositio methodica specierum Hymenopterorum secundum familias Insectorum naturales. Particula 2ᵃ.— Lundini Gothorum, p. 135-142.

24. — 1854 Hymenoptera Europæ præcipue borealia, etc... t. II. Chrysis in sensu Linnæano. — Berolini, p. 1-442.

25. **Degeer** (C). 1752-88 Mémoires pour servir à l'histoire des Insectes. 7 vol. Stockholm. — Guêpes dorées, t. II, part. II, p. 831-838.

26. **Donovan (E.)** 1792-1813 The natural history of British Insects, etc., 16 vol. London. — Tome I, 1792, pl. 7; 19, 1798, pl. 235.

27. **Dufour (Léon) et E. Perris.** 1840 Mémoire sur les Insectes Hyménoptères qui nichent dans l'intérieur des tiges sèches de la ronce. (*Annales de la Soc. Ent. de France*, IX, p. 37-40).

28. **Eversmann (E.)** 1847 Fauna hymenopterologica Volgo-Uralensis. Fam. V. Chrysidarum. (*Bull. de la Soc. impér. des Naturalistes de Moscou*, XXX, n° 4, p. 544-567.

29. **Fabricius (J.-Chr.)** 1775 Systema entomologiæ, etc —Flensburgi et Lipsiæ, p. 357-359.

30. — 1781 Species Insectorum, etc., 2 vol. — Hamburgi et Kilonii, t. I, p. 454-457.

31. — 1787 Mantissa Insectorum, 2 vol.— Hafniæ, t. I, p. 269-270; 282-284.

32. — 1792-94 Entomologia systematica emendata et aucta, etc. 4 vol. — Hafniæ, t. II, 1793, p. 184-185; 233-243. t. IV, 1794, p. 458.

33. — 1798 Entomologiæ systematicæ supplementum.— Hafniæ, p. 257-258.

34. — 1804 Systema Piezatorum, etc. — Brunsvigæ, p. 154-156; 170-177.

35. **Forster (J.R.)** 1771 Novæ species Insectorum. Centuria I. — Londini, p. 88-89.

36. **Fœrster (A.)** 1853 Beschreibungen neuer Arten aus der Familie der Chrysiden. (*Verhandlungen des Natur. Vereines der Preussischen Rheinlande*, X, p. 304-356.

37. **Fourcroy (A.-F. de)** 1785 Entomologia Parisiensis, etc., 2 vol.— Parisiis, t. II, p. 440-441.

38. **Frey-Gessner** (E). 1887 Hymenoptera Helvetiæ. Fam. Chrysididæ. (*Mittheil. der Schweiz. Entom. Gesells. Vol.* VII, Hft. n° 8, *p.* 11-89.

39. — 1889-90 Hymenoptera Chrysididæ. (*Fauna Insectorum Helvetiæ, vol.* VIII, *cah.* 3, p. 146. Korrecturen I (1889); — Korrecturen II, cah. 4, p. 156 (1890).

40. — 1890 Tables analytiques pour la détermination des Hyménoptères du Valais. (*Bulletin des Travaux de la Soc. Murithienne du Valais*, VIII, *p.* 43.);

41. **Fuessly**, (J.-G.) 1778-79 Magazin für die Liebhaber der Entomologie. 2 vol. Zurich und Wintherthur. Tom. I, 1778, p. 222.

42. **Geoffroy** (E.-L.). 1762 Histoire abrégée des Insectes qui se trouvent aux environs de Paris, etc., 2 vol. Paris. Guêpes dorées. Tom. II, p. 382-385.

43. **Germar** (E.-F.) 1817 Reise nach Dalmatien und in das Gebiet von Ragusa. Leipzig und Altenburg, p. 260.

44. — 1817 Fauna Insectorum Europæ. Halæ, Fasc. IV, fig. 12-13.

45. **Gerstaecker** (C.-E.-A.) 1862 Naturwissenschaftliche Reise nach Mossambique, auf Befehl seiner Majestæt des Kœnings Friedrich Wilhem IV, in den Jahren 1842 bis 1848 ausgeführt von Wilhem C. H. Peters. Zoologie. Tom. V. Insekten und Myriapoden. Berlin. Hymenoptera, bearbeitet von Gerstæcker, p. 519-520.

46. — 1869 Zwei neue von Herrn prof. Zeller in Ober-Kœrnthen gesammelten Chrysis-Arten (*Stettiner entomologische Zeitung*, XXX, *p.* 185.

47. **Giraud** (J.) 1863 Hyménoptères recueillis aux environs de Suse, en Piémont, et dans le département des Hautes-Alpes, en France. (*Verhandlungen der Zoologisch-botanischen Gesellschaft in Wien*, XIII, *p.* 23-24.)

48. **Gmelin** (J.-F.) 1792 Caroli a Linne Systema naturæ. Ed. XIII, T. 1. Pars V. Lipsiæ, p. 2712; 2744-2747.

49. **Gogorza** (José). 1880 Himenopteros notables de la fauna Espanola. (*Anales de la Soc. Espan. de Historia nat.* IX *Cuaderno* I. *Actas* II, *p.* 31-33.)

50. — 1887 Crisididos de los alrededores de Madrid. (*Anales de la Soc. Espan. de Historia nat*, XVI, *Cuaderno* I, *p.* 17-88.)

51. **Gradl** (H.) 1881 Aus der fauna des Egerlandes I, Hymenoptera. (*Entomologische Nachrichten* VII, *p.* 300.)

52. **Gribodo (J.)** 1874 Diagnosi di alcune specie nuove del genere Chrysis. (*Annali del Museo civico di St. Nat. di Genova*, VI, p 358-360.)

53. — 1875 Diagnose d'un Hyménoptère nouveau de la famille des Chrysidiens. (*Petites nouvelles entomologiques*, p. 491.)

54. — 1879 Note Imenotterologiche. (*Annali del Museo civico di Storia nat. di Genova*, XIV, p. 325-339.)

55. — 1884 Viaggio ab Assab nel mar Rosso, dei signori G. Doria ed O. Beccari con il r. avviso « Exploratore » dal 16 nov. 1879 al 26 Febr. 1880. Imenotteri per Gribodo (*Annali del Museo civico di St. nat. di Genova*, XX, p. 392.)

56. — 1884 Spedizione italiana nell' Africa equatoriale. Resultati zoologici. Memoria secunda, Imenotteri. (*Annali del Museo civico di St. nat. di Genova. Ser. 2. Vol.* I, p. 316-323)

57. **Guérin-Méneville (M.-F.-E.)** 1842 Descriptions de quelques Chrysidos nouvelles. (*Revue zoologique* p 144-150.)

58. — 1829-41 Iconographie du règne animal de G. Cuvier, etc., 3 vol. in 6 partibus. Paris. T. II, 1844, p. 418-421.

59. **Heyden (Lucas von)** 1882-83 Die Chrysiden oder Goldwespen aus der weiteren Umgebung von Frankfurt. (*Bericht uber die Senkenbergische naturforschende Gesellschaft*, p. 238-254.)

60. **Illiger (C.)** 1807 Rossi P. Fauna Etrusca etc., iterum edita et adnotationibus perpetuis aucta a Carolo Illiger. 2 vol. Tom. II. Helmstadii, p. 78-79; 118-126.

61. **Jurine (L.)** 1807 Nouvelle méthode de classer les Hyménoptères et les Diptères. Genève, p. 292-299.

62. **Klug (Fr.)** 1835 Waltl Reise durch Tyrol, Oberitalien und Piemont nach dem südlichen Spanien. Passau, p. 90.

63. — 1837 Id. — Des insectes d'Andalousie. Traduit de l'Allemand par G. Silbermann. (*Revue Entomologique*, IV, p. 159.)

64. — 1829-45 Symbolæ physicæ, seu icones et descriptiones Insectorum, quæ in itinere per Africam borealem et Asiam occidentalem Frid Guil. Hemprich et Chr. God. Ehrenberg studio, novæ aut illustratæ redierunt. 5 Decades. Berolini. — Decas, v, 1845, tab. XLV.

65. **Labram (J.-D.)** 1842 Insecten der Schweiz. Die vorzüglichsten Gattungen ie durch eine Art bildlich dargestellt von J.-D. Labram, nach Einleitung und mit Text von Dr. Ludwig Imhoff, 5 vol. Basel.—Tom. III, 1842.

66. **Lamarck (J.-P.-A.)** 1815-22 Histoire naturelle des animaux sans vertèbres. 7 vol. Paris. — Tom. IV, 1817, p. 125-128.

67. **Lamprecht (H.)** 1881 Die Goldwespen Deutschlands. Beilage zum Osterprogramm des Herz. Francisceums in Zerbst, p. 1-26.

68. **Latreille (P.-A.)** 1796 Précis des caractères génériques des Insectes, etc. Brives et Bordeaux, p. 127.

69. — 1802-05 Histoire générale et particulière des Crustacés et des Insectes. 14 vol. Paris. — Tom. XIII, 1805, p. 233-240.

70. — 1806-09 Genera Crustaceorum et Insectorum, etc., 4 vol. Parisiis et Argentorati. — Tom. IV, 1809, p. 41-50.

71. **Lepeletier de St-Fargeau (A.-L.)** 1806 Mémoire sur quelques espèces nouvelles d'insectes de la section des Hyménoptères, appelés les porte-tuyaux (Chrysididæ). (*Annales du Museum d'Histoire naturelle*, VII, p. 115-129.)

72. **Lepeletier de St-Fargeau (A.-L.) et Audinet de Serville (J.-G.)** 1825 Encyclopédie méthodique. Entom. Vol. X. Paris, p. 493-495.

73. **Lichstenstein (J.)** 1876 Note sur le genre Chrysis. (*Petites nouvelles entomologiques*, n° 145, p. 27.

74. — 1879 Chrysis (Gonochrysis) Gogorzæ n. sp. (*Annales de la Soc. Ent. de France. Série 5. Tome* IX. *Bulletin, p.* CLXV.)

75. **Linné (C.)** 1767 Systema naturæ. Edit. XII. Tom. I. Pars. II. Holmiæ, p. 946-948.

76. — 1761 Fauna Suecica. Edit. II. Stockholmiæ, p. 413-414.

77. **Lucas (H.)** 1849 Exploration scientifique de l'Algérie, Zoologie. Tome III. Paris, 1849, p. 304-316.

78. **Marquet (M.)** 1879 Aperçu des Insectes Hyménoptères qui habitent le midi de la France. (*Bulletin de la Soc. d'Hist. nat. de Toulouse. Année* 1879, *p.* 156-163.)

79. **Mocsary (A.)** 1877-78 Data ad faunam Hungariæ septentrionalis comitatuum : Zolyom et Lipto. (*Publicationes mathe-*

maticæ et physicæ, ab Academia Hungarica scientiarum editæ. Vol. xv, *p.* 247.)

80. — 1879 Hymenoptera nova e fauna Hungarica. (*Termeszetrajzi Fuzetek. Naturhistorische Hefte Vol.* III, *p.* 120-124.)

81. — 1879 Data caracteristica ad faunam Hymenopterologicam regionis Budapestinensis. (*Topographia medicina et physica regionis Budapestinensis. Budapestini, p.* 8-10.)

82. — 1882 Chrysididæ faunæ Hungaricæ. (Edité par l'Académie des sciences de Hongrie.) Budapestini, p. 1-94.

83. — 1883 Hymenoptera nova europaea et exotica. (*Dissertationes physicae et mathematicæ, ab Academia Hungarica scientiarum editæ. Vol.*XIII, *n°* 11, *p.* 14-18.)

84. — 1887 Studia synonymica. (*Termeszetrajzi Fuzetek. Vol.* XI, *p.* 13-17.)

85. — 1887 Eine neue Goldwespen-Art und varietat aus Deutschland. (*Entomologische Nachrichten.* XIII, *n°* XIX, *p.* 291.)

86. — 1887 Révision des armures copulatrices des mâles de la tribu des Chrysides, par le général Radoszkowsky. Espèces nouvelles par A. Mocsary. (*Horæ Soc. Entom. Rossicæ.* XXIII.)

87. — 1889 Monographia Chrysididarum orbis terrarum universi. (Edité par l'Académie des Sciences de Hongrie.) Budapestini, p. 1-643.

88. — 1890 Termeszetrajzi Füzetek. Vol. XIII. Part. 2-3, p. 45-66.

89. **Mueller** (P.-L.) 1775-76 Stadius, Des Ritters Carl von Linné Vollstandiges Natursystem der Insekten, nach der zwœlften Ausgabe, etc., 6 Theile in 9 Banden mit Suppl. und Register. Nürnberg. — V. Theil. II. Bd. 1775, p. 873; 875-877.)

90. **Olivier** (A.-G.) 1789-1825 Encyclopédie méthodique. Histoire naturelle. Insectes. 10 vol. Paris. Tom. v, 1790, p. 672-677.

91. **Pallas** (P.-S.) 1768-74 Reise durch verschiedene Provinzen des Russischen Reiches in den Jahren 1768-1774. 3 Theile in 5 Banden. — Tom. I. Peterburg, 1771. Anhang, p. 474.)

92. **Panzer** (W.-G.-F.) 1792-1810 Faunæ Insectorum Germaniæ initia, oder Deutschlands Insecten. Nürnbergæ.

93. — 1804 Dr. Jacobi Christiani Schaefferi Icones Insectorum circa Ratisbonam indigenorum enumeratio systematica, opere et studio Dris G. W. Fr. Panzeri Erlangæ, p. 59; 90; 95; 122; 193.

94. — 1805-06 Kritische Revision der Insectenfauna Deutschlands, nach dem System bearbeitet. 2 vol. Nürnberg.— Tom II, 1806, p. 95; 100-105.

95. **Poda** (**N**.) 1761 Insecta Musaei Graecensis etc., Græcii, p. 108.

96. **Radoszkowsky** (**O**.) 1865-66 Enumération des espèces de Chrysides de Russie (*Horæ Soc. Ent. Rossicæ*, III, *p.* 295-310.)

97. — 1876 Matériaux pour servir à une faune hyménoptérologique de la Russie. (*Hor. Soc. Ent. Ross.* XII, *p.* 106-110.)

98. — 1876 Compte-rendu des Hyménoptères recueillis en Egypte et en Abyssinie en 1873. (*Hor. Soc. Ent. Ross.* XII, *p.* 146-149.)

99. — 1877 Reise in Turkestan von Alexis Fedtsenko. II. Zoologischer Theil, Hymenoptera Chrysidiformia, bearbeitet von O. Radoszkowsky. Moskau.

100. — 1879 Les Chrysides et Sphégides du Caucase. (*Hor. Soc. Ent. Ross.* XV, *p.* 140-147.

101. — 1881 Chrysis persica et Demavendæ n. sp. (*Hor. Soc. Ent. Ross.* XVI. *Bull. p.* V-VI.)

102. — 1888 Revision des armures copulatrices des mâles de la tribu des Chrysides. (*Hor. Soc. Ent. Ross.* XXIII, *p.* 3-40.)

103. — 1889 Hyménoptères récoltés sur le mont Ararat. (*Hor. Soc. Ent. Ross.* XXIV, *p.* 502-510.)

105. **Rossi** (P.) 1790 Fauna Etrusca, sistens Insecta, quæ in provinciis Florentina et Pisana præsertim collegit. 2 vol. Liburni. Tom. II, p. 53; 74-78.

106. — 1792-94 Mantissa Insectorum, exhibens species nuper in Etruria collectas, adjectis Faunæ Etruscæ illustrationibus ac emendationibus. 2 vol. Pisæ. Vol. I, 1792, p. 132-134.)

107. **Saunders** (**S.-S.**) 1873 On the Habits and Economy of certain Hymenopterous insects which nidificate in briars, and their parasites. (*Transactions of the Entomological Society of London, p.* 411.)

108. **Schæffer** (J.-C.) 1766-79 Icones Insectorum circa Ratisbonam indigenorum coloribus naturam referentibus expressæ. Natürlich ausgemahlte Abbildungen Regensburgscher Insecten. Regensburg. 3 vol. — Tom. I, tab. XLII, fig. V-VI; LXXIV, fig. VII-VIII; LXXXI, fig. V. — Tom. II, tab. CXV, fig. III. — Tom. III, tab. CCXXXIII, fig. VII.

109. **Schenck** (A.) 1856-61 Beschreibung der in Nassau aufgefundenen Goldwespen. (*Jahrbucher der Vereins für Naturkunde im Herzogthum Nassau*. XI. *Wiesbaden*, 1856, *p.* 13-89. — Zusatz und Berichtigungen (*id.*, XVI, 1861, *p.* 174-178).

110. — 1870 Die Goldwespen mit Bestimmungs-tabellen der Nassauischen und kurzer Beschreibung der ubrigen deutschen Arten. (*Programm des Kœnigl. Gymnasiums zu Weilburg*, *p.* 1-18.)

111. — 1871 Mehrere seltene zum Theil neue Hymenopteren. (*Stettiner entom. Zeitung*. XXXII, *p.* 254-255.)

112. **Schmiedeknecht** (O.) 1880 Zwei neue Arten der Gattung Chrysis aus Thuringen. (*Entomologische Nachrichten*, VI, *p.* 174; 193.

113. **Schrank** (F.) 1781 Enumeratio Insectorum Austriæ indigenorum. Augustæ Vindelicorum, p. 387-388.

114. — 1798-1803 Fauna Boica, etc., 3 vol. — Tom. II. Pars. II, Ingolstadt. 1802, p. 343-347.

115. **Scopoli** (J.-A.) 1763 Entomologia Carniolica, sistens Insecta Carnioliæ indigena, etc. Vindobonæ p. 297-298.

116. — 1772 Annus quintus historico-naturalis. Lipsiæ. Observationes zoologicæ, p. 122.

117. **Shuckard** (W.-E.) 1837 Description of the Genera and Species of the British Chrysididæ. (*The Entom. Magazine*. IV, *p.* 156-177.)

118. **Smith** (Fr.) 1862 A monograph of the family Chrysididæ. (*The entom. Annual for* 1862, *p.* 80-104.)

119. — 1874 A Revision of the Hymenopterous genera Cleptes, Parnopes, Anthracias, Pyria and Stilbum, etc... (*Transactions of the Entomological Society of London*, 1874, *p.* 451-471.)

120. **Spinola** (M.) 1805 Faunæ Liguriæ fragmenta. Dec. I. Genuæ, p 14, n° 4.

121. — 1806-08 Insectorum Liguriæ species novæ aut rariores;

etc. 2 vol. Genuæ. — Tom. I, 1806, p. 7-11 ; 62-65. — Tom. II, 1808, p. 3-5; 26-30; 74-75; 77; 169-171; 239-242.

122. — 1838 Compte-rendu des Hyménoptères recueillis par M. Fischer pendant son voyage en Egypte. (*Ann. de la Soc. Ent. de France*, VII, 1838, *p*. 446-456.)

123. — 1843 Notes sur quelques Hyménoptères peu connus, recueillis en Espagne par V. Ghiliani. (*Ann de la Soc. Ent. de France. Serie 2. Tom.* I. 1843, p. 127-129.)

124. **Stefani (Th. de)** 1888 Note sulle Crisididi di Sicilia. (*Il Naturalista Siciliano*, VII, *n°* IV-VII, p. 88-95, 114-125; 139-145; 156-161, 177-182, 215-220.)

125. **Sulzer (J.-H.)** 1761 Die Kennzeichen der Insecten, etc., Zurich, p. 50, II, 121, tab. XIX.

126. — 1776 Abgekurzte Geschichte der Insecten nach dem Linnœischen System. Winterthur, p. 193.

127. **Taschenberg (E.-L.)** 1866 Die Hymenopteren Deutschlands nach ihren Gattungen und theilweise nach ihren Arten. Leipzig, p. 146-152.

128. **Thomson (C.-G.)** 1870 Opuscula Entomologica, Fasc. II. Lund. p. 101-108.

129. **Tournier (H.)** 1877 Addition aux Chrysides du bassin du Léman. (*Petites Nouvelles Entomologiques, n°* 165, *p*. 105-106.)

130. — 1878 Nouvelle addition aux Chrysides du bassin du Léman. (*Mittheilungen der Schweizerischen entomologischen Gesellschaft. Vol.* V. *Heft., n°* 6, *p.* 305-310.)

131. — 1879 Descriptions d'Hyménoptères nouveaux appartenant à la famille des Chrysides. (*Ann. de la Soc. Ent. de Belgique*. XXII, *p*. 87-100.)

132. — 1889 Descriptions d'Hyménoptères nouveaux appartenant à la famille des Chrysides. (*Societas entomologica, n°* 20, *p*. 153; *n°* 21, *p*. 161; *n°* 22, *p*. 169; n° 24, *p*. 185; *n°* 1, *p*. 1; *n°* 2, *p*. 15; *n°* 3, *p*. 23.)

133. —

134. **Villers (Ch.-J.)** 1789 Caroli Linnaei Entomologia, faunæ suecicæ descriptionibus aucta, etc., 4 vol. Lugduni, — Tom. III, p. 237; 255-260.

135. **Walkenaer** (C.-A. de) 1802 Faune Parisienne. Histoire des Insectes des environs de Paris, etc., 2 vol. Paris, Tom. II, p. 68; 84-85.

136. **Walker** (F.) 1871 List of Hymenoptera collected by J. K. Lord in Egypt. in the Neighbourhood of the Red-sea, and in Arabia. With descriptions of the new species. London p. 6-9.

137. **Wesmaël** (C.) 1839 Notice sur les Chrysides de Belgique. (*Bulletin de l'Académie royale des Sciences et Belles-Lettres de Bruxelles*. VI, p. 167-177.)

138. **Zetterstedt** (J.-W.) 1838-40 Insecta Lapponica. Lipsiæ, 1840. (Hymenoptera, 1838.) p. 433-434.

139. **Zschach** (J.-J.) 1788 Museum N. G. Leskeanum. Pars entomologica ad systema Entomologiæ Cl. Fabricii ordinata. Lipsiæ, p. 73-74.)

TABLEAU DES TRIBUS

1 Abdomen convexe en dessous; stigmates métathoraciques situés en dessus des angles posticolatéraux, près de l'insertion des ailes inférieures. I. CLEPTIDÆ*, AARON.

— Abdomen concave en dessous. 2

2 Ongles des tarses avec plusieurs crochets; stigmates métathoraciques situés en dessus des angles posticolatéraux, près de l'insertion des ailes inférieures.
II. HETERONYCHIDÆ, BUYSS.

— Ongles des tarses simples; stigmates métathoraciques situés en dessous des angles posticolatéraux, près des épisternum du métathorax. 3

3 Mâchoires et languette de la bouche courtes, rétractées au repos; palpes labiaux composés de trois articles, palpes sous-maxillaires composés de cinq articles.
III. EUCHRYSIDIDÆ, BUYSS.

— Mâchoires et languette de la bouche très allongées, linéaires, en forme de trompe repliée en dessous du thorax au repos; palpes labiaux et sous-maxillaires composés de deux articles seulement. IV. PARNOPIDÆ, AARON.

* M. R. du Buysson s'était servi, pour les tribus, d'autres désinences, et avait écrit *Cleptiniens*, *Hetéronychiniens*, etc. J'ai dû, pour maintenir l'uniformité de la nomenclature adoptée dans le *Species*, remplacer ces noms, peut-être plus corrects, par ceux de *Cleptidæ*, *Heteronychidæ*, etc. Un ouvrage comme celui-ci, destiné à former un traité général sur les Hyménoptères paléarctiques, doit, ce me semble, malgré la diversité de rédaction inhérente à la multiplicité des collaborateurs, conserver une unité de plan nécessaire au cachet général de l'œuvre.

ERN. ANDRÉ.

CONSIDÉRATIONS GÉNÉRALES

SUR L'ENCHAINEMENT DES TRIBUS ET DES GENRES

Les familles, chez les insectes, s'enchaînent toutes les unes aux autres; il en est de même des genres dans une famille et des espèces dans un même genre. Voici en quelques lignes, pour la famille des Chrysides, cette suite d'affinités.

L'*Heterocoelia nigriventris*, Dahlb., constitue le passage de la famille des Chrysides à la famille des Cénoptérides, par son corps déprimé, sans couleur métallique, son métathorax prolongé en arrière, ses antennes insérées sur une sorte de *torulus*, et les segments dorsaux de son abdomen presque tous visibles. Les *Cleptes* se rattachent à l'*Heterocoelia* par leur corps déprimé, avec le métathorax prolongé en arrière, et aux Cénoptérides en outre par la forme générale des crochets des organes génitaux des mâles. Une lacune assez grande existe, pour la faune européenne, entre les *Cleptidæ* et les *Heteronychidæ*. Cependant les *Notozus* se relient aux *Cleptes* par leur forme générale un peu plus allongée que chez les genres suivants. Le *Notozus superbus*, Ab., n'a pas de plateforme apicale au troisième segment abdominal; c'est la bordure qui est réfléchie en dessous, avec l'incision apicale flanquée de deux dents. Le *N. Putoni*, Buyss., n'a qu'une incision simple à l'apex. Ces deux espèces se rapprochent donc beaucoup des *Ellampus*. De son côté, l'*Ellampus truncatus*, Dahlb., avec son postécusson conique-acuminé et sa petite plateforme apicale, rappelle sensiblement les *Notozus*. L'*E. parvulus*, Dahlb., avec l'incision apicale du troisième segment de l'abdomen parfois presque nulle, fait le passage aux *Philoctetes*. Du reste, presque tous les petits *Ellampus*, par leur forme trapue et convexe, rappellent les *Philoctetes*. Ceux-ci ont les ongles pectinés et les mésopleures forment un angle fortement accusé à peu près dans le même plan : c'est ce qui les rapproche des *Holopyga*. La nervulation les éloigne de ces dernières mais les rapproche des *Ellampus* et des *Notozus*. Les *Holopyga*, par les mésopleures et leur forme générale, semblent se confondre avec les *Hedychrum*. L'*Hedychrum coelestinum*, Spin., et quelques *Hedychridium* ont l'apex très légèrement sinué et rappellent ainsi certaines *Holopyga* à bordure apicale sinuolée. Les ongles avec deux crochets et la nervulation constituent des caractères communs aux *Hedychrum* et aux *Hedychridium*. La première cellule discoïdale est incomplète ou nulle chez les *Cleptidæ*, les *Heteronychidæ* et chez le genre *Chrysogona* des *Euchrysididæ*. Les *Spinolia* ont le troisième segment abdominal avec un angle de chaque côté, dirigé en arrière comme chez les *Hedychrum* ; leur corps trapu, leur abdomen court leur donnent encore avec eux une certaine ressemblance. Les *Spintharis vagans*, Rad. et *Mocsaryi*, Rad., possèdent également, de chaque côté du troisième segment abdominal, une forte dent dirigée en arrière, mais elle est située avant la naissance de la série antéapicale. Les *Spinolia* se relient aux *Euchroeus* par la cellule radiale qui est très incomplète et, chez quelques espèces, la bordure apicale du troisième segment de l'abdomen est garnie de fines aspérités saillantes simulant les dents d'une scie. Par leur forme générale, les *Chrysogona* sont excessivement voisines des *Chrysis*. Ces dernières sont reliées aux *Stilbum* par certaines grandes espèces, notamment la *C. stilboides*, F., qui a le postécusson creusé en cuillère en dessus, la *C. lyncea*, F., dont la tête très étroite est encastrée dans le pronotum qui a le bord antérieur échancré. Une seconde lacune se remarque ici entre les *Euchrysididæ* et les *Parnopidæ* par suite de la conformation de la bouche, de l'existence d'un quatrième grand segment abdominal bien visible chez le mâle. Les armures génitales des mâles sont également très différentes. Des caractères communs existent avec les *Spinolia* et les *Euchroeus* : cellule radiale très incomplète, bordure du dernier segment abdominal visible, denticulée en scie. Par l'ensemble du corps, les *Parnopidæ* sont de vraies *Chrysis* ; ils ont également les ongles simples.

1re Tribu. — Cleptidæ, Aaron

Caractères. — Corps allongé, grêle, de taille petite, médiocre ou moyenne; mandibules pluridentées; palpes labiaux de trois articles, palpes sous-maxillaires de cinq articles; yeux avec de petits poils très fins, dressés, clairsemés. Pronotum allongé, plus étroit en avant, le bord antérieur plus ou moins arrondi, avec une dépression transversale ou un sillon. Ongles des tarses portant, vers le milieu, une petite dent presque en angle droit; hanches postérieures ou antérieures parfois avec des apophyses dentiformes. Ailes supérieures avec la première cellule discoïdale presque nulle ou figurée par un trait bruni; ailes inférieures avec les nervures radiale, anale et médiane plus ou moins visibles. Des parapsides; mésopleures convexes-arrondies, prolongées en arrière; scutum du métathorax visible ou nul; scutellum du métathorax toujours grand; stigmates du métathorax situés au-dessus des angles posticolatéraux, près de l'insertion des ailes inférieures, et placés au fond d'une cavité subarrondie plus ou moins grande; les episternum du métathorax toujours plus ou moins visibles de profil, relativement grands. Abdomen convexe en dessus et en dessous.

TABLEAU DES GENRES

1 Yeux très petits, arrondis; antennes insérées sur un petit torulus; clypeus avec une très forte carène, proéminente dans toute sa longueur; scutum du métathorax nul.
G. 1. — **Heterocœlia,** Dahlb.

— Yeux grands, ovales: antennes non insérées sur un torulus; clypeus sans carène saillante; scutum du métathorax visible.
G. 2. — **Cleptes,** Latr.

1er GENRE. — HETEROCOELIA, DAHLB.

ἕτερος, différent; κοιλία, ventre

(Pl. IV)

Tête aplatie, à vertex non épais ; yeux très petits, arrondis ; antennes médiocres, insérées sur un petit torulus; clypeus avec une très forte carène proéminente dans toute sa longueur.

Pronotum avec le bord antérieur déprimé en col, son disque pourvu d'un sillon médian longitudinal. Mesonotum avec les aires latérales simples. Scutum du métathorax nul. Ailes supérieures n'ayant complètes que les cellules costale et médiane ; la cellule radiale incomplète, la première discoïdale nulle, simplement avec un léger fragment de nervure médiane, visible en dessous de l'emplacement qu'occuperait cette cellule si elle était limitée.

Abdomen avec six segments visibles et allant insensiblement en diminuant de grandeur chez la femelle. D'après Dahlbom, le mâle n'aurait que cinq segments visibles. Les derniers segments abdominaux de la femelle sont très amincis, hyalins sur les bords et normalement conformés.

Ce genre, encore très peu connu, ne comprend qu'une seule espèce dont son auteur, Dahlbom, n'avait vu qu'un seul mâle, figurant alors au Musée de Stockholm. La femelle a été découverte par M. le Dr A. Puton qui a eu la générosité de me la donner. Il n'y a donc que deux exemplaires connus de ce genre appartenant à l'Algérie.

— Corps de petite taille, déprimé, allongé, subparallèle, entièrement noir de poix, sauf le pronotum, le mesonotum, l'écusson et la poitrine qui sont rouge-testacé, le tout sans aucun reflet métallique ; pubescence gris-roussâtre sur l'avant-corps, blanchâtre sur l'abdomen. Tête d'un noir mat, petite, à face allongée, joues longuement prolongées en avant et parallèles; ponctuation régulièrement espacée, formée de gros points assez profonds, les intervalles garnis d'une très fine réticulation presque imperceptible, les points du front subocellés; face plane avec un léger sillon partant des antennes et suivant le milieu de la face jusqu'au premier ocelle; clypeus roussâtre, très petit, arrondi, avec une forte carène longitudinale médiane très saillante; mandibules roussâtres (leur extrémité bidentée); yeux très petits, presque régulièrement arrondis, assez convexes, avec quelques poils grisâtres. Antennes roussâtres, légèrement rembrunies en dessus du premier et des derniers articles, insérées chacune sur une sorte de torulus, rappelant celui des Mutilles, roux et placé à la base de la carène du clypeus; premier article un peu arqué, épaissi, deuxième article roux, mince à la base, relativement long, un peu renflé à l'extrémité; troisième article court, aminci à sa base, pas plus long que le deuxième, roux ainsi que les deux suivants. Pronotum long, rétréci un peu dans le milieu, d'une forme très rapprochée de celui des *Cleptes*, sans ligne transversale de points à la base ni en avant; une simple marge transversale déprimée, forme à la troncature antérieure comme une sorte de cou; ponctuation fortement rugueuse, formée de gros points obsolètes, irréguliers, peu profonds et peu serrés; un sillon médian longitudidal suit tout le disque depuis la marge antérieure jusqu'au bord postérieur. Mesonotum très court, à points assez fins, peu serrés. Mésopleures roux-testacé et ponctuées comme le pronotum. Ecusson grand, plan, très finement ponctué; postécusson nul. Métathorax noir-brillant, aussi long que le mesonotum et l'écusson réunis, diversement sculpté-ridé-strié transversalement. Le scutellum du métathorax vaguement cordiforme, caréné-marginé sur tout son contour et traversé dans toute sa longueur par une carène médiane. La partie postérieure du métathorax coupée très abruptement. Les métapleures ayant, au-dessus des angles posticolatéraux, une carène longitunale. Angles posticolatéraux du métathorax très longs, étroits, dirigés en arrière, à pointe subtronquée, subobtuse, légèrement divariquée. Ecailles roussâtres; ailes fortement enfumées, avec une large fascie hyaline vers les cellules brachiale et première discoïdale, la base est subhyaline. Pattes brunroussâtre, tarses roux. Abdomen noir-brillant, ovale, allongé, avec de nombreux poils blancs épars, plus nombreux sur les côtés et les bords des segments; premier segment très court, imponctué, lisse, assez convexe; deuxième segment relativement long, déprimé, couvert de points très fins, très épars; les autres segments presque lisses, très finement et obsolètement chagrinés à la base, leur bordure apicale scarieuse, hyaline, non franchement et régulièrement coupée, mais irrégulièrement amincie et formant, par la différence d'épaisseur, de vagues dentelures indistinctes; cinquième segment un peu roussâtre sur le disque. Ventre noir-brillant. Oviscapte noirâtre ♀ (fig. 5). Long. 4 1/2mm. **Nigriventris**, Dahlbom.

Patrie : Algérie Bône (docteur A. Puton).

Obs. — Dahlbom n'indique pas le sexe de l'insecte qu'il décrit, mais j'ai tout lieu de penser que c'est un mâle qui a servi à sa description. Je croirais volontiers que le classique Suédois exagère en disant que le segment anal est quadridenté, car, chez la femelle que je possède, les derniers segments ont leur marge apicale irrégulièrement amincie; l'épaisseur seule du segment simule vaguement des ondulations, comme on en voit chez plusieurs Cénoptérides, mais il n'y a aucune dent distincte. La figure 6 de la planche I de Dahlbom est bien meilleure que le dessin intercalé dans le texte, page 23, lequel me semble inexact.

2e GENRE. — CLEPTES, Latreille

κλέπτης, voleur

(Pl. V et VI)

Tête avec le vertex épais ; yeux grands, face pourvue d'un sillon médian longitudinal, plus ou moins long, partant des antennes ; clypeus jamais caréné dans sa longueur ; mandibules épaisses, leur extrémité large, tronquée et pluridentée. Mâchoires courtes, bilobées-arrondies ; la languette est très courte, pliée en deux, subbilobée. Antennes insérées dans une petite cavité, épaisses et assez longues.

Pronotum avec un sillon près du bord antérieur et s'en éloignant de chaque côté pour aboutir au centre des côtés du pronotum, en-dessous ; le disque porte parfois un sillon médian longitudinal plus ou moins long et plus ou moins distinct ; le bord postérieur est parfois plus ou moins marginé par une ligne de points formant sillon. Mesonotum avec les aires latérales divisées en deux. Ailes grandes ; les supérieures ayant les cellules première et troisième discoïdales, brachiale, costale et médiane complètes, les cellules anale, deuxième postérieure et radiale incomplètes. Scutum du métathorax toujours visible. Hanches courtes et épaissies ; les postérieures toujours avec une apophyse anguleuse du côté postérieur ; les antérieures parfois avec une apophyse plus ou moins apparente.

Abdomen avec quatre segments visibles chez la femelle, et cinq chez le mâle. Derniers segments abdominaux de la femelle entiers, translucides, normaux ; les baguettes assez larges.

Couvercle génital du mâle à base toujours rétrécie plus ou moins. Les branches du forceps sont plus ou moins incisées, parfois profondément bilobées; les volsella plus ou moins allongées, parfois dilatées d'un côté, avec l'extrémité arrondie; les tenettes ordinairement petites, pointues; les crochets hyalins, de forme très variée, mais ayant presque toujours, du côté externe, une dent plus ou moins apparente, simple ou denticulée.

Ce genre devient de plus en plus nombreux à mesure que l'exploration nous apporte ses découvertes. Il en existe des représentants dans toutes les parties de l'Europe. Leurs mœurs sont encore très peu connues. Ils vivent sur les feuillages et les herbes bien exposés au soleil, et on en prend beaucoup aussi sur les ombellifères. Ils sont habituellement d'humeur très sauvage et d'une capture difficile.

1 Abdomen entièrement noir. — Corps de petite taille, étroit, subparallèle, allongé, couvert de longs poils blanc-roussâtre, dressés et très dispersés. Antennes testacées, légèrement brunies aux extrémités, à fine pubescence blanchâtre; deuxième article allongé, cylindrique, plus long que le quatrième; troisième article égal aux deux suivants réunis. Avant-corps entièrement cuivré-feu-doré, beaucoup plus resplendissant en-dessous et sur la face; ponctuation fine, effacée, clair-semée. Tête petite, arrondie: joues un peu prolongées, subparallèles; clypeus arrondi; sillon longitudinal de la face à peine sensible. Pronotum allongé, très peu étranglé en avant, avec le sillon antérieur peu marqué et sans ligne de points à la base. Mésopleures subponctuées-ridées transversalement; angles posticolatéraux du métathorax à pointe aiguë, fine, spiniforme, allongée et divariquée. Ecailles testacées; ailes légèrement et uniformément enfumées, à nervures très épaisses et brunes. Pattes testacées, avec les hanches et les cuisses un peu brunies, à reflets cuivrés. Abdomen ovale-allongé, déprimé, entièrement d'un noir quelque

peu brunâtre, brillant, à ponctuation imperceptiblement fine, très serrée et chagrinée sur la moitié antérieure des segments 3 et 4; sur le reste elle est fine, profonde et espacée; le premier segment subimponctué, le deuxième segment entièrement couvert de points fins, espacés. Ventre noir. Oviscape testacé. ♀ (sec. sp. typ.) Long. 5mm.

Le mâle, d'après le général Radoszkowsky, diffère de la femelle par les antennes noires et les tarses brun-ferrugineux.

Morawitzi, Radoszkowsky.

Patrie : Turkestan . Taschkend (Radoszkowsky).

— Abdomen non entièrement noir. 2

2 Abdomen entièrement feu-doré-cuivré. 3

— Abdomen non entièrement feu-doré-cuivré. 6

3 Avant-corps bleu-vert. — Corps étroit, allongé, subparallèle, de taille médiocre, couvert de longs poils noirs, dressés et assez serrés. Avant-corps bleu-vert ou bleu-vif, de teinte très éclatante. Antennes fortes, noires, à villosité roussâtre : premier article d'un beau vert bleuâtre; deuxième article très court, subrenflé; quatrième article allongé, un peu moins long que le troisième. Tête assez grosse, à ponctuation profonde et serrée, surtout sur la face qui est subcoriacée; le sillon longitudinal de la face à peu près nul. Pronotum étroit en avant, sans ligne de points à la base, sa ponctuation est assez forte, mais peu serrée, et il en est de même de celles du mesonotum, de l'écusson et du postécusson. Mésopleures ponctuées-subridées; angles posticolatéraux du métathorax très courts, coniques-aigus. Le métathorax et sou-

vent l'écusson et le postécusson bleu-indigo. Ailes uniformément enfumées ; écailles bleu-vif. Pattes vert-bleuâtre, les articulations roussâtres, les tarses bruns à pubescence roussâtre. Abdomen subcylindrique, ovale-allongé, entièrement d'un beau feu-doré resplendissant, à ponctuation assez forte et serrée ; poils plus gros que sur l'avant-corps et plus espacés ; ventre concolore au dorsulum. Oviscapte noir-brun ♀. Le mâle ne diffère de la femelle que par sa forme plus trapue, moins allongée, ovale ; le cinquième segment abdominal est feu-doré. Long. 7-8mm.

Putoni, Buysson.

Patrie : France : Basses-Alpes.

— Avant-corps en partie plus ou moins doré. **4**

4 Thorax bleu-vif, dessus de la tête et mesonotum vert-doré. **Orientalis**, Dahlbom, ♂ (Voir n° 5).

— Tête, pronotum et mesonotum feu-doré. **5**

5 Corps de moyenne taille, robuste ; écusson à gros points profonds. — Corps trapu, entièrement d'un feu-doré resplendissant, excepté l'écusson qui est vert-cuivré et le métathorax ainsi que tout le sternum qui sont bleus. Poils de tout le corps longs, d'un roussâtre plus ou moins obscur. Antennes noires avec quelques reflets métalliques sur les deux premiers articles ; troisième article très court, à peine plus long que le deuxième qui est cylindrique, relativement assez allongé. Tête grosse, vertex large, joues courtes et noires vers les mandibules ; clypeus grand, très légèrement arrondi ; sillon facial visible seulement vers les antennes. Pronotum avec le sillon antérieur large, régulièrement arqué, garni dans le fond de gros points allongés ;

la partie postérieure du pronotum est renflée, quelquefois avec une légère dépression dans le milieu du disque ; une ligne très légèrement déprimée simule à la base une petite marge parallèle à la suture postérieure. Ecailles noires avec quelques reflets métalliques ; ailes entièrement et fortement enfumées. Pattes d'un noir brun un peu bronzé avec quelques reflets métalliques : cuisses intermédiaires et postérieures vert-bleu. Angles posticolatéraux du métathorax courts, coniques, très émoussés. Ponctuation de tout l'avant-corps, y compris les mésopleures, profonde, grosse, et assez serrée. Abdomen court, largement ovale, un peu déprimé, avec une marge imponctuée terminant chaque segment, ponctuation assez grosse et espacée. Ventre doré-feu, quelquefois chaque segment porte deux petites macules noires. Oviscapte noir-brun ♀. Long. 8 1/2-9mm. **Orientalis**, DAHLBOM.

PATRIE : Hongrie centrale (Mocsary).

— Corps de taille médiocre, grêle ; écusson bleu-indigo, subimponctué. — Corps parallèle, couvert de poils longs, dressés, clairsemés, gris-brun en dessus, blanchâtres en dessous du corps. Tête, pronotum, mesonotum et abdomen d'un beau feu-doré, le reste bleu-verdâtre. Tête plus large que le pronotum, à ponctuation médiocre, peu serrée ; face plane, ponctuée de même, sillon très court, visible seulement au milieu ; joues prolongées en avant, subparallèles ; clypeus largement arrondi. Antennes épaisses, brun-noirâtre : premier et deuxième articles vert-bleuâtre, troisième article relativement court, moins long que les deux suivants réunis, pubescence gris-roussâtre. Pronotum convexe, couvert de points médiocres très espacés; mesonotum à points plus petits, très espacés également. Ecusson et postécusson bleu-indigo, à ponctuation fine, très espacée; mésopleures bleu-verdâtre, à ponctuation assez forte, mais peu serrée. Métathorax bleu-verdâtre; angles posticolatéraux à pointe très courte, conique-aiguë. Ecailles bleues; ailes très légèrement enfumées, excepté en dessous du stigma. Poitrine et pattes bleu-verdâtre; tarses d'un roux assez foncé; tibias bleus, roussâtres en dessous. Abdomen ovale-allongé, à ponctuation assez profonde, fine, mais peu serrée. Ventre également feu-doré, à ponctuation un peu plus forte. Oviscapte roussâtre. ♀ (Sec. sp. typ.) Long. 6 1/2mm. **Saussurei**, MOCSARY.

PATRIE : Sarepta (H. de Saussure).

6 Abdomen taché de feu sur les derniers segments. **7**

— Abdomen sans tache feu ou simplement avec quelques reflets violacés ou bleus. **14**

7 Avant-corps bleu-vert. **11**

— Avant-corps non bleu-vert, au moins en partie vert-doré ou feu ou cuivré. **8**

8 Avant-corps entièrement vert-doré plus ou moins cuivré, resplendissant. — Corps assez trapu, de petite taille, couvert en dessus de poils noirâtres, assez serrés, et en dessous de poils plus longs et blanchâtres. Tout l'avant-corps resplendissant par suite des intervalles de la ponctuation parfaitement lisses et brillants. Tête large : tout le dessus et la partie derrière les yeux cuivré-doré plus ou moins vert, ponctuation médiocre, peu serrée; face plane, canaliculée, vert plus ou moins bleuâtre, à ponc-

tuation relativement peu serrée, mais assez forte ; clypeus tronqué-arrondi, petit ; joues prolongées en avant, parallèles. Antennes longues, noir-brun, à villosité roussâtre : premier article doré-cuivré-bronzé, deuxième article un peu bronzé en dessus, troisième article plus court que deux fois la longueur du deuxième, dernier article plus long que le douzième. Pronotum large, convexe, vert-doré, ponctuation assez grosse, mais espacée ; mesonotum et écusson de même couleur et ponctués de même ; postécusson plus vert, avec quelques points fins ; mésothorax bleu-indigo, angles posticolatéraux à pointe très courte, divariquée et obtuse. Mésopleures bleu-vert, à points gros, profonds, peu serrés. Ecailles brun-roux, bronzé-doré à la base ; ailes courtes, presque hyalines. Poitrine et pattes bleues avec quelques reflets verdâtres ; trochanters brun-roussâtre ; tibias et tarses brun-roux, ceux des pattes antérieures roux-testacé. Abdomen court, obovale, roux-testacé sur les deux premiers segments ; les autres noirs ainsi que souvent le tiers postérieur du deuxième segment ; une teinte d'un beau feu-doré se remarque de chaque côté des deuxième et troisième segments et sur tout le quatrième ; le cinquième est noir de poix ; ponctuation forte, médiocrement serrée. Ventre noir avec la plus grande partie du premier segment roux testacé. ♂.

Se rapproche beaucoup de *C. Syriaca*, Buyss. dont il diffère par sa forme trapue, son coloris resplendissant et sa ponctuation beaucoup moins serrée.

Long. 6mm. **Anceyi**, N. SP.

PATRIE : Algérie (F. Ancey, J. Gazagnaire).

— Avant-corps non entièrement vert-doré. 9

9 Tête violette un peu cuivrée, écusson et postécusson feu-doré-cuivré. — Corps de taille médiocre, assez robuste, allongé ; pubescence longue, gris-roussâtre en dessus, brune en dessous du corps. Tête à ponctuation peu serrée, profonde, régulière, médiocre ; joues prolongées en avant, parallèles. Antennes brun-roussâtre ; premier article brun-foncé, deuxième, troisième et quatrième articles roux-testacé, villosité roussâtre. Pronotum feu-doré-cuivré, convexe, avec le sillon antérieur noirâtre, ponctuation espacée, assez grosse, profonde ; mesonotum violet foncé, à points plus espacés ; mésopleures bleu-verdâtre, un peu bronzées en dessous, avec une petite tache roux-testacé sous l'insertion des ailes supérieures ; ponctuation serrée, confluente dans le sens de la longueur, assez profonde et médiocre. Ecusson et postécusson à points très espacés ; métathorax bleu-foncé, angles posticolatéraux à pointe très courte, fine, aiguë, légèrement divariquée. Pattes brun-roussâtre, trochanters et tarses plus ou moins roux-testacé, tibias antérieurs roux-testacé ; écailles roux-testacé ; ailes assez fortement enfumées. Abdomen obovale, roux-testacé, excepté le quatrième segment et la moitié postérieure du troisième segment qui sont noirs avec des reflets bleu-violacé au milieu, feu-cuivré sur le reste, cette teinte remontant même un peu sur la partie roux-testacé du troisième segment : ponctuation fine, serrée et profonde. Ventre roux-testacé avec le dernier segment et la moitié postérieure de l'avant-dernier noirs. Oviscapte roux-testacé. ♀.

Diffère de *C. Chevrieri*, Frey. ♀ (V. n° 18) par les mésopleures bleu-verdâtre, à points plus serrés, par la ponctuation du pronotum plus grosse et plus profonde, celle de l'abdomen plus serrée, plus grosse et plus profonde, par la teinte feu-cuivré des derniers segments abdominaux et par ses pattes plus claires.

Diffère de *C. ignita*, F. ♀ par sa tête violette, par l'écusson et le postécusson feu-doré-cuivré, par la ponctuation plus fine et plus dense du vertex et de l'abdomen, par la teinte plus foncée des pattes.

Long. 8mm. **Scutellaris**, Mocsary.

Patrie : France . Landes (docteur Gobert)

Tête feu, écusson et postécusson violet-bronzé. — Corps de taille médiocre ou moyenne, assez allongé, couvert de longs poils roussâtres. Antennes brun-roux plus ou moins obscur : premier article avec quelques reflets métalliques, deuxième et troisième articles roux-flave, villosité roussâtre. Tête médiocre, feu-doré-cuivré avec quelques reflets violets sur la face; clypeus tronqué-arrondi; sillon facial bien visible mais peu profond ; ponctuation de la tête fine et peu profonde, médiocrement serrée. Pronotum doré-feu-cuivré, à points plus gros et plus profonds que sur la tête mais plus espacés ; pas de ligne de points à la base. Mesonotum violet ou noir-bronzé-violacé, à ponctuation comme sur le pronotum mais très espacée; mésopleures bleu-vert avec une petite tache roussâtre ou testacée sous l'insertion des ailes supérieures; ponctuation subcoriacée-ruguleuse, par suite des points qui sont confluents. Ecusson et postécusson ponctués comme le mesonotum; métathorax bleu franc, angles posticolatéraux à pointe courte, émoussée et divariquée. Ecailles brun-roux ; ailes légèrement enfumées sur toute leur surface, sans fascie. Pattes avec les tarses roux-flave ainsi que les tibias antérieurs et intermédiaires, le reste brun-roux. Abdomen en ovale légèrement allongé, roux-testacé : premier segment imponctué ; deuxième et troisième segments à points profonds, médiocres, assez serrés ; troisième segment avec la moitié postérieure noire, cette coloration s'avançant en pointe au milieu du disque, et une tache feu de chaque côté ; quatrième segment feu sur toute sa surface, à points moins fins et espacés. Ventre roux-testacé avec les deux derniers segments noirs, la marge apicale de l'avant-dernier segment subcarieuse, décolorée. Oviscapte brunâtre ou roussâtre. ♀.

Le mâle diffère de la femelle par la couleur de la tête et de tout l'avant-corps qui est bleu-verdâtre, par les écailles bronzées, les cuisses vertes en dessus aux pattes antérieures et intermédiaires, les cuisses postérieures roussâtres, l'abdomen moins allongé, le troisième segment avec une large tache feu-doré de chaque côté, le quatrième segment noir mais presque entièrement recouvert d'une teinte feu-doré; le cinquième segment noir foncé ; les antennes noirâtres avec le premier article vert, le deuxième subcylindrique et brun-roux, le troisième d'un quart de sa longueur plus long que le suivant. ♂. Long. 7-8mm. **Ignita**, Fabricius.

Patrie : France, Hongrie, Russie méridionale.

— Tête noir-bronzé à reflets violets, pronotum feu ou doré-verdâtre, mesonotum noir. 10

10 Corps de taille moyenne, robuste ; ponctuation du pronotum à intervalles plus ou moins ruguleux ; antennes noires.— Corps entièrement couvert de longs poils grisâtres, dressés. Tête grosse, une légère macule verte vers les ocelles :

face avec une teinte indigo, sillon médian profond; ponctuation assez forte, profonde et serrée; clypeus largement tronqué arrondi. Antennes fortes, à villosité grise ou gris-roussâtre : premier et deuxième articles à reflets un peu violets, deuxième article cylindrique, troisième article deux fois aussi long que le suivant, les cinq ou six derniers roussâtres en dessous. Pronotum doré-feu, sans ligne de points à la base, ponctuation forte, serrée, parfois subcoriacée, d'autres fois espacée, mais les intervalles toujours un peu bosselés-ruguleux. Mesonotum et écailles noir-brun, à ponctuation subruguleuse; mésopleures bleu-verdâtre, avec une petite tache testacée en dessous de l'insertion des ailes supérieures, ponctuation profonde et confluente transversalement. Ecusson et postécusson noirs, à reflets violets, ponctuation moins forte et plus espacée. Métathorax bleu, angles posticolatéraux très obtus et courts, avec une petite pointe retroussée, divariquée. Pattes noir-brun, plus ou moins roussâtres, avec quelques légers reflets bleuâtres ou violacés sur les cuisses, articulations roussâtres; tibias et tarses antérieurs roussâtres. Ailes assez fortement enfumées, à cellule radiale très allongée. Abdomen ovale, déprimé, roux-testacé; le tiers postérieur du troisième segment noir, un léger reflet feu-doré répandu sur presque tout le segment, mais surtout sur les côtés et postérieurement; quatrième segment entièrement feu-doré très vif et resplendissant : ponctuation fine, serrée et profonde, espacée sur le premier segment. Ventre roux-testacé, légèrement bruni, les deux derniers segments noirs. Oviscapte noir-brillant ♀ (sec. sp. typ.)

Le mâle diffère de la femelle par son corps un

peu plus allongé, la ponctuation de l'avant-corps plus fine et moins profonde, celle de la face plus serrée; premier et deuxième articles antennaires verts; tête d'un vert plus ou moins bleuâtre; pronotum quelquefois vert clair, généralement d'une teinte plus verte que sur le reste, écailles vertes ou bleu-verdâtre. Sternum, écusson, postécusson et mesonotum bleus, cuisses bleu-verdâtre, tibias intermédiaires et postérieurs avec des reflets verts. Abdomen à ponctuation plus forte, bordure apicale du deuxième segment quelquefois noire; les troisième et quatrième segments doré-feu resplendissant; souvent une ligne médiane longitudinale noire ternit le troisième segment, ou encore ce dernier est noir, simplement avec une tache feu de chaque côté; les côtés postérieurs du deuxième segment avec quelques légers reflets dorés; cinquième segment noir-vif avec quelques légers reflets bleus ou verts. Ventre noir avec des taches dorées ou doré-verdâtre sur les segments noirs, le premier est roux-testacé. La pubescence sombre sur le dessus du corps ♂. Long. 8-9mm. **Afra**, Lucas.

Obs.— Le *C. Perezi* Gogor. dont j'ai vu les types sont des *C. Afra* ♂.

Patrie : Algérie, Tunisie, Syrie, Espagne, Crimée, Hongrie.

Var. *Medina*, v. nov. ♀ diffère du type par la ponctuation thoracique plus espacée, la tête noire à peine bronzée, le pronotum vert un peu doré, dont le disque et les angles postérieurs deviennent noir-bronzé, les mésopleures devenant antérieurement un peu noir-bronzé et la tache testacée de dessous les ailes disparue.

Patrie : Espagne : Sierra-Morena (docteur Medina).

Corps de taille presque petite, grêle, étroit; ponctuation du pronotum très espacée, à intervalles resplendissants et lisses; antennes rousses. — Corps couvert de longs poils blancs, nombreux, subdressés. Avant-corps étroit, parallèle. Tête noir-bronzé à teinte violette, petite, arrondie en-dessus, couverte de points assez fins, peu profonds, espacés ; cavité faciale plane, à points très espacés, joues parallèles, assez prolongées en avant; antennes rousses avec le premier article noir-bronzé, le deuxième assez allongé, plus long que le quatrième, le troisième subégal aux deux suivants réunis. Pronotum étroit, assez convexe, court, le sillon antérieur très développé, doré-verdâtre avec une teinte doré-feu sur le disque et une tache triangulaire violet-bronzé au centre du bord postérieur; ponctuation grosse, les angles postérieurs noirs jusqu'au sillon antérieur. Mesonotum noir de poix, avec quelques points médiocres disséminés çà et là, excepté sur la partie antérieure de l'aire médiane où les points sont serrés et très fins. Ecusson large, convexe, noir-bronzé, un peu violacé, presque complètement lisse, avec 3-4 gros points seulement; postécusson noir de poix, imponctué. Mésopleures noires en avant, d'un beau bleu avec quelques points très clairsemés, une tache testacée sous les ailes; métathorax bleu-noirâtre, angles posticolatéraux à pointe excessivement courte, divariquée, subaiguë. Poitrine noire. Ecailles brun-roussâtre; ailes très légèrement enfumées; pattes marron, tibias brun-roux, genoux, extrémités des tibias et tarses roux-testacé. Abdomen largement ovale, roux-testacé; premier segment imponctué, deuxième segment à points fins, profonds, espacés; troisième segment roux-testacé à la

base, noir dans la moitié postérieure, avec, de chaque côté, une large tache feu-doré très légèrement verdâtre, devenant un peu violacée postérieurement, ces taches restant éloignées du bord postérieur du segment qui est largement noir, avec la bordure subscarieuse; ponctuation médiocre, espacée ; quatrième segment entièrement feu-doré, très légèrement verdâtre, à points un peu plus gros, espacés, apex subscarieux. Ventre roux-testacé avec les deux derniers segments noirs. Oviscapte roux-testacé.
♀ Long. 5 1/2mm. **Mayeti**, N. SP.

PATRIE. Algérie : Ponteba (coll. Pérès).

11 Corps de petite taille, étroit, allongé; angles posticolatéraux du métathorax à pointe assez longue, obtuse, divariquée. — Corps couvert de poils courts, fins, dressés et espacés, gris-roussâtre sur le dessus du corps, grisâtres en dessous. Antennes noirâtres, à villosité grisâtre; premier article vert-bleuâtre, deuxième article très court, légèrement bronzé, troisième article un peu plus long que le quatrième. Tête assez grosse, bleu-verdâtre sur le vertex, bleu-vif sur la face. ponctuation fine, profonde et serrée, sillon facial profond; joues assez longues, non parallèles; clypeus verdâtre, tronqué-arrondi. Pronotum étroit, bleu-verdâtre, ponctuation profonde, mais moins serrée que sur la face; mesonotum et reste de l'avant-corps bleu-indigo, ponctués comme le pronotum; mésopleures subcoriacées, à points forts et serrés; écailles bleues; ailes subhyalines, très peu et uniformément enfumées. Pattes bleues : tibias postérieurs brun-roussâtre-bronzé en dessus, les intermédiaires plus clairs, toutes les articulations ainsi que les tibias et les tarses anté-

rieurs roux-testacé, tarses intermédiaires et postérieurs roux, pubescence épaisse, gris-roussâtre. Abdomen ovale assez déprimé, ponctuation assez forte, peu serrée : premier et deuxième segments roux-testacé, les autres noirs avec une large tache feu-doré de chaque côté du troisième segment, une teinte uniforme feu-violacé sur tout le quatrième et un léger reflet vert sur le cinquième. Ventre roux-testacé avec les trois derniers segments noirs à légers reflets verts ou dorés. ♂ Long. 5mm. **Syriaca**, BUYSSON.

PATRIE : Syrie : Nazareth (Abeille de Perrin).

— Corps de taille moyenne; angles posticolatéraux du métathorax à pointe courte. 12

12 Corps robuste; pronotum large; deuxième segment ventral jamais en partie roux-testacé. **Afra**, LUCAS. ♂ (V, n° 10).

— Corps étroit, grêle, allongé; pronotum très étroit; deuxième segment ventral toujours roux-testacé à la base. 13

13 Ecusson bleu ou bleu-verdâtre. **Ignita**, FABRICIUS. ♂ (V. n° 9).

— Ecusson vert-doré. **Scutellaris**, MOCSARY. ♂ (V. n° 9).

14 Tibias roux-testacé. 15

— Tibias noirs ou bruns. 17

15 Pas de série transversale de points ni de marge transversale à la base du pronotum. 16

— Une série complète transversale de points à la base du pronotum. — Hanches antérieures chez les deux sexes avec des apophyses très obtuses, peu apparentes, jamais en forme de dent.

♀ Diffère de *C. semiaurata* L. ♀ (V. n° 19) par les pattes entièrement testacées ou plus rarement avec le dessus des cuisses postérieures légèrement brun, par le premier article antennaire testacé avec quelques légers reflets métalliques, les trois ou quatre articles suivants et les écailles également testacés ; les ailes à fascie plus apparente ; par les segments noirs de l'abdomen à reflets bleu-vif.

♂ Diffère du *C. semiaurata* L. ♂ (V. n° 19) par tous les tibias testacés, exceptionnellement les postérieurs brunis ; parfois les hanches, les trochanters et les cuisses deviennent testacés ainsi que les nervures des ailes et le deuxième article antennaire. Les segments noirs de l'abdomen à reflets bleu-vif. Long. 4-6 1/2mm.

Pallipes, Lepeletier.

Patrie : France, Allemagne, Italie, Russie, Suisse, Belgique.

— Une série transversale de points à la base du pronotum n'occupant que le milieu, un petit sillon médian longitudinal sur toute la longueur du disque.— Absolument semblable à *C. Abeillei*, Buyss. (V. n° 17), dont il ne diffère que par les tarses roux-testacé, le fouet des antennes roussâtre, la face feu avec deux petites taches vertes à la base, le stigma des ailes large et roux, la ponctuation un peu moins profonde. Les joues sont convergentes en avant, le front un peu bronzé ; la ligne de points transversale de la base du pronotum est profonde mais ne se voit qu'au milieu, le sillon médian longitudinal est bien visible et atteint le bord antérieur ; les écailles roussâtres, scarieuses, avec des reflets verts ; les mésopleures et la poitrine vert-gai. ♀ (sec. sp. typ.). Long, 6mm. **Radoszkowskyi**, Mocsary.

Patrie : Caucase (Radoszkowsky).

Un sillon transversal à la base du pronotum mais sans points distincts. Corps de taille médiocre, assez robuste, court; pubescence noirâtre. Antennes noirâtres, à villosité rousse : premier article vert, le deuxième un peu allongé, le troisième plus long. Tête très large; cavité faciale vert gai, un peu bleuâtre sur les côtés du sillon longitudinal, lequel est bien visible en avant du premier ocelle; ponctuation forte et serrée, surtout dans les parties bleues. Front, vertex, pronotum, dorsulum du mesonotum et écusson feu-doré, nullement cuivrés; postécusson d'un vert un peu doré. Pronotum moins large que chez le *C. Abeillei*, un léger sillon déprimé se montre parallèlement à la base et une courte fossette obsolète se distingue à peine sur le milieu du disque, un peu en avant; ponctuation peu profonde et peu serrée, encore plus espacée sur le reste du thorax. Mésopleures à points assez serrés, profonds, se reliant un peu transversalement. Angles posticolatéraux du métathorax à pointe un peu moins longue que chez le *C. Abeilllei*, et un peu divariquée. Métathorax bleu; écailles bleu-vert; tout le dessous du thorax et les cuisses verts; tibias testacés à reflets métalliques en dessus; tarses testacés. Ailes régulièrement et légèrement enfumées. Abdomen court, ovale, peu déprimé, à ponctuation fine et serrée : premier et deuxième segments roux-testacé; troisième segment roux-testacé avec le bord apical noir, cette teinte s'avançant en forme de tache dans le milieu; quatrième segment noir avec une petite tache roussâtre de chaque côté; cinquième segment noir de poix. Ventre avec le premier, le deuxième et la base du troisième segment roux-testacé, le reste noir. ♂ (sec. sp. typ.) Long. 7mm.

Aerosa, Foerster.

PATRIE : Hongrie centrale (Fœrster, musée de Budapest).

16 Pronotum feu doré. Semblable à *C. Chevrieri*, Frey ♀ (V. n° 18), dont il diffère par le fouet des antennes testacé, tous les tibias d'un roux plus ou moins testacé, la tête cuivré-feu sur le vertex, un peu violacée sur les côtés, le pronotum un peu plus étroit, les ailes entièrement enfumées, les derniers segments abdominaux sans aucun reflet métallique. ♀ Long. 5mm.

Insidiosa, N. SP.

PATRIE : Novo-Rossisk (Konow, Ernest Ballion).

— Pronotum roux-testacé ou vert. — Corps de taille petite ou médiocre, assez allongé, médiocrement robuste, couvert de poils brunâtres en dessous, grisâtres en dessus du corps, dressés, espacés. Antennes à villosité blanc-roussâtre : premier article vert ou noir très légèrement bronzé, le deuxième toujours roussâtre, le troisième ou roussâtre ou brun ou noirâtre, les autres noir-brun ou brun-roussâtre, surtout le quatrième et le cinquième, les huit derniers environ sont noirâtres en dessus et roussâtres en dessous; deuxième article légèrement renflé, le troisième aussi long que les deux suivants réunis. Tête médiocre, noir-bronzé, à points petits, profonds, médiocrement serrés, les joues un peu prolongées en avant, parallèles; sillon facial bien marqué. Pronotum roux-testacé, sans ligne de points à la base, à ponctuation moins profonde et plus espacée que sur la tête. Mesonotum et écailles noir-bronzé, à ponctuation encore plus espacée. Ecusson, postécusson, métathorax et mésopleures bleus; ces dernières subridées transversalement par la confluence des points qui sont peu profonds; angles posticolatéraux du métathorax à pointe conique aiguë et divariquée. Ailes uniformément enfumées à teinte brun-roussâtre. Tarses et tibias roux-testacé, le reste des pattes est noir-bronzé avec les articulations légèrement roussâtre. Abdomen ovale, légèrement déprimé, à ponctuation très fine et assez serrée; premier et deuxième segments ainsi que la base du troisième roux-testacé, la moitié postérieure du troisième et le quatrième noirs. Ventre à points assez forts, roux-testacé, à l'exception du dernier segment et des deux tiers de l'avant-dernier qui sont noirs. Oviscapte roux-pâle. ♀ (Pl. VI, fig. 5).

Le mâle diffère de la femelle par la tête, tout l'avant-corps et les cuisses bleu-verdâtre; les antennes noires avec le premier article vert, le troisième article d'un quart seulement de sa longueur plus long que le quatrième; la ponctuation faciale un peu plus serrée, et enfin par des taches bleues que l'on voit presque toujours sur les côtés des segments noirs de l'abdomen. Les joues sont moins longues, les mésopleures ponctuées ou légèrement ridées en avant; quelquefois aussi la couleur noire de l'abdomen envahit le troisième et le deuxième segments. ♂. (Pl. VI, fig. 8).

Long. 4 1/2-7mm. **Nitidula**, Fabricius.

Obs. — Le *C. fallax*, Mocs., dont j'ai vu le type, n'est pas autre chose que le ♂ de *C. nitidula*, F. Du reste, M. Mocsary, dans sa monographie, indique le ♂ de *C. nitidula*, F., comme ayant les tibias « nigro-fuscis, externe cyanescentibus, » ce qui n'est pas; il n'est donc pas étonnant que le vrai *C. nitidula*, F. ♂ lui ait semblé une autre espèce. A la suite de la description de *C. femoralis*, Mocs., le même auteur ajoute : « A C. nitidula Fabr. pronoto sine serie punctorum transversa, jam benè distincta. » Le *C. nitidula* n'a jamais eu sur le pronotum de série transversale de points.

Patrie : France, Italie, Suisse, Russie, Belgique, Allemagne.

17 Un sillon médian suivant toute la longueur du pronotum. — Corps de taille moyenne, robuste, couvert de poils noirs, médiocrement longs, dispersés et dressés. Antennes noires, à villosité blanchâtre ou un peu roussâtre : premier article bleu, le troisième long comme deux fois le quatrième, les derniers ont une teinte roussâtre en dessous, le deuxième est cylindrique. Tête large : cavité faciale noir de poix ou noire avec le milieu bleu ou vert, ou encore entièrement d'un beau bleu, limbée de vert, les points assez forts, denses et ruguleux, le sillon médian assez profond. Front, vertex, pronotum, dorsulum du mesonotum, écusson et postécusson doré-feu resplendissant plus ou moins cuivré; écusson et postécusson presque toujours cuivrés. Pronotum large, ayant à sa base une ligne transversale de points ; un large et profond sillon longitudinal médian, à fond marqué de gros points, part du milieu de la base et atteint celui du sillon antérieur. Ponctuation de la tête, du pronotum et du postécusson assez serrée, celle du mesonotum et de l'écusson moins forte et plus espacée. Mésopleures à points forts, ruguleux, assez serrés ; angles posticolatéraux du métathorax aplatis, à pointe assez longue, obtuse, légèrement retroussée, divariquée. Ecailles noir-roussâtre ou bleues. Dessous de l'avant-corps, métathorax, cuisses et tibias bleu-vif ; tarses roussâtres, les postérieurs plus sombres, articulations des tibias, surtout chez les antérieurs, roussâtres. Ailes enfumées. Abdomen court, ovale, déprimé, à ponctuation fine, assez serrée : premier et deuxième segments roux-testacé; les troisième et quatrième noir-foncé et brillants avec quelques reflets verts à peine visibles sur

les côtés ; le troisième avec une tache roux-testacé de chaque côté dans la partie antérieure. Ventre roux-testacé avec les deux derniers segments noirs. Oviscapte roux-pâle. ♀.

Le mâle diffère de la femelle par son corps plus robuste et plus trapu, l'abdomen plus court à ponctuation un peu plus serrée, la face toujours d'un beau bleu ainsi que les écailles Le cinquième segment est noir. ♂. (Pl. VI, fig. 7). Long. 6 1/2-7mm. **Abeillei**, Buysson.

Patrie. France. Allier.

— Pas de sillon médian suivant la longueur du pronotum. 18

18 Bord postérieur du pronotum déprimé avec une série transversale de points, très rarement réduite à deux ou trois gros points. 19

— Bord postérieur du pronotum convexe sans aucune trace de série de points. — Corps de taille médiocre ou moyenne, assez robuste, couvert de poils assez longs, peu serrés, dressés, brun-noirâtre en dessus, cendrés en dessous, roussâtres sur l'abdomen. Premier article antennaire, cuisses, tête et avant-corps bleus avec quelques reflets verts ; deuxième article antennaire noir, légèrement renflé, légèrement bronzé en dessus, les autres noirs à villosité roussâtre, le troisième d'un tiers de sa longueur plus long que le quatrième. Tête médiocre à ponctuation uniforme assez serrée et profonde, sillon de la face profond, joues assez longues. Pronotum assez large, régulièrement ponctué comme la tête ; le reste du thorax à ponctuation moins serrée et moins profonde. Ecailles bleues à la base, bronzées sur les bords. Mésopleures régulièrement ponctuées comme la tête et le pronotum ;

angles posticolatéraux du métathorax très courts, plus ou moins obtus et quelquefois un peu divariqués; tibias et tarses antérieurs testacés, les autres plus ou moins noir-brunâtre, à pubescence grisâtre, longue et très serrée. Ailes régulièrement enfumées à teinte noire. Abdomen ovale ou ovale-allongé, peu déprimé, à ponctuation fine et serrée; premier et deuxième segments roux-testacé, le troisième en partie roux-testacé à la base, noir sur le reste, les quatrième et cinquième noirs avec quelques légers reflets peu visibles sur les côtés, d'un violacé-cuivré. Ventre roux-testacé; ses trois derniers segments noirs avec quelques rares reflets cuivrés. ♂

La femelle diffère du mâle par la tête violette, plus rarement verte ou bleue avec des teintes plus ou moins fortes de violet-cuivré sur le vertex; par la couleur roux-testacé des articles 2 et 3 des antennes, couleur qui s'étend quelquefois sur l'extrémité du premier et la base du quatrième articles; le reste des antennes brun-roussâtre. Le pronotum, les mésopleures, l'écusson et le postécusson d'un cuivré-doré, souvent un peu verdâtre, avec une teinte feu sur le pronotum et l'écusson; le mesonotum violet, le métathorax noir-bleu foncé; les pattes un peu moins foncées avec les tibias et les trochanters roussâtres. L'oviscapte roux-testacé. Les poils du corps sont plus longs, les joues plus longues et parallèles. ♀.

Long. 7-7 1/2mm. **Chevrieri**, Frey.

Obs. — La ♀ a été décrite par Chevrier sous le nom de *C. ignita*, F., et M. Frey-Gessner, ne trouvant pas que cet insecte puisse se rapporter à l'espèce Fabricienne, lui donna le nom de *var. Chevrieri*. M. Mocsary l'a décrite sous le nom de *Chyzeri*. Moi-même j'ai décrit le ♂ sous le nom de *C. consimilis*, et ce n'est que lorsque j'ai eu trouvé la ♀ dans la même localité, que la conformité de caractères des deux sexes m'a frappé. Je lui restitue donc sous le nom d'espèce celui de la variété décrite par M. Frey-Gessner, qui a la priorité.

PATRIE : France, Sicile, Algérie, Suisse, Hongrie.

19 Apophyses des hanches antérieures peu saillantes, non dentiformes (Pl. VI, fig. 4); segments noirs de l'abdomen à reflets bleus.

Pallipes, LEPELETIER (V. n° 15).

— Apophyses des hanches antérieures fortement saillantes, dentiformes (Pl. VI, fig. 3); segments noirs de l'abdomen sans reflets métalliques. — Corps de taille petite, médiocre ou moyenne, subparallèle, couvert de poils noirâtres en dessus, grisâtres en dessous, médiocrement longs, espacés, dressés. Antennes à villosité grisâtre : premier article noir-brillant, ou cuivré ou bronzé ; deuxième et troisième articles roussâtres, quelquefois légèrement brunis, les autres noir-brun, légèrement roussâtres en dessous ; deuxième article cylindrique, le troisième subégal aux deux suivants réunis. Tête petite ; sillon facial bien sensible ; clypeus ordinairement émarginé ; tête, pronotum, mesonotum, écusson et postécusson d'un cuivré resplendissant plus ou moins doré ou feu, avec une ponctuation peu profonde et peu serrée. Pronotum étroit, avec une ligne transversale de points à la base ; ponctuation du mesonotum et de l'écusson sensiblement plus espacée et plus effacée. Mésopleures bleu-vif ou bleu-verdâtre, doré-cuivré en avant, ponctuées-ridées transversalement ; métathorax bleu-vif, bleu-verdâtre, bleu foncé ou bleu-noirâtre ; angles posticolatéraux à pointe subaiguë, légèrement divariquée. Ecailles noir-brunâtre ; ailes assez enfumées, surtout dans la moitié apicale, avec une fascie hyaline transversale vers la première cellule discoïdale. Cuisses antérieures noires plus ou moins cuivrées ou bronzées et souvent avec une légère teinte violacée, les autres noires souvent avec quelques reflets bronzés. Tibias antérieurs et les tarses testacés, les autres tibias noirs avec quelques reflets bronzés, leurs articulations souvent roussâtres. Abdomen obovale, assez déprimé, plus ou moins allongé, à ponctuation très fine, espacée et peu profonde : premier et deuxième segments, ainsi que la base du troisième, roux-testacé ; la partie postérieure du troisième et le quatrième noirs. Ventre roux-testacé avec les deux derniers segments noirs, le bord apical de l'avant-dernier segment décoloré. Oviscapte roussâtre. ♀.

Le mâle diffère de la femelle par sa forme un peu plus trapue, par tout l'avant-corps bleu ou bleu-verdâtre, exceptionnellement avec un peu de vert-doré au bord antérieur du mesonotum ; les écailles et les cuisses bleu ou bleu-verdâtre, les tibias intermédiaires et postérieurs noirs à reflets bronzés avec leurs tarses bruns ; les ailes régulièrement enfumées sans fascies hyalines. ♂. (Pl. VI, fig. 6).

Long. 4-6 1/2mm. **Semiaurata**, LINNÉ.

OBS. — Le *C. Diana*, Mocs., dont j'ai vu le type, est un ♂ de *C. semiaurata*, L., dont la série de points de la base du segment est réduite à deux gros points avec d'autres plus petits latéralement. M. le docteur Mocsary, dans sa monographie, indique le *C. semiaurata, L.* ♂ comme ayant les trochanters, les tibias et les tarses roux-testacé ; il s'agit sans doute du *C. pallipes*, Lep. ♂.

PATRIE : France, Italie, Grèce, Allemagne, Belgique, Angleterre, Russie, Suisse.

ESPÈCES QUE JE N'AI PU EXAMINER

C. aurata, Dahlbom. ♂. Tête, thorax, pattes et antennes colorés, conformés et sculptés comme chez *C. semiaurata*, L. ♂, la ponctuation cependant plus fine et la tête antérieurement un peu plus convexe. Mais le postécusson et le metanotum ont la forme et la ponctuation de ceux du *C. ignita*. Abdomen entièrement vert-doré, à pubescence grise, densément ponctué, ovale, médiocre, ventre un peu plus convexe que le dorsulum : premier segment du dorsulum à bordure apicale bronzé-noirâtre, le deuxième avec une tache discoïdale ou une ligne médiane bronzé-noirâtre également. Ailes hyalines, nervures brunes, cellule radiale allongée en ovale-lancéolé. Long. 1 1/2 ligne.

Patrie : Turquie : Bosphore.

C. semicyanea, Tourn., ♂. Cette espèce a de grands rapports avec le ♂ de *C. nitidula*, F., mais elle s'en distingue nettement par l'extrémité de l'abdomen qui est d'un beau bleu, par le coloris des pattes, etc. Corps finement pubescent, pubescence grisâtre, peu dense. Tête, thorax, une bande transversale sur le troisième segment abdominal, le quatrième et les suivants, ainsi que les hanches, d'un beau bleu vif avec quelques reflets verts; les autres parties de l'abdomen, les pattes et une tache interne des hanches antérieures d'un rouge de rouille clair; côté interne des cuisses intermédiaires et postérieures avec une petite tache allongée d'un beau bleu-verdâtre ; mandibules noires à la base, rousses à l'extrémité ; antennes noires ; premier article vert brillant. Tête brillante, visiblement mais éparsement ponctuée, beaucoup moins fortement et beaucoup moins densément que chez le *C. nitidula*; au milieu, on voit un petit sillon longitudinal qui part de l'ocelle antérieur et s'étend presque jusqu'à la base des antennes; ces dernières avec le troisième article aussi long que les deux suivants réunis, le deuxième un peu plus court que le quatrième. Prothorax et mésothorax très finement et éparsement ponctués ; métathorax assez grossièrement chagriné-ridé. Abdomen très finement et éparsement ponctué, le premier et le deuxième segments presque lisses. Ailes non enfumées. Long. 6 1/2mm.

Patrie : Sarepta.

C. femoralis, Mocsary, ♂. Médiocre, allongé, dessus du corps à poils noirs, le dessous ainsi que l'abdomen et les pattes à poils blancs; noir-violacé et un peu verdâtre; l'abdomen en partie, les tibias et les tarses roux-testacé, ces derniers brunis à l'extrémité; face plane, densément couverte de points épais, canaliculée au milieu, le sillon se continuant jusqu'à l'ocelle antérieur; antennes longues, un peu épaisses, noires, à villosité blanche, le scape vert-bleu, le deuxième article du fouet assez long, seulement un peu plus long que le troisième; joues assez longues, un peu plus longues que le deuxième article antennaire; pronotum convexe, assez régulièrement mais moins densément ponctué, la base sans série transversale de points; mesonotum et écusson à points épars plus fins, les intervalles lisses; le metanotum irrégulièrement réticulé, les dents posticolatérales courtes, subobtuses; mésopleures assez éparsement ponctuées, mais à points plus forts; abdomen avec les segments dorsaux brillants, les deux premiers et la base du troisième roux-testacé, la partie postérieure du troisième, le quatrième et le cinquième, noir de poix, les segments 3 et 4 violets sur les côtés; le premier segment en grande partie lisse, seulement en dessus avec quelques points distincts mais épars; segments ventraux concolores; cuisses violet-bleu, les postérieures noir de poix en arrière; ailes d'un hyalin sale, les nervures brunes, les écaillettes bleues; les ailes antérieures beaucoup plus courtes que la pointe de l'abdomen. Long. 6mm.

PATRIE : Asie-Mineure : Brussa.

2e Tribu. — Heteronychidæ

Caractères. — Corps de petite taille, ou médiocre ou moyenne, rarement allongé, plutôt court, convexe, épais et large. Vertex épais; les côtés de la tête derrière les yeux ordinairement plus ou moins dilatés, parfois anguleux; joues toujours très courtes; yeux glabres; mâchoires courtes, simplement plus ou moins arrondies; palpes labiaux de 3 articles, palpes sous-maxillaires de 5 articles; face toujours creusée; pronotum rarement allongé, toujours large, plus ou moins convexe, sans sillon transversal. Ongles des tarses jamais simples, toujours avec deux ou plusieurs dents; hanches sans apophyses dentiformes. Ailes supérieures toujours avec les cellules brachiale, costale et médiane complètes, les cellules anale et radiale toujours incomplètes, les cellules première et troisième discoïdales et deuxième postérieure entièrement ou partiellement simulées par un léger trait bruni, ou indistinctes. Les ailes inférieures sans aucune cellule complète, simplement avec la nervure costale plus ou moins longue et un fragment de nervure anale ; quelquefois on distingue quelques traces des nervures radiale et médiane figurées en quelques rares emplacements par une vague ligne brunie. Il y a des parapsides ou il n'y en a pas de distinctes ; les episternum du mésothorax sont visibles ou indistincts vus de profil ; les mésopleures forment toujours un angle plus ou moins accusé. Le scutum du métathorax est constamment très visible ; le scutellum du métathorax est rarement réduit ; les stigmates sont toujours en dessus des angles posticolatéraux, placés au fond d'une cavité arrondie, ou simplement disposés transversalement, alors ils sont plus grands et allongés ; les épisternum du métathorax quelquefois mal limités. Abdomen toujours avec trois segments visibles ; le ventre constamment concave. Le couvercle génital des mâles toujours large à la base.

Cette tribu, très distincte des autres et en même temps très homogène, comprend les sous-familles IV et V de M. le Dr Mocsary (Mon. Chrysid., p. 31, 1889) *Ellampinæ* et *Hedychrinæ*. Les caractères qui la particularisent sont très constants et des plus saillants. J'ai donné le nom d'*Heteronychidæ* (ἕτερος différent, ὄνυξ ongle) aux insectes qui la composent parce qu'ils ont les ongles différents de ceux des *Euchrysididæ* et des *Parnopidæ* qui les ont toujours simples.

TABLEAU DES GENRES

1 Ongles des tarses armés de plus de deux dents. 2

— Ongles des tarses avec deux dents seulement. 5

2 Première et troisième cellules discoidales indistinctes ou incomplètement figurées. 3

— Première et troisième cellules discoidales complètement figurées par une ligne brunie. G. 4. — **Holopyga**, Dahlb.

3 Postécusson prolongé en lame horizontale. G. 1. — **Notozus**, Foerst.

— Postécusson non prolongé en lame. 4

4 Pronotum subrégulièrement convexe ; tibias postérieurs normaux ; troisième segment abdominal incisé ou émarginé à l'apex. G. 2. — **Ellampus**, Spin.

— Pronotum déclive en avant; tibias postérieurs dilatés surtout chez le mâle, qui les a en outre subcreusés en dedans; troisième segment abdominal très légèrement sinué à l'apex.
G. 3. — **Philoctetes**, AB.—BUYSS.

5 Ongles des tarses terminés par une seule dent, mais ayant en leur milieu une autre dent plus petite placée presque en angle droit; troisième segment abdominal sans angle sur les côtés.
G. 5. — **Hedychridium**, AB.

— Ongles des tarses terminés par deux dents réunies à leur base; troisième segment abdominal ayant de chaque côté un petit angle saillant dirigé en arrière. G. 6. — **Hedychrum**, LATR.

1er GENRE.— NOTOZUS, FOERSTER.

νῶτος, dos; ὄζος, branche

(Pl. VII et VIII)

Corps plus ou moins allongé. Vertex épais; côtés de la tête derrière les yeux plus ou moins dilatés, subanguleusement arrondis, quelquefois sinués avant les joues, parfois ciliés de poils blancs; mandibules allongées, subfalciformes, pluridenticulées.

Pronotum long; postécusson toujours prolongé en lame horizontale; épisternum du mésothorax ordinairement visible de profil; mésopleures à disque presque plan, la tranche antérieure beaucoup plus longue que la postérieure; stigmates du métathorax peu distincts, au fond d'une cavité arrondie; épisternum du métathorax mal limité.

Fémurs antérieurs toujours plus ou moins dilatés-anguleux postérieurement; hanches postérieures parfois un peu dilatées anguleusement en arrière. Ongles des tarses armés de 3-4 dents allant en diminuant de longueur de l'extrémité de l'ongle à sa base. Ailes supérieures sans cellule discoïdale visible.

Abdomen allongé, souvent un peu comprimé sur les côtés, le troisième segment presque toujours terminé par une plate-forme apicale dans laquelle se trouve une incision; les côtés du troisième segment sont sinués une ou deux fois plus ou moins profondément, parfois incisés, exceptionnellement entiers, arrondis.

Les baguettes de la femelle sont allongées et plus ou moins étroites ; les derniers segments abdominaux (protractiles) entiers, minces, normaux, et plus ou moins translucides.

Le mâle a les crochets larges, hyalins, largement lancéolés, non conjugués, parfois avec une dilatation latérale antérieurement; les volsella subcornées, plus ou moins étroites, finement lancéolées; les tenettes étroites, linéaires, plus courtes que les volsella; les branches du forceps larges à la base, allongées dans leur partie supérieure.

Le genre *Notozus*, créé par Fœrster (*Verh. nat. Ver. preuss. Rheinl. X. p. 331, 1853*), a longtemps été méprisé parce qu'il a été peu approfondi. Les insectes que je range dans ce genre, (maintenu comme sous-genre par M. Mocsary dans sa monographie) étaient distribués dans les anciens genres *Omalus* et *Ellampus* La diagnose que je viens de donner renferme des caractères en majeure partie connus de Fœrster, mais l'examen des armures génitales des mâles apporte en plus des particularités qui viennent confirmer la valeur de ce genre. En effet, les volsella, par leur consistance subcornée et leur forme finement lancéolée, font que ce genre est très distinct des genres voisins, comme je le démontrerai par la suite.

Les *Notozus* se rencontrent pendant toute la belle saison, butinant sur les ombellifères, les feuillages atteints de la miellée, ou voltigeant sur les graminées. Il y a peu d'espèces communes.

On a surtout préconisé, pour classer ces insectes, la forme qu'affecte la lame du postécusson ; savoir : si elle est triangulaire ou rectangulaire, si elle est plus étroite au sommet qu'à la base, si l'extrémité est tronquée ou arrondie. J'ai examiné de grandes séries de *Notozus* et je puis affirmer que ce caractère est des plus variables et partant fallacieux.

La plate-forme apicale du troisième segment abdominal varie beaucoup moins; c'est pourquoi je me suis plus spécialement attaché à cette partie. On trouvera figurées dans les planches VII et VIII presque toutes les espèces qui me sont connues et j'espère que ces dessins faciliteront beaucoup leur détermination. Il faut en outre tenir compte de la forme générale du corps. Grâce aux nombreuses communications qui m'ont été faites, j'ai eu le loisir d'étudier près de cent *N. Panzeri* F, et environ soixante *N. productus* Dahlb. de localités très différentes, etc. Si j'ai exposé dans la préface une longue liste de collègues m'ayant fourni des matériaux pour mon ouvrage, liste que l'on a pu trouver oiseuse, j'ai cru cependant utile de l'insérer non seulement pour exprimer à chacun ma reconnaissance, mais aussi pour donner une idée des communications qui m'ont été faites et dont l'étude m'a laissé une autorité incontestable.

1 Tout le corps cuivré plus ou moins doré. — Corps de petite taille, légèrement allongé, couvert d'une fine pubescence blanche, espacée. Antennes allongées, brun-noirâtre, premier article vert-doré-cuivré, deuxième article brun-bronzé ou doré-cuivré, pubescence roussâtre ; chez la femelle, le troisième article est à peu près de la longueur des deux suivants réunis, plus étroit à la base que près du quatrième. Tête relativement grosse, plus large que le pronotum, avec quelques reflets verdâtres sur l'occiput ; ponctuation grosse, peu profonde, peu serrée ; cavité faciale large, ridée longitudinalement de bas en haut ; mandibules roux-testacé dans leur milieu. Pronotum allongé, à ponctuation comme sur le vertex ; mésopleures, écusson et postécusson couverts d'une grosse réticulation ; mesonotum ponctué comme le pronotum ; écusson subconvexe ; postécusson ayant la lame subacuminée, brunie au sommet ; métathorax vert-doré-bleuâtre, grossièrement ponctué-ridé ; angles posticolatéraux du métathorax à pointes fines, aiguës, subdivariquées. Ecailles doré-cuivré ; ailes régulièrement enfumées. Dessous de la poitrine, fémurs et trochanters à reflets verts ; tibias doré-cuivré ; tarses roux-testacé, ongles des tarses portant quatre dents allant en diminuant de grandeur de l'extrémité

de l'ongle à sa base. Abdomen très peu convexe, d'une couleur doré-feu plus intense, assez court, à points fins et serrés; premier segment très court, légèrement déprimé transversalement en avant; deuxième segment plus convexe, plus long que les autres; troisième segment assez convexe sur le disque, acuminé-tronqué à l'apex, les côtés du segment bisinués, déprimés près de la bordure, celle-ci ayant une marge nullement métallique, brune, subscarieuse à partir du sinus le plus rapproché de la base, cette marge formant à sa naissance un petit angle obtus; troncature apicale formant une plate-forme subsemilunaire, lisse, noire et brillante, l'incision constituée simplement par un sinus large, obtus. Ventre doré-cuivré; premier segment et les replis latéraux à reflets verts. ♂♀. Long. 3-5^{mm}.

Le mâle a souvent une teinte plus verte, le troisième article antennaire est plus court que les deux suivants réunis; la plate-forme apicale du troisième segment abdominal plus étroite, à sinus plus large. **Chrysonotus**, Dahlbom.

Patrie : Hongrie (Mocsary).

— Le corps en partie seulement ou nullement feu-doré. 2

2 Abdomen seul franchement doré. 4

— Aucune partie du corps franchement dorée. 3

3 Abdomen vert ou vert-gai ou bleu-vert, quelquefois légèrement doré. 8

— Tout le corps bleu-indigo. 13

4 Corps trapu; abdomen court, convexe, côtés du troisième segment abdominal médiocrement

bisinués; plate-forme apicale semilunaire, l'incision peu profonde à sinus obtus; tarses roussâtres. — Corps de taille moyenne ou médiocre, assez court, robuste; l'avant-corps bleu ou vert-bleuâtre, l'abdomen d'un beau feu-doré, rarement avec quelques reflets verts. Antennes longues, noirâtres, à fine villosité roussâtre: premier article bleu, le deuxième cylindrique, allongé, souvent un peu bronzé ou vert, le troisième chez la femelle subégal aux deux suivants réunis, chez le ♂ environ d'un quart plus long que le suivant. Tête assez grosse, un peu plus large que le pronotum, ponctuation médiocre, subréticulée, subruguleuse sur le front, fine et espacée sur l'occiput; cavité faciale large, évasée, subcanaliculée, parfaitement lisse et brillante ou plus ou moins ridée semicirculairement. Pronotum assez long, cylindrique, à ponctuation semblable à celle du mesonotum, formée de points médiocres, très peu serrés, très nets et profonds; mésopleures grossièrement et profondément réticulées comme l'écusson, le postécusson et le métathorax. Ecusson un peu bombé, imponctué à la base; postécusson subruguleux, plus ou moins triangulaire, la lame arrondie à l'extrémité, rarement subtronquée; angles posticolatéraux du métathorax à pointe subaiguë ou aiguë légèrement divariquée. Ecailles noires ou brun-noirâtre, souvent bronzées; ailes assez fortement enfumées, hyalines à la base, très légèrement éclaircies aux extrémités. Poitrine bleue; pattes bleues ou bleu-verdâtre; femurs antérieurs dilatés, arrondis en dessous, subanguleusement chez la femelle; ongles des tarses armés de quatre dents allant en diminuant de grandeur, souvent une cinquième très petite suit la quatrième.

Abdomen trapu, un peu déprimé sur le disque chez le mâle, à points peu serrés, relativement gros et profonds ; premier segment sans fort sillon à la partie antérieure ; troisième segment court, acuminé-tronqué, ponctuation un peu plus grosse, une carène bien visible part du milieu de l'apex et se continue longitudinalement sur le disque ; côtés du segment avec deux larges sinus subégaux, une marge subscarieuse part du sinus antérieur jusqu'à la troncature ; tout le long de cette marge, la bordure est canaliculée et plus profondément ponctuée ; la plate-forme apicale est noire, rugueuse, souvent brillante, toujours large ; ventre bleu ou vert-bleuâtre ou doré-verdâtre, couvert de points très fins et serrés entremêlés de poils noirâtres. ♂♀ Long. 6-8mm. **Productus,** Dahlbom.

Obs. — Le *N. Sanzii*, Gog., dont j'ai vu les types dans la collection du musée de Madrid, appartient à cette espèce.

Patrie : France méridionale, Corse, Espagne, Italie, Russie méridionale, Algérie.

Var. *vulgatus*, v. nov. Beaucoup plus répandue que le type, habite presque toute l'Europe. On la distingue par sa taille toujours plus petite, et par la ponctuation du front, qui est espacée, et celle de l'abdomen généralement plus fine, surtout chez la femelle. Le mâle a parfois l'abdomen un peu verdâtre en dessus, le disque plus déprimé, la plateforme apicale plus petite, avec l'incision très peu profonde. ♂♀. Longueur 5-7mm. (Pl. VII, fig. 2).

Patrie : France, Belgique, Allemagne, Russie, Suisse, Grèce, Turkestan.

J'ai vu deux femelles dont le troisième segment abdominal est un peu plus allongé, avec le sinus précédant la plateforme apicale plus profond, ce qui pourrait parfois égarer le déterminateur.

Bien que je n'aie pas vu le type du *N. bipartitus*, Tourn., je suis persuadé que c'est cette variété qui a été décrite sous ce nom comme espèce distincte du *productus*, Dahlb.

— Corps allongé; abdomen allongé, légèrement comprimé; tarses roux-testacé. 5

5 Côtés du troisième segment abdominal bisinués bien visiblement. 6

— Côtés du troisième segment abdominal avec un sinus très sensible près de la troncature apicale, précédé d'un autre peu visible. — Corps allongé, subparallèle, assez robuste, couvert d'une pubescence longue, dressée, blanchâtre; tout l'avant-corps vert-bleuâtre avec quelques endroits bleu-indigo. Tête large, épaisse, couverte de points fins et espacés sur l'occiput, assez gros, serrés et subréticulés sur le front; cavité faciale très large, vert doré, ridée semi-circulairement. Antennes noirâtres, à pubescence blanchâtre, les deux premiers articles vert-doré, le troisième court, moins long que les deux suivants réunis. Pronotum aussi large que le mesonotum. Pro- et mesonotum couverts de points gros, peu serrés, peu profonds. Mésopleures, écusson et postécusson fortement réticulés, la lame du dernier subtriangulaire, arrondie à l'extrémité; angles posticolatéraux du métathorax larges à la base, à pointe courte, subaiguë, et dirigée un peu en dehors. Ecailles bleu-verdâtre; ailes hyalines à la base, assez fortement enfumées dans la moitié postérieure. Poitrine et pattes vert-doré, tarses testacés, ongles des tarses armés de quatre dents allant en diminuant de longueur. Abdomen d'un beau feu-doré, un peu cuivré-verdâtre sur le premier segment et sur les côtés; ponctuation fine, obsolète, espacée; les deux premiers segments à côtés parallèles; troisième segment fortement triangulaire, allongé, acuminé-tronqué à l'extrémité, la plate-forme apicale semilunaire avec une incision subtriangulaire, médiocrement profonde, à sinus subaigu; les côtés du segment à ponctuation plus grosse. Ventre vert-doré, couvert d'une ponctuation relativement assez fine, peu profonde, mais assez serrée, uniforme, entremêlée de poils courts, fins, couchés, blanchâtres; une large tache feu-doré sur chaque segment. ♀ Long. 7mm.

Konowi, N. SP.

OBS. — Cette espèce ressemble beaucoup au *N. Panzeri*, F. Mais elle en diffère par le corps moins comprimé, plus robuste, l'abdomen plus large sur les deux premiers segments, les ailes plus enfumées, la forme du troisième segment abdominal, de la plate-forme apicale, et par les sinus des côtés du troisième segment de l'abdomen. Elle diffère également du *N. productus*, Dahlb., par son corps plus allongé, la brièveté du troisième article antennaire, la ponctuation de l'abdomen, la forme du troisième segment abdominal, de la plateforme et les sinus des côtés de ce segment.

PATRIE : Mecklembourg : Furstenberg (Konow).

6 Plate-forme apicale subtriangulaire, incision resserrée, très profonde à sinus aigu ; côtés du troisième segment abdominal avec le sinus le plus rapproché de la troncature en forme d'incision très profonde. — Corps allongé, de taille petite ou moyenne; avant-corps vert-gai, quelquefois un peu bleuâtre; abdomen doré, resplendissant, presque toujours avec des reflets verts; pubescence blanche. Tête grosse, un peu plus large que le pronotum, à ponctuation très serrée, subruguleuse, subréticulée, surtout sur le front, très espacée et plus fine sur l'occiput. Cavité faciale évasée, subcanaliculée surtout près du front, brillante, un peu dorée, ridée semicirculairement, ridée-ponctuée sur les côtés; clypeus vert-doré; antennes longues, brun-noirâtre, à villosité roussâtre : pre-

mier et deuxième articles verts, le deuxième cylindrique, le troisième plus court que les deux suivants réunis. Pronotum long, cylindrique, subruguleux, à ponctuation peu serrée, assez grosse, irrégulière, évasée ; mésopleures grossièrement réticulées ; mesonotum à points moins gros et plus espacés ; écusson grossièrement réticulé, avec une marge postérieure lisse imponctuée et un espace antérieur également lisse et sans points ; lame du postécusson subtronquée et noire à l'extrémité, très profondément et grossièrement ponctuée-réticulée, subruguleuse ; métathorax couvert d'une grosse réticulation, ses angles posticolatéraux à pointe assez longue, subaiguë. Ecailles vertes ou bronzées ; ailes assez enfumées, éclaircies à l'extrémité, hyalines à la base. Pattes vertes, tibias souvent un peu dorés ; tarses roux plus ou moins testacés, ongles des tarses armés de trois dents allant en diminuant de longueur, chez les individus les plus grands une quatrième petite dent se trouve à la suite de la troisième. Abdomen allongé, subcylindrique, subcomprimé, ponctuation fine, peu serrée, excepté sur les côtés où elle est plus grosse ; quelquefois une ligne imponctuée suit longitudinalement le milieu du deuxième segment ; premier segment avec un fort sillon longitudinal dans la partie antérieure ; troisième segment plus comprimé que les autres, assez allongé, acuminé-tronqué, ponctuation plus grosse, surtout sur les côtés, d'une couleur généralement plus feu, subcaréné longitudinalement sur le disque ; côtés du segment avec un large sinus vers le milieu, une large marge scarieuse, translucide, partant du bord postérieur de ce sinus se continue jusqu'à l'incision apicale en formant avant celle-ci une incision profonde à sinus étroit mais arrondi ; la plateforme apicale est roux-testacé ou brun-roussâtre, ou brun plus ou moins foncé ou même noirâtre. Ventre vert souvent un peu doré, à points fins et serrés. ♀. Long. 5-7^{mm}.

Le mâle diffère de la femelle par sa ponctuation un peu plus profonde, son abdomen moins comprimé, à points plus profonds, subrugu-leux, le troisième segment plus court, le sinus le plus rapproché de la troncature moins profond, la plateforme presque toujours roux-testacé avec l'incision un peu moins profonde ; par les tibias antérieurs moins fortement dilatés en dessous. **Panzeri**, Fabricius.

Obs. — Le *N. Kohli*, Mocs., dont j'ai vu le type, est un mâle de cette espèce ; les différences de ce sexe avaient sans doute échappé à son auteur.

Patrie : Répandu dans presque toute l'Europe ; la Tunisie.

— Plateforme apicale semilunaire, incision large à sinus obtus, arrondis ; côté du troisième segment abdominal avec le sinus le plus rapproché de la troncature sensible ou profond mais non en forme d'incision. 7

7 Ponctuation abdominale forte, profonde ; ailes fortement enfumées ; angles posticolatéraux du métathorax étroits, à pointe finement aiguë. **Productus**, Dahlbom ♀ (Voir n° 4).

— Ponctuation abdominale très fine, effacée ; ailes moins enfumées ; angles posticolatéraux du métathorax larges, à pointe subobtuse. — Corps très étroit, allongé, comprimé, parallèle, coloré comme le *N. Konowi* dont il diffère par l'abdomen plus étroit, plus allongé, à ponctuation plus espacée, le troisième segment ovale, plus allongé, subtronqué, les côtés bien nettement bisinués, la plateforme apicale semilunaire avec l'incision beaucoup plus grande, à sinus largement arrondi. Long. 5 1/2mm.

Particeps, N. SP.

PATRIE : Mecklembourg (Konow).

8 Troisième segment abdominal sans plateforme apicale distincte. 9

— Troisième segment abdominal avec une plateforme apicale distincte, de nature et de couleur différente du reste du segment. 10

9 Troisième segment abdominal avec toute la bordure apicale repliée en dessous et armée de deux dents aiguës à l'apex. — Corps robuste, de taille médiocre ou moyenne, couvert d'une longue pubescence blanchâtre en dessous, un peu cendrée en dessus; avant-corps bleu-indigo foncé, souvent passant au noir; pattes et abdomen verts à reflets bleus. Tête assez grosse, transversale, avec des points médiocres, assez serrés et profonds; yeux saillants, très longs, parallèles intérieurement; la marge occipitale derrière les yeux forme en haut, près du pronotum, un angle assez prononcé, puis les joues suivent, subcanaliculées, vert-bleu-doré, frangées de longs poils blancs. Cavité faciale très large, profonde, parallèle sur les côtés, évasée, brillante, imperceptiblement ridée transversalement; clypeus vert-gai. Antennes non atténuées à l'extrémité, longues, brun-noirâtre, à fine villosité roussâtre, les trois premiers articles bleus, le deuxième avec quelques reflets verdâtres, le troisième assez long, égalant les deux suivants réunis, ces derniers étant relativement longs. Pronotum long, cylindrique, avec

une dépression au milieu du disque, ponctué comme le mesonotum de points médiocres, assez serrés, profonds, parfois subréticulés; mésopleures, écusson et postécusson, ainsi que le métathorax, fortement réticulés; écusson un peu gibbeux, la lame du postécusson longue, subtriangulaire, arrondie-subacuminée à l'extrémité; angles postico-latéraux du métathorax grands, à longue pointe aiguë divariquée. Ecailles brunes; ailes assez fortement enfumées dans les deux tiers postérieurs. Poitrine et pattes vertes quelque peu bleuâtres : cuisses antérieures très fortement dilatées anguleusement en avant, et frangées de fins poils blancs. Tarses roux : ongles des tarses armés de cinq dents allant en diminuant de longueur, la cinquième est très courte et obtuse. Abdomen ovale, assez convexe, à points médiocres, profonds et peu serrés : premier segment un peu déprimé sur les angles antérieurs; deuxième segment souvent avec une teinte bleu-vif sur le disque, la bordure apicale lisse, subscarieuse, roussâtre; troisième segment ogival, plus fortement et plus densément ponctué, d'une teinte plus verte; la marge apicale est complètement réfléchie en dessous, bisinuée sur les côtés et forme à l'apex, dans le même plan, deux dents assez longues, subaiguës, subscarieuses à l'extrémité, séparées l'une de l'autre par une incision médiocre, à sinus obtus. A l'endroit où la marge apicale se replie en dessous, la ponctuation est plus grosse et ruguleuse; à la base du segment la marge n'est point repliée. Ventre bleu à ponctuation très fine et serrée. ♀♂ Long. 7-7 1/2^{mm}.

Le mâle se distingue de la femelle par le troisième segment abdominal plus court.

Superbus, Abeille

Patrie ; Italie, France, Allemagne, Hongrie.

— Troisième segment abdominal sans bordure repliée en dessous ; incision apicale très petite, très peu profonde, à lobes subarrondis. — Corps de petite taille, un peu allongé, entièrement vert-gai un peu bleuâtre sur le vertex, pubescence gris-brunâtre, assez longue, subdressée. Tête à points fins, obsolètes, médiocrement espacés sur le vertex, ponctuée-réticulée sur le front et derrière les yeux ; cavité faciale assez profonde, subcanaliculée, imponctuée, brillante mais légèrement ruguleuse; antennes brun-noirâtre, premier article vert, le troisième à peine plus long que le suivant. Pronotum assez convexe, à points médiocres, peu profonds, régulièrement espacés; mésopleures réticulées, à points subocellés ; mesonotum à points petits et serrés antérieurement, le reste presque imponctué, avec quelques rares gros points à fond plat. Ecusson grossièrement réticulé, à base lisse, imponctuée; postécusson avec la lame tronquée à l'extrémité, grossièrement et subruguleusement ponctué-réticulé ; angles posticolatéraux du métathorax couverts de longs poils brunâtres, la pointe médiocre, subaiguë, subdivariquée. Ecailles noires ; ailes régulièrement enfumées. Poitrine et pattes d'un vert un peu bleuâtre, les tibias vert-gai ; tarses brun-roussâtre; ongles des tarses armés de trois dents assez fortes allant en diminuant de longueur. Abdomen ovale, peu convexe, à points fins, médiocrement serrés et profonds, plus serrés et moins fins sur les côtés; troisième segment assez longuement et régulièrement arrondi, à points moins fins, les côtés vaguement bisinués, la marge extrême de la bordure des côtés à partir du milieu légèrement scarieuse, les côtés avec des reflets vert-doré. Ventre vert-bleuâtre, les segments bordés de noir, le troisième segment couvert de points très fins, assez serrés, avec une pubescence assez longue, couchée, gris-roussâtre. ♂ Long. 3 1/2mm. **Putoni**, N. SP.

OBS.—C'est à cette espèce que se rapporte l'*Omalus ambiguus* signalé par M. Abeille de Perrin (syn. p. 20); l'autre exemplaire cité par le même auteur des Hautes-Pyrénées et capturé par M. Pandellé, est un *N. viridiventris*, Ab. ♂.

PATRIE : France : Basses-Alpes. (A. Puton).

10 Ailes parfaitement hyalines, à nervures testacé-pâle ; tarses testacés. — Corps de très petite taille, allongé, entièrement vert-gai ; pubescence blanchâtre. Tête assez large, à points médiocres, assez profonds, très espacés, les intervalles très lisses, très brillants; le front à points plus gros et plus rapprochés; cavité faciale plane, canaliculée au milieu, ruguleuse, sans stries distinctes; antennes très grêles et longues, roussâtres, les deux premiers articles vert-gai, le troisième subégal aux deux suivants réunis. Pronotum long, couvert de gros points espacés, à intervalles très lisses; mesonotum à points moins gros; écusson à gros points espacés, subréticulés; postécusson avec la lame noire à l'extrémité, subdorée à la base, grossièrement réticulée, subrectangulaire; angles posticolatéraux du métathorax à pointe longue, dirigée en arrière, finement aiguë. Mésopleures concolores, à gros points épars, subréticulées; écailles vert-gai un peu doré; ailes avec le stigma un peu plus foncé que les nervures; pattes concolores, ongles des tarses armés de trois dents allant en diminuant de longueur, la dernière très petite. Abdomen avec quelques reflets dorés, ovale-allongé, à points fins, profonds, peu serrés;

troisième segment à points assez serrés, plus gros sur les côtés, plus profonds et subruguleux, les côtés distinctement mais très légèrement bisinués avec l'extrême bordure scarieuse, hyaline; plate-forme apicale brune, semilunaire, un peu comprimée, à sinus subarrondi. Ventre vert-doré. ♀ Long. 4mm. (Sec. spec. typicum).

Albipennis, Mocsary.

Patrie. Russie orientale : Astrahan (Radoszkowsky).

— Ailes plus ou moins enfumées. **11**

11 Sinus précédant la plate-forme apicale en forme d'incision très profonde ; abdomen subcomprimé à côtés réfléchis en dessous, plate-forme apicale en forme de fer à cheval, à lobes libres. — Semblable au *N. viridiventris* Ab., dont il diffère par le corps étroit, subparallèle; le pronotum plus long; la ponctuation thoracique ruguleuse, plus serrée; l'abdomen non déprimé mais bien subcomprimé, allongé, à côtés réfléchis en dessous, à reflets vert-doré sur les côtés et sur le troisième segment. Le troisième segment abdominal allongé, subtronqué, la base du disque finement ponctuée mais le reste couvert de points gros, ruguleux et assez serrés; les côtés bisinués; le premier sinus large, arrondi, placé avant le milieu, le deuxième très profond, formant une incision très profonde juste avant la plate-forme, comme cela se voit chez le *N. Panzeri* F.; les deux sinus séparés par une forte marge scarieuse, dilatée-arrondie comme chez le *N. Panzeri* F.; la plate-forme noire, l'incision subtriangulaire médiocrement profonde, à sinus obtus; en dessus de la plate-forme une assez forte carène part du milieu de l'apex et se continue un peu sur le disque. Ventre vert-bleu avec le troisième segment assez densément pointillé. Ongles des tarses avec trois dents allant en diminuant de grandeur. ♀ Long. 4 1/2^{mm}. (Sec. sp. typicum !) **Angustatus**, MOCSARY.

OBS.—Cette espèce rappelle beaucoup par sa forme le *N. Panzeri*.

PATRIE : Allemagne : Thuringe. (Schmiedeknecht).

— Sinus précédant la plate-forme apicale plus ou moins profond mais non en forme d'incision ; abdomen nullement comprimé sur les côtés. 12

12 Lobes de la plate-forme apicale du troisième segment abdominal reliés aux côtés, ailes enfumées dans toute la moitié postérieure. 13

— Lobes de la plate-forme apicale du troisième segment abdominal libres, ailes parfaitement hyalines à l'extrémité. — Corps de petite taille, robuste, large ; cavité faciale fortement ruguleuse ; tarses roux-clair, le sinus précédant la plate-forme apicale du troisième segment abdominal assez profond, tout l'avant-corps bleu un peu vert, l'abdomen d'une teinte plus verte. Semblable au *N. viridiventris* Ab., dont il diffère par sa taille plus grande, plus robuste et plus convexe ; la ponctuation thoracique plus serrée ; la lame du postécusson plus large et plus longue ; la cavité faciale moins profonde, fortement et irrégulièrement striée-ruguleuse ; les angles posticolatéraux du métathorax sensiblement plus courts à pointe moins aiguë ; les ongles des tarses armés de trois dents ; l'abdomen plus large, plus convexe, à ponctuation plus forte et plus profonde ; le troisième segment avec l'extrémité plus prolongée-comprimée en un acumen tronqué par la plate-forme apicale, celle-ci en forme de fer à cheval, les côtés du segment bisinués également, mais le sinus précédant la plate-forme apicale beaucoup plus profond, sans cependant être en forme d'incision. ♂ Long. 6^{mm}.

Rufitarsis, TOURNIER.

OBS.— Cet insecte rappelle beaucoup le *N. productus, var. vulgatus* par sa forme générale.

PATRIE : Roumanie : Tultscha. (Kohl).

13 Corps large, robuste, de taille médiocre; ponctuation du pronotum grosse, ruguleuse, assez abondante. — Absolument semblable de forme et de ponctuation au *N. productus* Dalb., dont il ne diffère que par la couleur du corps qui est entièrement vert-gai un peu bleuâtre. Les côtés de l'abdomen sont un peu teintés de vert-doré; sur un des côtés du type que j'ai vu il y a une petite tache accidentelle feu-doré qui ferait croire qu'il ne s'agit que d'une variété bleue du *N. productus*, comme on en verra une semblable chez l'*Ellampus auratus*, L. ♂ Long. 6mm. (Sec. sp. typ. !) **Obesus,** MOCSARY.

PATRIE : Province Transcaspienne (Radoszkowsky).

— Corps grêle ou médiocrement allongé, de taille petite ; ponctuation du pronotum espacée, à fond plat, les intervalles plans. — Indigo quelquefois un peu verdâtre ; pubescence espacée, blanchâtre. Tête petite, arrondie, à ponctuation médiocre, peu serrée, les points du front gros à fond plat ; cavité faciale évasée, canaliculée. Antennes brun-noirâtre, quelquefois un peu roussâtre-obscur ; premier article bleu, le deuxième très court, subglobuleux, généralement un peu bronzé, le troisième plus court que les deux suivants réunis. Pronotum un peu allongé, subcylindrique, à points peu profonds, assez gros, très peu serrés ; mésopleures grossièrement réticulées ; mesonotum ponctué comme le pronotum, avec un espace imponctué sur l'aire médiane. Ecusson à base imponctuée, le reste assez grossièrement ponctué-réticulé ; postécusson avec la lame arrondie à l'extrémité, d'autres fois subtronquée, la ponctuation ruguleuse, grossièrement réticulée. Métathorax bleu-indigo, grossièrement réticulé, les angles posticolatéraux à pointe aiguë, un peu dirigée en arrière. Poitrine et pattes bleues, les articulations souvent roussâtres; tibias presque toujours à reflets verts; fémurs antérieurs dilatés-arrondis en dessous; tarses roussâtres ou brun-roussâtre; ongles des tarses avec quatre dents allant en diminuant de longueur; écailles noir-bronzé, quelquefois un peu roussâtres; ailes assez enfumées, hyalines près de la base. Abdomen court, trapu et déprimé, d'un bleu-verdâtre passant parfois au vert-gai, ponctuation fine, médiocrement serrée; troisième segment acuminé-tronqué, à points un peu moins fins, légèrement caréné sur le milieu dans sa longueur; les côtés du segment arrondis arqués, convergeant à l'apex; une marge après le tiers antérieur forme à sa naissance un sinus large, puis en forme un autre avant la troncature apicale, cette marge est elle-même subscarieuse et la bordure du segment lui-même se trouve subcanaliculée parallèlement à la marge, la ponctuation en est beaucoup plus forte; une légère et courte carène part du milieu de l'apex et s'avance sur le disque; l'apex est tronqué et forme une plate-forme semilunaire noire, un peu brillante, ruguleuse, incisée au milieu par un sinus subaigu, subtriangulaire, mais à côtés légèrement arqués en dedans. Ventre bleu, rarement avec quelques reflets verts, à ponctuation médiocrement serrée et fine; les segments sont quelquefois bordés de noir. ♂ Long 4-5^{mm}.

La femelle se distingue du mâle par l'abdomen non déprimé, plus allongé, le troisième segment allongé avec le sinus antérieur des côtés très peu sensible; par les fémurs antérieurs munis en dessous d'une grosse dent subaiguë. **Viridiventris**, ABEILLE.

OBS. — Le *N. montanus* Mocs. dont j'ai vu le type appartient à la même espèce.

PATRIE : France, Allemagne, Belgique, Mont Ararat d'Arménie.

VAR. *Soror* Mocs. ♀ Diffère du type uniquement par le coloris de l'abdomen qui est vert-doré, plus doré sur les côtés et le troisième segment ; les côtés du troisième segment bisinués, le sinus antérieur, comme dans le même sexe du type, toujours très peu visible. (Sec. sp. typ. !)

PATRIE : Autriche, Trieste; France, Toulouse.

14 Corps allongé; milieu du pronotum presque lisse; côtés du troisième segment abdominal unisinués. — Corps de très petite taille, entièrement bleu-indigo. Tête à points médiocres, espacés, peu profonds, devenant plus gros sur le front; cavité faciale large, bleu un peu verdâtre, très obsolètement striée semicirculairement; antennes roussâtres, le premier article bleu, le troisième plus court que les deux suivants réunis. Pronotum médiocre, arrondi en avant, presque lisse sur le disque, les côtés garnis de gros points subréticulés; mesonotum obsolétement ponctué; écusson ponctué-réticulé; postécusson noir avec la lame subtriangulaire, grossièrement ponctuée-réticulée; angles posticolatéraux du métathorax divariqués, à pointe un peu recourbée en arrière; mésopleures à gros points subréticulés; écailles noir-bronzé, ailes légèrement enfumées, à nervures roussâtres; pattes roussâtres un peu métalliques, bleuâtres en dessus; tarses subtestacés, ongles des tarses armés de quatre dents allant en diminuant de longueur, la quatrième très petite. Abdomen ovale, à points petits mais assez serrés, subruguleux; troisième segment ovale-acuminé-tronqué, à côtés largement arrondis ; la bordure scarieuse, roussâtre, avec un seul sinus de chaque côté touchant la plate-forme apicale qui est subréniforme, noirâtre, l'incision peu profonde, à sinus subarrondi. Ventre bleu-indigo. Long. 4^{mm}. (sec. sp. typicum !) **Eversmanni**, MOCSARY.

OBS. — Cette espèce diffère du *N. viridiventris* Ab. par sa couleur bleu-indigo uniforme, le coloris des antennes et des pattes, la ponctuation presque nulle du disque du pronotum, les angles posticolatéraux du métathorax divariqués, les côtés du troisième segment abdominal unisinués.

PATRIE : Russie Orientale, Saratow (Radoszkowsky).

— Corps trapu ; milieu du pronotum ponctué ; côtés du troisième segment abdominal bisinués. — Corps de petite taille, trapu, robuste, entièrement bleu-indigo, à pubescence très fine et très courte, blanchâtre. Tête plus large que le pronotum, à points fins, obsolètes, presque nuls sur l'occiput, devenant médiocres et subréticulés sur le front ; cavité faciale large, subcanaliculée au milieu, striée semicirculairement ; antennes grêles, longues, noir-brun, les deux premiers articles bleus, le troisième subégal aux deux suivants réunis. Pronotum long, un peu bosselé, à points médiocres, très espacés et très peu profonds ; mesonotum ponctué de même ; écusson ponctué-subréticulé avec un large espace antérieur imponctué-lisse ; postécusson à lame longue, à côtés subparallèles et à pointe arrondie ; angles posticolatéraux du metanotum triangulaires, assez forts, droits, un peu dirigés en arrière ; mésopleures ponctuées-réticulées ; écailles roussâtres ; ailes assez fortement enfumées, hyalines à la base, à nervures roussâtres ; pattes d'un bleu un peu vert, surtout sur les tibias, cuisses antérieures fortement et anguleusement dilatées; tarses subtestacés. Abdomen ovale, couvert de petits points serrés; troisième segment ovale, acuminé-tronqué, les côtés bisinués, les sinus séparés par un petit angle arrondi, scarieux-testacé; plate-forme apicale lisse, semilunaire, noire, l'incision largement subtriangulaire, à sinus subobtus; ventre bleu avec quelques reflets vert-bleu, à ponctuation fine, dense, subcoriacée, le quatrième segment noir à reflets cuivré-doré, fortement caréné dans sa longueur ♀. Long. 5 1/2^{mm}. (Sec. sp. typicum!) **Violascens**, Mocsary.

Patrie : Turkestan, Taschkend (Radoszkowsky).

ESPÈCES DE NOTOZUS RESTÉES INCONNUES

N. ambiguus, Dahlbom. Petit, long de 1 1/4 ligne décimale, violacé avec l'abdomen vert-doré-bronzé, le troisième segment bisinué de chaque côté avant l'émarginatura, postécusson mucroné.

Obs. — Semblable aux plus petits individus de l'*Elampus Panzeri*, mais s'en distingue par la tête et le thorax entièrement violacé foncé, le metanotum avec un mucron subtriangulaire, c'est-à-dire dont l'extrémité est distinctement plus étroite que la base, l'émarginatura du troisième segment libre et sans pli. — Tête et thorax entièrement violacé foncé, antennes noir-brun, pattes vert-bleu, les tarses brun-testacé. Tête, pronotum, dorsulum et l'écusson avec des points un peu gros et épars. Metanotum ponctué-réticulé; le mucron obtusément triangulaire, à sculpture grossière. Pleures coriacées, densément et moins régulièrement ponctuées. Ailes hyalines à la base avec les nervures brunes, l'extrémité brun-enfumé. Abdomen brillant, vert-bronzé un peu doré, densément pointillé; l'émarginatura du troisième segment subarquée, submarginée avec les lobes médiocres, triangulaires, la bordure latérale de chaque côté bisinuée, le sinus inférieur distinct, le supérieur obsolète.

Patrie : Europe méridionale (Dahlbom) ; Tyrol septentrional (Dalla Torre); Allemagne (Schenck).

N. viridis, Tournier. « 6-8^{mm}. Entièrement d'un beau vert émeraude brillant sans reflets bleus ou dorés. Antennes noires, scape vert-doré ; pointe du postscutellum noire ; cuisses et tibias vert-émeraude; genoux légèrement dorés; tarses jaune-rouille clair. Ventre vert-émeraude avec une très fine carène rouge-doré au milieu du bord postérieur de chacun; article 1 du funicule des antennes moitié aussi long que le deuxième, subégal au troisième. Tête densément et fortement ponctuée, à ponctuation plus fine et moins serrée sur l'occiput, cavité faciale finement ridée; pro-mésothorax assez fortement mais peu densément ponctués, surtout sur le disque. Scutellum grossièrement et densément ponctué sur les côtés, moins densément au milieu où les points laissent des intervalles lisses. Postscutellum assez proéminent, subparallèle sur les côtés, arrondi au bout, à peu près de la forme de *N. longicornis* (*N. productus*, Dahlb. ♀), grossièrement densément ponctué-réticulé. Abdomen : premier segment assez finement, peu densément ponctué sur le milieu; deuxième segment ponctué de même; troisième segment à points plus forts, beaucoup plus serrés surtout sur les côtés et postérieurement où les points sont plus gros et subconfluents. Partie postérieure tronquée, incisée au bout en un demi-cercle un peu fermé, cette incision surmontée d'un empâtement en forme de croissant un peu fermé, bords latéraux avant l'incision bisinués, le sinus antérieur faible, allongé, le postérieur un peu plus court et plus accentué, bordure des côtés jaune colle forte transparent. Ventre très densément et assez fortement ponctué-chagriné. Ecailles vertes, ailes très claires, hyalines. ♂ Taille un peu inférieure, plus étroit et de forme plus parallèle que la femelle. »

Obs. — Il est très probable que cet insecte soit le *Nclozus albipennis*, Mocs.

Patrie : Sarepta.

2ᵉ GENRE. — ELLAMPUS, Spinola.-Mocsáry.

ἐλλάμπω, briller sur.

(Pl. IX, X et XI)

Corps trapu, convexe, de taille parfois très petite ; vertex épais, les côtés de la tête, derrière les yeux, dilatés-arrondis ou subanguleux; mandibules courtes, larges, pluridenticulées.

Pronotum court; épisternums du mésothorax peu distincts et petits; mésopleures à disque plus ou moins convexe, la tranche antérieure beaucoup plus longue que la postérieure; postécusson gibbeux ou subhémisphérique, conique, obtus ou aigu, ou subacuminé; épisternums du métathorax mal limités; stigmates métathoraciques peu visibles, placés dans une cavité arrondie.

Les cuisses antérieures dilatées mais non anguleusement; les hanches postérieures parfois un peu dilatées anguleusement en arrière; tibias postérieurs normaux dans les deux sexes, ongles des tarses avec 3-6 dents allant en diminuant de longueur.

Ailes supérieures avec la première cellule discoïdale nulle, n'étant même jamais simulée entièrement; ailes inférieures simplement avec les nervures costale et anale.

Abdomen ordinairement court, très convexe; le troisième segment toujours plus ou moins émarginé ou incisé, l'incision parfois profonde et par exception entaillée dans une plateforme; les côtés du troisième segment entiers, arrondis, ou avec un ou deux sinus plus ou moins profonds.

Les derniers segments abdominaux de la femelle entiers, translucides, normaux, les baguettes assez larges.

Les crochets du mâle sont larges, hyalins, largement lancéolés, parfois avec une légère dilatation latérale extérieurement; les volsella de longueur variable, larges, arrondies, parfois très courtes; les tenettes étroites, linéaires; les branches du forceps larges, allongées.

Le nom générique d'*Omalus*, Panzer, doit être abandonné, attendu que Panzer n'en a pas donné de diagnose (Faun. Insect. Germ. initia, p. 85, 1805) lorsqu'il a décrit son *Omalus æneus*. Après lui Jurine, en 1809, a appliqué ce nom à un genre de Cénoptérides. Il vaut donc mieux, pour plus de clarté, adopter le genre *Ellampus* créé par Spinola en 1806.

Comme les *Notozus*, les *Ellampus* prennent leurs ébats sur les feuillages et les plantes basses; ils sont très friands des exsudations sucrées des feuilles ainsi que des déjections des pucerons. On en prend également sur les ombellifères, les euphorbes, les menthes, les *Thesium*, etc. Ils pondent dans le nid des Sphégides, Euménides et Pompilides nidifiant dans les tiges sèches des arbustes et des plantes, dans les arbres secs et les trous percés par les coléoptères dans les bois morts et même les champignons devenus ligneux.

Plusieurs espèces sont communes dans toute l'Europe.

1 Postécusson conique ou gibbeux-conique. 2

— Postécusson plus ou moins gibbeux-arrondi ou subhémisphérique. 12

2 Postécusson conique-aigu ou subacuminé. 3

— Postécusson conique-obtus ou gibbeux-conique. 7

3 Incision apicale du troisième segment abdominal entaillée dans une plateforme à sinus très large, profond et subaigu. — Corps allongé, d'un beau bleu ou avec quelques reflets verts; pubescence fine, blanchâtre. Tête médiocre, à peu près de la largeur du pronotum, couverte de points assez gros, subréticulés, assez serrés sur le front, fins et espacés sur l'occiput; cavité faciale peu profonde, subcanaliculée au milieu près du front, subruguleuse subtransversalement; antennes brun-noirâtre à fine villosité cendré-obscur, premier article bleu, le deuxième noirâtre-bronzé avec quelques reflets bleu-verdâtre, le troisième court, d'un tiers à peine de sa longueur plus long que le suivant. Pronotum transversalement subrectangulaire, peu convexe, à points médiocres, peu enfoncés et très espacés surtout sur le disque; mésopleures grossièrement réticulées; mesonotum à points peu enfoncés, médiocres, encore plus espacés que sur le pronotum; écusson légèrement convexe, souvent d'une teinte obscure, presque noirâtre, grossièrement réticulé, un espace lisse imponctué à la base; postécusson coloré et réticulé comme l'écusson, conique-aigu, avec un petit repli postérieurement en dessous de l'extrémité, de sorte que la pointe extrême simule un commencement de lame horizontale. Métathorax bleu-foncé, grossièrement réticulé, angles posticolatéraux larges à pointe obtuse.

Ecailles noir-bronzé ; ailes fortement enfumées, éclaircies à la base. Poitrine et pattes bleu-indigo, avec quelques reflets verts sur les tibias, tarses d'un roussâtre plus ou moins obscur, ongles très grands, armés de cinq grands crochets allant en diminuant de longueur, le premier très long, le deuxième et le troisième subégaux. Abdomen ovale-acuminé, légèrement déprimé. à points très fins, presque obsolètes, le disque quelquefois taché de noir : premier segment avec un sillon longitudinal antérieurement, la troncature antérieure lisse; imponctuée ; deuxième segment avec quelques traces vagues de carène longitudinale près de la base ; troisième segment à ponctuation un peu moins fine, triangulaire-acuminé-tronqué, presque toujours décoloré-scarieux sur les côtés près de la troncature, les côtés du segment largement bisinués, un petit angle plus ou moins accusé séparant les deux sinus ; la troncature souvent décolorée-scarieuse à sa plateforme subtriangulaire. Ventre bleu, quelquefois avec des reflets verdâtres, très finement ponctué, les points très denses sur le troisième segment et très espacés sur le précédent. ♂♀ Long. 4 1/2-5 1/2mm.

Truncatus, Dahlbom.

Patrie : France, Allemagne, Hongrie, Egypte, Suisse.

— Incision apicale du troisième segment abdominal non entaillée dans une plateforme; corps non entièrement bleu. 4

4 Corps entièrement bronzé-cuivré un peu verdâtre ; l'incision apicale du troisième segment abdominal simple, triangulaire, étroite, à bordure légèrement épaissie. — Corps de petite taille, assez trapu, à pubescence fine, blanchâtre. Tête petite, à points gros, réticulés à fond

plan, assez serrés sur le front; cavité faciale évasée, assez profonde, lisse; antennes brun-noirâtre, à fine villosité roussâtre, premier article vert-bronzé, deuxième article assez gros à l'extrémité, le troisième à peine plus long que le suivant. Pronotum assez convexe et court, couvert de points un peu gros, mais avec des espaces imponctués parfaitement lisses sur le disque. Mésopleures grossièrement ponctuées-réticulées, les points à fond évasé; mesonotum assez convexe, avec quelques points médiocres très clairsemés, laissant des places lisses sur le milieu de chaque aire. Ecusson convexe, densément et grossièrement ponctué-réticulé ainsi que le postécusson et le métathorax; postécusson conique-subaigu à réticulation plus profonde et subruguleuse; angles posticolatéraux du métathorax à pointe courte, subaiguë, légèrement décombante. Ecailles noires; ailes légèrement enfumées. Poitrine bleu-verdâtre-bronzé; pattes vert-bronzé, tibias un peu cuivrés, tarses roussâtres, ongles des tarses avec trois crochets allant en diminuant de grandeur. Abdomen ovale, très convexe : premier et deuxième segments à ponctuation très fine, assez serrée, tout le disque recouvert d'une large tache bleu-noirâtre-bronzé, les côtés de ces deux segments bronzé-cuivré; troisième segment subtriangulaire, d'une teinte beaucoup plus cuivrée, à points beaucoup plus gros et plus espacés; les côtés du segment vaguement sinués, une marge scarieuse part du milieu des côtés et va jusqu'à l'incision : incision apicale peu profonde, à sinus subaigu, à bordure épaissie, noirâtre, et légèrement arquée en dedans. Ventre noir, avec quelques taches cuivré-bronzé. ♂♀ Long. 4mm.
(Sec. sp. typ.!) **Horwathi**, Mocsary.

Patrie : Budapest (Mocsary).

— Corps non entièrement bronzé-cuivré; bordure de l'incision non épaissie. 5

5 Corps entièrement vert-gai un peu doré, surtout sur le troisième segment abdominal et le ventre. — Semblable à l'*E. pusillus*, F. dont il diffère par sa taille plus forte, les aires latérales du mesonotum parfaitement lisses, imponctuées, non striées; le postécusson conique-aigu; les ailes moins enfumées; les angles postico-latéraux du métathorax plus étroits; tous les articles des tarses roux-clair, les ongles armés de trois crochets; la ponctuation abdominale plus serrée; le troisième segment abdominal à points assez fortement ruguleux, l'incision apicale un peu plus large, moins profonde, à lobes arrondis, scarieux. ♀ Long. 5mm. (Sec. sp. typ. !) **Sareptanus**, Mocsary.

Patrie · Russie méridionale . Sarepta (Kohl).

Var. *inflammatus*, Mocs. « Diffère du type par le corps entièrement doré-cuivré, les écailles brunes et les ailes plus hyalines. »

Patrie : « Perse : Astrabad. (Secundum Mocsary). »

Var. *Schulthessi*, Mocs. Diffère du type uniquement par son coloris entièrement vert-bleu. ♀ Long. 4 1/2mm. (Sect. sp. typ. !).

Patrie : Russie méridionale: Sarepta. (Dr de Schulthess-Rechberg).

— Avant-corps bleu ou bleu-verdâtre ou vert; abdomen doré ou doré-verdâtre. 6

6 Corps trapu; abdomen non comprimé sur les côtés, doré resplendissant. — Corps de petite taille, pubescence rare, courte, blanchâtre. Tête médiocre, ponctuée-réticulée sur le front, à points petits, épars sur l'occiput; cavité faciale large, évasée, assez profonde, subcanaliculée,

imponctuée, brillante, mais vaguement ridée. Antennes noirâtres, à fine villosité roussâtre, Premier article bleu, le deuxième à reflets bleuâtres. le troisième à peine plus long que le suivant. Pronotum légèrement convexe, ponctué-réticulé sur les côtés, mais le reste couvert de points médiocres, clair-semés surtout sur le disque; mesonotum à ponctuation très espacée; mésopleures grossièrement ponctuées-réticulées; écusson légèrement convexe, grossièrement ponctué-réticulé avec un petit espace lisse à la base; postécusson conique-aigu, grossièrement ponctué-réticulé. Métathorax à réticulation moins profonde, les angles postico-latéraux à pointe assez longue, subaiguë. Poitrines et pattes bleues ou bleu-verdâtre, tarses roussâtres, le premier article ordinairement vert en dessus, ongles armés de trois forts crochets allant en diminuant de grandeur, suivis d'un quatrième très petit. Ecailles noir-bronzé à reflets bleus; ailes assez enfumées, éclaircies à la base. Abdomen court, large, très convexe, ovale, à points très fins, assez profonds, peu serrés; premier segment ayant à la troncature antérieure un large sillon, troisième segment plus feu-doré, à ponctuation beaucoup moins fine, assez grosse près des bords, triangulaire, subacuminé, le plus souvent avec une courte et faible carène sur le milieu du disque et partant du sommet de l'incision apicale, les côtés largement bisinués, la marge extrême souvent subscarieuse à partir du sinus antérieur, extrémité apicale brunie, avec l'incision triangulaire à sinus subaigu, les deux angles formés par l'incision étant un peu prolongés en dents obtuses à l'extrémité. Ventre bleu ou vert-bleuâtre ou vert légèrement doré, les segments quelquefois marginés de noir, à ponctuation très fine, assez serrée. ♂♀ Long. 4-5 1/2mm. (Sec. sp. typ.!) **Wesmaeli**, CHEVRIER.

PATRIE : Belgique, France, Suisse, Russie, Espagne.

Var. *appendicinus*, Ab. Diffère du type simplement par le postécusson conique-obtus, par une tache noirâtre sur le disque de l'abdomen et par la forme du troisième segment abdominal. Chez ce dernier, les côtés montrent deux sinus assez profonds, séparés entre eux par un angle assez fort en forme de dent ; l'incision apicale très profonde, subtriangulaire, à sinus obtus; les angles formés par l'échancrure sont prolongés en forme de dents tronquées à l'extrémité. (Sec. sp. typ!)

Je possède un individu ayant le disque de l'abdomen taché de noir, avec les deux dents apicales semblables à celles du type ci-dessus, mais avec les angles des côtés moins forts et le postécusson conique très aigu. J'ai en outre d'autres exemplaires différant du type de Chevrier par les dents apicales du troisieme segment abdominal plus fortes et tronquées. Il n'y a donc pas ici une véritable espèce, mais bien une simple variété ou difformité.

PATRIE : Russie : Ukraine, Orenbourg.

— Corps allongé ; abdomen comprimé sur les côtés, doré-verdâtre ou doré-bronzé, souvent un peu noirâtre sur le disque. — Taille petite ; avant-corps bleu plus ou moins foncé ou verdâtre, quelquefois un peu bronzé ; pubescence cendrée ou blanchâtre. Tête médiocre, à réticulation assez grosse et assez profonde sur le front, l'occiput à points petits, épars ; cavité faciale large, assez profonde, vaguement ridée, brillante ; clypeus souvent vert-doré ; antennes noirâtres, à fine villosité gris-roussâtre, premier article bleu, le deuxième bleu ou bronzé avec quelques reflets bleus ou verts, le troisième à peine plus long que le suivant ; pronotum couvert de points peu profonds, très espacés sur le disque ; mésopleures grossièrement réticulées ; mesonotum à points petits, peu profonds, très épars, laissant des espaces lisses; écusson un peu bombé, grossièrement réticulé comme le postécusson, ce dernier conique-aigu, souvent avec une petite dépression postérieure au-dessous de la pointe. Métathorax également réticulé, angles postico-latéraux à pointe longue, obtuse, quelquefois un peu courbée; poitrine bleue, pattes le plus souvent bleu-verdâtre surtout sur les tibias, tarses brun-roussâtre, ongles des tarses portant trois forts crochets ou dents allant en diminuant de longueur. Ecailles noir-bronzé; ailes assez enfumées, hyalines à la base. Abdomen ovale-allongé, acuminé, très convexe, à points fins assez serrés; troisième segment presque toujours d'une teinte plus feu-doré, allongé, cylindrique sur le disque, à ponctuation plus grosse; les côtés du segment longs, largement bisinués, mais les sinus rapprochés de l'extrémité, marge des bords souvent subscarieuse, extrémité apicale le plus souvent un peu allongée, brunie, l'incision triangulaire à sinus subobtus, les angles formés par l'incision prolongés en forme de dents obtuses. Ventre bleu-verdâtre, le plus souvent marginé de noir sur chaque segment; chez les individus les plus bronzés le ventre est noir avec une petite tache bleue sur le milieu des segments. ♂♀ Long. 3 1/2-4 1/2^{mm}. **Bidentulus,** Lepeletier.

Patrie : France, Belgique, Suisse, Italie.

7 Corps entièrement bronzé-cuivré; incision apicale du troisième segment abdominal épaissie sur les bords. **Horwathi,** Mocsary (V. n° 4).

— Corps non entièrement bronzé-cuivré; incision apicale non épaissie sur les bords. 8

8 Corps entièrement vert-doré, plus doré sur

l'extrémité de l'abdomen, l'écusson et le post-écusson. **Pusillus**, FABRICIUS.

Var. **Schmiedeknechti**, MOCSARY (Voir ci-dessous).

— Corps entièrement vert ou bleu-vert ou bleu. — Taille petite, corps plus ou moins trapu, souvent vert-gai ou un peu cuivré, parfois un peu doré sur l'abdomen; pubescence longue, cendrée, plus claire sur l'abdomen. Tête assez grosse, un peu plus large que le pronotum, à ponctuation presque nulle et obsolète sur l'occiput, le front couvert d'une grosse réticulation peu profonde; cavité faciale profonde, très brillante, sans rides ni points; antennes robustes, noirâtres, brunes ou brun-roussâtre, à fine villosité roussâtre, premier et deuxième articles bleus ou vert-bleuâtre ou verts, le troisième à peine plus long que le deuxième, très court. Pronotum peu convexe, subimponctué sur le disque, subréticulé-ponctué sur les côtés; mesonotum avec quelques rares gros points à fond plan; mésopleures grossièrement ponctuées-réticulées, les intervalles un peu larges, imperceptiblement ridés transversalement, ces rides se retrouvent quelquefois sur le mesonotum; écusson légèrement convexe, le plus souvent avec une teinte dorée, grossièrement réticulé avec un espace lisse à la base; postécusson conique-obtus, couvert d'une forte réticulation, le plus souvent avec une teinte bronzée. Métathorax à réticulation grosse mais peu profonde; angles postico-latéraux à pointe grosse, subaiguë, médiocrement longue. Ecailles noir-bronzé; ailes fortement enfumées à l'extrémité et à la base, subhyalines au milieu, rarement elles sont peu enfumées. Poitrine et pattes concolores au corps, tarses bruns ou quelquefois roussâtres, le premier article parfois à reflets verts en dessus, ongles des tarses armés de 4-5 forts crochets allant en diminuant de grandeur, le cinquième parfois très petit. Abdomen court et trapu chez le ♂, ovale-acuminé chez la ♀, assez fortement convexe, très variable de couleur, à points très fins, peu serrés et peu profonds : troisième segment arrondi chez le ♂, triangulaire plus ou moins acuminé, subcomprimé chez la ♀, à points moins fins, plus serrés et même avec quelques points médiocres sur les bords; côtés du segment rarement avec un léger sinus avant l'incision apicale, celle-ci triangulaire, quelquefois arrondie, le sinus aigu ou obtus, les côtés de l'incision noircis, souvent épaissis avec une courte carène plus ou moins accusée, rarement nulle, partant du fond du sinus de l'incision et dirigée longitudinalement sur le milieu du disque. Ventre variant comme l'abdomen, le plus souvent les segments marginés de noir et le troisième segment à teinte dorée, ponctuation fine, espacée, mais serrée à la base de chaque segment. ♂♀ Long. 3-5^{mm}.

Pusillus, Fabricius.

Obs. — Il vit aux dépens des *Trypoxylon figulus*, L., *clavicerum*, Lep. et *attenuatum*, Sm. Sa coque est cylindrique, enfumée, formée de soie roux-clair, les deux extrémités sont subégales et subtronquées. Il a pour parasite le *Diomorus Kollari*, Foerst. Chalcidide.

Patrie : Commun dans toute l'Europe : France, Belgique, Espagne, Suisse, Italie, Russie, Allemagne, Algérie.

Var. *Schmiedeknechti*, Mocs. Diffère du type, uniquement par sa couleur entièrement vert-doré, quelquefois dorée sur les côtés de l'abdomen et le postécusson. Long. 4-5^{mm}. (Sec. sp. typ!)

Patrie : Thuringe, France, Espagne, Belgique.

— Avant-corps bleu ou bleu-verdâtre, abdomen doré. 9

9 Ailes hyalines. — Corps de très petite taille, allongé, couvert de poils dressés, blanchâtres, très fins, peu serrés. Tout l'avant-corps bleu-indigo plus ou moins foncé ou avec des reflets bleu-vert sur le pronotum et le mesonotum. Tête assez large : cavité faciale profonde, polie, brillante ; antennes noirâtres, premier et deuxième articles bleu-verdâtre ou indigo-bronzé ; front grossièrement ponctué-réticulé, vertex à points moins gros et espacés. Pronotum à ponctuation grosse, espacée, avec de larges intervalles lisses transversalement au milieu. Mesonotum à points très espacés avec un large espace lisse longitudinal au milieu de chaque aire. Mésopleures grossièrement ponctuées-réticulées, écusson convexe, ponctué de même ; postécusson variable, fortement gibbeux, plus ou moins conique-obtus, plus profondément ponctué-réticulé-subruguleux ; angles postico-latéraux du métathorax à pointe finement aiguë, légèrement recourbée en arrière. Ecailles brun-noirâtre-bronzé ; ailes parfaitement hyalines, à nervures d'un brun peu foncé, plus clair chez les très petits individus, exceptionnellement un peu enfumées vers la cellule radiale. Pattes bleu-verdâtre, tarses roussâtres ; ongles des tarses avec quatre crochets allant en diminuant de longueur, le dernier très petit. Abdomen obovale, peu convexe, resplendissant, feu-doré ou quelquefois un peu verdâtre, le plus souvent avec une large tache ou une ligne médiane sur le disque des deux premiers segments d'un noir bronzé ou d'un noir bleu : premier segment à ponctuation presque nulle au milieu, simplement avec quelques points très fins, très espacés sur les côtés et le bord apical ; deuxième segment à points très fins mais très espacés ;

troisième segment à points un peu plus gros et plus serrés, ovale-arrondi, simplement émarginé à l'apex, côtés du segment légèrement bisinués, marge apicale presque toujours scarieuse sur le bord. Ventre noirâtre avec des reflets bleus ou bleu-verdâtre sur le milieu de chaque segment. ♂♀ Long. 3-3 1/2mm.

Assez souvent confondu avec l'*E. punctulatus*, Dahlbom, dont il diffère par sa taille ordinairement plus petite, sa forme allongée, moins trapue, le postécusson plus fortement gibbeux, plus ou moins conique-obtus, l'abdomen à teinte sensiblement plus brillante à cause de la ponctuation qui est plus fine, moins profonde et plus espacée, les taches bronzées du disque des deux premiers segments, la forme ovale-arrondie du troisième segment et enfin par les ailes purement hyalines. **Parvulus**, Dahlbom.

Obs. — A été obtenu d'éclosion par M. Abeille de Perrin de nids de *Trypoxylon figulus*, Lep., faits dans des tiges de ronces.

L'*E. socius*, Mocs. dont j'ai vu le type, ne diffère en rien de l'*E. parvulus*, Dahlb.; le postécusson, indiqué comme « gibbeux-subhémisphérique », est parfaitement conique-obtus.

Patrie : France, Espagne, Italie, Algérie.

— Ailes plus ou moins enfumées. **10**

10 Incision apicale du troisième segment abdominal triangulaire-allongée, très profonde, à lobes longs, dentiformes, tronqués ; côtés du troisième segment chacun avec un angle saillant entre les sinus. **Wesmaeli**, Chevrier.

Var. **Appendicinus**, Ab. (V. n° 6).

— Incision apicale très peu profonde, à lobes très courts, arrondis ; côtés du troisième segment abdominal sans angle saillant entre les sinus. **11**

11 Troisième segment abdominal concolore aux deux premiers; ponctuation abdominale profonde, assez serrée; cavité faciale parfaitement lisse. — Corps trapu, de petite taille, mais pouvant atteindre par exception jusqu'à 6mm, court, à pubescence grisâtre; abdomen feu-doré ou doré-verdâtre, très souvent avec une large tache noirâtre ou bleu-noirâtre sur les segments 1 et 2. Tête médiocre, un peu plus large que le pronotum, à points assez serrés, plus gros, subréticulés et à fond plan sur le front; cavité faciale assez profonde, parfaitement lisse, brillante ou un peu ruguleuse par de vagues rides obsolètes. Antennes noirâtres, à villosité grisâtre, premier et deuxième articles vert ou bleu ou bronzé plus ou moins obscur avec quelques reflets métalliques, troisième article un peu plus long que le suivant. Pronotum assez court, à points médiocres, irréguliers, peu profonds et peu serrés; mesonotum ponctué de même mais à points un peu plus épars; mésopleures densément ponctuées-réticulées, à points assez gros de même que sur l'écusson, le postécusson et le métathorax; écusson légèrement convexe; postécusson fortement gibbeux-conique-obtus; angles posticolatéraux du métathorax à pointe médiocre, obtuse, un peu divariquée. Ecailles brun-noirâtre-bronzé, souvent avec des reflets verts ou bleus; ailes assez enfumées. Poitrine et pattes bleues ou bleu-verdâtre, tibias quelquefois vert-doré; tarses bruns ou brun-roussâtres; ongles des tarses forts, portant 3-4 crochets qui vont en diminuant de grandeur, le quatrième parfois très petit ou même représenté par un simple tubercule. Abdomen court, un peu acuminé, très convexe, à teinte mate, couvert d'une ponctuation fine, assez serrée, assez

profonde, quelquefois un peu ruguleuse, beaucoup plus grosse sur les côtés et sur tout le troisième segment; ce dernier triangulaire, acuminé, subtronqué, la bordure extrême des côtés souvent brunie, l'incision apicale assez large, très peu profonde, à sinus obtus. Ventre noir avec une large macule sur chaque segment d'un vert-doré ou feu ; ponctuation effacée. ♂♀ Long. 4-6^{mm}. **Punctulatus**, Dahlbom.

Patrie : France, Espagne, Sicile, Italie.

Troisième segment abdominal toujours avec une teinte cuivrée ou verte ou souvent parfaitement vert ou bleu-verdâtre; ponctuation abdominale très fine, peu profonde ; cavité faciale très finement ridée. — Corps de petite taille, court, trapu, très convexe, à pubescence très fine, courte, grisâtre. Avant-corps bleu ou vert ou vert-bleuâtre ou encore vert-gai à teinte dorée sur le dorsulum. Tête souvent d'une teinte plus bleue que le reste, à points fins, médiocrement serrés, peu profonds, mais devenant plus gros, subréticulés et plus serrés sur le front; cavité faciale assez large, mediocrement profonde, brillante; clypeus vert-dore. Antennes brun-noirâtre à fine villosité gris-roussâtre, premier article bleu-verdâtre ou vert ou bleu ou noir-bronzé, deuxième article à teinte bronzée, ou avec quelques reflets verdâtres à la base, le troisième un peu plus long que le suivant. Pronotum assez convexe, couvert de points médiocres, peu profonds, subégaux, espacés assez régulièrement; mesonotum à points irréguliers, très fins en avant, plus gros sur la partie postérieure où ils sont très irrégulièrement espacés. Mésopleures, écusson, postécusson et métathorax ponctués-réticulés, à points assez gros et serrés. Postécusson gibbeux-conique-obtus ; angles posticolatéraux du métathorax à pointe médiocre, subaiguë. Poitrine et pattes bleues ou vert-bleuâtre, tibias souvent vert-gai, quelquefois un peu dorés, tarses d'un brun plus ou moins obscur, le premier article souvent à teinte verte en dessus, ongles des tarses avec quatre crochets. Ecailles brun-noirâtre, souvent bronzées à la base, avec quelques reflets verts ou bleus; ailes peu enfumées. Abdomen court, subhémisphérique, très convexe, à ponctuation très fine, espacée, peu profonde, d'un coloris très variable : premier et deuxième segments feu-doré resplendissant ou doré-feu-grenat, ou doré-feu-verdâtre, de teinte uniforme ou avec une large tache ou une ligne médiane longitudinale, plus ou moins large, bleu-noirâtre, cette tache s'étendant rarement sur la base du troisième segment; premier segment imponctué, lisse antérieurement; troisième segment triangulaire, court, brièvement acuminé, de couleur toujours tranchante sur le reste de l'abdomen, ponctuation de l'extrémité et des côtés beaucoup plus grosse; les côtés du segment vaguement bisinués ; incision apicale subtriangulaire, large, peu profonde, à sinus obtus. Ventre vert-doré-bleuâtre ou bleu-verdâtre, ou encore noir avec des taches bleues ou vertes. ♂♀ Long. 3-4 1/2mm. (Sec. sp. typ. !)

Bagdanovi, Radoszkowsky.

Obs. — C'est cet insecte que j'ai décrit sous le nom d'*Omalus Rudowi*. La description de l'*Holopyga Bagdanovi*. Rad. est des plus brèves et malgré quelques soupçons, je ne pouvais croire que M. Radoszkowsky pût prendre un *Ellampus* pour une *Holopyga*. Ce n'est que lorsque l'éminent général russe m'eût communiqué son type que je pus constater que j'avais fait un double emploi.

Patrie : Caucase, Russie méridionale, Grèce.

12 Abdomen à peu près concolore à l'avant-corps. 13

— Abdomen de couleur très différente de celle de l'avant-corps. 23

13 Corps entièrement doré-verdâtre; incision apicale du troisième segment abdominal très petite. — Taille petite, corps allongé, resplendissant; pubescence très fine, longue, dressée, blanc-roussâtre; tête à points fins, espacés, front subréticulé; cavité faciale subruguleuse, largement canaliculée et lisse au milieu; antennes brun-noirâtre, les deux premiers articles vert-doré; disque des pro- et mesonotum très convexe, avec quelques rares petits points très espacés, les intervalles lisses, resplendissants; écusson ponctué-réticulé avec un espace lisse imponctué en avant; postécusson long, convexe-gibbeux, ponctué-réticulé; mésopleures ponctuées-réticulées; pattes concolores au corps, tarses brun-roussâtre, premier article des tarses postérieurs un peu verdâtre-métallique, ongles des tarses avec trois crochets allant en diminuant de longueur. Ecailles noir-bronzé, doré-verdâtre à la base; ailes subhyalines. Abdomen obovale, plus doré que l'avant-corps; les deux premiers segments à points très fins, très espacés; troisième segment subtriangulaire, à points fins, assez serrés, subruguleux, les côtés visiblement unisinués, l'incision apicale triangulaire, très peu profonde, à sinus subaigu, la bordure épaissie, noirâtre, les angles formés par l'incision arrondis. Ventre concolore. ♂♀ Long. 4^{mm}. (Sec. sp. typ!) **Araraticus**, Radoszkowsky.

Patrie : Arménie : Mont Ararat (Radoszkowsky).

— Corps entièrement vert-gai, ou vert, ou bleu, ou bleu-verdâtre 14

14 Incision apicale du troisième segment abdominal triangulaire, profonde. **15**

— Incision apicale du troisième segment abdominal très peu profonde. **19**

15 Corps bleu-indigo. **Auratus**, Linné.
Var. **Indigoteus**, Var. nov. (V. n° 31).

— Corps vert-gai ou vert un peu doré ou vert-bleu. **16**

16 Disque du pronotum parfaitement lisse, imponctué. **17**

— Disque du pronotum avec des points épars. **18**

17 Incision apicale du troisième segment abdominal à sinus aigu, les lobes formés par elle également aigus; tarses roux. — Corps de petite taille, court mais parallèle, vert-gai, brillant, avec une teinte bleu-indigo sur le vertex, ainsi que sur le disque des pro- et mesonotum; pubescence blanchâtre. Cavité faciale brillante et polie, bleu-verdâtre; front subréticulé, à points peu profonds, vèrtex presque lisse, brillant, avec quelques points très fins et rares. Antennes brunâtres, avec les deux premiers articles vert-bleu. Pronotum lisse et brillant sur le disque, avec quelques points fins et épars sur le bord antérieur et les côtés seulement; mesonotum lisse, imponctué sur le devant et longitudinalement sur le milieu de chaque aire, le reste avec quelques points épars; écusson avec la partie antérieure lisse, imponctuée; écusson, postécusson et mésopleures grossièrement ponctués-réticulés; postécusson subhémisphérique, fortement bombé; angles postico-latéraux du métathorax dirigés en arrière, très petits, fine-

ment aigus. Ecailles bleu-vert ; ailes légèrement enfumées ; pattes bleu-verdâtre, ongles des tarses avec trois crochets. Abdomen convexe, court, resplendissant, à ponctuation imperceptible, obsolète, très espacée, presque nulle sur le disque ; troisième segment court, à points un peu moins espacés ; il est de forme régulièrement arrondie, l'incision apicale est triangulaire, profonde, les côtés du segment sont très légèrement sinués. Ventre vert. ♂♀ Long. 3mm. (Sec. sp. typ !) **Chlorosoma**, LUCAS.

PATRIE : Algérie.

— Incision apicale du troisième segment abdominal à sinus obtus, les lobes formés par elle obtus ; tarses brun-roussâtre.

Æneus, PANZER. (V. n° 20).

18 Ailes fortement enfumées dans l'extrémité ; tarses brun-roussâtre, le premier article vert en dessus. **Auratus**, LINNÉ.

Var. **Virescens**, MOCSARY. (V. n° 31).

— Ailes subhyalines ou faiblement enfumées ; tarses entièrement testacés. — *Corps* de très petite taille, arrondi, globuleux, entièrement vert-vif, l'abdomen un peu vert-bleu. Cavité faciale presque plane, bleu-vert, lisse et brillante ; occiput presque imponctué, front ponctué-réticulé ; antennes brun-roussâtre, les deux premiers articles bleus. Pronotum et mesonotum avec quelques gros points épars sur le disque ; écusson ponctué-réticulé, convexe, subgibbeux ; mésopleures ponctuées-réticulées. Ecailles concolores ; ailes avec les nervures testacées ; pattes concolores au corps, tarses testacés, ongles des tarses avec quatre crochets. Abdomen court, très convexe, très brillant, à points excessivement fins, obsolètes, très espacés; troisième segment triangulaire, à points un peu moins fins sur les côtés et plus rapprochés, les côtés vaguement ondulés, incision apicale triangulaire, à sinus aigu, les angles formés par elle arrondis, la bordure apicale scarieuse, subtestacée. Ventre bleu-vert. Long. 3 1/2mm. (Sec. sp. typ!). **Turkestanicus**, MOCSARY.

PATRIE : Turkestan : Taschkend (Radoszkowsky).

19 Pronotum parfaitement lisse et brillant sur le disque. **20**

— Pronotum couvert de poils plus ou moins gros sur le disque. **21**

20 Tarses roux-testacé ou plus ou moins assombris; ailes hyalines, nervures testacées; incision apicale du troisième segment abdominal presque nulle. — Absolument semblable à l'*E. chlorosoma*, Lucas, dont il ne diffère que par son corps non parallèle, plus convexe; la teinte générale vert-bleu; les angles posticolatéraux du métathorax divariqués; l'abdomen plus court, le troisième segment triangulaire, l'incision apicale presque nulle, la bordure extrême testacée, scarieuse; la couleur des tarses; la teinte des ailes et de leurs nervures. Les ongles des tarses portant trois crochets. ♂♀ Long. 3mm. (Sec. sp. typ.!)

Imbecillus, MOCSARY.

PATRIE : Perse : Prov. Transcaspienne, (Radoszkowsky).

— Tarses roussâtres; ailes fortement enfumées à l'extrémité, à nervures d'un roux foncé; l'incision apicale du troisième segment abdominal toujours visible. — Corps relativement allongé, de taille très variable, généralement de taille médiocre, entièrement bleu-indigo, presque toujours avec quelques reflets verts en quelques places, ou bien vert-bleuâtre ou même noir-bleuâtre ou complètement noir, très brillant, à pubescence cendrée, parfois un peu roussâtre. Tête médiocre, à peine plus large que le pronotum; occiput avec quelques petits points obsolètes, parfois même imponctué; front couvert d'une ponctuation moyenne subréticulée, peu profonde; cavité faciale évasée, médiocrement profonde, lisse, imponctuée, resplendissante, souvent avec une teinte dorée sur le clypeus. Antennes noirâtres, à fine villosité roussâtre : premier article bleu ou vert ou avec une légère teinte dorée, deuxième article bleu ou vert-doré en dessus, assez long, le troisième à peine plus long que le deuxième. Pronotum assez convexe, parfaitement lisse, imponctué et brillant sur tout le disque, les côtés avec quelques points subréticulés peu profonds; mésopleures avec de gros points épars, les intervalles très finement ridés longitudinalement. Mesonotum lisse, imponctué, ayant près des ailes une ligne de points médiocres peu serrés. Ecusson plan, couvert de gros points peu serrés, plus espacés sur le milieu; postécusson convexe-gibbeux, grossièrement ponctué-réticulé; angles postico-latéraux du métathorax à pointe courte, subaiguë, légèrement décombante. Ecailles bleues ou noir-bronzé. Ailes très fortement enfumées à l'extrémité, éclaircies à la base. Poitrine et pattes bleues ou bleu-verdâtre, ongles des tarses avec quatre ou cinq crochets. Abdomen très convexe, ovale, très brillant, bleu ou bleu-verdâtre, ou vert un peu doré, ou noir-bleuâtre, ou complètement noir, le troisième segment presque toujours avec une teinte dorée; premier segment subimponctué; deuxième segment à points très fins, très peu profonds et espacés, souvent une large tache noire sur le disque ; troisième segment à ponctuation moins fine, triangulaire, rarement arrondi, les côtés sans sinus, la bordure parfois un peu scarieuse, l'incision apicale très variable, triangulaire, plus ou moins profonde, à sinus obtus. Ventre bleu-verdâtre ou vert-doré, à points très fins. ♂♀ Long. 2-7mm.

Le mâle diffère de la femelle par le troisième segment abdominal plus arrondi, l'incision apicale peu apparente. **Aeneus**, PANZER.

PATRIE : Répandu dans toute l'Europe : France, Allemagne, Suisse, Italie, Belgique, Espagne, Algérie, Russie.

Var. *Chevrieri*, Tour. — Variété à coloris complètement noir ou avec quelques reflets bleuâtres ou verdâtres à la partie antérieure de la tête, sur les côtés du thorax et aux pattes; le troisième segment abdominal souvent avec une teinte plus ou moins dorée. On rencontre de nombreux passages de la teinte noire au coloris bleu-indigo du type de Panzer. ♂♀.

PATRIE : France, Suisse, Caucase, Allemagne.

Var. *pygialis*, Buyss. — Avant-corps moins lisse et moins brillant; le troisième segment abdominal de la couleur des deux autres, sans aucune teinte dorée; les ongles des tarses avec cinq crochets. ♂♀.

PATRIE : Caucase

Var. *blandus*, Fœrst. — Front, partie antérieure du pronotum, écusson, metanotum et mésopleures vert-doré ou vert-cuivré; le vertex, la partie postérieure du pronotum et le mesonotum noir-bronzé ou indigo-noirâtre ou cuivré-bronzé; l'abdomen vert-doré ou cuivré-doré avec une tache discoïdale noir-bronzé; ventre cuivré-doré, pattes vert-doré. Long. 5-5 1/2mm.

PATRIE : Hongrie (Sec. Mocsary).

21 Les 3-4 premiers articles des antennes bleus ou vert-bleuâtre. 22

Les deux premiers articles seulement des antennes bleus ou verts. — Corps de taille médiocre, assez étroit, subparallèle, allongé, d'un bleu-indigo plus ou moins foncé, quelquefois presque noir sur l'occiput, le dorsulum du thorax et le disque des deux premiers segments abdominaux, mais avec quelques reflets verdâtres ou vert-doré sur l'abdomen et les pattes. Pubescence grisâtre peu abondante Tête un peu plus large que le pronotum, à ponctuation médiocre, assez serrée, réticulée sur le front; occiput à points fins, obsolètes, espacés ; les cotés de la tête, derrière les yeux, imponctués, finement ridés transversalement ; cavité faciale petite, médiocrement profonde, imponctuée, brillante, mais imperceptiblement ruguleuse. Antennes noirâtres : premier et deuxième articles vert-gai un peu doré, le troisième à peine plus long que le deuxième. Pronotum assez court et assez convexe, avec de gros points espacés sur le disque, devenant serrés et subréticulés sur les côtés. Mésopleures assez grossièrement et un peu ruguleusement réticulées, avec quelques rides transversales peu visibles lorsque les intervalles sont un peu aplanis. Mesonotum à points très espacés, fins, obsolètes sur la moitié antérieure, puis devenant gros à fond plat et peu profonds sur la partie postérieure ; écusson plan, grossièrement réticulé avec un espace imponctué antérieurement ; postécusson gibbeux horizontalement, à points profonds et gros, réticulés, à fond plat; métathorax avec les angles posticolatéraux à pointe subaiguë, droite, médiocrement longue. Ecailles noires ou avec quelques reflets bleus ou verts; ailes longues, assez fortement enfumées, éclaircies à la base. Pattes d'un vert légèrement doré, tarses d'un brun plus ou moins foncé, le premier article avec quelques reflets vert-gai, ongles armés de quatre crochets. Abdomen ovale, assez convexe, à ponctuation assez fine, peu profonde, espacée : troisième segment à teinte un peu dorée, un peu allongé, arrondi, à points moins fins, les côtés assez longs, sans sinus, la marge extrême scarieuse, subhyaline; l'incision apicale très petite, triangulaire, à sinus subaigu. Ventre vert-doré un peu bronzé, avec des taches légèrement feu, la ponctuation rare et fine.

♂♀ Long. 5-6^{mm}. (Sec. sp. typ !)

Puncticollis, Mocsary.

PATRIE : Allemagne, Suisse, Italie

OBS. — Je n'ai pas vu en nature l'*E. Freyi*, Tournier, mais sa description détaillée ne laisse aucun doute sur son identité avec l'*E. puncticollis*, Mocs.

Var. *atratus*, Mocs. — Bleu très foncé devenant noir sur tout le dessus du corps, sauf le troisième segment abdominal qui est bleu-verdâtre. Les pattes sont vert-bronzé, les tarses brun moins foncé. ♂♀. (Sec. sp. typ !).

PATRIE : Allemagne.

22 Corps trapu, court, robuste; postécusson élevé, gibbeux ; ailes fortement enfumées au sommet ; le premier article au moins de tous les tarses bleu ou vert-bleuâtre, les autres articles noir-brun. — Corps large, de taille médiocre, entièrement bleu-indigo ou avec quelques reflets verts, ou encore noir légèrement bleuâtre sur l'occiput, le dorsulum du thorax et le disque de l'abdomen. Pubescence longue, grisâtre. Tête grosse, plus large que le pronotum : occiput plan, nullement convexe, ce qui rend la tête beaucoup plus large qu'épaisse, les points fins et obsolètes devenant gros et subréticulés sur le front; cavité faciale profonde, parfaite-

ment lisse, imponctuée, resplendissante. Antennes noirâtres : les trois ou quatre premiers articles bleus ou verts ou vert-doré, le troisième long comme deux fois le deuxième. Pronotum court, le disque couvert de quelques points obsolètes, les côtés à points plus gros, plus serrés et plus profonds. Mésopleures avec de gros points épars, les intervalles subridés. Mesonotum à ponctuation fine, éparse et plus ou moins obsolète antérieurement, la partie postérieure à gros points à fond plan. Ecusson convexe, ponctué comme le postécusson de gros points réticulés; angles posticolatéraux du métathorax très larges, à pointe subaiguë, droite. Ecailles noir-bronzé ou bleues. Poitrine et pattes vert-gai ou bleu-verdâtre; ongles des tarses grands, forts, avec cinq forts crochets, les premiers subégaux, les autres allant en diminuant de longueur et presque toujours suivis d'un sixième très petit. Abdomen très convexe, court, de couleur uniforme ou parfois avec une tache discoïdale noire; ponctuation fine, espacée, mais assez profonde : troisième segment triangulaire, jamais à teinte dorée, les côtés sans sinus, l'extrémité apicale simplement émarginée ou avec une très petite incision à sinus obtus, les angles formés par elle toujours très arrondis. Ventre bleu-verdâtre ou vert doré.

♂♀ Long. 4-7mm **Cœruleus**, Dahlbom.

Patrie : France, Allemagne, Belgique.

Obs. — Vit en parasite dans les nids des *Trypoxylon attenuatum*, Sm. et chez un petit Pompile nichant dans le bois mort des saules.

Var. *virens*, Mocs. — Le front, les côtés de la tête, les trois premiers articles antennaires, la partie antérieure du pronotum, le métathorax, les côtés externes du mesonotum et le bord postérieur de l'aire médiane, ainsi que les pattes et l'abdomen, plus ou moins vert-bronzé; le vertex, la partie postérieure du pronotum, le reste du mesonotum, l'écusson, le postécusson et une tache discoïdale sur l'abdomen noir-bronzé très brillant. ♂♀.

PATRIE : France, Allemagne.

Je l'ai obtenu d'élevage avec le type.

— Corps un peu allongé, médiocre; postécusson subconique-arrondi; le premier article des tarses postérieurs seul de couleur métallique, les autres tarses roussâtres. — Diffère de l'*E. cæruleus*, Dahlb. uniquement par sa forme moins robuste, un peu allongée, les cinq premiers articles antennaires bleus au moins en dessus; le postécusson plus gibbeux, subconique-arrondi; le premier article des tarses postérieurs seulement vert-bleu et les autres roussâtres. Les ailes sont fortement enfumées dans la moitié postérieure; le troisième segment abdominal est triangulaire avec la bordure extrême scarieuse, roussâtre, l'incision apicale est légère, à sinus obtus, les côtés du segment sont largement et peu sensiblement sinués. ♀ Long. 4 1/2mm. (Sec. typ !). **Similis**, MOCSARY.

PATRIE : Hongrie : Transylvanie (Mocsary).

23 Avant-corps noir ou noir-bleuâtre; abdomen bleu ou bleu-verdâtre ou vert-gai ou doré avec le disque noir. **24**

— Avant-corps vert ou bleu; abdomen doré avec ou sans tache noire sur le disque. **26**

24 Pronotum avec le disque couvert de gros points épars; troisième segment abdominal un peu doré-verdâtre, l'incision apicale très peu profonde.

Puncticollis Var. **atratus**, MOCSARY (Voir no 21).

— Disque du pronotum imponctué. **25**

25 Disque du pronotum parfaitement lisse et brillant ; côtés de l'abdomen bleu, ou vert ou vert-doré ; incision apicale du troisième segment abdominal très peu profonde.

Aeneus Var. **Chevrieri**, Tournier (Voir n° 20).

— Disque du pronotum sans points mais ruguleux ; abdomen doré sur les côtés ; incision apicale du troisième segment abdominal triangulaire, à sinus aigu. — Corps de petite taille, un peu subparallèle, assez convexe, bleu foncé, avec l'occiput, tout le dorsulum et le disque des deux premiers segments abdominaux, noirs ou presque noirs, le troisième segment et le reste de l'abdomen doré, quelquefois un peu bronzé. Occiput à points très petits et effacés ; front réticulé, les points médiocres, assez serrés, peu profonds ; cavité faciale grande, évasée, assez profonde, subcanaliculée, imponctuée, brillante, subridée transversalement ; les côtés de la tête derrière les yeux finement ridés longitudinalement. Antennes noirâtres, les articles 1 et 2 bleuâtres, le troisième un peu plus long que deux fois le deuxième. Pronotum assez court, légèrement convexe, imponctué sur le disque. Mésopleures avec de gros points épars, les intervalles finement ridés longitudinalement ; mesonotum imponctué, subruguleux, avec des rides longitudinales obsoletes ; écusson légèrement convexe, avec quelques gros points à fond plat, la base imponctuée, subridée ; postécusson gibbeux-arrondi, couvert d'une grosse réticulation ; les angles posticolatéraux du métathorax à pointe courte, subobtuse. Ecailles noirâtres ; ailes assez enfumees dans l'extrémité. Poitrine et pattes bleues, tarses brun-obscur, ongles avec trois gros crochets. Abdomen court chez le mâle, un peu moins chez la femelle, assez convexe, à ponctuation très fine, espacée et effacée : troisième segment à ponctuation moins effacée, très court, subarrondi, les côtés sans sinus, l'incision apicale petite, triangulaire, à sinus subaigu. Ventre bleu-verdâtre, à ponctuation très fine. Long. 3-4 1/2mm. ♂♀.

Curtiventris, TOURNIER.

OBS. — Je n'ai pas vu le type de l'*E. curtiventris*, Tourn., mais sa description est assez detaillée pour qu'il puisse être reconnu assez facilement. C'est le même insecte que M. le docteur Mocsary a décrit sous le nom d'*E. auratus*, L., Var. *Gasperinii*, Mocs., dont j'ai vu le type.

PATRIE : Dalmatie, Attique.

26 Antennes testacées. — Corps de très petite taille, avant-corps bleu-indigo avec une tache noir-bleu sur le dorsulum, abdomen vert-doré-cuivré. Avant-corps ponctué comme chez l'*E. auratus*, L., mais à points plus gros et plus régulièrement réticulés, le disque du pronotum à réticulation effacée. Cavité faciale profonde, lisse, resplendissante; antennes testacées, le premier article à reflets bleu-vif ; palpes testacés ; postécusson simplement gibbeux-convexe; angles posticolatéraux du métathorax forts, légèrement divariqués, à pointe finement aiguë. Ecailles testacées; ailes hyalines, à nervures testacé-clair. Pattes roux-testacé, recouvertes en dessus d'une teinte bleu-vif; tarses testacés, les ongles armés de cinq crochets. Abdomen obovale, resplendissant, à ponctuation très fine, obsolète et très espacée, le milieu du disque taché de brun-roussâtre ; troisième segment ovale-arrondi, à teinte plus cuivrée, à points plus gros, obsolètes mais un peu ruguleux, l'incision apicale médiocre, triangulaire, à sinus

arrondi, toute la bordure du segment subscarieuse, roussâtre, l'extrême bord hyalin, les côtés du segment non sinués. Ventre bleu-vert, chaque segment avec une bordure scarieuse, roussâtre, le troisième segment ayant toute sa partie apicale testacée. et le disque couvert de petits points assez épais. ♀ Long. 3 1/2^{mm}.

Testaceicornis, N. SP.

PATRIE : Russie orientale.

— Antennes non testacées. **27**

27 Incision apicale du troisième segment abdominal très peu profonde. **28**

— Incision apicale du troisième segment abdominal profonde. **29**

28 Disque des pro- et mesonotum imponctué mais non parfaitement poli ; postécusson elevé, fortement gibbeux ; les côtés du troisième segment abdominal non sinués. — Corps de petite taille, large, robuste ; pubescence grisâtre ; tout l'avant-corps vert-bleuâtre-bronzé, l'abdomen feu-doré. Front réticulé, cavité faciale lisse, un peu dorée, brillante; antennes noirâtres, les deux premiers articles vert-gai ; vertex imponctué, mais non parfaitement poli. Ecusson ponctué-réticulé avec un espace lisse, brillant au milieu du bord antérieur ; postécusson très saillant, bronzé-obscur, grossièrement ponctué-réticulé ; mésopleures ponctuées et colorées comme le postécusson ; écailles bronzé-noirâtre, ailes légèrement enfumées ; pattes bleu-verdâtre, tarses bruns, ongles avec quatre crochets. Abdomen largement ovale, à ponctuation très fine, assez serrée sur le disque, un peu plus grosse sur les côtés : troisième segment ovale-arrondi, un peu déprimé sur le disque près de l'apex, les côtés régulièrement arrondis, nullement sinués, l'apex un peu allongé comme chez le *Philoctetes caudatus*, Ab., l'incision apicale petite, peu profonde, largement subtriangulaire, à sinus obtus; près des bords du segment les points sont très épars, plus gros, un peu bosselés. Ventre vert-doré-bronzé. ♀ Long. 4^{mm}.

Magrettii, Buysson.

Patrie : Syrie : Damas (Magretti).

— Disque des pro- et mesonotum parfaitement poli, imponctué; postécusson gibbeux-convexe; côtés du troisième segment abdominal avec un large et vague sinus. — Corps de petite taille, assez trapu et convexe : avant-corps bleu-verdâtre ou vert-bleuâtre; abdomen feu-doré resplendissant; pubescence fine, longue, rare, cendré-blanchâtre. Tête assez grosse, un peu plus large que le pronotum, presque imponctuée sur l'occiput ou avec quelques rares petits points très espacés et peu profonds; front avec des points assez serrés, médiocres, subréticulés mais peu profonds; cavité faciale large, évasée, peu profonde, parfaitement lisse, imponctuée et resplendissante, ou avec de très fines rides transversales et quelques petits points sur les bords. Antennes brun-noirâtre : premier article bleu-verdâtre, le deuxième plus ou moins vert, le troisième court, à peine plus long que le suivant. Pronotum très convexe, très brillant; mésopleures grossièrement réticulées, les points à fond plat, les intervalles finement ridés transversalement; mesonotum assez convexe; écusson plan, réticulé, la base lisse, imponctuée; postécusson grossièrement réticulé; angles posticolatéraux du métathorax à pointe assez longue, obtuse. Poitrine et pattes bleu-verdâtre ; tarses brun-roussâtre ou brun-obscur, ongles avec quatre crochets, le dernier très petit, parfois réduit à un simple petit tubercule. Ecailles brun-noirâtre, bleues ou vertes à la base ; ailes subhyalines ou très légèrement enfumées. Abdomen court, obovale, assez convexe, quelquefois à reflets verts, la ponctuation très fine, peu serrée et peu profonde : premier segment presque imponctué en avant ; troisième segment triangulaire, à ponctuation un peu moins fine, parfois un peu ruguleuse, souvent d'une teinte plus feu, la bordure des côtés souvent d'un coloris plus vif et à ponctuation plus grosse, l'incision apicale peu profonde, subtriangulaire, à sinus subaigu ou obtus, la bordure de l'incision presque toujours un peu épaissie et brunie. Ventre avec le premier segment noir, les autres d'un vert plus ou moins doré ; ponctuation assez fine et serrée mais profonde. ♂♀ Long. 3 1/2-4 1/2^{mm}. **Politus**, Buysson.

Patrie : Egypte, Syrie, France méridionale.

29 Angles formés par l'incision apicale du troisième segment abdominal en forme de dents aiguës. **30**

— Angles formés par l'incision apicale du troisième segment abdominal courts, non en forme de dents. **31**

30 Incision apicale du troisième segment abdominal triangulaire, les dents formées par elle médiocres ; le troisième article antennaire brun-noirâtre ; le dorsulum du thorax et de l'abdomen taché de noir. — Corps de taille médiocre, allongé, subparallèle, assez robuste : avant-corps bleu plus ou moins vif, taché de noir-bleuâtre

sur le vertex, le pronotum et le mesonotum; abdomen d'un feu doré plus ou moins intense, taché de noir-bronzé sur le disque. Pubescence longue, épaisse, cendrée. Tête à peu près de la largeur du pronotum, entièrement couverte de points médiocres, serrés, subcoriacés, devenant réticulés et plus gros sur le front; cavité faciale médiocre, concave, assez profonde, imponctuée mais sensiblement rugueuse, brillante, à teinte un peu verte. Antennes robustes, brun-noirâtre, à fine villosité grisâtre : premier et deuxième articles verts ou bleu-verdâtre, le troisième un peu plus long que le deuxième. Pronotum rectangulaire, légèrement convexe, régulièrement ponctué-subréticulé, les points gros et profonds. Mésopleures couvertes de gros points peu serrés, subréticulés, les intervalles garnis de points très petits, ruguleux. Mesonotum à points gros, subréticulés, épars, profonds, les intervalles et le milieu des aires latérales très finement chagrinés de petits points excessivement fins, réticulés. Ecusson très grand, à gros points épars, nuls sur un espace longitudinal médian qui est finement chagriné. Post-écusson très grand, convexe, subgibbeux, grossièrement et densément ponctué-réticulé ; angles posticolatéraux du métathorax ponctués-réticulés, à pointe assez longue, finement aiguë, recourbée en arrière et fortement réfléchie. Ecailles noir-bronzé à reflets bleus ou verts, subruguleuses; ailes longues, très fortement enfumées à l'extrémité, hyalines à la base. Poitrine bleue; pattes bleu-verdâtre; les tibias antérieurs assez fortement courbés en dedans; tarses bruns, le premier article des postérieurs à reflets verts en dessus; ongles grands, avec cinq forts crochets suivis d'un sixième très petit. Abdomen assez long, subparallèle, assez convexe, uniformément couvert de points médiocres, profonds, espacés : troisième segment court, très convexe, parfois vert-cuivré à l'extrémité, arrondi, les côtés brusquement arrondis, convergents à l'apex, avec un vague sinus avant l'incision apicale ; celle-ci assez profonde, à sinus obtus. Ventre bleu-verdâtre ou vert-doré, à ponctuation médiocre, très serrée, assez profonde. ♂♀ Long. 6-7^{mm}. (Sec. sp. typ. !).

Sculpticollis, Abeille.

Patrie : France méridionale.

Obs. — M. E. Abeille de Perrin en a trouvé un exemplaire dans un nid de *Cemonus unicolor*, F.

— Incision apicale du troisième segment abdominal elliptique, les dents formées par elle très longues ; troisième article antennaire à reflets verts en dessus; pas de tache noire sur le dorsulum ou sur l'abdomen. — Semblable à l'*E. sculpticollis*, Ab., mais distinct par les caractères suivants. Taille un peu moins robuste, non subparallèle; la cavité faciale parfaitement lisse et brillante; tout l'avant-corps vert-gai un peu doré ou bleu-vert clair; ponctuation du vertex subréticulée; ailes moins enfumées; tarses roussâtres ; abdomen ovale, non subparallèle, resplendissant, feu-grenat, unicolore ; troisième segment long, ovale, un peu comprimé, l'apex un peu allongé, de sorte que les côtés ne sont pas brusquement arrondis, mais plutôt presque rectilignes; l'incision apicale plus grande, plus profonde, les dents très longues, parallèles, triangulaires, finement aiguës. Ventre resplendissant, vert-doré. ♀ Long. 5 1/2^{mm}.

Medanæ, Buysson.

Patrie : Syrie.

31 Pronotum et mesonotum à ponctuation grosse ou médiocre mais rare sur le disque. — Corps trapu, convexe, de taille variable, petite ou médiocre; avant-corps bleu ou bleu-verdâtre ou vert ou vert-doré; abdomen d'un beau feu-doré plus ou moins resplendissant, parfois avec des reflets verts, souvent avec une tache discoïdale noirâtre; pubescence longue, grisâtre. Tête grosse, un peu plus large que le pronotum ; occiput à ponctuation médiocre, espacée, plus ou moins obsolète, parfois presque nulle, devenant sur le front et derrière les yeux assez serrée et profonde; cavité faciale profonde, subcanaliculée, lisse, imponctuée. Antennes noirâtres, les deux premiers articles bleus ou verts, le troisième vert en dessus chez les plus gros individus, long comme deux fois le suivant. Pronotum subrectangulaire, peu convexe, subimponctué au milieu du disque, ou avec quelques rares points obsolètes mais devenant plus gros et assez serrés sur les côtés et sur la partie antérieure. Mésopleures grossièrement réticulées, les intervalles avec quelques fines rides irrégulières; écusson grossièrement ponctué-réticulé comme le postécusson, celui-ci convexe-gibbeux ; les angles posticolatéraux du métathorax à pointe assez grosse et obtuse ou subaiguë. Ailes hyalines à la base mais fortement enfumées à l'extrémité. Ecailles, poitrine et pattes bleues ou bleu-verdâtre ou vert-doré ; tarses bruns avec le premier article souvent vert en dessus, ongles avec 4-5 crochets. Abdomen court, trapu, très convexe, subacuminé chez la femelle, à ponctuation très fine, espacée, parfois nulle sur le disque : troisième segment triangulaire, plus ou moins subacuminé chez la femelle, ou plus ou moins arrondi chez le mâle.

à ponctuation un peu moins fine, les côtés sans sinus, l'incision apicale profonde, triangulaire ou subsemicirculaire, le sinus aigu, subobtus, obtus ou encore complètement arrondi. Ventre bleu ou bleu-verdâtre ou vert-doré, à points fins et assez serrés. ♂♀ Long. 3-6 1/2^{mm}. (Pl. IX fig. 8). **Auratus**, LINNÉ.

OBS. — Vit en parasite des *Trypoxylon figulus*, L., *attenuatum*, Sm., du *Pemphredon lugubris*, Fabr. et du *Cemonus unicolor*, F On le trouve également dans les contrées les plus chaudes. Il a lui-même pour parasite le *Diomorus igneiventris*, Costa, Chalcidide.

PATRIE : Très commun et répandu dans toute l'Europe.

Var. *triangulifer*, Ab. — Taille plus forte, ponctuation plus grosse, le postécusson plus fortement gibbeux. ♂♂ Long. 5-7^{mm}. (Sec. sp. typ. !),

PATRIE : France, Corse, Sardaigne, Italie, Russie, presque aussi répandu que le type.

Var. *abdominalis*, Buyss. — Abdomen d'un feu-doré éclatant, à ponctuation plus espacée et plus fine; postécusson plus fortement gibbeux. ♂♀ Long. 3-5^{mm}.

PATRIE : Algérie, Egypte, Syrie.

Var. *maculatus*, Buyss. — Face vert-doré, une large tache violet-indigo sur l'occiput, le dorsulum et le dessus des écailles. ♂♀.

PATRIE : France.

Var. *indigoteus*, var. nov. — Corps entièrement d'un bleu indigo, excepté le premier et le deuxième segments abdominaux qui sont indigo avec quelques reflets verts; le troisième segment abdominal est parfaitement indigo ainsi que le ventre, la poitrine et les pattes. ♀ Long. 4^{mm}.

PATRIE : France.

Var. *virescens*, Mocs. — Teinte générale plus verte, avec une couleur d'un vert-gai un peu doré sur les côtés du pronotum, les mésopleures, l'écusson, le postécusson et le metanotum ; le premier article des tarses vert en dessus. Nervures des ailes roux-testacé ; abdomen vert-doré légèrement bronzé. Incision apicale du troisième segment abdominal triangulaire avec les lobes arrondis. Long. 5^{mm} (Sec. sp. typ. !).

PATRIE : Russie méridionale Sarepta (de Saussure).

Var. *cupratus*, Mocs. — Abdomen feu-cuivré avec ou sans tache discoïdale d'un noir-bronzé. ♂♀ Long. 4-5mm.

PATRIE : France (Xambeu).

Var. *viridiventris*, Mocs. — « Semblable au type mais avec les segments abdominaux vert-doré, le deuxième segment avec une tache discoïdale assez grande noir bronzé. »

PATRIE : « Caucase » (selon M. Mocsary).

— Pronotum et mesonotum imponctués mais vaguement ruguleux. — Corps de petite taille, très convexe, l'avant-corps bleu-indigo, subparallèle, l'abdomen plus large que l'avant-corps, feu-doré resplendissant, parfois un peu verdâtre sur le disque. Tête avec l'occiput imponctué mais vaguement ruguleux, le reste ponctué-réticulé; face vert-bleu, cavité faciale finement striée transversalement ; antennes brunes, les deux premiers articles verts. Pronotum très convexe, les angles antérieurs ponctués-réticulés; écusson déprimé, avec quelques gros points réticulés, les intervalles finement ruguleux; postécusson largement gibbeux, un peu produit en arrière dans toute sa largeur, déprimé à sa base en dessus, ponctué-réticulé comme les mésopleures; angles posticolatéraux du métathorax à pointe assez forte, finement aiguë, un peu dirigée en arrière ; écailles bleuâtres, subscarieuses; ailes assez enfumées dans la moitié postérieure. Pattes bleu-vert, tarses brun-roussâtre, le premier article vert; ongles armés de trois crochets. Abdomen très brillant, très convexe, subglobuleux, à ponctuation très fine, obsolète, très espacée : troisième segment court, à points plus gros mais obsolètes, les côtés du segment vaguement bisinués, l'incision apicale assez profonde, triangulaire, à sinus obtus, les angles formés par l'incision un peu saillants, dirigés un peu parallèlement, de manière à simuler deux dents à pointe obtuse, scarieuse, roussâtre; l'extrême bordure apicale est égale-scarieuse, roussâtre. Ventre noir-bronzé avec des taches vert-doré chez la femelle et entièrement bleues chez le mâle. ♂♀ Long. 4mm.

Biaccinctus, N. SP.

PATRIE : France.

ESPÈCES
D'ELLAMPUS RESTÉES INCONNUES

E. nanus, SAUND. Doré-violacé, un peu allongé; tête, thorax et abdomen très ponctués, de largeur presque égale; antennes noirâtres, mésothorax et métathorax verdâtres, avec une tache centrale feu-doré; abdomen avec le disque subobscur, la base, l'apex et les côtés vert-cuivré; cuisses et tibias antérieurs vert-violacé; les postérieurs et tous les tarses bruns. Long. 4mm.

PATRIE : Ile Jonica, Grèce.

Il est probable que cet insecte n'appartient pas à la famille des Chrysides, mais plutôt à celle des Chalcidides. Le type n'existe pas dans la collection S. S. Saunders : M. le docteur J. O. Westwood a eu la complaisance de le chercher pour moi.

E. auratus DAHLB. Var. **obscurus**, TOURN. Tête, prothorax, mésothorax, écusson, cuisses et tibias d'un vert foncé, légèrement olivâtre sur la face, front cuivré-foncé. Antennes, postécusson, métathorax, ventre et tarses noirs; dessus de l'abdomen brun avec des reflets violets très foncés, tournant par places au noir. Tête grossièrement et densément ponctuée. occiput presque lisse avec quelques points fins, mal définis, inégalement distribués. Mésothorax assez grossièrement et inégalement ponctué, plus densément aux bords latéraux et postérieurement. Scutellum fortement, très densément et grossièrement ponctué; postscutellum obtus, arrondi au milieu, son extrémité nettement définie postérieurement par une carène bien marquée et en cône arrondi au bout. Premier segment abdominal sans ponctuation appréciable: deuxième segment obsolètement ponctué sur le disque, lisse sur les côtés; troisième segment à ponctuation sur le disque si fine qu'elle n'est visible que sous un certain jour.

Apex incisé légèrement avec quelques points visibles au-dessus. Long. 3 1/4mm.

PATRIE : Suisse : Peney.

E. difficilis, TOURN. Ressemble à un petit *E. bidentulus*, Lep. ou à un très petit *E. pusillus* F., mais se distingue des deux par la conformation du troisième segment abdominal dont la structure est absolumant semblable à celle que Dahlbom donne pour l'*E. Gayi* (Pl. III, fig. 55 a et 55 b), cependant l'échancrure est un peu moins profonde qu'elle ne l'est dans la figure 55 d. Occiput d'un beau violet, face bleu-foncé avec quelques reflets verts, labre vert-doré. Antennes noires, scape vert. Dessus du corps vert-clair brillant; cuisses bleu-foncé, tibias verts avec un léger reflet doré; tarses noirs. Ventre bleu avec quelques reflets vert-brillant. Cavité faciale brillante, à peine visiblement coriacée; autour, la face est fortement et densément ponctuée-réticulée ; occiput lisse, brillant, avec quelques points à peine appréciables. Pro- et mésothorax brillants, parsemés de points forts, bien accusés, plus denses sur les côtés et sur le bord antérieur du pronotum. Ecusson densément mais pas très grossièrement ponctué, ponctuation moins forte que sur le postscutellun, celui-ci en cône court, arrondi au bout, un peu proéminent en arrière, et, vu de profil, légèrement relevé au bout en un petit mucron obtus; surface fortement, densément et grossièrement ponctuée-subréticulée. Abdomen brillant : premier segment très finement et peu densément ponctué ; deuxième segment finement et densément ponctué, ponctuation un peu plus forte et plus dense sur les côtés; troisième segment à ponctuation un peu plus forte et plus serrée, extrémité un peu prolongée et étirée en une pointe tronquée et échancrée au bout en un léger cintre, avec un léger épatement à son bord ; côtés du segment à peine sensiblement bisinués, l'extrême bord entre les deux sinus est jaune colle forte transparent. Long. 3 1/4mm.

PATRIE : Suisse : Peney.

3e GENRE — PHILOCTETES, AB., BUYSS.

φιλοκτήτης, Philoctète, nom propre

(Pl. XII)

Corps toujours de petite taille, court, trapu, convexe ; vertex épais, les côtés de la tête derrière les yeux dilatés-arrondis; mandibules courtes, assez épaisses, pluridentées.

Postécusson conique aigu ou subacuminé, rarement convexe, subgibbeux; pronotum court, sensiblement déclive en avant;

épisternums du mésothorax indistincts ; mésopleures à disque plus ou moins convexe, ayant la tranche antérieure subégale à la tranche postérieure ; épisternums du mésothorax bien distincts ; stigmates mésothoraciques grands, bien visibles, allongés, placés transversalement dans une cavité arrondie.

Fémurs antérieurs dilatés postérieurement mais non anguleusement ; tranches postérieures un peu dilatées postérieurement ; tibias postérieurs, surtout chez le mâle, dilatés, ap'atis et légèrecreusés en dedans ; ongles des tarses armés de trois crochets allant en diminuant de grandeur ou avec les deux de la base presque égaux.

Ailes supérieures avec les cellules brachiale, costale et médiane complètes, la cellule radiale incomplète, une apparence de nervure postérieure. Ailes inférieures avec la base des nervures costale et anale.

Abdomen convexe, le troisième segment plus ou moins déprimé à l'extrémité qui est parfois un peu prolongée et légèrement relevée ; l'apex avec un léger sinus, très peu apparent chez le mâle, par exception presque nul ; margo apicale souvent subscarieuse.

Les derniers segments abdominaux de la femelle entiers, translucides ; les baguettes assez étroites.

Les crochets du mâle hyalins, largement lancéolés, parfois avec une légère dilatation latérale extérieurement ; volsella assez larges, arrondies, plus longues que les tenettes ou subégales à la longueur de celles-ci, les tenettes allongées, sublinéaires, ordinairement plus courtes que les volsella ; branches du forceps larges à la base, allongées dans leur partie supérieure.

Ce genre n'a des représentants que dans l'Europe la plus méridionale : l'Espagne, les îles Baléares, les côtes d'Afrique, la Syrie. On ne sait encore rien sur les mœurs de ces gracieux petits insectes. On les capture sur les Ombellifères, les Euphorbes et les herbages des terrains incultes.

1 Postécusson convexe-subgibbeux. — Semblable au *P. caudatus* Ab. dont il diffère par son corps plus trapu, plus court et plus convexe ; par le postécusson nullement conique ;

par l'abdomen plus convexe, le troisième segment court, très élevé; le disque à points fins comme sur le deuxième segment, l'apex très légèrement déprimé, non prolongé en pointe, ♀ Long. 4mm. **Obtusus**, N. SP.

PATRIE : Algérie . Biou-Kanefis (Vauloger).

— Postécusson conique-aigu ou subacuminé. 2

2 Corps entièrement vert-gai ou plus ou moins bleuissant. — Corps de petite taille, à pubescence grisâtre. Tête parfois avec une teinte bleu-indigo surtout sur l'occiput, ou encore avec quelques reflets vert-doré, couverte de gros points à fond plat, un peu ocellés, distants les uns des autres, devenant plus fins sur le vertex; cavité faciale grande, triangulaire, creusée, imponctuée, très lisse. Antennes noires; premier article bleu, le deuxième bronzé. Pronotum avec des points semblables à ceux du front, excepté sur le milieu du disque où ils sont obsolètes et très espacés; mesonotum avec quelques rares points effacés; mésopleures ponctuées-réticulées assez grossièrement, mais peu profondément; milieu de la base de l'écusson imponctué lisse, postécusson conique, plus ou moins aigu, subtriangulaire, légèrement plan en dessus, grossièrement et plus profondément réticulé; angles posticolatéraux du métathorax à pointe droite, obtuse. Ecailles noirâtres, plus ou moins bronzées ou à reflets verts; ailes régulièrement et légèrement enfumées; pattes vertes, quelquefois un peu dorées, tarses brunâtres, ongles des tarses avec trois crochets de longueur croissante. Abdomen assez bombé sur le disque, à ponctuation fine mais assez serrée, excepté sur le tiers postérieur du troisième seg-

ment où les points sont plus gros et plus épars; le troisième segment est légèrement sinué ou imperceptiblement bisinué de chaque côté, avec une bordure plus ou moins scarieuse, quelquefois hyaline, le sommet de l'apex porte un léger sinus; ce segment est déprimé vers son sommet qui est un peu allongé et plus ou moins cuivré. Ventre à segments bleus ou verts, bordés de noir. ♀ Long. 3-4 1/2^{mm} (sec. sp. typ.!). Le mâle a l'abdomen plus allongé, moins bombé, souvent avec une teinte bleue. **Deflexus**, AB.

PATRIE : Egypte, Syrie, Algérie, Tunisie.

— Corps avec des parties dorées ou feu ou cuivrées. **3**

3 Thorax entièrement vert-gai, tête bleu-indigo, abdomen feu-doré. — Corps de petite taille, légèrement allongé, à pubescence grisâtre. Front à points larges, à fond plat, assez serrés, subréticulés; cavité faciale très large, très peu profonde, parfaitement lisse chez la ♀, très légèrement subruguleuse chez le ♂; antennes noirâtres avec le premier article bleu ou vert-bleuâtre, le deuxième bronzé. Thorax couvert, sur les côtés surtout, de gros points à fond plat; sur le dorsulum des pro- et mesonotum, les points sont obsolètes, plus petits et très épars; milieu de la base de l'écusson lisse, imponctué; le reste de l'écusson et le postécusson grossièrement ponctués réticulés; postécusson conique-aigu, subacuminé; écailles noir-bronzé; ailes subhyalines, enfumées à l'extrémité; pattes vertes ou bleu-verdâtre; tarses brun-noirâtre, ongles avec trois crochets de longueur croissante. Mésopleures vert-gai, couvertes de gros points à fond plat, subréticulés, peu profonds;

métathorax bleuissant, angles posticolatéraux à pointe médiocre, aiguë, légèrement dirigée en arrière. Abdomen assez convexe, feu-doré resplendissant, quelquefois un peu cuivré. à ponctuation fine et médiocrement serrée; sur le tiers postérieur du troisième segment les points sont plus gros et beaucoup plus épars; troisième segment chez le ♂ régulièrement arrondi en ovale, simplement avec une petite irrégularité dans la ligne au sommet de l'apex, chez la ♀ le segment est d'un ovale un peu allongé avec l'apex déprimé puis relevé légèrement et épaissi avec un vague sinus en dessous de l'épaississement. La bordure extrême du troisième segment légèrement bleuissante et tout le tour est légèrement déprimé avant cette bordure, avec une très étroite marge subscarieuse; les cotés sont légèrement sinués. Ventre à segments vert-bleuâtre ou vert-doré, bordés de noir, quelquefois avec une teinte feu-doré sur le troisième segment ♂♀. Long. 3 1/2-4 1/2mm. **Omaloides**, Buysson.

Patrie : Algérie.

— Thorax toujours plus ou moins feu ou cuivré en dessus. 4

4 Tête et tout le dessous du thorax, y compris les mésopleures bleus. 5

— Tête bleue, dessous du thorax, y compris les mésopleures, vert-gai ou plus ou moins doré ou cuivré. 6

5 Ponctuation abdominale très fine, serrée, non ruguleuse; corps trapu, convexe. — Corps de petite taille; tête bleu indigo à ponctuation comme chez les espèces précédentes, mais un peu plus petite; cavité faciale grande, assez profonde, lisse au milieu, avec quelques points im-

perceptibles sur les côtés. Antennes brun-noirâtre, premier article bleu, le deuxième brun légèrement bronzé. Pattes, tout le dessous du corps et métathorax bleu assez vif. Pronotum feu-doré, quelque peu cuivré, ainsi que le mesonotum, l'écusson et le postécusson. Ponctuation du dorsulum subréticulée et formée de points réguliers, gros, à fond plat; celle des mésopleures, de l'écusson et du postécusson plus grosse, profonde, subréticulée, les points du postécusson à fond creusé. Postécusson conique-obtus; milieu de la base de l'écusson imponctué, lisse; angles posticolatéraux du métathorax longs, à pointe aiguë et légèrement réfléchie. Ecailles noires, un peu bronzées; ailes régulièrement et légèrement enfumées. Tarses brunâtres, ongles des tarses avec trois crochets dont les deux de la base sont presque égaux. Abdomen convexe, feu-doré, avec une tache noir-bronzé sur le disque, bordée de bleu ou de vert; troisième segment plus feu, à points moins fins et moins serrés avec la marge scarieuse, parfois hyaline, les côtés très légèrement bisinués, le segment est lui-même légèrement déprimé à l'apex et acuminé-allongé, l'extrémité de l'apex très légèrement émarginée. Ventre noir avec une tache verte ou bleue sur le milieu des segmenis. ♀ Long. 4-5mm. **Micans**, Klug.

Patrie : Espagne : Madrid, Séville.

— Ponctuation abdominale profonde, relativement grosse, subruguleuse; corps allongé, déprimé. — Corps de petite taille, à pubescence blanchâtre. Tête bleu-indigo ainsi que le dessous du thorax, les mésopleures et les pattes, avec quelques reflets bleus très légèrement verdâtres sur le milieu des mésopleures et les tibias.

Epistome vert; cavité faciale profonde, lisse et brillante, front subréticulé, vertex à points fins, espacés, antennes noirâtres, premier article bleu-indigo, le deuxième bronzé-bleuâtre. Pronotum et mesonotum doré-verdâtre, couverts de points irréguliers, entremêlés, irrégulièrement espacés. Mésopleures ponctuées-réticulées. Ecusson presque plan, postécusson conique, l'un et l'autre grossièrement et rugueusement ponctués-réticulés, doré-verdâtre, lavé de feu; angles postico-latéraux du métathorax à pointe médiocre, aiguë, légèrement recourbée. Ecailles brunes; ailes légèrement enfumées; tarses roussâtres, ongles avec trois crochets échelonnés dont les deux derniers sont subégaux. Abdomen vert-doré, lavé d'un peu de feu sur le troisième segment et sur les côtés, ovale, déprimé, couvert de points réguliers, égaux, plus gros que chez les autres espèces du genre, ce qui lui donne une teinte mate; troisième segment ponctué comme les autres, arrondi assez régulièrement, très légèrement relevé à l'apex qui porte un sinus très vague, les côtés sont vaguement sinués à la naissance d'une très petite bordure marginale scarieuse. Ventre d'un bleu très légèrement verdâtre, chaque segment finement bordé de noir. ♂♀ Long. 3 1/2-4mm. . **Abeillei**, N. SP.

OBS. — Le *P. Abeillei* est très voisin du *P. micans*, Kl. (*cicatrix Ab.*) mais s'en distingue de suite par sa forme déprimée, allongée; par la ponctuation forte, profonde et régulière de l'abdomen qui est mate; par la couleur doré-verdâtre du pronotum, du mesonotum et du disque de l'abdomen, sans tache noire; par la ponctuation du pronotum et du mesonotum irrégulièrement espacée, formée de points très irréguliers en grosseur et profonds.

PATRIE : Espagne. Madrid, Aragon.

6 Troisième segment abdominal ovale-arrondi

chez le ♂, triangulaire, tronqué-arrondi à l'extrémité et faiblement déprimé à l'apex chez la ♀; ponctuation abdominale très fine, très peu profonde. — Corps de petite taille : tête d'un bleu un peu verdâtre, avec des points assez gros, à fond plat, subréticulés sur le front, plus petits, obsolètes, épars sur le vertex; cavité faciale large, assez profonde, imponctuée, mais subruguleuse chez le ♂, à peu près lisse chez la ♀. Antennes noirâtres avec le premier article bleu-verdâtre, le deuxième bronzé. Pronotum et mesonotum à ponctuation très éparse et peu profonde sur le disque, les points plus gros et à fond plat sur les côtés. Tout le corps vert-doré, quelquefois un peu bleuâtre ; le troisième segment abdominal et le postécusson plus dorés, quelquefois feu. Ecusson couvert de points gros à fond plat, subréticulés; mésopleures ponctuées de même, jamais bleu-vif, mais d'un vert plus ou moins doré. Postécusson conique-aigu, subacuminé, à forte ponctuation subréticulée, serrée, les points à fond subcreusé. Métathorax un peu bleuissant, angles posticolatéraux à pointe subaiguë et droite. Ecailles noir-bronzé, souvent à reflets verdâtres ; ailes légèrement enfumées. Pattes vertes, tarses d'un brun plus ou moins obscur, ongles avec trois crochets dont les deux de la base sont subégaux. Abdomen plus court et plus bombé que chez le *P. caudatus*, Ab., à ponctuation plus fine, espacée et peu profonde, une tache bleue occupe quelquefois le milieu du disque ; troisième segment plus court, légèrement déprimé avant l'apex, les côtés très légèrement bisinués, l'extrémité faiblement émarginée, bordure extrême subscarieuse, ponctuation médiocre, mais espacée. Ventre à segments d'un vert quelque peu bleu ou doré, entourés de noir. ♂♀ Long. 3-4 1/2mm. **Tiberiadis**, AB.. BUYSS.

OBS. Le *P. Tiberiadis* diffère du *P. caudatus* par sa taille plus petite, son coloris toujours un peu verdâtre, la cavité faciale subruguleuse, la ponctuation abdominale plus fine et moins profonde, le troisième segment abdominal beaucoup plus court, triangulaire, tronqué-arrondi chez la ♀, et ovale-arrondi chez le ♂, toujours très faiblement déprimé avant l'apex.

PATRIE : Syrie : Tibériade (Abeille).

— Troisième segment abdominal triangulaire et sensiblement déprimé à l'extrémité chez les deux sexes; il se termine plus ou moins en pointe un peu relevée puis réfléchie en dessous. 7

7 Ponctuation abdominale fine, espacée ; troisième segment à points espacés, non rugueux, avec le rebord apical épaissi, noir et replié en dessous à l'apex. — Corps de petite taille, allongé, à pubescence cendrée. Tête bleu-indigo, à ponctuation fine, espacée et obsolète sur le vertex, le front couvert de gros points à fond plat, peu profonds, subréticulés ; cavité faciale grande, profonde, très lisse et unie au milieu. Antennes noirâtres, premier article bleu, le deuxième bronzé. Tout le dessus du thorax et de l'abdomen feu-doré quelquefois un peu cuivré. Pronotum et mesonotum à ponctuation très espacée et peu profonde sur le dorsulum ; les côtés ainsi que les bords antérieurs et postérieurs avec des points plus rapprochés comme sur le front. Mésopleures dorées ou vert-doré quelquefois un peu bleuissantes, mais jamais bleu-vif, la ponctuation grosse, peu profonde, subréticulée. Ecusson imponctué dans le milieu de la base, le reste couvert de très gros points à fond plat, subréticulés ; postécusson conique-aigu, subacuminé, très fortement ponctué-réti-

culé, les points à fond creusé. Métathorax vert-bleuâtre, les angles postico-latéraux à pointe aiguë dirigée en arrière. Pattes vertes ou vert-doré, tarses brunâtres, ongles avec trois crochets dont les deux de la base sont presque égaux. Ailes assez enfumées, surtout dans l'extrémité. Abdomen assez bombé, d'un feu-doré plus resplendissant, à points espacés, peu profonds, troisième segment triangulaire-acuminé, assez fortement déprimé avant l'apex, ponctuation un peu plus grosse et espacée, non ruguleuse, côtés du segment très légèrement bisinués avec un imperceptible sinus à l'apex, la marge extrême de tout le segment est noir-bronzé, légèrement réfléchie, l'apex est épaissi avec un assez large rebord replié en dessous et noir. Ventre avec les segments dorés ou d'un vert plus ou moins doré, bordés de noir. ♂♀ Long. 4–6^{mm} (sec. sp. typ. !). **Caudatus**, Ab.

Patrie : Algérie, Espagne.

— Ponctuation abdominale plus forte, profonde, rapprochée ; troisième segment à points relativement gros, ruguleux et serrés, bord apical très étroitement replié en dessous à l'apex — Semblable au *P. caudatus* dont il diffère par le front et les mésopleures vert-bleu, le clypeus doré, la ponctuation des pro- et mesonotum plus rapprochée ; le postécusson fortement conique, parfois non aigu ; l'abdomen à points fins, mais plus gros que chez le *P. caudatus*, profonds et beaucoup plus rapprochés ; troisième segment abdominal moins déprimé à l'extrémité et un peu plus court, l'apex très légèrement sinué. Ventre bleu-vert, taché de feu sur le troisième segment. Le deuxième segment abdominal est parfois teinté de bleu-vert sur le disque. ♂♀ Long. 3 1/2–4^{mm} (sec. sp. typ. !). **Friesei**, Mocsary.

Patrie : Iles Baléares, Algérie.

4° GENRE — HOLOPYGA, Dahlbom.

ὅλος entier, πυγή anus

(Pl. XIII et XIV)

Corps trapu, convexe, robuste, de taille petite, médiocre ou moyenne. Vertex très épais ; les côtés de la tête derrière les yeux dilatés arrondis; cavité faciale courte; mandibules courtes, épaisses, obtusément pluridenticulées; mâchoires courtes, bilobées-arrondies, le lobe le plus large ordinairement émarginé, la languette très courte.

Pronotum à bord antérieur arqué-arrondi en avant, le disque déclive en avant également ; les parapsides sont visibles.

Ailes supérieures larges avec les cellules brachiale, costale et médiane complètes, les cellule radiale et anale incomplètes, les cellules première et troisième discoïdales simulées plus ou moins par une ligne brunie. Les ailes inférieures larges également, relativement aux autres genres, avec la nervure costale et un fragment de la nervure anale; quelques traces des nervures radiale et médiane.

Les épisternums du mésothorax visibles seulement en dessous; les mésopleures larges, à disque presque plan, formant un angle très accusé, la tranche antérieure subégale à la tranche postérieure; les épisternums du métathorax grands, bien limités; les stigmates mésothoraciques transversaux, linéaires, grands.

Les hanches larges, les fémurs antérieurs dilatés-arrondis en arrière ; les ongles des tarses grands, armés de 3-5 crochets allant en diminuant de grandeur du sommet à la base, le dernier ou l'avant-dernier de la base souvent très petit.

Abdomen court, large, convexe ; troisième segment vaguement sinuolé à l'apex, l'extrême bord apical aminci, parfois un peu subscarieux et débordant.

Le sixième segment ventral de la femelle en forme de spatule, épaissi, les côtés de la base hyalins et se repliant ; le septième segment dorsal en forme de lance avec un acumen corné, les côtés amincis, hyalins et se repliant ; les autres segments protractiles entiers, simples, plus ou moins transcucides ; les baguettes longues et minces.

Les crochets du mâle conjugués, cornés ; les volsella courtes; larges, les tenettes linéaires ; les branches du forceps longues ; le couvercle génital large, ordinairement émarginé.

Les *Holopyga* sont répandues dans toute l'Europe. Quelques espèces sont spéciales aux contrées les plus méridionales. On les rencontre surtout sur les ombellifères où parfois elles affluent en nombre considérable. On ne sait encore rien de bien positif sur leur manière de pondre. Il est probable qu'elles déposent leurs œufs chez les hyménoptères fouisseurs ou nidifiant dans le sol, car les femelles sont souvent souillées de terre et leurs pattes robustes ne sont pas impropres à fouiller au moins le sable. Je dois rappeler que j'ai surpris une femelle dans la cellule presque terminée d'un *Anthidium punctatum* comme je l'ai dit plus haut.

1 Corps entièrement bleu-violet ou bleu-indigo foncé. 2

— Corps non entièrement bleu-violet. 3

2 Ponctuation du pronotum simple, formée de gros points espacés, les intervalles bosselés-ruguleux ; deuxième segment abdominal renflé en bourrelet dans son tiers postérieur. — Corps de taille médiocre, robuste, épais, convexe, entièrement d'un beau bleu-violet foncé, pubescence courte, cendrée, blanchâtre. Tête couverte de points un peu fins, peu profonds, irréguliers, peu serrés ; front à points plus gros, subréticulés, ruguleux ; cavité faciale large, peu profonde, polie, brillante, excepté au centre à la base où l'on distingue des stries transversales ; clypeus fortement émarginé, Antennes grêles, noir brun, premier article et la base du deuxième bleus. Pronotum convexe avec un sillon au milieu du bord antérieur ; mesonotum à points un peu plus forts, plus serrés, ruguleux, subréti-

culés; écusson, postécusson et mésopleures grossièrement ponctués-réticulés, ruguleux. Ecailles roussâtres, subscarieuses; ailes hyalines à la base, enfumées dans la moitié postérieure; pattes bleu-violet avec les articulations et les tarses roussâtres, ongles armés de deux forts crochets suivis d'un troisième beaucoup plus petit. Abdomen très convexe, chaque segment légèrement renflé au milieu; premier segment très court au milieu, avec une ponctuation très espacée formée de points très gros, extrémités de plus petits peu profonds, les intervalles lisses et brillants, les côtés à points très gros, très profonds, ruguleux, subréticulés, la troncature antérieure très large, abrupte, plane, brillante avec quelques petits points épars, profonds, la bordure apicale du segment épaissie, lisse, imponctuée, avec des reflets vert-bleu; le deuxième segment porte à la base du disque des points médiocres, très profonds, les intervalles plans et lisses, le reste du segment est couvert de très gros points infundibuliformes, espacés, les intervalles fortement ruguleux-bosselés, la bordure apicale très engainante, finement ponctuée; troisième segment ovale-arrondi, à points très gros, infundibuliformes, espacés, les intervalles fortement ruguleux-bosselés, bordure apicale brusquement réfléchie en dessous, marginée ensuite d'un rebord scarieux, roussâtre, irrégulier, les côtés du segment arrondis puis vaguement sinués de chaque côté, chaque sinus suivi du côté de l'apex d'un petit angle très obtus. Ventre noir-bronzé, brillant, les deux premiers segments presque imponctués, le troisième couvert de petits points fins assez serrés. ♂♀ Long, 5 1/2mm (sec. sp. typ. !).

La ♀ a le troisième segment un peu plus allongé que le mâle. **Solskyi**, RADOSZKOWSKY.

PATRIE : Turkestan (Radoszkowsky).

— Ponctuation du pronotum double, formée de points assez gros, serrés, les intervalles garnis d'autres points beaucoup plus petits ; deuxième segment abdominal non renflé en bourrelet. — Corps de taille médiocre ou moyenne, robuste, un peu moins convexe que l'*H. gloriosa* F.; pubescence blanchâtre, tête large, cavité faciale assez profonde, canaliculée au milieu, finement ridée transversalement ; front couvert de points assez gros, subréticulés, ruguleux, le vertex à points irréguliers, moins gros, mais ruguleux. Antennes noirâtres, les deux premiers articles bleus ou un peu verts. Pronotum large, couvert de points profonds, serrés, assez gros, réguliers, ruguleux, les intervalles garnis d'autres points beaucoup plus petits; mesonotum régulièrement ponctué-réticulé, mésopleures, écusson et post-écusson grossièrement et profondément ponctués-réticulés; angles postico-latéraux du métathorax à pointe forte, légèrement recourbée en arrière et réfléchie, couverts de points ruguleux, subréticulés, médiocres. Ecailles noir-bronzé; ailes assez enfumées. Pattes bleues ou violet-foncé, tarses brun-roussâtre très foncé, ongles des tarses avec quatre crochets allant en diminuant de grandeur de l'extrémité à la base. Abdomen assez convexe, à ponctuation régulière assez serrée, médiocre; premier segment avec la troncature antérieure légèrement canaliculée longitudinalement au milieu, à points profonds, assez serrés, subruguleux, le sommet de la troncature antérieure forme une légère carène transversale brillante, lisse, imponctuée ; troisième segment ovale-arrondi avec un petit angle de chaque côté. Ventre noir à ponctuation grosse et espacée. ♂♀ Long. 7^{mm}. (sec. sp. typ. !). **Mauritanica**, Lucas.

OBS. — L'*H. Mauritanica*, Lucas me semble être une espèce distincte à cause de sa ponctuation régulière, de sa forme moins convexe, des angles qui sont de chaque côté du troisième segment abdominal et par sa couleur. Grâce à M. le capitaine Ferton, j'ai pu en examiner un certain nombre d'exemplaires, mais je n'ai rien pu constater qui pût faire supposer que cette espèce soit une variété de l'*H. gloriosa*, F.

PATRIE : Algérie.

3 Tête franchement feu-doré au moins sur le vertex. 4

— Tête verte ou bleue, parfois vert-gai subdoré. 6

4 Postécusson bleu. — Corps de taille médiocre, trapu, brillant, couvert d'une fine pubescence très courte, roussâtre sur l'avant-corps, blanchâtre sur l'abdomen ; ponctuation formée de petits points enfoncés, espacés, les intervalles lisses ; coloration feu plus ou moins cuivré sur tout le corps excepté sur le postécusson, le métathorax et le dessous du thorax qui sont bleu-indigo parfois un peu verdâtres. Tête aussi large que le pronotum, cavité faciale bleu-indigo, verdissant sur les bords, légèrement concave, brillante, imponctuée, avec des stries transversales très fines ; clypeus et épistome noirs, le derrière des yeux bleu-indigo. Antennes noires, le premier article bronzé, ordinairement vert-doré en dessus. Pronotum assez convexe ; mésopleures bleu-indigo parfois un peu verdâtre, grossièrement ponctuées-réticulées avec quelques petits points très fins entremêlés près des ailes. Ecailles noir de poix, rarement bronzées ; ailes fortement enfumées dans la moitié postérieure. Mesonotum à ponctuation souvent un peu plus grosse, plus espacée, surtout dans l'aire médiane ; écusson à ponctuation plus grosse et

plus profonde sur les bords, le milieu antérieur lisse, imponctué; le mesonotum et l'écusson souvent avec une teinte violacée. Postécusson bleu-indigo, très grossièrement ponctué-réticulé, les points à fond plan. Cuisses noir-bronzé en dessous, bleues avec des reflets verts en dessus; tibias bleus généralement plus ou moins verdâtres ou violacés, tarses bruns, ongles des tarses armés de trois crochets, dont deux grands inégaux et le troisième très petit. Abdomen rarement avec une légère teinte verdâtre, à ponctuation fine, assez profonde et serrée : premier segment court, deuxième segment plus convexe dans sa partie postérieure; troisième segment subtriangulaire, rectiligne sur les côtés près de sa base, légèrement comprimé à l'extrémité où il est régulièrement entier, arrondi, le bord apical avec une teinte violacée, la bordure extrême amincie, noirâtre, quelquefois subscarieuse. Ventre noir de poix, imponctué, brillant, avec quelques poils rares, noirs. Oviscapte noir de poix, brillant. ♂♀ Long. 5-7^{mm}.

Le ♂ diffère de la ♀ par le troisième segment abdominal non comprimé, moins allongé, plus arrondi. Ce sexe est très rare. **Fervida**, FABRICIUS.

Cette espèce se rencontre parfois en très grand nombre sur les ombellifères, surtout sur les *Daucus carota*, L. cultivés.

PATRIE : Commun dans toute l'Europe : France, Belgique, Allemagne, Autriche, Suisse, Italie, Espagne, Grèce, Algérie, etc.

— Postécusson feu-doré. 5

5 Cavité faciale bleue. — Corps de taille médiocre, trapu, entièrement feu-doré, excepté le dessous du corps et la cavité faciale. Tête à ponctuation serrée, fine sur l'occiput, plus grosse et réticulée sur le front; cavité faciale

bleu-indigo, peu profonde, striée transversalement; clypeus et épistome bleus ainsi que le derrière des yeux. Antennes noirâtres avec le premier article verdâtre; pronotum à points serrés, enfoncés, médiocres, un peu plus gros vers les angles antérieurs; mésopleures fortement triangulaires, feu-doré, fortement ponctuées-réticulées, avec une petite bordure relevée en angle droit sur tout le contour extérieur; écailles d'un noir très légèrement bronzé; ailes assez enfumées sur toute leur surface; mesonotum grossièrement ponctué-réticulé; écusson et postécusson très grossièrement et régulièrement réticulés; les points à fond évasé; métathorax feu-doré, angles posticolatéraux verts à reflets dorés; dessous de l'avant-corps et cuisses bleu-verdâtre, tibias verts en dessous, feu-doré en dessus; tarses brun-noirâtre; ongles des tarses avec quatre crochets inégaux, allant en diminuant de longueur de l'extrémité de l'ongle à sa base. Abdomen peu convexe, à points petits, peu profonds, assez serrés : troisième segment régulièrement subarrondi avec quelques légères ondulations imperceptibles comme chez l'*H. gloriosa*, F. var. *ovata*, Dahlb. Ventre noir, recouvert de poils noirs, nombreux, très fins. ♂ Long. 5 1/2mm. (sec. sp. typ.!)

Bifrons, Abeille.

Patrie : Algérie : Bône (Abeille).

— Cavité faciale feu-doré. — Corps de petite taille, un peu allongé, à pubescence très courte, très fine, grisâtre; entièrement feu-doré ou feu-violacé. Tête à points fins et assez serrés sur le vertex, plus gros et plus espacés sur le front; cavité faciale feu-doré, évasée, striée transversalement, clypeus noir au sommet, le reste de l'épistome feu avec quelques légers reflets verts sur les côtés. Pronotum parfois avec une légère teinte violacée, étroit, long, avec une légère fossette en avant, couvert de points médiocres, profonds, entremêlés avec d'autres beaucoup plus petits et peu profonds; mésopleures très fortement et rugulcusement ponctuées-réticulées avec une marge relevée sur les bords; écailles noir-bronzé, dorées à la base; ailes fortement enfumées uniformément; mesonotum peu convexe, à points plus gros, les intervalles garnis de points fins, peu enfoncés; écusson couvert de gros points enfoncés, les intervalles avec quelques autres beaucoup plus petits; postécusson très fortement ponctué-réticulé, les points à fond plan; métathorax grossièrement réticulé. Dessous du corps doré, pattes feu-doré, tarses brun-roussâtre, ongles des tarses avec trois crochets inégaux allant en diminuant de longueur de l'extrémité de l'ongle à sa base. Abdomen peu convexe, à ponctuation formée de petits points régulièrement espacés, quelquefois avec une légère teinte violacée : troisième segment un peu comprimé, ovale-arrondi, un vague sinus à l'apex, marge apicale noirâtre, légèrement violacée. Ventre noir-brun, brillant, avec quelques rares points petits, peu profonds, entremêlés de quelques poils assez longs. ♂♀ Long. 5-5 1/2mm. (sec. sp. typ. !)

Le ♂ diffère de la ♀ par le troisième segment abdominal plus arrondi. **Miranda**, ABEILLE.

PATRIE : Corse, Espagne.

6 Abdomen couvert de points très gros, profonds, ruguleux; bord postérieur du deuxième segment légèrement renflé; bordure apicale du troisième segment sensiblement réfléchie en dessous, sillonnée. 7

— Abdomen couvert de points fins ou médiocres; bord postérieur du deuxième segment nullement renflé; bordure apicale du troisième segment normale, non sillonnée. 8

7 Pronotum rectangulaire, avec les côtés subparallèles. — Corps robuste, d'un vert-bleuâtre excepté le mesonotum, l'écusson et le postécusson qui sont d'un doré plus ou moins verdâtre, souvent avec le milieu feu; pubescence très courte, espacée, noirâtre sur l'avant-corps, grise sur l'abdomen. Tête plus large que le pronotum, épaisse, fortement ponctuée-réticulée; cavité faciale évasée large, bleu-indigo, légèrement ridée transversalement. Antennes fortes, noirâtres, le premier article bleu-indigo. Pronotum assez long, couvert de gros points serrés et profonds. Mésopleures, mesonotum, écusson et postécusson très grossièrement ponctués-réticulés; angles posticolatéraux du métathorax verts. Ecailles noirâtres, ailes assez enfumées; pattes et dessous du corps bleus, tibias bleu légèrement verdâtre, tarses bruns, ongles des tarses armés de trois crochets allant en diminuant de longueur. Abdomen assez convexe, obovale, vert-gai ou vert-bleuâtre; premier segment court, avec de gros points réguliers, très profonds; deuxième segment renflé en bourrelet dans son tiers postérieur, ponctuation moins régulière mais plus grosse; troisième segment ovale, bombé surtout près du bord postérieur, à points encore plus gros, subréticulés, côtés du segment légèrement arrondis près de la base, bord apical terminé par une marge scarieuse plus ou moins transparente, très légèrement ondulé. Ventre noir de poix, brillant, avec quelques rares petits points au centre des seg-

ments et entremêlés de poils gris-roussâtre. ♂♀ Long. 6-7mm. (sec. sp. typ. !).

Le ♂ a le troisième segment plus brièvement arrondi que la femelle.

Mlokosiewitzi, RADOSZKOWSKI.

PATRIE : Caucase.

Pronotum fortement arrondi en avant, les côtés sensiblement convergents en avant. — Corps assez trapu et assez convexe ; avant-corps vert-gai ou bleu-vert, ou encore bleu-vert avec le pronotum et le mesonotum vert-gai, l'abdomen feu-doré ou doré un peu verdâtre. Poitrine et cavité faciale à teinte bleue, cette dernière finement ridée transversalement ; antennes noirâtres à villosité roussâtre, le premier article bleu ; ponctuation de la tête, des pro- et mesonotum formée de gros points irréguliers, assez profonds. Mésopleures grossièrement ponctuées-réticulées ; écailles noir-brun ; ailes hyalines à la base, enfumées au sommet ; pattes vert-gai ou vert-bleu, tarses et toutes les articulations brun-roussâtre, ongles des tarses avec quatre crochets allant en diminuant de longueur. Ecusson sans espace lisse à la base, de même que le postécusson entièrement couvert de points très gros et réticulés. Abdomen court, très convexe, trapu, couvert de gros points ruguleux, irréguliers, très profonds, évasés en forme d'entonnoir : premier segment ayant en son milieu un espace garni de points fins et serrés, ainsi que sur la partie antérieure du deuxième segment, ce dernier finement ponctué sur sa bordure apicale ; troisième segment arrondi, à ponctuation un peu moins forte que sur le précédent, la bordure sensiblement réfléchie en dessous, le bord aminci, scarieux, subondulé, mais sans sinus distinct. Ventre noir avec des points fins, assez profonds et serrés. Long. 6-8mm. ♂♀.

La ♀ diffère du ♂ par l'abdomen allongé, à points moins gros, moins infundibuliformes, mais cependant forts et très profonds, le deuxième segment est moins renflé.

Punctatissima, DAHLBOM.

J'ai vu un exemplaire ayant la ponctuation thoracique presque semblable à celle de l'*H. gloriosa*, F. var. *ovata*, Dahlb., ce qui pouvait faire supposer qu'il ne s'agit que d'une variation de l'espèce Fabricienne.

PATRIE : Asie-Mineure, Syrie, Caucase, Province transcaspienne.

8 Ponctuation du pronotum très espacée, les intervalles resplendissants. — Corps de petite taille, trapu et robuste. Tout l'avant-corps vert-gai, subdoré, resplendissant, la ponctuation du vertex, du pronotum et de la moitié antérieure du mesonotum très espacée, grosse, les intervalles très lisses, très brillants, avec quelques rares petits points. La cavité faciale très largement évasée; le reste du thorax très grossièrement ponctué-réticulé, les points à fond plat. Les tarses subtestacés, un peu roussâtres, ongles avec trois crochets allant en diminuant de grandeur de l'extrémité de l'ongle à la base; ailes presque hyalines. Abdomen resplendissant, d'un beau feu doré, à points régulièrement fins et très espacés sur le disque, mais devenant rugueux et plus gros sur les côtés et la base du premier segment; troisième segment obovale-arrondi, régulièrement convexe sur le disque, la marge extrême scarieuse, hyaline. Ventre noir avec des points fins rares. Le reste comme chez l'*H. gloriosa*, F. ♂♀ Long. 3-4mm.

La ♀ a le troisième segment abdominal ovale.

La ponctuation et la petite taille laissent croire qu'il s'agit ici d'une véritable espèce.

Speciosissima, N. SP.

PATRIE : Russie : Chodeheut (E. Ballion, F. Konow); Mont Ararat (Radoszkowski).

— Ponctuation du pronotum toujours plus ou moins ruguleuse et abondante. 9

9 Ponctuation du pronotum médiocre, peu profonde, les plus gros points réguliers ; un assez large espace finement pointillé à la base de l'écusson ; ongles des tarses avec deux forts crochets suivis de un ou deux autres très petits, obtus. — Corps de taille médiocre, assez court, assez convexe, très variable de couleur : généralement vert sur l'avant-corps et vert-doré sur l'abdomen, mais pouvant être entièrement vert ou entièrement bleu, comme aussi avec l'avant-corps bleu et l'abdomen vert-cuivré ou encore l'avant-corps vert plus ou moins cuivré avec l'abdomen feu-cuivré. Tête de la largeur du pronotum, toujours de la même couleur foncière que celui-ci, couverte de points fins et assez serrés sur le vertex, devenant un peu plus gros sur le front qui porte souvent une teinte dorée ; cavité faciale bleu-indigo, striée transversalement, clypeus noir-bronzé avec quelques reflets métalliques. Antennes noirâtres, premier article vert ou bleu ; le derrière des yeux toujours à reflets bleus. Pronotum rétréci légèrement en avant, couvert de points irréguliers, médiocres, entremêlés de plus fins, assez serrés, avec les intervalles lisses, bord postérieur très souvent avec une teinte dorée ; mésopleures grossièrement ponctuées-réticulées ; écailles d'un noir plus ou moins bronzé ; ailes enfu-

mées sur toute leur étendue ; poitrine et pattes bleu foncé, tibias verts à reflets bleus ou cuivrés, tarses brun foncé. Mesonotum assez convexe, à points un peu plus forts que sur le pronotum, surtout dans la partie postérieure ; postécusson presque toujours avec une teinte bleue, grossièrement ponctué-réticulé ; angles posticolatéraux du métathorax toujours avec une teinte plus ou moins bleue. Abdomen court, assez convexe, à points réguliers, profonds, fins, médiocrement serrés, excepté sur les côtés où ils sont un peu plus gros et ruguleux ; troisième segment régulièrement arrondi, assez convexe, la ponctuation un peu plus grosse et subruguleuse, la bordure est garnie d'une étroite marge scarieuse, noire ou pellucide. Ventre noir, brillant, le troisième segment couvert de points assez serrés, très fins. ♂♀ Long. 4-6mm.

La ♀, qui est très rare, a le troisième segment abdominal un peu moins brièvement arrondi.

Chloroidea, Dahlbom.

Cette espèce se rencontre parfois en compagnie de l'*H. fervida*, en nombre considérable sur les carottes cultivées. Ainsi M. l'abbé Berthoumieu en a capturé plus de 80 exemplaires en deux jours.

Patrie : Commun dans toute l'Europe - France, Belgique, Angleterre, Suisse, Allemagne, Italie, Espagne, Russie, Grèce, Tunisie, Taurie, Caucase, Province transcaspienne, Algérie, etc.

— Ponctuation du pronotum beaucoup plus forte, ruguleuse, profonde, les plus gros points irréguliers ; pas de large espace pointillé à la base de l'écusson ; ongles des tarses toujours avec plus de deux forts crochets. — Corps de taille médiocre, trapu, assez convexe, à pubescence courte, fine, grisâtre ; bleu plus ou moins verdâtre avec les pro- et mesonotum, l'écusson, le postécusson et l'abdomen feu-doré, très rarement avec de légers reflets cuivrés sur l'abdomen et le postécusson. Tête aussi large que le pronotum, épaisse, toujours bleue plus ou moins verdâtre, couverte de points médiocres, entremêlés d'autres plus petits et moins profonds; cavité faciale bleu-indigo, évasée, subcanaliculée, striée transversalement, clypeus bleu ou plus ou moins verdâtre. Antennes noires, premier article bleu plus ou moins verdâtre, le deuxième noir-bronzé, parfois avec des reflets verts ou bleuâtres. Mésopleures grossièrement ponctuées-réticulées, très souvent avec de petits points obsolètes sur les rugosités; écailles noir-bronzé; ailes assez fortement enfumées; mesonotum ponctué comme le pronotum; écusson et postécusson grossièrement ponctués-réticulés. Tibias sans reflets dorés, tarses bruns, ongles des tarses assez variables, généralement armés de cinq crochets allant en diminuant de grandeur. Abdomen à points fins, profonds, réguliers, médiocrement serrés, parfois un peu plus forts et espacés; troisième segment assez convexe, régulièrement arrondi, brièvement chez le ♂, un peu comprimé avec un vague sinus à l'apex chez la ♀. Ventre noir brillant, très souvent avec une tache bleue sur le premier segment, le troisième couvert de points très fins et assez serrés, pubescence grisâtre assez longue et fine. ♂♀ Long. 5-7mm.

Gloriosa, Fabricius.

Obs. — Il est impossible de ne pas considérer comme variétés d'une même espèce la série suivante, car on ne trouve que la couleur comme caractère différentiel et encore je puis fournir des passages en coloration pour chacune de ces variétés. Ainsi on rencontre des exemplaires de la *var. viridis* Guer.

dont le pronotum et le mesonotum sont vert-gai presque doré ainsi que l'abdomen, le reste du corps étant bleu-vert; de même des *ignicollis* Dahlb. dont la bordure antérieure du pronotum, la bordure postérieure du mesonotun, l'écusson et le postécusson sont vert-gai : passages de la *viridis* à l'*ignicollis* et de l'*ignicollis* à la *gloriosa*. Il y a encore des *aureomaculata* Ab. dont le pronotum et le mesonotum sont vert-gai, tachés de doré, ce qui forme le passage de l'*amœnula* Dahlb. à l'*ignicollis;* enfin l'*ovata* Dahlb. a le dorsulum bleu, souvent avec des reflets verts : trait d'union avec l'*amœnula*. Les ongles des tarses sont très variables, même sur un seul individu et la même patte. Dahlbom avait très bien saisi cet enchaînement.

PATRIE : Commune dans toute l'Europe : France, Allemagne, Autriche, Belgique, Suisse, Espagne, Grèce, Italie, Sardaigne, Algérie, Tunisie, Russie, Perse, Caucase, etc.

Var. *ignicollis* Dahlb. Pronotum, mesonotum et abdomen feu-doré, rarement un peu cuivré; ecusson et postécusson bleu plus ou moins verdâtre. Ponctuation abdominale quelquefois un peu plus forte sur le tiers postérieur des segments, d'autres fois un peu plus fine et moins profonde. Ongles des tarses avec quatre crochets, le dernier très petit, parfois réduit à un simple tubercule, ♂♀.

Les *H. Jurinei* Chevr. et *similis* Mocs., d'après les types que j'ai vus, ne sont pas autre chose que cette variété.

PATRIE : Commune dans toute l'Europe : France, Sardaigne, Autriche, Hongrie, Syrie, Suisse, Russie, Perse, province transcaspienne, Caucase, etc.

Var. *aureomaculata*, Ab. Taille, forme et ponctuation de la précédente. Abdomen feu-doré; thorax vert-gai; pronotum et mesonotum avec des taches feu-doré. Ongles avec trois forts crochets suivis de un ou deux autres très petits, obtus. ♂ (sec. sp. typ.!).

PATRIE : France, Italie, Espagne, Caucase.

Var. *amœnula*, Dahlb. Taille souvent plus forte que chez les variétés précédentes. Tête comme précédemment verte ou bleue; thorax vert-gai ou légèrement bleuâtre; aire médiane du mesonotum très souvent de couleur plus foncée; abdomen feu-doré. Ongles très irréguliers, même sur la même patte, armés de 4-5 crochets, le dernier très petit et obtus. ♂♀ Long. 6-7^{mm}.

PATRIE : Commun dans toute l'Europe : France, Espagne, Suisse, Russie, Mongolie, Grèce, Asie mineure, etc.

Var. *ovata*, Dahlb. Taille, forme et ponctuation de la précédente ; tête bleue ou verte, thorax bleu, aire médiane du mesonotum souvent plus foncée ; abdomen feu-doré ; ongles des tarses armés de cinq crochets, le dernier très petit et généralement obtus, parfois les deux derniers sont rapprochés, subégaux, très petits et obtus. ♂♀ Long. 6-7^{mm}.

L'*Hedychrum fastuosum*, Luc., d'après le type que j'ai vu, n'est pas autre chose que cette variété ; il en est de même de l'*Hedychrum numidicum*, Luc.

PATRIE : Commun dans toute l'Europe : France, Sardaigne, Algérie, Tunisie, Espagne, Portugal, Grèce, Syrie, Russie, Transcaucasie, etc.

Var. *Viridis*, Guér. Entièrement vert-gai ; généralement une teinte bleue sur l'avant-corps ; quelquefois on remarque des reflets dorés sur l'abdomen, d'autres fois aussi on retrouve des teintes légèrement dorées sur les pro- et mesonotum en même temps que l'abdomen. Ongles avec 4-5 crochets allant en diminuant de longueur, le dernier très petit et obtus. ♂♀ Long. 5-8^{mm}.

PATRIE : Rare, plus spéciale aux pays chauds : Corse, Sardaigne, Grèce, Syrie, Russie méridionale.

Les var. *ignicollis*, *ovata* et *amœnula* de l'*H. gloriosa* sont parfois atteintes de rufinisme dans les pattes, les antennes, les écailles et les nervures des ailes.

ESPÈCE D'HOLOPYGA RESTÉE INCONNUE

H. Hispanica, TOURNIER. Tête et thorax d'un bleu pur et profond, abdomen doré ou rouge doré. Segments du ventre brillants, mais bien visiblement et densément ponctués, ponctuation plus forte et plus dense que chez *amœnula Dahlb.*, mêlée de quelques points épars plus forts que les autres, surtout sur le troisième segment. Ponctuation du dessus de l'abdomen forte, grosse, serrée, ressemblant à celle que l'on observe sur les mêmes segments de l'*H. punctatissima* Dahlb., mais uniforme sur le disque ; quelques points plus gros se montrent vers les bords latéraux des segments. Ponctuation du prothorax forte, peu serrée, laissant entre elle des espaces plats finement ponctués. ♂♀. Long. 7-8 ^{mm}.

PATRIE. Espagne méridionale.

5e GENRE. — HEDYCHRIDIUM, ABEILLE

Hedychrum et εἶδος, apparence

(Pl. XV et XVI)

Corps trapu, légèrement déprimé, de taille très petite, ou petite, ou médiocre ; vertex épais ; les côtés de la tête derrière les yeux arrondis, à peine dilatés ; cavité faciale peu profonde ; mandibules courtes, larges, pluridentées, l extrémité aiguë, falciforme ; mâchoires un peu moins courtes que chez les *Hedychrum*, bilobulées-arrondies, la languette également un peu plus longue, pliée en deux.

Pronotum plus convexe, le bord antérieur long, déprimé en forme de cou ; il y a des parapsides distincts.

Les ailes supérieures avec les cellules brachiale, costale et médiane complètes, la cellule radiale parfois presque fermée par une légère ligne brunie, les cellules anale et troisième discoïdale incomplètes, la première discoïdale simulée par une ligne brunie parfois peu apparente. Les ailes inférieures avec les nervures anale et costale.

Les episternum du mésothorax relativement grands, visibles, les mésopleures larges, à disque plan ou presque plan, la tranche antérieure subégale à la postérieure ; les épisternums du métathorax bien limités ; les stigmates métathoraciques transversaux, linéaires.

Les hanches courtes et larges ; les cuisses antérieures dilatées-arrondies en arrière ; les tibias postérieurs parfois un peu dilatés à l'extrémité et quelquefois aussi avec une petite fossette ovale du côté interne, plus sensible chez la femelle ; les ongles des tarses terminés par un seul crochet, mais ayant vers leur milieu une dent plus petite, placée presque en angle droit.

Abdomen déprimé en dessus, troisième segment entier, arrondi, très rarement sinué à l'apex, souvent avec la bordure extrême subscarieuse.

Les derniers segments abdominaux de la ♀ simples, entiers, normaux, translucides ; les baguettes larges ; la partie cornée de l'oviscapte longue et finement aiguë.

Les crochets du ♂ larges, conjugués, finement ponctués; les volsella très étroites, linéaires, les tenettes linéaires, parfois plus larges que les volsella; les branches du forceps larges.

Les *Hedychridium* ont des représentants dans toute l'Europe, bien que plusieurs espèces soient exclusivement méridionales. Leurs larves sont parasites des Hyménoptères fouisseurs tels que les Sphégides et probablement aussi de Mellifères comme les *Halictus*, l'*Osmia papaveris* etc.. Il y a encore sur ce point biologique bien des découvertes intéressantes à faire.

A l'état parfait ils butinent sur les Ombellifères, les Potentilles et autres fleurs à corolles peu profondes, et on les rencontre presque partout où il y a un petit coin de terre très exposé au soleil et habité par des fouisseurs. Ils aiment également beaucoup à se chauffer au soleil sur les pierres et les bois morts du sol. On en voit aussi sur les murs les plus fréquentés par les Hyménoptères nidifiants.

Si l'on veut se donner la peine de comparer la diagnose ci-dessus avec celle des genres *Holopyga* et *Hedychrum*, on verra que les *Hedychridium* forment un genre très distinct.

1 Corps entièrement bleu ou bleu-verdâtre. **2**

— Corps non entièrement bleu. **4**

2 Tibias entièrement roux-testacé. — Corps de taille médiocre, allongé, subparallèle, entièrement d'un bleu verdâtre, mat, couvert d'une fine pubescence grise un peu roussâtre, très courte, assez serrée. Tête peu épaisse, un peu plus large que le pronotum, couverte de points médiocres, très serrés, ruguleux; cavité faciale large, peu profonde, verte, ponctuée-subréticulée sur les côtés, striée transversalement au milieu; épistome vert un peu doré; antennes brunes, premier et deuxième articles verts, troisième et quatrième et souvent le cinquième roux surtout en dessous, d'autres fois les antennes sont entièrement brun-roux, excepté le premier et le deuxième articles qui sont toujours verts. Pronotum relativement court, les côtés subparallèles, déprimé au milieu sur son bord antérieur qui porte un petit sillon longitudinal ; ponctuation irrégulière, très serrée, ruguleuse, subcoriacée. Mésopleures grossièrement réticulées ; mesonotum et écusson ponctués-réticulés médiocrement ; postécusson fortement réticulé, ruguleux ; angles postico-latéraux du métathorax longs, grêles. Ecailles roux-testacé ; ailes hyalines, légèrement enfumées dans l'extrémité et sur le bord externe de la cellule radiale. Dessous du corps généralement plus vert ; pattes vert-bleuâtre ou vertes, genoux, tibias, tarses et quelquefois le dessus des cuisses roux-testacé. Abdomen déprimé en dessus, couvert de points serrés, médiocres, subruguleux, plus profonds et espacés sur le milieu du disque du deuxième segment qui est souvent d'un beau bleu plus foncé que la teinte générale ; premier segment court, à ponctuation moins grosse ; deuxième segment très long ; troisième segment chez le ♂ court, plus grossièrement ponctué, assez régulièrement arrondi, bordure apicale réfléchie, généralement subscarieuse, testacée, l'apex porte un léger sinus. Ventre vert-bleuâtre, avec des parties plus bleues, ponctuation fine, espacée, régulière, pubescence médiocre, blanchâtre ou grise. ♂♀ Long. 5-7mm.

La ♀ se distingue en outre par ses antennes avec les articles 3 et 4 presque toujours roux en dessous ; la ponctuation plus fine ; le deuxième segment abdominal à côtés subparallèles, plus long, souvent taché de noir ou de bleu indigo sur le disque, le bord apical très légèrement renflé ; le troisième segment abdominal triangulaire, très allongé, tronqué à l'apex où se distingue une incision peu profonde à sinus arrondi ; une ligne caréniforne peu élevée, partant du milieu du sinus apical et suivant toute la longueur du segment, se prolonge souvent sur tout le deuxième segment. Le troisième segment ventral est très allongé, et testacé dans la moitié apicale. **Flavipes**, Eversmann.

Patrie : Espèce rare. France, Syrie.

— Tibias au moins en partie bleus ou vert-bleuâtre ou vert-bronzé. 3

3 Ponctuation thoracique irrégulière, subréticulée, coriacée; tête aussi longue que large (vue de face). — Corps de très petite taille, un peu allongé, entièrement bleu-vert, assez brillant, pubescence courte, dressée, blanche, très peu épaisse. Tête aussi longue que large, vue de face, triangulaire, cavité faciale subcoriacée-réticulée, plane ; front subréticulé, subruguleux, les points médiocres. serrés, à fond creusé ; vertex à points plus fins, coriacé-ruguleux. Antennes noir-brun, le premier article bronzé, articles 2, 3 et 4 ordinairement brun-roussâtre foncé, le troisième égal au deuxième. Pronotum rectangulaire, long, avec les angles antérieurs saillants, forts, subaigus, la ponctuation assez fine, subréticulée-coriacée. Mesonotum et écusson un peu plus coriacés ; mésopleures et post-écusson ponctués-réticulés, les points à fond creusé ; angles postico-latéraux du métathorax à pointe médiocre, aiguë. Pattes vertes, articulations, dessous et extrémité des tibias roux-testacé, tarses de même couleur, mais légèrement brunis en dessus sur les derniers articles. Ecailles brunâtres, bronzées ; ailes subhyalines,

très légèrement enfumées à l'extrémité. Abdomen brillant; premier segment couvert de points médiocres, subconfluents, coriacés; deuxième segment couvert de points médiocres mais peu serrés, peu profonds, excepté sur le disque où ils sont très fins, plus serrés; troisième à points médiocres, subcoriacés, serrés, excepté à la base où ils sont très fins, ce segment est lui-même assez régulièrement arrondi avec une très étroite marge hyaline. Ventre parfaitement noir brillant, avec quelques poils très rares et quelques points fins encore moins nombreux. ♂♀ Long. 3 1/2mm. **Zelleri**, DAHLBOM.

PATRIE : Allemagne : Mecklinburg (Konow.).

— Ponctuation thoracique régulière, réticulée, uniforme; tête, vue de face, plus large que longue, transversale. — Corps de très petite taille, assez trapu, entièrement bleu un peu verdâtre ou verdâtre un peu bronzé; pubescence très fine, courte, épaisse, dressée, blanchâtre; tête et thorax couverts d'une fine réticulation uniforme, très régulière, les points à fond plat. Tête grosse, yeux grands, très saillants, face très large, légèrement subconvexe, cavité faciale presque plane, très courte, bleu-vif ou concolore, striée transversalement avec quelques points subréticulés. Antennes brunâtres : premier article vert-doré ou bronzé-verdâtre, le deuxième bronzé, le troisième plus long que le deuxième. Pronotum rectangulaire, court, les angles antérieurs non saillants; aire médiane du mesonotum d'une teinte souvent plus foncée; angles postico-latéraux du métathorax à pointe longue, subobtuse; mésopleures réticulées comme l'écusson. Pattes un peu bronzées en dessus, tarses et extrémité des tibias brun-roussâtre, le premier article des tarses plus clair. Ecailles brun-roussâtre, un peu bronzées ou avec quelques reflets verts ; ailes légèrement enfumées avec une petite fascie ondulée, transversale, un peu plus obscure. Abdomen court, uniformément et régulièrement couvert sur tous les segments d'une réticulation fine, peu profonde ; deuxième segment avec une tache noir-mat ou noir-bronzé, bordure apicale de ce segment parfois subscarieuse ; troisième segment régulièrement arrondi. Ventre vert un peu bleuâtre, chaque segment largement bordé de noir, avec une ponctuation grosse, espacée, entremêlée de poils noirs dressés. Oviscapte des ♀ brun-roussâtre. ♂♀ Long. 3-3 1/2^{mm}. **Monochroum**, Buysson.

Patrie : France, Hongrie.

4 Premier segment abdominal bleu. — Corps de petite taille, allongé, déprimé ; d'un beau feu doré avec la poitrine, les pattes, le postécusson, le metanotum, le premier segment abdominal et une grande tache sur le milieu du 2e, bleus ; l'avant-corps étroit, l'abdomen plus large que le thorax. Pubescence roussâtre, celle du troisième segment abdominal longue, blanchâtre. Tête plus large que le thorax, à points petits, irréguliers, serrés, subcoriacés ; cavité faciale presque plane, feu-doré un peu verdâtre, striée transversalement ; épistome bleu-vert ; antennes noirâtres, le premier article vert. Pronotum long ; ponctuation des pro-et mesonotum irrégulière, serrée, formée de points un peu gros, réticulés, à fond plat, les intervalles finement ponctués, ruguleux, coriacés ; écusson et mésopleures ponctués-réticulés ; postécusson bleu-foncé, profondément et densément ponctué-ruguleux, metanotum bleu-foncé, les angles

posticolatéraux du métathorax très longs, sublinéaires, dirigés en arrière, à pointe obtuse; écailles scarieuses, roussâtres à reflets cuivrés; ailes assez fortement enfumées; pattes bleues, tibias bleu-verdâtre foncé, tarses brun-foncé. Abdomen large, fortement déprimé antérieurement, d'un beau feu-doré, à points petits, serrés, assez profonds; premier segment très déprimé, presque noir au milieu, à points confluents longitudinalement, les angles postérieurs vert-bleu; deuxième segment ayant sa partie postérieure légèrement renflée; troisième segment arrondi, le bord postérieur légèrement renflé en bourrelet, l'extrême bordure réfléchie en dessous. Ventre noir de poix, premier segment lisse, les deux suivants couverts de points assez fins, le troisième segment un peu caréné et avec une petite échancrure en son milieu apical. ♀ Long. 5^{mm}. (sec. sp. typ.) **Plagiatum**, MOCSARY.

PATRIE : Asie-Mineure : Brussa (Mocsary).

— Premier segment abdominal jamais bleu. **5**

5 Thorax à peu près de la couleur de l'abdomen. **6**

— Thorax de couleur très différente de l'abdomen **20**

6 Troisième segment abdominal renflé en bourrelet dans son tiers apical, avec une impression transversale. **7**

— Troisième segment abdominal normal. **9**

7 Troisième segment abdominal concolore aux deux autres. **8**

— Troisième segment abdominal vert ou bleu plus ou moins verdâtre. — Corps de petite taille, assez trapu, entièrement d'un feu doré cuivre ou vert cuivré, excepté le troisième segment abdominal ; pubescence très fine, courte, blanchâtre. Tête un peu plus large que le pronotum, couverte de points médiocres, assez serrés, subruguleux, profonds; front vert,à ponctuation plus grosse, subréticulée ; cavité faciale large, subcarrée, bleue ou bleu-verdâtre, évasée, subcanaliculée au milieu, finement et densément ponctuée sur les côtés, à peu près lisse ou finement striée transversalement au milieu, avec une pubescence courte, peu abondante, blanche. Antennes brun-roux ou brun plus ou moins foncé, premier article vert. Pronotum un peu long, à côtés subparallèles, déprimé au milieu en avant où l'on distingue un petit sillon longitudinal ; ponctuation assez grosse, profonde, subrégulière, subréticulée ; mesonotum à ponctuation à peu près de même ; mésopleures et écusson grossièrement ponctués-réticulés ; postécusson grossièrement et profondément ponctué-réticulé; métathorax vert un peu cuivré. Ecailles brunes, ailes légèrement enfumées, première cellule discoïdale à peine distincte, nervures brun-roux. Dessous du corps bleu parfois un peu verdâtre ; pattes rousses ou testacées, avec le dessus des hanches, trochanters, et cuisses bleu ou bleu-verdâtre, tibias tachés en dessus de vert un peu doré ou de bleu-verdâtre; d'autres fois les cuisses, les trochanters et les hanches sont bleus, légèrement roux aux articulations et en dessous des cuisses. Abdomen large, court, un peu déprimé, à ponctuation assez serrée, médiocre, profonde ; premier segment très court ; deuxième segment grand, un peu renflé dans son tiers postérieur, bordure apicale bleue ou bleu-verdâtre, parfois scarieuse au bord ; deuxième segment sabarrondi, parfois vaguement subondulé, légèrement renflé en bourrelet transversalement près du bord, marge apicale réfléchie, souvent scarieuse et testacée. Ventre uniformément bleu plus ou moins foncé, ou noir-bleuâtre, brillant, à ponctuation très fine, très épaisse; poils rares, très fins, courts, grisâtres, ♂♀. Long. 4-6mm. **Anale,** Dahlb.

Patrie : Italie, Espagne, Algérie.

8 Ecailles rousses, scarieuses; pas de fossettes ponctiformes à la base de la face. — Corps de taille petite ou médiocre, trapu, entièrement d'un cuivré mat, quelquefois plus ou moins verdâtre; pubescence fine, courte, gris-brunâtre en dessus, plus longue et blanche sur les côtés et en dessous. Tête un peu plus large que le pronotum, à ponctuation médiocre, très serrée, ruguleuse, devenant plus grosse et subréticulée sur le front qui est ordinairement vert; cavité faciale carrée, large, bleue, subcanaliculée, très densément et très finement ponctuée, coriacée, striée transversalement et ponctuée au milieu, avec une pubescence longue, serrée, argentée ; épistome vert-bleuâtre ou bleu. Antennes brunes, premier article bronzé-foncé. Pronotum médiocrement long et convexe, déprimé antérieurement avec un petit sillon au milieu du bord antérieur, ponctuation serrée, assez régulière, subréticulée, médiocre. Mesonotum, écusson et mésopleures ponctués de même; postécusson grossièrement ponctué-réticulé, ruguleux, généralement à teinte plus verte ou bleu-verdâtre. Métathorax bleu-indigo; angles postico-latéraux à pointe un peu recourbée en arrière; écailles d'un brun plus ou moins roussâtre; ailes médiocrement enfumées, première cellule discoïdale souvent à peine vi-

sible, nervures brunes. Dessous du corps et pattes généralement bleu-indigo ou bleu-verdâtre ; tibias vert un peu doré en dessus, roux en dessous, tarses roux. Abdomen court, à ponctuation médiocre, peu serrée, profonde, à teinte plus cuivré-doré ou feu-cuivré mat; premier segment très court; deuxième segment très long, avec une forte carène longitudinale au milieu, le tiers postérieur renflé en bourrelet ; troisième segment régulièrement arrondi, court, avec le tiers postérieur renflé en bourrelet, la bordure étroite, bronzée ou subscarieuse ; du milieu du bourrelet part une carène longitudinale qui va aboutir à celle du deuxième segment. Ventre avec le premier segment bleu, les autres noirs avec des reflets vert-bleuâtre sur le deuxième; ponctuation espacée, médiocre, puis devenant très serrée et très fine sur le troisième segment. ♂♀ Long. 4 1/2 à 7mm Le ♂ a le troisième segment abdominal plus court avec un imperceptible sinus à l'apex.

Incrassatum, Dahlbom.

D'après M. Abeille de Perrin la larve de cette espèce vivrait de celle de l'*Halictus vestitus*, Lep.

Patrie : Spécial à l'Europe méridionale. France.

Ecailles bleues; base de la face avec des fossettes ponctiformes. — Semblable à l'*H. incrassatum* Dahlb., dont il ne diffère que par la face profondément creusée, encore plus finement coriacée, avec une dizaine de grosses fossettes ponctiformes de chaque côté des antennes, près des yeux et de l'épistome; par la tête un peu plus large et moins épaisse; par le pronotum déprimé sur le disque; par les écailles et le postécusson bleus; les angles postico-latéraux

du métathorax droits, à pointe subdivariquée.
♂ Long. 4 1/2mm. **Aheneum**, DAHLBOM.

PATRIE : Grèce. Syra (Radoszkowsky).

9 Funicule des antennes entièrement roux. 10

— Funicule des antennes non entièrement roux. 11

10 Ponctuation fine, espacée ; tibias roux-testacé. — Semblable à l'*H. femoratum* Dahlb. (voir n° 12) dont il diffère par le funicule des antennes roux, les premiers articles roux-testacé ; par la ponctuation du vertex, des pro- et mesonotum, fine, espacée, nullement coriacée ni réticulée ; les pattes entièrement roux-testacé, les cuisses et les hanches un peu bronzées ; les écailles testacées, les ailes parfaitement hyalines avec les nervures roussâtres ; par la ponctuation abdominale très fine et espacée, le troisième segment abdominal avec une large bordure apicale hyaline, scarieuse, transparente. Tout l'avant-corps est cuivré-verdâtre, l'abdomen cuivré-rosé un peu comme chez l'*H. elegantulum*, Buyss. ; le ventre est roussâtre avec des reflets verts sur le deuxième segment. ♂ Long. 4mm. (sec. sp. typ). **Caspicum**, MOCSARY.

PATRIE : Territoire occidental de la mer Caspienne (Radoszkowsky).

— Ponctuation grosse, profonde, serrée ; tibias verts en dessus. — Corps de taille médiocre, trapu, subparallèle, entièrement d'un vert-cuivré ; pubescence très courte, fine, grisâtre. Tête pas plus large que le pronotum, couverte de points médiocres, assez serrés, devenant plus gros et réticulés sur le front ; cavité faciale vert-clair, carrée, profonde, subcanaliculée, lisse en haut au milieu, finement et densément ponctuée sur les côtés et au bas, pubescence longue, épaisse, argentée ; clypeus vert un peu doré; antennes grosses, roux-brunâtre, premier article vert, deuxième article brun-roux. Pronotum long, parallèle, bombé en dessus, couverts de points assez gros, profonds, serrés, subruguleux, entremêlés d'autres plus petits; mesonotum ponctué de même, mais sans petits points; écusson et mésopleures grossièrement ponctués-réticulés ; postécusson très grossièrement réticulé, les points à fond plat, subocellés; angles postico-latéraux du métathorax épais, à pointe fine. Ecailles testacées à reflets verts; ailes subhyalines, la première cellule discoïdale presque indistincte, nervures testacées; dessous du corps et pattes vert un peu bleu; hanches, trochanters et tibias roux en dessous, tarses roux-testacé. Abdomen court, à teinte plus cuivrée, un peu dorée, couvert de points assez gros, espacés, très profonds : premier segment très court; deuxième segment long, avec une très légère carène longitudinale et médiane, le tiers postérieur renflé en bourrelet; troisième segment vert-bleuâtre, avec de légers reflets cuivré-doré, très légèrement déprimé transversalement vers sa base, très légèrement renflé en bourrelet près de la bordure qui est régulièrement arrondie, légèrement réfléchie, avec une marge subscarieuse, testacée à reflets bleus, la ponctuation plus espacée que sur les autres segments. Ventre resplendissant, vert-bleu légèrement doré, tous les segments marginés de brun, quatrième segment brun en entier, caréné dans son milieu; ponctuation médiocre, très espacée; poils médiocres, très fins, blanchâtres. ♀ Long. 6-6 1/2mm.

Le ♂ a un coloris plus vert et le fouet des

antennes brun. **Heliophilum**, AB. BUYSSON.

PATRIE : Algérie.

11 Tibias roux-testacé. 12

— Tibias en partie de couleur métallique. 14

12 Ponctuation du pronotum régulière, uniforme, coriacée, non réticulée. — Corps de petite taille, de la forme de l'*H. gratiosum*, Ab. (Voir n° 13). Antennes noir-brun, premier article bronzé ; dessus de la tête, du pronotum, du mesonotum et de l'écusson doré-cuivré ; cavité faciale bleue, légèrement concave ; ponctuation du vertex fine, serrée, coriacée, non réticulée ; pro- et mesonotum ponctués de même ; mésopleures assez fortement réticulées, écailles testacées ; ailes médiocrement enfumées ; écusson et postécusson assez fortement réticulés, ce dernier et le reste du métathorax bleus ; dessous du corps et pattes bleu un peu verdâtre, tibias et tarses testacés. Abdomen doré-cuivré, avec une tache noir-bronzé sur le disque ; ponctuation assez forte. Ventre testacé avec un léger reflet métallique au milieu du deuxième segment. ♀ Long 3^{mm}. **Femoratum**, DAHLBOM.

Cette espèce diffère de l'*H. gratiosum*, Ab. par sa ponctuation coriacée, nullement réticulée, sa couleur doré-cuivré, ses écailles et son ventre testacés.

M. E. Abeille de Perrin, ne connaissant pas cette espèce, donnait le nom de *femoratum*, Dahlb. à une variété de l'*H. roseum*.

PATRIE : Hongrie : Budapest (Mocsary).

— Ponctuation du pronotum irrégulière, réticulée ou subcoriacée, mais toujours avec quelques points réticulés. 13

13 Abdomen d'un beau feu-doré. — Corps de

petite taille, assez trapu, couvert d'une pubescence courte, grisâtre. Antennes entièrement noir-brun, le premier article à reflets verdâtres; tête médiocre, dorée en dessus, feu-violacé sur le front, couverte d'une ponctuation subréticulée, fine et serrée, plus grosse sur le front; cavité faciale verdâtre, légèrement concave, striée transversalement. Pronotum assez long, ponctué-subréticulé, les points fins, réguliers et serrés, d'un doré-feu verdâtre vers les angles antérieurs, Mesonotum également doré-feu, mais à ponctuation un peu plus grosse; écusson doré-feu, grossièrement ponctué-réticulé; postécusson et le reste du métathorax vert-bleuâtre, grossièrement ponctués-réticulés; mésopleures colorées et ponctuées comme le postécusson. Ecailles brunâtres; ailes assez enfumées; dessous du corps vert-bleuâtre; pattes vert-bleuâtre avec quelques reflets dorés, tibias et tarses testacés. Abdomen assez convexe, semblable à celui de l'*H. minutum* (Voir n° 16), d'un beau doré-feu, à ponctuation fine, régulière et assez serrée, plus grosse et plus profonde que chez l'*H. minutum*; premier segment avec une tache noir-bronzé sur le disque. Ventre noir-brunâtre avec quelques reflets verdâtres sur le deuxième segment.
♂♀ Long. 3^{mm}. (sec. sp typ.). **Gratiosum**, ABEILLE.

OBS. — Il ne s'agit peut-être ici que d'un rufinisme de l'*H minutum* Lep., var. *reticulatum* Ab.?

PATRIE : France, Italie.

— Abdomen lilas-métallique avec des reflets doré-cuivré. — Corps de petite taille, assez trapu, couvert d'une fine pubescence cendrée, antennes brunes, premier article quelquefois violacé, deuxième article brun ou brun-roussâtre, troisième et quatrième roux-testacé.

Tête à peine plus large que le pronotum, épaisse, verdâtre-obscur, bronzé-cuivré sur tout le dessus, à ponctuation fine, médiocrement serrée, profonde; front régulièrement ponctué-réticulé; cavité faciale verte, étroite, striée transversalement, peu concave; épistome vert un peu doré. Pronotum à côtés parallèles, coloré comme le vertex ou un peu plus cuivré; une légère dépression sur le disque en avant sur le bord antérieur; les angles antérieurs sont marginés par un petit rebord relevé, verdâtre; la ponctuation irrégulière, profonde, serrée, subruguleuse, quelques points plus gros à fond plat, réticulés. Mesonotum coloré de même, mais à ponctuation subréticulée, surtout sur l'aire médiane; écusson coloré de même, ponctué-réticulé un peu plus fortement et beaucoup moins densément; mésopleures vert-cuivré, réticulées. Ecailles testacées; ailes peu enfumées. Postécusson vert-gai ou même un peu doré-cuivré, grossièrement réticulé, le reste du métathorax bleu-verdâtre. Dessous du corps vert-gai ou un peu bleuâtre; pattes vertes, souvent un peu dorées; articulations, tibias et tarses roux-testacé. Abdomen assez convexe, entièrement lilas-métallique avec des reflets dorés ou plus ou moins cuivrés, ponctuation très fine, subcoriacée, profonde; bordure apicale des segments 2 et 3 plus ou moins scarieuse, testacée; troisième segment assez court, subtriangulaire-arrondi. Ventre roux-testacé avec de légers reflets métalliques sur le milieu du deuxième segment, la ponctuation très espacée, presque nulle sur le deuxième segment, mais très fine et plus abondante sur le troisième. Oviscapte roux. ♀ Long. 4 1/2-5mm.

Le mâle est semblable à la femelle excepté le

ventre qui est brun-bronzé, les antennes avec le premier article plus bronzé, les articles 2, 3 et 4 bruns.

Le coloris varie quelquefois ainsi : tout l'avant-corps feu-bronzé un peu violacé sur la face et les cuisses ; le deuxième segment abdominal avec une large tache bronzé-noir-violacé ; les antennes sans articles testacés : le premier noir-bronzé, le deuxième brun-roux, les autres brun-foncé. **Elegantulum**, Buysson

Patrie : France, Algérie.

14 Ponctuation du pronotum régulière, coriacée, non réticulée, uniforme. — Corps de petite taille, assez étroit, allongé ; pubescence très courte, roussâtre sur l'avant-corps, blanchâtre sur l'abdomen. Tête épaisse, à peine plus large que le pronotum, doré-cuivré obscur, mat en dessus, à points fins, réguliers, médiocrement serrés, profonds ; cavité faciale vert-bleuâtre, plane, couverte de points espacés et de rides transversales ; épistome vert un peu doré. Antennes très longues, noir-brunâtre, les articles 1 et 2 noir-bronzé-verdâtre. Pronotum long, à côtés parallèles, rectangulaire, d'un doré-cuivré obscur mat, ponctuation fine, coriacée, très serrée, subruguleuse ; mesonotum coloré et ponctué comme le pronotum ; mésopleures bleu-verdâtre, ponctuées-réticulées ; écailles noir-bronzé ; ailes grandes, assez fortement et uniformément enfumées. Ecusson doré-cuivré, couvert de points assez profonds, un peu plus gros, espacés, mais nullement à fond plat. Post-écusson et le reste du métathorax bleu-foncé, grossièrement ponctués-réticulés ; dessous du corps bleu foncé ; pattes vert-cuivré, tibias doré-cuivré, tarses roux-testacé. Abdomen feu-doré,

un peu déprimé, couvert de points fins, serrés, profonds ; deuxième segment avec une légère tache discoïdale bronzée ; troisième segment un peu allongé, à côtés rectilignes, longs, l'extrémité apicale arrondie avec un vague sinus à l'apex. Ventre noir de poix ; deuxième segment avec quelques reflets verdâtres et de gros points épars ; troisième segment à points fins et serrés ; la pubescence fine, assez serrée, roussâtre. ♂ Long. 4 1/2^{mm}. (sec, sp. typ.).

La femelle a le troisième segment abdominal un peu plus allongé et l'apex presque régulièrement arrondi, le petit sinus imperceptible tend à s'effacer complètement. **Coriaceum**, DAHLBOM.

Il ne faut pas confondre cette espèce avec les variétés de l'*H. minutum* à tache discoïdale sur l'abdomen, que M. Abeille de Perrin avait prises à tort pour l'espèce Dahlbomienne.

PATRIE : Hongrie, Mecklenbourg.

— Ponctuation du pronotum plus ou moins réticulée, non coriacée, souvent avec quelques points plus gros, réticulés. 15

15 Abdomen plat, fortement déprimé ; pubescence longue, blanchâtre. — Corps de taille assez médiocre, allongé, déprimé, feu bronzé-cuivré sur l'avant-corps, feu-bronzé sur l'abdomen, couvert de longs poils assez épais, dressés, blancs, excepté sur le dorsulum où ils sont gris. Tête beaucoup plus large que le pronotum, à ponctuation fine, subcoriacée, irrégulière, très peu profonde ; la tête, vue de face, est plus large que longue ; front vert-doré ou doré-cuivré, à ponctuation un peu moins fine, réticulée, peu serrée, les points à fond plat, ocellés ; cavité faciale très large, plane, doré-cuivré ou feu verdâtre, striée transversalement, un peu ponctuée

obsolètement sur les côtés; épistome vert-doré un peu violacé. Antennes longues, brun-foncé, premier article et parfois le deuxième bronzés. Pronotum moins large que le mesonotum, étroit, les côtés convergents en avant, déprimé au milieu du bord antérieur, les points irréguliers, médiocres, très peu profonds, subréticulés; mesonotum à points fins, irréguliers, obsolètes; mésopleures ponctuées-réticulées irrégulièrement; écusson à points fins assez profonds, peu serrés; postécusson couvert d'une réticulation médiocre, ruguleuse, assez profonde; le reste du métathorax verdâtre, les angles postico-latéraux à pointe courte, aiguë, dirigée en arrière. Ecailles brun-bronzé; ailes très grandes, médiocrement enfumées dans la moitié supérieure, la première cellule discoïdale très distincte. Dessous du corps et pattes vert un peu doré, tibias dorés en dessus, tarses et extrémité des tibias roux plus ou moins testacé. Abdomen ovale-elliptique, déprimé, d'un beau feu-bronzé, à ponctuation fine, peu serrée, peu profonde, et couvert de longs poils blanchâtres; premier segment déprimé antérieurement où il est lisse, imponctué; deuxième segment plus large que les autres avec une vague carène longitudinale dans son milieu, se continuant parfois sur le troisième segment; troisième segment assez long, largement arrondi, l'extrême bordure apicale bronzée ou subscarieuse. Ventre noir de poix; deuxième segment avec une large tache dorée, irisée sur les bords, à points très fins et très épars; troisième segment couvert de points très fins et plus ou moins serrés; pubescence blanchâtre, médiocre. ♂♀ Long, 5-6^{mm}.

Le mâle a le troisième segment abdominal plus court et plus brièvement arrondi; le troisième segment ventral avec de longs poils blancs, assez épais et couchés. La ♀ a le troisième segment abdominal subtriangulaire-arrondi. **Integrum**, DAHLBOM.

PATRIE : Semble spéciale aux montagnes : Petit-St-Bernard ; Piémont : Balme; Mont Genèvre ; Alpes du Valais (1890 m. d'altitude).

— Abdomen convexe, pubescence relativement courte. 16

16 Pronotum feu-doré. 17

— Pronotum plus ou moins bronzé-cuivré un peu feu. — Corps de petite taille, à pubescence grisâtre. Tête bronzé-cuivré, finement ponctuée, ruguleuse sur le vertex, mais réticulée sur le front qui est vert; cavité faciale verte ou vert-bleuâtre, presque plane, large, finement ponctuée sur les côtés, ridée-ponctuée au milieu. Antennes noir-brun, premier et deuxième articles verts. Pronotum couvert d'une ponctuation formée de gros points réticulés, espacés, à fond plat, entremêlés de points fins, la partie antérieure vert-bronzé ou vert-gai, le reste feu-bronzé-cuivré; mesonotum feu-bronzé-cuivré, ponctué comme le pronotum, mais moins densément; l'écusson feu-cuivré, brillant, à gros points épars, réticulés, les intervalles lisses ou avec de très petits points; postécusson ruguleusement et grossièrement réticulé, vert-cuivré, ou bleu, ou bleu-verdâtre, le reste du métathorax vert un peu doré, ou bleu, ou bleu verdâtre; mésopleures bleu-verdâtre, réticulées. Ecailles brun-roussâtre, légèrement bronzées ; ailes médiocrement enfumées. Dessous du corps et pattes bleu-verdâtre ou vert parfois un peu doré sur les tibias; tarses brun-roussâtre ou testacés. Abdomen convexe, d'un beau feu-doré-cuivré, à points fins, médiocrement serrés; deuxième segment souvent avec une tache discoïdale bronzée. (Var. *coriaceum*, Ab. nec. Dahlb); troisième segment régulièrement arrondi, avec une étroite bordure apicale subscarieuse. La ♀ a le troisième segment un peu plus allongé. Ventre noir-brillant, avec des reflets verts ou vert-doré, principalement sur le milieu du deuxième segment; ponctuation très fine, médiocrement serrée surtout sur le troisième segment. On distingue chez la ♀ une très petite carène médiane longitudinale près du bord apical du troisième segment ventral. ♂♀ Long. 3 1/3-5^{mm}. **Minutum**, Lepeletier.

La larve serait peut-être parasite de différents petits *Halictus*, notamment de l'*H. villosus*, K. et, d'après M. Abeille de Perrin, de l'*H curtus*, Perez. On prend l'insecte parfait tres fréquemment sur les fleurs d'Achillée, des *Sedum album*, L., *acre*, L. et autres petites crassulacées des lieux arides; les petites fleurs jaunes de la *Potentilla reptans*, L. en attirent un grand nombre.

Patrie : Très commun dans toute l'Europe.

Var. *jucundum*, Mocs. Diffère du type uniquement par la teinte violacé-bronzé du vertex et du bord postérieur du pronotum, par le postécusson et le reste du métathorax bleus, par l'abdomen un peu moins feu. Cette variété peut avoir une tache bronzée sur le disque de l'abdomen. ♂♀ (sec. sp. typ.!) Long. 4^{mm}.

Patrie : France, Hongrie, Algérie.

Var. *viridimarginale*, Var nov. Semblable au type mais à teinte obscure sur l'avant-corps; les mésopleures et les angles antérieurs du pronotum plus ou moins bleu-indigo; l'abdomen avec le deuxième segment doré-feu, un peu verdâtre sur les côtés, et le troisième segment entièrement et uniformément vert-gai. ♂♀ Long. 4 1/2-5^{mm}.

Patrie : France, Allemagne.

Var. *æreolum*, Var. nov. Taille plus petite; vertex, pro- et mesonotum, écusson et postécusson bronzé-feu-cuivré obscur, rappelant le coloris de l'*H. integrum*. Mésopleures, pattes et métathorax vert-bronzé avec une teinte très légèrement dorée. ♂♀ Long. 3mm.

PATRIE : France.

Var. *infans*, Ab. Diffère du type par sa taille plus petite, sa teinte générale verte, à peine cuivrée sur le vertex, le dorsulum du thorax et de l'abdomen. Le métathorax est bleu, le dessous du corps, les pattes et les mésopleures bleu-verdâtre ; le ventre porte de grandes taches vertes sur les deuxième et troisième segments ; les tarses sont testacés. La ponctuation thoracique est plus profonde, ruguleuse ; sur l'abdomen également, les points sont plus profonds. Bien souvent une tache bronzée se voit sur le disque de l'abdomen. ♂♀ Long, 4mm. (Sec. sp. typ.)

PATRIE : France, Italie. Peut-être parasite des *Halictus Smeathmanellus*, K. et *curtus*, Pérez.

Var. *cinctum*, Var. nov. Voisine de la variété précédente, mais à taille plus forte, plus robuste ; la ponctuation est la même. Avant-corps bleu-franc, avec le vertex, le pronotum et l'écusson bleu-vert, une teinte vert un peu doré autour des ocelles, sur la moitié postérieure du pronotum et sur le mesonotum. Premier segment abdominal bleu-vert, les deux autres doré-verdâtre avec une large tache feu sur le disque du deuxième. Le reste comme chez la variété précédente. ♂♀ Long. 4 1/2-5mm.

PATRIE : France (coll. Perris).

Var. *homœopathicum*, Ab. Semblable à la var. *infans*, mais de taille beaucoup plus petite et à ponctuation sensiblement plus forte surtout sur l'abdomen. ♂♀ Long. 2mm. (Sec. sp. typ.).

Serait, d'après M. Abeille, parasite de l'*Halictus curtus*, Pérez.

PATRIE : France.

Var. *reticulatum*, Ab. Antennes noirâtres ou brunâtres avec le premier article bronzé-verdâtre ; cavité faciale d'un beau bleu ; dessus de la tête, pronotum, mesonotum, écusson et abdomen d'un beau feu-doré. Pronotum plus long que chez le type, rectangulaire, à peine déprimé en avant au milieu du bord antérieur, ponctuation subruguleuse, serrée, formée de points profonds, médiocres, entremêlés de nombreux points plus gros, réticulés à fond plat. Abdomen également à ponctuation plus forte et plus profonde. Mésopleures bleu-verdâtre, souvent avec une tache feu-doré sur le milieu. Ventre avec une large tache vert-bleuâtre sur le deuxième segment. Le reste comme chez le type. ♂♀ Long. 3-5mm. (Sec. sp. typ.).

Cette variété forme une race tellement distincte du type de Lepeletier qu'elle constitue peut-être une espèce propre. Cependant je la laisse ici comme variété parce que j'ai vu plusieurs exemplaires la rapprochant de la var. *infans*. Du reste les variétés : *homœopathicum, cinctum* et *infans* semblent dériver de cette race, bien que l'on rencontre des individus ressemblant beaucoup au type.

PATRIE : France, Italie, Algérie, Caucase, Espagne.

17 Vertex bleu. **18**

— Vertex vert-doré ou feu-doré **19**

18 Ponctuation du pronotum irrégulière, subcoriacée, mais avec des points plus gros, réticulés, à fond plat. — Corps trapu, large, de taille médiocre, de couleur mate, couvert d'une pubescence assez longue, blanchâtre. Tête bleue, couverte de points fins, très serrés, coriacés, ruguleux et profonds; front vert à points plus gros, subréticulés; cavité faciale bleu-vif, large, profonde, évasée, finement ponctuée sur les côtés, canaliculée et ridée transversalement au milieu, avec de fins poils blancs sur les côtés. Premier article des antennes noir-brillant, les autres noir un peu brunâtre, les derniers bruns. Pronotum feu-bronzé mat, les bords légèrement réfléchis en avant, troncature antérieure verte, ponctuation très serrée; mesonotum de même couleur que le pronotum mais à ponctuation plus fine, à points serrés, profonds, subruguleux. Mésopleures grossièrement réticuléees, bleu-verdâtre. Ecailles brun-roussâtre un peu bronzées; ailes faiblement mais régulièrement enfumées; écusson feu-cuivré, réticulé; métathorax bleu-indigo foncé, le postécusson ruguleusement réticulé, les angles posticolatéraux à pointe forte, divariquée, subaiguë. Poitrine et pattes bleu-verdâtre, tarses et extrémité des tibias roussâtres. Abdomen large, légèrement déprimé, feu-bronzé, faiblement brillant, à ponctuation régulière, assez grosse, profonde et serrée; deuxième segment avec une légère tache plus bronzée sur le disque; troisième segment régulièrement arrondi avec une étroite bordure apicale bronzée. Ventre noir brillant, sans aucun reflet métallique, à ponctuation très fine et très espacée, presque nulle; poils assez longs, noirâtres, très espacés; troisième et quatrième segments non carénés. ♀ Long. 6 mm. (sec. sp. typ.) **Buyssoni**, Abeille.

Patrie: France: Marseille (Abeille).

— Ponctuation du pronotum régulièrement réticulée, les points petits, serrés, coriacés, sans aucuns points plus gros. — Corps de taille médiocre, robuste, large, à pubescence blanchâtre rare. Coloris très peu brillant. Tête bleue; cavité faciale peu profonde, couverte de points serrés, ruguleux, subcoriacés, avec des poils blancs sur les côtés, le milieu est très finement strié transversalement; front vert, à points plus gros, subréticulés; vertex bleu, couvert de points petits, réguliers, très serrés, ruguleux, coriacés. Antennes noirâtres; premier article vert. Pronotum feu-doré-bronzé, avec une teinte verte sur le devant, rectangulaire, long, à ponctuation uniforme, régulière, rappelant un peu celle de l'*H. coriaceum Dahlb*; mesonotum ponctué et coloré comme le pronotum; l'écusson doré-cuivré, à points un peu plus gros, mais très serrés, ruguleux ; postécusson bleu-indigo, grossièrement ponctué-réticulé, angles porticolatéraux du métathorax à pointe forte, largement obtuse, divariquée. Ecailles brunes, ailes assez enfumées. Mésopleures bleu-verdâtre, grossièrement ponctuées-réticuleés, ruguleuses. Poitrine et pattes bleu-verdâtre, extrémité des tibias et tarses roussâtres. Abdomen feu-doré-bronzé-cuivré, couvert de points très serrés, médiocres, très profonds, subconfluents, subcoriacés ; deuxième segment avec une tache plus feu-bronzé sur le disque. Ventre brun-noirâtre avec des reflets verts sur le deuxième segment ; troisième segment couvert de points très fins et serrés. ♂ Long. 6mm.

Hispanicum, Nov. sp.

Cette espèce est très proche parente des *H. Buyssoni* et *Algirum*. Elle diffère de l'*H. Buyssoni* par la coloration vert-cuivré du devant du pronotum, de l'écusson et de l'abdomen (moins le milieu du deuxième segment) ; par le premier article antennaire vert; par la tache du deuxième segment ventral; par la ponctuation du pronotum régulière, uniforme, sans gros points épars, celle du mesonotum régulière et pareille à celle du pronotum, celle de l'écusson plus serrée, celle de l'abdomen plus serrée, plus profonde, subcoriacée ; par les angles posticolatéraux du métathorax à pointe plus large et obtuse. Elle diffère de l'*H. algirum* par son coloris mat, moins cuivré, sa ponctuation plus régulière et plus coriacée soit sur le thorax soit sur l'abdomen, par les angles posticolatéraux du métathorax, par la coloration du deuxième segment ventral et enfin par sa forme beaucoup plus trapue.

Patrie : Espagne.

19 Abdomen avec des points assez fins, médiocrement serrés et médiocrement profonds.

Minutum, Var. **Reticulatum**, Abeille. (V. n° 16).

— Abdomen avec des points très profonds, très

serrés et assez gros. — Corps de taille petite, assez robuste, un peu allongé ; pubescence blanchâtre assez abondante ; coloris médiocrement brillant. Tête bleue, cavité faciale peu profonde, couverte de points fins, très serrés, subruguleux, parfois finement striée transversalement au milieu, des poils blancs de chaque côté ; vertex cuivré-feu-doré avec des points médiocres, subcoriacés, front avec des points plus gros, subréticulés. Antennes noirâtres, le premier article bronzé. Pronotum feu-doré, avec une teinte vert-cuivré en avant, long, subrectangulaire, très densément ponctué-coriacé, ruguleux, les points médiocres, irréguliers, avec quelques uns plus gros à fond plat. Mesonotum de la couleur du pronotum, à ponctuation peu serrée, irrégulière, non coriacée ; écusson vert-doré, à ponctuation plus grosse, subréticulée ; postécusson et le reste du métathorax bleu-indigo, le premier grossièrement et profondément ponctué-réticulé, les angles posticolatéraux du dernier à pointe assez longue, médiocre, aiguë, légèrement recourbée en arrière. Mésopleures bleu-verdâtre, grossièrement ponctuées-réticulées. Ecailles brunes, ailes peu enfumées. Poitrine et pattes vert-bleuâtre, tarses et extrémité des tibias roussâtres. Abdomen feu-doré-cuivré : premier segment un peu verdâtre, la troncature antérieure noir-bronzé, une légère carène médiane longitudinale se distingue sur le bord apical et se continue sur tout le deuxième segment. Ventre noir avec des reflets vert-doré-bronzé sur le deuxième segment, troisième segment couvert de points très fins et serrés, entremêlés de poils nombreux et longs. ♂ Long. 4 1/2mm.

(sec. sp, typ.) **Algirum,** MOCSARY.

PATRIE : Algérie.

Cette espèce est parasite du *Tachytes tarsina*. Lep. (Voir p. 39).

20 Abdomen feu-doré.— Corps de taille médiocre ou presque petite, trapu, assez convexe, couvert d'une pubescence fine, courte, serrée, blanche. Tout l'avant-corps bleu-foncé, ou bleu-verdâtre, ou vert-gai, parfois avec quelques reflets dorés sur le front, le pronotum et l'écusson. Antennes longues, noirâtres ou noir-brun, premier article noir-bronzé avec quelques reflets bleuâtres ou verts en dessus. Tête épaisse, à peu près de la largeur du pronotum, à ponctuation médiocre, serrée, ruguleuse, profonde, devenant régulière et réticulée sur le front; cavité faciale généralement plus ou moins bleuâtre, un peu concave, ridée transversalement, épistome souvent vert-doré; occiput généralement plus bleu ou bleu-noirâtre. Pronotum long, assez convexe, à côtés parallèles, avec un sillon longitudinal au milieu du bord antérieur, ponctuation forte, grosse, subréticulée, profonde, subruguleuse. Mesonotum avec l'aire médiane le plus souvent de couleur foncée, ponctuée un peu moins ruguleusement que le pronotum; écusson ponctué de même, le plus souvent d'une teinte verte ou bleue plus claire. Mésopleures grossièrement ponctuées-réticulées, le postécusson de même, mais plus profondément. Le reste du métathorax bleu-verdâtre. Ecailles brunes, légèrement bronzées, assez fortement ponctuées. Ailes fortement enfumées dans la moitié supérieure. Pattes bleu-verdâtre ou vertes, tibias souvent avec une légère teinte dorée en dessus; articulations, extrémité des tibias et tarses roussâtres ou brun-roux. Abdomen légèrement déprimé sur le disque, d'un beau feu-doré, parfois avec des reflets verts, la partie engaînée

des segments 2 et 3 noir-foncé, la ponctuation profonde; médiocrement serrée; deuxième segment ayant au milieu du disque une dépression souvent un peu noirâtre, à ponctuation plus fine, quelquefois aussi avec une petite ligne longitudinale lisse, la partie apicale du segment un peu renflée; troisième segment régulièrement arrondi, avec une étroite marge apicale scarieuse. Ventre noir, avec quelques reflets métalliques au milieu du deuxième segment et parfois du troisième; ponctuation assez forte, très espacée; poils longs, blancs, très espacés. ♂♀ Long. 5-7^{mm} (sec. sp. typ).

La ♀ se distingue du mâle par sa forme moins trapue, par la ponctuation thoracique plus serrée, plus fine et souvent subconfluente, par la marge apicale du troisième segment abdominal légèrement réfléchie, le milieu du bord apical des troisième et quatrième segments du ventre avec une petite incision à sinus aigu.

Sculpturatum, Abeille.

J'ai vu des femelles de cette espèce entrer dans des nids d'*Osmia papaveris*, Latr. et d'*Halictus celadonius*, K. en voie d'approvisionnement. D'après M. Abeille de Perrin, elle serait parasite de l'*Halictus malachurus*, K.

Patrie. France, Sicile, Grèce, Algérie, Hongrie, Russie méridionale et orientale.

— Abdomen non feu-doré. 21

21 Abdomen entièrement violet métallique.
Roseum, Rossi. Var. **Nanum**, Chevrier. (Voir n° 2z).

— Abdomen non entièrement violet. 22

22 Abdomen roux-testacé avec des teintes métalliques violacées; le troisième segment en entier ou en partie vert.
Roseum, Rossi. Var. **Chloropygum**, Buysson. (Voir ci-dessous).

Abdomen entièrement roux-testacé. — Corps de taille médiocre, assez trapu, couvert d'une fine pubescence cendrée-blanchâtre. Antennes longues, noirâtres ou noir-brun, premier et deuxième articles verts, quelquefois un peu dorés, ou bleu-verdâtre, ou bleus, ou même noir-bronzé. Tout l'avant-corps bleu. ou bleu-verdâtre, ou vert-obscur, ou vert-gai, ou vert-cuivré sur le vertex, le pronotum, les aires latérales du mesonotum et l'écusson ; parfois aussi le pronotum a des teintes violacées. Tête grosse, plus large que le pronotum, épaisse, à ponctuation serrée, médiocre, ruguleuse, coriacée, devenant régulière et réticulée sur le front ; cavité faciale bleue ou bleu-verdâtre, étroite, striée transversalement ; épistome verdâtre, souvent cuivré ou doré. Pronotum long, à côtés parallèles, rectangulaire, avec un sillon longitudinal au milieu du bord antérieur, ponctuation assez grosse, profonde, ruguleuse, serrée, coriacée. Mesonotum ponctué comme le pronotum, l'aire médiane très souvent de couleur foncée ; écusson souvent de teinte plus claire, grossièrement réticulé : mésopleures ponctuées de même que l'écusson ; postécusson fortement ponctué-réticulé. Ecailles brunes, parfois un peu bronzées, fortement ponctuées. Ailes assez enfumées surtout dans l'extrémité. Pattes vert-bleuâtre ou vert-doré ; tibias souvent cuivrés en dessus, rarement testacés en dessous, à reflets vert-cuivre en dessus ; extrémité des tibias et tarses roussâtres. Abdomen roux plus ou moins testacé, mat, ou plus rarement avec de légères teintes vertes, ou bleues, ou violacées, principalement à l'extrémité apicale des deuxième et troisième segments et sur les côtés, la forme en est arrondie, un peu déprimée en dessus, la ponctuation médiocre, peu serrée ; troisième segment régulièrement arrondi, avec la bordure extrême un peu réfléchie. Ventre roux-testacé, les deuxième et troisième segments parfois brunis ; ponctuation médiocre, très espacée, avec des poils longs très peu nombreux. ♂♀ Long. 4 1/2-6 1/2mm.

La ♀ se distingue par le troisième segment abdominal moins arrondi, légèrement allongé à l'apex, les segments 3 et 4 du ventre avec une petite incision à sinus aigu au milieu de leur bord apical. **Roseum**, Rossi.

J'ai vu des femelles entrer dans des nids d'*Osmia papaveris*, Latr. en voie d'approvisionnement. D'après M. Abeille, serait parasite de l'*Halictus fulvocinctus*.

On rencontre des individus atteints de rufinisme dans les pattes, les antennes, les écailles et les nervures des ailes.

PATRIE : Commun dans toute l'Europe : France, Belgique, Allemagne, Espagne, Caucase, Grèce, Chypre, Algérie, Asie Mineure, etc.

Var. *chloropygum*, Buyss. Abdomen roux-testacé à teinte métallique violacée ; troisième segment entièrement ou partiellement vert-franc à reflets bleu-violacé. On trouve également des individus ayant l'abdomen roux-testacé mat à reflets dorés, avec le troisième segment violet ou bleu-violacé. Ventre avec le troisième segment et souvent le deuxième bruns. Tarses généralement brun-roussâtre. Tous les passages entre cette variété et le type ainsi qu'avec la variété suivante. ♂♀.

PATRIE : France.

Var. *nanum*, Chevr. Taille très variable ; abdomen entièrement violet-métallique ou bleu-violacé ; ventre brun ainsi que les tarses. Teinte de l'avant-corps généralement plus obscure. ♂♀ Long. 4-6 1/2mm.

PATRIE : Suisse, France.

ESPÈCES D'HEDYCHRIDIUM

RESTÉES INCONNUES

H. cupratum, Dahlbom. Presque petit, long à peine de deux lignes décimales, entièrement cuivré-feu en dessus; le front, les bords antérieurs et postérieurs du thorax et la poitrine verts; pronotum et dorsulum coriacés, opaques, le premier densément ponctué, le second avec des points mediocrement espacés; pattes doré-brillant, ailes subobscurcies, hyalines, la cellule radiale presque complète et enfumée.

Obs. — ♀, Corps conformé comme chez l'*H. minutum*. Tête à pubescence grise. Vertex cuivré, avec une tache bronzée, ponctué-subruguleux. Front vert, subdoré, brillant, coriace, subruguleux. Antennes médiocres, noirâtres, scape cuivré resplendissant, Clypeus vert au milieu, avec les côtés vert-doré, ou entièrement cuivré. Mandibules noir de poix, brun clair avant l'extrémité, la base cuivrée. Palpes noirâtres. Thorax à pubescence grise, éparse. Pronotum irrégulièrement coriacé-ruguleux, la partie antérieure déprimée, verte, avec une profonde fovéole noir-bronzé au centre de la marge antérieure, la partie postérieure un peu plus élevée, doré-cuivre, couverte de points assez épais. Mesonotum couvert de points entremêlés de points plus petits : dorsulum coriacé-subopaque, l'écusson brillant. Postécusson visiblement ponctuc-réticulé, vert-doré; mésopleures sculptées et ponctuées de même; les autres parties du thorax subdoré-verdâtre. Abdomen feu-cuivre, très brillant, subtilement ponctué, à pubescence eparse, grise. Ventre inégalement concave, brillant, à points et pubescence espacée, noir de poix, le deuxieme segment avec une très grande tache vert-dore de chaque côté. Pattes à poils gris, doré-verdâtre, les femurs et les tibias d'une couleur cuivrée resplendissante lorsqu'on les examine sous un certain jour. Ecailles des ailes cuivré-bronzé, brillantes; nervures fortes, noir de poix· la nervure transverso-médiane arquée-infléchie.

Patrie : Italie, Suisse.

H. purpurascens, Dahlbom. Robuste, presque petit, long à peine de deux lignes décimales; tête et thorax bronzé-pourpre-violet; le dorsulum de l'abdomen feu-doré; pronotum coriacé-subopaque, à points épars et gros; mesonotum brillant, à points assez gros; ailes hyalines avec la cellule radiale complète.

Obs. — Très semblable à l'*H. cupratum*, mais s'en distingue facilement par le corps plus gros, la tête plus large, le vertex non coriacé mais brillant et distinctement ponctué, le dorsulum brillant plus distinctement ponctué, les pattes non dorées mais vert-bronzé, la cellule radiale des ailes complète, la couleur de la tête et du thorax bronzé-pourpre-violacé, etc Corps à pubescence blanche éparse. Vertex et orbites derrière les yeux brillants, distinctement ponctués de points médiocres ou petits. La ponctuation du front réticulée. La face subconcave, plane, pointillée-coriacée, finement striée transversalement dans un espace allongé et médian. Antennes robustes, noir-brun, scape vert-bronze. Clypeus déprimé-convexe, poli, semi-lunaire. Mandibules bronzées, la base tachée de verdâtre, la pointe noir-brunâtre. Pronotum exactement transversal-rectangulaire avec un sillon transversal antérieurement et avec une fovéole arrondie au centre de ce sillon, la plus grande partie du pronotum couverte de points arrondis assez gros. Mesonotum brillant, déprime-convexe, densément ponctué et pointillé; dorsulum avec les sutures longitudinales les latérales obsolètes mais abruptes antérieurement, les médianes profondes, continues, légèrement courbes. Postécusson et mésopleures ayant leur disque couvert de points médiocres, reguliers, reticulés. Pattes bronzé-verdâtre ou vert-bronzé : l'extrémité des tibias, les éperons et les tarses testacés. Ailes hyalines, les écailles bronzées, les nervures minces, noirâtres, la nervure transverso-médiane fortement arquée-infléchie, la cellule radiale complète. Abdomen médiocre, largement ovale, l'apex très fortement arqué, très entier, le dessus feu-doré, couvert de points fins et denses. Ventre très poli, couvert de petits points et de poils épars, noir de poix, le deuxième segment avec une tache médiocre centrale vert-doré.

PATRIE : Silésie.

6e GENRE. — HEDYCHRUM, LATREILLE.

ἡδύχροος qui est d'une couleur agréable.

(Pl. XVI et XVII)

Corps trapu, large, déprimé, robuste, de taille petite, médiocre, moyenne, plus rarement presque grande. Les côtés de la tête derrière les yeux non dilatés; cavité faciale creusée; mandibules fortes, un peu allongées, pluridenticulées, l'extrémité médiocre; mâchoires allongées, le lobe allongé, presque aussi long que le palpe sous-maxillaire ; languette allongée, pliée en deux. ..

Pronotum peu convexe, le bord antérieur court, non déprimé en forme de cou ; des parapsides. Ailes supérieures à peu près semblables à celles des *Hedychridium*. Les episternum du mésothorax visibles, relativent assez grands; mésopleures formant un angle très saillant, à disque à peu près plan, la tranche antérieure subégale à la postérieure. Les épisternum du métathorax bien limités. Les stigmates métathoraciques transversaux, grands, linéaires.

Les hanches assez larges ; les cuisses antérieures un peu dilatées postérieurement; les tibias, surtout les postérieurs, légèrement dilatés à l'extrémité, avec une fossette ovale, creusée-évasée, profonde chez les femelles, moins fortes chez les mâles ; les ongles des tarses terminés par deux crochets joints à la base.

Abdomen déprimé en dessus : 3e segment arrondi, légèrement sinué à l'apex, avec un petit angle dentiforme de chaque côté et dirigé en arrière; la bordure extrême parfois un peu amincie, submarginée.

Le 3e segment ventral de la femelle ayant parfois, au milieu du bord postérieur, un crochet mucroniforme plus ou moins accusé ; le 6e segment ventral terminé de chaque côté par un acumen linéaire, ayant la forme des baguettes; les autres segments protractiles, simples, normaux; les baguettes longues, étroites.

Les crochets des mâles larges, conjugués ; les volsella courtes, peu larges, sublinéaires ; les tenettes linéaires, longues, parfois plus longues que les volsella ; les branches du forceps larges, à extrémité arrondie, dilatée.

Ce genre a des représentants dans toute l'Europe, bien qu'il y ait des espèces spéciales aux pays les plus chauds de cette faune. On les rencontre pendant tout l'été butinant sur les Ombellifères, et voltigeant sur les talus et les sables. Ils déposent leurs œufs surtout chez les Sphégides.

Lorsqu'elles ont découvert une nichée convenable pour y pondre, les femelles, comme nous l'avons vu pour les Chrysis, se blotissent derrière une aspérité du sol et attendent le moment voulu pour descendre dans le magasin du fouisseur. Si l'entrée du nid est ensablée, l'Hédychre sait très bien la déblayer avec ses pattes antérieures, qui, du reste, sont assez robustes pour faire ce travail. J'ai constaté que les *H. Gerstaeckeri* Chevr. et *rutilans* Dahlb. pondent chez les *Philanthus coronatus* Fabr. et *apivorus* Latr. La jeune larve se comporte vis à vis de celle de ces deux Sphégides, absolument comme je l'ai expliqué pour les Chrysis. La larve de l'*Hedychrum* mange uniquement la larve du *Philanthus*, à l'exclusion des Abeilles et des Halictes emmagasinés. Elle l'attaque dès son éclosion et vit à ses dépens pendant que la malheureuse victime continue à se nourrir des provisions. Ce n'est que lorsque la larve de l'Hédychre a atteint les organes vitaux du fouisseur, que ce dernier s'arrête forcément de manger, pour être bientôt entièrement achevé par son ennemi. Les larves que j'ai examinées étaient conformées comme celle d'une vraie Chrysis, bien qu'un peu plus ventrues. Je crois qu'elles restent nues dans la cellule du Sphégide, car je ne leur ai jamais vu tisser de cocon, comme le font très bien, en tube d'étude, les *Chrysis* et les *Ellampus*.

1 Corps entièrement bleu, ou vert, ou bleu-verdâtre. 2

— Corps avec des parties cuivrées ou doré-feu. 5

2 Ailes fortement et entièrement enfumées ; les angles latéraux du 3e segment abdominal forts, spinoïdes. 3

— Ailes non entièrement enfumées ; les angles latéraux du 3e segment abdominal petits ou presque nuls. 4

3 Ponctuation du pronotum très espacée, les intervalles lisses, très brillants ; ventre entièrement bleu. — Corps de taille assez grande, allongé, robuste, entièrement d'un beau bleu quelquefois lavé de vert, garni de longs poils dressés, assez abondants, grisâtres en dessus, blanchâtres sur les parties inférieures. Tête plus étroite que le pronotum, triangulaire vue de face, très étroitement bordée à la base derrière les yeux ; cavité faciale profonde, fortement striée transversalement, front ponctué-subréticulé, les points assez gros, serrés, ruguleux, à fond creusé ; vertex à points médiocres, subruguleux. Antennes épaisses, noirâtres, les articles 1 et 2 verts ou bleu-verdâtre. Pronotum subtrapéziforme, les côtés convergents en avant, fortement déclive antérieurement en dessus, avec des points assez gros, très espacés sur le disque, profonds, les intervalles resplen-

dissants; sur les côtés la ponctuation est un peu plus serrée. Mesonotum ponctué en avant comme le pronotum, mais à points un peu plus gros; la partie postérieure est couverte, surtout dans l'aire médiane, de points très gros, rugu-leux. Ecusson avec de très gros points à fond creusé, ruguleux sur les côtés, espacés sur le disque; postécusson et mésopleures grossièrement et fortement ponctués-réticulés; angles posticolatéraux du métathorax longs, droits, divariqués, à pointe grande, un peu dilatée, aplatie, subaiguë. Ecailles d'un beau bleu; ailes très grandes, fortement enfumées de noir, éclaircies légèrement au milieu; pattes bleues ou bleu-verdâtre, tibias postérieurs brunis en dessous, premier article des tarses vert en dessus, roussâtre en dessous, les autres roussâtres; ongles des tarses avec la dent extrême sensiblement plus longue que la seconde. Abdomen subdéprimé : premier segment avec une impression au milieu de la troncature antérieure, lisse, imponctuée; sur le reste du segment la ponctuation est médiocre et espacée, un peu plus fine et plus serrée sur le bord apical; deuxième segment à ponctuation médiocre et espacée, plus fine et plus serrée sur la base du disque; troisième segment à points sensiblement plus gros et plus serrés, les angles des côtés forts, spinoïdes, marge apicale extrême très finement canaliculée, apex avec un petit sinus obtus. Ventre bleu ou bleu-verdâtre, chaque segment étroitement marginé de noir, ponctuation très fine, assez serrée, avec de longs poils blancs, assez abondants, couchés. ♂♀ Long. 7-9 mill.

La ♀ se distingue du ♂ par le troisième segment abdominal un peu moins large, le troisième segment ventral noir avec le milieu apical un peu épaissi ; par la ponctuation du pronotum un peu moins espacée, les intervalles légèrement moins lisses. **Cœlestinum**, Spinola.

Patrie : Egypte,

— Ponctuation du pronotum serrée, profonde, subréticulée ; ventre noir avec les segments 2 et 3 tachés de bleu-vert au milieu. — Corps de taille moyenne, large, robuste, déprimé, entièrement vert-bleu, terne; le 3e segment abdominal ainsi que l'aire médiane du mesonotum, l'écusson et le postécusson plus bleus. Semblable à l'*H. cœlestinum* Spin., mais avec la ponctuation du vertex médiocre, serrée, subréticulée, le pronotum à côtés fortement convergents en avant, le disque très déclive antérieurement, la ponctuation médiocre, serrée, profonde, subréticulée, les ailes entièrement et fortement enfumées, les tarses roussâtres ; la pubescence du dorsulum grosse, raide, dressée, noirâtre, les angles posticolatéraux du métathorax droits, grands, triangulaires, aigus, dirigés obliquement en arrière; la ponctuation de l'abdomen régulière, médiocre, peu serrée, profonde ; le 3e segment abdominal régulièrement convexe sur le disque, sans dépression transversale, les angles latéraux forts, spinoïdes, séparés de la marge apicale par un petit sinus très profond, le bord apical aminci, déprimé, noir, l'apex légèrement sinué. ♂ Long. 9 millimètres. **Radoszkowskyi**, n. sp.

Patrie : Algérie (Radoszkowsky).

4 Angles posticolatéraux du métathorax très divariqués, presque en angle droit; troisième segment abdominal nullement ou très faiblement sinué à l'apex. — Corps assez trapu, de taille moyenne, entièrement bleu ou bleu plus

ou moins verdâtre; pubescence noirâtre, dressée, médiocrement longue. Tête moins large que le pronotum, couverte de points médiocres, subréticulés, assez serrés, le front parfois vert-gai; cavité faciale très peu profonde, ridée transversalement; épistome bleu-verdâtre avec le clypeus souvent vert-doré. Antennes noirâtres, premier et deuxième articles à reflets verts ou bleus. Pronotum long, légèrement rétréci en avant, avec une légère dépression médiane sur la partie antérieure, ponctuation formée de points serrés, médiocres, subréticulés; mésopleures grossièrement ponctuées-réticulées; écailles noir-bronzé ou avec quelques reflets vert-bleuâtre; ailes enfumées dans la moitié postérieure; mesonotum ponctué comme le pronotum, excepté sur l'aire médiane où les points sont plus gros. Ecusson couvert de points plus gros, réticulés; postécusson grossièrement ponctué-réticulé; angles posticolatéraux du métathorax à pointe longue, obtuse. Dessous du corps bleu quelque peu verdâtre; pattes de même couleur; tarses et extrémité des tibias roux. Abdomen assez bombé; premier segment court, à points très fins et serrés; deuxième segment à ponctuation moins fine, plus espacée, devenant plus grosse vers le bord postérieur; troisième segment avec les côtés arrondis, subtronqué-arrondi transversalement à l'apex, une légère dépression transversale près du bord extrême de manière à simuler un vague bourrelet, les angles latéraux presque obtus. Ventre noir de poix, brillant, avec des points irréguliers, fins, assez serrés, les poils assez longs, noirâtres. ♂ ♀ Long. 5-6^{mm}. **Chalybaeum,** Dahlbom.

Patrie : France,

— Angles posticolatéraux du métathorax dirigés obliquement en arrière ; troisième segment abdominal avec un petit sinus aigu à l'apex. — Semblable à l'espèce précédente dont il diffère par sa taille plus forte, la pubescence de l'avant-corps épaisse, la tête au moins aussi large que le pronotum ; par le pronotum à côtés parallèles, rectangulaire-transversal ; par la ponctuation plus régulière, les nervures des ailes rousses ; par les angles latéraux du troisième segment abdominal beaucoup plus forts. ♂ Long. 7 1/2mm (Sec. sp. typ.). **Simile**, Mocsary.

Obs. — Cette espèce se retrouvera probablement dans la Sibérie occidentale, faisant partie de notre faune. De même qu'un certain nombre d'espèces connues jusqu'à présent seulement du Turkestan, d'Asie-Mineure, etc. se retrouveront dans l'Asie orientale. Ces espèces appartiennent vraisemblablement à la faune asiatique.

Patrie : Sibérie orientale : Amur : (Radoszkowsky).

5 Corps entièrement feu-doré ; pattes, ventre et antennes roux-testacé. — Corps de grande taille, robuste, entièrement feu-doré, parfois légèrement cuivré, à pubescence courte, grisâtre, dressée ; ponctuation de tout l'avant-corps serrée, profonde, assez forte, subruguleuse. Tête aussi large que le pronotum, à points un peu moins gros que sur le thorax ; cavité faciale avec quelques reflets verts sur les côtés, évasée, peu profonde, striée transversalement ; épistome feu-doré, premier article des antennes à reflets dorés. Pronotum long, convexe, la ponctuation très régulière, comme sur le mesonotum et l'écusson ; postécusson déprimé en dessus, mais formant une petite gibbosité près de l'abdomen, grossièrement ponctué-réticulé ainsi que les mésopleures ; angles posticolaté-

raux du métathorax à pointe longue, dirigée un peu en arrière. Ecailles roux-testacé ; ailes fortement enfumées, surtout dans l'extrémité. Pattes dorées en dessus, roux-testacé en dessous et aux articulations. Abdomen large, assez convexe, à ponctuation médiocre, profonde, assez serrée ; premier segment lisse, imponctué sur la troncature antérieure, avec une ligne médiane également imponctuée atteignant le bord postérieur et se continuant sur le deuxième segment ; deuxième segment à ponctuation un peu plus forte vers le bord postérieur et sur les côtés ; troisième segment à points également un peu plus gros, régulièrement arrondi-subtransversal, angles latéraux scarieux, spinoïdes, roux ; marge extrême apicale très légèrement repliée en dessous ; un vague sinus à l'apex. Ventre couvert de points très fins ; pubescence grise. ♂ ♀ Long. 9-10^{mm}. (Sec. sp. typ.).

Cirtanum, Gribodo.

Patrie : Algérie, Tunisie.

— Corps non entièrement feu-doré. 6

6 Thorax avec des parties feu ou cuivré. 7

— Thorax sans parties feu ni cuivré. 11

7 Tout l'avant-corps, y compris le métathorax, doré-cuivré en-dessus. — Corps d'assez grande taille, trapu, couvert de poils gros, raides, dressés, noir-brunâtre. Tout l'avant-corps couvert de gros points profonds, serrés, mais nullement ruguleux ni confluents. Tête relativement petite ; clypeus vert-doré, peu gibbeux, presque imponctué ; cavité faciale évasée sur les côtés, obovale, vert-doré, brillante, striée transversalement. Antennes noires, premier article bronzé.

Pronotum allongé, rectangulaire, avec un petit sillon au milieu du bord antérieur. Mésopleures doré-cuivré comme le dorsulum, ponctuées-réticulées, avec un petit espace au milieu du disque couvert de petits points peu profonds. Postécusson arrondi-convexe, grossièrement réticulé; angles postico-latéraux du métathorax à pointe fine, aiguë, longue et divariquée. Ecailles brun-obscur, légèrement métalliques à la base. Ailes fortement enfumées avec un petit espace éclairci dans la région discoïdale. Le dessous du thorax vert-bleuâtre; pattes bleues un peu verdâtres, tibias d'un vert légèrement doré, tarses et extrémité des tibias roussâtres, pubescence blanchâtre. Abdomen d'un beau feu-grenat, court, de la longueur du thorax seul; premier segment très court, à ponctuation profonde, médiocre, serrée; deuxième segment à points plus gros et espacés; troisième segment court, garni de points gros et serrés, les angles latéraux obtus, noirâtres, ainsi que toute la bordure du segment qui est régulièrement arrondi transversalement. Ventre noir un peu brunâtre, couvert de gros points assez serrés, réguliers, entremêlés de longs poils épais, dressés, noirâtres. ♂ Long. 7mm. **Sculptiventre**, Buysson.

Patrie : Algérie (F. Ancey).

— L'avant-corps non entièrement doré en dessus. **8**

8 Ecusson doré ou cuivré. **9**

— Ecusson nullement doré ni cuivré. **10**

9 Corps de taille moyenne; vertex, pronotum, mesonotum, écusson et disque du postécusson feu-doré, le reste de l'avant-corps bleu-verdâtre ou bleu; pronotum à côtés subparallèles avec

un sillon longitudinal au milieu du bord antérieur.

Lucidulum, F. Var. **Szaboi**, Mocsary (voir n° 10).

— Corps de taille grande ou moyenne; vertex et dorsulum, moins le métathorax, feu-cuivré-verdâtre; pronotum à côtés sensiblement convergents en avant, sans sillon ou simplement avec une dépression au milieu de la troncature antérieure. — Pubescence courte, grisâtre, dressée, assez serrée. Tête un peu plus large que la partie antérieure du pronotum, à points médiocres, assez profonds, serrés; cavité faciale bleue ou bleu-vert, assez profonde, striée transversalement. Antennes noirâtres, premier article vert ou bleu-verdâtre. Pronotum long, à ponctuation médiocre, serrée, assez profonde. Mésopleures vertes ou bleues, fortement ponctuées-réticulées. Ecailles noir-bronzé, à reflets verts en avant; ailes grandes, fortement enfumées. Mesonotum faiblement convexe, ponctué comme le pronotum, excepté sur l'aire médiane où les points sont plus fins ; écusson vert-bleuâtre, cuivré au milieu, déprimé, à points peu profonds, plus gros que sur le pronotum, mais espacés, les intervalles pointillés, excepté sur le disque où ils sont lisses et brillants. Postécusson bleu-verdâtre ainsi que le reste du métathorax, fortement ponctué-réticulé. Dessous du corps bleu-vif; pattes vert-bleuâtre, tibias quelquefois un peu cuivrés en dessus, tarses et extrémité des tibias roux. Abdomen resplendissant, cuivré ou feu-cuivré ou feu-doré, souvent avec des reflets verts, ponctuation fine, médiocrement serrée, peu profonde; deuxième segment ayant parfois une petite tache discoïdale bronzée; troisième segment arrondi, assez convexe, avec une légère dépression transversale de chaque côté au-dessus des angles latéraux, ceux-ci spinoïdes. Ventre noir de poix, brillant, parfois avec quelques légers reflets verdâtres sur le deuxième segment, poils longs, raides, noirâtres, très espacés, ponctuation fine, très espacée. ♂♀ Long. 6-9^{mm}.

La ♀ a le troisième segment ventral avec une petite carène médiane longitudinale, plus sensible vers le bord apical.

Le ♂ diffère de la femelle par son coloris généralement moins cuivré ou même par la couleur vert-gai de l'avant-corps, l'abdomen vert-doré, les côtés du thorax et le métathorax bleus; par la ponctuation de l'avant-corps plus forte, subruguleuse; par le deuxième article antennaire ordinairement à reflets verts.

Rutilans, Dahlbom.

Parasite des *Philanthus coronatus*, F. et *apivorus*, Latr., et d'après M. Abeille de Perrin, de l'*Halictus zebrus*, Nyl.

Patrie : Commun dans toute l'Europe : France, Corse, Allemagne, Suisse, Italie, Autriche-Hongrie, Belgique, Espagne, Portugal, Maroc, Algérie, Egypte, Mont Ararat, Transcaucasie, etc.

Var. *Perfidum*, Var. nov. Généralement confondu avec l'*H. virens*, Dahlb., diffère du type par la teinte verte ou bleue ou bleu-vert de l'avant-corps et par l'abdomen vert-doré. ♂♀.

Patrie. — France, Espagne, Arménie.

Var. *viridi-auratum*, Mocs. « Diffère du type par le vertex, le dorsulum et les mésopleures vert-doré, l'abdomen plus vert-doré, les deuxième et troisième segments cuivrés. »

« Patrie : Algérie, Maroc. » Sec. Mocsary.

10 Pronotum seul feu-cuivré.

Lucidulum, F. Var. **Aureicolle**, Mocsary, (voir ci-dessous).

Pronotum et mesonotum feu-doré. — Corps trapu, de taille médiocre, à pubescence courte, grosse, assez serrée, noirâtre en dessus de l'avant-corps, plus longue, peu serrée et blanchâtre en dessous. Thorax assez convexe. Tête aussi large que la partie antérieure du pronotum, verte ou bleu-vert ou bleue, rarement avec une petite macule feu vers les ocelles; ponctuation serrée, médiocre, réticulée; l'occiput à points très serrés, plus fins, subruguleux; cavité faciale brillante, striée transversalement. Antennes noir-brun-foncé ou noirâtres, les deux premiers articles verts ou bleu-verdâtre. Pronotum assez long avec les côtés légèrement convergents en avant, d'un beau feu-doré en dessus, la troncature antérieure verte, un petit sillon au milieu du bord antérieur, ponctuation assez grosse, serrée, subruguleuse, réticulée. Mesonotum d'un beau feu-doré, ponctué comme le pronotum, excepté vers la partie postérieure de l'aire médiane où les points sont beaucoup plus gros. Mésopleures vertes ou bleu-verdâtre, assez grossièrement réticulées. Ecailles brun-roussâtre ou noirâtres, ordinairement à reflets métalliques en avant; ailes assez fortement enfumées. Ecusson bleu ou vert ou vert-bleuâtre, comme le postécusson, grossièrement ponctué-réticulé. Métathorax, dessous du corps et pattes bleus ou bleu-verdâtre; tarses brun-roussâtre. Abdomen large; feu-doré resplendissant, rarement avec quelques reflets verdâtres, ponctuation assez fine, espacée; troisième segment régulièrement arrondi, la bordure extrême apicale légèrement réfléchie sur tout son contour et surtout à l'apex, angles latéraux subspinoïdes ou obtus. Ventre noir de poix, brillant, à points fins, entremêlés d'autres médiocres et assez gros, poils longs noirâtres ou brunâtres ; troisième segment avec un fort crochet mucroniforme au milieu du bord apical ; quatrième segment assez fortement caréné au milieu dans sa longueur. ♀ Long 4 1/2-9mm.

Le ♂ a la même forme que la ♀ mais il en diffère par la coloration du pronotum et du mesonotum qui est bleue ou bleu-verdâtre ou verte ou vert doré, parfois un peu feu, plus rarement bleu-foncé ; par le pronotum plus court ; le troisième segment parfois avec une large tache discoïdale vert-doré ou feu, mais jamais de crochet mucroniforme ; la pubescence de l'avant-corps beaucoup plus longue. **Lucidulum**, Fabricius.

Obs. — On rencontre des individus atteints de rufinisme dans les pattes, les écailles, les antennes et la nervulation des ailes

Patrie : Commun dans toute l'Europe, le nord de l'Afrique, l'Asie occidentale et même la Mongolie.

Var. *Semiviolaceum*, Mocs. — Diffère du type par l'avant-corps bleu-indigo-noirâtre un peu bronzé, les antennes, les écailles et les pattes noir-roussâtre obscur, l'abdomen cuivré-bronzé. Mélanisme. ♂ Long. 6mm. (Sec. sp. typ !)

Patrie : Hongrie (Mocsary).

Var. *Aureicolle*, Mocs. — Semblable au type ♀ dont il diffère uniquement par le pronotum, qui est seul feu-doré, et une petite tache dorée autour des ocelles. ♀ (Sec. sp. typ !).

Patrie : Asie-Mineure (Mocsary).

Var. *Micans*, Luc. — Semblable au type ♂, mais avec le pronotum un peu déprimé en dessus ; la ponctuation thoracique plus profonde, les points non évasés ; la ponctuation abdominale également plus profonde et un peu plus grosse. Je possède tous les passages de cette variété au type. L'avant-corps a souvent une teinte dorée ♂ (Sec. sp. typ !).

Patrie . Algérie.

Var. *Szaboi*, Mocs. — Diffère du type ♀ par la coloration du front, du dessus de la tête, qui est, comme celle du pronotum et du mesonotum, d'un beau feu-doré, et en plus une large tache de même couleur existe au milieu de l'écusson. ♀.

PATRIE : France, Russie.

11 Tête et thorax bleu-indigo-noirâtre; antennes, écailles et pattes noir-roussâtre obscur.

Lucidulum, F. VAR. **Semiviolaceum**, MOCSARY.

(Voir n° 10).

— Tête et thorax nullement noirâtres. 12

12 Pronotum couvert de points réticulés, arrondis. 13

— Pronotum couvert de points profonds, non réticulés. 14

13 Corps de grande taille; avant-corps bleu vif; pronotum long, à ponctuation moins serrée; abdomen vert-doré, à ponctuation plus forte et plus régulière. — Diffère de l'*H. virens* Dahlb. ♀ simplement par le pronotum très faiblement convexe, avec un léger sillon médian au bord antérieur; par la ponctuation de l'occiput beaucoup plus fine, serrée, ruguleuse, subcoriacée; celle du pronotum réticulée, ruguleuse, plus serrée; celle du mesonotum plus serrée, plus régulière; celle de l'abdomen un peu plus serrée et moins forte; celle du deuxième segment ventral plus fine; par le troisième segment ventral avec le crochet apical plus saillant et presque en angle droit avec la carène médiane; par les angles latéraux du troisième segment abdominal courts et obtus. ♀ Long. 8^{mm}.

Luculentum, FOERSTER

PATRIE : Ile de Candie (Mocsary).

— Corps de taille moyenne ou petite; avant-corps de différentes teintes de bleu ou de vert, très variable ; pronotum plus court, à ponctuation serrée ; abdomen feu-doré.

Lucidulum, Fabricius ♂ (Voir n° 10).

14 Corps de grande taille, pronotum convexe, les côtés fortement convergents en avant ; troisième segment abdominal chez la ♀ avec un petit crochet mucroniforme au milieu de son bord apical. — Corps robuste, large, à pubescence courte, serrée, blanchâtre, dressée ; tout l'avant-corps bleu ou bleu-vert, ou vert, ou vert-gai. Tête relativement petite, à points irréguliers, médiocres, peu profonds sur le vertex, plus serrés et subréticulés sur le front ; cavité faciale assez profonde, striée transversalement, parfois bleu-indigo ; clypeus noir-brun antérieurement où il est brusquement déprimé-réfléchi. Antennes brunes ou brun-marron, le premier article vert ou bronzé, le deuxième bronzé, le troisième subégal aux deux suivants réunis. Pronotum long, très sensiblement infléchi en avant, la ponctuation grosse, régulière, profonde, médiocrement serrée, non réticulée ; mesonotum à ponctuation grosse, irrégulière, ruguleuse, écusson et mésopleures grossièrement ponctués-réticulés ; postécusson à réticulation très grosse ; angles posticolatéraux à pointe longue, fine et divariquée. Ecailles brunes avec quelques reflets métalliques à la base ; ailes fortement enfumées ; pattes bleues ou vert-bleu, ou vertes, tibias souvent vert-gai ou vert un peu doré, leur extrémité et les tarses roussâtres. Abdomen d'un beau feu-grenat, ou feu-doré, quelquefois avec des reflets verts : premier segment court, à ponctuation grosse, médiocrement serrée, profonde, moins grosse, et plus serrée sur le disque, la troncature an-

térieure avec un large sillon au centre, et elle est imponctuée, lisse, généralement un peu plus bronzée; deuxième segment à points plus gros, plus profonds; troisième segment régulièrement ovale-arrondi, un peu déprimé transversalement près de la bordure apicale, celle-ci étroitement mais brusquement réfléchie, canaliculée, la bordure extrême brun-clair, subscarieuse, l'apex est légèrement émarginé, les angles latéraux plus ou moins spinoïdes. Ventre noir ou brun-foncé, très rarement avec un vague reflet vert au centre: ponctuation grosse, entremêlée de points plus fins avec des poils bruns; bordure apicale du troisième segment plus claire, subscarieuse. ♂. Long. 8-10mm.

La ♀ diffère du mâle par le troisième article des antennes plus court que les deux suivants réunis; par la ponctuation du pronotum et de la partie antérieure du mesonotum beaucoup plus fine, moins serrée, peu profonde, le reste du mesonotum devient progressivement grossièrement ponctué-réticulé; par la ponctuation abdominale moins forte et moins profonde; le troisième segment abdominal couvert de longs poils blancs surtout sur le bord; le ventre souvent marron, sans reflets métalliques, à points fins mais profonds, entremêlés d'autres très fins, le troisième segment caréné longitudinalement au milieu et portant un fort crochet muconiforme à son bord apical. **Virens**, Dahlbom.

Obs. — Les différences qui existent entre les deux sexes, bien sensibles, mais négligées par les auteurs, ont été cause que je prenais la femelle pour une espece distincte de celle décrite par Dahlbom. Je l'ai décrite sous le nom d'*H. Phœnix* en 1888; depuis, j'ai examiné un certain nombre d'exemplaires et j'ai reconnu mon erreur. De plus, il est a remarquer que l'abdomen est souvent parfaitement feu-doré sans mélange de vert, que le dessous du corps et la face sont parfois bleu-indigo, que le ventre est très rarement à vagues reflets verts chez le ♂ seulement; ces particularités ne sont pas davantage indiquées par Dahlbom.

PATRIE : Syrie, Sarepta, Italie (Gribodo).

Var. *Caucasicum*, Mocs. « Tête et thorax plus ou moins verts, un peu dorés. ♂. »

« PATRIE : Transcaucasie (Sec. Mocsary). »

— Corps de taille médiocre ou petite; pronotum plus ou moins déprimé sur le disque; troisième segment ventral chez la ♀ simplement caréné longitudinalement, sans mucron saillant. 15

15 Abdomen à points gros et espacés; pattes rousses à reflets bleus. — Corps de taille médiocre, robuste; tout l'avant-corps d'un beau bleu vif, l'abdomen d'un beau feu-doré-cuivré; pubescence très courte, grosse, couchée, roussâtre. Tête petite, à ponctuation fine, peu serrée et obsolète sur l'occiput, devenant plus grosse, plus serrée et réticulée sur le front; cavité faciale concolore, profonde, striée transversalement. Antennes noir-roussâtre, le premier article bleu. Pronotum très long, à côtés convergents en avant, avec un sillon médian obsolète dans toute la longueur; ponctuation des pro-et mesonotum et du disque de l'écusson très peu serrée, médiocre, peu profonde, les intervalles des points lisses, brillants et convexes; écusson à points plus gros sur les bords; postécusson et mésopleures grossièrement et densément ponctués-réticulés; angles posticolatéraux du métathorax très longs, divariqués, à pointe aiguë. Ecailles rousses, scarieuses; ailes assez enfumées, à nervures brun-roussâtre; poitrine et hanches bleu-vif, le reste des pattes roux avec des reflets bleu-vif sur les cuisses et les tibias. Abdomen obovale, resplendissant, à

ponctuation grosse, espacée, le disque à points plus petits; troisième segment un peu comprimé sur les côtés, ovale-arrondi, à gros points espacés. Ventre noir un peu roussâtre, vaguement bronzé-bleuâtre; deuxième segment à points fins; troisième segment caréné longitudinalement au milieu, sans crochet mucroniforme. ♀ Long. 7 1/2^{mm}. (Sec. sp. typ.!).

Semicyaneum, Mocsary.

Patrie : Turkestan : Taschkend (Mocsary).

— Abdomen à points petits, plus ou moins serrés; pattes métalliques. 16

16 Pubescence fine, blanchâtre; pronotum déprimé, plus long, parallèle, à ponctuation très régulière, serrée, médiocre, subruguleuse; écailles brunes, scarieuses, avec quelques reflets métalliques. — Corps de taille médiocre ou petite; l'avant-corps déprimé, à côtés parallèles, bleu-verdâtre, plus rarement vert-gai, l'abdomen feu-doré, rarement avec quelques reflets verts. Tête aussi large que le pronotum, à points médiocres, serrés, subruguleux, profonds, généralement subréticulés; cavité faciale largement évasée, ridée transversalement; épistome bleu-verdâtre. Antennes brunâtres ou brun-noirâtre, le premier article verdâtre. Pronotum avec un léger sillon médian au bord antérieur, très souvent les intervalles de la ponctuation imperceptiblement ridés transversalement; mesonotum ponctué comme le pronotum, l'aire médiane presque toujours d'une teinte plus foncée; mésopleures grossièrement réticulées, les points à fond plat; ailes fortement enfumées; écusson parfois vert-gai, à ponctuation un peu moins serrée que sur le mesonotum; postécusson ordinairement bleuâtre, gros-

sièrement réticulé, les points à fond plat; angles posticolatéraux du métathorax à pointe longue, fine, aiguë, divariquée. Dessous du thorax et pattes vert-bleuâtre, tibias un peu roussâtres aux extrémités, tarses roussâtres. Abdomen feu-doré, peu convexe, plutôt déprimé, couvert de points fins, profonds, assez serrés, le bord postérieur du deuxième segment et le troisième en entier à points moins fins et moins serrés; troisième segment régulièrement arrondi, avec une légère dépression transversale près du bord apical, les angles latéraux scarieux, forts, mais subobtus. Ventre noir-brillant avec des points fins assez serrés et des poils grisâtres et longs; troisième segment, chez la ♀, caréné longitudinalement dans son milieu; chez le ♂ on distingue quelques reflets verts peu apparents, surtout sur le troisième segment. ♀♂ Long. 4 1/2-7mm. (Sec. sp. typ. !).

Longicolle, ABEILLE.

OBS. — On rencontre des individus atteints de rufinisme dans les pattes, les antennes, les écailles et les nervures alaires.

PATRIE : France, Espagne, Italie, Sardaigne, Sicile, Sarepta.

— Pubescence grosse, noir-roussâtre; pronotum moins déprimé et moins long, moins parallèle, la ponctuation plus grosse, moins serrée, subruguleuse; écailles noir-brunâtre, non scarieuses. — Taille médiocre, un peu plus forte que chez le précédent, allongée; l'avant-corps convexe, bleu plus ou moins foncé ou bleu-verdâtre, ou vert-gai; abdomen toujours feu-doré resplendissant. Tête aussi large que le pronotum, couverte de points médiocres, peu serrés, profonds, subréticulés; cavité faciale striée transversalement, largement évasée; antennes noirâtres, premier article vert ou bleu. Pronotum subparallèle, légèrement déprimé au milieu du bord antérieur, la ponctuation non réticulée; mesonotum ponctué comme le pronotum, excepté dans la partie postérieure de l'aire médiane où les points sont gros et réticulés; mésopleures grossièrement réticulées, les points à fond plat; écailles à reflets bronzés ou vert-bleuâtre en avant; ailes fortement enfumées, hyalines à la base; écusson déprimé à sa base, ponctué subréticulé, les points moins gros, moins profonds et généralement moins serrés sur le disque antérieurement; postécusson grossièrement réticulé; les angles posticolatéraux du métathorax à pointe longue, étroite, aiguë, divariquée. Pattes et dessous du corps bleus ou vert-bleuâtre; tarses roussâtres. Abdomen couvert de points fins, peu serrés, ceux du troisième segment un peu plus gros; troisième segment régulièrement arrondi, angles latéraux spinoïdes, une légère dépression transversale près du bord apical. Ventre noir, couvert de points très fins et serrés, très rarement on remarque quelques légers reflets métalliques; troisième segment, chez la ♀, muni d'une carène médiane longitudinale, devenant plus forte vers le bord apical. ♀♂ Long. 6-8 mill (Sec. sp. typ.!). **Gerstaeckeri**, Chevrier.

Parasite des *Philanthus coronatus*, F. et *apivorus*, Latr.

Obs. — Il se distingue de l'*H. lucidulum*, F. ♂ par sa forme allongée; le pronotum long, à ponctuation formée de points nets, profonds, non réticulés; par la pubescence courte et plus raide.

Patrie : Commun surtout dans le centre et le nord de l'Europe : France, Belgique, Suisse, Allemagne, Italie, Transcaucasie, etc.

Var. *rufipes*, nov. var. Diffère du type par l'avant-corps à reflets violacés, les antennes, les pattes, les écailles, les nervures des ailes et le ventre roux. — Patrie : Sardaigne (Gribodo). Rufinisme ♀.

ESPÈCE D'HEDYCHRUM

RESTÉE INCONNUE

H. Frivaldskyi, Mocsary. Grand, large et robuste, à pubescence éparse; tête et thorax teintés de bronzé et de violet; cavité faciale profonde, violette, couverte de stries transversales fines et serrées; antennes grêles, roux-testacé, le troisième article médiocre, à peine de moitié plus long que le quatrième, plus court que les quatrième et cinquième réunis; joues presque nulles, linéaires; ponctuation du vertex un peu plus dense, celle du thorax et de l'écusson plus espacée; postécusson peu gibbeux, scrobiculé; angles posticolatéraux du métathorax forts, triangulaires, aigus; mésopleures à points épais et denses; abdomen violet-pourpre-doré, les deux premiers segments à ponctuation éparse, assez profonde, le troisième à points subruguleux plus denses, avec de larges intervalles lisses; base du premier segment lisse et polie, largement et triangulairement excisée; troisième segment déprimé convexe avec une large marge apicale assez large d'un testacé obscur, le centre médiocrement excisé, les côtés profondément excisés en forme d'arc, les angles latéraux aigus. Ventre noir de poix, brillant; pattes bleues, les genoux, l'extrémité des tibias et les tarses roux-testacé; ailes subhyalines, enfumées largement à l'extrémité, les nervures brunes; écailles roux-brun. ♂ Long. 9^{m}.

Patrie : Territoire de la mer Caspienne (Mocsary).

3° Tribu. — Euchrysididæ

Caractères. — Corps de taille petite, médiocre, moyenne ou grande, de forme très variable. Vertex toujours plus ou moins épais; les côtés de la tête derrière les yeux jamais dilatés ; joues de longueur variable, parallèles ou convergentes en avant, parfois formant une sorte de bec; les yeux plus ou moins développés, toujours grands, parfois occupant plus des deux tiers de la largeur de la face. Mandibules falciformes, simples ou avec une petite dent plus ou moins forte; mâchoires de grandeur très variable, quelquefois assez allongées, bilobées, le plus souvent arrondies; palpes labiaux de trois articles; palpes maxillaires de cinq articles. Pronotum transversal, ordinairement avec un petit sillon plus ou moins court au milieu du bord antérieur; mesonotum divisé longitudinalement en trois aires plus distinctes; postécusson convexe ou gibbeux, ou conique plus ou moins aigu, parfois terminé en lame creusée en dessus ou carénée; les épisternum du mésothorax toujours visibles; les mésopleures de forme et de sculpture très variables, convexes ou avec des carènes ou des dents, le disque ordinairement avec un sillon médian longitudinal partant des ailes et un sillon transversal situé un peu en dessous. Les épisternum du métathorax conformés assez irrégulièrement et toujours formant chacun un angle plus ou moins fort, précédant ceux des métapleures et dans le même plan qu'eux, généralement la suture postérieure n'aboutit pas tout à fait à la suture des mésopleures. Les angles postico-latéraux du métathorax constamment plus ou moins développés et de forme variable; les stigmates métathoraciques grands, transversaux, toujours situés en dessous des angles postico-latéraux. Hanches et cuisses médiocres; ongles des tarses toujours simples. Les ailes étroites, allongées; les supérieures avec les cellules brachiale, costale et médiane complètes, les cellules anale et troisième discoïdale subcomplètes, la cellule radiale incomplète ou complète; la première discoïdale complète ou incomplète; les inférieures avec les nervures costale et anale, parfois aussi avec des traces des nervures radiale, médiane et cubitale. Abdomen avec trois segments visibles; le ventre toujours concave.

Cette tribu est très homogène et c'est elle qui renferme le plus grand nombre d'espèces, tant pour la faune admise dans cet ouvrage que pour celle du globe.

TABLEAU DES GENRES

1 Première cellule discoïdale des ailes supérieures incomplète.
G. 1. — **Chrysogona**, FOERSTER.

— Première cellule discoïdale des ailes supérieures complète. 2

2 Corps toujours de grande taille; yeux occupant plus des deux tiers de la largeur de la face ; épistome prolongé en un long bec à côtés subparallèles. G. 5. — **Stilbum**, SPINOLA.

— Corps de taille variable; yeux n'occupant jamais plus des deux tiers de la largeur de la face ; épistome jamais prolongé en un long bec à côtes subparallèles. 3

3 Cellule radiale des ailes supérieures très incomplete, ouverte au moins d'un tiers de sa longueur présumée; marge apicale du troisième segment abdominal entière ou bordée de fines aspérités saillantes. G. 2. — **Spinolia**, DAHLBOM-BUYSSON.

— Cellule radiale des ailes supérieures complète ou n'étant jamais ouverte de plus d'un quart de sa longueur; marge apicale du troisième segment abdominal jamais bordée de fines aspérités saillantes. 4

4 Troisième segment abdominal entier ou ondulé ou bien muni d'angles ou de dents, ces dernières au nombre de 1 à 6.
G. 4. — **Chrysis**, LINNÉ.

— Troisième segment abdominal denticulé en scie.
G. 3. — **Euchroeus**, LATREILLE.

1er GENRE. — CHRYSOGONA, FOERSTER

χρύσεος, d'or; γῶνος angle

(Pl. XVIII)

Corps de petite taille, allongé, ailes supérieures avec la première cellule discoïdale à peine simulée, mais sans nervure distincte, la cellule radiale non fermée complètement ou complète, jamais ouverte d'un tiers de sa longueur. Abdomen allongé; marge apicale du troisième segment crustacée comme le reste du segment, une série antéapicale de fovéoles.

Derniers segments abdominaux de la femelle normaux ; baguettes allongées, crochets des mâles larges, conjugués; les tenettes linéaires, aussi longues que les volsella, celles-ci larges; les branches du forceps larges et courtes.

Ce genre est pauvre en caractères distinctifs; il diffère du genre *Chrysis* uniquement par la première cellule discoïdale des ailes supérieures qui est indistincte. Foerster l'a établi simplement sur ce caractère. Les espèces reconnues lui appartenir sont encore très peu nombreuses. En Europe il y en a trois espèces de signalées, dont une seule est bien connue, les deux autres n'ont jamais été retrouvées.

— Corps de petite taille, allongée, subparallèle, entièrement bleu-verdâtre ou vert-bleuâtre, à teinte mate; pubescence cendré-blanchâtre, peu abondante, subdressée, fine; on distingue parfois des reflets vert-doré sur le pronotum, les aires latérales du mesonotum, les côtés des segments 1 et 2 de l'abdomen, la marge apicale du troisième segment et aussi sur les pattes et le ventre. Tête plus large que le pronotum, épaisse, couverte de points médiocres, serrés, subréticulés, ruguleux; cavité faciale subcarrée, creusée, ponctuée-coriacée sur les côtés, striée transversalement au milieu, terminée en haut par une carène transversale aiguë, ondulée, souvent à teinte dorée; joues très courtes; mandibules simples. Antennes courtes, noirâtres ou brun-noir, premier et deuxième articles verts, le deuxième quelquefois avec des reflets dorés. Pronotum court, transversal, assez convexe, avec une impression longitudinale au milieu, la troncature antérieure abrupte, ponctuation subrégulière, médiocre, serrée, subréticulée subruguleuse, mesonotum ponctué de même; écusson à points moins serrés; postécusson convexe, plus profondément et grossièrement ponctué-réticulé; angles posticolatéraux du métathorax à pointe assez forte, subaiguë, recourbée en arrière. Mésopleures ponctuées-réticulées avec les sillons bien marqués, l'aire inférieure sans dent, ni carène. Ecailles bleues, ailes presque hyalines. Pattes vert-bleuâtre, extrémité des tibias et tarses roussâtres, le premier article des tarses plus clair, parfois subtestacé chez le mâle, mais les derniers articles toujours brunis chez les deux sexes. Abdomen obovale, peu convexe, premier segment à points assez gros, assez serrés, subréticulés, avec une légère carène longitudinale, noirâtre ; deuxième segment souvent avec une tache discoïdale noir-bleuâtre, la ponctuation plus fine, subruguleuse ; troisième segment déprimé transversalement au milieu, ovale, très légèrement renflé avant la série antéapicale, à points assez serrés comme sur le deuxième segment, une très légère carène médiane longitudinale partage la série antéapicale ; série antéapicale ordinairement bleu-vif, profonde, 16 fovéoles arrondies, confluentes parfois, ouvertes ; marge apicale arquée-arrondie au centre avec l'apex plus ou moins légèrement sinué, une petite dent dirigée en arrière et plus ou moins forte se distingue de chaque côté près de la naissance de la série antéapicale, les côtés du segment longs, rectilignes. Ventre vert-bleuâtre ou vert-gai avec une tache noire de chaque côté de la base du deuxième segment. ♂♀. Long. 3 1/2-6mm.

Le mâle diffère de la femelle par sa couleur plus verte, un peu moins mate, le troisième segment abdominal moins déprimé sur le disque, avec l'apex plus vaguement sinué et les dents latérales plus obtuses ; les tarses toujours clairs. **Assimilis**, Spinola.

Obs. — On trouve des individus atteints de rufinisme particulièrement aux pattes, aux antennes, aux écailles et dans la nervulation des ailes.

Patrie : Assez répandue en Europe. France, Espagne, Italie, Algérie, Egypte, Syrie, Russie, Caucase, etc.

ESPÈCES DE CHRYSOGONA

RESTÉES INCONNUES

C. soluta, Dahlbom. — Etroite, linéaire, longue à peine de deux lignes décimales, densement ponctuée et pointillée, subcoriacée, peu brillante, violacée, avec une ligne transversale sur le vertex, la marge apicale des segments 1 et 2 de l'abdomen, les fémurs et les tibias des deux côtés verts, les pieds d'ailleurs bruns, la cavité faciale de la tête non marginée en haut, l'occiput inerme. la marge latérale du troisième segment légèrement flexueuse, les cellules discoidale et radiale des ailes incomplètes.

Très voisine le la *C. nitidula* et lui ressemblant beaucoup, mais elle s'en distingue facilement par le corps beaucoup plus court et plus étroit, violacé avec les endroits bleu-verdâtre indiqués ci-dessus dans la diagnose, la cavité faciale de la tête non marginée, l'occiput inerme, les cellules discoïdale et radiale des ailes incomplètes, la tête et le thorax à ponctuation médiocre ou presque ponctués-coriacés.

Vertex verdâtre transversalement près des ocelles; une teinte verte se présente aussi sur le dorsulum du pronotum, sur le metanotum et la poitrine; mais la couleur fondamentale de ces pièces est violacée. Cavité faciale brillante, pointillée-coriacée, bleue en haut, l'extrémité verdâtre; clypeus médiocre, transversal, brillant, vert, avec quelques points épars, le disque légèrement convexe, la marge apicale très légèrement arquée-émarginée au centre. Antennes comme chez la *C. nitidula*. Labre semilunaire, médiocre, subrenflé, pubescent, testacé-brunâtre. Mandibules vertes à la base, testacé-brunâtre à l'extrémité. Thorax cylindrique, les angles postico-latéraux petits, coriacés-ponctués, subaigus, triangulaires. Ailes hyalines à nervures brunes ; la nervure transverso-médiane manque à moitié au milieu, entre la nervure radiale qui est plus forte et la nervure cubitale qui commence un peu, de telle sorte que la cellule discoïdale est incomplète; cellule radiale lancéolée-acuminée, médiocrement ouverte à l'extrémité. Abdomen linéaire, un peu plus long que le thorax, mais de même largeur que celui-ci, convexe sur le dorsulum, les segments 1 et 2 densément pointillés, la marge apicale brillante bleu-verdâtre, le premier violacé, le deuxième noir-bronzé et un peu pourpre, une ligne médiane subtilement carénée; troisième segment plus densément et finement pointillé, noir-bronzé à la base, brillant, bleu à l'extrémité, la série antéapicale, les dents et la marge latérale comme chez la *C. nitidula*, Var. A. Ventre vert-bleu. ♂.

OBS — Je suis persuadé que cet insecte n'est point un *Chrysogona*, mais bien un individu anormal de *Chrysis nitidula*, F. En effet, j'ai vu une *C. nitidula* atteinte de rufinisme, ayant la cavité faciale très indistinctement carénée et la base des segments abdominaux noire. J'ai rencontré également deux exemplaires de la même espèce Fabricienne ayant une des ailes supérieures avec la nervure cubitale manquant au milieu du côté antérieur de la première cellule discoïdale.

PATRIE : Suède.

C. gracillima, FOERSTER. — Vert, subbleuâtre : l'abdomen doré peu brillant, densément ponctué, le premier segment avec les intervalles garnis de points plus petits, serrés ; anus obtus ; pattes vertes avec les tarses bruns ; ailes hyalines, nervures brunes, la cellule radiale fermée, la nervure radiale légèrement courbée. ♂ 5^{m}.

Tête et thorax de cette très remarquable espèce colorés comme chez la *Chrysis ignita* L., ainsi d'un vert profond et encore d'un vert-bleu avec un faible reflet violet, spécialement sur le vertex, l'occiput, l'aire médiane du mesonotum et sur le metanotum. L'abdomen doré-brillant, mais l'éclat est affaibli par la ponctuation très serrée. Antennes noir-brun, le scape vert avec l'extrémité jaune d'or brillant, de même les deux premiers articles du funicule or-brillant. Sur le front se trouve seulement un très faible vestige de carène transversale, tandis que chez la *C. ignita* elle est toujours distincte. Les joues étroites avec une carène aiguë se dirigeant en haut. Le mesonotum à ponctuation grosse et épaisse, les intervalles avec une fine ponctuation. Pattes vertes, les tarses noir-brun. Ailes hyalines claires, la nervulation brunâtre, la nervure marginale postérieure plus obscure, la nervure basilaire un peu plus pâle, presque jaunâtre. La cellule radiale entièrement fermée et la nervure radiale faiblement sinuée, non comme chez la C. *ignita* qui l'a presque anguleuse. La première cellule discoïdale a l'extrémité non fermée, largement ouverte et la première nervure récurrente n'atteint pas la moitié, le rudiment de celle-ci part de la nervure médiane. Abdomen à ponctuation serrée, le premier segment avec les points à peine plus gros que sur le deuxième, et les intervalles à ponctuation très épaisse et plus fine. Sur le deuxième segment cette ponctuation plus fine manque presque entièrement, et la ponctuation uniformément grosse saute aux yeux ; chez la *C. ignita*, le deuxième segment ne manque jamais de points plus fins. Le troisième segment n'a pas la ponctuation plus serrée que le deuxième, mais elle est épaisse en avant de la marge postérieure avec la fossette transversale habituelle qui caractérise le genre Chrysis. La marge postérieure du même segment faiblement et presque indistinctement échancré au milieu et de chaque côté.

PATRIE Allemagne : Herrstein.

2e GENRE. — SPINOLIA, DAHLBOM-BUYSSON

Spinola, nom propre

(Pl. XIX)

Corps de taille médiocre, moyenne ou grande, large, robuste, convexe. Tête beaucoup plus large que le pronotum ; yeux très convexes ; front déprimé, plus ou moins ponctué-strié longitudinalement ; languette plus longue que chez la plupart des Chrysis, pliée en deux ; écusson élevé sur les bords, déprimé sur le disque ; postécusson parfois couvert de fortes aspérités saillantes, formées par les intervalles de la ponctuation.

Ailes supérieures avec la cellule radiale ouverte au moins d'un tiers de sa longueur présumée, première cellule discoïdale complète, avec des nervures très distinctes.

Abdomen large : troisième segment avec une série antéapicale de fovéoles plus ou moins distinctes, la marge apicale entière ou bordée de fines aspérités saillantes, les côtés de ce segment toujours munis d'un angle ou d'une petite dent dirigée en arrière située à la naissance de la marge apicale.

Le quatrième segment ventral des femelles épaissi au milieu du bord apical, avec de fortes soies très serrées ; le cinquième segment ventral terminé de chaque côté par un fort crochet corné, plus ou moins courbé ; le cinquième segment dorsal sillonné dans sa longueur et portant de chaque côté sur son bord, une série de fortes aspérités cornées, plus ou moins unciformes, à pointe relevée en dessus ; le sixième segment dorsal acuminé, épaissi et sillonné au milieu dans sa longueur ; les baguettes assez larges.

Le mâle a les derniers segments abdominaux normalement conformés ; les crochets pliés en deux, sont conjugués, à pointe ordinairement un peu divariquée; volsella plus ou moins contournées, brusquement étroites dans le tiers supérieur; tenettes aussi longues que les volsella, linéaires-aiguës; branches du forceps larges. Le couvercle génital triangulaire.

Comme on le voit, ce genre compris ainsi est bien distinct des Chrysis proprement dites. La conformation de la cellule radiale, du troisième segment abdominal, la forme du corps large et trapue font penser de suite aux *Hedychrum*. Les particularités que l'on distingue sur les segments protractiles des femelles sont aussi très curieuses. Plus loin nous verrons que les femelles des *Stilbum* ont ces mêmes segments très bizarrement armés.

Les Spinolia sont dispersées dans toute l'Europe, mais sont toutes rares. Elles ont souvent été capturées en été sur les ombellifères.

1 Bordure de la marge apicale du troisième segment abdominal garnie de fines aspérités saillantes. **2**

— Bordure de la marge apicale du troisième segment abdominal sans aucune aspérité. **4**

2 Thorax sans partie feu; ventre non feu-doré. **3**

— Thorax avec le pronotum et l'écusson au moins avec des reflets feu ou cuivré; ventre feu-doré. — Corps de grande taille, large, robuste, bleu ou vert-bronzé ou encore vert-noirâtre-bronzé-cuivré, avec le front, le pronotum, deux lignes sur le mesonotum, l'écusson et l'abdomen feu-doré plus ou moins cuivré; pubescence longue, cendrée. Tête plus large que le pronotum, ponctuation petite, très serrée, coriacée, ruguleuse, irrégulière, devenant un peu plus grosse sur le front et formant des stries longitudinales irrégulières; cavité faciale bleu-vif, presque plane, canaliculée au milieu, densément ponctuée, les points confluents et formant des stries convergentes des deux côtés au milieu et un peu en remontant, terminée en haut sans marge ni carène, simplement avec une légère impression à côté de chaque œil et au milieu un petit bouton noir terminant le sillon longitudinal de la face, joues excessivement courtes, presque nulles; clypeus grand, bosselé au milieu ; mandibules bidentées. Antennes brun-roussâtre, les deux premiers articles et la base du troisième verts, le troisième brun sur le reste, avec une fine pubescence soyeuse, argentée, long comme les deux articles suivants réunis. Pronotum long, à côtés parallèles, déprimé en-dessus, la troncature antérieure vert-bleu, déclive, large; un sillon large et vert-bleu au milieu du bord antérieur, les angles antérieurs subaigus à pointe légèrement divariquée, ponctuation assez grosse, profonde, ruguleuse, subréticulée, les intervalles finement pointillés; mesonotum à ponctuation un peu plus réticulée, les intervalles plus petits et plus saillants; écusson élevé, à points gros, réticulés, les intervalles très saillants, ruguleux, le milieu de la suture antérieure béant ; postécusson petit, convexe, très profondément ponctué-réticulé, les intervalles formant de fortes aspérités saillantes ; angles posticolatéraux du métathorax larges, divariqués, triangulaires, largement obtus; mésopleures avec le disque bleu-vert ou parfois un peu cuivré, densément ponctuées-coriacées, le sillon médian longitudinal peu apparent, le sillon transversal complet, l'aire inférieure obtusément conique en dessous, mais plane du côté extérieur, ce plan ponctué-réticulé au milieu et caréné tout autour en forme de cintre. Pattes bleu-vert, tarses roussâtres ; écailles vertes ; ailes assez enfumées avec un espace discoïdal hyalin. Abdomen plus long que l'avant-corps, assez convexe, caréné au milieu dans toute sa longueur, couvert de points fins, serrés, rugueux, coriacés, entremêlés de quelques autres encore plus petits, la bordure apicale des deux premiers segments lisse, amincie, subscarieuse, précédée d'une marge finement ponctuée : premier segment long, aussi long au milieu que sur les côtés, troncature antérieure bleu-vert, abrupte, fortement sillonnée au milieu ; deuxième segment avec les angles posticolatéraux arrondis ; troisième segment long, arrondi-subtronqué, régulièrement convexe sur le disque, les côtés très longs, presque droits : série antéapicale peu profonde, 16-18 fovéoles petites, arrondies, rapprochées mais séparées ; marge apicale étroite, bronzée sur le bord apical, à ponctuation peu serrée, la bordure extrême garnie de petites aspérités irrégulières, denticuliformes ; de chaque côté à la naissance de la marge apicale, une petite dent dirigée en arrière. Ventre feu-doré un peu verdâtre à la base, le deuxième segment avec deux taches noires. ♂ Long. 10-11mm.

La ♀ diffère du mâle par sa teinte plus bleu-vif sur l'avant corps, le front peu ou point strié, la cavité faciale plus large, ponctuée-coriacée sans stries, les antennes brun-noirâtre, le troisième article antennaire plus long, les tarses brun-roussâtre, le premier article un peu bronzé ; par le deuxième segment abdominal plus convexe dans sa partie postérieure, par le troisième segment en forme d'ogive, subtriangulaire, légèrement déprimé avant le petit renflement qui précède la série antéapicale ; par la série antéapicale profonde, en forme d'ogive, carénée au milieu ; la marge apicale plus large, le bord extrême seul noir-bronzé, les aspérités plus fortes ; oviscapte brun. ♀. **Magnifica**, Dahlbom.

Obs. — Elle a été prise butinant sur des ombelles de *Laserpitium gallicum*, Banh. d'un coteau très ensoleillé (Dr Guédel).

Patrie : Espagne, France, Piémont.

3 Ventre vert-gai subdoré; fouet des antennes roux ; premier segment abdominal vert un peu doré. — Corps de grande taille, très robuste; tout l'avant-corps bleu-vert, la face et le mesonotum bleu-vif, deuxième segment abdominal doré-verdâtre avec la base plus verte, troisième segment cuivré. Semblable à la *S. magnifica* Dahlb. dont elle ne diffère que par le coloris, le fouet des antennes plus roux, la ponctuation thoracique plus grosse et plus régulière ; le pronotum convexe en dessus, à côtés moins parallèles, les angles antérieurs moins droits, la troncature antérieure déclive ; par l'écusson moins convexe; par les pattes vert-doré avec les tarses, tout le dessous des pattes postérieures et le dessous des hanches intermédiaires roux-subtestacé; par le ventre vert-gai subdoré avec les segments marginés de scarieux-roux ; par l'abdomen moins convexe, à ponctuation moins fine et moins serrée, les intervalles très finement pointillés, le troisième segment régulièrement arrondi transversalement, nullement ovale, l'extrême bordure, de même que les angles latéraux, scarieux-hyalins, les fovéoles à fond scarieux-hyalin. ♂ Long, 12m. (Sec. sp. typ. !) **Morawitzi**, Mocsary.

Patrie : Territoire transcaspien : Krasnowodsk (Mocsary).

— Ventre bleu ou vert-bleu ; fouet des antennes noirâtre; premier segment abdominal feu-doré ou feu grenat-violacé. — Corps de taille presque grande, large, robuste, bleu-vif en dessous, avec le vertex et le dessus du thorax bronzé-cuivré sombre, l'abdomen feu-doré, souvent violacé; pubescence d'un roussâtre très clair ou blanchâtre. Semblable à la *S. magnifica* Dahlb., mais différente, en outre de son coloris, par la cavité faciale sans stries, les antennes brun-foncé, les yeux beaucoup plus saillants, globuleux; par le pronotum moins long, à troncature antérieure concolore, abrupte, les angles antérieurs droits, sans pointe divariquée; par la ponctuation thoracique plus fine, réticulée, avec les intervalles saillants; le postécusson très brièvement conique-obtus, avec les aspérités plus fortes; les angles postico-latéraux du métathorax recourbés en arrière, subobtus; les tarses d'un brun un peu clair à l'extrémité, le premier article noirâtre, légèrement bronzé; par la ponctuation abdominale médiocre, profonde, assez serrée, mais non coriacée; la bordure apicale des deux premiers segments abdominaux beaucoup plus étroite, non subscarieuse, et non précédée d'une marge de petits points plus fins; par le troisième segment régulièrement arrondi, plus court; la série antéapicale très peu profonde, les fovéoles presque nulles, peu visibles. ♂ Long. 8-9mm (sec. sp. typ.!).

La ♀ diffère du mâle par le tiers extrême des antennes roussâtre, l'abdomen un peu moins large, plus allongé, le troisième segment elliptique-allongé-subogival; par la série antéapicale un peu plus accusée et de la même forme que le segment; par la marge apicale un peu plus large, plus bronzée, légèrement convexe, la bordure extrême à denticules moins distincts.

Insignis, Lucas.

Patrie : Algérie.

4 Corps entièrement bleu sans aucune partie feu. — Corps de taille presque petite. court, trapu, assez large, pubescence courte, peu abondante, blanc-cendré. Entièrement bleu-indigo plus ou moins foncé ou bleu-vif, ou encore bleu-vert, parfois avec des teintes violacées. Tête, vue de face, plus large que longue, beaucoup plus large que le pronotum; vertex à points fins, très serrés, coriacés, subréticulés; front à points plus gros, subconfluents longitudinalement, ruguleux, avec une vague petite carène ondulée, transversale, en avant du premier ocelle; cavité faciale presque plane, densément et finement ponctuée-coriacée très régulièrement sur toute la surface; joues très courtes, parallèles, de la longueur du deuxième article antennaire; yeux très grands, très convexes; clypeus concolore, grossièrement ponctué, tronqué-subsinué au sommet; mandibules bidentées; antennes grêles, brun-noirâtre, les deux premiers articles bleu-indigo ou violacé-bronzé ou bleu ou vert, le troisième à peine plus long que le quatrième. Pronotum court, convexe transversalement et antérieurement, troncature antérieure concolore, peu abrupte, une vague dépression au milieu du bord antérieur; ponctuation des pro-et mesonotum fine, serrée, subcoriacée, irrégulière, entremêlée de quelques points un peu plus gros, lesquels sont parfois plus nombreux sur le pronotum. Ecusson peu élevé, avec la suture antérieure profonde et béante, ponctuation comme celle du mesonotum mais un peu plus grosse, parfois subréticulée: postécusson convexe, ponctué-subréticulé, à points médiocres, serrés; angles postico-latéraux du métathorax grossièrement ponctués, assez forts, à pointe subaiguë, légèrement diva-

riquée; mésopleures finement et densément ponctuées-coriacées, un sillon transversal en dessous et, après le sillon, un angle assez fort, très saillant, presque plan extérieurement et étroitement rebordé tout autour; écailles concolores au thorax, ponctuées éparsément, les intervalles très finement striés concentriquement; ailes hyalines, à nervures brun-roussâtre; pattes concolores, tarses brun-roussâtre. Abdomen largement ovale, assez convexe; premier segment court, à points fins, espacés, irréguliers, peu profonds, les intervalles presque lisses ou imperceptiblement chagrinés, la troncature antérieure concolore, avec un sillon évasé au centre et des points médiocres, espacés, les intervalles sont finement chagrinés ou striés transversalement et la bordure apicale du segment est à points plus fins et plus serrés; deuxième segment avec une légère carène médiane longitudinale, plus forte antérieurement, la ponctuation fine, espacée, les intervalles presque lisses ou imperceptiblement chagrinés, la partie postérieure du segment légèrement renflée; troisième segment subtriangulaire-arrondi ou ogival, ponctuation comme sur les autres segments, mais beaucoup plus serrée et un peu plus profonde, le disque légèrement déprimé, puis très légèrement renflé avant la série antéapicale, une vague carène médiane dans la longueur, côtés du segment médiocres, subrectilignes; série antéapicale assez creusée, séparée au milieu par la carène médiane, composée de douze fovéoles médiocres, ouvertes, arrondies, très espacées, les intervalles très finement pointillés; marge apicale concolore, finement ponctuée, très légèrement renflée en bourrelet près du bord extrême qui est subscarieux ou hyalin, vaguement ondulé irrégulièrement, l'apex porte un petit sinus parfois nul à la naissance de la marge; de chaque côté on distingue un angle continu avec les côtés du segment et à pointe dirigée en arrière, souvent scarieuse. Ventre concolore, taché de noir; oviscapte brun. ♀ Long. 4 1/2-6 $1/2^{mm}$.

Le ♂ diffère de la femelle par le front fortement strié longitudinalement, les antennes d'un brun moins foncé, le troisième segment abdominal court, largement tronqué-arrondi transversalement, la marge apicale très courte, scarieuse sur le bord dans toute sa longueur. **Unicolor**, Dahlbom.

Patrie : Hongrie méridionale; Mecklenburg, dunes de la mer Baltique; Russie, Lepssinsk.

— Au moins l'abdomen feu ou feu-cuivré. 5

5 Tout le dessus du corps franchement feu-doré; angles postico-latéraux du métathorax subtronqués, à pointe obtuse un peu recourbée en arrière; écailles d'un beau feu-doré. — Corps de taille médiocre, robuste, convexe, assez large, entièrement feu-doré ou doré-cuivré, parfois un peu verdâtre, sauf la face, les côtés de la tête, le dessous du thorax, les pattes et le métathorax qui sont bleu-vif ou bleu-vert; pubescence longue, blanchâtre, dressée. Tête plus large que le pronotum; vertex à points fins, profonds, coriacés, ruguleux; front vert-doré, à points moins profonds, subréticulés; cavité faciale bleu-vif, large, très peu profonde, évasée, non marginée, mais convexe en haut, densément ponctuée-coriacée sur toute sa surface; au milieu les points sont un peu confluents transversalement; yeux grands, très saillants; joues très courtes, parallèles, pas plus longues que le deuxième article antennaire; clypeus vert-doré en avant, plan sur le disque, tronqué

transversalement avec une marge déprimée dans toute la partie apicale; mandibules bidentées; antennes noir-brun, les deux premiers articles et le dessus du troisième vert-bleuâtre, le troisième article court, beaucoup plus court que les deux suivants réunis. Pronotum très court, transversal, subrectangulaire, avec une légère ligne déprimée en forme de sillon dans toute sa largeur, parallèlement au bord postérieur, un assez fort sillon médian au bord antérieur, la troncature abrupte, bleu-vert, la ponctuation médiocre, très serrée, assez profonde, ruguleuse-coriacée. Mesonotum à ponctuation un peu plus fine; écusson assez fortement et brusquement saillant avec une dépression au milieu du disque, les points un peu plus forts que sur le pronotum, plus profonds, très ruguleux, la suture antérieure profonde et béante; postécusson brièvement conique-obtus, à ponctuation plus grosse, mais très profonde, les intervalles formant presque des aspérités; angles postico-latéraux du métathorax longs, larges; écailles feu-doré; ailes légèrement enfumées; tarses roussâtres. Mésopleures ponctuées-subréticulées, subruguleuses, un sillon transversal en dessous avec l'aire inférieure creusée et formant à l'extrémité un petit angle. Abdomen court, large, assez convexe, obovale, à ponctuation fine, serrée, subcoriacée, les intervalles imperceptiblement chagrinés; premier segment avec une étroite bordure apicale, lisse, brillante, la troncature antérieure vert-bleu-doré, fortement striée-ridée en relief de chaque côté dans le sens de la longueur; deuxième segment avec une forte carène médiane vers la base à teinte grenat-violacé et imperceptiblement chagrinée; troisième segment ovale-subogival, très légèrement déprimé sur le disque et très faiblement renflé avant la série antéapicale; côtés du segment très courts, subrectilignes; série antéapicale peu creusée, composée de 16 fovéoles environ, médiocres, arrondies, séparées; marge apicale ponctuée presque aussi fortement que le disque, mais éparsément; les intervalles imperceptiblement chagrinés; elle est étroite, concolore, allant en diminuant insensiblement de largeur jusque près de sa naissance, de chaque côté, où elle forme une faible dent; la bordure extrême noir-bronzé. Ventre feu-doré, taché de noir; troisième segment feu-grenat, couvert d'une épaisse ponctuation fine, assez profonde; oviscapte brun-roux. ♀ Long. 7-7 1/2^{mm}.

Le ♂ diffère de la femelle par son corps plus trapu, plus court, le front bleu à points confluents-rugueux dans le sens de la longueur, les ailes presque hyalines; par l'abdomen plus court, à ponctuation plus profonde, moins serrée, irrégulière, nullement coriacée, les intervalles lisses; pas de carène médiane sensible, le troisième segment très court, très largement tronqué-subarrondi, le disque régulièrement convexe, la série de fovéoles presque rectiligne-transversale, la marge apicale étroite, avec la petite dent simplement sous la forme d'un angle obtus; par le ventre vert doré, le dernier segment largement pellucide-scarieux sur tout le bord apical. **Dournovi**, Radoszkowsky.

Patrie : Algérie, Syrie, Arménie, Caucase.

— Thorax non franchement doré, plus ou moins cuivré ou bronzé. 6

6 Tout le dessus de l'avant-corps feu-cuivré, le dessous bleu, l'abdomen feu-doré très légèrement cuivré; ponctuation abdominale à points

irrégulièrement rapprochés, les intervalles plus finement pointillés.—Corps de taille moyenne, large, robuste, à pubescence grise. Tête plus large que le pronotum, bleu-vif avec le dessus cuivré-feu, les points petits, assez serrés, coriacés, ruguleux ; cavité faciale plane, ponctuée-coriacée, le front légèrement déprimé, ridé longitudinalement ; joues non parrallèles, très courtes, moins longues que le deuxième articles antennaire ; clypeus un peu cuivré-bronzé sur le disque ; antennes brunes, légèment marron en dessous, premier article bleu, le deuxième vert, le troisième plus court que les deux suivants réunis. Pronotum court, légèrement et étroitement déprimé sur une ligne transversale parallèle au bord postérieur, troncature antérieure abrupte, un sillon au milieu du bord antérieur ; ponctuation des pro- et mesonotum médiocre, serrée, subréticulée, ruguleuse, irrégulière. Ecusson saillant, déprimé sur le disque, ponctué-réticulé ; postécusson vert-gai un peu cuivré, convexe, ponctué-réticulé, les intervalles saillants, simulant des aspérités ; métathorax bleu-vert, les angles posticolatéraux larges, triangulaires, subaigus ; mésopleures bleu-vert à points plus petits, serrés ; pas de sillon médian longitudinal, le transversal visible, l'aire inférieure étroite, à disque plan et carénée tout autour. Pattes bleues, tarses brun-roussâtre, le premier article brun-foncé ; écailles vert-gai, ailes légèrement enfumées. Abdomen court, large, convexe, couvert de petits points assez profonds ; une ligne médiane longitudinale lisse, ou à points plus fins, se distingue sur les deux premiers segments ; premier segment à troncature vert-gai-subdoré ; deuxième segment plus convexe, engainant à sa partie postérieure; troisième segment plus feu, très court, transversal, régulièrement convexe sur le disque, à points plus rapprochés, les côtés du segment presque droits; série antéapicale légèrement creusée, à nombreuses fovéoles ponctiformes, obsolètes, peu visibles, un peu vertes; marge apicale très courte, finement ponctuée, régulièrement arrondie, un léger sinus à l'apex, les dents latérales très courtes. Ventre vert-cuivré, le premier segment un peu bleu sur les bords, le deuxième taché de noir-bleu de chaque côté. ♂ Long 8mm. (sec. sp. typ!). **Rogenhoferi**. Mocsary.

Obs. — Diffère de la *S. Dournovi*, Rad. par son coloris cuivré, les antennes avec le troisième article à base non métallique, les angles posticolatéraux du métathorax largement triangulaires, subaigus, par les écailles vertes et par son corps large et trapu.

Patrie : Grèce, Attique (Kohl).

Tout le dessus du corps cuivré-verdâtre-bronzé, le dessous verdâtre; ponctuation abdominale régulièrement serrée, uniforme, sans intervalles pointillés. — Semblable à la *S. Rogenhoferi* Mocs. dont elle diffère par la taille plus petite, le coloris, la ponctuation thoracique plus fine, plus serrée, coriacée; par le postécusson à points un peu moins fins et sans intervalles ruguleux simulant des aspérités; par les angles posticolatéraux du métathorax petits, recourbés en arrière, subaigus; les ailes hyalines, la ponctuation de l'abdomen très fine, assez serrée. Le troisième segment abdominal est ovale, régulièrement convexe sur le disque, la série antéapicale sulciforme, à fovéoles très petites, la bordure apicale de la marge est hyaline scarieuse, lisse, sans aspérités, les angles latéraux très petits. Ventre verdâtre, taché de noir. ♀ Long. 5 1/2^{mm}. (sec. sp. typ!).

Chalcites, Mocsary.

Patrie. Russie méridionale, Sarepta (Dr de Schulthess-Rechberg).

ESPÈCE DE SPINOLIA RESTÉE INCONNUE

S. Gestroi, Gribodo. Robuste, tête et thorax d'un cuivré-doré, çà et là verdissant, l'abdomen pourpre-doré en dessus, bleu obscur en dessous; la face, la poitrine et les pattes vertes; clypeus grand, subcarré, s'avançant en avant, profondément émarginé antérieurement; tête et thorax à ponctuation presque épaisse; l'abdomen avec des points réguliers, médiocres et denses; l'aire antérieure du troisième segment abdominal renflée, surtout au-dessus de la série antéapicale qui est très abrupte et enfoncée; l'aire anale petite, avec une petite carène très obsolète tout le long de la marge; cette dernière entière. Long. 7^{mm}.

Obs. — Je n'ai pas vu cette espèce, mais d'après la description qu'en donne M. le docteur Mocsary (Monogr., p. 285, n° 319) qui en a examiné un exemplaire ♀ de Sebdou, il est très probable que ce soit une autre espèce à ajouter au genre Spinolia. En effet, cet insecte aurait la cellule radiale « triangulariter lanceolata, apice late aperta ». Le même auteur emploie de semblables termes pour les *S. Dournovi*, Rad., *unicolor*, Dahlb., *magnifica*, Dahlb. Pour compléter la description de M. Gribodo, il faut ajouter, d'après M. Mocsary : « médiocre, cavité faciale verte ou vert-doré, terminée en haut par une marge arquée; le troisième article antennaire long comme les deux suivants réunis; tarses bruns. »

Patrie : Algérie.

3e GENRE. — EUCHRŒUS, Latreille

εὔχροια, belle couleur

(Pl. XX)

Corps de taille moyenne, robuste, subparallèle, clypeus long; mâchoires et languette allongées. Ailes longues : les supérieures avec la cellule radiale toujours largement ouverte, mais jamais d'un tiers de sa longueur. Les angles posticolatéraux du deuxième segment abdominal ordinairement spinoïdes, souvent scarieux-hyalins ; le troisième segment abdominal ordinairement plus ou moins profondément déprimé transversalement sur le disque, puis renflé en bourrelet avant la série antéapicale de fovéoles, la marge apicale dentée irrégulièrement en scie, parfois scarîeuse-hyaline au moins sur les côtés.

Les derniers segments abdominaux de la ♀ normaux ; le huitième segment dorsal plus allongé ; les baguettes très longues et étroites.

Les crochets du ♂ larges, conjugués ; les volsella très larges, la base avec l'extrémité brusquement rétrécie, les tenettes très étroites, linéaires, finement aiguës ; les branches du forceps plus ou moins brusquement acuminées-arrondies au sommet. Le couvercle génital court, plus ou moins émarginé ou sinué à l'extrémité.

Les *Euchrœus* sont rares partout. L'*E. purpuratus* F. seul habite toute l'Europe, les autres espèces n'ont jamais été trouvées que dans les pays méridionaux. Probablement parasites des Sphégides, on les rencontre surtout près des grands tertres et des carrières de sable et de gravier, butinant sur les ombellifères et les menthes fleuries.

1 Corps avec des parties plus ou moins cuivré-doré. 2

— Corps bleu ou bleu et vert, sans partie cuivrée. 4

2 Segments abdominaux sans taches de couleur différente ; joues pas plus longues que le troisième article antennaire. — Semblable à l'*E. purpuratus* F.♀, dont il diffère par sa couleur entièrement doré-cuivré ou doré-violacé-cuivré ; joues très courtes, à peine aussi longues que le troisième article antennaire ; le pronotum beaucoup plus court, à troncature an-

térieure abrupte; la ponctuation thoracique plus dense, plus régulière, plus réticulée; la ponctuation des segments 2 et 3 de l'abdomen plus fine, serrée, subcoriacée ; les mésopleures avec trois dents, la postérieure très petite, la première plus longue, recourbée en arrière ; les ailes subhyalines ; le deuxième segment abdominal simplement convexe, sans renflement en bourrelet sur le bord apical ; troisième segment abdominal non déprimé transversalement, avec le bourrelet précédant la marge apicale plus étroit, moins convexe mais à tranche plus aiguë ; le ventre est parfois d'une belle teinte aurore. ♀ Long. 8-10mm. (sec. sp. typ !). **Doursi**, Gribodo.

Patrie : Algérie, Egypte.

— Segments abdominaux avec des taches de couleur différente. **3**

3 Partie apicale du deuxième segment abdominal violet-pourpré ; joues plus longues que le troisième article antennaire.

Purpuratus, F. ♀ (Voir n° 5).

— Partie apicale du deuxième segment abdominal feu-doré ou feu-doré-cuivré. — Corps assez trapu, épais à pubescence blanchâtre. Tête bleue, à points petits, denses, réticulés ; cavité faciale étroite, peu profonde, canaliculée, densément ponctuée-coriacée, avec d'épais poils blancs sur les côtés, canaliculée au milieu, terminée en haut par une carène transversale émettant deux petits rameaux qui enferment un espace semi-circulaire ; joues courtes ; clypeus doré avec l'extrémité noir-bronzé ; antennes brunes, les deux premiers articles verts, le troisième article un peu plus long que le suivant, le front et le vertex cuivré-doré. Pronotum presque plan sur le disque avec un léger sillon au milieu du bord antérieur, la troncature bleu-irisé, le dessus du pronotum est vert-doré-cuivré et feu, la ponctuation grosse, réticulée, profonde et régulière. Mesonotum avec l'aire médiane feu-doré-cuivré, les aires latérales bleu-irisé, la ponctuation un peu moins grosse que celle du pronotum ; écusson et postécusson vert-doré et feu, couverts d'une grosse et profonde réticulation régulière, le postécusson subconique obtus ; mésopleures bleu-vert, avec une large tache feu au milieu du disque, l'extrémité inférieure se termine par une dent obtuse précédée antérieurement par un angle arrondi, une petite dent obtuse se trouve également sur le côté postérieur et dirigée du côté de l'abdomen ; métathorax bleu-indigo, irisé sur les côtés et les angles postico-latéraux qui sont larges, arrondis-obtus, recourbés en arrière. Ecailles brun-roux, scarieuses, avec quelques reflets bronzés. Ailes assez enfumées, un peu éclaircies vers l'extrémité, la cellule radiale très largement ouverte. Pattes vert-bleuâtre avec les genoux, l'extrémité des tibias et les tarses roux-testacé, les derniers articles brunis. Abdomen à ponctuation serrée, régulière, réticulée, assez profonde; premier segment très court, feu-doré-cuivré avec la troncature antérieure bleue; deuxième segment de même couleur que le premier, plus feu sur le disque avec la base bleue, une forte carène médiane longitudinale, lisse et bronzée, atteignant à peine le bord apical, la partie postérieure du segment est assez renflée ; troisième segment d'un beau bleu, plus foncé à la base où les points sont plus gros, plus espacés, avec les intervalles très finement chagrinés, sur le reste du segment la ponctuation est très serrée, subcoriacée, les angles posticolatéraux arrondis, le segment par lui-même est arrondi-subacuminé à l'apex, subarrondi sur les côtés à la base, une très légère dépression transversale se remarque avant un léger renflement qui précède immédiatement la série antéapicale, l'apex est plus renflé que le reste. La série antéapicale est formée d'environ 22-24 fovéoles irrégulières, ouvertes, plus ou moins arrondies ; la marge apicale, très peu large, atteint la base du segment sur les côtés; elle est testacée, scarieuse, légèrement bleuissante à la base, bordée d'un très grand nombre de petites dents courtes, aiguës, allant en décroissant de longueur de l'apex vers la naissance de la marge où celle-ci est simplement ondulée ; à l'apex on remarque deux dents plus grandes, séparées par un sinus aigu. Ventre bleu-indigo avec quelques reflets verts au milieu, ponctuation excessivement fine et serrée ; deuxième segment avec deux taches noires à la base, la partie apicale coupée presque transversalement et assez fortement échancrée au milieu ; les deux premiers segments étroitement marginés de roux-testacé. Oviscapte brun-foncé. ♀ Long. 9mm.

Le ♂ a la tête bleue, la cavité faciale vert-bleu; le clypeus vert-doré, moins bronzé à l'extrémité ; les antennes marron avec les deux premiers articles vert-cuivre-doré ; le vertex près des yeux avec une petite tache cuivré-feu de chaque côté ; pronotum, écusson et disque des mésopleures d'un bleu-vert très légèrement subdoré ; abdomen à ponctuation un peu plus grosse, les segments 1 et 2 feu-doré, la troncature antérieure du premier bleu-vert, limbée de vert-doré, la base du deuxième bleue, limbée de vert-doré avec la carène médiane peu distincte; le troisième segment court, bleu un peu verdâtre, les dents scarieuses-hyalines ; le deuxième segment est taché de vert de chaque côté. Ventre bronzé-obscur. Ecailles hyalines-scarieuses, la base verte; pattes bleu-vert avec les articulations des tibias largement rousses comme les tarses. **Limbatus**, DAHLBOM.

PATRIE : Espagne, Russie méridionale.

4 Antennes noirâtres ; ailes légèrement enfumées ; dents apicales du troisième segment abdominal concolores au segment. 5

— Antennes rousses ; ailes hyalines ; dents apicales du troisième segment abdominal hyalines, pellucides. — Corps de taille moyenne, large, robuste, entièrement bleu-vif avec quelques légers reflets verts sur l'avant-corps et le premier segment abdominal ; pubescence longue, fine, blanche. Tête petite, ronde, à peine plus large que le pronotum, à ponctuation médiocre, subréticulée, ruguleuse ; cavité faciale presque carrée, peu profonde, imponctuée et presque invisiblement striée transversalement au milieu, ponctuée-subréticulée sur les côtés, terminée en haut assez abruptement au milieu où il y a une sorte de proéminence; tout le haut caréné transversalement, plus fortement sur la proéminence médiane; le premier ocelle est entouré par une légère carène formant un espace subréniforme ; joues longues, sinuées, plus longues que le troisième article antennaire ; mandibules bidentées ; antennes grêles, les deux premiers articles bleus, le troisième subégal au quatrième. Pronotum un peu long, à côtés arqués, convergents en avant, très convexe sur le disque, avec un sillon au milieu du bord antérieur. Ponctuation thoracique médiocre, réticulée, ruguleuse ; postécusson convexe, à points plus gros et plus profonds ; angles posticolatéraux du métathorax étroits, fortement recourbés en arrière, à pointe subaiguë ; mésopleures ponctuées comme le pronotum, pas de sillon médian longitudinal, le transversal large et obsolète, l'aire inférieure plane, presque en angle droit avec le disque ; près du sillon transversal se trouve de chaque côté une dent spinoïde, celle qui est antérieure plus forte et à pointe légèrement recourbée en arrière. Ecailles bleues, légèrement scarieuses sur les bords ; ailes à nervures brun-clair et testacées ; pattes bleu-vif, avec les tarses, le dessous et l'extrémité des tibias testacés, le premier article des tarses blanchâtre. Abdomen plus large que le thorax, à gros points profonds, réticulés, médiocrement serrés : premier segment court, à troncature antérieure large, fortement striée longitudinalement ; deuxième segment bleu-vif, caréné longitudinalement au milieu, le tiers postérieur renflé en bourrelet ; troisième segment bleu-vif, court, à points beaucoup plus petits, non réticulés, peu serrés, le disque régulièrement convexe à la base, non déprimé transversalement, mais brusquement renflé en bourrelet tout autour avant la série antéapicale, les côtés nuls ; série antéapicale un peu réfléchie en dessous, 14 fovéoles environ, irrégulières, à fond hyalin, scarieux ; marge apicale très étroite, scarieuse, avec des reflets violets, les dents longues spinoïdes, entremêlées de longs poils blancs, les côtés de la marge dilatés, hyalins, pellucides, d'abord arqués-arrondis à la naissance de la marge, puis légèrement sinués de chaque côté avant la première dent. Ventre bleu-vif. ♂ Long. 7 1/2^{mm}. (Sec. sp. typ. !)

Pellucidus, ! RADOSZKOWSKY.

PATRIE : Turkestan : désert de Kisil-Kum (Radoszkowsky).

5 Joues plus longues que le troisième article antennaire ; corps avec quelques parties vertes. — Corps de taille moyenne ou presque grande, robuste, large, entièrement vert-gai ou vert-bleu, taché de bleu-vif ou de bleu-indigo sur l'occiput, le mesonotum, la base du deuxième segment abdominal et le troisième segment, ou encore entièrement bleu, ou bleu un peu vert, avec des taches plus bleues parfois peu apparentes. Pubescence longue, dressée, blanchâtre. Tête plus large que le pronotum, à points assez gros ou médiocres, assez serrés, réticulés, devenant plus petits et serrés sur le front ; face triangulaire ; cavité faciale assez profonde, canaliculée, densément ponctuée-coriacée, avec d'épais poils blancs soyeux, éparsément ponctuée au milieu et finement striée dans divers sens, terminée en haut par une carène transversale ondulée, formant près de chaque œil un petit angle émettant chacun un faible rameau qui entoure le premier ocelle ; joues un peu sinuées, à peu près de la longueur des articles antennaires 4 et 5 réunis ; clypeus très grand, convexe au milieu, subtronqué-arrondi ; mandibules bidentées ; antennes avec les deux premiers articles verts, le troisième à peine plus long que le quatrième. Pronotum assez long, fortement déclive-convexe en avant, un sillon au milieu du bord antérieur, les angles antérieurs presque droits ; ponctuation thoracique grosse, réticulée, ruguleuse ; écusson un peu élevé antérieurement, avec le milieu de la suture antérieure béant et lisse ; postécusson convexe ; angles postico-latéraux du métathorax étroits, longs, recourbés en arrière,

finement aigus; mésopleures avec le sillon médian longitudinal très court, le transversal complet, l'aire inférieure carénée sur les bords et transversalement au milieu, les deux points de jonction de cette carène transversale formant chacun une dent aiguë, celle du bord antérieur un peu plus longue. Ecailles bleues; ailes légèrement enfumées, hyalines à l'extrémité. Pattes bleu-vert ou vertes, tarses roux. Abdomen très convexe, à points assez gros, irréguliers, profonds, peu serrés, entremêlés d'autres petits points très fins : premier segment plus court au milieu que sur les côtés, troncature antérieure abrupte, fortement striée longitudinalement à la base; deuxième segment avec une forte carène médiane, plus long au milieu que sur les côtés, la partie apicale renflée et très engaînante; troisième segment court, transversal-arrondi, profondément et transversalement déprimé sur le disque, puis fortement renflé en bourrelet tout autour avant la série antéapicale, les côtés presque nuls, la ponctuation moins serrée et très peu profonde; série antéapicale un peu creusée, 14 fovéoles médiocres, arrondies, séparées; marge apicale courte, à ponctuation obsolète, garnie de 12-16 dents spinoïdes, irrégulières, subparallèles, parfois confluentes, séparées par des émarginatures assez profondes à sinus arrondi, la naissance de la marge de chaque côté non dentée mais très légèrement arquée et souvent scarieuse. Ventre vert-bleu ou bleu-vert, le deuxième segment avec deux taches noires à la base. ♂ Long. 6 1/2 à 10mm.

La ♀ diffère du mâle par son corps un peu plus allongé, sa couleur doré-feu-cuivré avec l'occiput, le cou, le milieu de chaque aire du mesonotum, le milieu du méthatorax, la base du premier segment abdominal, une tache triangulaire à la base, se rejoignant par le milieu à une autre tache triangulaire apicale sur le deuxième segment, et tout le troisième segment d'un beau violet ; les deux premiers articles des antennes doré-feu-cuivré, les tibias et les tarses testacés, les écailles doré-cuivré; par le troisième segment abdominal ovale-arrondi, la marge apicale légèrement plus longue, les dents moins régulières; par le ventre d'un beau cuivré-doré-verdâtre, couvert d'épais poils blancs, soyeux, couchés; oviscapte brun.

Purpuratus, FABRICIUS.

PATRIE : France, Suisse, Allemagne, Hongrie, Russie.

Joues courtes, pas plus longues que le troisième article antennaire; corps entièrement bleu, sans taches. — Semblable à l'*E. purpuratus* ♂ dont il diffère par son corps plus large, plus trapu, plus convexe, son coloris entièrement bleu-vif avec quelques légers reflets verdâtres sur les écailles, les tibias et le ventre ; par la ponctuation non ruguleuse avec les intervalles lisses ; le pronotum avec la troncature antérieure abrupte ; les écusson et postécusson plus convexes ; par les mésopleures qui ont le sillon médian longitudinal presque nul ; le deuxième segment abdominal simplement très convexe avec le bord apical très engaînant, mais non renflé ; par le troisième segment peu ou point déprimé à sa base et le bourrelet précédant la série antéapicale moins abrupte en avant, la marge apicale presque nulle. ♂ Long. 9 1/2^{mm}.

Egregius, BUYSSON.

PATRIE : Chypre (Abeille de Perrin).

ESPÈCES D'EUCHRŒUS

RESTÉES INCONNUES

E. pallispinosus, Walker. Doré-vert, avec une pubescence courte, blanche. Tête pourpre sur chaque côté entre les yeux et le bord postérieur. Antennes noires : premier article pourpre. Thorax pourpre avec une large bande doré-vert dont la partie antérieure a un disque cuivré. Abdomen bleuâtre-vert avec un large sillon transversal subapical ; l'extrémité verte avec onze épines testacé-pâle. Pattes bleuâtre-vert ; genoux, tarses et extremité des tibias testacé-pâle. Ailes pellucides ; nervures noires. Longueur du corps, 4 lignes.

Patrie : Egypte : Le Caire.

E. festivus, Fabricius. — Médiocre, très vert, brillant, l'anus bleu, denté en scie, les ailes obscurément hyalines. Corps très vert, légèrement bronzé Tête, pronotum et dorsulum à ponctuation médiocre et épaisse ; les pleures, l'écusson et le postécusson très densément ponctués-ruguleux ; les segments dorsaux de l'abdomen médiocrement ponctués au milieu, et au même endroit très brillants, presque polis, densément pointillés vers les bords ; la marge anale de l'abdomen très ponctuée, bleue, avec une ligne médiane convexe, verte. Antennes noires, vert-bronzé à la base. Clypeus semilunaire avec la marge apicale extrême déprimée, testacée. Mandibules fauves, noir de poix à l'extrémité. Postscutellum avec un mucron discoïdal horizontal, arrondi, la marge avec cinq dents : les deux dents latérales de chaque côté petites subconiques, la dent centrale très grande, arrondie, anguleuse et crénelée. Pattes vertes ; les genoux, l'extrémité des tibias et les tarses d'un jaune tirant sur le rouge. Ailes obscurément hyalines, des ombres brunes moins déterminées. (Sec. Dahlbom).

Patrie. — Guinée (Fabricius, Dahlbom), Egypte (Spinola).

4e GENRE. — CHRYSIS, Linné

χρυσὶς d'or

(Pl. XXI à XXVII)

Corps de taille petite, médiocre, moyenne ou grande, de forme très variable, plus ou moins allongé, ou trapu et robuste, ou encore grêle, parfois cylindrique ou parallèle.

Cavité faciale plus ou moins creuse ou plane, parfois terminée en haut par une carène transversale. Antennes avec le troisième article plus long que le quatrième, ou égal, ou plus court. Mandibules simples ou avec une dent plus ou moins forte; mâchoires plus ou moins courtes, bilobées, arrondies; languette plus ou moins courte, arrondie, parfois pliée en deux.

Pronotum court ou plus ou moins long; à côtés parallèles ou convergents en avant. Des parapsides.

Ailes longues; les supérieures avec la cellule radiale fermée ou ouverte, mais jamais sur un tiers de sa longueur, la première cellule discoidale fermée et bien constituée, les cellules anale et troisième discoidale non complètes. Chez les plus grosses espèces on distingue ordinairement quelques traces d'une nervure transverso-cubitale qui serait brisée en son milieu, et de ce point part une petite nervure subparallèle à la nervure radiale.

Postécusson convexe, ou gibbeux, ou conique plus ou moins aigu, parfois terminé par un acumen ou une lame horizontale carénée ou creusée en dessus. Mésopleures inermes, convexes ou gibbeuses, ou diversement sculptées, ou crénelées, avec des carènes, des angles ou des dents. Le troisième segment abdominal entier, ou ondulé, ou diversement sinué, ou acuminé, ou avec 2, 3, 4, 5 ou 6 dents de grandeur, de forme et de disposition très variables.

Derniers segments abdominaux des femelles simples, normaux, plus ou moins translucides, les baguettes linéaires, plus ou moins étroites et plus ou moins longues.

Les crochets des mâles conjugués, aigus ou obtus, plus ou moins larges; les volsella de largeur variable, arrondies; les tenettes plus ou moins étroites, plus ou moins aiguës, égales aux volsella ou plus courtes qu'elles, parfois pectinées sur tout leur bord interne; les branches du forceps de forme très variable à l'extrémité: couvercle génital de forme également assez variable: arrondi ou triangulaire-arrondi, ou avec l'extrémité allongée, parfois sublinéaire, ou ondulée, ou subacuminée.

Le genre *Chrysis* est le plus nombreux de la famille et c'est à lui qu'appartiennent les espèces les plus répandues et les plus communes. Les *Chrysis* pondent leurs œufs dans les nids des

Euménides, Sphégides, Pompilides et Apides. C'est à elles aussi que se rapportent les détails biologiques donnés dans la première partie de cet ouvrage ; je n'y reviens donc pas.

Le genre *Chrysis* étant très considérable, puisque, pour la faune européenne seule, il compte plus de 230 espèces, il devient nécessaire, pour arriver à une détermination facile, de le diviser en plusieurs sections naturelles. Dahlbom (Hym. Eur. p. bor. II, Chrysis, p. 99, 1854) l'avait scindé en huit phalanges qui sont :

Phal. Ima. — Chrysides ano *integerrimæ*.
Phal. IIda. — Chrysides ano *inæquales*.
Phal. IIItia. — Chrysides ano *uni-dentatæ*.
Phal. IVta. — Chrysides ano *bi-dentatæ*.
Phal. Vta. — Chrysides ano *tri-dentatæ*.
Phal. VIta. — Chrysides ano *quadri-dentatæ*.
Phal. VIIma. — Chrysides ano *quinque-dentatæ*.
Phal. VIIIva. — Chrysides ano *sex-dentatæ*.

Cette division est la plus rationnelle, aussi l'ai-je adoptée.

Lichtenstein (Petites nouv. ent. no 145, p. 27, 1876) a donné un nom à chacune de ces phalanges et il en a fait : *Olochrysis*, *Gonochrysis*, *Monochrysis*, *Dichrysis*, *Trichrysis*, *Tetrachrysis*, *Pentachrysis*, *Hexachrysis*, que M. le Dr A. Mocsary, dans sa *Monographia Chrysididarum orbi terrarum universi*, p. 195 (1889), a élevé au rang de sous-genres avec les *Euchrœus* et les *Spinolia*. J'abandonnerai ces dénominations, car elles ne peuvent avoir de valeur générique ni sous-générique, puisqu'il y a des espèces qui appartiendraient en même temps à deux ou même à trois de ces divisions. Les *Euchroeus* et les *Spinolia* ont des caractères asssez remarquables et constants pour qu'il soit convenable de les laisser comme genres, ainsi que nous l'avons vu plus haut.

M. Abeille de Perrin, dans son *Synopsis critique et synonymique des Chrysides de France*, p. 41 (1878), a fait dans le genre Chrysis quatre sections basées sur la coloration :

Section I : *virides*,
Section II . *zonatæ*,
Section III : *bicolores*.
Section IV : *auratæ*.

Ces sections sont également très commodes, aussi je les appliquerai à chacune des phalanges de Dahlbom. J'en ajouterai même une autre, celle des *Obscuratæ*, pour les individus atteints de mélanisme et de rufinisme, qui ne pourraient être compris dans les autres sections.

Parfois il y a très peu de différence entre les *integerrimæ* et les *inæquales*, ou entre les *inæquales* et les *quadridentatæ*, aussi j'engage fort les personnes qui ne pourront aboutir à une bonne détermination avec une de ces divisions, à chercher dans l'autre.

Quant aux espèces comprises dans le genre *Spintharis*, comme l'entendent Dahlbom et M. Mocsary, je n'ai pu en voir que trois et il m'a été impossible, malgré le plus scrupuleux examen, de découvrir d'autre caractère, pour les distinguer des Chrysis vraies, que la marge apicale du troisième segment abdominal qui est hyaline-scarieuse ; et encore, sur les trois espèces que j'ai déjà examinées, une seule a cette marge entièrement hyaline, les deux autres ont une teinte métallique au moins sur tout l'apex. Je ferai remarquer aussi que plusieurs Chrysis exotiques ont les cotés de la marge apicale parfaitement hyalin-scarieux. Je suis donc obligé d'abandonner à la synonymie le genre *Spintharis* basé sur ce seul caractère. Dahlbom et M. Mocsary disent encore que leurs *Spintharis* ont la forme d'un *Hedychrum*. Les *S. vagans* Rad. et *Mocsaryi* Rad. ne sont pas plus hédychriformes qu'une *C. versicolor* Spin., et le *S. trochilus* Buyss. a le corps allongé comme les *Chrysis Lais* Ab. et *Phryne* Ab. Toutefois, peut-être les *S. chrysonota* Dahlb., *destituta* Dahlb. et *singularis* Spin., que je ne connais pas, sont-ils très différents et possèdent-ils des caractères de valeur moins contestable, ayant échappé aux auteurs? Le *S. Mocsaryi* Rad. est donc rangé dans cet ouvrage dans la deuxième phalange des Chrysis (*inæquales*), et comme il y a déjà une *Chrysis Mocsáryi* Rad. de Mongolie, je donne au *Spintharis mocsaryi* Rad. le nom de *Chrysis Alexandri*, prénom de M. le Dr Mocsary à qui il a été dédié. Le *Spintharis vagans* Rad. sera intercalé dans la quatrième phalange (*bidentatæ*), le *S. singularis* Spin. dans les espèces restées inconnues de la sixième phalange (*quadridentatæ*), et le *S. palli-*

dipes Tourn. parmi les espèces restées inconnues de la première phalange (*integerrimæ*).

Je dois mentionner encore un genre récemment créé par M. André de Séménow, c'est le genre *Pseudochrysis* (Horæ. Soc. Ent. Rossic. XXVI, 1892) que son auteur distingue du genre *Chrysis* : « par la languette légèrement exserte, plus ou moins « saillante ; par la cellule radiale des ailes antérieures toujours « incomplète, plus ou moins largement ouverte à l'extrémité, et « la nervure postcostale légèrement éloignée de la nervure cos- « tale ; par le troisième segment abdominal le plus souvent plus « ou moins épaissi en dessus de la série antéapicale. »

Ce genre comprend les sous-genres suivants :

I. — *Spintharina*, Séménow, (renfermant les espèces *Spintharis pallipes*, Tourn., *Spintharis vagans*, Rad., *Spintharis Mocsaryi*, Rad.).

II. — *Spintharis*, Dahlb.-Séménow. (*Spintharis singularis*, Spin., *S. virgo*, Séménow, *S. chrysonota*, Dahlb., *S. destituta*, Dahlb., *S. deaurata*, Mocs., *S. trochylus*, Buyss., *Euchrœus limbatus*, Dahlb.).

III. — *Brugmoia*, Rad.-Séménow. (*Euchrœus pellucidus*, Rad., *E. pallispinosus*, Walk.).

IV. — *Euchrœus*, Latr. (*Euchrœus purpuratus*, F., *E. egregius*, Buyss., *E. amabilis*, Mocs., *E. candens*, Dahlb.).

V. — *Spinolia*, Dahlb. (*Spinolia Rogenhoferi*, Mocs., *S. insignis*, Luc., *S. magnifica*, Dahlb., *S. Morawitzi*, Mocs.).

VI. — *Pseudochrysis*, Séménow. (*Chrysis cyanura*, Dahlb., *C. incrassata*, Spin., *C. cæruleiventris*, Ab., *C. transversa*, Dahlb., *C. Kohli*, Mocs., *C. Marqueti*, Buyss., *C. neglecta*, Shuck., *C. aureicollis*, Ab., *C. uniformis*, Dahlb., *Spinolia Durnovi*, Rad.).

VII. — *Achrysis*, Séménow. (*Spinolia unicolor*, Dahlb.).

Pour ce qui regarde les espèces comprises dans les premier, deuxième, troisième, quatrième, cinquième et septième de ces sous-genres, je n'y reviens pas, puisque j'ai déjà exposé la caractéristique excellente des genres *Spinolia* et *Euchrœus*, de même que la nullité générique des *Spintharis* et du *Brugmoia pellucida*, Rad. Reste donc à examiner ce qu'est le sous-genre *Pseu-*

dochrysis. Si l'on prend au hasard un certain nombre d'espèces, on voit que la languette des *Chrysis unita*, Mocs., *Mulsanti*, Ab., *angustifrons*, Ab., *densa*, Cress., *lætabilis*, Buyss., *chrysostigma*, Mocs., *rutilans*, Dahlb., *pallidicornis*, Spin., *clara*, Cress., etc., etc., est aussi longue ou même plus longue proportionnellement que celle des *Chrysis* (*Pseudochrysis*) *cœruleiventris*, *neglecta*, *aureicollis*, *uniformis* et même que celle des *Spintharina vagans*, *Mocsaryi*, et *Spintharis trochilus*. On reconnait également que la cellule radiale des ailes antérieures est aussi ouverte chez les *Chrysis pulchella*, Spin., *Comottii*, Grib., *simplex*, Dahlb., *truculenta*, Buyss., *perpulchra*, Cress., etc. que chez les *Chrysis* (*Pseudochrysis*) *cyanura*, *cœruleiventris*, *incrassata*, *Kohli*. Quant à l'écartement des nervures costale et sous-costale (postcostale), il est parfaitement semblable chez les *Chrysis* et les espèces du sous-genre *Pseudochrysis*. Il y a en outre le renflement prononcé du troisième segment abdominal des *Pseudochrysis cyanura*, *incrassata*, *Kohli*, *Marqueti*, mais ce caractère est insignifiant, puisqu'il manque chez les autres *Pseudochrysis* et qu'il se retrouve plus ou moins fort chez des *Chrysis*. Le sous-genre *Pseudochrysis* est donc aussi mauvais que le genre qui lui est homonyme.

Le *Spintharis virgo*, Séménow, doit donc rentrer dans le genre *Chrysis* et comme il y a déjà une *Chrysis virgo*, Ab., je propose de lui donner le nom *C. virginalis*. Cette espèce prendra place dans la sixième phalange (*quadridentatæ*), parmi les espèces restées inconnues.

TABLEAU DES PHALANGES

Marge apicale du troisième segment abdominal entière ou subtronquée, pouvant être parfois plus ou moins émarginée au milieu, mais nullement ondulée et sans angle sur les côtés ni au commencement de la série antéapicale.

Phal. 1. **Integerrimæ.**

Marge apicale du troisième segment abdominal distinctement trisinuée ou ondulée et pouvant former un angle de chaque côté, avant ou après le commencement de la série antéapicale.
Phal. 2. **Inæquales.**

Marge apicale du troisième segment abdominal plus ou moins nettement acuminée à l'apex. Phal. 3. **Unidentatæ**

Troisième segment abdominal avec une dent ou un angle distinct de chaque côté, avant ou après la naissance de la marge apicale. Phal. 4. **Bidentatæ.**

Marge apicale du troisième segment abdominal avec trois dents distinctes, dont une à l'apex. Phal. 5. **Tridentatæ.**

Troisième segment abdominal muni de quatre dents ou angles distincts. Phal. 6. **Quadridentatæ.**

Troisième segment abdominal avec cinq dents.
Phal. 7. **Quinquedentatæ.**

Troisième segment abdominal muni de six dents ou angles.
Phal. 8. **Sexdentatæ.**

1re Phalange. — Integerrimæ

Marge apicale du troisième segment abdominal entière ou plus ou moins tronquée, pouvant être parfois plus ou moins légèrement émarginée à l'apex, mais nullement ondulée et sans angles sur les côtés ni au commencement de la série antéapicale de fovéoles.

TABLEAU DES SECTIONS

1 Corps en entier ou à moitié noir-bronzé, terne, plus ou moins violacé-obscur, ou avec quelques reflets métalliques.
I. — **Obscuratæ.**

— Corps ni entièrement ni en notable partie noir. 2

2 Corps entièrement vert ou bleu, ou avec ces couleurs mélangées, ou vert-gai. II. — **Virides.**

— Corps avec des parties dorées. 3

3 Abdomen ayant au moins un segment entièrement vert ou bleu. III. — **Zonatæ.**

— Abdomen plus ou moins entièrement doré, sans aucun segment entièrement vert ni bleu. 4

4 Avant-corps sans partie feu ni dorée. IV. — **Bicolores.**

— Avant-corps entièrement ou en partie feu ou doré-verdâtre ou doré-cuivré. V. — **Auratæ.**

SECTION I. — OBSCURATÆ (*)

1 Corps entièrement noir-mat, légèrement bronzé, large, trapu ; articles 4 et 5 des antennes normaux, non renflés en dessous.

C. neglecta, SCHUCK. Var. **Kuthyi**, MOCSARY ♂.

(Voir section IV *bicolores* n° 25).

— Corps autrement coloré, étroit, allongé, articles 4 et 5 des antennes renflés en dessous. 2

2 Avant-corps noir-bronzé ; abdomen bleu-vert ; antennes rousses.

C. tenella, MOCSARY. Var **Chalcophana**, MOCSARY ♂.

(Voir section II *virides*).

— Corps entièrement roux-violacé ; antennes rousses.

C. tenella, MOCSARY. Var. **Mlokosewitzi** RADOSZKOWSKY. (Voir section II *virides*).

SECTION II. — VIRIDES

1 Antennes noirâtres : les quatre premiers articles verts, le troisième un peu plus long que

(*) Il est probable que toutes les espèces peuvent avoir des representants dans cette section. Jusqu'à présent, on n'a trouvé que trois individus ainsi décolorés.

les deux suivants réunis, les articles 4 et 5 normaux, non renflés en dessous; joues longues.— Corps de taille moyenne, allongé, entièrement vert-bleu; pubescence du vertex et du dorsulum raide, grosse, dressée, noirâtre, celle du dessous et de l'abdomen longue, blanchâtre. Tête plus large que le pronotum, à points médiocres, profonds, ruguleux, peu serrés, devenant plus petits, serrés, coriacés sur le front et sur toute la cavité faciale; celle-ci presque plane, convexe en haut; joues très longues, convergeant fortement en avant, à peu près de la longueur des articles antennaires 4 et 5 réunis ensemble. Antennes longues, grêles. Pronotum très court, les côtés légèrement sinués, troncature antérieure déclive, un léger sillon au milieu du bord antérieur; la ponctuation thoracique grosse, profonde, irrégulière, subréticulée, avec des points confluents et quelques-uns plus petits, entremêlés; postécusson très brièvement subconique, grossièrement et profondément ponctué-réticulé, avec une cavité au milieu du bord antérieur; angles postico-latéraux du metathorax petits, à pointe subaiguë, divariquée. Mésopleures avec le sillon médian longitudinal visible seulement sous les ailes, le transversal en dessous complet, l'aire inférieure convexe, légèrement creusée-sillonnée au milieu. Pattes concolores, tarses noir-brun; écailles d'un vert-gai un peu bleu; ailes subhyalines, cellule radiale presque fermée. Abdomen un peu plus large à la partie postérieure du deuxième segment, très vaguement caréné, couvert de points médiocres, espacés, avec quelques points fins dans les intervalles; premier segment à points gros, troncature antérieure concolore, faiblement tri-impressionnée; troisième segment ovale-tronqué-arrondi, très légèrement déprimé sur le disque, presque de moitié moins large au sommet qu'à la base, les côtés longs, droits; série antéapicale peu profonde; 14 fovéoles médiocres, ouvertes, séparées, arrondies; marge apicale finement et obsolètement ponctuée, étroite, très entière, non débordante à sa naissance sur les côtés. Ventre concolore, les segments tachés de noir à leur base. ♀ Long. 8mm. (Sec. sp. typ. !) **Genalis**, Mocsary.

Patrie : Turkestan : Maracanda (Radoszkowsky).

Antennes, rousses : les deux premiers articles et la base du troisième verts, le troisième article dilaté au sommet et subégal aux deux suivants réunis, les articles 4 et 5 renflés en dessous; joues médiocres. — Corps de petite taille, étroit, allongé, entièrement bleu-vert; pubescence dressée, blanc-sale; tête arrondie, épaisse, un peu plus large que le pronotum, à points petits, serrés, subréticulés, subruguleux; cavité faciale peu profonde, canaliculée et lisse au milieu, finement ponctuée-coriacée sur les côtés, terminée en haut par une pente très déclive, avec quelques traces d'une carène transversale au milieu; joues non parallèles, de la longueur du quatrième article antennaire; mandibules bidentées; clypeus convexe au milieu, tronqué-émarginé. Pronotum long, cylindrique, à côtés parallèles, troncature antérieure un peu déclive, un sillon au milieu du bord antérieur, ponctuation thoracique médiocre, réticulée, subruguleuse; écusson convexe, à points un peu plus gros, moins profonds, postécusson convexe, avec une petite cavité au milieu du bord antérieur, la ponctuation plus petite que celle de l'écusson, mais serrée, ruguleuse; angles postico-latéraux du métathorax triangulaires, à pointe aiguë; mésopleures à points médiocres, sillon médian longitudinal peu profond, sillon transversal bien visible, aire inférieure convexe-arrondie. Ecailles bleues; ailes hyalines à nervures roussâtres, cellule radiale grande, fermée; pattes vert-bleu, tarses brun-roux, premier article des tarses des deux dernières paires de pattes un peu bleu en dessus. Abdomen ovale, très vaguement caréné, couvert de points petits, serrés, subcoriacés; premier segment à troncature antérieure abrupte, vaguement tri-impressionnée; troisième segment ovale-tronqué-subarrondi, régulièrement convexe sur le disque, côtés du segment longs, droits; série antéapicale peu profonde, séparée au milieu; 12 fovéoles bleu-vif, petites, séparées, peu ouvertes; marge apicale étroite, très entière, finement ponctuée, très légèrement débordante de chaque côté à sa naissance. Ventre bleu-vert, deuxième segment avec deux petites taches noires à sa base. ♂! Long 5^{mm} (sec. sp. typ. !). **Tenella**, Mocsary.

Patrie : Caucase (Radoszkowsky).

Var. *Chalcophana*, Mocs. Mélanisme. Diffère du type par tout l'avant-corps noir-bronzé avec quelques reflets verts; l'abdomen bleu-vert avec quelques reflets dorés sur les côtés; les antennes rousses, le premier article avec des reflets verts; les pattes bronzé-verdâtre. ♂ (sec. sp. typ !)

Patrie : Caucase (Radoszkowsky).

Var. *Mlokosewitzi*, Rad. Rufinisme. Diffère du type uniquement par la couleur : tête, postécusson et metanotum noir-verdâtre-bronzé; le reste du thorax et l'abdomen roux-violacé un peu bronzé : écailles roussâtres-scarieuses avec quelques reflets vert-bleu; antennes, ventre et pattes roussâtres, les cuisses et les tibias avec des reflets bronzés; nervures des ailes rousses. ♂!(Sec. sp. typ !)

Patrie : Caucase (Radoszkowsky).

SECTION III. — ZONATÆ

1 Premier segment abdominal franchement vert ou bleu. 3

— Premier segment abdominal vert un peu doré, ou doré. 2

2 Premier segment abdominal seul vert un peu doré, à ponctuation grosse.

C. **succincta**, L. Var. **Frivaldskyi**, Mocsary ♂.
(Voir 3e phalange)

— Premier segment abdominal doré, le troisième vert ou bleu. 6

3 Corps large, robuste, de taille presque grande; troisième segment abdominal très fortement déprimé transversalement sur le disque, fortement renflé en bourrelet avant la série antéapicale. — Corps subcylindrique, subparallèle ; pubescence cendrée. Tête et thorax vert-bleu, subcoriacés, densément ponctués, les points médiocres mêlés à de plus petits; tête avec la cavité faciale allongée, subrectangulaire, légèrement concave, non large, densément striée-ponctuée, couverte de poils blancs, terminée en haut par une carène transversale; clypeus allongé, plus vert, les yeux assez rapprochés ; antennes brun-obscur, les trois premiers articles verts. Pronotum avec un sillon obsolète au bord antérieur, la troncature antérieure abrupte, noir-bleu ; les aires latérales du mesonotum très légèrement subdorées; l'écusson aplani, le postécusson arrondi. Ecailles bleues ; ailes assez enfumées, cellule radiale grande, ouverte. Pattes vertes, tarses bruns, le

premier article des tarses postérieurs vert. Angles posticolatéraux du métàthorax épais, légèrement courbés, à pointe aiguë. Abdomen large, parallèle, à disque assez convexe : premier segment vert-bleu, court, fortement ponctué, à points plus gros avec d'autres plus fins dans les intervalles, une légère carène longitudinale médiane densément et finement pointillée ; deuxième segment feu-doré, un peu verdâtre, densément ponctué-coriacé, à points médiocres, irréguliers et souvent confluents, le segment est lui-même deux fois plus long que le premier segment, la carène médiane longitudinale légère et visible antérieurement, la partie apicale du segment est renflée, très convexe, avec les côtés réfléchis en dessous ; troisième segment feu-doré, court, densément ponctué-coriacé, mais à points un peu plus petits, très entier, transversalement tronqué, mais légèrement arqué sur le bord postérieur, les côtés bisinués ; série antéapicale enfoncée, environ 20 fovéoles petites, arrondies, séparées et ouvertes ; marge apicale concolore, obsolètement ponctuée. Ventre vert-gai, deuxième segment avec deux taches noires à la base. ♂ Long. 9mm. **Marqueti**, Buysson.

Obs. — Cette espèce est voisine des Chrysis *cyanura*, Dahlb. et *incrassata*, Spin. de cette même section.

Patrie : Grèce : Parnassos (Marquet).

— Corps étroit, allongé, de petite taille ; troisième segment abdominal régulièrement convexe, sans bourrelet avant la série antéapicale. **4**

4 Tout l'avant-corps bleu-vert. **5**

— Pronotum et mesonotum feu-doré. — Pubescence noire, grosse, raide, espacée ; corps d'un beau bleu-vif avec les pro- et mesonotum, et les segments 2 et 3 de l'abdomen feu-doré. Tête un peu plus large que le pronotum, couverte de points médiocres, assez serrés, subruguleux, subcoriacés; cavité faciale évasée, peu profonde, non carénée en haut, densément ponctuée-subcoriacée, excepté au milieu où elle est finement striée transversalement; joues longues, convergentes en avant, un peu moins longues que le troisième article antennaire; clypeus vert-doré; mandibules bidentées; antennes longues, noir-brun, avec les trois premiers articles et le dessus du quatrième vert-gai, le troisième article aussi long que les deux suivants réunis. Pronotum transversal, rectangulaire, troncature antérieure abrupte, vert-doré, un faible sillon médian au bord antérieur; ponctuation des pro- et mesonotum médiocre, irrégulière, serrée, ruguleuse; écusson bleu-vert vif, un peu doré, à points peu serrés, plus gros; postécusson convexe, ponctué-réticulé; angles posticolatéraux du métathorax triangulaires, à pointe subaiguë, droite; mésopleures un peu bleu-vert, ponctuées-subréticulées, un petit sillon longitudinal très court sous les ailes, un autre transversal en dessous. Ecailles bleu-vif; ailes subhyalines; cellule radiale fermée, un peu obscurcie au bord antérieur. Pattes vert-gai un peu doré, tarses bruns. Abdomen ovale-allongé, très peu convexe, vaguement caréné dans toute sa longueur, couvert de points médiocres, assez serrés : premier segment bleu-vif, troncature antérieure très déclive, subconvexe; deuxième segment long, bordure apicale très engaînante; troisième segment ovale-allongé, déprimé un peu sur le disque, les côtés très courts, fortement convergents à l'apex ; série antéapicale non creusée, un peu séparée au milieu par la vague carène médiane, 16 fovéoles très petites, ponctiformes, ouvertes, arrondies, séparées ; marge apicale concolore, assez large, un peu plus finement ponctuée, légèrement comprimée, régulièrement entière-arrondie, allant en diminuant insensiblement sur les côtés jusqu'à sa naissance, bord extrême un peu bronzé. Ventre doré-feu légèrement verdâtre, taché et marginé de noir. ♀ Long. 6 1/2mm.

Magrettii, BUYSSON.

PATRIE : Syrie : Damas (Dr P. Magretti).

5 Front caréné transversalement ; ponctuation grosse, espacée ; marge apicale du 3e segment abdominal bronzé-verdâtre-subdoré, vaguement subtriondulée.

Kessleri, Rad. ♂ (Voir 2e phalange).

— Front non caréné ; ponctuation fine, assez serrée ; marge apicale du 3e segment abdominal concolore au disque, très entière. — Corps parallèle, à pubescence longue, épaisse, cendré-blânchâtre ; tout l'avant-corps et le premier segment abdominal vert-brillant ou vert-bleuâtre. Tête un peu plus large que le thorax, couverte de points médiocres, très serrés, ruguleux, subréticulés sur le front ; cavité faciale large, presque carrée, faiblement creusée, très légèrement canaliculée au milieu et finement striée transversalement, les côtés densément et finement ponctués ; joues longues, un peu convergentes en avant, de la longueur du 3e article antennaire ; antennes brun-noir ; les trois premiers articles verts, le 3e long comme deux fois le 2e. Pronotum cylindrique, à points irréguliers, très serrés, subruguleux, médiocres, entremêlés de très petits et de beaucoup plus gros. Mesonotum et écusson ponctués de même; postécusson faiblement convexe, médiocrement ponctué-réticulé; angles postico-latéraux du métathorax à pointe droite, médiocre, subaiguë; mésopleures inermes, ponctuées comme le pronotum, les deux sillons bien visibles. Écailles vertes ou vert-bleuâtre; ailes subhyalines; pattes vertes ou bleu-verdâtre en dessus, noirâtres en dessous, tarses brunâtres, les deux premiers articles plus ou moins bleu-vert en dessus. Abdomen étroit, allongé, subcylindrique, parallèle, couvert de points médiocres, peu profonds, assez serrés sur le premier segment, un peu moins sur les autres. 1er segment légèrement caréné dans toute sa longueur; 2e segment d'un beau feu-doré, la base engainée légèrement bleu-verdâtre, le bord apical convexe, très engainant; 3e segment d'un beau feu-doré, long, plus large à sa base qu'en son milieu, subtronqué-arrondi, les côtés subrectilignes; série antéapicale non creusée, 14 fovéoles environ, petites, arrondies, séparées, irrégulières, généralement vertes en dedans; marge apicale concolore, à points fins et serrés. Ventre bleu-vert avec une large tache noire à la base du 2e segment et des reflets vert-doré au milieu de la base des segments 2 et 3; ponctuation très fine, assez serrée. Oviscapte noirâtre. ♀ Long. 4 1/2 à 6mm.

Le ♂ a le 3e segment abdominal moins arrondi que la femelle. **Basalis**, DAHLBOM.

PATRIE : Algérie, Tunisie.

6 Ponctuation du 2e segment abdominal très grosse, très profonde, les intervalles garnis de petits points peu profonds. — Corps robuste, subparallèle, à pubescence cendrée en dessus, blanche en dessous; tout l'avant-corps bleu-vif ou bleu-vert avec des reflets vert-doré ou vert-cuivré sur le front, le vertex, le pronotum, les mésopleures, les aires latérales du mesonotum et l'écusson. Tête aussi large que le pronotum, couverte de points très profonds, ruguleux, gros, avec les intervalles souvent garnis de très petits points; front aplani, subdéprimé, rugueux, non ponctué, séparé de la cavité faciale par une carène forte, formant deux angles près des yeux et figurant ainsi le haut d'un trapèze; de chacun de ces angles part une carène entourant le premier ocelle pour former une aire réniforme; cavité faciale étroite, à côtés parallèles, profonde, striée transversalement au milieu, densément et finement ponctuée sur les côtés qui sont, surtout chez le ♂, couverts d'épais et longs poils blancs, la partie déclive du haut est couverte de gros points ruguleux; joues très courtes; clypeus largement tronqué transversalement, gibbeux au milieu, avec de gros points épars, les côtés garnis de petits points très serrés, subcoriacés; mandibules unidentées; antennes rousses, les 3 premiers articles verts. Pronotum cylindrique; un fort sillon au milieu du bord antérieur; ponctuation très grosse, fortement ruguleuse, coriacée, très profonde, avec quelques intervalles garnis de très petits points; mesonotum et écusson ponctués de même mais moins densément; postécusson convexe-arrondi, grossièrement et profondément ponctué-réticulé;

angles posticolatéraux du métathorax très larges, épais, subtronqués en biais et formant ainsi un crochet à pointe obtuse. Écailles bleues ou bleu-vert; ailes très faiblement enfumées; mésopleures ponctuées-réticulées, ruguleuses, avec des intervalles garnis de petits points, les deux sillons visibles, l'aire inférieure carénée sur tout son pourtour. Pattes vert-bleuâtre, vert-gai ou un peu doré sur les tibias, genoux et extrémités; tarses roux-testacé. Abdomen convexe, cylindrique, parallèle : 1er segment feu-doré un peu verdâtre par le reflet du fond des plus gros points, troncature antérieure bleue, bordée de verdâtre, ponctuation forte, profonde, espacée, formée de gros points brillants à fond vert-doré, les intervalles garnis de points très fins, peu profonds; 2e segment feu-doré à points très gros, très serrés, subconfluents sur le disque, les intervalles garnis également de petits points; une carène médiane très finement ponctuée se distingue sur toute la longueur du segment, la partie apicale du segment est fortement convexe, souvent à teinte vert-doré dans le fond des points; 3e segment bleu-vif ou bleu-vert, profondément déprimé transversalement, puis fortement renflé en bourrelet avant la série antéapicale, la base est garnie de gros points, très profonds, espacés, les intervalles très finement chagrinés de petits points imperceptibles, très serrés, subcoriacés, le bourrelet couvert de points médiocres, serrés, subréticulés, peu profonds; série antéapicale creusée, 18 fovéoles environ, arrondies, séparées, ouvertes; marge apicale étroite, à points très fins, peu serrés, obsolètes, subtronquée-arrondie, parfois légèrement bronzée. Ventre bleu-vert, très finement chagriné, chaque segment avec une marge subscarieuse. Oviscapte roussâtre. ♀ Long. 8-12mm.

Le ♂ a la ponctuation plus forte et plus profonde, le 3e segment abdominal est tronqué transversalement et l'on distingue un petit angle arrondi largement de chaque côté de la marge apicale, près de sa naissance. Ventre couvert d'une pubescence argentée, fine, couchée, très épaisse. Le 4e article antennaire ordinairement vert en dessus.

Cyanura, Dahlbom.

Patrie : France, Italie, Algérie, Province transcaspienne, Russie.

Var. *Minor*, Mocs. — Teinte verte du dorsulum plus prononcée; ponctuation abdominale un peu plus forte sur le disque. Long. 7mm. ♂ ♀ (Sec. sp. typ!)

Patrie : Province Transcaspienne (Radoszkowsky).

Var. *Minuta*, Mocs. — Ne diffère du type que par sa taille beaucoup plus petite. — ♂ ♀ Long. 5mm.

Patrie : Sarepta (sec. Mocsary).

— Ponctuation du 2e segment abdominal coriacée-ruguleuse, presque fine, très serrée. — Semblable à la *C. cyanura* dont elle diffère par les caractères suivants : corps moins robuste; antennes un peu plus foncées sur les articles du milieu; tête à ponctuation médiocre, très serrée, ruguleuse, subcoriacée; front avec l'aire réniforme entourant le premier ocelle mal limitée, plus ou moins vague, ruguleuse; ponctuation des pro-, mesonotum et écusson ruguleuse, coriacée, à points médiocres, très serrés, quelquefois chez le ♂ on voit des intervalles garnis de points très fins;

le reste du thorax à ponctuation moins forte, mais conformé comme chez l'espèce précédente. Abdomen : 1er segment plus feu, à ponctuation semblable mais moins forte; 2e segment avec une carène médiane assez saillante ; 3e segment à ponctuation à peu près régulière sur la base, médiocre, serrée, ruguleuse et coriacée sur le bourrelet; marge apicale régulièrement arrondie, souvent d'une teinte vert-doré; ventre plus bleu. ♀ Long. 7-9mm.

Le ♂ a le 3e segment abdominal subtronqué-arrondi, très peu déprimé transversalement sur le disque, et à peine renflé avant la série antéapicale; la marge apicale forme un angle très vague de chaque côté près de sa naissance. **Incrassata,** Spinola.

Obs. — On trouve des individus atteints de rufinisme dans les pattes, les antennes, les écailles et la nervulation des ailes.

Patrie : France, Suisse, Sardaigne, Espagne, Algérie.

Var. *Gratiosa*, Mocs. — Diffère du type par le dessus de la tête, du thorax, une partie des aires latérales du mesonotum, l'écusson, le postécusson, le metanotum, le disque des mésopleures, et les écailles d'un vert-cuivré un peu feu. Long 5 1/2-9mm. ♀ (sec. sp. typ!)

Patrie : Espagne, Algérie.

SECTION IV. — BICOLORES

1 Postécusson distinctement conique ou conique aigu. 2

— Postécusson gibbuleux plus ou moins subconique ou simplement convexe. 1

2 Ventre feu. 3

— Ventre bleu ou bleu-vert. 7

3 Série antéapicale du 3e segment abdominal presque nulle, sans fovéoles ; écusson à ponctuation serrée. — Corps de taille presque grande ; tout l'avant-corps vert un peu bleu, très peu brillant, l'abdomen d'un beau feu-doré ; pubescence noire, raide, dressée, espacée en dessus, blanchâtre en dessous. Tête plus large que le pronotum, à ponctuation médiocre, serrée réticulée ; cavité faciale presque plane, ponctuée comme le vertex, avec un espace au milieu finement striolé ; joues médiocres, convergentes en avant, plus courtes que le 3e article antennaire ; antennes noirâtres, les trois premiers articles verts, le 3e aussi long que les deux suivants réunis ; pronotum à côtés parallèles, une dépression en avant ; ponctuation thoracique grosse, régulière, très serrée, réticulée ; aires latérales du mesonotum à ponctuation médiocre peu profonde, entremêlée de points fins ; postécusson conique-subaigu, garni en dessus de cinq ou six aspérités spiniformes produites par la forte rugosité des intervalles de la ponctuation, une petite cavité au bord antérieur ; mésopleures inermes, les deux sillons visibles ; angles posticolatéraux du métathorax petits, à pointe obtuse, divariquée ; écailles vertes ; ailes subhyalines, cellule radiale grande, subfermée ; pattes vertes, tarses bruns. Abdomen ovale, déprimé postérieurement, couvert de points fins, médiocrement serrés, peu profonds, entremêlés de traces de points très fins ; une carène très peu appa-

rente sur tout le disque; 1er segment avec quelques points un peu plus gros, espacés; 2e segment avec la bordure apicale très engainante; 3e segment long, large, sensiblement comprimé sur les côtés, plus large à sa base qu'au milieu, subtronqué-arrondi, les cotés droits convergents en arrière; série antéapicale nulle au milieu, figurée sur les côtés par une vague dépression, pas de fovéoles; marge apicale courte, semblable au disque, l'extrême bordure noire, un peu épaissie. Ventre feu-doré taché de noir. ♀ Long. 10mm. **Desidiosa**, N. SP.

PATRIE : Caucase.

— Série antéapicale du 3e segment abdominal toujours visible et munie de fovéoles; écusson à ponctuation parfois espacée. 4

4 Ponctuation abdominale fine, celle de l'écusson espacée, non ruguleuse, très irrégulière, peu profonde. — Corps de taille presque grande, allongé, déprimé; pubescence très longue, dressée, noirâtre en dessus, cendrée en dessous; tout l'avant-corps vert ou bleu-verdâtre à teinte bronzée un peu obscure. Tête à ponctuation médiocre, serrée, ruguleuse, subcoriacée, subréticulée sur le front; cavité faciale petite, moins large que la face, très peu profonde, à points plus fins, subcoriacés, canaliculée au milieu, convexe en haut, sans carène; épistome à longs poils cendrés; joues longues, convergentes en avant, longues comme deux fois le 2e article antennaire; clypeus petit, tronqué, trisinué; antennes noirâtres avec les quatre premiers articles verts en dessus, le 3e article long comme les

deux suivants réunis, les articles 4-6 un peu renflés en dessous. Pronotum petit, court, cylindrique, un sillon au milieu du bord antérieur, ponctuation irrégulière, peu profonde, subréticulée avec des petits points entremêlés ; mesonotum et écusson ponctués de même, mais avec des intervalles lisses et brillants sur les aires latérales et sur le disque de l'écusson ; postécusson conique-obtus, avec une cavité au milieu du bord antérieur, ponctuation ruguleuse, réticulée ; angles posticolatéraux du métathorax très larges de base, à pointe courte, obtuse ; mésopleures médiocrement ponctuées-réticulées, les deux sillons larges et bien visibles. Écailles bleu-vert ; ailes assez enfumées avec une grande tache dans la cellule radiale, nervure margino-discoïdale épaissie. Pattes vertes ou bleu-vert en dessus, noirâtres en dessous, tibias noir-brun foncé. Abdomen feu-doré peu brillant, ovale-allongé, déprimé, une carène médiane longitudinale, la ponctuation fine, serrée, régulière : 1er segment à points plus gros sur les côtés, avec deux petits emplacements sur le disque plus densément ponctués-coriacés, la bordure apicale brillante, imponctuée ; 2e segment avec la bordure apicale légèrement renflée, engainante, brillante, à ponctuation fine et obsolète ; 3e segment arrondi, subtronqué transversalement à l'apex, régulièrement convexe sur son disque, déprimé transversalement près de la série antéapicale, les côtés relativement très longs ; série antéapicale peu profonde, largement évasée, à fovéoles indistinctes, fermées, très petites ; marge apicale courte, finement ponctuée, un peu relevée, très vaguement sinuée à l'apex, bordure extrême noire. Ventre d'un beau feu-doré brillant, les segments tachés de noir. ♂ Long. 9-10 1/2mm.

La ♀ diffère du mâle par les articles antennaires non renflés en dessous, la ponctuation du 1er segment abdominal plus grosse, celle du 3e plus fine, ce dernier segment aussi long que le 2e, ovale-allongé, en forme d'ogive; marge apicale longue, surtout à l'apex où l'on distingue également un vague sinus; oviscapte brun testacé. **Ærata**, Dahlbom.

Obs. — Cette espèce vit aux dépens de l'*Osmia bicolor*, Schr., qui niche dans des coquilles vides d'*Helix nemoralis*, L., ou autres. M. E. Mocquerys prend cette Chrysis en avril-mai sur les talus des bords des bois, où elle visite les nids de l'Osmie.

Patrie : France, Allemagne, Suisse, Autriche.

— Ponctuation abdominale grosse ou médiocre, celle de l'écusson serrée, réticulée, ruguleuse, régulière, profonde. 5

5 Marge apicale du 3e segment abdominal carénée transversalement dans toute sa largeur avec son bord réfléchi en dessous. — Corps de taille médiocre ou presque grande, allongé; pubescence très longue, dressée, abondante, noirâtre en dessus, cendrée en dessous; tout l'avant-corps bleu ou bleu-verdâtre à teinte mate. Tête épaisse, un peu plus large que le pronotum, couverte de points médiocres, très serrés, subcoriacés-ruguleux, subréticulés; cavité faciale très faiblement creusée, ponctuée comme le front sur les côtés, ponctuée et striée transversalement au milieu, convexe sans carène en haut; joues longues, convergentes en avant,

longues comme deux fois le 2e article antennaire; clypeus tronqué transversalement; antennes noirâtres, les quatre premiers articles bleuâtres en dessus, le 3e article un peu plus long que les deux suivants réunis, les articles 4-6 renflés légèrement en dessous. Pronotum à troncature antérieure déclive, un sillon au milieu du bord antérieur; ponctuation des pro-, mesonotum et écusson grosse, assez profonde, réticulée, subruguleuse, avec quelques intervalles imperceptiblement pointillés sur les deux premiers; mesonotum parfois avec quelques reflets plus verts ou vert-gai; postécusson brièvement conique, subaigu, ruguleusement ponctué-réticulé; angles posticolatéraux du métathorax recourbés en arrière, à pointe largement obtuse; mésopleures ponctuées-réticulées avec un petit sillon sous les ailes et le transversal complet en dessous; écailles bleues ou bleu-verdâtre; ailes faiblement enfumées; tarses noir-brun foncé. Abdomen feu-doré peu brillant, ovale allongé, à côtés subparallèles, caréné longitudinalement, ponctuation assez forte, serrée, subcoriacée; 1er segment avec quelques points plus petits entremêlés; 2e segment avec la partie apicale légèrement renflée-engainante; 3e segment à poils cendrés, assez régulièrement arrondi, disque à profil rectiligne, les côtés assez longs; série antéapicale non creusée, 16 fovéoles, irrégulières, rapprochées, ouvertes; marge apicale finement ponctuée, presque toujours plus ou moins sinuée largement à l'apex, bordure extrême noire. Ventre feu-doré resplendissant, les segments tachés de noir à la base, et marginés de noir postérieurement. ♂ Long.

7-10mm. La ♀ diffère du mâle par les articles antennaires non renflés en dessous, le 3e segment abdominal un peu déprimé sur le disque, la série antéapicale faiblement creusée, à fovéoles un peu plus grandes, souvent confluentes, profondes, la marge apicale un peu renflée, sans sinus à l'apex; oviscapte brun. (Sec. sp. typ!) **Mulsanti**, Abeille.

Obs. — D'après M. Abeille de Perrin, cette espèce serait parasite de l'*Osmia aurulenta*, Panz., qui niche dans les coquilles vides des *Helix pomatia*, L., et autres.

Patrie : France méridionale, Espagne, Syrie, Algérie, Tunisie.

Var. *rudis* var. nov. Diffère du type par sa taille un peu plus forte; la ponctuation abdominale très grosse, irrégulière, ruguleuse, granuleuse; le 3e segment très largement tronqué, la marge apicale très fortement carénée transversalement dans toute sa largeur, la partie apicale plus fortement réfléchie en dessous, sans sinus à l'apex. ♂. Long. 11mm.

Obs. — Se trouve sous le nom de *C. austriaca* dans la collection Lucas au Muséum de Paris, le 2e exemplaire de la rangée.

Patrie : Algérie : Oran (Lucas).

— Marge apicale du 3e segment abdominal plane, nullement carénée transversalement. 6

6 Ponctuation abdominale médiocre, très serrée, coriacée, régulière, simple; abdomen déprimé. — Semblable à la *C. Mulsanti*, Ab., dont elle diffère par le corps plus large, déprimé, l'avant-corps à teinte bronzé-verdâtre, le pronotum beaucoup plus court; l'abdomen large, déprimé, à ponctuation médiocre, serrée, coriacée, régulière, beaucoup plus fine; le 3e segment abdominal visiblement caréné

transversalement avant la série antéapicale, cette dernière non creusée, 10 fovéoles, séparées, médiocres, ouvertes; la marge apicale feu-violacé, courte, plane, très entière et arrondie régulièrement. ♀ Long. 9mm. Le ♂ diffère de la ♀ par le 3e segment abdominal plus largement tronqué-arrondi, non caréné avant la série antéapicale, et par les articles 4 et 5 des antennes renflées en dessous. **Djelma**, N. SP.

OBS. — Les antennes noirâtres avec les trois premiers articles bleu-vert, le postécusson conique-aigu, les tarses brun-roussâtre foncé, distinguent facilement cette espèce des *C. Graja*, Mocs., et *Rhodia*, Mocs., que je ne connais que par les descriptions détaillées de M. le Dr A. Mocsary.

PATRIE : Tunisie; Algérie.

Ponctuation abdominale grosse, irrégulière, peu serrée, double; abdomen convexe, subcylindrique. — Corps de grande taille, allongé, robuste subparallèle; pubescence épaisse, longue, dressée et gris-brun sur le front, noirâtre, courte et éparse sur le dorsulum, blanchâtre en dessous; avant-corps bleu vert ou vert-bleuâtre avec l'aire médiane du mesonotum plus bleue, souvent avec des teintes plus vertes sur le pronotum et les aires latérales du mesonotum, parfois aussi l'avant-corps est en entier d'un beau bleu. Tête un peu plus large que le pronotum, à points médiocres, subruguleux, assez profonds, sur le front ils sont ruguleux, coriacés-subréticulés; cavité faciale large, peu profonde, évasée, convexe non marginée en haut, ponctuation médiocre, serrée, coriacée; joues assez longues, subparallèles, plus longues que le 4e article antennaire; clypeus finement ponctué, fortement ruguleux. Antennes longues, noir-brun-foncé, les deux premiers articles et la base du 3e bleu ou bleu-vert, les articles 7-12 tachés de roussâtre en dessous, le 3e plus long que les deux suivants réunis. Pronotum cylindrique, un sillon assez fort au milieu du bord antérieur, troncature antérieure abrupte; ponctuation des pro- et mesonotum ruguleusement réticulée, assez profonde, médiocre, avec des intervalles garnis de quelques petits points; écusson grand, déprimé sur le disque, à réticulation un peu plus grosse; postécusson tuberculeux, conique-obtus, entièrement couvert d'une réticulation médiocre, très serrée, ruguleuse, avec une cavité au milieu du bord antérieur; angles posticolatéraux du métathorax à pointe robuste, droite, obtuse; mésopleures inermes, ponctuées-subréticulées à points médiocres, assez serrés, les deux sillons bien visibles. Écailles et pattes vertes ou bleues ou bleu-vert; ailes assez enfumées, éclaircies à l'extrémité, le bord extérieur de la cellule radiale bruni; tarses et extrémité des tibias roussâtres. Abdomen d'un beau feu-doré ou doré-verdâtre, allongé, caréné longitudinalement; 1er segment souvent un peu verdâtre, à gros points assez serrés, entremêlés de quelques-uns plus petits; 2e segment à points réguliers moins gros, serrés, bordure apicale très étroitement réfléchie-engainante; 3e segment long, largement tronqué-arrondi, aussi large au milieu qu'à la base, faiblement convexe sur le disque, ponctuation entremêlée de points plus petits, un très léger renflement avant la série antéapicale, les côtés longs; série antéapicale rendue un peu creusée par suite du petit renflement qui la précède, un peu séparée au milieu par la faible carène longitudinale, 16-18 fovéoles, médiocres, ouvertes, irrégulières, séparées; marge apicale étroite, finement ponctuée, légèrement débordante-anguleuse de chaque côté près de sa naissance. Ventre resplendissant, feu-doré avec quelques reflets verts, 2e segment taché de noir à sa base, 3e segment marginé de noir postérieurement, le 1er segment souvent bleu-vert, marginé de noir largement. ♂ Long. 10-13mm.

La ♀ diffère du mâle par le 3e segment abdominal ovale-allongé, arrondi, un peu déprimé sur le disque, plus fortement renflé avant la série antéapicale; la marge apicale non anguleuse-débordante sur les côtés, la bordure extrême noire; oviscapte marron.

Refulgens, Spinola.

Obs. — D'après le capitaine Xambeu, cette espèce pondrait dans le nid de l'*Anthidium dentatum*, Latr., que celui-ci construit dans les coquilles vides des *Helix pisana* et autres.

Patrie : France méridionale, Espagne, Italie, Sardaigne, Algérie, Grèce, Syrie.

Var. *Amasinopsis*, var. nov. Rufinisme du type dont il diffère par la couleur vert-cuivré de la face et du dorsulum, par le fouet des antennes roussâtre, le dessous du corps et les pattes bronzés, par l'abdomen violet-noirâtre, par le ventre violet-roussâtre. ♂.

Obs. — Cette variété a été confondue avec la *C. Amasina*, Mocs.

Patrie : Asie Mineure : Amasia (Musée de Vienne).

7 Antennes roux-testacé ou roux plus ou moins foncé (chez le ♂), brun-roux (chez la ♀). 8

— Antennes noirâtres chez les deux sexes. 9

8 Corps de taille médiocre, assez robuste, couvert de longs poils gris-brun en dessus, blanchâtres en dessous ; tout l'avant-corps vert, ou vert-bleu, ou bleu avec des teintes vert-doré sur le vertex, le pronotum, les aires latérales du mesonotum, les écailles et l'écusson. Tête plus large que le pronotum, à points médiocres, très serrés, subcoriacés; cavité faciale peu profonde, évasée, ponctuée-coriacée, convexe en haut, non carénée; joues courtes, subégales au 4e article antennaire ou égales à la longueur de celui-ci ou même parfois très faiblement plus longues. Antennes longues, roux-testacé ou roux-brun, les trois premiers articles verts, le 3e parfois roux en dessous, un peu plus long que les trois suivants réunis, le 4e souvent un peu bruni en dessus, rarement avec quelques reflets métalliques, les articles 4-11 légèrement renflés en dessous, avec l'articulation noirâtre et brusquement entaillée, le bord apical en dessus est bruni, les derniers articles sont toujours plus ou moins brunis. Pronotum très légèrement sinué sur les côtés, un sillon médian au bord antérieur, troncature antérieure assez abrupte, ponctuation subruguleuse, formée de points assez gros avec les intervalles garnis de petits points; mesonotum à ponctuation irrégulière, serrée, subruguleuse, subcoriacée; écusson ponctué comme le pronotum; postécusson conique-aigu, subacuminé, ponctué-réticulé-ruguleux; angles posticolatéraux du métathorax triangulaires à pointe droite, obtuse. Mésopleures à points irréguliers,

subréticulés, sillon longitudinal médian court, visible sous l'aile, le transversal complet; écailles vertes ou bleues ou un peu dorées; ailes peu enfumées, avec une grande tache dans la cellule radiale. Poitrine et pattes bleues, ou bleu-verdâtre ou vertes, tarses brun-noirâtre ou brun-roussâtre. Abdomen d'un beau feu-doré, ovale-arrondi, une légère carène longitudinale : 1er segment parfois un peu verdâtre, la troncature antérieure plus ou moins vert-doré ou verte ou vert-bleuâtre ou bleue, la ponctuation formée de gros points avec les intervalles garnis de plus petits; 2e segment subcoriacé, à points médiocres, profonds, réguliers, assez serrés; 3e segment régulièrement arrondi, à ponctuation un peu moins profonde, le disque vaguement déprimé transversalement, nullement ou très faiblement renflé en bourrelet étroit avant la série antéapicale, les côtés du segment courts et suivant la courbure générale; série antéapicale très obsolète, faiblement ou nullement creusée, un peu remontante au centre, 14 fovéoles très petites, peu ou point ouvertes, arrondies, très peu profondes, séparées, souvent teintées de vert; marge apicale assez longue, finement ponctuée, régulièrement arrondie, la bordure apicale plus ou moins faiblement réfléchie en dessous. Ventre vert-bleu ou vert-gai taché de bleu, ou bleu-vif taché de noir ou vert taché de noir. ♂ Long. 8-10[mm].

La ♀ diffère du mâle par ses antennes ayant les articles 4-13 non renflés en dessous; roux ou brun-roux ou plus rarement brun un peu roussâtre avec les articles 6-9 roux surtout en dessous; par les écailles souvent teintées de feu; par le 3e segment abdominal plus déprimé sur le disque, plus distinctement renflé avant la série antéapicale, cette dernière plus creusée, les fovéoles un peu plus grandes et ouvertes; par la marge apicale vaguement sinuée près de sa naissance de chaque côté, la bordure extrême noire; oviscapte brun-roussâtre. **Varicornis**, Spinola.

Patrie : France méridionale, Espagne, Algérie, Tunisie, Sicile, Egypte, Grèce, Russie méridionale.

Var. *luctuosa*, var. nov. Diffère du type par les tarses, antennes, écailles et nervulation roussâtres plus ou moins clairs, l'avant-corps bleu-bronzé, l'abdomen bronzé-verdâtre un peu doré. ♂.

Patrie : Italie (Gribodo).

Obs. — Il est impossible de regarder comme espèce distincte les *C. Hyendlemayri*, Mocs., *cyaniventris*, Mocs., et *mendax*, Ab. D'après le type de la collection de M. de Saussure, la *C. Hyendlemayri* diffère de l'espèce de Spinola uniquement par le coloris vert-gai un peu doré du thorax, des pattes et du ventre; je tiens tous les passages à cette coloration exagérée. La *C. cyaniventris*, d'après le type également, n'est pas autre chose qu'une femelle de *C. varicornis*, Spin. La *C. mendax*, Ab., type qu'a bien voulu me communiquer M. J. Fallou, est une femelle de *C. varicornis*, Spin., dont les antennes, noircies par une épaisse couche de graisse, sont redevenues brun-roux en dessus et roussâtres en dessous après une ablution de benzine.

Si l'on examine un certain nombre d'armures copulatrices de mâles de cette espèce, on reconnait que les caractères exposés par M. le général Radoszkowsky ne sont pas constants. Les branches du forceps sont couvertes de poils dans la partie supérieure, lorsque l'insecte est frais, et deviennent nues sur les vieux individus; les crochets sont le plus souvent étroits, mais on en trouve qui s'élargissent plus ou moins à la base. De même, le couvercle génital, d'ovale peut prendre la forme d'une demi-ellipse.

—— Corps plus cylindrique, pronotum légèrement plus étroit et plus long, l'abdomen avec le 1er segment à gros points plus nombreux; 2e segment à ponctuation un peu plus grosse, plus profonde, rugueuse, moins régulière; 3e segment à ponctuation plus grosse, plus distinctement .renflé en bourrelet avant la série antéapicale, les fovéoles un peu plus grandes. Le reste est absolument identique à la *C. varicornis*. ♀ (Sec. sp. typ!)

Le ♂ diffère de la femelle par la ponctuation abdominale moins profonde et moins rugueuse; le 3e segment peu ou point renflé avant la série antéapicale. Il diffère de la *C. varicornis* ♂ par le corps plus cylindrique, le pronotum plus long et un peu plus étroit, l'abdomen à gros points plus nombreux sur le 1er segment, moins réguliers et plus gros sur le 2e segment; par l'armure copulatrice dont le couvercle génital est elliptique et les crochets plus larges au milieu. (Sec. specimen typicum!) **Separanda**, Mocsary.

Obs. — Les différences de taille et de joues sont illusoires; il suffit d'examiner un certain nombre d'individus pour trouver tous les passages, comme je l'ai indiqué pour la *C. varicornis*, Spin., les caractères donnés ci-dessus seuls appartiennent à la *C. separanda*, si toutefois il y a réellement une espèce distincte, puisqu'ils ne sont appréciables que par une comparaison minutieuse.

Patrie : Chypre, Grèce, Syrie.

9 Marge apicale du 3e segment abdominal brusquement réfléchie en dessous et fortement carénée transversalement dans toute sa largeur. — Corps de taille médiocre, allongé; pubescence, coloris et ponctuation de tout l'avant-corps comme chez la *C. varicornis*, Spin. Cavité faciale plus large, presque

plane, convexe en haut; antennes noirâtres ou noir-brunâtre foncé, les trois premiers articles et un peu le dessus du 4e verts, le 3e égal aux deux suivants réunis, les articles 4-6 seuls renflés en dessous, les jointures non entaillées; mandibules bidentées; postécusson conique-aigu subacuminé; angles posticolatéraux du métathorax à pointe moins forte, subobtuse ou obtuse; écailles vertes; tarses noir-brun. Abdomen d'un beau feu-doré, plus convexe, cylindrique, caréné longitudinalement : 1er segment à points profonds, gros, assez serrés, avec des intervalles garnis de petits points; 2e segment à points assez gros, profonds, serrés, subcoriacés, irréguliers, entremêlés de plus petits, partie postérieure un peu renflée-engainante; 3e segment ovale, le disque à profil subrectiligne, ponctuation médiocre, assez serrée, moins profonde; côtés du segment subrectilignes, plus longs; série antéapicale très obsolète, non creusée ni précédée de bourrelet, 14 fovéoles très petites, peu ouvertes, irrégulières, arrondies; marge apicale finement ponctuée, assez large, brusquement réfléchie en dessous et fortement carénée transversalement dans son milieu sur toute sa largeur, bordure extrême noire. ♂ Long. 8-9 1/2mm.

La ♀ diffère du mâle uniquement par le 3e segment abdominal à disque très faiblement déprimé, un peu renflé avant la série antéapicale sur les côtés seulement, les fovéoles un peu plus ouvertes.

Sulcata, Dahlbom.

Obs. — La *C. picticornis*, Mocs., d'après le type que j'ai vu, est un mâle de *C. sulcata*, Dahlb.

PATRIE : Cyclades, Grèce, Sicile, Caucase.

— Marge apicale du 3e segment abdominal nullement carénée transversalement. **10**

10 Angles posticolatéraux du métathorax très courts, subaigus: cavité faciale creusée-évasée. — Corps de taille médiocre, étroit, allongé; pubescence brunâtre en dessus, blanche en dessous; tout l'avant-corps bleu-vert avec l'occiput plus bleu, les aires latérales du mesonotum et l'écusson vert-gai très faiblement doré. Tête à points médiocres, serrés, subréticulés, subcoriacés; cavité faciale petite, densément ponctuée-coriacée, avec des poils blanc-argenté sur les côtés, convexe non caréné en haut; mandibules bidentées; antennes grêles, noirâtres avec les quatre premiers articles vert-bleu, les articles 4-6 renflés en dessous. Pronotum à côtés un peu convergents en avant, à ponctuation serrée, subréticulée, subcoriacée, un léger sillon au bord antérieur; mesonotum ponctué de même; écusson à points légèrement plus gros; postécusson conique-aigu, grossièrement ponctué-réticulé, ruguleux; écailles bleu-vert; ailes un peu enfumées, cellule radiale incomplète; mésopleures inermes, ponctuées comme le mesonotum; pattes bleu-vert, tarses noir-brun. Abdomen d'un beau feu-doré, ovale-allongé, assez convexe, à ponctuation assez fine, peu profonde, serrée, subcoriacée : 1er segment à teinte un peu verte; 2e segment avec une légère carène médiane longitudinale; 3e segment plus feu, long, subtronqué transversalement, légèrement déprimé sur le disque, les côtés très longs; série antéapicale non creusée, à fovéoles petites, arrondies, peu distinctes; marge apicale finement ponctuée, la bordure extrême noire. Ventre vert-gai un peu doré, resplendissant, 2e segment avec une tache noire de chaque côté à la base. ♂ Long. 8 1/2 mill. (sec. sp. typ!).

Ottomana, Mocsary.

Patrie : Asie Mineure : Malatia (Mocsary).

— Angles posticolatéraux du métathorax recourbés en arrière, à pointe obtuse; cavité faciale plane. 11

11 Ponctuation abdominale médiocre; fovéoles de la série antéapicale ouvertes. — Corps de taille médiocre ou presque petite, assez allongé; pubescence très longue, abondante, dressée, gris-brun en dessus, blanchâtre en dessous; tout l'avant-corps vert-bleuâtre ou bleu plus ou moins verdâtre. Tête grosse, plus large que le pronotum, à points médiocres, peu serrés, devenant sur le front serrés et subréticulés; cavité faciale large, plus bleue, convexe, non carénée en haut, densément ponctuée-subréticulée sur les côtés, ponctuée et striée très finement en travers au milieu; joues courtes; mandibules bidentées; antennes assez fortes, noir-brun foncé, le 1er article bleu ou bleu-vert, les articles 2-4 verts, le 4e noirâtre en dessous, le 3e plus long que les deux suivants réunis, les articles 4-6 renflés en dessous. Pronotum long, un fort sillon au milieu du bord antérieur, ponctuation irrégulière, médiocre, entremêlée de points plus petits, les plus gros subréticulés; mesonotum et écusson ponctués

de même; postécusson conique-obtus; ponctué-réticulé ruguleusement; mésopleures inermes, densément ponctuées-réticulées, pas de sillon longitudinal, le transversal seul visible; écailles bleu-vert; ailes hyalines avec une tache enfumée dans la cellule radiale. Poitrine plus bleue, pattes plus bleues en dessous, tarses brun-noirâtre ou brun-roussâtre foncé. Abdomen ovale, très médiocrement convexe, d'un beau feu-doré, ponctuation peu profonde, serrée, subcoriacée; bordure apicale du 2e segment très légèrement convexe engainante; 3e segment assez régulièrement arrondi, les côtés médiocrement longs; série antéapicale très peu creusée, séparée par une petite carène, 18 fovéoles, très petites, rondes, subrégulières; marge apicale finement ponctuée, vaguement réfléchie en dessous, bordure extrême noire. Ventre resplendissant, bleu-vif ou un peu vert avec le 2e segment taché de noir à la base de chaque côté. ♂ Long. 6-6 1/2mm.

La ♀ diffère du mâle par l'abdomen un peu plus large, le 3e segment déprimé transversalement à la base, vaguement renflé en bourrelet avant la série antéapicale et par les articles 4-6 des antennes non renflés.

Desertorum, Abeille-Buysson.

Obs. — Cette espèce serait parasite d'*Andrena 8-maculata* Pérez, d'après M. Abeille. La *C. cyanocœlia* Mocs, dont j'ai vu le type, est la ♀ de la *C. desertorum*.

Patrie : Syrie : Ram'leh; Caucase : Tiflis.

— Ponctuation abdominale fine; fovéoles de la série antéapicale fermées, peu visibles. — Semblable à la *C. desertorum*, dont elle diffère par son corps plus robuste, le pronotum plus large, les ailes légèrement enfumées; par le 3e segment abdominal obovale, plus déprimé transversalement à la base, plus renflé avant la série antéapicale, cette dernière obsolète. ♀ Long. 8 mill. (sec. sp. typ!) **Erigone**, Mocsary.

Patrie : Caucase (Mocsary).

12 Postécusson gibbuleux plus ou moins subconique. 13

— Postécusson simplement convexe. 16

13 Abdomen franchement feu-doré, sans teinte verte. 14

— Abdomen toujours avec des teintes vertes plus ou moins intenses. 15

14 Marge apicale du 3e segment abdominal très légèrement tri-ondulée, bronzée; ponctuation abdominale serrée, simple. — Corps de taille moyenne, allongé, subcylindrique, étroit; avant-corps vert un peu bleuâtre, l'abdomen feu-doré à teinte légèrement grenat, un peu obscur; pubescence longue, dressée, espacée, brune. Tête arrondie, de couleur bleu plus foncé, ponctuation médiocre, profonde, devenant sur le front plus petite, serrée, réticulée; cavité faciale creusée, évasée, à points plus petits, le milieu à points clairsemés et très finement striolée-chagrinée, à la base; joues médiocres, convergentes en avant, plus courtes que le 3e article antennaire; clypeus assez long, tronqué à l'extrémité; antennes brunes, le 1er article bleu-

vert, les 2e et 3e bronzé-verdâtre, le 3e presque aussi long que les deux suivants réunis. Pronotum long, cylindrique, un fort sillon au milieu du bord antérieur, troncature antérieure abrupte; ponctuation des pro- et mesonotum grosse, profonde, ruguleuse, réticulée avec quelques petits points fins dans les intervalles; écusson à pointe plus larges, réticulés; postécusson gibbuleux, légèrement subconique, à points plus petits, très serrés, réticulés, ruguleux, le milieu de la suture antérieure un peu creusé; les aires latérales du mesonotum légèrement vert-gai-subdoré; angles posticolatéraux du métathorax triangulaires, médiocres, à pointe subobtuse; mésopleures à ponctuation plus fine, les intervalles finement ponctués, le sillon longitudinal visible seulement sous les ailes, le transversal profond, l'aire inférieure gibbeuse-arrondie. Pattes bleuâtres, tarses brun-noirâtres; écailles bronzé-verdâtre; ailes courtes, un peu enfumées, cellule radiale fermée. Abdomen allongé, couvert de points gros, profonds, assez serrés : 1er segment avec une ligne médiane finement pointillée; 2e segment à bordure apicale très engainante; 3e segment ovale-arrondi, à points moins profonds, moins serrés, plus irréguliers de grosseur, disque presque droit vu de profil, les côtés longs, droits; série antéapicale très peu profonde, 12 fovéoles très petites, arrondies; marge apicale étroite, bronzée, faiblement trisinuolée. Ventre feu-doré : 1er segment vert-doré taché de noir sur les côtés; 2e segment avec deux taches noires. ♂ Long. 8mm (sec. sp. typ!) **Scita**, MOCSARY.

PATRIE : Syrie : Caiffa (Mocsary).

— Marge apicale du 3e segment abdominal très entière, concolore ; ponctuation abdominale espacée, double. — Corps de taille moyenne ou presque grande, robuste ; pubescence très longue, assez épaisse, dressée, noirâtre en dessus, blanchâtre en dessous ; tout l'avant-corps bleu ou bleu-verdâtre, ou vert-gai avec des teintes plus claires, parfois même légèrement dorées sur la face et le dorsulum. Tête assez large, à ponctuation médiocre, sub-réticulée, profonde, un peu ruguleuse, fine et coriacée sur le front ; cavité faciale faiblement creusée, ponctuée comme le front, convexe, non carénée en haut ; joues très longues, arquées-convergentes en avant, de la longueur du 3e article antennaire. Antennes noir-brun-foncé, les quatre ou cinq premiers articles verts ou bleu-vert, le 3e à peu près aussi long que les trois suivants réunis, les articles 4-6 renflés en dessous. Pronotum court, à ponctuation grosse, profonde, subréticulée, les intervalles ruguleux, finement pointillés, troncature antérieure abrupte, un long sillon au milieu du bord antérieur ; mesonotum ponctué comme le pronotum, mais à points un peu moins gros et moins profonds ; écusson aplani sur le disque, grossièrement ponctué-réticulé, la base imponctuée ; postécusson gibbuleux-subconique, obtus, profondément et ruguleusement ponctué-réticulé, avec une cavité au bord antérieur ; angles posticolatéraux du métathorax étroits, longs, un peu subulés, à pointe obtuse ; mésopleures ponctuées-ruguleuses, à points entremêlés d'autres très petits, les deux sillons larges et profonds; écailles bleues ou vertes ou vert un peu doré; ailes grandes, assez enfumées, radiale très grande, allongée. Pattes bleues ou bleu-verdâtre, tarses noir-brun foncé. Adomen d'un beau feu-doré, assez convexe sur le disque, une carène longitudinale, les côtés sensiblement réfléchis en dessous, ponctuation grosse, assez profonde, espacée, entremêlée de quelques points petits : 2e segment avec la bordure apicale réfléchie-engainante, finement et obsolètement pointillée; 3e segment tronqué transversalement, convexe sur le disque, les côtés longs, subrectilignes; série antéapicale à teinte souvent un peu verdâtre, un peu creusée, 14 fovéoles, petites, irrégulières, séparées; marge apicale assez large, finement ponctuée, tronquée transversalement et dès lors formant un angle arrondi de chaque côté à sa naissance. Ventre feu-doré : 1er segment souvent vert-doré; 2e segment taché de noir à la base. ♂ Long. 7 1/2 11mm. (Sec. sp. typ!)

La ♀ diffère du mâle par sa taille souvent plus grande, les articles antennaires non renflés, le 3e segment abdominal un peu comprimé, peu ou point convexe, moins large à l'extrémité et moins franchement tronqué, un peu renflé avant la série antéapicale, cette dernière à fovéoles plus marquées; par le 3e segment ventral à teinte violacée, taché de noir à la base; oviscapte noir-brun.

Pustulosa, Abeille.

Obs. — M. le Dr Chobaut en a trouvé un exemplaire mort dans un cocon d'*Osmia Solskyi* Evers. Elle a été obtenue par M. le capitaine Ferton de nids d'*Osmia melanogastra* var. *aterrima*, établis dans des coquilles d'*Helix adspersa*.

PATRIE : Europe méridionale et centrale : France, Allemagne, Portugal, Espagne, Suisse, Russie. Asie Mineure, Algérie, Tunisie.

Var. *Orientalis* var. nov. Diffère du type par le thorax vert-gai ou légèrement doré sur les intervalles de la ponctuation, la ponctuation thoracique très grosse et très profonde, celle de l'abdomen également plus grosse et plus profonde. ♂♀.

PATRIE : Syrie : Jaffa (Abeille de Perrin).

15 Ponctuation abdominale grosse, double, espacée; ventre au moins avec le 3e segment feu-doré.—Corps de taille médiocre, allongé, à pubescence blanchâtre en dessous, cendrée en dessus; tout l'avant-corps vert-gai ou vert-bleu avec des reflets vert-doré sur le pronotum et les aires latérales du mesonotum. Tête épaisse, un peu plus large que le pronotum, à points médiocres, profonds, peu serrés sur le vertex, mais devenant plus petits, très serrés, ruguleux sur le front; cavité faciale peu profonde, évasée, subcanaliculée, densément et finement ponctuée-coriacée, non carénée en haut, avec des poils blancs, longs, épars sur toute la face et la bouche; yeux petits; joues longues, de la longueur du 3e article antennaire, arquées-convergentes en avant; antennes brun-noirâtre, les quatre premiers articles verts, le 3e égal aux deux suivants réunis, les articles 4-7 renflés au milieu en dessous. Pronotum moins large que le mesonotum, cylindrique, assez long, à côtés parallèles, un fort sillon au milieu du bord antérieur; ponctuation des pro- et mesonotum ruguleuse, coriacée, médiocre, profonde, dense avec quelques intervalles garnis de petits points; écusson densément et ruguleusement ponctué-réticulé;

postécusson gibbeux, brièvement conique-obtus, ruguleusement et profondément ponctué-réticulé, avec une cavité au bord antérieur; angles posticolatéraux du métathorax très courts, larges, triangulaires. Mésopleures ponctuées-réticulées; écailles vertes ou vert-bleu; ailes très faiblement enfumées avec une tache allongée noirâtre sur la bordure externe de la cellule radiale, cette dernière est allongée, fermée. Pattes et poitrine vertes ou vert-gai, parfois un peu vert-doré, tarses brun-noirâtre, le premier article des tarses postérieurs un peu vert en dessus. Abdomen plus long que l'avant-corps, ovale-elliptique, subcylindrique, assez convexe, d'un beau doré-feu-verdâtre : 1er segment long, à teinte sensiblement plus verte avec une étroite marge apicale bleu-verdâtre, ponctuation formée de gros points ruguleux entremêlés de points beaucoup plus petits et peu profonds, troncature antérieure fortement abrupte, verte; 2e segment à côtés subparallèles, une très faible carène médiane, les points gros, peu profonds, espacés, entremêlés de points plus petits, bordure apicale un peu plus verte; 3e segment plus feu, régulièrement convexe sur le disque, plus large à sa base qu'en son milieu, subtronqué-arrondi, ponctuation serrée, grosse, ruguleuse, entremêlée de quelques petits points, les côtés rectilignes, une ligne médiane à teinte moins feu et plus finement ponctuée suit toute la longueur du segment; série antéapicale régulièrement arrondie, creusée, évasée, à teinte plus verte, fovéoles très peu profondes, petites, arrondies, irrégulières, peu distinctes; marge apicale longue, débordant sur les côtés, finement ponctuée, à teinte feu. Ventre avec le 1er segment vert-bleu, le 2e vert-gai un peu doré, taché de noir de chaque côté à la base, le 3e feu-doré-verdâtre. ♂ Long. 7 1/2-9mm.

La ♀ diffère du mâle par le 3e article antennaire plus long que les deux suivants réunis, les articles 4-7 non renflés, la couleur plus feu de l'abdomen, le 3e segment abdominal comprimé de manière que le milieu du disque, de la série antéapicale et de la marge forme une carène longitudinale à profil rectiligne, les côtés du disque sont un peu renflés avant la série antéapicale, cette dernière séparée au milieu par la susdite carène; la marge apicale est légèrement bordée d'une teinte bronzé-noirâtre à l'apex; ventre plus feu, surtout sur le 3e segment. **Pelopœicida**, ABEILLE-BUYSSON.

OBS. — Cette espèce est parasite de *Pelopœus violaceus* F. du nid duquel M. Abeille de Perrin l'a obtenue d'éclosion.

PATRIE : Syrie : Tibériade (Abeille).

— Ponctuation abdominale fine, simple et serrée. Corps de petite taille, assez robuste; pubescence longue, dressée, brunâtre en dessus, cendrée en dessous; tout l'avant-corps vert-gai faiblement bronzé, à teinte mate. Tête plus large que le pronotum, couverte de points médiocres, serrés, subréticulés, subcoriacés sur le front; cavité faciale plane, convexe en haut sans carène, ponctuée-coriacée; joues longues; fortement convergentes en avant, de la longueur du 3e article antennaire. Antennes noirâtres avec les trois premiers articles vert-bronzé ou cuivré, ou violacé-bronzé, le 3e égale les deux suivants réunis. Pronotum sans sillon au bord antérieur, couvert, ainsi que le mesonotum et l'écusson, d'une forte réticulation ruguleuse; postécusson très brièvement subconique-obtus, ponctué-réticulé plus densément, avec une petite cavité au bord antérieur; angles posticolatéraux à pointe droite, obtuse, assez longue; mésopleures densément ponctuées-réticulées, le sillon transversal seul visible. Écailles vert-gai; ailes hyalines, avec une tache dans la cellule radiale. Abdomen vert-cuivré, ovale, une carène longitudinale médiane, ponctuation peu profonde, médiocre, assez serrée-subcoriacée : 1er segment plus vert, à ponctuation plus serrée; 2e segment à bordure apicale brusquement mais étroitement engainante; 3e segment plus cuivré, ovale-arrondi, très légèrement déprimé sur le disque, un peu renflé avant la série antéapicale, un peu plus sensiblement au milieu; série antéapicale séparée par une faible carène, légèrement creusée, 12-14 fovéoles médiocres, ouvertes, séparées; marge apicale finement ponctuée, plus large à l'apex où elle est vaguement sinuée, allant en diminuant de largeur de chaque côté. Ventre feu-grenat, taché et marginé de noir; oviscapte marron-clair. ♀ Long. 5 1/2-6mm. **Osiris**, BUYSSON.

OBS. — Obtenue d'éclosion par M. Juba de Lhotellerie, de coquilles d'Hélix habitées par l'*Osmia Lhotellerici*.

PATRIE : Égypte (Abeille).

16 Front feu-doré.— Corps de taille médiocre, un peu étroit; pubescence cendrée en dessus, blanchâtre en dessous; front et face feu-doré, le dessus des pattes vert-doré, le reste de

l'avant-corps vert-gai ou bleu lavé de vert, parfois un peu doré sur le bord antérieur du pronotum, les aires latérales du mesonotum et l'écusson. Tête large; occiput souvent bleu, à ponctuation irrégulière, médiocre, serrée, ruguleuse; front finement et densément ponctué-réticulé; cavité faciale plane, large, densément ponctuée-coriacée; joues longues, de la longueur du 3e article antennaire; antennes brun-marron, à pubescence blanchâtre, épaisse, les quatre premiers articles vert-doré, le 3e médiocre, égal aux deux suivants réunis. Pronotum à troncature antérieure abrupte, un sillon au bord antérieur; ponctuation des pro- et mesonotum et de l'écusson irrégulière, coriacée, ruguleuse, fine, avec des points plus gros épars; postécusson convexe, densément ponctué-réticulé, subruguleux, avec une petite cavité à son bord antérieur; angles posticolatéraux du métathorax droits, à pointe subobtuse; mésopleures inermes, densément ponctuées-coriacées, subréticulées, un sillon très court sous les ailes, le transversal complet en dessous; écailles vert-doré ou vert-bleu ou un peu feu; ailes hyalines avec une tache allongée le long du bord extérieur de la cellule radiale. Pattes vert-gai ou un peu doré, souvent un peu feu sur les tibias et le dessus des cuisses, tarses brun-roux-testacé, légèrement brunis aux extrémités et sur les pattes antérieures. Abdomen à teinte assez mate, d'un beau feu-doré, recouvert d'une pubescence très fine, cendrée : 1er segment avec une dépression sur le milieu postérieur de la troncature antérieure, ponctuation médiocre, entremêlée de points beaucoup plus petits, très serrés, subcoriacés, la bordure apicale souvent avec une teinte verte et plus finement ponctuée; 2e et 3e segments à ponctuation assez fine, très serrée, coriacée, parfois même un peu confluente; 3e segment largement tronqué, régulièrement convexe sur le disque, les côtés très longs; série antéapicale non creusée, séparée au milieu, 8 fovéoles de chaque côté, séparées, médiocres, ouvertes; marge apicale étroite, finement pointillée, vaguement et largement sinuée à l'apex, légèrement anguleuse-arrondie de chaque côté à sa naissance. Ventre feu-doré un peu cuivré ou un peu verdâtre, le 3e segment largement bordé de noir, scarieux au bord. ♂ Long. 7-8mm.

La ♀ diffère du mâle par son corps plus étroit, la teinte mate cuivré-bronzé du thorax; le front, la face, l'abdomen et le ventre feu un peu bronzé-verdâtre à teinte mate; les ailes légèrement enfumées; les tarses brun-roussâtre peu foncé; l'abdomen plus étroit, le 3e segment allongé, régulièrement arrondi-ovale, ou très vaguement tronqué-arrondi; série antéapicale presque nulle, à fovéoles nulles, ou imperceptibles ou très fines; oviscapte testacé-clair. **Aurifrons**, DAHLBOM.

PATRIE : Italie, Illyrie, Syrie, Caucase.

— Front jamais feu-doré. 17

17 Tarses blanchâtres surtout le 1er article. — Corps de petite taille, allongé, subparallèle, robuste; pubescence blanchâtre; tout l'avant-corps bleu plus ou moins foncé avec des teintes plus claires bleu-verdâtre sur la cavité faciale, l'épistome, le pronotum et les aires

latérales du mesonotum. Tête petite, arrondie : occiput noir-bronzé, à points médiocres, profonds, assez serrés; front bleu à points un peu plus gros, subréticulés, moins profonds; cavité faciale peu profonde, finement ponctuée-coriacée et couverte de poils blancs sur les côtés, brillante en dessous du front et dans tout le milieu, non carénée en haut; joues courtes; clypeus vert-doré; antennes assez fortes, brun-marron-foncé, les deux premiers articles verts, le 3e très court, à peine plus long que le 4e. Pronotum subcylindrique, troncature antérieure abrupte, un sillon médian en avant, ponctuation médiocre, peu régulière, serrée, subréticulée; mesonotum à points un peu plus fins, l'aire médiane noire; écusson ponctué-réticulé; postécusson convexe, plus profondément et ruguleusement ponctué-réticulé; angles posticolatéraux du métathorax médiocres, à pointe recourbée, subaiguë; mésopleures inermes, finement ponctuées-réticulées, les deux sillons bien visibles; cuisses un peu vertes en dessus, tibias verdâtres, tarses testacé-blanchâtre, légèrement brunis à l'extrémité. Ecailles marron, subscarieuses; ailes faiblement enfumées dans le milieu. Abdomen court, convexe, feu-doré-cuivré, à ponctuation médiocre, profonde, serrée, subcoriacée : 1er segment moins convexe que les autres, à teinte plus verte, troncature antérieure légèrement concave, noire limbée de bleu, grossièrement sillonnée-ponctuée longitudinalement avec de gros points espacés sur le disque, entremêlés d'autres très petits; 2e segment avec sa base noire débordant un peu de la partie engainée, partie postérieure apicale légèrement renflée-convexe engainante; 3e segment régulièrement arrondi, convexe sur le disque, noir également à la base dans la partie engainée, les côtés assez longs suivant la courbe générale; série antéapicale légèrement creusée, 14 fovéoles assez grandes, irrégulières, ouvertes, séparées; marge apicale assez convexe, plus finement ponctuée, légèrement débordante-anguleuse de chaque côté à sa naissance, bordure extrême noire. Ventre vert-bleuâtre taché de noir; 3e segment un peu vert-doré au centre, densément et finement ponctué. ♂.

Long. 5mm (sec. sp. typ!)

Albitarsis, Mocsary.

Patrie : Algérie (de Saussure, Ancey).

— Tarses jamais blanchâtres. **18**

18 Ventre feu. **21**

— Ventre vert, ou bleu-noir taché de vert ou de bleu. **19**

19 Troisième segment abdominal sensiblement renflé sur le disque. — Corps trapu, court, subparallèle, de taille médiocre; à teinte mate; pubescence assez serrée, courte, grisâtre, très fine; tout l'avant-corps bleu-foncé, parfois noirâtre, bronzé, avec des reflets feu-doré-cuivré sur les intervalles de la ponctuation du front, du pronotum, des aires latérales du mesonotum, de l'écusson et des mésopleures. Tête grosse, à ponctuation médiocre, serrée, réticulée; cavité faciale bleu-vif, large, peu profonde, finement ponctuée-coriacée sur les côtés et finement striée transversalement au milieu, à points plus gros, rugueux en haut, où elle se termine par une carène transversale, rectiligne au milieu, arquée sur les côtés, parfois avec deux petits rameaux se dirigeant vers le premier ocelle ; joues assez longues, convergentes en avant ; clypeus tronqué-incisé, gibbeux, avec de gros points épars ; antennes noirâtres, 1er article noir-bleuâtre bronzé, les articulations du 2e roussâtres, le 3e long comme une fois et demie le 4e, le 4e relativement long, les derniers roussâtres. Pronotum court, troncature antérieure abrupte, un sillon au milieu du bord antérieur, ponctuation subréticulée, médiocre, les intervalles saillants, plans en dessus et garnis de petits points ; mesonotum, écusson et mésopleures ponctués de même, ces dernières avec les deux sillons visibles, l'aire inférieure convexe ; postécusson bleu-vif, grossièrement ponctué-réticulé, convexe ; angles postico-latéraux du métathorax à pointe courte, largement obtuse. Écailles subscarieuses, brunes, bronzé-cuivré-verdâtre (chez la ♀) d'un beau feu-doré (chez le ♂) ; ailes hyalines ; poitrine et pattes bleu-vif, les tibias un peu verdâtres en dessus, tarses roux-noirâtre. Abdomen court, très épais, avec les côtés réfléchis en dessous, très convexe, avec une vague carène médiane, feu-doré à teinte mate : 1er segment vaguement sillonné sur la troncature antérieure, ponctuation assez grosse, serrée, subcoriacée, régulière ; 2e segment ponctué de même, bordure apicale brusquement réfléchie-engainante ; 3e segment court, épais, convexe-renflé, brusquement déprimé transversalement par la série anté-apicale, les côtés du segment excessivement courts, ponctuation un peu plus fine; série antéapicale profonde, large, un peu remontante à l'apex, 14 fovéoles larges, longitudinales, ouvertes, séparées, la série atteint presque la base du segment de chaque côté; marge apicale assez longue, à teinte bleu-verdâtre-bronzé, finement ponctuée, un peu débordante sur les côtés, légèrement sinuée à l'apex. Ventre noirâtre avec quelques taches vertes ou violet-bronzé ou avec des bandes transversales bleu-vert. ♂ Long. 6-8^{mm}. (Sec. sp. typ.!)

La ♀ diffère du mâle par le 3e segment abdominal légèrement déprimé transversalement à sa base, la marge apicale plus longue, feu-bronzé, légèrement carénée au milieu, le sinus de l'apex peu visible, le ventre presque tout noir; oviscapte noirâtre; parfois le troisième segment abdominal est feu-bronzé.

Hydropica, Abeille.

Patrie : France méridionale; Iles Baléares, Espagne.

— Troisième segment abdominal simplement convexe sur le disque. 20

20 Écusson en entier densément ponctué-réticulé; la base du premier segment abdominal vert-bleu. — Corps de petite taille, subparallèle, à teinte mate, à pubescence gris-roussâtre; tout l'avant-corps bleu avec une teinte verte sur la face, le front, le pronotum, les aires latérales du mesonotum. Tête épaisse, à points médiocres, très serrés, subcoriacés, devenant subréticulés et un peu plus gros sur le front; cavité faciale profonde, abrupte en haut et non carénée, ponctuée-subcoriacée assez finement avec des poils blancs et longs;

joues courtes; antennes brunes, les trois premiers articles vert-gai, 3e article court, moins long que les deux suivants réunis, le 4e très court, moins long que le 2e. Pronotum court, cylindrique, subquadrangulaire, couvert de points assez gros, serrés, subréticulés, subruguleux, un léger sillon médian en avant; mesonotum à ponctuation un peu moins grosse; écusson à points assez gros, mais moins serrés, avec quelques autres plus petits dans les intervalles; postécusson convexe, ponctué-réticulé; mésopleures inermes, ponctuées comme le mesonotum; angles posticolatéraux du métathorax à pointe subaiguë, légèrement recourbée en arrière; écailles marron, subscarieuses; ailes subhyalines, à nervures marron; pattes marron-roussâtre en dessous, tarses roussâtres. Abdomen à teinte mate, ovale, à ponctuation médiocre, régulière, serrée, subcoriacée : 1er segment bleu-verdâtre avec une teinte vert-doré sur les côtés de la partie postérieure, troncature antérieure trisillonnée; 2e et 3e segments feu-doré avec une carène médiane longitudinale; le 3e segment régulièrement arrondi, régulièrement convexe, les côtés suivant la courbe générale; série antéapicale non creusée, seize fovéoles petites, arrondies, séparées, ouvertes, irrégulières; marge apicale finement ponctuée. ♂ Long. 6mm. **Humilis**, Buysson.

Patrie : Espagne : Madrid (Abeille).

— Écusson avec un espace lisse imponctué à sa base; 1er segment abdominal entièrement feu-doré comme les autres. — Corps de taille grande, allongé; pubescence longue, éparse, cendrée; tout l'avant-corps vert-gai ou vert-doré brillant, abdomen feu-doré ou feu-grenat-violacé. Tête petite, arrondie, moins large que le pronotum, à points médiocres, espacés, les intervalles polis et brillants; le front à points plus serrés, subréticulés; cavité faciale médiocrement profonde, polie et brillante au milieu, les côtés couverts de points gros peu serrés, le haut non caréné; joues médiocres, subparallèles, de la longueur du 4e article antennaire; clypeus tronqué à l'extrémité; antennes brun-noirâtre, le premier article vert, le 3e un peu moins long que les deux suivants réunis. Pronotum court, convexe, les angles postérieurs longuement prolongés, la troncature antérieure assez abrupte, une légère dépression au milieu du bord antérieur, ponctuation grosse, subréticulée, peu serrée, les intervalles très brillants, polis, imponctués; mesonotum à ponctuation plus espacée, surtout sur la partie postérieure de l'aire médiane, la partie antérieure de cette même aire à teinte bleue; écusson large, ponctué comme le mesonotum; postécusson très étroit, subconvexe, ponctué-subréticulé; angles posticolatéraux du métathorax à pointe étroite, assez longue, finement aiguë et recourbée en arrière; mésopleures concolores, à points peu serrés, médiocres, les deux sillons bien visibles, l'aire inférieure largement creusée près du sillon transversal. Écailles bleues bordées de vert; ailes grandes, très légèrement enfumées, la cellule radiale grande, allongée, un peu ouverte. Pattes vert-gai, tarses brun-roussâtre. Abdomen resplendissant, ovale, assez convexe, avec une légère trace de carène médiane longitudinale sur chaque segment, la ponctuation médiocre, profonde, espacée, les intervalles polis et brillants : 1er segment feu-cuivré-doré ou feu-grenat avec quelques reflets vert-doré, troncature antérieure bleu-vert; 2e segment à ponctuation plus serrée sur le disque et à sa base, la bordure apicale droite, nullement réfléchie-engainante; 3e segment subtrapéziforme, tronqué transversalement, assez régulièrement convexe sur le disque, les côtés très longs, rectilignes, fortement convergents vers l'apex; série antéapicale faiblement creusée-évasée, presque nulle. sans traces de fovéoles ou avec quelques trous espacés irréguliers; marge apicale à points plus fins, à teinte vert-doré, très vaguement sinuée à l'apex et formant un angle à peu près droit de chaque côté par suite de la troncature. Ventre vert-gai un peu doré avec quelques reflets bleus, chaque segment taché de noir à sa base. ♂ Long. 9mm. (Sec. sp. typ.!)

La ♀ diffère du mâle par le 3e segment abdominal à troncature moins large, le disque un peu déprimé; oviscapte brun.

Tafnensis, Lucas.

Patrie : Algérie : bords de la Tafna (Lucas).

21 Marge apicale du 3e segment abdominal bleu-vif; corps de petite taille. — Absolument semblable à la *C. Laïs* Ab. (Voir section V. *auratæ*) dont elle diffère par le front, la face et l'écusson bleu-vert, le pronotum, les aires latérales du mesonotum vert-bleu un peu doré sur les intervalles de la ponctuation, les mésopleures et les pattes bleu-vert, les écailles bleu-vif, la ponctuation abdominale plus grosse, un peu confluente, le 2e segment abdominal visiblement caréné, le 3e assez

fortement déprimé sur le disque, les fovéoles de la série antéapicale beaucoup plus petites et peu ouvertes, la marge apicale bleu-vif. ♀ Long. 5 1/2mm. (Sec. sp. typ. !)

Circe, MOCSARY.

PATRIE : Caucase (Radoszkowsky).

— Marge apicale du 3e segment abdominal concolore ou noir-bronzé-bleuâtre ; corps de taille grande ou moyenne. **22**

22 Joues très longues et parallèles. — Corps de taille moyenne ou grande, robuste ; pubescence longue, gris-roussâtre sur le front, gris-noirâtre sur le dorsulum, blanchâtre en dessous ; tout l'avant-corps bleu ou bleu-verdâtre ou vert-bleuâtre à teinte peu brillante, souvent avec des teintes plus claires vert-gai ou légèrement doré sur le vertex, le pronotum, les aires latérales du mesonotum et l'écusson. Tête large, à points médiocres, profonds, peu serrés, devenant plus petits, très serrés-coriacés, subréticulés sur le front ; cavité faciale largement creusée, très peu profonde, densément ponctuée-coriacée, subdéclive en haut et sans carène ; joues à peu près aussi longues que le 3e article antennaire ; antennes noirâtres, les trois ou quatre premiers articles verts ou bleu-verdâtre ou vert-cuivré-doré, le 3e plus long que les deux suivants réunis. Pronotum court, la troncature antérieure abrupte, un assez fort sillon médian au bord antérieur, ponctuation assez grosse, fortement ruguleuse, irrégulière, entremêlée de points plus petits dans les intervalles ; mesonotum ponctué de même ; écusson à points plus, gros souvent plus espacés sur le disque ;

postécusson convexe, régulièrement ponctué-réticulé, fortement excavé antérieurement; angles posticolatéraux du métathorax médiocres, à pointe recourbée, obtuse; mésopleures plus finement et irrégulièrement ponctuées-réticulées, les deux sillons visibles. Pattes vert-bleuâtre, tibias souvent vert-gai ou vert-doré, tarses brun-roussâtre; écailles bleues ou vertes; ailes faiblement enfumées, subhyalines sur les bords. Abdomen feu-doré souvent un peu verdâtre, caréné longitudinalement, subparallèle, assez convexe; 1er segment à points assez gros, profonds, très serrés, ruguleux, entremêlés de plus petits; 2e segment à points un peu moins gros, plus profonds, peu serrés, non ruguleux, la partie apicale légèrement renflée-engainante; 3e segment subtronqué-arrondi, plus large à sa base qu'au milieu, ponctuation régulière, serrée, les côtés longs; série antéapicale obsolète, très faiblement creusée, 14 fovéoles très petites, irrégulières, faiblement ouvertes; marge apicale assez longue, finement ponctuée, légèrement débordante-anguleuse de chaque côté à sa naissance, avec un large sinus peu accentué à l'apex. Ventre feu-doré ou doré un peu verdâtre, les segments étroitement bordés de noir. ♂ Long. 7-11mm.

La ♀ diffère du mâle par les articles 3 et 4 des antennes à teinte peu brillante, le 4e souvent noir; par le 3e segment abdominal arrondi, non tronqué, un peu comprimé à l'extrémité; la marge apicale irrégulière, tantôt imperceptiblement sinuée à l'apex, tantôt très faiblement subacuminée ou encore flanquée de chaque côté d'un vague petit sinus, elle n'est point anguleuse à sa naissance: le ventre est plus feu, ordinairement les derniers segments sont marginés de violet; oviscapte marron. **Simplex**, Dahlbom.

Obs. — La *C. pyrocœlia* Mocs., dont j'ai vu le type, est une grosse femelle de la *C. simplex* Dahlb.

Patrie : France, Espagne, Italie, Hongrie, Algérie, Caucase.

Var. *gigantea*, var. nov. — Corps de grande taille, beaucoup plus forte; la ponctuation de l'avant-corps plus ruguleuse, irrégulière, le fond des points est bleu, les intervalles saillants vert-doré et souvent un peu feu. On remarque plus de bleu sur le vertex, la partie antérieure du mesonotum et au-dessus des ailes; écailles vert-doré marginées d'un peu de feu; ventre avec les segments largement bordés de violet teinté de bleu. ♀ Long. 13-15mm. Il est très probable que ce soit cette variété que Brullé a décrit sous le nom de *C. pyrogaster*.

Patrie : Grèce : Attique.

— Joues non parallèles. **23**

23 Abdomen franchement feu-doré; thorax toujours plus ou moins bleu. **25**

— Abdomen toujours vert-doré-cuivré; thorax vert-terne, toujours plus ou moins cuivré. **24**

24 Quatrième article des antennes vert au moins en dessus; série antéapicale du 3e segment abdominal creusée sur les côtés. — Corps de petite taille, allongé, subparallèle, entièrement vert-gai un peu doré; l'abdomen vert-doré, les côtés un peu cuivré feu; pubescence blanchâtre, celle du dessous de la tête noire, raide, éparse. Tête épaisse, à points médiocres, serrés, ruguleux, subcoriacés sur l'occiput, mais devenant réticulés et plus gros sur le front; cavité faciale concolore, presque plane, à petits points médiocrement serrés, le haut sans carène; joues longues, non parallèles, convergentes en avant, de la longueur du 3e article antennaire; clypeus un peu bronzé; mandibules bidentées. Antennes brun-noirâtre, les quatre premiers articles verts au moins en dessus, le 3e long, subégal aux deux suivants réunis. Pronotum court, à côtés parallèles, rectangulaire, troncature antérieure abrupte, un sillon au milieu du bord antérieur; ponctuation de tout le thorax un peu forte, réticulée, avec les intervalles rugueux, coriacés. Postécusson convexe, avec une teinte bleu-vif près des ailes; angles posticolatéraux du métathorax recourbés en arrière, à pointe subobtuse; mésopleures concolores, le sillon longitudinal obsolète, le transversal bien visible, l'aire inférieure convexe; pattes concolores, le dessous des hanches bleu, tarses bruns. Écailles bleues, ailes légèrement enfumées, cellule radiale complète. Abdomen ovale-allongé, subdéprimé, à points fins, assez serrés, subcoriacés : 1er segment avec la troncature antérieure très petite, bleuissante ainsi que le bord apical; 3e segment court, arrondi, à ponctuation moins fine et irrégulière, le disque légèrement déprimé, les côtés droits, convergents en arrière; série antéapicale médiocrement profonde, interrompue et nullement creusée au milieu, 8 fovéoles de chaque côté, petites, ouvertes, irrégulières, un peu confluentes; marge apicale concolore, à points fins et serrés, bordure extrême bronzé-noirâtre. Ventre verdâtre un peu doré, tous les segments tachés et étroitement marginés de noir, les taches étroitement limbées de bronzé. ♀ Long. 5mm. (Sec. sp. typ.!)

Kruperi, Mocsáry.

Obs. — Cette espèce est peut-être synonyme de *C. viridana* Dahlb. que je ne connais pas; d'après la description de Dahlbom elle en serait différente par les écailles bleues, par l'abdomen dont la marge apicale n'est point pourpre-doré, par le ventre vert un peu doré, les ailes légèrement enfumées, le metanotum et la poitrine vert gai, la bordure extrême du 3e segment abdominal bronzé-noirâtre. Mais ces différences sont peu importantes.

Patrie : Grèce : Mont Parnassos (Kohl).

Quatrième article antennaire non métallique; série antéapicale du 3e segment abdominal obsolète, non creusée. — Corps de taille moyenne ou médiocre, allongé, entièrement vert-cuivré à teinte mate, un peu plus cuivré-doré sur le front, les pro- et mesonotum et l'abdomen, ce dernier est brillant et toujours cuivré-doré; pubescence cendrée-blanchâtre. Tête plus large que le pronotum, à ponctuation serrée, médiocre, ruguleuse, subréticulée sur le front; cavité faciale plus verte, plane, convexe, non carénée en haut, finement ponctuée-coriacée; joues longues, convergentes en avant, de la longueur du 3e article antennaire; antennes noirâtres, marron-roussâtre foncé à l'extrémité, les trois premiers articles verts, le 3e aussi long que les deux suivants réunis. Pronotum à côtés convergents en avant, troncature antérieure bleue, une légère dépression au milieu près du bord antérieur; ponctuation des pro- et mesonotum, écusson et mésopleures très serrée, ruguleuse, irrégulière, médiocre, coriacée; postécusson convexe, à points plus gros, réticulés, une petite cavité bleue au bord antérieur; metanotum à sutures bleues; angles posticolatéraux du métathorax droits, subaigus; mésopleures avec le sillon transversal seul visible, bleu. Écailles vertes, bleues à la base; ailes subhyalines; tout le dessous du thorax bleu; pattes bleu-vert, un peu cuivré-doré sur le dessus des hanches et des tibias, tarses brun-roussâtre. Abdomen ovale, à ponctuation fine, coriacée, serrée : 1er segment avec quelques points épars un peu plus gros, entremêlés aux autres plus fins et serrés; 3e segment légèrement comprimé, les côtés assez fortement réfléchis en dessous, ovale-allongé, subtronqué-arrondi, à ponctuation un peu plus fine, disque à profil subrectiligne; série antéapicale nullement creusée, obsolète, 14 fovéoles très petites, peu ouvertes; marge apicale continue avec le disque, ponctuée et colorée de même, assez longue, largement anguleuse-arrondie de chaque côté. Ventre vert-doré, chaque segment marginé de noir-bronzé, les deux premiers segments tachés de bleu de chaque côté à leur base, toute la partie antérieure du 2e à ponctuation assez grosse, assez profonde et espacée. ♂♀ Long. 7-8mm. (Sec. sp. typ.!) **Lucasi**, ABEILLE.

PATRIE : Algérie.

25 Apex du 3e segment abdominal distinctement émarginé. — Corps de taille presque grande, allongé, cylindrique, parallèle; pubescence épaisse, grisâtre; tout l'avant-corps bleu, ou bleu-noirâtre, ou vert, ou bleu-verdâtre, souvent, surtout chez la ♀, avec des reflets feu-cuivré sur le front, le pronotum,

les mésopleures et l'écusson. Tête petite, arrondie, couverte de points médiocres, peu serrés, assez profonds, devenant plus serrés et souvent réticulés-ruguleux sur le front; cavité faciale creusée, ponctuée-coriacée, vaguement marginée en haut, sans carène complète; joues médiocres; subparallèles; clypeus long, subtronqué-arrondi. Antennes brun-roussâtre ou noir-brun, courtes, chez la ♀; roussâtres surtout en dessous et sur les articles 3 et 4, et longues chez le ♂; articles 1, 2 et base du 3e verdâtres, le 3e court, moins long que les deux suivants réunis. Pronotum assez long, avec un léger sillon longitudinal, ponctuation très serrée, irrégulière, ruguleuse, ou avec des intervalles pointillés; mesonotum ponctué de même sur la moitié postérieure de l'aire médiane où la ponctuation est plus forte et réticulée; écusson ponctué-subréticulé avec des points fins à la base; postécusson convexe, grossièrement ponctué-réticulé; angles posticolatéraux du métathorax à pointe courte et obtuse; mésopleures convexes, ponctuées-subréticulées, avec les deux sillons. Écailles brun-bronzé; ailes légèrement enfumées au milieu. Pattes bleues ou vertes, ou bleu-verdâtre, ou vert-gai-subdoré; tarses roux chez la ♀, roux testacé chez le ♂. Abdomen cylindrique, assez réfléchi en dessous sur les côtés, d'un beau feu-doré ou doré un peu verdâtre, à teinte peu brillante, une vague carène longitudinale: segments 1 et 2 à points serrés, médiocres, subruguleux; 3e segment régulièrement convexe sur le disque, ponctuation un peu plus fine et moins régulière, côtés du segment courts, subrectilignes; série antéapicale creusée, noir-bronzé, séparée au centre par une petite carène, 14 fovéoles ouvertes, assez grandes, peu profondes, séparées ; marge apicale assez longue, un peu renflée en bourrelet, émarginée à l'apex et très vaguement sinuée de chaque côté; bordure extrême noir-bronzé. Ventre feu avec la base des deux premiers segments noire. ♂ Long. 9-11mm.

La ♀ diffère du ♂ par la teinte de l'avant-corps généralement plus foncée, le 3e segment ventral noir-violacé, le 3e segment abdominal légèrement comprimé, assez régulièrement arrondi, légèrement déprimé à la base, puis un peu renflé avant la série anté-apicale, celle-ci brusquement creusée, très large, très profonde, les fovéoles très larges, confluentes, longitudinales; la marge apicale noir-bleuâtre-bronzé, ou verdâtre, rarement feu, légèrement renflée en bourrelet, la bordure extrême noire. Oviscapte brun-roux.

J'ai vu un ♂ ayant la base des antennes, la face et le dessus des pattes doré-cuivré.

Emarginatula, Spinola.

Patrie : France meridionale, Espagne.

— Apex du 3e segment abdominal entier ou vaguement sinué. **26**

26 Ponctuation du 2e segment abdominal régulière, très fine, dense, coriacée. — Corps de taille moyenne ou presque petite, trapu; pubescence fine, dressée, gris-roussâtre en dessus, blanchâtre en dessous; tout l'avant-corps bleu avec des teintes bleu-vert ou vertes ou vert-doré, souvent avec un peu de feu sur l'épistome (très rarement toute la face), le pronotum, les mésopleures, les écailles et l'écusson. Tête à points médiocres, espacés, séparés par des intervalles ruguleux finement pointillés, front subréticulé; cavité faciale peu profonde, évasée, striée transversalement au milieu, déclive en haut et légèrement marginée transversalement par une petite carène ondulée, irrégulière; joues très courtes, parallèles; clypeus tronqué-crénelé, souvent largement émarginé, fortement déprimé transversalement en avant; antennes noirâtres, les deux premiers articles et le 3e, en entier ou en partie, verts, le 3e plus court que les deux suivants réunis, parfois les trois ou quatre derniers roussâtres en dessous. Pronotum court, à côtés convergents en avant, troncature antérieure très abrupte, un sillon au milieu du bord antérieur large et profond, atteignant un autre sillon transversal parallèle au bord postérieur et plus profond de chaque côté; ponctuation médiocre, subréticulée avec des intervalles ruguleux finement pointillés. Mesonotum moins grossièrement ponctué, subréticulé-coriacé à points irréguliers; écusson convexe, à points assez gros, à fond plat, réticulés, les intervalles étroits, un peu ruguleux; postécusson convexe, profondément et rugueusement ponctué-réticulé; mésopleures ponctuées-réticulées; angles posticolatéraux du métathorax un peu recourbés, à pointe large, obtuse. Écailles bleu-vert, souvent vert-doré; ailes assez enfumées au milieu, cellule radiale très largement ouverte. Pattes bleu-vert ou vertes ou vert-doré, surtout sur les hanches, tarses brun-roussâtre, plus claires à l'extrémité. Abdomen d'un beau feu-doré, entièrement couvert d'une pubescence très courte, très serrée, noirâtre, il est assez large, court, subcylindrique : 1er segment parfois avec une teinte verte ou bleuâtre, ponctuation médiocre, irrégulière, entremêlée de points fins très nombreux; 2e segment légèrement caréné, la partie postérieure un peu renflée, très engainante; 3e segment subtronqué-arrondi, noir à la base avec des points très espacés, les intervalles imperceptiblement chagrinés-réticulés, sur le reste du segment les points sont fins, très serrés, coriacés, le disque est légèrement déprimé, puis renflé en un étroit bourrelet juste avant la série antéapicale et formant une ligne anguleuse à l'apex, les côtés du segment très courts; série antéapicale assez profonde, formant une ligne anguleuse à l'apex, 18-20 fovéoles régulières, ouvertes, médiocres, séparées, à fond souvent un peu verdâtre; marge apicale assez longue, finement ponctuée, à peu près régulièrement arrondie sur les côtés, bordure extrême noire. Ventre d'un beau feu-doré : 1er segment souvent vert-doré, le 2e taché de noir à sa base. ♂ Long. 5 1/2 — 8 1/2mm.

La femelle diffère du ♂ par le 3e segment abdominal moins tronqué, parfois très vaguement acuminé à l'apex. Oviscapte brun-foncé. **Neglecta**, SHUCKARD.

PATRIE : Commune dans toute l'Europe : France, Angleterre, Belgique, Allemagne, Espagne, Italie, Algérie, Russie, etc... Dépose ses œufs dans les nids des *Odynerus spinipes* L. et *lævipes Shuck.*

Var. *Kuthyi* Mocs. Mélanisme. Diffère du type par son coloris entièrement noir mat obscur, légèrement bronzé, le fouet des antennes brun-roussâtre, devenant roux à l'extrémité, les tarses roux, les tibias brun-roussâtre, ♂ Long. 7mm (sec. sp. typ !) (♂, nec. ♀).

PATRIE : Hongrie : Budapest (Mocsary).

— Ponctuation du 2e segment abdominal jamais très fine, ni coriacée, ni régulière. 27

27 Troisième segment abdominal tronqué transversalement; ponctuation abdominale très espacée; mandibules unidentées. — Corps de taille moyenne ou presque grande, subparallèle, robuste; pubescence gris-brun en dessus, gris-roussâtre sur le front, blanchâtre en dessous; tout l'avant-corps bleu ou bleu-vert avec des teintes un peu doré sur le vertex, le bord antérieur du pronotum, les aires latérales du mesonotum et sur l'écusson. Tête à points médiocres, assez profonds, serrés, ruguleux; le front plus finement ponctué-coriacé; cavité faciale très large, peu creusée, ponctuée-coriacée, sans carène en haut; joues longues, parallèles, aussi longues que le 3e article antennaire; clypeus large, tronqué-subarrondi. Antennes brun-foncé, les deux premiers articles verts ou bleu-verdâtre, le 3e un peu moins long que les deux suivants réunis, métallique dans ses deux tiers inférieurs. Pronotum court, troncature antérieure abrupte, un sillon au milieu du bord antérieur, ponctuation irrégulière, profonde, très serrée, ruguleuse; mesonotum à points beaucoup plus fins et peu serrés sur les aires latérales; écusson à gros points entremêlés de plus petits; postécusson convexe-subgibbuleux, à réticulation médiocre mais ruguleux; angles posticolatéraux à pointe un peu divariquée, subaiguë, méso-

pleures finement ponctuées-subcoriacées, les deux sillons visibles. Écailles bleu-vert ou vertes; ailes médiocrement enfumées; pattes vert-bleu ou vertes. tarses brun roussâtre. Abdomen d'un beau feu-doré, brillant, subparallèle, cylindrique, à ponctuation fine, espacée, peu profonde, entremêlée de points beaucoup plus fins : 1er segment avec des points beaucoup plus gros sur les côtés; 2e segment à bordure apicale réfléchie-engainante, à ponctuation plus effacée; 3e segment assez long, tronqué transversalement, régulièrement convexe sur le disque, les côtés assez longs, subrectilignes; série antéapicale très faiblement creusée, 12-18 fovéoles, petites, irrégulières, ouvertes, séparées; marge apicale très faiblement convexe, très finement ponctuée, brusquement débordante-anguleuse à sa naissance de chaque côté. Ventre feu-doré : 2e segment taché de noir à la base, le 3e noir avec quelques reflets violacé-bronzé. ♂ Long. 9-11mm.

La femelle diffère du mâle par le 3e segment abdominal moins largement tronqué, plus long, plus cylindrique, la série antéapicale à fovéoles très obsolètes, la marge apicale plus longue et un peu relevée; oviscapte brun.

Austriaca, Fabricius.

Patrie : Assez répandue dans toute l'Europe : France, Suisse, Autriche, Allemagne, Belgique, Italie, Russie, etc... Rare dans la région méridionale.

— Troisième segment abdominal arrondi-subtronqué; ponctuation du 2e segment plus serrée antérieurement; mandibules bidentées (excepté peut-être chez la *C. simplicicornis* Buyss.).

28 Abdomen déprimé : 2ᵉ segment beaucoup
1 plus large dans son tiers postérieur qu'à sa base; pubescence du 3ᵉ segment noire, grosse, hérissée. — Corps de taille moyenne ou presque grande, allongé, déprimé; pubescence très longue, épaisse, dressée, noirâtre en dessus, brunâtre sur le front, blanchâtre sur la face et les parties inférieures; tout l'avant-corps vert-bleuâtre avec quelques teintes vert-doré sur les intervalles de la ponctuation, un peu partout. Tête plus large que le pronotum, à points assez réguliers, médiocres, assez profonds, peu serrés sur le vertex, mais serrés et réticulés sur le front; cavité faciale aplanie, densément ponctuée-coriacée uniformément, sans espaces imponctués, convexe non marginée en haut; joues longues, convergentes en avant, un peu arquées, de la longueur du 3ᵉ article antennaire; mandibules bidentées; antennes fortes, noirâtres, 1ᵉʳ article vert, les articles 2 et 3 verts en dessus, le 3ᵉ subégal aux deux suivants réunis, les articles 4-7 renflés en dessous. Pronotum court, un large sillon au milieu du bord antérieur; ponctuation des pro- et mesonotum assez grosse, profonde, espacée, les points à fond bleu, les intervalles finement pointillés; écusson à points gros, subréticulés, entremêlés de plus petits, souvent avec un petit espace imponctué antérieurement; postécusson brièvement gibbeux, parfois un peu subconique, une cavité au bord antérieur, ponctuation dense, ruguleuse, réticulée; angles posticolatéraux du métathorax à pointe divariquée, obtuse (rarement aiguë ♂); mésopleures densément ponctuées-réti-

culées, les deux sillons visibles. Écailles vert-bleu, parfois avec quelques reflets dorés, finement ponctuées et imperceptiblement striées concentriquement; ailes grandes, assez enfumées (rarement subhyalines ♂), à nervure très épaisses et avec une grande tache sur le bord antérieur de la cellule radiale. Pattes vert-bleu ou bleu-vert, quelquefois vert-gai un peu doré en dessus, cuisses et tibias plus ou moins noirâtres en dessous tarses noirâtres ou noir-brun. Abdomen d'un beau feu-doré : 1er segment généralement à teinte mate, la troncature antérieure abrupte, verdâtre, la ponctuation serrée, irrégulière, une légère carène médiane très finement ponctuée se continuant sur le 2e segment qui a la ponctuation moins serrée, et la partie apicale renflée-engainante à points espacés et obsolètes, ce qui la rend brillante; 3e segment arrondi-subtronqué, brillant, régulièrement conxexe sur le disque, la ponctuation espacée, peu profonde, un peu plus fine et plus serrée à la base; série antéapicale figurée par une large dépression, pas de fovéoles apparentes, simplement avec quelques petits points obsolètes; marge apicale longue, légèrement carénée au milieu longitudinalement, arrondie sur les côtés, la bordure extrême noir-bronzé. Ventre feu-doré, chaque segment taché et bordé de noir. ♂ Long. 8 1/2-10 1/2mm.

La femelle diffère du ♂ par les antennes sans aucun article renflé en dessous, la pubescence de la tête un peu moins longue et moins épaisse; par le 3e segment abdominal légèrement caréné au milieu, la série antéapicale visible, formée de 16 fovéoles très petites, ouvertes, séparées, régulières; oviscapte brun-marron. **Hirsuta**, GERSTAECKER.

OBS. — D'après les communications de M. le capne Xambeu, je sais que cette espèce est parasite de l'*Osmia vulpecula* Gerst, chez laquelle elle se comporte comme nous l'avons vu pour la *Chrysis dichroa* Dahlb chez l'*Osmia rufo-hirta* Latr. La Chrysis se file un cocon en parchemin très mince à l'intérieur de celui de l'Osmia.

J'ai vu un exemplaire du Musée de Munich, appartenant à l'espèce de Gerstæcker, déterminé par Dahlbom sous le nom de *Chrysis bicolor*.

PATRIE : France, Allemagne, Suisse, Espagne, Tyrol.

— Abdomen non déprimé : 2e segment à côtés parallèles; pubescence du 3e segment plus fine, subdressée, blanche. **29**

29 Poils de la face noirs; tête, vue de face, triangulaire.—Semblable à la *C. hirsuta* Gerst. dont elle ne diffère que par les caractères suivants. Corps de taille plus petite, plus étroit, non déprimé; haut de la face à poils noirâtres, peu épais; cavité faciale parfois avec tout le milieu lisse, brillant, ou très faiblement strié avec quelques points très épars; mendibules bidentées; tout l'avant-corps bleu-indigo ou bleu-verdâtre à reflets vert-doré, ou un peu feu sur quelques places dans les intervalles de la ponctuation; ailes subhyalines avec une légère teinte fumeuse près du bord antérieur de la cellule radiale; tarses brun-noirâtre ou légèrement roussâtres. Abdomen subcylindrique, à teinte nullement terne, feu doré, la ponctuation un peu plus fine, un peu moins serrée : 2e segment avec le bord apical engainant à points plus fins; 3e segment tronqué-transversalement arrondi, à ponctuation égale, les côtés du segment plus longs, droits; série antéapicale moins profonde, parfaitement visible, 14 fovéoles petites, régulières, ouvertes, arrondies; marge apicale finement ponctuée, bordure extrême noirâtre ou violacé-bronzé. ♂ Long. 8-8 1/2mm.

La femelle n'a point d'articles antennaires renflés en dessous et le 3e segment abdominal est légèrement comprimé sur les côtés, régulièrement ovale-arrondi; oviscapte brun.

Osmiæ, Thomson.

Patrie : Scanie (teste Thomson in litt.); Corse, France, Caucase, Grèce, Tunisie.

Poils de la face blancs; tête, vue de face, carrée. — Semblable à la *C. Osmiæ* Thoms. dont elle diffère par les antennes sans aucun article renflé en dessous, le 4e article entièrement noir; les joues un peu plus longues et beaucoup moins convergentes en avant, presque parallèles; tout l'avant-corps, y compris la face, couvert d'épais poils blancs, longs et dressés; la ponctuation thoracique plus ruguleuse, plus serrée, celle de l'abdomen plus grosse, beaucoup plus profonde; le 1er segment abdominal avec de gros points profonds, épars, entremêlés de petits; le 3e segment abdominal avec les poils blancs et courts, la série antéapicale peu visible, quelques fovéoles très petites, peu apparentes. ♂ Long. 8 1/2mm. **Simplicicornis**, n. sp.

Patrie : Algérie.

SECTION V. – AURATÆ

1 Corps entièrement feu-doré. 2

— Corps non entièrement feu-doré. 3

2 Postécusson subconique-obtus. — Corps de taille médiocre, robuste, entièrement d'un beau feu-doré cuivré, rarement avec quelques légers reflets verts; pubescence assez longue, dressée, peu serrée, d'un brun plus ou moins foncé. Tête un peu plus large que le pronotum, à points médiocres, serrés, subréticulés sur le vertex, réticulés sur le front; cavité faciale plane, non carénée en haut, densément pointillée-subcoriacée, finement striée transversalement près des antennes; joues longues, convergentes en avant, moins longues que le 3e article antennaire; mandibules bidentées, feu-doré à la base; clypeus tronqué-subarrondi; antennes noirâtres, les trois premiers articles feu-doré, les articles 4 et 5 renflés en dessous, le 3e un peu plus long que les deux suivants réunis. Pronotum court, la troncature antérieure légèrement déclive, concolore, une légère dépression au bord antérieur, la ponctuation assez grosse, subréticulée, profonde, rugueuse, les intervalles rugueux, finement pointillés; mesonotum à ponctuation moins grosse, subrégulière, subréticulée, subruguleuse; écusson ponctué-réticulé; postécusson profondément ponctué-réticulé; métathorax concolore, les angles posticolatéraux petits, à pointe étroite, assez longue, aiguë, ou subtriangulaires-subaigus;

mésopleures ponctuées-réticulées plus finement, le sillon longitudinal court, le transversal bien visible. Écailles doré-verdâtre; ailes légèrement enfumées, cellule radiale fermée; pattes feu-doré, le dessous des hanches des trochanters et des cuisses bleu-verdâtre-doré, tarses brun-foncé. Abdomen ovale, assez large, de la longueur de l'avant-corps, assez convexe, légèrement caréné dans toute sa longueur: 1er segment à points assez gros, entremêlés de plus petits et d'autres encore plus fins, troncature antérieure doré-verdâtre; 2e segment à points médiocres, assez serrés, subcoriacés, allant en diminuant de grosseur et de densité jusqu'au bord apical où ils sont fins et peu serrés; 3e segment court, largement arrondi-subtronqué, à points médiocres, assez serrés, subcoriacés, les côtés du segment médiocres, subrectilignes; série antéapicale faiblement creusée, séparée au milieu par la carène médiane, 24-26 fovéoles petites, très serrées, subconfluentes, noires, ouvertes; marge apicale courte, allant insensiblement en diminuant sur les côtés. Ventre noir, largement taché de feu-grenat. ♂ Long. 7-8mm. (Sec. sp. typ.)

La femelle diffère du mâle par l'absence de tout article antennaire renflé en dessous, par le 3e segment abdominal régulièrement ovale-arrondi, un peu déprimé sur le disque, le ventre feu-grenat taché de noir; oviscapte brun.

Pruna, Gribodo.

Patrie : Algérie; assez répandue.

— Postécusson conique-acuminé. — Corps de taille moyenne ou grande, robuste, entièrement feu-doré ou feu-grenat à teinte mate;

pubescence noire, grosse, dressée, éparse. Occiput à points assez gros, irréguliers, serrés, profonds, ruguleux; front à points plus petits, serrés, coriacés; cavité faciale presque plane, entièrement et densément ponctuée-coriacée, le milieu à points plus fins, finement striée transversalement vers les antennes, le haut non caréné; joues très longues, convergentes en avant, un peu moins longues que le 3e article antennaire; mandibules bidentées, feu-doré à la base; clypeus long, tronqué au sommet; antennes noires, les trois premiers articles feu-doré, le 4e taché de feu en dessus, le 3e égale au moins les deux suivants réunis. Pronotum plus étroit que la tête antérieurement, les côtés convergents en avant, un léger sillon au bord antérieur, la troncature antérieure concolore, un peu déclive; ponctuation des pro- et mesonotum médiocre, réticulée, ruguleuse, les intervalles très finement pointillés; écusson grossièrement ponctué-réticulé; postécusson grossièrement ponctué-réticulé avec une cavité au bord antérieur; métathorax concolore, angles postico-latéraux assez forts, fortement creusés postérieurement, à pointe large, obtuse, légèrement divariquée; mésopleures ponctuées-réticulées, les deux sillons visibles; écailles feu-doré; ailes assez fortement enfumées, hyalines à l'extrémité, cellule radiale ouverte; pattes feu-doré, tarses brun-roussâtre foncé, le 1er article un peu feu-violacé en dessus. Abdomen plus long que l'avant-corps, ovale-elliptique, très peu convexe, légèrement déprimé sur le disque, avec une carène médiane longitudinale, ponctuation fine, serrée, coriacée, allant en diminuant de grosseur du 1er au 3e segment : 1er segment à points assez gros et épars, entremêlés de petits sur le disque, la carène médiane très finement pointillée, troncature antérieure concolore, légèrement tri-impressionnée; 2e segment à bordure apicale un peu épaissie; 3e segment subtriangulaire-ovale, comprimé à l'extrémité, les côtés assez longs, subrectilignes; série antéapicale peu profonde, séparée au milieu par la carène médiane qui est assez forte, 12 fovéoles petites, rondes, espacées, irrégulières; marge apicale allant insensiblement en diminuant de longueur jusqu'à sa naissance de chaque côté, bordure apicale sans repli. Ventre feu-doré, taché et marginé de noir, parfois un peu violacé. ♂. Long. 9-12mm. (Sec. sp. typ!)

La femelle diffère du ♂ par le 3e segment un peu plus allongé, les fovéoles de la série antéapicale plus marquées et plus ouvertes; oviscapte brun. **Barbara**, Lucas.

Patrie : Algérie, Tunisie.

3 Thorax entièrement feu-doré ou cuivré-feu-doré, ou vert-cuivré, ou cuivré-verdâtre en dessus. 4

— Thorax non entièrement feu-doré ou cuivré feu-doré, ou vert-cuivré ou cuivré-verdâtre en dessus. 13

4 Thorax entièrement feu-doré ou cuivré-feu-doré. 5

— Thorax entièrement vert-cuivré ou cuivré-verdâtre. 6

5 Vertex bleu; marge apicale du 3e segment abdominal vert-doré. — Corps de taille médiocre, allongé, parallèle; tête bleue, dessous du corps et postécusson doré-verdâtre, le reste feu-doré; pubescence grisâtre en dessus, blanchâtre en dessous. Tête de la largeur du pronotum, épaisse. arrondie; vertex bleu-vif, à points médiocres, serrés, subréticulés; front vert-gai, à points gros, réticulés; cavité faciale peu profonde, non carénée en haut, cette partie déclive lisse et brillante, le reste de la face et l'épistome vert-doré, les côtés de la face densément ponctués, avec des poils blancs; joues un peu plus courtes que le 3e article antennaire; antennes noirâtres, les trois premiers articles vert-subdoré, le 3e presque aussi long que les deux suivants réunis. Pronotum long, cylindrique, troncature antérieure doré-verdâtre, un sillon au milieu du bord antérieur; ponctuation des pro-, mesonotum et écusson assez grosse, réticulée; mesonotum avec quelques points entremêlés plus fins; postécusson convexe, plus profondément et ruguleusement ponctué-réticulé; métathorax vert-doré un peu bleuâtre, les angles posticolatéraux à pointe un peu linéaire, médiocrement longue, subobtuse; mésopleures vert-bleuâtre, un peu dorées au centre, ponctuation irrégulière, médiocre, subréticulée, les deux sillons visibles. Écailles vert-bleu; ailes assez enfumées, courtes; pattes vert-gai, un peu dorées sur les tibias, tarses roussâtres. Abdomen feu doré, allongé, subparallèle, peu convexe : 1er segment à points assez gros, espacés, réguliers, les intervalles avec des points plus petits, ruguleux, tron-

cature antérieure bleu-verdâtre, avec un large sillon médian; 2e segment régulièrement et densément ponctué, à points plus fins et subcoriacés; 3e segment ponctué de même, ovale-subtronqué-arrondi, à peine convexe sur le disque, à teinte un peu grenat, les côtés du segment longs, rectilignes, convergents à l'apex; série antéapicale peu creusée, séparée au milieu par une légère carène, 14 fovéoles assez grandes, irrégulières, parfois un peu confluentes, ouvertes et profondes; marge apicale longue, vert-gai un peu doré, finement ponctuée, largement débordante-arrondie de chaque côté à sa naissance, un très petit sinus peu visible à l'apex et de chaque côté un autre plus large, mais très vague, la bordure extrême noire. Ventre bleu-vert, marginé et taché de noir, quelques légers reflets vert-doré sur le disque du 2e segment. ♂ Long. 6mm. **Illudens,** NOV. SP.

PATRIE : Algérie.

— Vertex feu; marge apicale du 3e segment abdominal concolore. — Corps de taille médiocre, entièrement feu-doré-cuivré, excepté le metanotum et le dessous du thorax qui sont vert-bleu; pubescence longue, assez épaisse, dressée, blanc sale en dessus, blanche en dessous. Tête à points fins, serrés, coriacés, devenant plus fins sur le front et toute la face; cavité faciale plane, subconvexe en haut, non carénée; joues assez longues, convergentes en avant, un peu moins longues que le 3e article antennaire; mandibules unidentées; antennes noirâtres, les trois premiers articles vert-doré-cuivré, le 3e égal aux deux suivants réunis. Pronotum court, à côtés convergents en avant, troncature antérieure vert-doré, un petit sillon au milieu du bord antérieur, ponctuation serrée-coriacée, formée de quelques points médiocres, entremêlés de nombreux petits points ruguleux; mesonotum et écusson à points moins fins, moins serrés, subréticulés sur l'aire médiane du mesonotum; postécusson grand, un peu plus verdâtre, la ponctuation médiocre, serrée, ruguleuse, coriacée, non réticulée, une petite cavité au milieu du bord antérieur; angles posticolatéraux du métathorax doré-cuivré, triangulaires, subaigus, à pointe droite, dirigée obliquement en arrière; mésopleures feu-doré-cuivré, densément ponctuées-subréticulées, planes, le sillon transversal seul visible, à fond bleu-vert. Pattes vert-doré-cuivré, plus feu-doré sur les tibias, tarses brun-roussâtre; écailles vert-doré, feu-cuivré sur le disque; ailes légèrement enfumées, cellule radiale non fermée. Abdomen plus feu, large, peu convexe, sans carène médiane bien distincte, ponctuation fine, un peu subconfluente, assez serrée : 1er segment à points plus fins et serrés-coriacés, la troncature antérieure plus verte, abrupte, tri-impressionnée; 3e segment court, largement tronqué-subarrondi, régulièrement convexe sur le disque, les côtés du segment courts, subrectilignes; série antéapicale non creusée, obsolète, non séparée au milieu, 16 fovéoles très petites, ponctiformes, indistinctes; marge apicale non débordante sur les côtés à sa naissance. Ventre feu-doré-grenat, le 2e segment taché à sa base de vert-noirâtre-bronzé un peu doré, le 3e segment largement marginé de noir. ♂ Long. 6 1/2-7mm. **Zuleica**, Buysson.

Obs. Diffère de la *C. hybrida* Lep. par son coloris uniforme et plus feu, la ponctuation beaucoup plus fine et généralement coriacée, les mésopleures sans sillon longitudinal, la ponctuation abdominale et la forme du 3e segment abdominal.

Patrie : Algérie (Gazagnaire, Gribodo.)

6 Postécusson conique-aigu.
Refulgens. Spin. var. **Amasinopsis**, Buysson.
(Voir Section IV, *bicolores*, no 6).

— Postécusson non conique aigu. 7

7 Corps très grêle, étroit, cylindrique; marge apicale du 3e segment abdominal bronzé-verdâtre; fouet des antennes entièrement marron-brunâtre-foncé. — Corps de petite taille, allongé, entièrement cuivré-verdâtre, peu brillant; pubescence brunâtre en dessus, blanchâtre en dessous. Tête petite, épaisse, pas plus large que le pronotum, couverte comme les pro-, mesonotum, mésopleures et écusson, d'une réticulation proportionnellement grosse, ruguleuse et profonde; cavité faciale un peu plus verte, très peu profonde, déclive en haut, non carénée, finement striée au centre, ponctuée-coriacée sur les côtés; joues longues, de la longueur du 3e article antennaire; 1er article antennaire vert-bronzé, le 3e plus court que les deux suivants réunis. Pronotum cylindrique, un sillon au milieu du bord antérieur, troncature antérieure assez abrupte; postécusson convexe, plus densément réticulé; métathorax à teinte bleue, angles posticolatéraux dirigés en ar-

rière, à pointe longue, obtuse; dessous du thorax bleu; pattes vert-bronzé, brun-marron foncé en dessous, tarses et extrémité des tibias roussâtres; écailles brun-clair, scarieuses, à reflets bleuâtres; ailes subhyalines à nervures brun-clair testacé. Abdomen cylindrique : 1er segment avec la troncature antérieure bleu-verdâtre, ponctuation à gros points subréticulés avec les intervalles ruguleux et pointillés; 2e segment à ponctuation plus serrée, avec des petits points peu nombreux, une faible carène médiane sur les deux tiers antérieurs, la partie apicale du segment assez engainante; 3e segment à teinte plus cuivrée, assez régulièrement arrondi, régulièrement convexe sur le disque, ponctuation moins grosse, moins profonde, plus serrée; série antéapicale non creusée, 18 fovéoles assez grandes, ouvertes, rapprochées, irrégulières; marge apicale subruguleuse, subscarieuse, très faiblement débordante de chaque côté à sa naissance, un large sinus très peu profond à l'apex. Ventre noir-bronzé taché de bleu. ♂ Long. 5mm.
(Sec. sp. typ.!) **Fugax**, Abeille.

Patrie : France (Abeille).

— Corps ni grêle, ni étroit-cylindrique; marge apicale du 3e segment abdominal concolore; fouet des antennes avec des articles métalliques, au moins le premier bronzé-verdâtre. **8**

8 Abdomen déprimé. **9**

— Abdomen non déprimé, convexe, plus ou moins cylindrique. **10**

9 Quatrième article antennaire vert au moins en dessus; série antéapicale du 3e segment abdominal creusée sur les côtés.

Kruperi, Mocsary. (Voir section IV n° 24).

— Quatrième article antennaire non métallique; série antéapicale du 3e segment abdominal nullement creusée.

Lucasi, Abeille (Voir section IV n° 24).

10 Ventre feu-cuivré. — Corps de taille médiocre, assez robuste; pubescence longue, blanchâtre ou roussâtre à la base, dressée; entièrement cuivré-feu-doré, plus ou moins verdâtre, avec l'occiput, la troncature antérieure et les angles postérieurs du pronotum, l'aire médiane du mesonotum, les écailles, tout le métathorax, les mésopleures et le dessous du thorax bleus. Vertex à points fins, serrés, ruguleux, coriacés, devenant réticulés et médiocres sur le front; toute la face et l'épistome d'un beau cuivré-feu resplendissant, la cavité faciale à peine creusée-évasée, convexe, non marginée en haut, ponctuée-coriacée; joues longues, convergentes en avant, de la longueur du 3e article antennaire; mandibules unidentées; antennes brun-noirâtre foncé, le 1er article vert-bleu, le 2e et le 3e cuivré-doré, le 3e un peu plus long que les deux suivants réunis. Pronotum court, troncature antérieure fortement abrupte, un sillon bleu au milieu du bord antérieur, ponctuation médiocre, très serrée, ruguleuse, subréticulée. Mesonotum ponctué comme le pronotum, les aires latérales à points peu profonds, plus fins; écusson généralement bleu-verdâtre, à points peu pro-

fonds entremêlés de quelques-uns beaucoup plus gros à fond plat; postécusson convexe, ponctué-réticulé, avec une cavité au bord antérieur; mésopleures finement ponctuées-subcoriacées-ruguleuses, les deux sillons visibles; angles posticolatéraux du métathorax petits, à pointe fine, aiguë ou subobtuse. Ailes subhyalines ou légèrement enfumées; pattes vert-doré, cuivrées généralement sur les tibias, tarses brun-roussâtre, à villosité épaisse, blanchâtre. Abdomen un peu cylindrique, généralement plus feu, mais rarement sans trace de teinte cuivrée, une vague carène médiane figurée sur toute la longueur des deux premiers segments par de petits points très fins : 1er segment à points médiocres, espacés, les intervalles garnis de petits points ; 2e segment à ponctuation simple, plus serrée, subrégulière, bord apical assez réfléchi-engainant, à points moins gros et peu profonds; 3e segment court, tronqué transversalement, assez convexe sur le disque, à points réguliers, serrés, plus fins; série antéapicale très faiblement creusée, 14 fovéoles petites, rondes, ouvertes, séparées ; marge apicale très faiblement convexe, finement ponctuée, légèrement débordante-arrondie sur les côtés à sa naissance, vaguement sinuée à l'apex, la bordure extrême scarieuse, hyaline. Ventre feu-cuivré plus ou moins verdâtre, chaque segment largement marginé de noir. ♂ Long. 6-8mm.

La ♀ diffère du mâle par des teintes cuivrées plus ou moins verdâtres sur tout le vertex, le pronotum, le mesonotum, l'écusson, le postécusson et le disque des mésopleures; par le 3e segment abdominal plus arrondi, à ponctuation un peu plus profonde, les points très souvent striés tout autour dans le sens de leur profondeur; par la série antéapicale plus creusée, la marge apicale un peu relevée, la bordure extrême bronzée, le sinus apical presque nul. Oviscapte marron.

Hybrida, Lepeletier.

Obs. — Très probablement parasite des *Osmia versicolor* Latr. *Morawitzi* Gerst. *viridana* Mor. et *cyanea* F., nichant dans les trous des pierres calcaires.

Patrie : France, Espagne, Suisse, Italie.

— Ventre non feu-cuivré. 11

11 Joues courtes, de la longueur du 2e article antennaire. — Corps de taille médiocre, un peu allongé; tout l'avant-corps vert plus ou moins cuivré, l'abdomen cuivré, parfois légèrement violacé; pubescence longue, fine, dressée, blanchâtre. Tête plus large que le pronotum, à points petits, assez serrés, devenant subréticulés-subruguleux sur le front; face étroite; cavité faciale peu profonde, finement ponctuée-coriacée, terminée en haut en pente déclive, sans carène; joues très courtes, non parallèles; antennes marron-roussâtre ou brun-marron, les deux ou trois premiers articles verts, le 3e presque aussi long que les deux suivants réunis, le 4e parfois subtestacé. Pronotum médiocre, subcylindrique, la troncature antérieure fortement déclive, un sillon au milieu du bord antérieur; ponctuation thoracique formée de points irréguliers, médiocres, entremêlés de plus petits, peu profonds, peu serrés, les intervalles un peu bosselés, très lisses et brillants, quelquefois la ponctuation du thorax est subréticu-

lée, ruguleuse, assez serrée; l'écusson parfois avec un petit espace lisse antérieurement; postécusson très court, subconvexe, ponctué-réticulé, une petite cavité au bord antérieur; angles posticolatéraux du métathorax longs, étroits, à pointe légèrement recourbée en arrière, subaiguë; mésopleures avec les deux sillons, l'aire inférieure un peu carénée sur les bords; pattes vertes, un peu cuivrées sur la paire antérieure, tarses blanchâtres, subtestacés à l'extrémité ou devenant roux clair; écailles et parfois les sutures du mesonotum bleu vif; ailes hyalines, cellule radiale un peu ouverte. Abdomen ovale, peu convexe, légèrement caréné, les points petits, médiocrement serrés, parfois subcoriacés : 1er segment très finement ponctué-coriacé avec quelques gros points épars, la troncature antérieure abrupte, bleu-vert, non sillonnée; 3e segment ovale-tronqué, subarrondi, assez convexe sur le disque, les côtés médiocres, droits, convergents en arrière; série antéapicale nullement creusée, 12 fovéoles irrégulières, petites, rondes, espacées ou plus ouvertes, à fond subscarieux; marge apicale concolore, très courte, finement ponctuée, parfois un imperceptible petit angle à la naissance de la marge de chaque côté. Ventre vert-bleu taché de noir, le 3e segment parfois avec une marge scarieuse-testacée. ♂ Long. 5-5 1/2mm.

La ♀ diffère du ♂ par sa teinte généralement plus cuivrée, par la face plus large, à cavité plus profonde, les antennes plus rousses, le 3e segment abdominal ovale-arrondi, sans sinus à l'apex, par les tarses brunroussâtre. Ordinairement la base de la marge apicale du 3e segment de chaque côté, ainsi que le fond des fovéoles latérales, sont scarieux-testacé. **Cuprata**, DAHLBOM.

PATRIE : Espagne, Caucase.

— Joues longues, de la longueur du 3e article antennaire. 12

12 Ventre vert-bleuâtre un peu cuivré; dorsulum de l'abdomen normal, non renflé; les deux premiers articles du fouet des antennes verts. — Corps assez trapu, à pubescence longue, blanchâtre, entièrement vert-cuivré, l'abdomen avec une teinte rosée. Ponctuation de l'avant-corps rugulcuse, coriacée, irrégulière, très serrée. Tête large, à face rectangulaire, la cavité faciale plane, finement et densément ponctuée, à teinte vert-gai. Antennes brun-noirâtre, les trois premiers articles verts, le 3e long comme les deux suivants réunis. Pronotum assez court, ayant dans sa ponctuation de gros points ronds à fond brillant; un léger sillon au milieu du bord antérieur; écusson avec des points à fond brillant; postécusson légèrement convexe, les plus gros points à fond plat; angles posticolatéraux du métathorax à pointe courte, subaiguë, un peu divariquée. Écailles vertes un peu bleuâtres; ailes hyalines, à nervures très épaisses; pattes vertes, un peu cuivrées, tarses brunâtres. Abdomen brillant, subcylindrique, à ponctuation fine, peu profonde, assez serrée, les intervalles brillants et très lisses : 1er segment à ponctuation un peu moins fine, la bordure apicale lisse, légèrement bleue, la troncature antérieure brus-

quement creusée et bleue; 2e segment avec la bordure apicale très engainante, un peu convexe, marginée d'une teinte bleue; 3e segment tronqué-arrondi, les côtés subrectilignes; série antéapicale un peu creusée, 16 fovéoles très petites, peu visibles, ouvertes, espacées, arrondies; marge apicale longue, concolore, couverte de petits points confluents transversalement, bordure extrême subscarieuse, hyaline. Ventre taché de noir. Oviscapte roussâtre. ♀ Long. 7 1/2mm. (Sec. sp. typ.!) **Affinis**, LUCAS.

Obs. — Ce n'est qu'après l'examen des types de M. Lucas que j'ai pu me rendre compte que ma *C. chloroprasis* avait été décrite sous le nom de *C. affinis;* la description de l'auteur ne permettait pas d'en juger.

PATRIE : Algérie.

— Ventre bleu-vif; dorsulum de l'abdomen fortement convexe, renflé; 1er article seul du fouet des antennes bronzé-verdâtre. — Corps de taille médiocre, large, robuste, entièrement doré-cuivré-verdâtre, l'abdomen plus feu; pubescence blanc-roussâtre clair, dressée, fine et abondante. Tête plus large que le thorax, à ponctuation médiocre, serrée, subréticulée, subruguleuse; cavité faciale très peu creusée, ponctuée-subréticulée sur les côtés, subcoriacée vers le milieu qui est finement strié obliquement; joues longues, non parallèles, de la longueur du 3e article antennaire; clypeus fortement émarginé, antennes noirâtres, le 1er article verdâtre, le 3e long, subégal aux deux suivants réunis. Pronotum à côtés subparallèles, un petit sillon au bord antérieur, troncature antérieure abrupte; ponctuation des pro- et mesonotum médiocre, réticulée, subruguleuse, les intervalles garnis de petits points fins. Écusson et mésopleures ponctués-réticulés, ces dernières avec les deux sillons, l'aire inférieure convexe. Postécusson convexe, ponctué-réticulé ; angles postico-latéraux du métathorax petits, droits, triangulaires, obtus. Écailles vert-vif; ailes hyalines, cellule radiale fermée ; pattes antérieures vert-cuivré, les autres vert-bleuâtre; tarses brun foncé. Abdomen court, large, tuméfié : 1er segment à points médiocres, peu serrés, avec d'autres petits points sur tout le bord apical; 2e segment à ponctuation plus fine, plus serrée, régulière, une légère carène médiane ; 3e segment à disque très élevé, à points médiocres, subruguleux, un peu serrés, les côtés médiocres, légèrement arqués ; série antéapicale large, déprimée, 12 fovéoles séparées, parallèles entre elles, allongées sur la marge apicale ; celle-ci assez longue, aplatie, transversale-arrondie, à teinte feu-grenat, sa naissance de chaque côté est assez brusque, l'apex porte un petit sinus peu visible, l'extrême bord hyalin-scarieux. Ventre bleu-vif, le 2e segment largement taché de noir. ♂ Long. 6mm. **Tumens**, n. sp.

OBS. — Cette espèce rappelle beaucoup par sa forme la *C. hydropica*, Ab.

PATRIE : Algérie (J. Pérez).

13 Postécusson conique ou acuminé. 14

— Postécusson gibbeux ou convexe. 20

14 Face bleu vif. 16

— Face vert-bleu un peu doré ou franchement feu. 15

15 Face vert-bleu un peu doré; les aires latérales du mesonotum et le bord antérieur du pronotum seuls feu-doré. — Semblable à la *C. varicornis* Spin. dont elle diffère par l'avant-corps bleu-indigo, avec le bord antérieur du pronotum, les aires latérales du mesonotum et les écailles feu-doré, avec quelques reflets vert-doré sur la face et les mésopleures; par les antennes marron, les derniers articles légèrement roussâtres en dessous, le 3e article vert seulement un peu à la base; par les angles posticolatéraux du métathorax non triangulaires mais à pointe longue, légèrement élargie en dessous et subobtuse; par la ponctuation du mesonotum semblable à celle du pronotum, c'est-à-dire formée de gros points ruguleux avec les intervalles finement pointillés. L'abdomen est d'un beau feu-doré, conformé et ponctué comme chez la *C. varicornis* Spin. Ventre et pattes bleu-vert. ♂ Long. 8mm. (Sec. sp. typ. !)

Auropicta, Mocsary.

Patrie : Grèce.

— Face franchement feu. 18

16 Ventre feu. 17

— Ventre bleu. — Semblable à la *C. purpureifrons* Ab. dont elle diffère par la couleur feu plus vive, le reste plus bleu; la cavité faciale moins plane, remontant plus haut vers le premier ocelle; les ailes presque hyalines; le postécusson conique-aigu-acuminé; les tarses noirâtres, les pattes plus bleues, les tibias bleu-vert. Abdomen avec le 1er segment sans bordure apicale plus finement ponctuée; ponctuation de tous les segments régulière, médiocre, assez serrée, subcoriacée sur le disque; 3e segment subtronqué-arrondi à côtés médiocres, subrectilignes; marge apicale un peu débordante sur les côtés et restant éloignée de la base du segment. Ventre d'un beau bleu-vert resplendissant, avec quelques rares reflets vert légèrement doré : 1er segment bleu-vif taché de noir sur les côtés; 2e segment avec deux taches noires à la base. ♂ Long. 7-9mm.

La ♀ diffère du ♂ par ses antennes à articles non renflés, la teinte moins vive des parties feu, le 3e segment abdominal plus allongé, ovale-arrondi, le disque déprimé, un peu renflé avant la série antéapicale; par la face, le postécusson, le métathorax et le dessous du corps d'un beau bleu-vif indigo; ventre bleu-vif resplendissant; oviscapte brun. **Elzearii**, n. sp.

PATRIE : Syrie (Abeille de Perrin).

17 Mesonotum feu. — Corps de taille moyenne, assez robuste, d'un beau feu-doré, excepté la face, le postécusson, le métathorax, le dessous du thorax et les pattes qui sont bleus ou bleu-vert; pubescence longue, épaisse, dressée, brunâtre en dessus, blanche en dessous. Tête à peine plus large que le pronotum : tout le front et le dessus de la tête feu-doré, la troncature occipitale et le reste bleu-vert; ponctuation du vertex médiocre, profonde, peu serrée, celle du front serrée, subréticulée; cavité faciale courte, presque plane, densément

ponctuée-subcoriacée avec des poils blancs, non carénée en haut; mandibules bidentées; joues assez longues, un peu convergentes en avant, plus courtes que le 3e article antennaire; antennes noir-brunâtre, les trois premiers articles et le dessus du 4e verts, le troisième long comme les deux suivants réunis, les articles 4-6 fortement renflés en dessous. Pronotum avec un sillon verdâtre au milieu du bord antérieur, la troncature antérieure abrupte, bleu-vert; ponctuation des pro- et mesonotum médiocre, profonde, assez serrée, les intervalles finement pointillés, ruguleux; écusson parfois doré-verdâtre, à points assez gros, subréticulés, les intervalles avec des points plus petits; postécusson conique-obtus, ponctué-réticulé, une petite cavité antérieurement; métathorax bleu, les angles posticolatéraux à pointe dirigée en arrière, assez grande, subaiguë; mésopleures à teinte vert-doré sur le disque, ponctuées-subréticulées, le sillon longitudinal court sous les ailes, le transversal large et profond; écailles vert-doré-cuivré; ailes assez enfumées, hyalines au bord postérieur; tibias presque vert-gai, un peu feu-doré en dessus, tarses brun-roussâtre. Abdomen ovale, avec ou sans carène médiane, toujours faible lorsqu'elle existe : 1er segment à troncature vert-doré, ponctuation médiocre, entremêlée, peu serrée, bordure apicale très engainante, à points plus fins; 2e segment ponctué de même, avec la bordure apicale très engainante; 3e segment légèrement subtronqué, assez régulièrement arrondi, à points médiocres, réguliers, assez serrés, disque à profil subrectiligne, les côtés presque nuls; série antéapicale un peu creusée, 12-14 fovéoles médiocres. peu ouvertes, arrondies, séparées ou subconfluentes; marge apicale allant insensiblement en diminuant jusqu'à la base du segment, bordure extrême un peu bronzée. Ventre feu-doré resplendissant taché de noir. ♂ Long. 7-10mm. (Sec. sp. typ!)

La ♀ diffère du mâle par aucun article antennaire renflé, le 3e segment abdominal plus allongé, subarrondi, déprimé sur le disque, légèrement renflé avant la série antéapicale; les tibias bleu-verdâtre; oviscapte brun.

Purpureifrons, ABEILLE.

OBS. — Serait parasite d'*Eucera velutina* Sm. d'après M. Abeille de Perrin.

PATRIE : France méridionale, Sicile, Syrie, Grèce, Espagne, Algérie, Corfou.

— Mesonotum bleu. — Corps de taille médiocre; bleue avec le pronotum, l'écusson, le postécusson et l'abdomen feu-doré à teinte terne; pubescence gris-roussâtre en dessus, blanchâtre en dessous. Tête à ponctuation fine, serrée, coriacée; front généralement avec trois taches vert-doré; cavité faciale assez profonde, finement striée transversalement et bleu-vert au milieu, abrupte en haut avec une vague petite carène transversale, côtés de la cavité finement ponctués-subcoriacés; joues presque nulles; clypeus vert-gai, avec de gros points épars; antennes noir-brun, à fine et épaisse villosité blanche, les trois premiers articles bronzé-doré, le 3e plus court que les deux suivants réunis, les quatre ou cinq derniers roussâtres. Pronotum court, la troncature antérieure très abrupte, vert-bronzé, un fort sillon au milieu du bord antérieur atteignant une dépression transversale parallèle au bord postérieur ; ponctuation des pro- et mesonotum fine, assez serrée, coriacée; écusson à points plus gros, plus profonds, réticulés ; postécusson subconique-obtus, ponctué-réticulé; angles posticolatéraux du métathorax courts, subobtus ; mésopleures avec un court sillon longitudinal, point de sillon transversal en dessous. Écailles dorées, un peu verdâtres ; ailes assez enfumées, cellule radiale très ouverte; poitrine bleue, pattes bleu-vert, tibias légèrement dorés, plus rarement un peu feu, tarses roussâtres, le 1er article légèrement bronzé-verdâtre en dessus. Abdomen ovale, à ponctuation fine, serrée, coriacée-ruguleuse : 1er segment à troncature antérieure verdâtre, bordure apicale étroite, imponctuée; 3e segment court, largement tronqué-arrondi, subacuminé à l'apex, côtés excessivement courts, disque transversalement déprimé, sensiblement renflé en bourrelet avant la série antéapicale, ce renflement s'avançant en carène au centre, de manière à séparer la série antéapicale; celle-ci est creusée, 9 fovéoles de chaque côté, petites, espacées, parfois confluentes, ouvertes, irrégulières ; marge apicale courte, un peu débordante-arrondie de chaque côté, non loin de sa naissance, excessivement courte à l'apex par suite de l'avancement de la carène médiane, bordure extrême noir-bronzé. Ventre feu-doré, un peu verdâtre sur le 2e segment, le 1er et le 2e tachés de noir. ♂ Long. 7-8mm.

La ♀ diffère du mâle par le 3e segment abdominal plus acuminé à l'apex, ovale-arrondi-subacuminé, les côtés plus longs, le disque plus déprimé, la carène médiane plus accusée; par le 2e segment abdominal quelquefois muni d'une légère carène médiane, le disque plus convexe; par les tarses parfois plus foncés; oviscapte brun. **Uniformis**, DAHLBOM.

PATRIE : France méridionale, Sicile, Caucase, Égypte, Italie, Espagne.

18 Apex du 3e segment abdominal avec un repli assez large; joues beaucoup plus courtes que le 3e article antennaire. 19

— Apex du 3e segment abdominal avec un repli très étroit; joues longues, subégales au 3e article antennaire. — Corps de taille moyenne ou presque grande, allongé, assez robuste, subparallèle, entièrement feu-doré ou feu-grenat, avec le postécusson, le métathorax, les pattes et le dessous du corps bleu-vif ou bleu un peu vert; pubescence brunâtre, assez épaisse, blanche en dessous. Tête à points médiocres, assez profonds, peu serrés, devenant subréticulés et denses sur le front; cavité faciale très faiblement creusée, étroite, non carénée en haut, finement subcoriacée sur les côtés, lisse en haut du milieu, finement striée transversalement vers les antennes; mandibules vertes à la base, bidentées; antennes marron-noirâtre plus ou moins foncé, parfois légèrement roussâtres à l'extrémité, les quatre premiers articles verts ou bleu-vert, le 3e subégal aux deux suivants réunis. Pronotum assez long, la troncature antérieure assez abrupte, un léger sillon au milieu du bord antérieur, ponctuation forte, très profonde, serrée, rugueuse, subreticulée; mesonotum à points moins profonds; écusson plus finement réticulé, un espace finement pointillé au milieu du bord antérieur; postécusson conique-subaigu, horizontal, la fissure antérieure béante, fortement ponctué-réticulé; métathorax à troncature postérieure abrupte, rectiligne, angles posticolatéraux larges, triangulaires, obtus; mésopleures finement ponctuées-réticulées, le sillon longitudinal court, près des ailes, le transversal complet; écailles bleu-indigo; ailes légèrement enfumées, une tache foncée dans la cellule radiale, celle-ci largement ouverte; tarses noir-roussâtre un peu moins obscur à l'extrémité. Abdomen elliptique-allongé, un peu comprimé sur les côtés, plus long que l'avant-corps, une légère carène médiane : 1er segment à points médiocres, irréguliers, peu serrés, entremêlés de plus petits, la bordure apicale ordinairement plus finement ponctuée, la troncature antérieure vert-doré, légèrement convexe; 2e segment très long, la ponctuation plus petite, régulière, serrée, subréticulée-coriacée, la partie apicale renflée-engainante, plus finement pointillée; 3e segment elliptique-allongé, ponctué comme le 2e segment, le disque peu convexe, les côtés longs, rectilignes; série antéapicale séparée au milieu par une carène médiane, un peu creusée, 16 fovéoles allongées, médiocres, ouvertes, allant en diminuant de longueur sur les côtés; marge apicale à points fins, obsolètes, médiocrement longue, allant insensiblement en se diminuant sur les côtés, un tiers de sa bordure extrême est à l'apex noir brillant et repliée brusquement, quelquefois ce repli est légèrement canaliculé dans sa largeur. Ventre feu-doré ou feu-grenat, resplendissant : premier segment noir taché de feu au milieu, les autres sont marginés de noir. ♂ Long. 7-11mm.

La ♀, beaucoup plus commune que le ♂, diffère de celui-ci par les antennes noirâtres; le 3e segment abdominal plus comprimé, beaucoup plus allongé, ogival; par la série antéapicale souvent à teinte verte, plus profonde, à fovéoles plus grandes, et souvent un peu confluentes; la marge apicale plus longue et plus comprimée; le ventre parfois avec des reflets verts; oviscapte marron.

Cœruleipes, Fabricius.

Obs. — Cette espèce dépose ses œufs dans le nid des Osmies hélicicoles telles que les *O. rufo-hirta* Latr. *andrenoides* Spin. *versicolor* Latr.

Patrie : Répandue dans toute l'Europe : France, Espagne, Angleterre, Belgique, Italie, Hongrie, Allemagne, Algérie, Tunisie, Russie, etc.

19 Les trois premiers articles antennaires et rarement le dessus du 4e métalliques; ponctuation abdominale subcoriacée. — Semblable à la *C. cœruleipes*, F., dont elle ne diffère que par les antennes noirâtres, le 4e article rarement avec quelques reflets vert-bleu en dessus; les joues plus courtes que le 3e article antennaire; la cavité faciale ponctuée jusqu'au milieu; le postécusson conique-acuminé, l'acumen horizontal en dessus, creusé-arrondi en dessous; les angles posticolatéraux du métathorax moins larges, à pointe subaiguë; écailles noirâtre-bronzé; ailes hyalines avec une tache dans la cellule radiale; abdomen (également plus long que l'avant-corps) plus étroit, plus convexe, subcylindrique, avec une légère carène médiane sur toute sa longueur, la ponctuation plus forte, plus régulière, plus profonde, subcoriacée; 1er segment

à points plus gros; 3e segment elliptique, subtronqué à l'apex, les points un peu plus fins à la base; fovéoles noir-bronzé; marge apicale courte, comme relevée, le repli apical beaucoup plus grand, plan, avec un petit rebord de chaque côté, dans toute sa largeur. ♂ Long. 7-8 1/2mm. (Sec. sp. typ.!)

La ♀ diffère du ♂ par le 3e segment abdominal encore plus allongé-comprimé, tellement que, vers la série antéapicale, il est de deux tiers plus étroit qu'à sa base; le 3e segment ventral est noir, taché de feu; oviscapte marron. **Oraniensis**, LUCAS.

OBS. — D'après M. Abeille de Perrin, cette espèce serait parasite de l'*Andrena Tseckii*, Mor.

PATRIE : Algérie, Tunisie, Syrie, Grèce, Dahestan.

— Premier article antennaire seul métallique; ponctuation abdominale plus fine et plus serrée. — Semblable à la *C. Oraniensis*, Luc., dont elle ne diffère que par son coloris terne, le postécusson à acumen plus aigu, la ponctuation abdominale coriacée, plus fine et plus serrée; par le 3e segment ventral noir; par le 1er article antennaire seul bleu, les autres noirâtres. ♀ Long. 9mm. (Sec. sp. typ.!) **Porphyrea**, MOCSARY.

PATRIE : Grèce, Algérie.

20 Base du 1er segment abdominal bleu-vif. — Corps de taille moyenne, robuste; pubescence fine, assez épaisse, grisâtre en dessus, blanche en dessous; tête, dessous du corps, postécusson et base du 1er segment abdominal bleus ou bleu-vert, le reste feu-doré. Tête petite, épaisse, arrondie : vertex noir-bronzé,

souvent à reflets violacés, avec des points assez fins, serrés, profonds, subruguleux; ocelle antérieur entouré d'une tache vert-doré ou un peu feu; front moins profondément et moins finement ponctué, subréticulé; face vert-bleuâtre ou vert-gai, la cavité faciale étroite, peu profonde, indistinctement carénée en haut, lisse au milieu, densément ponctuée sur les côtés, avec de longs poils blancs couchés; joues assez longues, convergentes en avant, de la longueur du 3e article antennaire; clypeus long; antennes épaisses, noirâtres, les deux premiers articles bleu-vert, le 3e court, un peu moins long que les deux suivants réunis. Pronotum avec la troncature antérieure bleu-verdâtre, un large sillon au milieu du bord antérieur; ponctuation du dessus du thorax subruguleuse, serrée, médiocre, irrégulière, subréticulée; postécusson convexe, d'un beau bleu, ainsi que le reste du métathorax, angles posticolatéraux assez longs, subaigus; mésopleures vert-bleuâtre, à ponctuation plus fine, les deux sillons visibles. Ecailles noir-bronzé avec quelques reflets métalliques à la base; ailes hyalines, légèrement enfumées dans la cellule radiale; tarses noir-brun. Abdomen légèrement caréné au milieu sur les deux premiers segments, ponctuation assez grosse, peu profonde, serrée, subréticulée : 1er segment avec toute la base bleu-vif, offrant une petite ligne bleue suivant la carène médiane et atteignant le bord apical, même parfois se continuant un peu sur la carène du 2e segment, des reflets grenat se distinguent de chaque côté au bord apical, dans la partie feu, et en cet endroit les points sont ruguleux; 2e segment avec la partie engainée noire, la bordure apicale un peu grenat, sensiblement réfléchie-engainante ; 3e segment convexe sur le disque, avec la partie engainée de la base noire, les côtés courts; série antéapicale indistinctement creusée, 12-14 fovéoles médiocres, ouvertes, souvent confluentes, profondes ; marge apicale concolore, légèrement débordante de chaque côté à sa naissance, sensiblement émarginée à l'apex et très légèrement bisinuée de chaque côté. Ventre bleu-vif, taché de noir et de vert, couvert de points fins assez serrés et de poils blanchâtres couchés. ♂ Long. 7 1/2-8mm. (Sec. sp. typ.!)

La ♀ diffère du mâle par son corps plus étroit; par la face, les pattes et tout le dessous du corps d'un beau bleu-vif; la bordure apicale du 1er segment abdominal bleue ou violacée, celle du 2e segment grenat-bronzé ou grenat-violacé ; le 3e segment plus étroit, moins convexe, un peu renflé avant la série antéapicale, avec le tiers postérieur grenat-violacé; par la série antéapicale à fovéoles plus larges; la marge apicale presque pas émarginée à l'apex et insensiblement bisinuée sur les côtés, ce qui fait rentrer cette espèce dans la Phalange des *Integerrimæ;* ventre bleu-vif taché de noir; oviscapte marron.

Cœruleiventris, Abeille.

Obs. — Probablement parasite de la *Megachile argentata*, F.

Patrie : France.

— Marge apicale de tous les segments abdominaux bleu vif.

Leachii, Shuckard (Voir 3e Phalange).

— Premier segment abdominal entièrement feu-doré. 21

21 Vertex ou front de couleur feu. 22

— Ni le vertex ni le front de couleur feu. 25

22 Marge apicale du 3e segment abdominal feu, concolore. 23

Marge apicale du 3e segment abdominal bleue. — Corps de petite taille ou médiocre; bleue avec le front, le pronotum, les aires latérales du mesonotum et l'abdomen d'un beau feu-doré; pubescence très fine, épaisse, gris-roussâtre, dressée. Tête bleue, à ponctuation médiocre, serrée, ruguleuse, subréticulée; vertex bleu très foncé; front et côtés de la cavité faciale feu-doré; cavité faciale et épistome vert-doré; cavité faciale non carénée en haut, médiocrement creusée, ponctuée-subréticulée, le centre finement strié transversalement, la pubescence blanchâtre; joues longues, un peu convergentes en avant, plus longues que le 3e article antennaire; antennes noirâtres, sans aucun article renflé en dessous, les deux premiers et la base du 3e bleu-vert, le 3e plus court que les deux suivants réunis. Pronotum court, la troncature antérieure abrupte, bleue, un petit sillon vert au milieu du bord antérieur; ponctuation des pro- et mesonotum médiocre, peu profonde, ruguleuse, serrée; aire médiane du mesonotum bleu vif; écusson convexe, bleu-vert, un peu doré sur le disque; ponctuation plus large, réticulée; postécusson convexe, ponctué-réticulé; angles posticolatéraux du métathorax à pointe longue, sublinéaire, obtuse, dirigée en arrière; mésopleures bleues avec quelques reflets vert ou vert un peu doré, la ponctuation médiocre, serrée, ruguleuse, un petit sillon bleu-vif sous les ailes, le transversal visible, l'aire inférieure convexe; écailles bleues; ailes hyalines; pattes bleu-vert, tarses brun-roux. Abdomen à ponctuation médiocre, serrée, coriacée, régulière, à pubescence blanchâtre : 1er segment avec les points un peu plus serrés sur le disque, la troncature antérieure verdâtre; 2e segment avec la partie engainée de la base vert-bronzé, le bord apical réfléchi engainant; 3e segment régulièrement arrondi, convexe sur le disque, la partie engainée de la base vert-bronzé, les côtés excessivement courts; série antéapicale très légèrement creusée, 18-20 fovéoles ouvertes, régulières, séparées, médiocres, allant en diminuant de grandeur sur les côtés; marge apicale assez longue, épaisse, crustacée comme le reste du segment, se continuant de chaque côté jusqu'à la base du segment, légèrement émarginée à l'apex. Ventre vert-bleu ou vert très légèrement doré, taché de noir et de vert bronzé. ♂ Long. 4 1/2 à 5 1/2mm. (Sec. sp. typ.!)

La ♀ diffère du mâle par les joues plus longues, la base de la face et l'épistome bleus, l'aire médiane du mesonotum souvent bleu foncé avec quelques reflets feu, l'écusson avec quelques reflets feu sur le disque; par la marge apicale du 3e segment abdominal finement marginée d'un étroit rebord hyalin-scarieux; par le ventre avec quelques reflets feu; oviscapte brun-roussâtre. **Laïs**, Abeille.

OBS. — D'après la description et la planche de Germar, on peut se rendre compte à peu près de cette espèce pour le sexe ♀, car le ♂ que Dahlbom lui assigne ne doit pas lui appartenir. Pourquoi, en effet, le ♂ n'aurait-il pas le front feu comme la femelle? La *C. Laïs*, Ab., ♀ est conforme à la courte diagnose de Germar et à celle de la ♀ de Dahlbom, aussi est-il très probable que ces deux espèces soient synonymes. Cependant, pour plus d'exactitude, je conserve le nom le plus récent, parce que j'ai vu les types de la Collection Abeille. Jusqu'à ce que quelqu'un ait pu examiner le type ♂ de Dahlbom, le mâle de la *C. Laïs*, Ab., doit être considéré comme appartenant à la *C. candens*, Germ. D'un autre côté, on ne peut savoir avec précision si le mâle de la *C. candens*, Dahlb., est celui de la *C. Phryne*, Ab., ou celui de la *C. Destefanii*, Mocs.

PATRIE : France méridionale.

23 Occiput feu. — Corps de taille médiocre, allongé, subparallèle, entièrement feu-doré-cuivré, excepté le métathorax, le dessous du thorax, et les pattes qui sont bleu-vert; pubescence brunâtre, raide. Tête épaisse, à points médiocres, très serrés, ruguleux, subréticulés, devenant plus fins et réticulés sur le front; cavité faciale plane, densément ponctuée-subcoriacée, le milieu finement strié transversalement avec des points épars, le haut convexe; joues très longues, fortement convergentes en avant, ce qui rend la face triangulaire, les joues sont au moins aussi longues que le 3e article antennaire; antennes brunes avec les quatre premiers articles et le dessus du 5e vert-doré-cuivré, le 3e égal aux deux suivants réunis. Pronotum long, à côtés subparallèles, la troncature antérieure bleu-vert, un faible sillon au milieu du bord antérieur; ponctuation des pro- et mesonotum grosse, régulière, densément réticulée, rugu-

leuse; celle de l'écusson un peu moins régulière; postécusson petit, un peu gibbeux, vert-bleu-doré, ponctué-réticulé, la suture antérieure bleu-vif, béante, avec une petite cavité au milieu; scutellum du métathorax bleu-vif, les angles posticolatéraux vert-bleu-doré, courts, triangulaires, obtus, profondément creusés dans toute leur longueur postérieurement, la pointe divariquée. Mésopleures densément ponctuées-réticulées, feu-doré-cuivré, le sillon longitudinal court, le transversal visible; pattes vert-gai un peu doré en dessus, un peu feu sur les pattes antérieures, tarses brun-noirâtre; écailles vert-doré; ailes légèrement enfumées, cellule radiale fermée. Abdomen ovale, peu convexe, indistinctement caréné : 1er segment plus vert, à points gros, très espacés, peu profonds, les intervalles finement pointillés, la troncature antérieure bleu-vif, indistinctement tri- impressionnée; 2e segment à points assez fins, peu serrés, peu profonds et peu réguliers, bordure apicale très engainante, plus finement ponctuée; 3e segment ovale-arrondi, d'un beau feu-doré, finement et densément ponctué, avec de longs poils blancs, le disque déprimé transversalement, renflé un peu tout autour avant la série antéapicale, les côtés courts, rectilignes; série antéapicale légèrement creusée, séparée au milieu par une petite carène, 16 fovéoles, petites, irrégulières, espacées; marge apicale un peu débordante de chaque côté à sa naissance, bord extrême noir-bronzé. Ventre d'un beau feu-doré taché de noir, 3e segment entièrement noir; oviscapte brun-roussâtre. ♀ Long. 6^{mm}. **Gazagnairei,** Buysson.

Obs. — Diffère de la *C. Zuleica*, Buyss., par la ponctuation thoracique réticulée et grosse, la face triangulaire, les articles 4 et 5 des antennes vert-doré en dessus; par le postécusson petit, gibbuleux; par les angles posticolatéraux du métathorax courts, divariqués, obtus, creusés postérieurement; par la ponctuation abdominale et la forme du 3e segment abdominal.

Diffère de la *C. hybrida*, Lep., par la teinte uniforme feu-doré-cuivré, la ponctuation thoracique régulière et réticulée; par la face triangulaire, la forme des angles posticolatéraux du métathorax et celle du 3e segment abdominal; par l'abdomen non cylindrique, etc.

Patrie : Algérie, Tunisie.

— Occiput bleu ou vert. 24

24 Mesonotum et écusson franchement et entièrement feu-doré. — Corps de taille médiocre, allongé, assez étroit, à pubescence blanchâtre ou grisâtre; entièrement feu-doré, excepté le derrière de la tête, le dessous du thorax, les pattes et le métathorax qui sont bleu, un peu verdâtre. Ponctuation de la tête et du thorax très serrée, ruguleuse, subcoriacée, irrégulière, assez profonde. Tête à face triangulaire, cavité faciale plane, non carénée en haut, finement ponctuée et striée transversalement au milieu. Antennes noir-brun, les cinq premiers articles verts ou cuivrés au moins en dessus, le 3e un peu plus long que les deux suivants réunis, les articles 4-6 renflés en dessous. Pronotum très court, sans sillon au bord antérieur; mésopleures un peu cuivrées, à ponctuation plus grosse sur le milieu du disque et fine sur les côtés; écusson à points moins serrés. les intervalles imperceptiblement ridés longitudinalement; postécusson gibbeux, très rugueusement ponctué;

angles posticolatéraux du métathorax bleus, à pointe large, obtuse, aplatie, subdivariquée. Écailles vertes ou vert-doré ; ailes légèrement enfumées; tibias vert-doré en dessus, tarses brunâtres. Abdomen resplendissant, déprimé, subelliptique : 1er segment moins large que le second, couvert de gros points espacés, les intervalles garnis de points plus petits et peu profonds; 2e segment sensiblement plus large que les autres dans sa moitié postérieure, la ponctuation médiocre, peu serrée, une vague carène longitudinale, ordinairement très finement ponctuée; 3e segment convexe sur le disque, plus feu, tronqué-arrondi, les côtés vaguement sinués, la ponctuation médiocre, assez serrée; série antéapicale interrompue, 7 fovéoles de chaque côté, irrégulières, ouvertes; marge apicale, assez longue. Ventre d'un beau feu-doré, avec des taches noires à la base de chaque segment. ♂ Long. 8mm. **Fulminatrix**, BUYSSON.

PATRIE : Algérie (F. Ancey, J. Pérez.)

— Mesonotum et écusson non entièrement feu. **Hybrida**, LEP. (Voir n° 10).

25 Marge apicale du 3e segment abdominal bleue ou bronzée. 26

— Marge apicale du 3e segment abdominal feu. 30

26 Écusson feu-doré. 27

— Écusson bleu. 28

27 Pronotum seulement taché de feu en avant. **Succincta**, L. Var. **Germari**, WESM. (Voir Phalange 3).

— Pronotum entièrement feu.
Angustifrons, Ab. Var. **Castillana**, Buyss.
(Voir n° 38).

28 Pronotum feu seulement au bord antérieur. **Succincta**, L. (Voir Phalange 3).

— Pronotum entièrement feu. 29

29 Ponctuation du pronotum subréticulée, simple; série antéapicale du 3e segment abdominal large et enfoncée. — Corps de petite taille, allongé, subparallèle, bleu foncé ou bleu-vif, avec le pronotum, les aires latérales du mesonotum et l'abdomen feu-doré; pubescence fine, grisâtre. Tête petite, vert-bleuâtre, front non doré, ponctuation médiocre, subcoriacée, devenant subréticulée sur le front; cavité faciale évasée, finement et densément ponctuée, le milieu très finement strié transversalement, avec une longue pubescence blanche et couchée de chaque côté, le haut non caréné, mais en pente déclive et lisse; yeux grands; joues très longues, un peu convergentes en avant, plus longues que le 3e article antennaire; mandibules subbidentées; antennes noirâtres avec des reflets verts sur les trois premiers articles, les articles 3 et 4 légèrement renflés en dessous, le 3e plus court que les deux suivants réunis. Pronotum long, cylindrique, troncature antérieure abrupte, bleue, un sillon médian au bord antérieur; ponctuation des pro- et mesonotum ainsi que des mésopleures serrée, médiocre, subcoriacée; écusson ponctué-subréticulé, bleu avec quelques reflets verts; postécusson convexe, plus profondément ponctué-réticulé;

angles posticolatéraux du métathorax triangulaires, subaigus, à pointe très légèrement divariquée; mésopleures avec les deux sillons visibles; écailles bleues; ailes assez enfumées; pattes vert-bleuâtre; tarses blanc sale, subtestacés, légèrement brunis à l'extrémité. Abdomen subparallèle, à ponctuation fine, coriacée : 1er segment à troncature antérieure vert-doré, ponctuation plus serrée, moins régulière; partie engainée de la base du 2e et du 3e segment noire; 3e segment régulièrement convexe, tronqué-arrondi transversalement, les côtés assez courts; série antéapicale séparée au milieu, 12 fovéoles grandes, ouvertes, profondes; marge apicale bleue, avec quelques petits endroits un peu transparents, très finement ponctuée, un peu débordante de chaque côté, près de sa naissance. Ventre noir avec les segments bordés de vert. ♂ Long. 5-6mm. (Sec. sp. typ.!)

La ♀ diffère du mâle par la face et l'épistome bleu-vert, les joues plus longues, aucun article antennaire renflé en dessous, les tarses brunâtres, les postérieurs brun plus clair; par l'abdomen plus allongé, le 3e segment très légèrement déprimé sur le disque, ovale-subacuminé, la marge apicale ogivale, subacuminée à l'apex; oviscapte brun.

Phryne, Abeille.

Patrie : France méridionale, Italie.

— Ponctuation du pronotum non réticulée, médiocre, entremêlée de points plus petits; série antéapicale peu ou point enfoncée. — Corps de petite taille, étroit, allongé; pubescence très fine, blanchâtre. Semblable à la

C. Phryne, Ab., ♂, dont elle diffère par sa ponctuation thoracique irrégulière; les joues moins longues; pronotum avec un sillon assez profond au bord antérieur; par aucun article antennaire renflé en dessous; les angles posticolatéraux du métathorax courts, obtus; les tarses roussâtres; les ailes subhyalines; par l'abdomen dont le 1er segment a la ponctuation plus grosse, entremêlée de petits points, le 2e segment élargi dans la moitié postérieure, à points réguliers, égaux, assez serrés, une ligne médiane plus feu dans toute sa longueur; par le 3e segment régulièrement arrondi, non tronqué transversalement, ponctué comme le précédent; la série antéapicale peu ou point enfoncée, 16 fovéoles irrégulières; marge apicale bleu-vif, assez longue, épaisse, nullement transparente, avec une tache triangulaire feu-doré avançant au milieu jusque près du bord apical; ventre bleu-verdâtre avec des taches noires sur le milieu de chaque segment, ♂ Long. 5 1/2mm.
(Sec. sp. typ.!) **Destefanii**, Mocsary.

Obs. — C'est cette espèce que je prenais tout d'abord pour le mâle de la *C. candens* Dahlb., et que j'ai décrite sous ce nom en 1888.

Patrie : Sicile (T. de Stefani-Perez).

30 Troisième segment abdominal renflé en bourrelet avant la série antéapicale. — Corps de taille moyenne, robuste, large et très convexe; entièrement vert-bleuâtre, excepté le pronotum, les aires latérales du mesonotum, l'écusson et l'abdomen feu-cuivré; pubescence très fine, assez épaisse, dressée, cendrée. Tête grosse, plus large que le pronotum, épaisse, à points médiocres, subréticulés-

coriacés; front avec des teintes cuivrées; cavité faciale assez profonde, rectangulaire, terminée en haut par une carène ondulée, forte, les côtés densément ponctués-coriacés avec de longs poils blancs couchés, le milieu finement strié transversalement, avec une tache lisse près de la déclivité supérieure; joues courtes, parallèles, de la longueur du 4e article antennaire. Antennes noir-brun, les deux premiers articles verts, le 3e un peu vert à la base, aussi long que les deux suivants réunis. Pronotum court, plus vert au milieu du disque et près des sutures, un sillon médian vert dans toute la longueur, la troncature antérieure très abrupte; ponctuation des pro- et mesonotum grosse, espacée, profonde, les points à fond plat, les intervalles fortement bosselés-ruguеux, à points fins et peu profonds; aire médiane du mesonotum bleu-foncé, légèrement marginée de vert-doré; écusson à gros points subréticulés, les intervalles ruguleux et pointillés; postécusson bleu-vif, convexe, grossièrement ponctué-réticulé; scutellum du métathorax bleu-vif, les angles posticolatéraux très grands, larges, à pointe un peu recourbée en arrière, subobtuse; mésopleures vertes, à reflets cuivrés, ponctuation un peu moins forte, les deux sillons visibles. Écailles bleues, étroitement bordées de vert-doré; ailes légèrement enfumées, cellule radiale largement ouverte; tibias avec quelques reflets cuivrés, cuisses antérieures carénées en avant dans toute leur longueur; tarses brun-roussâtre, le 1er article à reflets verts en dessus. Abdomen large, ovale, fortement convexe, caréné longitudinalement: 1er segment court surtout au milieu, à points assez gros, espacés, les intervalles finement pointillés, la troncature antérieure bleu-vert, avec une dépression de chaque côté antérieurement et un sillon verdâtre finement pointillé se terminant sur le milieu du disque; 2e segment long, à carène médiane plus sensible, verdâtre antérieurement, la ponctuation fine, coriacée-ruguleuse, confluente et serrée, la partie engainée de la base noirâtre, à points médiocres, épars, la partie postérieure assez fortement renflée; 3e segment ovale-arrondi, à ponctuation plus fine et entremêlée de points encore plus petits, la partie engainée de la base noire, à points épars, médiocres, les intervalles imperceptiblement chagrinés, le disque très fortement déprimé transversalement, puis fortement renflé en bourrelet avant la série antéapicale, les côtés très courts, arrondis; série antéapicale large, profonde, plus dorée, séparée au milieu par la carène médiane, 14-16 fovéoles grandes, ouvertes, séparées; marge apicale courte, très peu débordante de chaque côté, régulièrement ovale-arrondi un peu ogivale, la bordure extrême noirâtre. Ventre vert-bleuâtre, légèrement doré, taché et marginé de noir. ♀ Long. 9-10mm. (sec. sp. typ.!) **Kohli**, Mocsary.

Patrie : Grèce, Asie Mineure.

— Troisième segment abdominal non renflé en bourrelet avant la série antéapicale. 31

31 Mesonotum entièrement bleu.— Semblable à *C. neglecta* Shuck (Voir section IV, Bicolores, no 25), dont elle diffère par le pronotum

franchement feu-doré antérieurement, le sillon et toute la partie postérieure restant bleu; par la ponctuation thoracique fine et coriacée; cependant on distingue parfois quelques points un peu plus gros épars sur le pronotum. ♀ Long. 6-8mm (Sec. sp. typ.!)

Le ♂, découvert par M. le capitaine Ferton, diffère de la femelle par le 3e segment abdominal très largement tronqué-arrondi, avec la marge apicale très courte et presque entièrement bronzé-bleu. **Aureicollis**, ABEILLE.

PATRIE : Espagne, Algérie, Tunisie.

— Mesonotum au moins en partie feu. **32**

32 Pronotum sans partie franchement feu. — Corps de taille moyenne, parallèle, assez robuste, à pubescence blanchâtre. Tête aussi large que le pronotum, épaisse; vertex bleu-vif à points médiocres, assez serrés, subruguleux; front vert-gai-subdoré, à points plus gros, réticulés, le 1er ocelle placé dans une vague aire arrondie, légèrement déprimée, brièvement carénée en avant; cavité faciale courte, peu profonde, vaguement et brièvement carénée en haut, avec une déclivité assez forte lisse et brillante, les côtés densément ponctués-coriacés, le milieu lisse, très finement strié transversalement près des antennes; joues très courtes, beaucoup moins longues que le 3e article antennaire. Antennes noir-brun, les deux premiers articles et la base du 3e vert-doré, le 1er feu en dessous, le 3e court, presque aussi long que les deux suivants réunis. Pronotum court, bleu-vif avec le bord antérieur vert-doré, un fort sillon médian en avant; ponctuation des pro- et mesonotum, de l'écusson et du postécusson assez grosse, régulière, réticulée. Mesonotum feu-doré, avec l'aire médiane bleu-vert offrant des reflets vert-doré dans la moitié antérieure; écusson et métathorax bleu-vert; postécusson convexe, les angles posticolatéraux à pointe subaiguë, assez longue, subdivariquée; mésopleures à ponctuation médiocre, assez serrée, les deux sillons visibles. Écailles noir-bronzé; ailes faiblement enfumées, cellule radiale largement ouverte; dessous du corps vert-bleu, pattes vert-gai, tibias un peu doré, tarses roussâtres. Abdomen ovale : 1er segment vert-bleuâtre un peu doré dans la partie apicale, la ponctuation dense, régulière, la troncature antérieure avec trois sillons bien marqués; 2e segment feu-doré, un peu verdâtre à la base, ponctué comme le 1er, une ligne médiane plus feu longitudinale; 3e segment feu-doré, ovale-arrondi, très entier, à ponctuation plus grosse et moins serrée, subruguleuse, subréticulée, une légère carène médiane, disque médiocrement convexe, les côtés longs, subarrondis; série antéapicale un peu creusée, séparée au milieu par la carène, 14 fovéoles grandes, ouvertes, confluentes, irrégulières; marge apicale courte, un peu débordante de chaque côté à sa naissance, régulièrement arrondie, feu-doré, bordure extrême noir-bronzé. Ventre feu-doré, marginé et taché de noir. ♂ Long. 7 1/2mm.

Mocquerysi, Buysson.

Obs. — Cette espèce est très affine de la *C. succincta* L. ♂ dont il se pourrait qu'elle ne fût qu'une variété.

Patrie : France méridionale (Mocquerys).

— Pronotum au moins avec quelque partie franchement feu. 33

33 Pronotum simplement avec le bord antérieur feu. **Succincta**, L. ♂ (Voir 3e phalange).

— Pronotum entièrement feu. 34

34 · Écusson vert-bleu ou bleu taché de vert-doré. 35

— Écusson au moins doré. 36

35 Face feu-doré; écusson vert-bleu.— Corps de petite taille, allongé; pubescence longue, épaisse, dressée, cendrée; face, pronotum, mesonotum et abdomen feu-doré, le reste bleu ou vert. Tête assez épaisse, bleu indigo, finement et densément ponctuée-subcoriacée; face limbée de vert-doré, cavité faciale peu profonde, évasée, non carénée en haut, ponctuée-subréticulée assez grossièrement avec quelques intervalles très finement pointillés, le front grossièrement ponctué-subréticulé; joues très longues, presque parallèles, au moins aussi longues que le 3e article antennaire; clypeus feu-doré sur le disque, largement tronqué et noir à l'extrémité; antennes brunes, les trois premiers articles vert-doré, le 3e presque aussi long que les deux suivants réunis. Pronotum subcylindrique, feu-doré également sur les côtés, troncature antérieure abrupte, bleue, un petit sillon au milieu du bord antérieur; ponctuation des pro- et mesonotum serrée, médiocre, subréticulée, irrégulière, subrugu-leuse, subcoriacée; écusson à points plus

espacés; postécusson bleu-indigo, la suture antérieure béante; scutellum du métathorax bleu-indigo, les angles posticolatéraux bleu-vert, forts, longs, droits, dirigés en arrière, à pointe obtuse; mésopleures bleu-indigo à teinte vert-bleu sur le disque, le sillon longitudinal court, le transversal complet; poitrine et pattes bleues avec quelques reflets bleu-vert, tarses brun-foncé. Écailles bleu-indigo; ailes très légèrement enfumées de noir. Abdomen obovale, peu convexe, à points médiocres, subréticulés, régulièrement serrés : 1er segment un peu ruguleux, le bord apical vert-doré, la troncature antérieure assez abrupte, bleu-vert, bordée de vert-doré avec une ligne médiane de même couleur sur toute la longueur; 2e segment à points plus gros, sensiblement caréné, bordure apicale assez engainante, plus finement ponctuée; 3e segment obovale, subtronqué-arrondi, régulièrement convexe, les côtés longs, rectilignes; série antéapicale peu ou point creusée, séparée au milieu par une légère carène, 12 fovéoles petites, ouvertes, irrégulières, un peu vert-bleu, espacées; marge apicale large, concolore, nullement ondulée, régulièrement arrondie, non débordante sur les côtés. Ventre bleu-vert, 2e segment largement taché de noir, 3e segment avec une large bordure apicale noire, la bordure apicale de ces deux segments subscarieuse. ♂ Long. 5 1/2mm. (Sec. sp. typ.!)

Cirtana, Lucas.

Patrie : Algérie (Lucas, Dr Chobaut).

— Face bleu-vert; écusson bleu avec les côtés largement tachés de vert-gai un peu doré. —

Corps de taille médiocre, allongé, semblable à *C. dichroa* Dahlb. (voir nº 41) dont elle ne diffère que par sa forme un peu plus étroite; le milieu de la face à points épars entremêlés de fines stries transversales; le 4ᵉ article antennaire non métallique; la couleur de l'écusson; la ponctuation thoracique un peu moins profonde, moins serrée, moins ruguleuse; par l'abdomen plus étroit, parallèle, les côtés moins réfléchis en dessous, la ponctuation égale sur les trois segments, médiocre, serrée, subcoriacée, celle du 1ᵉʳ segment un peu plus serrée; le 3ᵉ segment non tronqué mais régulièrement arrondi. ♂ Long. 6ᵐᵐ. (Sec. sp. typ.!) (♂ nec ♀).

La ♀ diffère du mâle par l'abdomen plus cylindrique, et les fovéoles du 3ᵉ segment plus larges. **Lydiæ,** Mocsary.

Patrie : Asie Mineure, Turquie d'Europe.

36 Mesonotum non entièrement feu ou au moins noir-bronzé dans la moitié antérieure de l'aire médiane. **37**

—— Mesonotum entièrement feu. **39**

37 Tarses blanchâtres. — Corps de taille médiocre, allongé, subparallèle; entièrement feu-doré, excepté la tête, le dessous du corps, la partie antérieure de l'aire médiane du mesonotum, et le métathorax qui sont verts ou bleus; pubescence longue, blanche. Tête pas plus large que le pronotum, arrondie; vertex bleu-vif, à points médiocres, peu serrés; front et face vert-gai, front couvert de points plus gros, serrés, réticulés; cavité faciale courte, peu profonde, lisse et brillante au milieu, densément ponctuée sur les côtés, avec de longs poils blancs couchés, pas de carène en haut, mais une pente déclive lisse; joues médiocres; antennes brun-marron, les deux premiers articles verts, le 3e très court, bien moins long que les deux suivants réunis. Pronotum cylindrique, troncature antérieure bleue, un sillon un peu vert au milieu du bord antérieur; ponctuation des pro- et mesonotum ruguleuse, assez serrée, médiocre, irrégulière, les intervalles lisses, brillants et bosselés; aire médiane du mesonotum verte antérieurement, noir-bronzé bleuâtre au milieu, feu-doré postérieurement; écusson à points plus gros, subréticulés, peu serrés; postécusson ponctué de même, bleu-vert, convexe, un gros point au milieu de la suture antérieure, métathorax bleu-vert, les angles posticolatéraux courts, subaigus, un peu recourbés en arrière; mésopleures vert-gai un peu bleuâtre, à points médiocres, irréguliers, assez serrés, subréticulés, le sillon transversal seul bien visible; écailles brunes, subscarieuses; ailes hyalines, cellule radiale presque fermée; poitrine et pattes bleu-vif, tibias vert un peu doré, tarses blanchâtres, un peu roussâtres à l'extrémité. Abdomen feu-grenat légèrement violacé, subcylindrique : 1er segment à points médiocres, espacés, les intervalles finement pointillés, ruguleux; troncature antérieure bleue, bordée de vert; 2e segment à points plus fins, subcoriacés; 3e segment régulièrement arrondi, très convexe sur le disque, à ponctuation plus grosse, moins serrée, les côtés longs, arqués-arrondis; série antéapicale obsolète, à peine creusée, un peu remontante à l'apex, 12 fovéoles très petites, rondes, séparées, ouvertes; marge apicale concolore, courte, largement et vaguement sinuée à l'apex. Ventre vert-bleu, marginé et taché de noir. ♂ Long. 6mm.

Joppensis, Abeille-Buysson.

Obs. — D'après M. Abeille, cette espèce serait parasite de l'*Eucera bidentata* Pérez. Elle ressemble beaucoup à la *C. angustifrons* Ab. *Var. Castillana* Buyss., dont elle diffère cependant par le milieu de la cavité faciale parfaitement lisse, les ailes hyalines, les fovéoles très petites, peu visibles, la marge apicale concolore, l'apex largement sinué, le ventre vert-bleu.

Patrie : Syrie (Abeille de Perrin).

— Tarses non blanchâtres. 38

38 Ponctuation abdominale très serrée, médiocre, irrégulière, coriacée; 3e segment abdominal avec quelques poils courts, peu apparents. — Corps de taille moyenne, allongé, d'un beau feu-doré avec la tête, les pattes, le dessous du thorax, et le métathorax bleus ou vert-bleuâtre; pubescence cendrée en dessus, blanchâtre en dessous. Tête bleu-vif, arrondie, épaisse; vertex noir-bleu, à points médiocres, assez serrés, profonds. Semblable à la *C. Joppensis* Ab.-Buyss. dont elle se distingue par la cavité faciale vert-gai un peu doré, le haut parfois avec quelques traces de carène, entourant même plus rarement le 1er ocelle; joues très courtes, bien plus courtes que le 3e article antennaire; antennes noir-brun, les deux premiers articles feu-bronzé ou vert-bronzé; pronotum avec les angles antérieurs un peu avançants; la ponctuation des pro- et mesonotum irrégulière,

avec les intervalles finement pointillés; aire médiane du mesonotum noir-bronzé dans les deux tiers antérieurs ou presque en entier; postécusson très convexe; les angles posti-colatéraux du métathorax, subaigus; méso-pleures avec les deux sillons visibles. Ailes légèrement enfumées; tarses roussâtres, le 1er article blanc-sale, bruni en dessus. Abdomen obovale, feu-doré ou rarement avec quelques reflets verdâtres, vaguement caréné au milieu longitudinalement : 1er segment avec une impression de chaque côté de la troncature antérieure; 2e segment à points entremêlés; 3e segment avec les côtés courts; série antéapicale avec 16-18 fovéoles séparées ou confluentes, subarrondies, ouvertes, médiocres; marge apicale concolore, un peu débordante de chaque côté à sa naissance. Ventre avec le 1er segment bleu-vert taché de noir, 2e segment doré un peu verdâtre ou feu-doré, taché de noir, le 3e segment feu-doré, marginé de noir-bronzé. ♂ Long. 7-8mm. (Sec. sp. typ!)

La ♀ diffère du mâle par les deux premiers articles antennaires noir-bronzé, la face bleue, les tarses brun-roussâtre foncé, les pattes plus fortement poilues, le 3e segment abdominal à côtés subrectilignes; la série antéapicale légèrement creusée; la marge apicale formant de chaque côté un petit angle près de sa naissance.

Angustifrons, Abeille.

Patrie : France méridionale; Budapest; Espagne.

Var. *castillana* var. nov. Diffère du type par son corps un peu plus étroit; la cavité faciale très finement striée transversalement; la ponctuation thoracique moins grosse et moins profonde; l'abdomen plus cylindrique avec la ponctuation moins grosse, celle du 2e segment plus coriacée sur le disque; marge apicale du 3e segment abdominal bleu-violacé. ♂♀.

PATRIE : Espagne.

Ponctuation abdominale un peu grosse, espacée; 3e segment hérissé de gros poils blanc-cendré. — Corps de taille médiocre, allongé, cylindrique; feu-doré-cuivré avec la tête, l'aire médiane du mesonotum, la poitrine et le scutellum du métathorax bleus; le front, les mésopleures et les pattes vert-doré; pubescence du dessus gris-roussâtre, dressée. Tête arrondie, à points médiocres, peu serrés, à intervalles lisses, devenant serrés, réticulés, ruguleux sur le front; cavité faciale évasée, densément ponctuée, terminée en haut par une pente évasée avec quelques traces de carène; joues parallèles, presque de la longueur du 3e article antennaire; épistome très large; antennes noirâtres, le premier article vert en dessus, le 2e un peu bronzé-verdâtre, le 3e court mais presque aussi long que les deux suivants réunis. Pronotum à ponctuation subréticulée-ruguleuse, la troncature antérieure bleu-vif, un sillon au milieu du bord antérieur; mesonotum à points plus petits et moins serrés; écusson à points plus gros: postécusson bleu-vert un peu doré, convexe, ponctué-réticulé; angles posticolatéraux du métathorax doré-verdâtre, triangulaires, subaigus, dirigés un peu en arrière; mésopleures ponctuées comme le mesonotum, les deux sillons visibles et bleus; pattes robustes, à longs poils grisâtres, articulations et tarses roussâtres; écailles brunes, subscarieuses; ailes subhyalines, cellule radiale presque fermée. Abdomen subcylindrique, vaguement caréné, hérissé de longs et gros poils grisâtres, la ponctuation avec les intervalles lisses : 1er segment à points un peu plus rapprochés, à teinte légèrement verte, troncature antérieure bleu-vert, faiblement tri-impressionnée ; 3e segment ovale, subtronqué-arrondi, régulièrement convexe, à points beaucoup plus forts, les côtés longs, très légèrement arqués ; série antéapicale très peu profonde, 16 fovéoles, petites, arrondies, assez rapprochées ; marge apicale concolore, un peu débordante de chaque côté à sa naissance, bord extrême hyalin-scarieux. Ventre vert-doré taché de noir, le 3e segment feu-doré-cuivré ; oviscapte brun. ♀ Long. 7mm. (Sec. sp. typ. !)

Lepida, Mocsary.

Patrie : Caucase (Radoszkowsky).

39 Abdomen entièrement feu-doré. 40

— Marge apicale des segments 1 et 2 de l'abdomen verdissante, celle du 3e segment pourpre-violacé. — Diffère de la *C. dichroa* Dahlb. (Voir n° 41) uniquement par sa forme moins allongée, sa petite taille, le vertex vert-bronzé-cuivré ; par l'abdomen beaucoup plus court, à ponctuation peu profonde, peu serrée, allant en diminuant de grosseur à partir du premier segment ; par la marge apicale des deux premiers segments doré-verdissant, à ponctuation fine et obsolète ; par les segments 2 et 3 feu-grenat, le 3e à ponctuation un peu plus serrée, avec la série antéapicale moins profonde, les fovéoles très petites et moins visibles, espacées ; la marge apicale du 3e finement ponctuée-coriacée, pourpre-violacée. Quelquefois même le 3e segment et la marge apicale sont presque bleu-vert. Ventre noir-brun avec le 2e segment largement taché de feu-doré postérieurement. ♀ Long. 7mm. (Sec. sp. typ. !)

Le ♂, découvert par M. de Vauloger, porte les mêmes couleurs, mais le thorax est feu-bronzé, la tête bleu-vif; le 3e segment abdominal tronqué transversalement, subarrondi, les fovéoles fermées, espacées, peu nombreuses. **Purpurascens,** Mocsary.

Patrie : Algérie.

40 Ponctuation abdominale grosse, profonde, et égale sur tous les segments; milieu de la cavité faciale striée transversalement, sans ponctuation. — Absolument semblable à la *C. dichroa* Dahlb. (Voir n° 41) dont elle diffère par sa taille grêle, allongée, parallèle; pronotum, mesonotum, écusson, abdomen et ventre à teinte feu très vive, le reste est bleu-vif; antennes avec les articles 4 et 5 seulement renflés en dessous, les sept derniers articles roussâtres en dessous; cavité faciale creusée peu profondément, beaucoup plus petite que la face, finement et densément ponctuée en haut et sur les côtés, tout le reste finement strié transversalement; joues plus courtes que le 3e article antennaire; mandibules bidentées; ponctuation des pro-, mesonotum et écusson grosse et réticulée, celle de l'écusson beaucoup moins grosse. Abdomen parallèle, allongé, à ponctuation grosse et réticulée : 3e segment allongé, le milieu plus étroit que la base, arrondi-subtronqué, un peu déprimé sur le disque, avec la base à points moins gros et non réticulés, côtés du segment

rectilignes, longs, faisant suite à la marge qui est un peu ou point débordante à sa naissance; série antéapicale creusée, profonde, noire, les fovéoles toutes confluentes plus ou moins; marge apicale courte, légèrement carénée à l'apex, régulièrement arrondie sans sinus. ♂ Long. 7mm. **Dichropsis**, N. SP.

PATRIE : Syrie (Abeille de Perrin).

— Ponctuation abdominale fine ou médiocre, irrégulière au moins sur un segment; milieu de la cavité faciale ponctué-coriacée. **41**

41 Corps de taille moyenne ou médiocre; ventre feu-doré. — Corps allongé, d'un beau feu-doré, avec la tête, le métathorax et le dessous du corps bleu-verdâtre ou vert-bleuâtre; pubescence longue, dressée, noirâtre en dessus, blanchâtre ou cendrée en dessous. Tête un peu plus large que le pronotum, à points serrés, médiocres, subcoriacés, devenant subréticulés sur le front; cavité faciale presque plane, convexe, non carénée en haut, entièrement couverte de points serrés-coriacés, parfois avec quelques stries transversales au milieu mêlées à la ponctuation; joues presque aussi longues que le 3e article antennaire, fortement convergentes en avant; mandibules bidentées; antennes noir-brun; les trois premiers articles et le dessus du 4e verts, le 3e aussi long que les deux suivants réunis, les articles 4-6 renflés en dessous. Pronotum court, un sillon au milieu du bord antérieur; ponctuation des pro- et mesonotum et de l'écusson assez grosse, serrée, ruguleuse, assez profonde, subréticulée; écusson avec un espace à sa base couvert de points fins, serrés, ruguleux; postécusson gibbeux-subconique-obtus, médiocrement ponctué-réticulé, avec un large sillon longitudinal allant du sommet au bord antérieur; angles posticolatéraux du métathorax à pointe assez longue, légèrement divariquée, subaiguë; mésopleures souvent un peu vert-doré sur le disque, ponctuées-réticulées, le sillon longitudinal court, le transversal complet. Écailles bleues ou bleu-vert; ailes faiblement enfumées, cellule radiale presque fermée; tarses noirâtres. Abdomen ovale, avec ou sans carène médiane, assez convexe, parfois à teinte un peu verdâtre : 1er segment à points médiocres, peu serrés, assez profonds, les intervalles finement pointillés, ruguleux; 2e segment à points plus fins, serrés, subruguleux, coriacés; 3e segment régulièrement mais largement arrondi-subtronqué, peu convexe, ponctuation régulière, un peu moins serrée, les côtés longs, subrectilignes; série antéapicale faiblement creusée, souvent séparée par une faible carène au milieu, 16-18 fovéoles très variables, tantôt petites, arrondies, séparées, tantôt assez grandes, subconfluentes; marge apicale concolore, assez courte, un peu débordante de chaque côté à sa naissance, largement mais vaguement émarginée à l'apex, la bordure extrême noirâtre. Ventre feu-doré, parfois avec quelques reflets verdâtres, marginé et taché de noir. ♂ Long. 6-8 1/2[mm].

La ♀ diffère du mâle par les parties non feu-doré plus bleues, la ponctuation abdominale très variable mais sensiblement plus serrée et plus fine; le 3e segment abdominal beaucoup plus allongé, ovale arrondi, non tronqué, souvent un peu déprimé transversalement sur le disque, plus rarement un peu renflé avant la série antéapicale, celle-ci plus profonde, très variable également; la marge apicale sans sinus visible à l'apex; ventre presque toujours d'un beau feu; aucun article antennaire renflé en dessous: oviscapte brun.

Dichroa, DAHLBOM.

OBS. — Cette espèce dépose ses œufs dans le nid de l'*Osmia rufo-hirta* Latr. dans les coquilles vides des petits hélix et des bulimes. Le ♂ se rencontre rarement. J'ai observé cette espèce en Auvergne à 600 mètres d'altitude. On peut trouver des individus atteints de rufinisme dans les antennes, les pattes, les écailles et la nervulation.

PATRIE : Assez répandue dans toute l'Europe : France, Espagne, Allemagne, Suisse, Italie, Sardaigne, Sicile, Syrie, Algérie, Russie, Grèce, etc.

Var. *minor* Mocs. Corps vaguement plus étroit, ponctuation des segments 2 et 3 de l'abdomen un peu plus dense, subréticulée; ailes hyalines. ♀ Long. 5-6mm.

Le ♂ a le 3e segment abdominal ovale-arrondi, non tronqué, la marge apicale beaucoup plus longue, débordante de chaque côté à sa naissance, et sans sinus à l'apex.

PATRIE : Sicile, Italie, Algérie, Syrie, Grèce, Bavière.

Var. *lævigata* Ab. Abdomen plus large que le thorax, ponctuation abdominale peu serrée, les intervalles lisses et brillants, les points médiocres et entremêlés; 3e segment largement tronqué-arrondi; série antéapicale creusée, à fovéoles grandes, ouvertes, séparées; marge apicale longue, débordante de chaque côté et avec un léger sinus à l'apex; ailes légèrement enfumées. ♀♂ Long. 7-8mm. (Sec. sp. typ.!)

PATRIE : Caucase, Perse.

— Corps de très petite taille, étroit, linéaire; ventre doré-verdâtre. — Semblable à la *C. dichroa* Dahlb. dont elle ne diffère absolument que par la taille, la forme allongée, linéaire, parallèle, et par la couleur doré-verdâtre des segments du ventre. ♂♀ Long. 4-4 1/2mm. (Sec. sp. typ. !) **Filiformis**, Mocsary.

Patrie : Illyrie (Dr Korlevic).

ESPÈCES RESTÉES INCONNUES

(Section II *virides*) :

C. pallipes, Tournier. — Corps très brièvement et finement pubescent de gris; tout le corps et les cuisses d'un vert clair brillant, un peu doré par places, surtout sur le sommet de la tête près des ocelles, sur le compartiment médian du mesonotum et sur le scutellum: antennes noires à la base, brunes à l'extrémité, le premier article un peu verdâtre; mandibules noires; rouges à la pointe; genoux, tibias et tarses d'un rouge de rouille clair, les tibias ont, sur leur tranche antérieure, une très faible teinte verte; le ventre est noir; le bord de la marge apicale du 3e segment est étroitement d'un blanc-jaunâtre, très transparent, presque entier, ou si finement denticulé qu'il faut un fort grossissement pour l'apprécier. Tête grosse; impression faciale large, occupant tout l'espace compris entre les yeux; mais elle est peu haute, son niveau supérieur atteignant environ les deux tiers de la hauteur des yeux, son fond imponctué, presque lisse, n'offrant que quelques très fines rides transversales; sommet de la tête, joues et thorax grossièrement, pas très densément ponctués, ponctuation un peu plus grosse et un peu plus serrée sur le bord postérieur du second et sur tout le troisième segment abdominal; sur ce dernier les intervalles entre les points sont très étroits, tandis que sur les deux précédents ils sont un peu plus larges, surtout sur le premier; partout ils sont lisses, brillants; écaillettes des ailes noirâtres, ailes un peu enfumées, nervures brunes. ♂♀ Long. 4-4 1/2mm.

Patrie : Russie méridionale : Sarepta.

(SECTION IV *bicolores*) :

C. transversa, DAHLBOM. — Un peu plus large, longue de 2 lignes décimales et deux tiers, à ponctuation épaisse, bleu-vert, l'abdomen obtusément subrectangulaire ou subcarré, la base verte, les côtés et la partie antéapicale vert-doré ; le 3e segment court, transversalement subrectangulaire, un léger renflement avant la série apicale, la marge apicale courte, transversale, ailes blanc-hyalin, salie vers la nervure de la cellule radiale et le limbe apical, la cellule radiale incomplète.

OBS. — Voisine d'aspect de la *C. foveata*. Corps robuste, épais, transversal-obtus en avant et postérieurement, entièrement couvert de pubescence et de poils cendrés et blancs, le dorsulum à ponctuation épaisse. Tête verte, bleuissante derrière les ocelles et sur l'occiput. Vertex médiocrement ponctué-subréticulé. Antennes un peu plus courtes, médiocrement robustes, noirâtres, scape et la base du fouet verts. Clypeus médiocre, transversal, légèrement convexe au milieu. Mandibules noir de poix, avec une tache verte à la base, franchement brunes avant l'extrémité. Thorax vert, couvert d'une épaisse ponctuation réticulée; pronotum tronqué en avant, avec une fovéole médiane subcontinue : la troncature polie au milieu, légèrement concave, sub-bronzée, verte de chaque côté, brillante et éparsement ponctuée; l'aire médiane du dorsulum bleue, à reflets verts, les aires latérales vertes avec des reflets subdorés intérieurement; écusson, mésopleures, disque du postécusson et les côtés du metanotum verts; les autres parties du thorax bleues, plus ou moins teintées de vert. Premier segment dorsal de l'abdomen à ponctuation épaisse, vert avec une tache bleue à la base, resplendissant de reflets doré-vert de chaque côté de la partie apicale; le 2e segment couvert d'une ponctuation dense mais médiocrement épaisse, vert-doré, surtout sur les côtés et sur la partie apicale, la base avec une tache violacée subtriangulaire; 3e segment court, obtusément transversal, subrectangulaire ou largement et brièvement subtrapéziforme, inégalement ponctué : éparsément à la base qui a une ligne marginale violacée, tandis que le segment est alors transversalement déprimé, coriacé et cuivré-doré, puis après légèrement renflé en bourrelet vert-doré; série antéapicale située juste au-dessous de ce renflement et formée de points et de fovéoles médiocres, rondes et nombreuses; marge apicale courte, très légèrement débordante, largement transversale, à peine et inégalement courbe et de chaque côté arquée-obtuse. Ventre vert, pattes concolores, tarses noirâtres. Nervures des ailes et les cellules entièrement comme chez la *C. cyanura*, seulement la nervure radiale plus courbe et l'ouverture de la cellule radiale moins large.

PATRIE : Asie Mineure.

C. mesochlora, MOCSARY. — Médiocre, peu allongée, assez robuste, vert-bleu et abondamment colorée de vert-subdoré; pubescence blanche, éparse; le lobe médian du mesonotum et les sutures du métathorax bleu-indigo; front presque étroit; cavité faciale moins profonde, dorée, densément recouverte de poils argentés soyeux, densément pointillée-coriacée, canaliculée longitudinalement au milieu, convexe en haut et non marginée; antennes brunes, à pubescence blanche, les trois premiers articles vert-doré, le 3e d'une longueur médiocre, deux fois plus long que le 2e; joues courtes, égales au 2e article antennaire; yeux ovales, très exsertes; pronotum assez long, presque de la longueur de la tête, transversal-rectangulaire, profondément impressionné au milieu du bord antérieur; metanotum convexe, les dents posticolatérales courtes, largement triangulaires, subaiguës; vertex et dorsulum du thorax presque également recouverts d'une ponctuation réticulée peu profonde; abdomen feu-doré: 1er segment ayant au milieu une grande tache subcarrée bleu-vert, et la base bleue avec trois fossettes; 2e et 3e segments à base noir-bleu, le 2e ayant le milieu de la base après la marge noir-bleu à reflets verts, sans carène médiane, le 3e convexe, non moins renflé au-dessus de la série antéapicale, mais de chaque côté médiocrement creusé, les fovéoles nombreuses, petites, la marge apicale arrondie, entière; tous les segments très densément et profondément ponctués, un peu rugueux; ventre et pattes vert-doré, le 2e segment avec deux taches noires à la base; tarses testacés; ailes hyalines, nervures brunes, cellule radiale lancéolée-subcomplète, peu ouverte à l'extrémité; écailles noir-bronzé. ♂ Long. 8 1/2mm.

PATRIE : Rhodes.

C. sodalis, MOCSARY. — Semblable à la *C. varicornis* Spin. dont elle ne diffère, d'après la description de M. le Dr Mocsary, que par le 2e segment abdominal beaucoup plus densément et finement ponctué, irrégulièrement et peu rugueusement, avec des points plus fins entremêlés çà et là, la carène médiane courte, moins distincte, le 3e segment à ponctuation dense, moins épaisse et profonde, plus fine, et par le ventre et les pattes vert-subdoré. ♂ Long. 9mm.

PATRIE : Caucase : Vallée du fleuve Arax.

C. angusticollis, MOCSARY. — Médiocre, allongée, moins robuste, vert-bleu, l'impression médiane du pronotum et le métathorax bleu-indigo, pubescence de la tête et du thorax plus longue, blanche sur le dessus, brune sur le dessous, celle des pattes et de l'abdomen blanchâtre; tout le vertex, promesonotum, écusson et écailles vert-doré; cavité faciale large, planiuscule, densément ponctuée-coriacée, confluente avec le front sans la moindre marge transversale; antennes un peu épaisses, assez longues, brunes, à pubescence blanche, les trois premiers articles vert-gai, le 3e long, deux fois plus long que le 2e, le 4e et le 5e égaux ; clypeus assez long, densément ponctué, vert-doré brillant, noir-bronzé à l'extrémité; joues longues, à peine plus courtes que le 3e article antennaire: pronotum transversal, assez long, beaucoup plus étroit que le mesonotum, évidemment étroit en avant, et plus étroit aussi que la tête ; mesonotum de la largeur de la tête, postécusson conique, dents posticolatérales du metanotum courtes, grosses, obtuses; vertex densément et finement ponctué-réticulé, ponctuation du dessus du thorax beaucoup moins dense, plus épaisse et moins régulière. Abdomen plus large que le thorax, feu-doré : 1er segment noir-violacé au milieu de la base qui est limbée de vert-doré, canaliculée et lisse au milieu avec une impression de chaque côté; 2e segment convexe, sans aucune carène, le 3e un peu concave à sa base, renflé avant la série antéapicale, les fovéoles petites, orbiculaires, irrégulières, au nombre de 12 environ, la marge apicale assez longue, densément pointillée, arquée, entière; tous les segments densément ponctués, un peu rugueux, quelques points plus gros entremêlés sur le 1er segment; ventre vert-gai-doré avec de petites taches feu sur les bords et à l'extrémité et des taches plus grandes noires de chaque côté du second; pattes vert-bleu, tarses bruns; ailes hyalines, peu enfumées, nervures brunes, cellule radiale triangulaire-lancéolée, incomplète, ouverte à l'extrémité. ♀ Long. 9mm.

Obs. — J'ai quelques soupçons que cette espèce pourrait être une variété de la *Chrysis auropicta* Mocs. Il me faudrait voir l'insecte pour en être certain.

Patrie : Caucase : Vallée du fleuve Arax.

C. gastrica, Dahlbom. — Oblongue, longue de 3 lignes décimales et plus, médiocrement robuste, l'avant-corps à ponctuation épaisse, réticulée, bleu à reflets verts, l'abdomen doré, à teinte très verte, pointillé-coriacé, les segments 2 et 3 avec une fascie noir-bronzé à la base, le 3e segment médiocre, semi-lunaire, non renflé avant la série, la marge apicale épaissie, non sillonnée, les ailes hyalines, salies dans le disque, la cellule radiale incomplète.

Obs. — D'un aspect presque semblable à celui de la *C. integra*, mais plus grande, plus robuste et autrement colorée et sculptée. Tête bleue : vertex et occiput médiocrement ponctués-réticulés, teintés de vert. Antennes un peu épaisses, presque courtes, vertes à la base, noirâtres au milieu, brunissantes à l'extrémité. Clypeus vert, presque court, légèrement convexe au milieu, la marge apicale transversale. Mandibules comme chez la *C. transversa*. Thorax un peu long, moins épais, bleu avec des reflets subdoré-verdâtre en dessus; pronotum tronqué antetiennement : troncature bleue, le cou doré-vert avec un espace central très poli, bronzé. Abdomen ovale-oblong, densément ponctué-coriacé, vert-gai-doré, 2e et 3e segments avec une fascie lancéolée noir-bronzé à la base, la partie apicale marginée d'or; 3e segment médiocrement semi-circulaire, médiocrement convexe, le disque très légèrement déprimé transversalement, série antéapicale formée de fovéoles petites, rondes, çà et là subconfluentes; marge apicale quelque peu épaissie, dorée. Ventre bleu avec une ligne médiane et la marge des segments verdissantes. Ailes hyalines, salies dans la cellule radiale près de la nervure costale et du stigma et aussi dans le disque des cellules discoïdale, cubitale et 2e submédiane; nervures des ailes épaisses et brunes; la cellule radiale étroitement ouverte à l'extrémité. Pattes bleu-vert ou vert-bleu, les tarses testacé-brunâtre. ♀.

OBS. — Je ne suis pas éloigné de croire que les *C. gastrica* Dahlb. et *Transcaspica* Mocs. ne sont qu'une seule et même espèce. Il manque cependant a la description de Dahlbom quelques détails importants pour pouvoir identifier ces deux espèces avec certitude.

PATRIE : Portugal.

C. Graja, MOCSARY. — Médiocre, allongée, moins robuste, bleue avec le front, le pronotum, les lobes latéraux du mesonotum et les mésopleures un peu verdissants; vertex et dorsulum du thorax à poils courts et noirs, le reste du corps à poils blancs; cavité faciale presque plane, densément ponctuée-coriacée, convexe en haut, non marginée; antennes courtes, grêles, brun-roussâtre, les trois premiers articles vert-bleu, le 3e médiocrement long, égal aux 4e et 5e pris ensemble; joues médiocres, égales au 3e article antennaire; vertex et mésopleures densément et plus subtilement ponctués, le dessus du thorax plus fortement et irrégulièrement ponctué-rugueux coriacé, les intervalles très subtilement pointillés; pronotum court, transversal, rectangulaire, sillonné longitudinalement au milieu antérieurement; metanotum gibbeux-convexe, les dents posticolatérales robustes, obtuses, recourbées; les segments dorsaux de l'abdomen feu-doré, densément et un peu rugueusement ponctués, le 2e et le 3e en plus avec la base largement noir-bronzé, une petite carène courte moins distincte, le 3e un peu renflé avant la série, les fovéoles profondément enfoncées, nombreuses, arrondies, verdâtres, médiocres, confluentes, séparées au milieu par une petite carène médiane, marge apicale courte, arquée, entière; ventre feu-doré, 2e segment taché de noir de chaque côté à la base; pattes vert-bleu, les éperons blancs, tarses roux-testacé, les antérieurs un peu noircis en dehors: ailes hyalines, un peu salies près de la nervure de la cellule radiale, nervures noirâtres, cellule radiale triangulaire-lancéolée, complète, écailles vert-bleu. ♀ Long. 7 1/2mm.

PATRIE : Grèce.

C. Rhodia, Mocsary. — Très semblable à la *C. Graja*, mais un peu plus grande; le fouet des antennes noir, à pubescence argentée, un peu plus épais, le 3e article un peu plus long; le metanotum plus convexe, les dents posticolatérales plus longues et plus recourbées; le 3e segment dorsal de l'abdomen légèrement renflé avant la série antéapicale, les fovéoles moins profondément enfoncées, plus grandes, arrondies, nombreuses, environ 14 séparées par une petite carène, bien distinctes, nullement confluentes; tarses noir-roussâtre; ailes antérieures avec la cellule radiale subcomplète, l'extrémité peu ouverte.

Patrie : Rhodes.

(Section V : *auratæ*).

C. viridana, Dahlbom. — Petite, grêle, longue d'une ligne décimale et demie, médiocrement ponctuée, verte, le vertex, le pronotum, le mesonotum et le dorsulum de l'abdomen vert-vif doré, l'abdomen pointillé-coriacé, la marge apicale pourpre-doré, la série antéapicale lisse (non enfoncée), avec les points petits, arrondis, distincts, le ventre médiocrement taché de noir, de vert et de feu, ailes hyalines, à nervures noirâtres, cellule radiale complète.

Obs. — Corps conformé à peu près comme chez la *C. succincta*, avec des poils épais cendrés et blanchâtres. Tête verte, un peu plus large, vertex et occiput ponctués-subréticulés; yeux petits, très exsertes : antennes un peu plus longues, assez grêles, noirâtres, vertes depuis la base jusqu'au milieu; clypeus petit, subtransversal à l'extrémité; mandibules brillantes, noir-brun; palpes grêles, noirâtres. Dorsulum du thorax et mésopleures subtilement ponctués-réticulés; pronotum et mesonotum vert-vif-doré, l'aire médiane du dorsulum coriacée à la base; metanotum et poitrine vert-bleu ou bleu-vert. Pattes vertes, tarses noirâtres. Ailes hyalines, un peu salies, subenfumées près de la nervure costale de la cellule radiale; cellule radiale triangulaire-lancéolée, complète, c'est-à-dire que l'extrémité de la nervure radiale est grêle et touche la nervure costale. Abdomen ovale-oblong, densément pointillé, presque coriacé, vert-doré, médiocrement déprimé-convexe; série antéapicale du 3e segment interrompue ou effacée au centre, la marge apicale courte, arquée au sommet (non épaissie), un peu débordante obliquement et roux-doré. ♀.

Obs. — On doit se rappeler que la *C. Kruperi* Mocs. est, à très peu de chose près, conforme à la description de la *C. viridana* Dahlb.

Patrie : Asie Mineure.

C. Smyrnensis, Mocsary. — Submédiocre, allongée, assez

robuste, bleue, pubescence noire sur la tête et le thorax, blanche sur le reste du corps; pronotum, mesonotum et écusson feu-doré; face et mésopleures vertes, front et vertex vert-subdoré; cavité faciale moins profonde, densément et subtilement ponctuée-coriacée, convexe, déprimée en haut, non marginée; antennes courtes, un peu plus épaisses, noires, à pubescence blanche, les trois premiers articles verts, le 3e médiocre, égal aux 4e et 5e réunis ensemble; joues assez longues, de la longueur du 3e article antennaire; vertex et dessus du thorax densément, mais d'une manière moins épaisse, ponctués-subréticulés-subcoriacés; pronotum assez long, transversal, rectangulaire, avec une impression médiane en avant; metanotum convexe, les dents posticolatérales médiocres, subobtuses; segments dorsaux de l'abdomen feu-doré, densément et subtilement ponctués-coriacés, le premier segment avec la base bleue, limbée en dessus de vert-doré, le 2e segment sans carène médiane, le 3e segment légèrement renflé avant la série antéapicale, les fovéoles au nombre de 10 environ, arrondies, profondes et bien distinctes, la marge apicale arquée, entière; le 2e segment ventral feu-doré-vif avec une tache noire de chaque côté à la base, le 3e noir très finement sillonné au milieu longitudinalement et taché de feu-doré de chaque côté; pattes vert-bleu, tarses noir-roussâtre; ailes hyalines, nervures noirâtres, cellule radiale triangulaire-lancéolée, complète, écailles vert-bleu. ♀ Long. 5 1/2mill.

PATRIE : Asie Mineure : Smyrne.

C. macrostoma, GRIBODO. — Médiocrement robuste et brillante, bleue avec le pronotum, le dorsulum et le dessus de l'abdomen cuivré-doré : tête plus large que le pronotum, grande, allongée-trapéziforme, plus haute que large; tout le corps densément et subtilement ponctué, tête et thorax presque coriacés : abdomen elliptique, plus étroit à l'extrémité; série antéapicale peu profonde; marge anale parfaitement arquée, entière. Long. 6mm.

Le caractère le plus notable de cette chryside est la forme allongée et large dans la mesure même de la face et de la bouche.

PATRIE : Algérie.

2e Phalange. — Inæquales.

Marge apicale du 3e segment abdominal distinctement trisinuée ou ondulée et pouvant former un angle de chaque côté, avant ou après le commencement de la série antéapicale.

TABLEAU DES SECTIONS

(Voir à la 1re phalange, page 265).

SECTION I. — OBSCURATÆ

1 Corps étroit, linéaire; ponctuation abdominale double, au moins sur le 1er segment.
Mediocris, Dahlb. Var. **Afflicta,** V. nov.
(Voir Section IV, n° 5).

— Corps robuste, non étroit; ponctuation abdominale simple, égale sur tous les segments, subcoriacée.
Elegans, Lep. Var. **Melanura,** V. nov.
(Voir Section V, n° 5).

SECTION II. — VIRIDES

1 Troisième segment abdominal avec un angle arrondi de chaque côté, avant la naissance de la marge apicale. 2

— Troisième segment abdominal sans aucun angle de chaque côté, avant la naissance de la marge apicale.— Corps de taille moyenne, allongé, subparallèle, assez robuste, entièrement bleu; pubescence courte, blanc sale; tête épaisse, à points médiocres, profonds, assez serrés, réticulés, devenant ruguleux, confluents et plus gros sur le front; cavité faciale courte, profonde, lisse au milieu, striée-ponctuée de chaque côté de la ligne médiane, densément ponctuée-coriacée sur le reste, terminée en haut un peu abruptement, avec une légère carène; yeux très grands, très convexes; joues presque nulles; clypeus émarginé; antennes noirâtres, les deux premiers articles bleus, le 3e un peu plus long seulement que le 4e. Pronotum à côtés subparallèles, troncature antérieure déclive, sans sillon au milieu du bord antérieur; ponctuation thoracique assez grosse, réticulée; sur le pronotum on distingue quelques points fins, rares dans les intervalles; postécusson convexe, ponctué-réticulé plus profondément; angles posticolatéraux du métathorax étroits à la base, la pointe triangulaire, subaiguë, légèrement recourbée en arrière; mésopleures avec le sillon longitudinal très court, visible seulement vers les ailes, le transversal complet et large, l'aire inférieure carénée sur le bord postérieur dont chaque extrémité forme une vague petite dent obtuse; écailles bleu-indigo; ailes légèrement enfumées; pattes bleu-vert, tarses roux. Abdomen allongé, subcylindrique. à points médiocres, profonds, peu serrés : 1er segment à ponctuation un peu plus grosse, la troncature antérieure fortement sillonnée au milieu; 2e segment long, légèrement caréné; 3e segment obovale subtronqué-arrondi, plus bleu, un peu renflé avant la série antéapicale, les côtés longs, droits; série antéapicale assez profonde, 16 fovéoles grandes, longues, parallèles, séparées, à fond scarieux-roussâtre; marge apicale finement pointillée, bleu-indigo-violacé-roussâtre, un peu scarieuse, subquadriondulée: l'apex est arrondi avec un vague petit sinus au milieu, et les angles latéraux sont séparés de l'apex chacun par un léger sinus; les côtés de la marge sont continus et droits avec ceux du segment; l'extrême bord apical scarieux-hyalin. Ventre bleu-vert, 2e segment taché de noir à sa base. ♀ Long. 8mm. (Sec. sp. typ.!) **Trisinuata**, Mocsary.

Patrie : Turkestan : Taschkend (Radoszkowsky).

2 Marge apicale du 3e segment abdominal entièrement hyaline-scarieuse. — Semblable à la *C. vagans* Rad. (Voir 4e phalange) dont elle diffère cependant par la cavité faciale plus profonde, avec la carène transversale à peu près régulièrement arquée, plus forte et sans angles (mandibules bidentées); par la ponctuation générale plus grosse; les mésopleures sans sillon tranversal mais simplement avec une carène forte, transversale, creusée extérieurement et formant deux petites dents peu distinctes, le reste des mésopleures en dessous est caréné longitudinalement et se termine par une troisième petite dent peu distincte; par l'abdomen avec des reflets cuivrés principalement sur les côtés, une carène médiane sur toute sa longueur, la ponctuation plus grosse, subréticulée; par les côtés du 3e segment non testacés-scarieux et par la dent qui n'est qu'un angle arrondi; les fovéoles plus rapprochées, subconfluentes; la marge apicale plus large, complètement hyaline, légèrement sinuée à l'apex. ♂ Long. 5mm (Sec. sp. typ.!) **Alexandri**, Buysson.

PATRIE : Mont Ararat (Radoszkowsky).

— Marge apicale entièrement crustacée-métallique.— Semblable à la *C. versicolor* Spin. (Voir Section V, n° 5) dont elle diffère par les caractères suivants : abdomen, tête et pronotum verts; mesonotum bleu-vert. l'aire médiane bleu-foncé ainsi que l'occiput; antennes noirâtres : 1er article vert, le 2e et le 3e avec quelques légers reflets verts, le 3e un peu moins long que les deux suivants réunis; ponctuation thoracique plus serrée, ruguleuse; nervures des ailes noires et brunes; abdomen avec la carène médiane très vague, la ponctuation un peu plus serrée; la série antéapicale du 3e segment non séparée au milieu, presque point creusée, obsolète, à fovéoles très petites, presque fermées, séparées, peu visibles; tarses testacés, brunis au sommet; ventre bleu-vert, 2e segment avec deux taches noires à la base. ♂ Long. 5 1/2mm.

Innesi, Nov. sp.

OBS. — Je dédie cette jolie espèce à M. le Docteur W. Innès, en reconnaissance des intéressantes communications qu'il a eu l'amabilité de me faire.

PATRIE : Égypte : Le Caire (W. Innès).

SECTION III. — ZONATÆ

1 Troisième segment abdominal bleu.

Bidentata, L. Variétés (Voir 6e phalange.)

— Troisième segment abdominal feu-doré. 2

2 Premier segment abdominal franchement et entièrement bleu-vert; mandibules uni-

dentées; 3e article antennaire vert. — Semblable à la *C. basalis* Dahlb. (Voir 1re phalange) dont elle diffère par la ponctuation grosse et espacée; le haut de la cavité faciale caréné transversalement, cette carène émettant deux petits rameaux faibles entourant le 1er ocelle; la face densément ponctuée-coriacée, couverte de poils blancs; les joues courtes, pas plus longues que le 4e article antennaire (mandibules simples); par le pronotum avec le bord antérieur muni d'une large fossette médiane; le postécusson fortement convexe; par les angles postico-latéraux du métathorax fins, aigus, recourbés en arrière; les tarses brunâtres; par l'abdomen ayant le bord apical du 2e segment droit, non engainant; le 3e segment avec les fovéoles peu nombreuses (6-8), très grandes, largement ouvertes, profondes, noir-bronzé; la marge apicale longue, bronzé-verdâtre-subdoré, légèrement tri-ondulée, les sinus latéraux larges, celui du milieu très petit, indistinct; ventre vert-gai-subdoré, les segments largement tachés et bordés de noir. ♂ Long. 6mm (Sec. sp. typ.!)

La ♀, d'après la description de M. le général Radoszkowsky, aurait le 2e segment abdominal vert-doré, le 3e segment avec la marge apicale quadridentée, les dents externes courtes, triangulaires, les intermédiaires très courtes, arquées, obtuses, l'emarginatura du milieu très obsolète. **Kessleri,** Radoszkowsky.

Patrie : Province transcaspienne; Turkestan (Radoszkowsky).

— Premier segment abdominal entièrement vert-gai ou seulement doré-verdâtre à la base; mandibules bidentées; 3e article antennaire noir-brun. 3

3 Marge apicale du 3e segment abdominal noir-bronzé; ponctuation abdominale médiocre, subcoriacée; tarses roussâtres.

Elegans, Lep. ♂ (Voir, Section V, n° 5).

— Marge apicale du 3e segment abdominale vert-gai; ponctuation abdominale grosse, très profonde; tarses testacé-blanchâtre, brunis à l'extrémité.

Transcaspica, Mocs. ♂ (Voir Section IV, n° 4).

SECTION IV. — BICOLORES

1 Troisième article antennaire métallique en entier ou au moins à sa base en dessus. 2

— Troisième article antennaire non métallique. 3

2 Marge apicale du 3e segment abdominal concolore; joues presque nulles. — Corps de taille médiocre, assez robuste; pubescence longue, blanchâtre, raide; tout l'avant-corps bleu-vert, l'occiput et l'aire médiane du mesonotum bleu-foncé. Tête épaisse, un peu plus large que le pronotum, à points médiocres, assez serrés et profonds, devenant réticulés sur le front; cavité faciale peu profonde, finement et densément ponctuée-coriacée, couverte de poils blancs, terminée en haut assez abruptement mais sans carène; joues courtes, de la longueur du 4e article antennaire; mandibules unidentées; clypeus

très court; antennes brun-marron, les deux premiers articles et la moitié basilaire du 3e verts, le 3e presque aussi long que les deux suivants réunis. Pronotum avec un fort sillon médian antérieurement, la troncature bleue; ponctuation médiocre, profonde, serrée, ruguleuse, celle du mesonotum et de l'écusson subréticulée, plus espacée, avec les intervalles lisses; postécusson convexe, ponctué-réticulé; les angles posticolatéraux du métathorax petits, triangulaires, aigus; mésopleures ponctuées-réticulées, les deux sillons visibles, l'aire inférieure carénée surtout postérieurement. Pattes vert-bleu, tarses roux-testacé; ailes assez enfumées au milieu, plus hyalines à la base et à l'extrémité, cellule radiale ouverte; écailles marron, scarieuses. Abdomen large, légèrement caréné au milieu, à points assez gros, irréguliers, peu serrés : 1er segment avec toute la base verte; 3e segment court, ovale, régulièrement convexe sur le disque, un peu renflé sur les côtés avant la série antéapicale, ponctuation beaucoup plus forte, les côtés droits, convergents à l'apex; série antéapicale peu profonde, 10 grosses fovéoles, séparées, ouvertes et profondes; marge apicale très légèrement bronzée, tronquée-subarrondie, très vaguement sinuolée, les angles de la troncature très obtus, peu apparents, les côtés de la marge presque droits, convergents en arrière. Ventre feu-doré un peu verdâtre, chaque segment légèrement bordé de noir. ♂ Long. 8mm (Sec. sp. typ. !)

Aschabadensis, RADOSZKOWSKY.

PATRIE : Province Trascaspienne (Radoszkowsky).

— Marge apicale du 3e segment abdominal vert-bronzé; joues de la longueur du 3e article antennaire. — Corps de petite taille, grêle, allongé, étroit, parallèle, subcylindrique; pubescence grisâtre ou gris-roussâtre, un peu épaisse; tout l'avant-corps bleu, ou bleu-vert, ou vert, parfois avec des reflets cuivrés ou vert-doré, abdomen feu-doré. Tête bleu-vif ou bleu-indigo foncé, à points médiocres, assez serrés, subruguleux; front vert-gai, ou vert-doré, ou cuivré, ponctué-réticulé densément; cavité faciale vert-gai, ou vert-doré, ou cuivrée sur les côtés, assez profonde, terminée en haut par une déclivité profondément ponctuée, puis par une carène transversale ondulée, le milieu de la cavité brillant, finement strié transversalement, les côtés densément ponctués-coriacés; joues assez longues, un peu arrondies; mandibules bidentées; antennes noirâtres, les trois premiers articles et parfois le dessus du 4e verts ou vert-doré, ou doré-cuivré, le 3e un peu moins long que les deux suivants réunis, les articles 4-6 légèrement renflés à leur extrémité. Pronotum cylindrique, assez long, un sillon médian antérieurement; souvent des reflets verts, ou vert-doré, ou cuivrés sur la partie antérieure du pronotum, sur les aires latérales du mesonotum et sur le disque de l'écusson; ponctuation thoracique médiocre, subréticulée, irrégulière, entremêlée de points plus petits; écusson à points plus gros; postécusson convexe, ponctué-réticulé, avec une petite cavité antérieurement; angles posticolatéraux du métathorax souvent vert-doré ou cuivrés, petits, dirigés en arrière, à pointe courte, subobtuse, très légèrement divariquée; mésopleures assez densément ponctuées-subréticulées, les deux sillons visibles; écailles bleues ou vertes; ailes très faiblement enfumées ou subhyalines, cellule radiale fermée ou subfermée. Pattes bleues ou vertes, ou vert-doré, souvent un peu cuivrées sur les tibias, tarses brunnoirâtre. Abdomen étroit, subcylindrique, parfois avec une petite ligne médiane de couleur plus foncée, simulant une carène : 1er segment à points médiocres, entremêlés d'autres plus petits, assez serrés; sur les côtés la ponctuation est grosse, serrée, subréticulée, la troncature antérieure verdâtre ou vert-doré; 2e segment à points médiocres, plus fins, réguliers, assez serrés; 3e segment subtronqué-arrondi, convexe sur le disque, légèrement caréné longitudinalement à l'apex, ponctuation comme celle du 2e segment, mais un peu plus serrée, les côtés assez longs, subrectilignes; série antéapicale un peu creusée, séparée au milieu par une carène, 10-12 fovéoles noir-verdâtre-bronzé ou bleu-verdâtre, assez grandes, rondes, ouvertes, séparées; marge apicale concolore ou un peu verdâtre, ou très légèrement bronzée, tri- ou bi-ondulée : un angle au centre qui est subarrondi ou sinué à l'apex, de chaque côté un angle plus saillant, arrondi, séparés de l'angle central chacun par un sinus peu profond, arrondi, la marge est un peu débordante de chaque côté à sa naissance. Ventre vert-gai, ou vert-doré, ou vert-bleuâtre, taché de noir, le 3e segment parfois taché de feu sur le disque. ♂ Long. 4-7mm (Sec. sp. typ.!)

La ♀ diffère du mâle par aucun article antennaire renflé, le 3e segment abdominal ovale ou elliptique, subtronqué, à longs poils blanchâtres, déprimé transversalement sur le disque, les côtés plus longs, la série antéapicale plus large, moins profonde, avec la carène médiane feu-doré; la marge apicale plus longue, bleuâtre-bronzé, ou bleu-verdâtre, ou noir bronzé, moins profondément sinuée-ondulée; oviscapte brun.

Saussurei, CHEVRIER.

PATRIE : Commune dans toute l'Europe, moins abondante ou rare dans les pays méridionaux. France, Allemagne, Angleterre, Suède, Suisse, Italie, Espagne, Hongrie, Sicile, Algérie, etc...

3 Marge apicale du 3e segment abdominal toujours noir-bronzé; joues très courtes; ponctuation abdominale subcoriacée.

Elegans, LEP. ♂ (Voir Section V, nº 5).

— Marge apicale du 3e segment abdominal concolore ou d'une autre couleur bronzée, jamais noire; ponctuation abdominale jamais subcoriacée. 4

4 Joues presque nulles. — Corps de taille presque grande ou médiocre, allongé, cylindrique, entièrement vert-gai un peu doré, ordinairement avec l'aire médiane du mesonotum bleue, l'abdomen feu-doré ou feu-doré-verdâtre, surtout sur le 1er segment; pubescence abondante, raide, dressée, courte et roussâtre en dessus, longue et blanche en dessous. Tête très épaisse, arrondie, de la largeur du pronotum, à points médiocres, très peu serrés, devenant réticulés et serrés sur le front; cavité faciale peu profonde, légèrement bleue, à points assez serrés, terminée

en haut par une pente plus au moins déclive, puis subconvexe avec quelques traces d'une carène transversale au milieu; mandibules bidentées; clypeus tronqué presque droit; antennes noirâtres, les deux premiers articles verts, le 3e un peu plus court que les deux suivants réunis. Pronotum long, cylindrique, un fort sillon médian longitudinal, troncature antérieure abrupte; ponctuation thoracique, médiocre, peu serrée, ruguleuse, subréticulée, les intervalles ruguleux et brillants; écusson à points plus gros, espacés; postécusson convexe, ponctué-réticulé, la suture antérieure béante; angles posticolatéraux du métathorax courts et subobtus; mésopleures avec les deux sillons complets, l'aire inférieure convexe; pattes roussâtres en dessous, tarses roussâtres; écailles brun-roux, scarieuses; ailes assez enfumées, hyalines au bord apical. Abdomen subcylindrique, vaguement caréné au milieu, à points gros, assez profonds, réguliers, les intervalles ruguleux et brillants : 1er segment à troncature antérieure verte; 3e segment ovale-tronqué, à ponctuation plus grosse, ruguleuse, les côtés un peu arqués; série antéapicale peu profonde, 12 fovéoles irrégulières, ouvertes, profondes; marge apicale courte, très convexe, à points moins gros, tronquée transversalement, légèrement sinueuse, les angles de la troncature obtus, les côtés de la marge ayant chacun un petit angle arrondi à leur naissance, l'extrême bord scarieux-hyalin. Ventre vert à reflets un peu dorés, 2e segment taché de noir; oviscapte brun. ♀ Long. 8 1/2mm (Sec. sp. typ.!)

Le ♂ diffère de la femelle par l'abdomen

ayant le 1er segment et la moitié antérieure du disque du 2e verts, la ponctuation plus grosse et plus profonde, la partie apicale des segments 1 et 2 plus distinctement renflée-engainante; par les tarses testacé-blanchâtre, brunis à l'extrémité; par le fouet des antennes plus ou moins marron.

Transcaspica, Mocsary.

Patrie : Territoire Transcaspien; Asie Mineure.

Var. *nostra* Rad. Diffère du type par des teintes un peu plus dorées sur les côtés de la tête, le pronotum et les aires latérales du mesonotum; par le fouet des antennes marron-roussâtre sur les articles de la base; par la ponctuation abdominale plus espacée; par le bord apical de la troncature du 3e segment abdominal vaguement trisinuolée. ♀ Long. 9mm (Sec. sp. typ.!)

Patrie : Beloutchistan : Gedzen (Radoszkowsky).

— Joues longues. 5

5 Corps étroit, cylindrique; ponctuation abdominale irrégulière, double; angles antérieurs du 1er segment abdominal fortement creusés-sillonnés en dessus du côté interne. — Corps de taille médiocre, allongé, parallèle; pubescence brunâtre, dressée, assez épaisse; bleu avec des teintes vertes par places, abdomen feu-doré. Tête à ponctuation médiocre, peu serrée, profonde, devenant subréticulée, très serrée, coriacée sur le front qui lui-même est souvent bleu-vert ou vert; face bleu-vert ou vert-gai, parfois très légèrement doré; cavité faciale très faiblement creusée, large, densément ponctuée-subcoriacée, le milieu brillant, finement strié transversalement, le haut convexe, rarement avec une vague petite carène ondulée; joues

longues, convergentes en avant, un peu plus longues que le 3e article antennaire; mandibules bidentées; clypeus tronqué-émarginé à l'apex et traversé à sa base par une petite carène; antennes noir-brun, les deux premiers articles et la base du 3e verts, le 3e court, un peu plus long que le 4e. Pronotum long, subcylindrique, les côtés assez fortement émarginés, les angles antérieurs saillants, une large dépression au milieu du bord antérieur; ponctuation thoracique assez grosse, subréticulée, espacée, les intervalles pointillés; la partie antérieure du mesonotum à points fins et serrés; postécusson convexe, ponctué-réticulé, une petite cavité au bord antérieur; angles posticolatéraux du métathorax courts, triangulaires, subaigus ou obtus, dirigés en arrière; mésopleures ponctuées-réticulées, les deux sillons visibles, l'aire inférieure creusée, avec un point élevé au milieu; pattes vertes ou bleu-vert, les tibias souvent vert-gai ou légèrement dorés, tarses brun-marron; écailles vertes ou vert-doré avec la base bleue; ailes très légèrement enfumées, cellule radiale un peu ouverte. Abdomen cylindrique, allongé : 1er segment avec la troncature et les angles antérieurs bleus ou bleu-vert, la troncature trisillonnée, ponctuation formée de gros points, verts en avant, espacés, les intervalles à points fins, peu nombreux, la bordure apicale subruguleuse, plus finement et plus densément ponctuée; 2e segment avec une petite carène médiane à la base, ponctuation médiocre, subrégulière, assez serrée, bordure apicale à points un peu plus fins et moins serrés; 3e segment assez long, plus large à la base qu'au milieu, tronqué, assez convexe sur le disque, à points médiocres, serrés, subcoriacés, vaguement caréné longitudinalement, les côtés longs, subrectilignes; série antéapicale un peu creusée, séparée au milieu par la carène, 14 fovéoles vertes, irrégulières, arrondies, séparées ou subconfluentes; marge apicale concolore, trisinuée plus ou moins fortement, les angles de la troncature arrondis, plus saillants, leurs côtés externes continus avec les côtés du segment, ou avec un léger sinus à la naissance de la marge; ventre feu-doré ou feu-grenat, le 2e segment avec deux taches noires. ♂ Long. 6-9mm.

La ♀ diffère du mâle par sa taille ordinairement plus grande; les joues subparallèles, un peu plus longues; la bordure des segments abdominaux très souvent grenat-violacé, le 3e segment très allongé, à ponctuation plus grosse, peu serrée, le disque déprimé, la série antéapicale violacée, à fovéoles larges, longitudinales, subconfluentes, peu ou point ouvertes, la marge apicale plus longue, concolore ou violacée, ou bronzée, ou verdâtre principalement sur les côtés, très vaguement sinuolée, les angles de la troncature seuls bien visibles, rarement trisinuée; le ventre noir taché de grenat-feu ou de feu-violacé; oviscapte brun-roussâtre.

Mediocris, DAHLBOM.

PATRIE : Assez répandue. France, Italie, Espagne, Allemagne, Autriche, Russie.

Var. *fallax* Mocs. Diffère du type par la ponctuation du thorax un peu plus forte, celle de l'abdomen formée de gros points espacés avec quelques rares petits points dans les intervalles; par les fovéoles plus grandes, ouvertes; par le ventre feu-doré ou vert-doré taché de noir sur le 2e segment, le 3e taché de noir chez le ♂ et très largement marginé de noir chez la ♀. ♂♀. Long. 8-8 1/2mm (Sec. sp. typ!)

On trouve dans l'Europe orientale des individus reliant le type à cette variété par la ponctuation plus forte.

PATRIE : Asie Mineure; Russie.

Var. *afflicta* Var. nov. Dorsulum noir avec quelques teintes bleu-verdâtre; dessous du thorax et cuisses bleu-indigo; abdomen grenat-violacé; 3e segment tronqué, non sinué, les angles de la troncature scarieux-roussâtres ♀.

Cette variété m'a été donnée par le R. P. Martin comme venant de Madagascar, provenance que je tiens cependant comme fort douteuse. J'ai des raisons pour soupçonner l'Aveyron comme pays de naissance de cet insecte.

PATRIE : France?

— Corps non étroit, assez robuste; ponctuation abdominale régulière, serrée; angles antérieurs du 1er segment abdominal normalement convexes. — Corps de taille moyenne, subparallèle; pubescence courte, dressée, blanchâtre; abdomen feu-doré; tête et thorax bleus, couverts d'une ponctuation régulière, assez serrée, médiocre, assez profonde, un peu ruguleuse. Tête pas plus large que le pronotum, vertex très arrondi; front plus densément ponctué; cavité faciale évasée, striée transversalement au milieu, finement ponctuée sur les côtés, non carénée en haut; joues longues, subparallèles; clypeus très court; antennes noirâtres, à fine et dense pubescence blanchâtre, premier article bleu, les articles 2 et 3 à peine métalliques ou verts, le 3e parfois à sa base en dessus seulement, ce dernier de la longueur des deux suivants réunis. Pronotum cylindrique, assez long, un sillon profond au milieu du bord antérieur, atteignant presque le bord postérieur; écusson plan; postécusson légèrement convexe, à points plus gros, subréticulés; angles posticolatéraux du métathorax courts, à pointe obtuse ou tronquée, divariquée; mésopleures à points médiocres, assez serrés, subruguleux, les deux sillons visibles, l'aire inférieure carénée sur les bords; écailles bleues; ailes subhyalines, à nervures épaisses, brunes, cellule radiale presque fermée, le bord antérieur enfumé; pattes bleues, tarses brun-roussâtre, densément pubescents de poils blancs. Abdomen subparallèle, à ponctuation profonde : 2e segment relativement long, une légère carène médiane dans toute sa longueur se continuant sur le segment suivant; 3e segment subtronqué-arrondi, court, déprimé très légèrement sur le disque, puis un peu renflé en bourrelet avant la série antéapicale, les côtés courts, arrondis; série antéapicale profondément creusée, 16 fovéoles, irrégulières, ouvertes, subconfluentes, noir-bronzé; marge apicale très courte, convexe, un peu violacée ou légèrement bronzée, vaguement sinuolée de manière à former deux très petits angles à l'apex, les côtés de la marge longs, arqués-arrondis, subcontinus avec ceux du segment, un vague petit angle de chaque côté à sa naissance, bordure extrême noir-bronzé. Ventre noir, taché de feu-violacé; ♀ Long. 7-9mm. **Mixta**, DAHLBOM.

PATRIE : France méridionale, Sicile.

SECTION V, — AURATÆ

1 Écusson feu-doré. 2

— Écusson non feu-doré. 4

2 Premier segment abdominal avec toute la base bleu-vif.
Cœruleiventris, Ab. (Voir 1re Phalange).

— Premier segment abdominal n'ayant pas la base bleu-vif. 3

3 Troisième segment abdominal acuminé. — Corps étroit, allongé, subparallèle; pubescence longue, cendrée; d'un beau doré-feu avec la tête et tout le dessous du corps d'un beau bleu-vif. Tête un peu plus large que le pronotum, le front vert un peu doré, les joues assez longues, légèrement convergentes en avant; cavité faciale subquadrangulaire, légèrement creusée, imponctuée, lisse et brillante; antennes brun-noirâtre, les deux premiers articles bronzés en dessous, verts en dessus, le 3e avec la base verte en dessus, moins long que les deux suivants réunis; ponctuation médiocre, peu profonde. Pronotum étroit, long, avec un sillon au milieu du bord antérieur; ponctuation thoracique grosse, peu profonde, espacée, à intervalles lisses et brillants; mésopleures dorées au milieu; suture postérieure de l'écusson bleue; postécusson convexe, subréticulé; angles posticolatéraux du métathorax bleu-vif à pointe médiocre, subobtuse, dirigée en arrière.

Écailles bronzées; ailes subhyalines, cellule radiale subfermée; pattes bleu-vif, tibias bleu-vert, tarses brun-roussâtre. Abdomen subcylindrique, peu convexe, hérissé de longs poils blancs, espacés : 1er segment à points assez gros, entremêlés de plus petits, bordure apicale un peu cuivrée; 2e segment à points confluents sur le disque, tous égaux, une légère carène médiane sur toute sa longueur, à teinte violacée, bordure apicale très engainante, plus dorée; 3e segment un peu violacé, à ponctuation plus grosse, moins profonde, les côtés convergents en arrière; série antéapicale large, enfoncée, 12 fovéoles larges, ouvertes, irrégulières, subscarieuses; marge apicale longue, subscarieuse, légèrement bleu-bronzé, l'apex à pointe émarginée de manière à former deux petits angles très émoussés, les côtés avec un angle largement arrondi. Ventre avec les côtés bleu-vif, les segments noirs, tachés de bleu au centre; oviscapte brunâtre. ♀ Long. 6 1/2mm.

Anceyi, Buysson.

Obs. Cette espèce est voisine de la *C. peninsularis* Ab.-Buyss.

Patrie : Algérie (F. Ancey).

— Troisième segment abdominal subarrondi-tronqué. — Semblable à la *C. succincta L. Var. Germari*, Wesm. (Voir 3e phalange) dont elle diffère par le pronotum un peu plus long, entièrement feu-doré, le mesonotum et l'écusson également feu-doré, postécusson vert-doré ou doré-verdâtre; la troncature antérieure du 1er segment abdominal largement bleu-vif ou bleu-verdâtre; la marge apicale du 3e segment abdominal bleu-vif avec trois petits sinus figurant quatre faibles petits angles, la marge va en diminuant de longueur sur les côtés et n'est aucunement débordante à sa naissance; les fovéoles larges, grandes, ouvertes, espacées; ventre bleu-vert taché de noir. ♂ Long 6-7mm.

La ♀ diffère du mâle par la marge apicale du 3e segment abdominal quadrianguleuse, parfois un peu scarieuse; le ventre bleu-vif taché de noir; le front et le disque des mésopleures avec des reflets feu-doré. **Thoracica**, N. sp.

Obs. Les premiers exemplaires que j'ai vus appartiennent au Muséum de Paris et font partie de la collection Lucas sous le nom de *C. dives* Luc. (2e et 3e exemplaires de la rangée) et de *C. cirtana* Luc (2e exemplaire de la rangée de ce nom). Cette espèce a beaucoup d'affinité avec la *C. succincta* L. à laquelle je n'ose pas cependant la rattacher. Il se pourrait que ce fût la *C. Schousbœi* Dahlb.

Patrie : Algérie.

4 Pronotum avec le bord antérieur seulement feu-doré.

Succincta, L. Var. **Gribodoi**, Abeille (Voir 3e Phalange).

— Pronotum entièrement feu-doré ou vert-cuivré-subdoré. 5

5 Pronotum entièrement feu-doré; corps cylindrique. — Corps de taille grande ou moyenne, allongé, parallèle, robuste; pubescence blanchâtre, peu abondante; tout l'avant-corps vert-bleu, l'abdomen feu-doré. Tête arrondie, bleu-foncé, à points médiocres, profonds, assez serrés; face vert-gai ou vert-doré, front densément ponctué-réticulé, cavité faciale peu profonde, plus dorée, densé-

ment ponctuée-coriacée, finement striée transversalement à la base près des antennes, terminée en haut par une vague petite carène ondulée; joues très courtes; mandibules bidentées; antennes noir-brun, un peu moins foncées en dessous, les deux premiers articles vert-doré ou vert-gai, le 3ᵉ court, un peu plus long que le 4ᵉ. Pronotum vert-gai, un peu doré de chaque côté, long, cylindrique, troncature antérieure bleue, abrupte, un sillon médian au bord antérieur; ponctuation des pro- et mesonotum dense, médiocre, subréticulée, ruguleuse; mesonotum vert-gai ou vert-bleu, l'aire médiane bleu-foncé; écusson vert-gai ou vert-bleu ou bleu, à points plus gros et moins serrés; postécusson convexe, bleu ou vert-bleu, ponctué-réticulé, la suture antérieure béante; metanotum bleu-vert ou verdâtre, angles posticolatéraux subobtus; mésopleures vert-gai, à points irréguliers, entremêlés, assez serrés, les deux sillons visibles; écailles brunes; ailes un peu enfumées, éclaircies à l'extrémité; poitrine et pattes vertes ou vert-bleu ou vert-gai, un peu doré sur les hanches et les tibias; tarses testacés plus ou moins roussâtres, brunis à l'extrémité. Abdomen à ponctuation assez grosse, serrée, régulière, subcoriacée : 1ᵉʳ segment parfois un peu vert, la troncature antérieure convexe, vert-doré ou vert-bleu, la ponctuation un peu moins serrée, les intervalles pointillés; 2ᵉ segment vaguement caréné longitudinalement, la base à sa partie engainée est noire, parfois la base est doré-verdâtre tout entière; 3ᵉ segment convexe sur le disque, arrondi, les côtés assez longs, convergents en arrière; série antéapicale peu profonde, séparée un peu au milieu, 10-12 fovéoles grandes, un peu allongées, noirâtres, ouvertes, espacées; marge apicale noir-bronzé, convexe, courte, un peu débordante-anguleuse de chaque côté à sa naissance, chacun de ces petits angles suivi d'un léger sinus, le milieu de l'apex à peu près arrondi ou plus ou moins trisinuolé. Ventre doré-feu, les segments marginés et tachés de noir. ♂ Long. 8-10mm (Sec. sp. typ!)

La ♀ diffère du mâle par un coloris très différent : occiput et aire médiane du mesonotum noir-bleu; cavité faciale parfois lisse au milieu; antennes noirâtres, les deux premiers articles noir-bronzé avec quelques reflets dorés; pronotum et aires latérales du mesonotum d'un beau doré-feu; écusson et mésopleures bleu-vif avec le disque vert-doré; métathorax bleu-vif; pattes bleu-bronzé, tarses brunâtres; 3e segment abdominal avec la série antéapicale plus creusée, les sinus latéraux plus profonds; ventre noir, taché de grenat-feu-violacé, le 3e segment presque tout noir; oviscapte brun.

Elegans, Lepeletier.

Obs. On trouve parfois des individus des deux sexes atteints de rufinisme dans les pattes et les antennes.

M. le capitaine C. Ferton a plusieurs fois surpris la ♀ de cette espèce « débouchant le nid de l'*Osmia* « *cristata* Boyer de Fonsc. La *chrysis*, après son « exploration souterraine, ratissait le sable avec « ses pattes en marchant à reculons, arrachait « avec ses mandibules de petites parcelles de terre « qu'elle apportait et fixait dans le trou. Les cel- « lules de l'Osmie sont faites de morceaux de « pétales de *Malva sylvestris* L., agglutinés en- « semble; leur ouverture est fermée par plusieurs « épaisseurs de pétales surmontées d'un tampon « fait d'un ciment obtenu en mâchant de la fleur de

« mauve et en y mélangeant des grains de quartz « ou autres petites pierres. »

PATRIE : Europe méridionale : France, Espagne, Portugal, Sicile, Styrie, Italie; Sardaigne, Grèce, Arménie.

Var. *melanura* Var. nov. Semblable au type mais le corps plus ou moins teinté de bronzé-terne ou même noirâtre sur le thorax et l'abdomen ♂♀.

PATRIE : Sardaigne, Algérie.

— Pronotum vert-cuivré un peu doré ; corps court, non cylindrique. — Corps de taille médiocre, assez robuste ; pubescence blanchâtre, serrée, fine, dressée ; entièrement vert-cuivré un peu doré, avec l'occiput, les côtés de la tête, l'aire médiane du mesonotum et la poitrine vert-bleuâtre ; parfois l'avant-corps presque entièrement vert-gai. Tête à points médiocres, assez serrés, subréticulés ; front ponctué-réticulé ; toute la face couverte de poils longs, blancs, épais ; cavité faciale profonde, terminée en haut par une forte carène tri-ondulée, émettant parfois deux petits rameaux parallèles se dirigeant vers le premier ocelle, les côtés densément ponctués-coriacés ; joues assez longues, subégales au 3e article antennaire, non parallèles ; antennes roussâtres, les deux premiers articles et parfois la base du 3e verts plus ou moins cuivrés, le 3e court, un peu plus long que le 4e, les articles 4-8 légèrement renflés en dessous. Pronotum à troncature antérieure abrupte, bleu-verdâtre, un sillon au milieu du bord antérieur ; ponctuation des pro-, mesonotum et écusson un peu grosse, médiocrement serrée, subréticulée ; postécusson souvent teinté de vert, ponctué-réticulé, une petite cavité au milieu de la suture antérieure; metanotum un peu plus vert, les angles posticolatéraux larges, épais, à pointe subobtuse et un angle arrondi en dessous sur le côté postérieur; mésopleures finement ponctuées-subréticulées, les deux sillons visibles; écailles vert-cuivré-doré; ailes hyalines à nervures testacées à la base; pattes vert-cuivré-doré, tarses testacé-jaunâtre. Abdomen large, plus cuivré, légèrement caréné au milieu: 1er segment à points gros, assez serrés, subréticulés ou plus ou moins espacés, les intervalles finement pointillés, troncature antérieure plus verdâtre; 2e segment à points moins gros, irréguliers, un peu sub-coriacés; 3e segment largement arrondi-subtronqué, plus densément et plus régulièrement ponctué, convexe sur le disque, les côtés un peu réfléchis-comprimés en dessous, subarrondis, finement pointillés, coriacés sur leur bord et formant un petit angle obtus à la naissance de la marge apicale; série antéapicale peu creusée, séparée au milieu par une petite carène, 16 fovéoles, très petites, plus vertes, irrégulières; marge apicale concolore, courte, très faiblement débordante à sa naissance, ce qui laisse un petit sinus entre elle et le petit angle formé par les côtés du segment, puis régulièrement arrondie, l'apex vaguement sinué, bordure extrême quelquefois scarieuse-hyaline. Ventre cuivré-doré, verdâtre, taché de noir bleuâtre. ♂ Long. 5-6 1/2mm.

La ♀ diffère du mâle par sa teinte plus doré-cuivré généralement; les antennes plus sombres, marron ou brun-noirâtre, sans article renflé en dessous; les tarses moins clairs; le 3e segment abdominal moins largement arrondi, la série antéapicale plus profonde, à fovéoles plus grandes, subscarieuses au fond, la marge apicale nullement débordante à sa naissance; ventre noir taché de violacé-cuivré; oviscapte brun-testacé.

Versicolor, Spinola.

Patrie : France, Suisse, Italie, Russie, Algérie, Sardaigne.

ESPÈCES RESTÉES INCONNUES

(Section II *virides*) :

C. **foveata**, Dahlbom. — Médiocre, oblongue, robuste, longue de 2 lignes un tiers, médiocrement ponctuée, brillante, vert-bronzé sur la poitrine, le ventre et les pattes bleu-vert, les tarses et les nervures des ailes brun vif, ailes purement hyalines, la série antéapicale du 3e segment abdominal à fovéoles séparées, allongées, profondes, linéaires, sulciformes, la marge apicale assez longue, légèrement déprimée arquée, très entière au centre, un angle obsolète de chaque côté à la naissance de la série.

Obs. — Semblable à la *C. rutilans* par le coloris et la grandeur. Corps robuste, oblong, un peu large, subrectangulaire, à ponctuation épaisse. Tête orbiculaire ou plutôt arrondie-subtriangulaire, non épaisse, ponctuée-réticulée, vert-bleu ; front et vertex verts. Ocelles médiocres, élevés ; yeux exsertes, ovales ; cavité faciale médiocre, transversalement marginée en haut, entièrement verte, brillante, le disque presque poli, abruptement et subtilement canaliculé, les côtés subtilement pointillés-coriacés, couverts de poils blancs soyeux. Antennes médiocres, brunes, scape vert. Clypeus médiocre, transversal, large, très brillant, vert, à peine ponctué, caréné-convexe au milieu, enfoncé de chaque côté par une fossette, les marges latérales obliques et testacées, la marge apicale noir de poix, arquée-émarginée. Mandibules courtes, noir-brun, verdissantes à la base. Thorax robuste, subcylindrique, profondément et éparsément ou au moins non densément ponctué-réticulé sur le dos et sur les pleures, convexe-déprimé, vert-bronzé, couleur qui se change presque en cuivré sur le mesonotum ; pronotum avec un sillon médian, court, subovale, obsolète en avant ; metanotum gibbeux-convexe, l'aire située en dessous du postécusson normale, les angles posticolatéraux, forts, aigus, triangulaires, verts, ponctués-coriacés. Sternum très brillant, bleu-vert, éparsément pointillé ; pattes concolores, tarses brun-testacé. Ailes blanches, les écailles bronzées, les nervures brun-vif, la nervure transverso-médiane distinctement arquée-infléchie à la base ; cellule radiale très incomplète, c'est-à-dire l'extrémité ouverte, la nervure costale finit un peu après le stigma, l'extrémité de la nervure radiale très éloignée de l'extrémité de l'aile. Abdomen robuste, ovale-subrectangulaire, de la largeur du mesonotum, un peu plus court que la tête et le thorax pris ensemble, le dos déprimé-convexe, très brillant, poli, vert-bronzé, recouvert de gros points ronds assez profonds, une ligne médiane subélevée, fine, se continue sur le 1er et le 2e segments, l'impression basale du 1er segment grande, profonde, semi-circulaire ; le 3e segment abdominal légèrement arqué-sillonné transversalement avant la marge apicale, la série antéapicale située dans ce sillon (non profond mais assez large), continue, à fovéoles longitudinales, linéaires, sulciformes, profondes, séparées, au nombre de quatorze environ, la marge apicale courte, pointillée, déprimée ; l'extrémité déprimée-arquée ou plutôt rectangulaire-arquée, avec un angle obsolète de chaque côté latéralement sous le commencement de la série ; ventre fortement cintré, vert taché de bleu.

Patrie : Egypte.

(Section III *zonatæ*) ;

C. Wustnei, Mocsary. — Médiocre, allongée, à poils blancs épars, bleue ; les lobes latéraux du mesonotum verdissants, cavité faciale profonde, pointillée-coriacée, canaliculée au milieu, marginée en haut par une carène arquée moins aiguë, le vertex densément ponctué-subréticulé ; joues assez longues, subégales à la longueur du 3e article antennaire ; scape bleu, les deux premiers articles du fouet verdâtres en dessus, noirâtres en dessous ainsi que les autres articles, le second deux fois plus long que le premier ; dessus du thorax couvert d'une ponctuation subréticulée assez épaisse et profonde, les mésopleures terminées triangulairement en dessous et marginées ; pronotum avec la partie basale à peine impressionnée au milieu, les dents posticolatérales du metanotum obtuses ; abdomen feu-doré en dessus, le premier segment bleu avec sa partie postérieure vert-doré, à points épars et profonds, les segments 2 et 3 plus densément et plus finement ponctués, la série antéapicale à fovéoles profondes, sulciformes, vert-doré, distinctes, au nombre de douze environ, marge apicale flexueuse, les côtés postérieurs anguleux; ventre vert-feu et doré, le 2ᵉ segment maculé de noir de chaque côté à la base ; pattes vert-bleu, tarses noirâtres ; ailes salies, hyalines, nervures noir de poix, cellule radiale triangulaire-lancéolée, complète, écailles vert-bleu. ♀ Long. 7ᵐᵐ.

Obs. — Très probablement, il ne s'agit que d'une variété de la *C. mediocris* Dahlb.

Patrie : Syrie.

(Section IV *bicolores*) ;

C. melanophris, Mocsary. — Submédiocre, allongée, grêle, subparallèle, bleue, à pubescence plus longue, cendrée et blanche ; face avec le front, le devant du pronotum, une raie étroite sur les lobes latéraux du mesonotum et les pleures verdissants; cavité faciale moins profonde, densément et finement ponctuée-coriacée, canaliculée longitudinalement au milieu, brièvement et à peine marginée en haut ; antennes assez longues, minces, noires, à pubescence blanche, les trois premiers articles vert-subdoré, le 3ᵉ médiocrement long, plus long de moitié que le 4ᵉ ; joues longues, plus longues que le 4ᵉ article des antennes ; mandibules noires, bidentées, rousses à l'extrémité ; le vertex densément et plus finement ponctué-subréticulé ; l'occiput avec un angle dentiforme saillant de chaque côté ; pronotum long, transversal rectangulaire, légèrement impressionné au milieu en avant, un peu plus fortement mais moins densément ponctué, le mesonotum et l'écusson à points plus fins mais epars, les intervalles très finement pointillés, subcoriacés, le postécusson convexe, plus finement ponctué-subréticulé ; les dents posticolatérales du metanotum médiocres, subaiguës, les segments dorsaux de l'abdomen feu-doré, le premier avec la troncature antérieure vert-bronzé, la base des segments 2 et 3 ainsi que la marge apicale de ce dernier noir-bronzé ; le 1ᵉʳ segment subtilement ponctué, avec des points plus gros, épars, surtout en avant et sur les côtés, le 2ᵉ et le 3ᵉ segments densément pointillés, celui-là sans carène médiane, celui-ci légèrement renflé avant la série antéapicale, les fovéoles assez profondes, nombreuses, oblongues, la marge apicale largement arquée au centre et assez profondément échancrée en arc de chaque côté, les angles latéraux distincts, obtus ; ventre noir-bronzé, opaque ; pattes bleues, tibias plus verdissants sur le côté externe, tarses noirâtres ; ailes un peu salies, hyalines, nervures noirâtres, cellule radiale lancéolée, complète, écailles vert-bleu. ♀ Long. 6ᵐᵐ.

PATRIE : Algérie.

C. sinuosiventris, ABEILLE. — Corps assez allongé. Tête à points médiocres, serrés, plus fins sur la cavité faciale, qui est très peu profonde et non rebordée en haut. Joues extrêmement courtes, à côtés très courbes. Mandibules brunes. Antennes noires, vertes sur leurs trois premiers articles. Thorax couvert de points ocellés très rapprochés. Pronotum assez court. Postécusson gibbeux. Angles du metasternum très obtus, écrasés et décombants. Abdomen à points assez fins et très serrés, un peu caréné sur le 2e segment; 3e segment très court, à côtés convergeant fortement vers le sommet, tronqué nettement au bout, portant sur chaque côté, au-dessous de l'endroit où aboutit la ligne de points, un angle bien accusé, presque droit. Ligne de points formée de huit ou neuf points médiocres, ouverts, un peu irréguliers, de chaque côté. Rebord assez fortement relevé et très fortement ponctué, un peu renflé. Ventre or et feu avec une grosse tache noire à la base de chaque côté du 2e segment. Pattes vertes, tarses d'un testacé un peu obscur. Pubescence blanche sur tout le corps, devant de la tête couvert d'un duvet blanc soyeux. Ailes hyalines. Ecailles vertes. Radiale presque fermée. ♂ Long. 8mm.

OBS. — La *C. sinuosiventris* signalée de Madrid par M. J. Gogorza est un mâle de *C. elegans* Lep., ainsi que j'ai pu m'en assurer par le type de la collection du Musée de Madrid.

PATRIE : Algérie : Ponteba.

C. tekensis, SEMENOW. — Diffère de la *C. Ashabadensis* Rad. par les deux articles basilaires du fouet des antennes cuivré-vif, le 2e un peu plus court que les deux suivants réunis ; l'abdomen plus subtilement sculpté, les segments 2 et 3 à peine teintés de feu, plus finement et plus densément ponctués, les intervalles (surtout sur le 3e segment) densément pointillés ; le 3e segment non élargi au-dessus de la série antéapicale qui est composée de fovéoles un peu plus petites, la marge apicale plus courte ; le ventre doré-verdâtre : la cellule radiale des ailes complète à l'extrémité. ♂ Long. 7 2/3mm.

PATRIE : Province Transcaspienne.

3e Phalange. — Unidentatæ.

Marge apicale du 3e segment abdominal plus ou moins nettement acuminée à l'apex.

Dans cette phalange il n'y a que des espèces appartenant à la section V.

SECTION V. — AURATÆ

1 Écusson feu-doré. **2**

— Écusson non feu-doré. **3**

2 Pronotum feu-doré, simplement marginé de bleu au bord postérieur. — Corps de taille petite ou très petite, ovale ; pubescence très fine, courte, dressée, blanchâtre. Tête bleu-vif, à points médiocres, subréticulés, devenant plus gros, plus profonds et plus réticulés sur le front ; une petite tache feu parfois sur le vertex ; front doré, un peu verdâtre ou un peu feu ; cavité faciale courte, assez profonde, striée transversalement, brusquement terminée en haut ; joues arrondies ; mandibules unidentées ; antennes brun-marron plus ou moins foncé, les trois premiers articles vert-doré-bronzé, parfois un peu feu, le 3e article presque aussi long que les deux suivants réunis. Pronotum feu-doré, troncature antérieure abrupte, bleu-vif ou bleu-vert, un sillon vert-doré au milieu du bord antérieur, toute la bordure postérieure bleu-vif, un peu déprimée-amincie ; ponctuation des pro- et mesonotum médiocre, serrée, ru-

guleuse, réticulée ; mesonotum feu-doré ; écusson doré un peu verdâtre, à ponctuation un peu plus grosse ; postécusson bleu-vif, convexe, ponctué-réticulé, la suture antérieure large et creusée ; le reste du métathorax bleu ou bleu-vert, les angles posticolatéraux un peu dorés, ponctués-réticulés, à pointe assez longue, aiguë, recourbée en arrière ; mésopleures bleues, un peu dorées sur le disque, ponctuées-subréticulées, les deux sillons visibles. Écailles dorées ou doré-verdâtre, ailes hyalines, très faiblement enfumées, cellule radiale grande, presque fermée. Pattes bleu-vert-gai, un peu doré-feu sur les tibias et les cuisses antérieures, tarses brun-roussâtre, le 1er article des postérieurs légèrement roux-testacé à la base. Abdomen feu-doré, ovale, à points assez gros, serrés, subcoriacés-réticulés, beaucoup plus gros sur les côtés, une faible carène médiane bleu-bronzé ou noir-verdâtre sur toute sa longueur : 1er segment avec la bordure apicale amincie, largement bleu-vert, troncature antérieure bleu-vert, trisillonnée, parfois le bleu envahit tout le segment, ne laissant que deux taches feu ; 2e segment avec la base légèrement noir-bronzé-verdâtre, la ponctuation plus fine sur le disque, la bordure apicale subréfléchie-amincie, bleu-vif ou bleu-vert, quelquefois le disque est en entier verdâtre ou bronzé-verdâtre ; 3e segment ovale-arrondi, subtronqué, convexe sur le disque, les côtés un peu comprimés-réfléchis en dessous, assez longs ; série antéapicale peu creusée, séparée au milieu par la carène plus ou moins distincte, 12-16 fovéoles irrégulières, ouvertes, généralement séparées, arrondies ; marge apicale bleu vif, subondulée-bisinuée, non débordante sur les côtés, bordure extrême noir-bronzé, garnie souvent elle-même d'une étroite marge amincie, pellucide. Ventre noir taché de vert-doré ou de feu, ou bleu vif ou vert-bronzé-noirâtre. ♂ Long. 3-5 1/4^{mm}.

La ♀ diffère du mâle par la teinte du bleu généralement plus vive ; le 3e article antennaire noirâtre, le 2e souvent bronzé ; les tarses bruns ; les écailles souvent violacées ; le 3e segment abdominal à poils longs, blanchâtres, ovale-acuminé, un peu déprimé sur le disque, les fovéoles quelquefois roussâtres-pellucides, la marge apicale bleu-foncé ou bleu-noirâtre, acuminée à l'apex, vaguement sinuée de chaque côté de l'apex et arrondie près de sa naissance ; oviscapte brun-roussâtre. **Leachii**, SHUCKARD.

PATRIE : France, Suisse, Hongrie, Italie, Espagne, Sicile.

— Pronotum taché de feu seulement au bord antérieur. **Succincta**, L. Var. **Germari**, WESMAEL. (Voir n° 3.)

3 Toute la face feu. — Corps de taille moyenne, assez robuste, bleu-vert avec le front, la face, le pronotum, le mesonotum et l'abdomen feu-doré ; pubescence brun-roussâtre. Tête assez large ; l'occiput et les côtés noir-violet foncé, à points médiocres, assez profonds, subruguleux ; front à points plus gros, subréticulés ; cavité faciale profonde, resplendissante, lisse au milieu, éparsément ponctuée sur les côtés, terminée en haut par une carène arquée ; joues assez longues, arrondies, de la longueur du 3e article anten-

naire ; clypeus noir-bronzé, caréné longitudinalement sur le disque ; antennes épaisses, noirâtres, les deux premiers articles noir-bronzé, 3e article court, un peu moins long que les deux suivants réunis. Pronotum subcylindrique, troncature antérieure abrupte, bleu-vert, un sillon vert-doré au milieu du bord antérieur ; ponctuation thoracique un peu grosse, assez serrée, subruguleuse, subréticulée ; écusson vert-gai, bleu près du postécusson qui est légèrement convexe ; angles posticolatéraux du métathorax étroits, à pointe longue, subaiguë ; mésopleures à reflets vert-gai sur le disque, à points médiocres, subréticulés, les deux sillons visibles ; écailles noires ; ailes peu enfumées, hyalines à l'extrémité, pattes noir-bronzé à reflets irisés, tarses brun-roussâtre. Abdomen large, légèrement déprimé : 1er segment feu-doré, court, à points médiocres, peu serrés, les intervalles avec quelques petits points très fins, une petite ligne médiane doré-verdâtre suit toute la longueur du disque, et de chaque côté on distingue une tache grenat à ponctuation serrée et plus fine, les côtés sont grossièrement ponctués-réticulés, la troncature antérieure bleue, limbée de vert-doré, ou entièrement vert-doré, trisillonnée peu profondément ; 2e segment feu-doré-grenat un peu violacé, ou feu-doré, une carène médiane, ponctuation assez grosse, subrégulière, assez serrée, bordure apicale du disque à points moins gros ; 3e segment ovale-acuminé, grenat-violacé ou feu-doré, caréné longitudinalement, à points plus gros, serrés, subréticulés-ruguleux, un peu déprimé sur le disque et légèrement renflé sur son pourtour avant la série antéapicale, les côtés très courts, convergents à l'apex; série antéapicale profonde, séparée au milieu par une carène médiane, 12 fovéoles, larges, ouvertes, parfois confluentes, à fond scarieux-roussâtre, subpellucide; marge apicale violacé-verdâtre ou feu-doré, assez longuement mais obtusément acuminée à l'apex, cet acumen subémarginé à l'extrémité, la marge largement arrondie sur les côtés, puis allant en diminuant de longueur jusqu'à sa naissance. Ventre noir-bronzé, 2e segment taché de feu-violacé au milieu, le 3e avec des reflets verts et violacés; oviscapte brunâtre. ♀ Long. 6 1/2mm. **Peninsularis**, ABEILLE-BUYSSON.

PATRIE : Espagne.

— Face jamais feu. — Corps de taille petite, médiocre ou moyenne, ovale-allongé; pubescence cendré-blanchâtre, bleu plus ou moins foncé ou bleu-vert, avec le bord antérieur du pronotum, le mesonotum et l'abdomen feu-doré. Tête épaisse, arrondie, à points médiocres, peu serrés, devenant subréticulés et plus nombreux sur le front; cavité faciale assez profonde, densément ponctuée-réticulée sur les côtés, lisse au milieu, terminée en haut assez abruptement et surmontée d'une petite carène irrégulière; joues médiocres, de la longueur du 3e article antennaire; clypeus court; mandibules unidentées; antennes noir-brun, les trois premiers articles et la base du 4e verts ou bleu-vert ou vert-doré, le 3e article court, moins long que les deux suivants réunis. Pronotum médiocre, cylindrique, la teinte feu antérieure passant parfois au vert ou au bleu-vert, troncature antérieure déclive, un sillon au milieu du bord antérieur ; ponctuation des pro-, mesonotum et écusson médiocre, subréticulée, assez serrée ; postécusson plus profondément ponctué-réticulé, convexe, une petite cavité au bord antérieur ; angles posticolatéraux du métathorax assez longs, à pointe fine ; mésopleures irrégulièrement ponctuées, les deux sillons visibles ; écailles noir-brun-bronzé ; ailes subhyalines, cellule radiale légèrement enfumée ; pattes bleues ou bleu-vert ; tibias généralement vert-doré, tarses roussâtres, légèrement brunis à l'extrémité. Abdomen souvent à teinte verdâtre, ovale, à ponctuation médiocre, assez serrée, régulière : 1er segment très souvent à teinte verdâtre, troncature antérieure trisillonnée, bleu-vert ou vert-doré ; 2e segment caréné longitudinalement et parfois taché de brun-bronzé ; 3e segment ovale-arrondi, légèrement caréné, axe convexe, un peu renflé avant la série antéapicale, les côtés convergents à l'apex, assez longs ; série antéapicale large, peu profonde, séparée au milieu par la carène, 12 fovéoles longitudinales, irrégulières, peu profondes ; marge apicale concolore ou vert-bronzé, ou doré-bronzé, assez longue, assez débordante de chaque côté à sa naissance, régulièrement arrondie ou légèrement ondulée. Ventre vert-doré. ♂ Long. 4-7 1/2mm.

La ♀ est ordinairement plus grosse, à teinte feu plus vive, les ailes légèrement enfumées. la cavité faciale presque entièrement lisse, les premiers articles antennnaires généralement bronzés, à peine métalliques ; les tibias fortement poilus ; le 3e segment abdominal ovale-acuminé, avec de longs poils blancs, la série antéapicale plus profonde, à fovéoles plus grandes, la marge apicale toujours noire ou violacée ou bleu-bronzé, fortement acuminée à l'apex, avec les côtés arrondis, faiblement anguleux, un très faible petit sinus après la naissance de la marge, de chaque côté ; le ventre feu-violacé ou feu-doré ; oviscapte brun. **Succincta**, LINNÉ.

OBS. — Si on fait attention aux descriptions de Linné et de Fabricius, on doit rapporter la *C. succincta* L. à la *C. Gribodoi* Ab. (au moins en partie) plutôt qu'à la *C. Germari* Wesm., puisque le thorax ne doit porter qu'une « *fascie doree* » avec « *la base du pronotum un peu doree* » et le 3e segment abdominal « *subtridenté* ». Je laisserai donc sous le nom de *Var. Gribodoi* Ab. les exemplaires ayant l'acumen du 3e segment abdominal bidenté.

PATRIE : Répandue dans toute l'Europe : Angleterre, Belgique, France, Espagne, Allemagne, Italie, Suisse, Hongrie, Grèce, Province Transcaspienne, Perse, Turkestan, etc...

Var. *Friwaldskyi* Mocs. Généralement de petite taille : bord antérieur du pronotum et du mesonotum bleu-vert un peu doré ; 1er segment abdominal doré-verdâtre, parfois bleu antérieurement ; tarses souvent plus clairs principalement sur le 1er article. ♂ Long. 4-7mm. (Sec. sp. typ!).

OBS. — Cette variété a été obtenue d'éclosion par M. V. Vermorel de nids de *Mimesa unicolor* V. d. L., faits dans des échalas de vigne. C'est très probablement cette variété qui a été décrite par Dahlbom sous le nom de *C. tarsata*.

PATRIE : France, Sicile, Algérie, Hongrie.

Var. *Gribodoi* Ab. Corps de taille plus grande, robuste, large, teintes feu-doré vives et pures ; clypeus, les trois premiers articles antennaires doré-feu ou vert-doré, le 3e article aussi long que les deux suivants réunis ; ailes légèrement enfumées ; pattes vert-doré, tibias souvent un peu feu ; 2e segment abdominal taché de noir-bronzé sur le disque qui est lui-même souvent finement et densément ponctué-coriacé ; 3e segment abdominal avec la série à fovéoles plus grandes, ouvertes, la marge apicale concolore ou légèrement bronzée, avec trois sinus, ce qui la rend quadri-ondulée à dents obtuses. ♂.

La ♀ diffère du ♂ par le 3e segment abdominal plus acuminé, les deux dents de l'apex étant situées à l'extrémité d'un acumen. (Sec. sp. typ.).

Obs. — On trouve des individus atteints de rufinisme dans les pattes et les ailes.

Patrie : France méridionale, Sicile, Grèce.

Var. *Germari* Wesm. Cavité faciale souvent entièrement ponctuée-coriacée, parfois sans carène en haut ; pronotum presque entièrement feu-doré, simplement avec le bord postérieur bleu et un peu déprimé transversalement ; écusson feu-doré ou un peu verdâtre ; abdomen à ponctuation généralement grosse, espacée, ou comme chez le type ; marge apicale du 3e segment concolore, ou violet-bronzé ou vert bronzé, entière ou vaguement ondulée; pattes antérieures et tibias souvent doré-feu. ♂.

La ♀ a la marge apicale du 3e segment abdominal comme chez le type, un peu acuminée, l'acumen subtronqué-arrondi, ou vaguement sinué, rappelant ainsi la Var. *Gribodoi*. (Sec. sp. typ.!).

J'ai vu quelques spécimens avec la ponctuation abdominale espacée à intervalles brillants comme chez la Variété suivante :

Patrie : France, Suisse, Espagne, Italie, Croatie.

Var. *bicolor* Lep. Diffère du type uniquement par la ponctuation abdominale grosse, espacée, à intervalles brillants ; la marge apicale du 3e segment abdominal distinctement quadridentée, les dents internes plus petites et les externes sous forme d'angles arrondis, sans sinus près de la naissance de la marge, et celle-ci à peine débordante de chaque côté. ♂.

La ♀ a la marge apicale du 3e segment abdominal plus longue, à dents plus longues, bien que parfois obtuses, les extérieures moins arrondies; pattes souvent dorées. Long. 4-7mm.

Patrie : France, Belgique, Suisse, Allemagne.

Var. *sparsepunctata* V. nov. Semblable au type

dont elle ne diffère que par la ponctuation générale très éparse, surtout sur le thorax, les intervalles lisses et très brillants; par le pronotum plus convexe en avant, les côtés plus convergents en avant, le bord antérieur simplement teinté de vert-doré ; la marge apicale du 3e segment abdominal violacé-bronzé et subtridentée, cependant la dent du milieu est tronquée et très vaguement sinuée au bout, de sorte que cette variété rappelle assez la Var. *bicolor* qui a la marge nettement quadridentée comme nous venons de le voir. ♀ Long. 7mm.

PATRIE : Province transcaspienne : Saraks (Radoszkowsky).

OBS. — J'ignore ce que peut être la Var. *Abeillei* Frey-Gessner. Hym. Helvet. 1887. p. 62 et 65.

4e Phalange. — Bidentatæ.

Troisième segment abdominal avec une dent ou un angle distinct de chaque côté, avant ou après la naissance de la marge apicale.

TABLEAU DES SECTIONS

(Voir 1re phalange, page 265).

SECTION II — VIRIDES.

1 Côtés du 3e segment abdominal avec chacun une forte dent obtuse dirigée en arrière. — Corps de taille médiocre, robuste, subparallèle, entièrement vert-gai avec quelques rares reflets bleus; pubescence blanchâtre. Tête un peu plus large que le pronotum, très peu épaisse, à points petits, assez serrés, subréticulés ; cavité faciale peu profonde, den-

sément et finement ponctuée-coriacée, couverte d'épais poils blancs soyeux, terminée en haut par une carène transversale très nette formant, au milieu. un angle avançant en avant et, de chaque côté, un angle remontant vers les ocelles; joues courtes, non parallèles, de la longueur du 5e article antennaire; clypeus petit; antennes rousses, le 1er article vert, le 2e roux avec quelques reflets verts en dessus, le 3e très court, subégal au 4e qui lui-même est un peu plus court que le 2e. Pronotum court, troncature antérieure abrupte, une petite dépression au milieu du bord antérieur; ponctuation thoracique un peu grosse, peu serrée, les intervalles légèrement bosselés, lisses et brillants; suture antérieure de l'écusson un peu béante; postécusson à peine convexe, avec une petite cavité antérieurement; angles posticolatéraux du métathorax subtriangulaires, à pointe aiguë, recourbée en arrière, avec un appendice arrondi en dessous; mésopleures à points plus serrés, ruguleux, subréticulés, sans sillon longitudinal, le transversal peu profond, l'aire inférieure carénée transversalement près du sillon transversal, cette carène formant deux petites dents, la postérieure un peu plus longue; écailles subscarieuses, à reflets bleus; ailes hyalines à nervures testacées, la cellule radiale presque fermée; pattes vertes un peu bleuâtres sur les cuisses; genoux, dessous et extrémité des tibias, ainsi que les tarses testacés. Abdomen de la longueur de l'avant-corps, très convexe, subparallèle, les côtés fortement réfléchis en dessous, très vaguement caréné sur le disque, ponctuation un peu grosse, peu serrée, les intervalles lisses avec quelques petits points fins, rares : 1er segment à troncature antérieure un peu plus bleue, très faiblement tri-impressionnée ; 2e segment avec le dessus plus de deux fois plus long que les côtés ; 3e segment régulièrement arrondi, convexe, les côtés scarieux-subtestacés sur les bords, avec un imperceptible petit sinus, puis une forte dent obtuse arrondie ; série antéapicale un peu plus bleue, peu profonde, légèrement réfléchie, 12 fovéoles médiocres, ouvertes, séparées ; marge apicale assez longue, hyaline, scarieuse, avec quelques reflets bleus, imponctuée, lisse. Ventre vert : 1er segment taché de bleu, 2e segment avec deux taches noires. ♂ Long 6mm. (Sec. sp. typ. !)

Vagans, Radoszkowsky.

Patrie : Sarasfschan : Monts Karak (Radoszkowsky).

— Côté du 3e segment abdominal avec chacun un simple angle arrondi.

Alexandri, Buysson (Voir 2e Phalange).

SECTION III — ZONATÆ

Thorax feu ; 3e segment abdominal bleu.

Bidentata, Linné, Variétés (Voir 6e Phalange).

SECTION IV. — BICOLORES.

1 Dents du 3e segment abdominal situées à l'apex. **Æstiva**, Dahlbom ♂ (Voir 6e Phalange).

— Dents du 3e segment abdominal situées sur les côtés, aux angles de la troncature. 2

2 Marge apicale du 3e segment abdominal avec un petit angle à sa naissance, ses côtés, par conséquent ni droits ni continus avec ceux des dents de la troncature; angles posticolatéraux du métathorax très petits, très courts et décombants; taille petite. — Corps allongé, subparallèle ; tout l'avant-corps bleu-vert, l'abdomen feu-doré un peu verdâtre; pubescence gris-roussâtre, dressée ; tête médiocre, à points petits, serrés, subcoriacés, devenant réticulés et un peu plus gros sur le front; cavité faciale peu profonde, finement striée au milieu, ponctuée-coriacée sur les côtés, sans carène en haut ; joues fortement convergentes en avant, de la longueur du 3e article antennaire; antennes noirâtres, les trois premiers articles et le dessus du 4e verts, le 3e court, moins long que les deux suivants réunis. Pronotum convexe, troncature antérieure abrupte, un petit sillon au milieu du bord antérieur; ponctuation des pro- et mésonotum un peu grosse, peu profonde, espacée, avec les intervalles finement pointillés ; écusson subréticulé ; postécusson convexe, ponctué-réticulé, avec une petite cavité en avant; angles posticolatéraux du métathorax dirigés en arrière, subaigus; mésopleures à points petits, assez serrés, le sillon longitudinal obsolète, le transversal plus visible ; écailles vert-bleu, ailes subhyalines; cellule radiale fermée ; pattes bleu-vert, tarses brunâtres. Abdomen allongé, subcylindrique, vaguement caréné, ponctuation fine, assez serrée : 1er segment avec des points plus gros, épars, la troncature antérieure très petite, bleu-vert, tri-impressionnée; 3e segment long, légèrement déprimé

sur le disque, faiblement renflé un peu avant la série antéapicale, les côtés longs, droits; série antéapicale peu profonde, 18 fovéoles petites, irrégulières, rapprochées, bleues; marge apicale concolore, finement ponctuée, subarrondie à l'apex qui est très vaguement sinué au milieu, de chaque côté une petite dent obtuse également éloignée de l'apex et de la naissance de la marge. Ventre bleu-vert, taché de noir sur le 2ᵉ segment; oviscapte noir brun. ♀ Long. 6mm. (Sec. sp. typ.!)

Diacantha, Mocsary.

Patrie : Caucase; Espagne.

— Marge apicale du 3ᵉ segment abdominal sans aucun angle à sa naissance, ses côtés droits et continus avec ceux des angles de la troncature; angles posticolatéraux du métathorax forts, triangulaires, droits : taille médiocre

Mediocris, Dahlbom ♂ (Voir 2ᵉ Phalange).

SECTION V. — AURATÆ

1 Tout l'avant-corps plus ou moins doré-cuivré. 2

— Mesonotum et bord antérieur du pronotum seuls dorés.

Succincta, L., var. Gribodoi, Ab. ♀ (Voir 3ᵉ Phalange).

2 Abdomen cylindrique; marge apicale du 3ᵉ segment abdominal tronquée transversalement dans toute la largeur du segment. —

Corps de taille médiocre, étroit, parallèle, cylindrique; tout l'avant-corps vert-cuivré-bronzé ou vert-gai, avec l'écusson cuivré-doré et des teintes cuivré-bronzé sur le mesonotum, le pronotum et la tête, brillant par suite des intervalles de la ponctuation très lisses; l'abdomen feu-grenat-doré, le dessous du corps vert-gai; pubescence grisâtre en dessus, blanche en dessous. Tête épaisse, arrondie, à points médiocres, espacés, devenant serrés, ruguleux sur le front; les ocelles posés obliquement; cavité faciale faiblement creusée, vert-gai, brillante, petite, lisse, avec quelques points épars dans la majeure partie, de chaque côté près des antennes les points sont plus rapprochés et petits, le haut n'est point caréné; joues courtes, parallèles, de la longueur du 4e article antennaire; mandibules bidentées; antennes épaisses, noirâtres ou brunâtres, le 1er article ordinairement bronzé, doré-cuivré en dessous, le 3e article presque aussi long que les deux suivants réunis. Pronotum long, cylindrique, troncature antérieure abrupte, un fort sillon longitudinal au milieu du bord antérieur, ponctuation médiocre, assez serrée, les intervalles ruguleux, lisses, brillants; mesonotum à points espacés; milieu du disque de l'écusson lisse et brillant avec quelques points très épars; postécusson convexe, à points submédiocres, réticulés, peu serrés, la suture antérieure large, béante; metanotum concolore, angles posticolatéraux triangulaires, subobtus, dirigés en arrière, légèrement décombants; mésopleures vert-cuivré, à points petits, épars, le sillon longitudinal visible sous les ailes, l'autre complet;

écailles bleu-vif ou violacées, scarieuses; ailes légèrement enfumées, cellule radiale ouverte, nervures brun-foncé, nervure transverso-brachiale épaissie; pattes vert-bleu un peu vert-doré, tibias un peu cuivrés en dessus, tarses roux. Abdomen cylindrique, sans carène, ponctuation petite, peu serrée, peu régulière : 1er segment avec des points fins entremêlés; troncature antérieure vert-cuivré, petite, tri-impressionnée; 2e segment à points denses, subcoriacés à la base du disque, bord apical très engainant; 3e segment trapéziforme, ovale-tronqué, convexe, les côtés courts, fortement convergents en arrière; série antéapicale obsolète et séparée au milieu, creusée sur les côtés, 14 fovéoles, très petites, rondes, indistinctes au milieu, larges, transversales, noir-bronzé, ouvertes et subconfluentes sur les côtés; marge apicale concolore, à points fins, très espacés, régulièrement et transversalement tronquée, de chaque côté l'angle formé par cette troncature constitue une petite dent obtuse dirigée en arrière et dépassant un peu la ligne de la troncature, les côtés de la marge sont violacés-bronzés, subscarieux, droits et convergents en arrière, avec un petit angle arrondi juste à la naissance de la marge. Ventre vert-bleu, tous les segments très largement tachés de noir, le 3e presque entièrement noir; oviscapte brun-roussâtre. ♀ Long. 7mm. **Cylindrosoma**, BUYSSON.

PATRIE : Algérie (Gazagnaire, Gribodo).

— Abdomen ovale; marge apicale du 3e segment abdominal au moins arrondi au milieu de l'apex. 3

3 Troisième article antennaire subégal aux deux suivants réunis; ponctuation du pronotum subréticulée, assez serrée, ruguleuse. — Corps de taille moyenne, robuste; pubescence longue, épaisse, blanche; avant-corps vert-cuivré-doré en dessus, bleu-vert en dessous, abdomen feu-doré-cuivré. Tête assez large, à points assez gros, les intervalles ruguleux, brillants; front subréticulé, ruguleux, avec de longs poils blancs, hérissés; cavité faciale bleu-vert, large, légèrement creusée, terminée en haut abruptement et carénée transversalement, cette carène irrégulière émettant 2-3 petits rameaux remontant vers le 1er ocelle, le milieu de la cavité faciale presque lisse, les côtés à gros points ruguleux, entremêlés de gros poils blancs assez épais; joues courtes de la longueur du 4e article antennaire; antennes brun-noirâtre, les deux premiers articles verts, le 3e assez long, subégal aux deux suivants réunis. Pronotum médiocre, à côté convergents en avant, troncature antérieure verte, une légère dépression au milieu du bord antérieur; ponctuation des pro- et mesonotum subréticulée, ruguleuse, assez grosse; écusson ponctué-subréticulé, avec un espace imponctué, lisse sur le disque; postécusson subconvexe, ponctué-réticulé; metanotum vert-cuivré un peu doré, angles posticolatéraux médiocres, à pointe aiguë, assez fortement recourbée en arrière, et garnis de très longs poils blancs; mésopleures vertes avec quelques reflets cuivrés sur le disque, ponctuées-subréticulées, les deux sillons complets, l'aire inférieure irrégulièrement bosselée-sculptée; écailles brun-clair ou marron, à reflets bronzé-cuivré, sub-

scarieuses; ailes parfaitement hyalines, nervures roussâtres, cellule radiale très allongée, largement ouverte; pattes bleues avec quelques reflets vert-doré, brun-roussâtre en dessous, tibias vert-gai, tarses roussâtres. Abdomen ovale, peu convexe, brillant, légèrement caréné longitudinalement, à ponctuation médiocre : 1er segment à points peu serrés, les intervalles brillants, avec quelques rares petits points, troncature antérieure grande, vert-doré-cuivré; 2e segment à points plus espacés, les intervalles nullement pointillés; 3e segment ovale, à ponctuation subruguleuse et assez serrée vers la base, la carène médiane plus visible sur le milieu, les côtés longs, subrectilignes; série antéapicale large, obsolète, sans fovéoles distinctes; marge apicale longue, brillante, subarrondie à l'apex, puis munie de chaque côté d'une dent spinoïde aiguë, un peu éloignée des côtés du segment et séparée de la partie arrondie de l'extrémité et de la naissance de la marge par un sinus assez sensible, la pointe des dents est divariquée et la naissance de la marge, de chaque côté, est très faiblement anguleux-arrondie. Ventre bleu-vert, taché de noir. ♂ Long. 7mm.

La ♀ diffère du mâle par la tête un peu moins large, le 3e segment abdominal un peu plus long, la partie apicale de la marge un peu plus arrondie et la naissance de la marge un peu plus anguleuse de chaque côté; oviscapte brun-roussâtre. **Bihamata**, Spinola.

Patrie : Égypte.

— Troisième article antennaire plus court que les deux suivants réunis; ponctuation du pronotum espacée, peu profonde — Corps de petite taille, assez trapu, entièrement feu-doré-cuivré; l'avant-corps cylindrique, l'abdomen plus large, ovale: pubescence fine, courte, raide, blanc-sale. Tête de la largeur du pronotum, à points petits, espacés, devenant plus serrés, confluents longitudinalement sur le front; cavité faciale petite, peu profonde, vert-gai un peu doré, lisse, imponctuée sur presque toute sa surface, avec quelques points épars sur les côtés, convexe en haut, sans carène; joues assez longues, non parallèles, de la longueur du 3e article antennaire; mandibules bidentées; antennes brunes, les deux premiers articles verts. Pronotum long, cylindrique, à côtés parallèles, troncature antérieure un peu déclive, une dépression au milieu du bord antérieur : ponctuation thoracique médiocre, espacée, peu profonde; postécusson convexe, ponctué-réticulé; angles posticolatéraux du métathorax courts, petits, à pointe subaiguë, recourbée en arrière; mésopleures avec les sillons peu visibles; pattes bleu-vert un peu doré, tibias légèrement vert-cuivré en dessus, tarses roussâtres; écailles concolores, ailes très légèrement enfumées, nervures roussâtre-foncé. Abdomen ovale, assez convexe, sans carène, hérissé de longs poils blancs surtout sur les côtés, plus feu que le thorax, à points gros, espacés : 1er segment à troncature antérieure sans sillon, déclive; 3e segment ovale-subtronqué, régulièrement convexe, à points plus gros, plus serrés, ruguleux, les côtés longs, convergents en arrière, série antéapicale très peu creusée, obsolète, 10 fovéoles, irrégulières, peu distinctes, médiocres; marge apicale concolore, très courte, transversale-subarrondie au milieu, avec un petit sinus imperceptible à l'apex, puis, de chaque côté de la troncature, une petite dent obtuse, dépassant la ligne de troncature, les côtés externes de ces deux petites dents imperceptiblement sinués, la naissance de la marge légèrement arquée. Ventre bleu-vert, le 2e segment taché de noir; oviscapte brun. ♀ Long. 5mm.

Prodita, N. sp.

PATRIE : Tunisie. (J. Pérez.)

5e Phalange. — **Tridentatæ.**

Marge apicale du 3e segment abdominal avec trois dents distinctes dont une située à l'apex.

TABLEAU DES SECTIONS

(Voir 1re Phalange, p. 265.)

SECTION II.— VIRIDES.

1 Ponctuation abdominale grosse, rapprochée, réticulée.— Semblable à la *C. cyanea L.* (Voir n° 2) dont elle diffère par son coloris bleu-clair-gai, le corps plus large, plus court, convexe, nullement déprimé ; le 3e article antennaire avec la base seule verte ; les joues beaucoup plus courtes, de la longueur du 2e article antennaire et non fortement convergentes en avant ; la cavité faciale plus courte ; la ponctuation de l'avant-corps plus profonde, plus régulière, et un peu plus grosse ;

les écailles bleu-clair; les angles posticolatéraux du métathorax plus petits, légèrement recourbés en arrière et subaigus ; par l'abdomen parfaitement convexe, nullement déprimé, à ponctuation profonde, à peu près uniforme; le 2e segment seul caréné; le 3e segment sensiblement déprimé transversalement sur le disque mais sans carène, les côtés non convergents en arrière, les dents externes plus fortes, triangulaires, les côtés de la marge apicale largement et sensiblement sinués, de sorte qu'ils ne forment point une ligne continue et droite avec les côtés du segment. ♀ Long. 6 1/2mm.

Le ♂ découvert par M. le Dr W. Innès se distingue de la femelle par le 3e segment abdominal plus court, convexe sur le disque, non déprimé, par les dents plus courtes, surtout les externes qui sont parfois réduites à de simples angles obtus, les emarginatura presque rectilignes, **Scioensis**, Gribodo.

Patrie : Égypte (W. Innès).

— Ponctuation du disque du 2e segment abdominal fine, espacée, un peu obsolète, non réticulée. 2

2 Corps de taille petite, rarement médiocre : 3e segment abdominal légèrement déprimé transversalement sur le disque, la dent apicale courte, obtuse. — Allongé, subparallèle, légèrement déprimé; pubescence noirâtre en dessus, blanchâtre en dessous; entièrement bleu plus ou moins foncé ou bleu-vert ou vert-bleu. Tête un peu plus large que le pronotum, ponctuée-réticulée; cavité faciale assez profonde, parfois vert-gai ou faiblement

vert-doré, le haut caréné transversalement, le milieu canaliculé et finement strié transversalement; les côtés finement et densément ponctués-subcoriacés, avec des poils blancs; joues fortement convergentes en avant, subégales au 3e article antennaire; mandibules unidentées; antennes brun-noirâtres, les deux ou trois premiers articles et parfois la base du 4e verts, le 3e moins long que les deux suivants réunis. Ponctuation des pro-, mesonotum et écusson réticulée, assez grosse; pronotum assez convexe, légèrement marginé-sinué sur les côtés par une carène longitudinale, troncature antérieure déclive, trois petites dépressions au bord antérieur; postécusson convexe, plus grossièrement ponctué-réticulé, généralement avec un point réticulé très large antérieurement; angles posticolatéraux du métathorax assez forts, à pointe subobtuse; mésopleures ponctuées-réticulées, les deux sillons visibles, l'aire inférieure carénée tout autour. Pattes longues, grêles, ordinairement vert-bleu, tarses roussâtres; le 1er article postérieur ordinairement bronzé-verdâtre en dessus; écailles brun-noir, bronzées; ailes subhyalines, cellule radiale presque fermée. Abdomen subparallèle, déprimé, allongé, caréné dans toute sa longueur : 1er segment à points médiocres, espacés, les intervalles obsolètement pointillés, troncature antérieure large, avec un fort sillon au milieu et une petite dépression de chaque côté; 2e segment long, à points plus fins, espacés, très peu profonds, entremêlés de quelques petits points, le disque souvent taché de bleu plus foncé, la bordure apicale finement pointillée;

3e segment subovale, subtronqué, à points petits, irréguliers, plus serrés, peu profonds, un léger renflement avant la série antéapicale, les côtés assez longs, convergents vers l'apex; série antéapicale assez creusée, large, séparée au milieu par la carène, 12 fovéoles confluentes, larges, noirâtres; marge apicale assez longue, subtridentée ou tridentée, une dent apicale carénée, triangulaire, les externes anguliformes, plus courtes, obtuses, les intervalles subrectilignes, la marge elle-même à sa naissance forme un petit angle à peine visible. Ventre bleu-vert ou vert plus ou moins bleuâtre, taché et marginé de noir. ♂ Long. 3-8mm.

La ♀ diffère du mâle par les tarses brun-noirâtre; le 3e segment abdominal plus long, légèrement déprimé sur le disque de chaque côté de la carène médiane, les côtés des dents ou angles externes continus avec les côtés du segment, la marge sans petits angles à sa naissance; oviscapte brun-foncé. **Cyanea**, Linné.

Obs. — On trouve des individus atteints de rufinisme dans les pattes, les antennes, les écailles et les nervures des ailes.

Cette espèce est parasite des *Trypoxylon* et des *Cemonus*. Sa pupe est en forme de dé à coudre, arrondie sur le côté le plus petit et largement tronqué sur l'autre; plus rarement les deux côtés sont tronqués et subégaux; la texture est transparente, jaunâtre et très fine. Etant devenu plus habile à reproduire les larves grossies, je donne de nouveau le portrait, vu de face, de la larve (voir Pl. XXIV, fig. 14), les dessins de la Planche II étant peu détaillés, et en plus, mal rendus par le graveur.

La *C. cyanea* L. a pour parasite l'*Eurytoma tibialis* Boh. que l'on trouve très souvent substitué à la *Chrysis* dans la propre pupe de celle-ci.

PATRIE : Commune dans toute l'Europe. Je l'ai même vue de la province de l'Amour, en Sibérie orientale.

— Corps de taille presque grande; 3e segment abdominal fortement déprimé transversalement sur le disque, la dent apicale plus forte, aiguë. — Corps allongé, subparallèle, entièrement bleu-vert ou vert-bleu; pubescence courte, brune. Tête un peu plus large que le pronotum, à points médiocres, profonds, subréticulés, subruguleux, cavité faciale profonde, carénée en haut, le milieu canaliculé et finement strié transversalement, les côtés à points peu profonds, irréguliers; joues de la longueur du 3e article antennaire, subparallèles; antennes fortes, brun-noirâtre, les deux ou trois premiers articles verts ou vert-bronzé, le 3e plus long que les deux suivants réunis; clypeus largement tronqué. Pronotum assez fortement sinué-marginé et caréné sur les côtés, un large sillon au milieu du bord antérieur, la bordure postérieure un peu déprimée, la troncature abrupte; ponctuation thoracique réticulée, assez grosse; postécusson convexe, très grossièrement ponctué-réticulé; angles posticolatéraux du métathorax assez forts, à pointe subobtuse; mésopleures avec les deux sillons visibles très largement fovéolés; écailles bleu-noirâtre; ailes légèrement enfumées, cellule radiale fermée; pattes vert-bleu, tarses brun-noirâtre, le 1er article postérieur vert en dessus. Abdomen subparallèle, brillant, sans tache discoïdale : 1er segment non caréné, à points médiocres, espacés, entremêlés de quelques très petits points, troncature antérieure trisillonnée, le sillon médian très profond et atteignant la moitié du segment; 2e segment caréné, les angles posticolatéraux obtus; 3e segment long, tronqué, fortement caréné, les points plus serrés, subruguleux, peu profonds, les côtés très longs, rectilignes, convergents vers l'apex ; série antéapicale très large, profonde, séparée au milieu par la carène, les fovéoles indistinctes, pellucides, roussâtres; marge apicale un peu convexe, tridentée, la dent apicale carénée, subunguiforme; les dents externes anguliformes, fortes, obtuses, les intervalles très largement sinués, à fond subrectilignes, les côtés des dents ou angles externes rectilignes, subcontinus avec les côtés du segment. Ventre vert ou bleu-vert, les segments marginés apicalement de noir-subscarieux. ♂ Long. 10-11mm.

La ♀ diffère du mâle par le 3e segment abdominal plus déprimé sur le disque, et à côtés plus longs; oviscapte brun-foncé.

Pellucida, Buysson.

Patrie : Asie Mineure, Chine (Abeille de Perrin).

SECTION V. — AURATÆ.

— Mesonotum et bord antérieur du pronotum feu-doré.

Succinta, L. et Variétés (Voir 3e phalange).

ESPÈCE RESTÉE INCONNUE

C. Olivieri, Brullé. — Verte, les ailes enfumées, densément ponctuée, le métathorax prolongé, tronqué, fovéolé à la base, le 3e segment tridenté.

Il ressemble beaucoup au précédent (*C. unicolor*, Brullé — *tridens* Lep. Serv.) et comme lui il est vert, avec les quatre premiers articles des antennes de cette couleur et même entièrement verts ou à peu près. Les ailes sont enfumées, avec le bord de la radiale plus obscur. Le corps est criblé de points qui se touchent presque et sont assez écartés sur l'abdomen. Les intervalles qui séparent les points sont très finement ponctués sur l'abdomen et le sont plus fortement sur le reste du corps. La fossette de la face est creusée d'un sillon et son bord postérieur est saillant, finement ondulé et un peu arqué. La fossette du prothorax n'est guère indiquée que par un trait brun. Le lobe médian du mésothorax est brun en arrière, comme dans le précédent; les sillons interlobulaires sont très étroits. La première région du métathorax se prolonge en un lobe triangulaire, plat en dessous, tronqué à l'extrémité; la base de cette région présente une petite fossette double. La base de l'abdomen offre une grande impression trilobée; la ligne moyenne est peu indiquée et finement ponctuée; la partie postérieure du 3e segment est lisse et creusée, de chaque côté de la ligne moyenne, d'une fossette dans laquelle on remarque quelques gros points; la ligne moyenne se prolonge au delà du bord qui est droit, en forme de dent, et les angles latéraux se prolongent aussi en manière de dent plus courte que celle du milieu et accompagnée en dedans d'une légère échancrure. ♀ Long. 11mm.

Obs. — Le sillon de la fossette faciale, la saillie tronquée de la première région du métathorax, la légère échancrure au côté interne de chaque dentelure extérieure du bout de l'abdomen; tels sont à peu près les caractères distinctifs de cette espèce, tellement voisine de la précédente (*C. unicolor;* Brullé) que, sans la différence de l'habitation, on serait tenté de les réunir.

Patrie : Les Dardanelles.

6e Phalange : Quadridentatæ.

Marge apicale du 3e segment abdominal munie de quatre dents ou angles distincts.

TABLEAU DES SECTIONS

1	Corps en entier ou à moitié noir-bronzé, terne, plus ou moins violacé-obscur, ou avec quelques reflets métalliques.	I. — Obscuratæ.
—	Corps ni en entier ni en partie notable noir.	2
2	Corps entièrement vert ou bleu, ou ces couleurs mélangées, ou vert-gai.	II. — Virides.
—	Corps avec des parties dorées	3
3	Abdomen ayant au moins un segment entièrement vert ou bleu.	III. — Zonatæ.
—	Abdomen plus ou moins entièrement doré, sans aucun segment entièrement vert ou bleu.	4
4	Avant-corps sans partie feu ni dorée.	IV. — Bicolores.
—	Avant-corps entièrement ou en partie feu ou doré-verdâtre, ou doré-cuivré.	V. — Auratæ.

SECTION I. — OBSCURATÆ

1 Mandibules bidentées. — Avant-corps noir-bronzé, avec de légers reflets bleus, l'écusson à reflets feu ; l'abdomen feu-doré obscur, un peu verdâtre sur le 1er segment, la marge apicale du 3e segment verte.

Scutellaris F. Var. **Undulata**, Rad.

(Voir la section V).

— Mandibules simples. — Corps entièrement noir-bronzé. **Bidentata** L. Var. **Nigrina**, Buyss.
(Voir la section III).

SECTION II. — VIRIDES

1 Ailes fortement enfumées, bleuissantes; corps de grande taille rappelant un *Stilbum*. — Robuste, très convexe, entièrement bleu ou bleu-vert, un peu moins bleu sur les côtés des segments 1 et 2 de l'abdomen; varie du vert-bleu au bleu-indigo; le 3e segment abdominal bleu-indigo; pubescence grosse, longue, cendré un peu roussâtre, peu abondante. Tête plus petite que le pronotum, l'occiput un peu gibbuleux près du pronotum, ponctuation assez grosse, réticulée, peu serrée; cavité faciale évasée, assez profonde, un peu ridée transversalement vers la base, terminée en haut par une carène bi- ou triondulée ou bi-anguleuse et se continuant du côté interne des yeux; de chaque angle ou ondulation supérieure part un rameau entourant le premier ocelle, et l'aire ainsi formée est un peu déprimée, le derrière des yeux fortement marginé-caréné; la bouche plus large que le reste de la face, joues longues, parallèles, aussi longues que le 4e article antennaire; clypeus très large, tronqué-émarginé. Antennes grosses, noir-brun, les trois premiers articles bleus ou bleu-vert, le 3e plus court que les deux suivants réunis. Pronotum trapéziforme, assez convexe, les côtés fortement convergents en avant, un

sillon médian antérieurement, la troncature antérieure abrupte, puis convexe en haut, ponctuation grosse, assez profonde, ruguleuse, réticulée, irrégulière, une grande cavité de chaque côté en dessous. Mesonotum convexe, à ponctuation moins profonde, plus irrégulière; écusson à gros points réticulés; postécusson convexe, grossièrement ponctué-réticulé, avec une petite cavité au milieu du bord antérieur; angles posticolatéraux du metanotum très forts, larges, ponctués-subréticulés, à pointe aiguë; mésopleures ponctuées-réticulées, un large sillon médian atteignant en dessous une large cavité transversale, l'aire inférieure fortement bidentée, chaque dent obtuse et placée sur le côté postérieur, la plus inférieure creusée à sa base. Écailles bleues, ailes larges, cellule radiale presque fermée; pattes vertes ou bleu-vert, tarses brun-noirâtre, le 1er article bleu en dessus. Abdomen ovale, très convexe, légèrement caréné longitudinalement, brillant, à gros points profonds, espacés, à intervalles lisses : 1er segment trisillonné antérieurement; 2e segment avec les angles posticolatéraux fortement spinoïdes; 3e segment légèrement déprimé sur le disque, un peu renflé sur son pourtour avant la série antéapicale, les côtés du segment longs, subrectilignes; série antéapicale profonde, large, séparée au milieu par une carène, 12-14 fovéoles très grandes, irrégulières, largement ouvertes, à fond subscarieux; marge apicale médiocre, 4-dentée : dents internes courtes, plus rapprochées, subaiguës, à pointe un peu infléchie en dessous; dents externes plus grandes, triangulaires, aiguës, droites.

leur côté extérieur rectiligne et continu avec les côtés du segment; emaginatura du milieu aussi profonde que les autres, plus petite, à sinus arrondi, les autres très larges, obliques, à sinus très largement arrondi. Ventre bleu-vert, le 2e segment taché de noir, le 3e plus bleu. ♂ Long. 9-11 mill.

La ♀ diffère du mâle par le 3e segment plus long, plus déprimé sur le disque, de chaque côté de la carène longitudinale, les dents apicales plus grandes, les internes plus longues, plus aiguës; oviscapte brun.

Fuscipennis, Brullé.

Patrie : Egypte : Ramlé; Chine (E. Abeille); Calcutta (Cotes); Amur (Gribodo).

Var *Mossulensis*, Ab. Buyss. — Semblable au type mais à taille plus petite, sa teinte générale verte ou avec quelques reflets dorés, l'intervalle des ocelles et l'aire médiane du mesonotum bleus, la pubescence plus blanche, la ponctuation abdominale plus espacée. ♂ ♀ Long 8-9 mill.

Patrie : Mésopotamie : Mossoul (E. Abeille de Perrin).

Obs. — Dahlbom a décrit, je crois, cette espèce (l. c. p. 229-232) sous le nom de *C. amethystina* Fabr. (E. S. 2. 243 : 22 — Piez. 176 : 82.) et il dit avoir vu les types de Fabricius au Musée de l'Université de Kiel. Or, la *C. amethystina* de Fabricius est un *Stilbum* d'après les auteurs. Dahlbom était trop sérieux et jouissait d'une trop bonne vue pour que l'on puisse mettre en doute ce qu'il avance; mais n'aurait-il pas examiné dans la collection de Fabricius le 1er individu de la rangée, par exemple, tout différent du second? Je me suis trouvé moi-même dans de semblables circonstances, pour l'examen de types d'auteurs qu'une main incompétente avait dû bouleverser.

Dahlbom dit que le 1er segment abdominal porte, de chaque côté, une tache subdorée-verte. Je n'ai jamais vu semblable coloris chez cette espèce. C'est ce qui a été cause du double emploi que j'ai fait en la décrivant avec M. Abeille sous le nom de *C. erratica*. Elle appartient plutôt à la faune asiatique qu'à la nôtre.

— Ailes non fortement enfumées, ni bleuissantes. 2

2 Antennes testacées en dessous; articles antennaires 3 et 4 très courts, formant, réunis ensemble, une longueur égale à celle du 5e. — Corps de taille moyenne, allongé, étroit, subparallèle, entièrement d'un beau bleu indigo, clair, vif; pubescence très fine, blanchâtre. Tête plus large que le pronotum, à points un peu gros, profonds, médiocrement serrés, subréticulés, devenant plus petits, plus serrés, ruguleux, irréguliers sur le front; cavité faciale assez profonde, finement et densément ponctuée-coriacée avec des poils blancs argentés, terminée en haut par une forte carène transversale, formant trois petits angles du côté des ocelles; joues très courtes, subarquées, de la longueur du 3e article antennaire; clypeus tronqué, émarginé; antennes brunes en dessus, les trois premiers articles verts. Pronotum long, à côtés parallèles, la troncature antérieure un peu déclive, un fort sillon médian antérieurement; ponctuation thoracique grosse, rugueuse, profonde, subréticulée; écusson à points espacés en avant, avec la suture antérieure béante et lisse; postécusson ponctué-réticulé, avec une cavité au milieu du bord antérieur; angles posticolatéraux du métathorax longs, aigus, fortement recourbés en arrière; mésopleures avec les deux sillons visibles et complets, l'aire inférieure carénée sur les bords. Pattes concolores, tarses testacés; écailles bleues; ailes subhyalines, cellule radiale presque fermée. Abdomen long, subparallèle, légèrement caréné, cou-

vert de gros points, profonds, subruguleux, subréticulés, avec de nombreux poils blancs, fins et dressés. 1er segment fortement sillonné au milieu; 2e segment avec les angles posticolatéraux petits mais spinoïdes; 3e segment ovale-subtronqué-arrondi, légèrement renflé avant la série antéapicale, les côtés longs, subrectilignes; série antéapicale large, séparée au milieu, 14 fovéoles grandes, rapprochées, ouvertes, subconfluentes; marge apicale subscarieuse, roussâtre, teintée de bleu-indigo, très obsolètement pointillée, longue, 4-dentée : dents réunies un peu à l'apex, disposées sur une ligne très faiblement arquée, spinoïdes, subégales, subéquidistantes; dents internes moins aiguës; emarginatura du milieu un peu plus large que les autres, à sinus très largement arrondi, aussi profond que les autres qui sont également à sinus arrondi; les côtés extérieurs des dents externes sont sinués, les côtés de la marge sont droits et continus avec ceux du segment. Ventre concolore, 2e segment taché de noir à sa base, 3e segment avec la marge apicale scarieuse. ♂ Long. 8 mill. (Sec. sp. typ.!).

Fulvicornis, Mocsary.

Patrie : Turkestan, Taschkend (Radoszkowsky).

Var. *Murgabi* Rad. — Diffère du type par sa taille plus petite, le pronotum avec le sillon antérieur obsolete, l'abdomen à ponctuation un peu plus grosse, la marge apicale du 3e segment non scarieuse et enfin par le coloris général bleu-vert. ♂ Long. 6mm (Sec. sp. typ.!)

Obs. — C'est très probablement cette variété que Klug a décrite sous le nom de *C. maculicornis*.

Patrie : Province transcaspienne : Sérax (Radoszkowsky).

— Antennes non testacées en dessous. 3

3 Antennes noirâtres ou brun-marron. 11

— Antennes marron-roussâtre : articles 3 et 4 médiocres, subégaux, chacun séparément plus long ou subégal au 5e article; corps entièrement vert-gai ou vert-bleu, ou bleu avec quelques reflets vert-bleu. 4

4 Dents du 3e segment abdominal toutes réunies à l'apex, longuement spinoïdes. — Corps de taille médiocre, subparallèle, robuste, vert-bleu avec des reflets dorés sur le 2e et le 3e segment abdominal. Pubescence blanchâtre; tête arrondie, à peine plus large que le pronotum, ponctuation un peu grosse, espacée, devenant subréticulée sur le front; cavité faciale assez profonde, finement striée-ponctuée transversalement au milieu, densément ponctuée-coriacée sur les côtés, terminée en haut par une forte carène transversale bianguleuse; joues presque nulles, plus courtes que le 2e article antennaire; clypeus court, émarginé; antennes marron-roussâtre, grêles, allongées, les deux premiers articles verts, le 3e subégal au 4e qui est long. Pronotum transversal, court, à troncature abrupte, une forte impression au milieu du bord antérieur; ponctuation thoracique grosse, réticulée, profonde; aire médiane du mesonotum bleue; postécusson convexe, à points plus profonds; angles posticolatéraux du métathorax larges, triangulaires, subaigus, droits; mésopleures ponctuées comme le pronotum, les sillons bien visibles, l'aire inférieure carénée sur les bords. Pattes vert-bleu, les articulations des

tibias et les tarses roux; écailles bleu-vert; ailes légèrement enfumées. Abdomen large, subparallèle, à gros points profonds, espacés; 1er segment plus vert, tri-impressionné antérieurement; 2e segment très vaguement caréné, les angles posticolatéraux subspinoïdes; 3e segment à points plus serrés, largement arrondi-subtronqué, très légèrement renflé avant la série antéapicale, les côtés droits, convergents en arrière; série antéapicale assez creusée, fovéoles assez nombreuses, rapprochées, les unes grandes, larges, arrondies, les autres très petites; marge apicale courte, quadri-dentée; dents longues, réfléchies un peu en dessous, situées sur une ligne presque droite; les internes plus longues, linéaires, parallèles, les externes triangulaires, longuement aiguës, deux fois plus éloignées de la naissance de la marge que des dents internes; les emarginatura subégales, profondes, à sinus régulièrement arrondi; les côtés de la marge fortement arrondis-arqués. Ventre bleu-vert, taché de noir. ♂ Long. 7mm. (Sec. sp. typ.!)

Remota, Mocsary.

Patrie : Perse, Demabend (Radoszkowsky).

— Dents du 3e segment abdominal non réunies à l'apex, courtes, triangulaires. 5

5 Troisième segment abdominal avec les dents internes très petites, soudées ensembles : emarginatura du milieu peu apparente, sous la forme d'un simple petit sinus. — Corps de taille moyenne, allongé, subparallèle, entièrement bleu-vif, avec la face, les côtés du corps et les aires latérales du meso-

notum bleu-vert; pubescence blanchâtre Tête petite, à points fins, peu serrés, devenant plus nombreux et subréticulés sur le front; cavité faciale allongée, presque étroite, creusée, densément ponctuée-coriacée, avec d'épais poils blancs couchés, terminée en haut par une pente déclive, avec quelques traces de carène transversale; joues non parallèles, de la longueur du 4e article antennaire; antennes marron-roussâtre, les deux premiers articles bleus, le 3e un peu plus long que le 4e. Pronotum long, à côtés convergents en avant, une vague petite dépression au milieu du bord antérieur, la troncature subabrupte; ponctuation des pro-, mesonotum et écusson médiocre, très peu serrée, un peu subréticulée; postécusson convexe, ponctué-réticulé, le milieu de la suture antérieure creusé et béant; angles posticolatéraux du métathorax médiocres, triangulaires, à pointe subobtuse, légèrement divariquée: mésopleures ponctuées comme l'écusson, le sillon médian longitudinal peu profond, le transversal bien visible, l'aire inférieure presque plane, carénée sur les bords; pattes bleu-vert, tarses roux-testacé; le 1er article testacé-clair; écailles bleues; ailes hyalines à nervures roussâtres, la cellule radiale ouverte. Abdomen long, assez convexe, non caréné, couvert de points un peu gros, espacés; 1er segment avec la troncature antérieure abrupte, tri-impressionnée; 2e segment avec les angles posticolatéraux arrondis; 3e segment tronqué transversalement, régulièrement convexe sur le disque, les côtés médiocres, subarqués; série antéapicale obsolète, séparée au milieu, 14 fovéoles petites, rondes, séparées; marge apicale très courte, 4-dentée : dents internes très courtes, obtuses, peu apparentes, séparées par un vague petit sinus; dents externes triangulaires, aiguës, séparées des internes, chacune par une large emarginatura, un peu oblique, à sinus largement arrondi, les côtés extérieurs des dents externes légèrement sinués; les côtés de la marge, formant avec ceux du segment, une ligne un peu arquée; l'extrême bordure apicale hyaline, scarieuse. Ventre bleu. ♂ Long. 7mm. (Sec. sp. typ.!)

Branickii, Radoszkowsky.

Obs. — Cette espèce rappelle assez la *C. electa* Walk.

Patrie : Égypte (Radoszkowsky).

— Troisième segment abdominal avec les dents internes non soudées ensemble; les trois emarginatura égales ou subégales, celle du milieu toujours plus ou moins profonde. **6**

6 Tarses testacés, au moins sur le 1er article. **7**

— Tarses non testacés. **10**

7 Troisième article antennaire égal au 4e; abdomen à côtés non comprimés en dessous, le 3e segment court, avec la série antéapicale creusée. — Corps de taille moyenne, court, trapu, entièrement vert-gai ou très légèrement vert-doré, un peu bleuté sur l'abdomen, l'aire médiane du mesonotum et le metanotum; pubescence blanchâtre. Tête arrondie, à peine plus large que le pronotum, à ponctuation assez grosse, profonde, peu serrée; cavité faciale étroite, médiocrement profonde, densément pointillée, avec des poils blancs, terminée en haut par des traces de carènes irrégulières; joues courtes; antennes noirâtres, ou brun-marron, très rarement un peu roussâtres, 1er article vert-gai, le 2e vert obscur, le 3e médiocre, égal au 4e. Pronotum long, subparallèle, rectangulaire, avec une dépression longitudinale au milieu, ponctuation grosse, irrégulière et profonde, subréticulée sur les côtés. Mesonotum et écusson à ponctuation plus espacée, les intervalles lisses; postécusson convexe, à points plus gros, réticulés; mésopleures grossièrement ponctuées-réticulées, avec le sillon longitudinal formé de gros points confluents; angles posticolatéraux du métathorax à pointe fine, aiguë, un peu recourbée en arrière; pattes vert-gai, tarses roux-clair, testacés, le 1er article blanchâtre; écailles vertes; ailes hyalines à nervures roussâtres, cellule radiale grande, presque fermée. Abdomen court, parallèle, la base des segments un peu plus bleue, ponctuation forte, régulière, profonde, espacée, point de carène; 3e segment court, subtronqué, à ponctuation double, entremêlée de petits points, un peu renflé transversalement avant la série antéapicale, côtés du segment courts, presque droits : série antéapicale très peu profonde, ne formant pas de sillon, 14 fovéoles, grandes, variables, rondes, ouvertes, irrégulières; marge apicale étroite, avec quelques petits points épars, 4-dentée : dents internes courtes, subaiguës ou obtuses, égales, un peu plus fortes que les externes et souvent pas tout à fait sur la même ligne; dents externes obtuses, très courtes; les trois emarginatura subégales, à sinus arrondis. Ventre vert-gai avec une tache noire de chaque côté à la base du 2e segment, pubescence très fine, couchée, blanchâtre, ponctuation très fine. ♂ Long. 5-6 mill. **Palliditarsis,** SPINOLA.

OBS. — Cette espèce se distingue du ♂ de la *C. chlorochrysa* Mocs. par sa taille et sa forme plus grêle, le pronotum un peu moins long que le mesonotum, l'abdomen très convexe, avec les côtés du 3e segment non fortement convergents en arrière.

D'après le type que j'ai vu au Muséum, c'est la même espèce que M. H. Lucas a décrit en 1849, sous le nom de *C. Blanchardi*. Le nom de *palliditarsis* Spinola date de 1838.

PATRIE : Algérie : Bône (Lucas), Biskra (Fallou); Égypte (W. Innès); Arabie : Wâdy Ferran (Walker).

— Troisième article antennaire distinctement plus long que le 4e. 8

8 Abdomen très convexe : 3e segment très court, la série antéapicale creusée.

Maracandensis, RAD. Var. **Simulatrix,** RAD. (Voir no 10).

— Abdomen normal ou légèrement déprimé : série antéapicale du 3e segment abdominal non creusée. 9

9 Troisième segment abdominal avec l'émarginatura du milieu triangulaire. — Corps de taille moyenne, robuste, entièrement vert-gai avec le front, l'écusson et les côtés de l'abdomen vert-doré. Les mandibules sont bidentées. Semblable à la *C. regina* Ab.-Buyss. (Voir no 18) dont elle diffère par les

caractères suivants : antennes marron-roussâtre, le 1er article vert-gai, le 2e roux à reflets verts, le 3e un peu plus long que le 4e, mais plus long à lui seul que les articles 3 et 4 ensemble de la *C. regina* qui les a très courts; la carène du haut de la cavité faciale moins forte, la ponctuation thoracique moins grosse, plus serrée; le pronotum long, cylindrique; les angles posticolatéraux du métathorax plus longs et plus aigus; les nervures des ailes testacées, la cellule radiale ouverte; l'abdomen à ponctuation un peu plus serrée, la troncature antérieure du 1er segment avec trois impressions seulement, l'extrême base des segments 2 et 3 bleu-clair; la série antéapicale obsolète, à fovéoles très petites, ponctiformes, espacées, la marge apicale un peu bleuissante, très courte, 4-dentée : les dents internes courtes, triangulaires, obtuses, les externes un peu en retrait, non divariquées, un peu plus longues, à pointe subscarieuse, aiguë; l'extrême bordure noirâtre; l'emarginatura du milieu peu profonde, triangulaire, les autres obliques, à sinus largement arrondis; les côtés de la marge largement sinués-arqués dans toute leur longueur. Ventre vert-doré; pattes vert-gai un peu doré, tarses testacés. ♂ Long. 7 mill. (Sec. sp. typ. !)

Chlorochrysa, MOCSARY.

PATRIE : Perse : Ashabad (Radoszkowsky).

— Troisième segment abdominal avec l'emarginatura du milieu largement arrondie. — Vert-gai mêlé de bleu, parfois avec des reflets vert-doré sur le pronotum, les aires latérales du mesonotum et l'écusson, l'aire médiane du mesonotum peut être bleu-vif. Semblable à la *C. Branickii* Rad. (Voir n° 5) dont elle diffère par son corps plus trapu, son coloris vert, la tête plus large que le pronotum, la ponctuation thoracique plus serrée, reticulée; (mandibules bidentées); les antennes passant du marron-roussâtre au brun-noirâtre; par les angles posticolatéraux du métathorax petits, aigus : par l'abdomen à côtés comprimées en dessous, la ponctuation un peu plus serrée sur les deux premiers segments et plus espacée sur le troisième, ce dernier long, peu convexe, les côtés plus arqués et comprimés en dessous, la série antéapicale nullement creusée, avec quelques fovéoles éparses, la marge apicale plus longue, les dents externes toujours petites, triangulaires, aiguës ou subaiguës, les internes plus larges, obtuses-arrondies, parfois obsolètes en forme d'angles arrondis, les trois emarginatura subégales, largement arrondies; les côtés de la marge largement sinués-arqués. Ventre vert-bleu, taché de noir. ♂ Long. 6 1/2 à 7 1/2 mill. (Sec. spec. typ. !)

La ♀ diffère du mâle par son corps moins trapu, les joues beaucoup plus longues, subparallèles, de la longueur du 3e article antennaire; par les antennes noir-brun, le 3e article bleu-vert; par les tarses brun-roussâtre. Oviscapte brun-roussâtre. **Electa**, WALKER.

PATRIE : Egypte (W. Innes); Arabie : Wâdy-Ferran (Walker).

10 Marge apicale du 3e segment abdominal bleu-vif, la série antéapicale profonde; joues très courtes, moins longues que le 2e article

antennaire. — Corps de taille moyenne, large, robuste, subparallèle, entièrement bleu-vert, vert-gai très légèrement doré sur les côtés de l'abdomen, le front et le dessous de l'avant-corps: pubescence blanc-sale. Tête arrondie, épaisse, à points médiocres, profonds, peu serrés, devenant réticulés-ruguleux sur le front; cavité faciale étroite, un peu profonde, densément ponctuée-coriacée avec d'épais poils blancs, terminée en haut par des traces d'une carène ondulée, irrégulière, émettant deux faibles rameaux entourant le premier ocelle; mandibules bidentées; antennes marron-roussâtre, les deux premiers articles verts, le 3e un peu moins long que deux fois la longueur du 2e. Pronotum long, à côtés convergents en avant, troncature bleu-vif, abrupte-convexe, un sillon au milieu du bord antérieur; ponctuation médiocre, profonde, subréticulée; aire médiane du mesonotum bleu-vif antérieurement; écusson à points un peu plus gros; postécusson convexe, ponctué-réticulé; angles posticolatéraux du metanotum étroits, à pointe subaiguë, fortement recourbée en arrière; mésopleures ponctuées-réticulées, les sillons complets et visibles, aire inférieure carénée sur son bord postérieur. Pattes vert-gai, tarses roussâtres, le 1er article plus clair; écailles bleu-vert avec une étroite marge scarieuse-roussâtre; ailes hyalines, cellule radiale non fermée. Abdomen subparallèle, convexe, couvert de points gros, profonds, médiocrement serrés, sans carène distincte : 1er segment avec les intervalles de la ponctuation garnis de quelques petits points très fins et rares, troncature antérieure abrupte, trisillonnée; 3e segment court, ovale-tronqué, très convexe, un peu renflé sur le disque, à points plus rapprochés, ruguleux, côtés longs, droits; série antéapicale un peu creusée, large, 10 fovéoles, larges, ouvertes, longues, bleu-vif; marge apicale bleu-vif, finement et obsolètement pointillée, 4-dentée : dents disposées sur une ligne à peu près droite, subégales, courtes, subéquidistantes, triangulaires; dents internes subobtuses, dents externes aiguës; emarginatura subégales, à sinus arrondis; les côtés extérieurs des dents externes légèrement sinués. Ventre vert-gai un peu doré, taché de noir. ♂ Long. 7 mill. (Sec. sp. typ.!)

Maracandensis, RADOSZKOWSKY.

PATRIE : Turkestan : Taschkend (Radoszkowsky).

VAR. *Simulatrix* Rad. Semblable au type dont il ne diffère que par son coloris plus vert, avec une teinte vert-doré sur la tête et l'abdomen; par les nervures des ailes brun-marron; par les tarses testacé-clair, l'extrémité un peu roussâtre. ♂ (sec. sp. typ.!)

PATRIE : Province Transcaspienne : Sérax (Radoszkowsky).

OBS. — M. le général Radoszkowsky, dans les *Hor. Soc. Ent. Ross. T. XXVII, janvier 1893*, a rectifié plusieurs noms de localités et d'espèces nouvelles publiées dans la *Revue d'Entom. t. X. 1891*. Ainsi on doit lire *Sérax* au lieu de Saraks, *Chrysis Seraxensis* au lieu de *Saraksensis*, *C. Germabi* au lieu de *Gertabi*, *C. Murgabi* au lieu de *Murgrabi*.

— Marge apicale du 3e segment abdominal concolore au segment, la série antéapicale non creusée; joues longues subparallèles.

Electa, WALK. ♀ (Voir no 9).

11 Troisième segment abdominal avec un petit angle bien distinct de chaque côté à la naissance de la marge apicale. — Corps trapu, robuste, subparallèle, de taille moyenne, brillant, avec les intervalles de la ponctuation très lisses; entièrement vert-gai un peu bleuâtre ou un peu doré, le 3e segment abdominal plus ou moins bleu; pubescence assez épaisse, courte, dressée, gris-roussâtre. Tête aussi large que le pronotum, à points assez gros, profonds, peu serrés; cavité faciale peu profonde, entièrement couverte de poils blancs, couchés, densément ponctuée-coriacée, avec quelques stries transversales au milieu et à la base, terminée en haut par une carène transversale très irrégulière, ondulée ou discontinue, parfois avec deux petits rameaux entourant le premier ocelle; joues longues, convergentes en avant, de la longueur du 3e article antennaire; mandibules bidentées; antennes épaisses au milieu, sensiblement atténuées à l'extrémité, brunes, les deux premiers articles verts, le 3e plus long que le 4e, quelquefois les articles 3 et 4 sont brun-roussâtre. Pronotum long, assez fortement déclive-convexe en avant, troncature antérieure abrupte, un peu plus bleue, une dépression au milieu du bord antérieur, ponctuation des pro- et mesonotum assez grosse, profonde, peu serrée, subréticulée; mesonotum avec une ligne imponctuée au milieu de chaque aire latérale, les sutures médianes bleu-vif et largement béantes près de l'écusson, l'aire médiane un peu plus bleue, écusson à gros points subréticulés, épars sur le disque; postécusson convexe, grossièrement et pro-

fondément ponctué-réticulé; le milieu de la suture antérieure béant; angles posticolatéraux du métathorax peu larges, longs, recourbés en arrière, à pointe subobtuse; mésopleures ponctuées-réticulées, les deux sillons larges, l'aire inférieure marginée-carénée tout autour; écailles bleu-vert; ailes un peu enfumées. hyalines à l'extrémité, les nervures très épaisses, bleuissantes; pattes concolores, noir-bleu en dessous, tarses brun foncé ou brun-roussâtre foncé. Abdomen assez convexe, légèrement caréné, à gros points épars : 1er segment à troncature antérieure élevée, abrupte; 2e segment avec les angles posticolatéraux arrondis; 3e segment long, subcarré, à points plus serrés, le disque un peu convexe, très légèrement renflé tout autour avant la série antéapicale, les côtés du segment médiocres, à peu près rectilignes; série antéapicale très obsolète, à fovéoles indistinctes, peu nombreuses, ordinairement deux au milieu et deux ou trois autres de chaque côté; marge apicale 4-dentée, les dents subégales, courtes, triangulaires, subaiguës, les internes plus rapprochées, les externes avec leur côté extérieur légèrement sinué et précédé de chaque côté d'un très petit angle à la naissance de la marge; l'emarginatura du milieu plus petite, subtriangulaire à sinus obtus, les autres un peu obliques, un peu moins profondes, largement arrondies. Ventre bleu-vert : 2e segment taché de noir de chaque côté à sa base, le 3e largement bordé de noir-scarieux à sa partie apicale. ♂. Long. 7-10 mill. (Sec. sp. typ.!)

La ♀ diffère du ♂ par les joues et le

clypeus plus longs, le 3e article antennaire vert en dessus, presque aussi long que les deux suivants réunis; par le 3e segment abdominal plus étroit, déprimé sur le disque, plus renflé avant la série antéapicale, à points épars, la série antéapicale creusée, à fovéoles distinctes, 16 environ, petites, irrégulières, séparées, ouvertes; oviscapte roussâtre. **Somalina**, Mocsary.

Patrie : Maroc : Mogador (Révoil, Edm. André); Afrique orientale : Somalis (Edm. André).

— Troisième segment abdominal sans angle distinct à la naissance de la marge. 12

12 Série antéapicale du 3e segment abdominal nulle au milieu; dents de la marge apicale longuement spinoïdes. 13

— Série antéapicale du 3e segment abdominal toujours visible au milieu; dents de la marge apicale jamais longuement spinoïdes. 14

13 Troisième article antennaire plus long que le 4e; toute la base du 3e segment abdominal bleu-vif. — Corps de taille médiocre, allongé, vert-gai, avec la base des segments 2 et 3 de l'abdomen bleu-vif; pubescence blanchâtre. Tête arrondie, à points médiocres, profonds, peu serrés; cavité faciale très large à sa base, étroite en haut où elle est terminée par une carène triondulée et descendant de chaque côté le long de l'orbite interne; joues médiocres, parallèles, de la longueur du 4e article antennaire; antennes noir-brun; les trois premiers articles vert-bleu, le 3e assez long, comme deux fois le 2e. Prono-

tum court, à côtés convergents en avant, la troncature antérieure bleu-vif, un peu déclive-convexe, une dépression au milieu du bord antérieur; ponctuation des pro- et mesonotum grosse, profonde, subréticulée, assez serrée, subruguleuse; l'aire mediane du mesonotum plus bleue, écusson à gros points réticulés, épars; postécusson convexe, grossièrement ponctué-réticulé ; angles posticolatéraux du métathorax recourbés en arrière, à pointe aiguë; mésopleures ponctuées-réticulées, les deux sillons distincts, l'aire inférieure creusée, carénée tout autour; tarses roux, longs, le reste des pattes vert-gai; écailles bleu-vert; ailes légèrement enfumées, cellule radiale non fermée. Abdomen subcylindrique, couvert de gros points épars : 1er segment avec quelques petits points très fins dans les intervalles, la troncature antérieure un peu convexe, trisillonnée; 2e segment distinctement caréné, les angles posticolatéraux spinoïdes; 3e segment allongé, arrondi, à points serrés, ruguleux, garnis de poils blanchâtres, le disque fortement déprimé transversalement, vaguement caréné au milieu, renflé avant la série antéapicale, légèrement en dessus, assez fortement sur les côtés, les côtés du segment subarrondis, convergents en arrière; série antéapicale distincte et creusée seulement sur les côtés où se trouvent 5-6 fovéoles petites, arrondies, peu ouvertes, séparées; marge apicale 4-dentée, très courte : dents relativement très longues, spinoïdes, finement aiguës, celles du milieu rapprochées par la base, un peu divariquées de la pointe, les externes ayant leur côté antérieur un peu sinué; l'emarginatura du milieu moins large mais pas plus profonde que les autres, triangulaire, à sinus subobtus, les emarginatura externes ovales-arrondies, à sinus arrondi. Ventre vert-gai, taché de noir sur le 2e segment; oviscapte roussâtre. ♀ Long. 6 1/2 mill.

Quadrispina, Abeille-Buysson.

Patrie : Egypte (Abeille de Perrin, L. von Heyden).

— Troisième article antennaire égal au 4e, très courts l'un et l'autre; 3e segment abdominal entièrement vert-gai. — Corps de taille médiocre, assez robuste, entièrement vert-gai, un peu doré surtout sur la cavité faciale, le 1er et le tiers postérieur du 2e des segments abdominaux. Pubescence grise. Tête à points médiocres, serrés, réticulés, ruguleux, assez profonds; cavité faciale assez profonde, densément et finement ponctuée-coriacée sur les côtés, terminée en haut par une carène transversale droite, peu forte; joues très courtes, fortement convergentes en avant, arquées; antennes brun-marron, les deux premiers articles et la base du 3e verts, les articles 3 et 4 très courts, réunis ensemble ils forment une longueur égale à celle du 5e. Pronotum court, avec les angles antérieurs tronqués, une faible impression au milieu du bord antérieur; on distingue parfois une petite teinte bleu-vif à la base de l'aire médiane du mesonotum et du 2e segment abdominal; ponctuation thoracique grosse, serrée, profonde, réticulée, ruguleuse; angles posticolatéraux du métathorax étroits, à pointe aiguë, recourbée en arrière; mésopleures avec les deux sillons visibles, l'aire inférieure carénée sur les bords, surtout en arrière; pattes vert-gai-subdoré, tarses roux-testacés; écailles vert-gai, ailes parfaitement hyalines, cellule radiale presque fermée. Abdomen légèrement caréné, à points gros, peu serrés, profonds : angles posticolatéraux du 2e segment spinoïdes; 3e segment court, arrondi, à disque déprimé au milieu, mais renflé légèrement de chaque côté avant la série antéapicale, la ponctuation un peu moins forte, les côtés très courts; série antéapicale visible seulement sur les côtés où il y a trois petites fovéoles, séparées, arrondies; marge apicale très courte, finement pointillée-coriacée, 4-dentée : les dents réunies à l'apex, longues, spinoïdes, aiguës, droites, subparallèles, égales, équidistantes, mais disposées sur une ligne courbe, les emarginatura égales, à sinus arrondis; le reste de la marge est presque nul et se confond avec la série antéapicale; entre les dents externes et la base du segment la ligne est un peu arquée en dedans. Ventre vert-doré, taché de noir. ♂ Long. 7 mill. (Sec. spec. typ. !)

Komarovi, RADOSZKOWSKY.

PATRIE : Province Transcaspienne : Sérax (Radoszkowsky).

14 Corps de petite taille (5 mill.). **15**

— Corps de taille grande, moyenne ou médiocre. **16**

15 Corps entièrement bleu-vert; joues courtes; ponctuation abdominale grosse, espacée; 1er article des tarses blanchâtre. — Subparallèle,

allongé; pubescence un peu longue, blanchâtre. Tête épaisse, arrondie, plus large que le pronotum, à points médiocres, espacés, devenant serrés, ruguleux, sur le front; cavité faciale petite, peu profonde, garnie de poils blancs, assez densément ponctuée-coriacée, terminée en haut par des traces d'une carène émettant deux vagues petits rameaux dirigés vers le 1er ocelle; joues non parallèles; antennes brun-marron, 1er article vert, le 2e un peu verdâtre en dessus, les articles 3-6 subégaux. Pronotum cylindrique, une petite dépression au milieu du bord antérieur, ponctuation médiocre, subréticulée, un peu serrée, subruguleuse, celle du mesonotum moins serrée; postécusson convexe; angles posticolatéraux du métathorax petits, aigus, légèrement recourbés en arrière; mésopleures avec les deux sillons, l'aire inférieure carénée postérieurement; pattes vert-bleu, tarses testacés; écailles bleues, subscarieuses; ailes hyalines, nervures roussâtres, tout le milieu de la nervure récurrente nul (peut-être accidentel?). Abdomen de la longueur de l'avant-corps : troncature antérieure du 1er segment abrupte, tri-impressionnée; 3e segment court, à points plus serrés, ruguleux, régulièrement convexe sur le disque, les côtés droits, convergents en arrière; série antéapicale large, creusée, 12 fovéoles petites, arrondies, confluentes largement, à fond scarieux; marge apicale bleue, subscarieuse, 4-dentée : dents subéquidistantes, courtes, obtuses, disposées sur une ligne courbe, les internes plus fortes que les externes, l'emarginatura du milieu triangulaire à sinus subaigu, les autres largement et obliquement arrondies, moins profondes; les côtés de la marge droits mais avec un vague petit angle peu visible après la naissance de la marge. Ventre bleu-vert, taché de noir. ♂. Long. 5 1/2. (Sec. spec. typ.!)

Sznabli, RADOSZKOWSKY.

PATRIE : Province transcaspienne : Sérax (Radoszkowsky).

— Corps entièrement bleu foncé uniforme; joues longues, au moins égales au 3e article antennaire; ponctuation abdominale fine, ruguleuse, assez serrée; 1er article des tarses roussâtre. — Allongé; pubescence courte, blanchâtre. Tête arrondie, plus large que le pronotum, à points petits, assez serrés, ruguleux, devenant subréticulés et plus ruguleux sur le front; cavité faciale peu profonde, lisse au milieu, densément ponctuée sur les côtés, convexe en haut, avec quelques traces vagues d'une carène transversale; joues non parallèles; antennes brun-noir, les trois premiers articles verts, le 3e presque aussi long que les deux suivants réunis. Pronotum long, subcylindrique, troncature antérieure abrupte, une faible dépression au milieu du bord antérieur; ponctuation des pro- et mesonotum médiocre, peu serrée, les intervalles pointillés; écusson à points plus gros; postécusson convexe, ponctué-réticulé; angles posticolatéraux du metathorax longs, étroits, aigus, un peu recourbes en arrière; mesopleures densément ponctuées-coriacées, les deux sillons visibles, l'aire inférieure convexe. Pattes bleu-vert, tarses roussâtres; écailles bleues; ailes hyalines, cellule radiale fermée. Abdomen allongé, subovale, légèrement caréné: 1er segment à points plus gros et plus espacés; 3e segment allongé, fortement déprimé sur le disque, renflé avant la série antéapicale, les côtés longs, convergents en arrière; série antéapicale assez profonde, 10 fovéoles médiocres, arrondies, ouvertes, séparées; marge apicale longue, 4-dentée: dents disposées sur une ligne très arquée, les internes plus longues, plus rapprochées, triangulaires, obtuses; l'emarginatura du milieu plus petite, moins profonde, à sinus arrondi, les autres un peu obliques et plus larges. Ventre vert-bleu largement taché et marginé de noir; oviscapte brun. ♀ Long. 5 mill. (Sec. spec. typ. !) **Taurica**, Radoszkowsky.

Obs. — La *C. monochroma* Mocs. doit être le mâle de cette espèce : Grèce (Mocsary).

Patrie : Russie méridionale : Tauria, Crimée (Radoszkowsky).

16 Abdomen entièrement vert-gai-subdoré. 17

— Abdomen autrement coloré. 19

17 Base du 2e segment abdominal bleu-foncé; 3e article antennaire long, beaucoup plus long que le 4e. — Corps de taille moyenne, robuste, allongé, de la forme de la *C. ignita L.*, entièrement vert-gai un peu doré, avec la troncature antérieure du pronotum, une partie de l'aire médiane du mesonotum et la base du 2e segment abdominal bleu-foncé; pubescence blanchâtre. Tête plus large que le pronotum, courte, à points médiocres, assez serrés, devenant subcoriacés sur le front; cavité faciale large, peu profonde, densément ponctuée-coriacée, terminée en

haut par une forte carène transversale bi-anguleuse; joues médiocres, subparallèles, subégales au 4e article antennaire; épistome très large; antennes noirâtres, les deux premiers articles et le dessus du 3e verts. Pronotum très court, convexe, impressionné antérieurement; ponctuation des pro- et mesonotum grosse, espacée, subréticulée, avec quelques petits points fins entremêlés; écusson à très gros points peu profonds, réticulés, espacés, avec un espace lisse, imponctué, au milieu du bord antérieur; postécusson convexe, ponctué-réticulé; angles posticolatéraux du métathorax larges, triangulaires, droits, subaigus; mésopleures avec les deux sillons, l'aire inférieure carénée sur les bords, la ponctuation subréticulée, profonde, médiocre; pattes concolores, tarses brun-noirâtres; écailles concolores; ailes légèrement enfumées. Abdomen convexe, fortement caréné, à points médiocres, peu serrés : 1er segment à points un peu plus serrés, avec quelques autres plus fins entremêlés, la troncature antérieure avec un fort sillon au milieu; 2e segment avec les angles posticolatéraux spinoïdes; 3e segment obovale, tronqué, déprimé sur le disque, de chaque côté de la carène médiane, renflé avant la série antéapicale sur les côtés, ceux-ci courts et droits; série antéapicale peu profonde, 14 fovéoles petites, espacées, arrondies, ouvertes; marge apicale concolore, à points fins, 4-dentée : dents disposées sur une ligne presque droite, longues, triangulaires, finement aiguës, subparallèles, les internes un peu plus courtes; l'emarginatura du milieu semi-elliptique, les autres plus largement arrondies; les côtés des dents externes droits et continus avec ceux de la marge et du segment, ne formant qu'une seule ligne droite. Ventre concolore, taché de bleu sur le 1er segment et de noir sur le 2e ; oviscapte brun-roussâtre. ♀ Long. 8 mill. (sec. spec. typ. !) **Chrysochlora**, Mocsary

Patrie : Turkestan : Taschkend (Radoszkowsky).

— Base du 2e segment abdominal concolore. 18

18 Troisième article antennaire plus long que le 4e; angles posticolatéraux du métathorax droits, larges, obtus.

Ignita, L. Var. **Comta**, Foerster
(Voir section IV.)

— Troisième article antennaire très court, subégal au 4e, avec lequel il forme une longueur à peine plus grande que le 5e article; 1er article des tarses brun roussâtre. — Corps de taille moyenne, assez robuste, subparallèle, subcylindrique, entièrement vert-gai un peu doré; pubescence cendrée. Tête aussi large que le pronotum, vert-bleu sur l'occiput, à points médiocres, subréticulés; cavité faciale subcarrée, assez profonde, densément ponctuée-coriacée, couverte de poils blancs, fins et serrés, finement striée transversalement à la base avec quelques points épars, terminée en haut par une carène transversale, ondulée; joues courtes, subparallèles; antennes noir-brun, 1er article bleu-vert, le 2e et la base du 3e vert doré ou vert-gai, le 3e égal au 2e. Pronotum à côtés subparallèles, un peu échancrés, troncature antérieure abrupte, bleu-vif, un léger sillon au milieu du bord antérieur, points assez gros, subruguleux, réticulés; mesonotum à points moins gros, peu serrés, avec quelques petits points rares entremêlés, le milieu de l'aire médiane et les côtés externes des aires latérales bleu-vif; écusson à points gros, espacés, surtout sur le disque où l'on distingue des petits points fins; postécusson court, grossièrement ponctué-réticulé, la suture antérieure béante; angles posticolatéraux du métathorax fortement recourbés en arrière, à pointe aiguë; mésopleures ponctuées-subréticulées, les deux sillons visibles, l'aire inférieure irrégulièrement creusée-ponctuée, carénée surtout en arrière; écailles vert un peu bleuâtre; ailes médiocrement enfumées, cellule radiale fermée; pattes concolores. Abdomen légèrement caréné, à points gros, profonds, espacés, avec d'autres plus petits sur le disque : 1er segment long, troncature antérieure un peu bleuâtre, tri-sillonnée; 2e segment avec les angles posticolatéraux subaigus; 3e segment court, déprimé légèrement, puis un peu renflé tout autour avant la série antéapicale, les côtés longs, fortement convergents en arrière, subrectilignes; série antéapicale un peu creusée, séparée au milieu, 14-16 fovéoles, très irrégulières, espacées, ouvertes; marge apicale courte, concolore, 4-dentée : dents internes rapprochées, plus courtes, petites, triangulaires, aiguës. Les externes très éloignées de la base du segment, un peu divariquées, plus longues, finement aiguës, leurs côtés extérieurs continus avec ceux du segment; emarginatura du milieu plus petite, peu profonde, à sinus arrondi, les autres pas plus profondes, mais très larges, le fond du sinus presque rectiligne. Ventre vert-gai, taché et marginé de noir. ♂ Long. 8 mill. **Regina,** ABEILLE-BUYSSON.

Obs. — Très voisine de la C. *mutabilis* Buyss. ♂ dont elle diffère en outre du coloris, par le corps plus allongé, les ailes enfumées, les tarses foncés, l'abdomen moins convexe, plus long, le 3e segment déprimé sur le disque, les fovéoles plus petites et très irrégulières.

PATRIE : Perse (Abeille).

— Troisième article antennaire subégal au 4e ou au 5e pris chacun séparément; 1er article des tarses testacé-blanchâtre.

Chlorochrysa, Mocs. ♂ (Voir n° 9).

19 Deuxième segment abdominal ayant de chaque côté une tache vert-doré ou la moitié apicale vert-subdoré. 20

— Abdomen sans tache vert-doré sur le 2e segment. 22

20 Deuxième article antennaire brun, le 3e beaucoup plus long que le 4e, les articles 3 et 4, réunis ensemble, forment une longueur beaucoup plus grande que le 5e article. — Corps de grande taille, robuste, large, entièrement bleu-vert avec les côtés de l'abdomen vert-doré; pubescence cendré-blanchâtre. Tête épaisse, à points assez gros, serrés, ruguleux, subréticulés devenant plus petits et plus serrés sur le front; cavité faciale assez profonde, densément et finement ponctuée-coriacée, avec d'épais poils blancs, terminée en haut par une légère carène ondulée, transversale, bi-anguleuse, chaque angle émettant

un petit rameau entourant vaguement le 1er ocelle; joues très longues, subparallèles, de la longueur du 3ᵉ article antennaire; mandibules bidentées; antennes brun-marron, le 1er article vert, le 3ᵉ un peu plus court que les deux suivants réunis. Pronotum long, subcylindrique, les angles antérieurs convergents en avant, troncature antérieure assez abrupte, un sillon au milieu antérieurement, ponctuation grosse, serrée, réticulée, un peu ruguleuse; mesonotum et écusson à points plus gros, moins serrés, réticulés; écusson avec un espace lisse imponctué au milieu du bord antérieur; postécusson ponctué-réticulé, convexe, avec une petite cavité au milieu du bord antérieur; angles posticolatéraux du métathorax allongés, subobtus, droits; mésopleures ponctuées comme le pronotum, les sillons visibles, l'aire inférieure carénée en arrière. Pattes concolores, tarses roux; écailles bleu-indigo, ailes assez enfumées dans le milieu, hyalines postérieusement. Abdomen subovale, allongé, convexe, couvert de points gros, profonds, espacés : 1er segment à troncature antérieure bleu-foncé, faiblement tri-impressionnée; 2ᵉ segment fortement caréné, la bordure apicale bleu-vif; 3ᵉ segment ovale-subarrondi, régulièrement convexe sur le disque, légèrement renflé sur les côtés avant la série antéapicale, les côtés du segment longs, légèrement arqués; série antéapicale obsolète au milieu, légèrement creusée sur les côtés, 12 fovéoles espacées, peu apparentes, irrégulières, peu ouvertes; marge apicale bleu-vif, 4-dentée : dents réunies à l'apex, disposées sur une ligne un peu arquée, subégales, subéquidistantes, triangulaires à pointe scarieuse, roussâtre, subaiguë; les emarginatura subégales, peu profondes, celle du milieu à sinus moins largement arrondi; les dents externes faiblement plus courtes, leur côté extérieur sinué, mais les côtés de la marge sont continus avec ceux du segment et légèrement arqués. Ventre bleu-vert avec quelques reflets vert un peu doré, le 2e segment avec deux grandes taches noires à la base. ♂ Long. 8 1/2 mill. (Sec. spec. typ. !) **Speciosa**, RADOSZKOWSKY.

PATRIE : Turkestan : Taschkend (Radoszkowsky).

— Deuxième article antennaire vert ou bronzé-verdâtre, la 3e subégal au 4e ou plus court que celui-ci. **21**

21 Troisième article antennaire plus court que le 4e et, pris ensemble, ces deux articles forment une longueur beaucoup plus grande que le 5e article; angles posticolatéraux du métathorax larges, droits, subobtus. — Absolument semblable à la *C. regina* (voir n° 18) dont elle diffère cependant par une teinte bleu-vif répandue un peu partout, par la tête plus petite, à points plus gros; par la cavité faciale ayant la carène transversale du front rectiligne au milieu et formant un petit angle de chaque côté près des yeux, le milieu fortement strié transversalement; les joues plus longues tout en étant parallèles également; le clypeus émarginé; le 3e article antennaire subégal au 2e mais plus court que le 4e; par la ponctuation thoracique plus grosse, ruguleuse; les angles posticolatéraux du métathorax larges, triangulaires, droits, à pointe subaiguë; les mésopleures grossièrement ponctuées-réticulées; tarses roussâtres ou noirâtres; le 2e segment abdominal doré-verdâtre de chaque côté près du bord apical, ou largement teinté de feu-doré surtout sur les côtés; le 3e segment abdominal parfois un peu vert-doré, non déprimé sur le disque, la série antéapicale un peu abrupte, à fovéoles très peu nombreuses, irrégulières; les dents apicales subégales, triangulaires, aiguës, assez longues; les emarginatura externes beaucoup moins larges, à sinus irrégulièrement arrondi, le bord extérieur des dents externes continu avec les côtés du segment, mais formant avec ceux-ci un large sinus arrondi. ♂ Long. 8 mill.

Psittacina, BUYSSON.

OBS. — La *C. psittacina* ressemble beaucoup à la *C. Taczanovszkyi* Rad. *(C. Mariæ Buyss.* ♂ *viridimargo Ab.-Buyss.*♀*)* mais elle s'en distingue principalement par son coloris, le corps plus long, le pronotum à côtés parallèles, la ponctuation plus grosse, les fovéoles du 3e segment abdominal irrégulieres, plus grandes, les dents plus longues, etc.

PATRIE : Perse (Abeille); Syrie (J. de Gaulles).

— Troisième article antennaire subégal au 4e, très courts l'un et l'autre et, pris ensemble, ils forment une longueur subégale à celle du 5e article; angles posticolatéraux du métathorax à pointe fortement recourbée en arrière, aiguë.

Mutabilis, AB.-BUYSS. Var. **Germabi**, RAD.
(Voir section IV).

22 Haut de la cavité faciale simplement avec des traces de carène transversale. **23**

— Haut de la cavité faciale avec une forte carène transversale continue. **26**

23 Troisième article antennaire non de couleur métallique. **24**

— Troisième article antennaire bleu. **25**

24 Troisième article antennaire égal au 4e; corps court, de taille presque petite.
Palliditarsis, Spin. (Voir n° 7.)

— Troisième article antennaire plus long que le 4e; corps de taille presque moyenne, allongé. **Electa**, Walk. ♂ (Voir n° 9).

25 Corps de taille médiocre; la base des segments 2 et 3 de l'abdomen bleu-vif, toujours d'une teinte différente de celle du disque; joues courtes, non parallèles, beaucoup plus courtes que le 3e article antennaire. — Allongé, subcylindrique, entièrement vert-gai ou vert-bleuâtre, rarement avec quelques légers reflets dorés; la base des segments abdominaux 2 et 3 ainsi que la marge apicale de ce dernier bleu-vif; pubescence blanchâtre. Tête moins large que le pronotum, ronde, épaisse, à points médiocres, peu serrés, subruguleux; cavité faciale courte, peu profonde, ponctuée-coriacée, terminée en haut par une vague carène irrégulière, ruguleuse, les côtés de la face couverts de poils blancs, épais; joues courtes, subparallèles; antennes brun-roussâtre avec les trois premiers articles bleu-vert, le 3e beaucoup plus court que les deux suivants réunis. Pronotum long, à côtés fortement convergents en avant, troncature antérieure assez abrupte, à teinte plus bleue, pas de sillon antérieur; ponctuation des pro- et mesonotum assez grosse, profonde, assez

serrée, subruguleuse, subréticulée; aire médiane du mesonotum un peu bleue; écusson parfois vert-doré, à points plus espacés; postécusson convexe, ponctué-réticulé; angles postico-latéraux du métathorax petits, à pointe aiguë; mésopleures ponctuées-subréticulées, les deux sillons visibles, l'aire inférieure creusée-ponctuée, carénée légèrement en arrière; pattes bleu-vert en dessus, roussâtres en dessous, tarses roussâtres; écailles roussâtres, subscarieuses, teintées de vert-bleu; ailes hyalines, à nervures roux-testacé ou brun-roux, radiale ouverte. Abdomen cylindrique, à gros points assez serrés, subréticulés, subruguleux : 2e segment légèrement caréné à sa base, souvent un peu vert-doré de chaque côté près du bord apical, les angles posticolatéraux arrondis; 3e segment long, obovale, garni de poils gris-testacé, non déprimé sur le disque, légèrement renflé avant la série antéapicale, côtés du segment longs, subrectilignes; série antéapicale subcreusée, 16 fovéoles environ, irrégulières, peu apparentes; marge apicale assez longue, 4-dentée : dents internes courtes, triangulaires, subaiguës, un peu subscarieuses, rapprochées; les externes un peu moins courtes et un peu plus aiguës, très légèrement divariquées, leur côté extérieur très légèrement sinué; l'emarginatura du milieu plus petite, moins profonde que les autres, à sinus largement arrondi, les deux autres régulièrement et plus largement arrondies. Ventre bleu-vert ou vert-gai ou vert très légèrement doré, le 2e segment taché de noir de chaque côté à sa base. ♀ Long. 5 1/2mm.

J'ai vu un individu malheureusement mutilé qui m'a semblé un ♂ : il diffère de la ♀ par le 3e segment abdominal plus court, plus convexe, avec les dents internes plus courtes.

Lœtabilis, BUYSSON.

OBS. — Il se pourrait que ce fût cette espèce qui a été décrite par Walker sous le nom de *C. communis*. Les types restés au Caire sont trop incomplets pour en être sûr.

M. le Dr A. Mocsary a décrit en 1892 cette même *lœtabilis* sous le nom de *C. Blanchardi* Luc.

PATRIE : Égypte (W. Innès, Abeille); Sénégal (Radoszkowsky); ?Arabie : Wâdy Ferran (Walker).

— Corps de taille presque moyenne; la base des segments 2 et 3 de l'abdomen concolore au disque; joues longues, parallèles, de la longueur du 3e article antennaire.

Electa, WALKER. (Voir n° 9).

26 Mésopleures avec une forte dent crochue. — Corps de taille moyenne ou presque grande, allongé, subparallèle, entièrement d'un beau bleu indigo. Tête petite, à points gros, serrés, réticulés, ruguleux; front bleu-vert, à points plus serrés et obsolètement confluents; cavité faciale densément ponctuée-coriacée, avec d'épais poils blancs, terminée en haut par une forte carène transversale tri-anguleuse, émettant deux faibles petits rameaux entourant le 1er ocelle; joues médiocres, parallèles, de la longueur du 4e article antennaire; antennes noirâtres, les deux premiers articles verts, le 3e d'un tiers plus court que le 4e. Pronotum court, troncature antérieure abrupte; un sillon au milieu du bord antérieur; ponctuation thoracique grosse, profonde, subruguleuse, subréticulée et entremêlée de petits points fins;

l'écusson saillant, convexe, ponctué-réticulé, la suture antérieure béante et lisse; postécusson convexe, ponctué-réticulé avec une petite cavité au milieu du bord antérieur; angles posticolatéraux du métathorax grands, fortement recourbés en arrière, crochus, à pointe aiguë; mésopleures ponctuées-réticulées, les deux sillons visibles, peu profonds, l'aire inférieure très grossièrement ponctuée, le côté postérieur finement crénelé, le côté antérieur armé d'une forte dent crochue, à pointe aiguë, tournée en dessous; écailles concolores; ailes légèrement enfumées, cellule radiale non fermée; pattes concolores, tarses roussâtres. Abdomen allongé, subparallèle, très légèrement caréné, à gros points profonds, médiocrement serrés, la partie engainante des segments 2 et 3 longue, noir-violacé, les angles posticolatéraux des deux premiers segments spinoïdes : 1er segment à points très gros, subréticulés, tri-sillonné antérieurement; 3e segment long, ovale-subarrondi, très légèrement renflé avant la série antéapicale, les côtés longs et droits; série antéapicale très peu profonde, 12 fovéoles très petites, arrondies, ouvertes, espacées, en ligne irrégulière; marge apicale concolore, courte, 4-dentée : dents disposées sur une ligne légèrement arquée, subspinoïdes, triangulaires, finement aiguës, subégales, petites; les internes plus rapprochées ensemble, parallèles, les externes situées à l'angle même du segment et très légèrement divariquées; l'emarginatura du milieu plus petite, à sinus largement arrondi, les autres beaucoup plus larges, un peu obliques, à sinus très largement arrondi, subrectiligne dans le fond; le côté extérieur des dents externes droit et continu avec les côtés du segment. Ventre bleu ou bleu-vert, taché de noir. ♂ Long. 8-8 1/2mm. La ♀ diffère du ♂ par les joues un peu plus longues, les trois premiers articles des antennes bleus, le 3e long comme les deux suivants réunis, par le 3e segment abdominal un peu plus long, déprimé transversalement avant le renflement qui précède la série antéapicale de fovéoles, ces dernières plus larges, et enfin par les dents de la marge apicale plus longues. **Octavii**, n. sp.

Obs. — Je suis heureux de dédier cette belle espèce, si distincte, à M. le général Octave Radoszkowsky, en reconnaissance des communications qu'il a eu l'amabilité de me faire.

Patrie : Égypte (Radoszkowsky); Sicile.

— Mésopleures sans aucune dent. **27**

27 Angles posticolatéraux du 2e segment abdominal spinoïdes ou au moins aigus. **28**

— Angles posticolatéraux du 2e segment abdominal non spinoïdes, obtus ou arrondis. **33**

28 Joues longues, parallèles; carène du front anguleuse, émettant deux petits rameaux remontant vers le 1er ocelle. — Corps de taille presque grande, robuste, convexe, entièrement bleu-vif; pubescence blanchâtre. Tête un peu transversale, à points médiocres, évasés, profonds, ruguleux; cavité faciale assez profonde, finement ponctuée-coriacée, terminée en haut par la carène ci-dessus mentionnée; joues aussi longues que le 4e article antennaire; antennes noirâtres avec les trois premiers articles bleus, le 3e plus long que le 4e. Pronotum court, les côtés subconvergents en avant, la troncature antérieure large, une dépression au milieu du bord antérieur; ponctuation des pro- et mesonotum comme celle de la tête; écusson à points plus gros, espacés sur le disque; postécusson convexe, grossièrement ponctué-réticulé; angles posticolatéraux du métathorax grands, légèrement recourbés en arrière, à pointe subaiguë; mésopleures ponctuées comme l'écusson, les deux sillons visibles, l'aire inférieure carénée légèrement sur tout le contour. Pattes bleues, tarses noirâtres; écailles bleues; ailes légèrement enfumées, hyalines à l'extrémité, nervures épaisses, brunes. Abdomen convexe, couvert de gros points peu serrés, les intervalles sur le disque finement et obsolètement pointillés : 1er segment fortement sillonné au milieu de la troncature antérieure; 2e segment faiblement caréné, les angles posticolatéraux spinoïdes, assez grands; 3e segment long, déprimé transversalement sur le disque, puis légèrement renflé avant la série antéapicale, les côtés longs, fortement convergents en arrière; série antéapicale assez large et profonde, 16 fovéoles, longues, ouvertes, séparées; marge apicale ruguleuse, 4-dentée; dents égales, triangulaires, aiguës, courtes, équidistantes, disposées sur une courte ligne presque droite; les emarginatura égales, peu profondes, arrondies, les côtés de la marge longs, droits, continus avec ceux du segment. Ventre bleu-vert : 2e segment avec deux taches noires. ♀ Long. 10 1/2mm. (Sec. spec. typ.!) **Dentipes**, Radoszkowsky.

Obs. — Les pattes sont normales, malgré le nom, qui est impropre.

Patrie : Turkestan : Sarafschan (Radoszkowsky).

— Joues courtes. 29

29 Tarses roux-subtestacé. 30

— Tarses bruns ou noirâtres, le 1er article vert en dessus. 32

30 Troisième et quatrième articles antennaires très courts, égaux, formant ensemble une longueur égale à celle du 5e article. — Entièrement vert-gai avec quelques reflets vert-doré et l'aire médian du mesonotum, ainsi qu'une tache sur le vertex, la base du 2e segment abdominal et tout le 3e, bleu-vif clair; ou plus ou moins entièrement vert-gai avec la marge du 3e segment abdominal bleu-clair; ou encore vert-gai diversement teinté de bleu. Semblable à la *C. quadrispina* Ab-Buyss. (voir no 13) dont elle diffère par la tête plus large que le pronotum; par la ponctuation de l'avant-corps plus grosse, plus serrée, réticulée; par les antennes marron en dessous, noirâtres en dessus, les deux premiers articles verts, les articles 3 et 4 très courts, formant ensemble une longueur égale à celle du 5e; par la carène du haut de la face émettant deux vagues petits rameaux entourant le 1er ocelle; par les joues excessivement courtes, le clypeus fortement émarginé; par les tarses roux-testacé clair, surtout le 1er article qui parfois est blanchâtre; par le pronotum très court, la ponctuation abdominale plus serrée; le 2e segment vaguement caréné;

par le 3ᵉ segment court, tronqué transversalement, convexe sur le disque, sans carène, distinctement renflé en bourrelet avant la série antéapicale de chaque côté; la série antéapicale continue, également creusée sur toute sa longueur, 10 fovéoles médiocres, ouvertes, séparées, allongées, subparallèles; marge apicale très courte, les dents disposées sur une ligne presque droite, les externes spinoïdes, plus courtes que chez la *C. quadrispina*, les internes triangulaires, subaiguës, très courtes; les trois emarginatura égales, largement arrondies. ♂ Long. 5 1/2-6 1/2mm. **Abbreviaticornis**, n. sp.

Obs. — Je dois remercier M. A. Cabrera y Diaz des espèces intéressantes qu'il a eu l'amabilité de me communiquer. — La *C. Circassica* Mocs. est très probablement la femelle de cette espèce.

Patrie : Égypte : Le Caire (W. Innès); Espagne méridionale (A. Cabrera y Diaz).

— Troisième et quatrième articles antennaires subégaux, assez courts, mais formant ensemble une longueur plus grande que celle du 5ᵉ article. 31

31 Dents apicales du 3ᵉ segment abdominal subégales. — Absolument semblable à la *C. acceptabilis* Rad. (voir ci-dessous) dont elle n'est probablement qu'une variété. Elle en diffère par les antennes ayant le 3ᵉ article court mais un peu plus long que le 4ᵉ et subégal au 5ᵉ; par les dents apicales du 3ᵉ segment abdominal subégales, l'emarginatura du milieu égale aux autres en largeur mais un peu plus profonde; par les tarses un peu plus foncés. ♂ Long. 6mm. (Sec. spec. typ.!) **Seraxensis**, Radoszkowsky.

PATRIE : Province transcaspienne : Sérax (Radoszkowsky).

— Dents internes apicales du 3e segment abdominal de moitié plus courtes que les externes. — Corps de taille médiocre, étroit, allongé, subparallèle, entièrement vert-gai, avec la base des segments abdominaux 2 et 3 ainsi que la marge apicale de ce dernier, bleu-indigo ; pubescence fine, blanchâtre, hérissée. Tête épaisse, arrondie, plus large que le pronotum ; cavité faciale creusée, densément ponctuée-coriacée sur les côtés, avec des poils blancs, terminée en haut par de fortes rugosités, puis, près du 1er ocelle, par une carène formant deux forts angles rentrants de chaque côté de celui-ci ; joues très courtes, non parallèles ; antennes brun-marron, les deux premiers articles et la base du 3e verts, le 3e et le 4e assez courts, subégaux, l'un et l'autre pris séparément plus court que le 5e ; ponctuation de l'avant-corps médiocre, ruguleuse, peu serrée ; pronotum court, une forte dépression au milieu du bord antérieur ; postécusson convexe ; angles posticolatéraux du métathorax assez larges, triangulaires, recourbés en arrière, à pointe aiguë ; mésopleures avec les deux sillons, l'aire inférieure creusée au milieu, carénée tout autour. Pattes vertes, tarses roux-subtestacé ; écailles vertes ; ailes parfaitement hyalines. Abdomen à points un peu gros, très peu serrés, caréné sur toute sa longueur : 2e segment avec les angles posticolatéraux spinoïdes ; 3e segment long, régulièrement convexe sur le disque, les côtés longs, droits ; série antéapicale très large, profonde, 8 fovéoles larges, subconfluentes; marge apicale longue, 4-dentée : dents subéquidistantes, triangulaires, aiguës, disposées sur une ligne presque droite, les internes de moitié plus courtes que les externes, celles-ci longues et droites, les emarginatura peu profondes, à sinus largement arrondi, celle du milieu plus petite que les autres; les côtés de la marge continus avec ceux du segment et formant une ligne légèrement arquée en dedans, sans sinus apparent. Ventre bleu-vert, taché de noir. ♂ Long. 7mm. (Sec. spec. typ. !) **Acceptabilis**, Radoszkowsky.

Patrie : Province transcaspienne : Sérax (Radoszkowsky).

32 Carène du front transversalement droite; angles posticolatéraux du métathorax à pointe recourbée en arrière, aiguë. — Corps de taille moyenne, assez robuste, entièrement bleu-vert; pubescence assez longue, cendré-blanchâtre : tête plus large que le pronotum, à points assez gros, réticulés, profonds; cavité faciale large, densément ponctuée-subcoriacée sur les côtés, finement striée transversalement au milieu et à la base, couverte sur les côtés d'épais poils blancs, couchés, terminée en haut par une carène transversale, parfois bi-ondulée; joues courtes, de la longueur du 2e article antennaire; antennes brun-noirâtre, les deux premiers articles et la base du 3e verts ou bleu-verdâtre, le 3e court, à peine un peu plus long que le 2e, le 4e un peu plus court que le 3e. Pronotum court, troncature antérieure assez abrupte, bleu-vif, un sillon au milieu du bord antérieur; ponctuation des pro- et

mesonotum grosse, profonde, serrée, rugu-leuse, avec quelques petits points fins entremêlés; aire médiane du mesonotum plus bleue; écusson à gros points réticulés, épars; postécusson convexe, grossièrement ponctué-réticulé; angles posticolatéraux du métathorax ponctués-réticulés, larges, forts, à pointe subobtuse; mésopleures ponctuées-réticulées, les deux sillons visibles, l'aire inférieure grossièrement creusée, carénée postérieurement; écailles bleu-vert, ailes grandes, légèrement enfumées, hyalines sur le bord postérieur, cellule radiale très allongée, non fermée; pattes bleu-vert, les tibias postérieurs légèrement arqués en dessus; tarses brun-foncé, le 1er article au moins des postérieurs bleu en dessus. Abdomen assez convexe, fortement caréné, à gros points réguliers, pas serrés, assez profonds : 1er segment à troncature antérieure bleu-vif, sillonnée au milieu; 2e segment bleu-vif à sa base, vert-gai doré à son bord apical et surtout sur les côtés, les angles posticolatéraux petits mais spinoïdes; la carène très saillante et lisse; 3e segment plus bleu, à base bleu-vif, subarrondi, à points moins gros, irréguliers, assez serrés, un très léger renflement avant la série antéapicale, couvert de longs poils blancs, les côtés courts, subrectilignes; série antéapicale un peu creusée, 14-16 fovéoles bleu-vif, arrondies, séparées, médiocres, devenant très petites sur les côtés; marge apicale courte, 4-dentée : dents subégales, médiocres, finement aiguës, disposées sur une ligne à peine courbe, les internes plus rapprochées, les externes avec leur côté extérieur subcontinu avec ceux du segment et formant une longue ligne presque droite; l'emarginatura du milieu plus petite, subelliptique, pas plus profonde que les autres, ces dernières plus larges, le sinus à fond subrectiligne. Ventre bleu-vert : 2e segment taché de noir de chaque côté à sa base, le 3e segment submarginé de noir, le bord apical subscarieux-roussâtre. ♂ Long. 8mm. (Sec. sp. typ.!)

La ♀ diffère du ♂ par le 3e article antennaire entièrement bleu et beaucoup plus long; par le 3e segment abdominal déprimé transversalement à sa base, les côtés du segment très longs, les dents apicales un peu plus longues. **Albipilis**, Mocsary.

Patrie : Égypte (de Saussure); Le Caire (W. Innès).

— Carène du front bi-anguleuse dans le milieu; angles posticolatéraux du métathorax larges, courts, droits, subobtus. — Passe du vert-doré au bleu; les ocelles, l'aire médiane du mesonotum et la base des segments 2 et 3 de l'abdomen sont toujours bleu-vif. Semblable à la *C. albipilis*, Mocs. (Voir ci-dessus) dont elle diffère par la carène du front; par la ponctuation thoracique plus grosse, plus espacée, les intervalles avec quelques petits points épars; par les angles posticolatéraux du métathorax; par l'abdomen à points plus gros, plus épars, plus réguliers, le 3e segment assez fortement renflé sur les côtés avant la série antéapicale, la marge apicale beaucoup plus longue, les dents également plus longues et plus aiguës, les côtés du segment arqués-sinués avant les dents externes. ♀ Long. 6 1/2-8 mill. (Sec. spec. typ.!) **Viridans**, Radoszkowsky.

Patrie : Asbabad; Caucase (Radoszkowsky); Taskend, Merghellan (Gribodo).

33 Base du 2e segment abdominal ponctuée différemment du reste, à points très serrés, coriacés, ruguleux; 1er article des tarses postérieurs noirâtre. — Corps de taille moyenne ou grande, allongé, parallèle, entièrement bleu-indigo ou bleu-vif, presque toujours avec des places et des fascies vert-gai ou bleu-vert; pubescence rare, brunâtre, dressée. Tête à peu près de la largeur du pronotum, couverte de points médiocres assez serrés, profonds, subréticulés; cavité faciale vert-gai ou vert-doré, large, peu profonde, ponctuée-subcoriacée, terminée en haut par une carène transversale bi-anguleuse; joues courtes, fortement convergentes en avant, de la longueur du 4e article antennaire; clypeus largement tronqué; antennes brun-foncé, les deux premiers articles et le dessus des 3e et 4e bleus ou bleu-vert, le 3e article moins long que les deux suivants réunis. Pronotum long, assez convexe, fortement sillonné au milieu; ponctuation des pro- et mesonotum ruguleuse, profonde, assez grosse, les intervalles brillants, garnis de petits points; parfois les intervalles sont plus verts ou cuivrés; écusson plan sur le disque, à points plus gros, subréticulés et espacés; postécusson un peu convexe, ponctué-réticulé; angles posticolatéraux du métathorax larges, droits, un peu divariqués, à pointe courte, obtuse ou subaiguë; mésopleures ponctuées-subréticulées, les deux sillons visibles; écailles bleues ou bleu-vert; ailes grandes, à peine enfumées, cellule radiale grande, presque fermée; pattes bleu-vert ou vert-bleu ou

vert-gai ou vert un peu doré, tarses brun-noirâtre. Abdomen très long, parallèle, assez convexe, caréné assez fortement : 1er segment long, couvert de points assez gros, irréguliers, coriacés, ruguleux, la carène très finement pointillée, la troncature antérieure convexe, tri-sillonnée; 2e segment très long, à points fins, espacés, mais devenant très serrés, ruguleux-coriacés sur le disque près de la base, la carène brillante, lisse; 3e segment long, un peu comprimé, subtronqué, à points fins, peu profonds, médiocrement serrés, le disque déprimé transversalement, la carène lisse, les côtés longs, rectilignes; série antéapicale peu creusée, séparée au milieu, 16-18 fovéoles irrégulières, ouvertes, un peu allongées-transversales, quelques-unes confluentes; marge apicale 4-dentée : dents disposées sur une ligne à peu près droite, subégales, courtes, largement triangulaires, subaiguës, ou aiguës, ou obtuses; l'emarginatura du milieu plus large et plus profonde que les autres, qui ont aussi le sinus arrondi; les dents externes sont précédées, sur les côtés, chacune d'un sinus distinct mais n'atteignant pas la naissance de la marge. Ventre vert-bleu, ou vert, ou bleu, les segments tachés et marginés de noir. ♀ Long. 7-12 mill. Le ♂ qui est rare, diffère de la ♀ par sa ponctuation moins profonde, par le 3e article antennaire moins long, les ailes plus claires, par le 3e segment abdominal moins long, avec le disque un peu renflé de chaque côté près de la série antéapicale, cette dernière plus creusée, les dents apicales plus longues et plus aiguës.

Nitidula, Fabricius.

Obs. — Cette espèce a été obtenue d'éclosion de nids d'*Odynerus crassicornis* Panz., par M. le Dr Chobaut; la coque est elliptique-arrondie, brillante, brun-clair, à texture très serrée, peu épaisse. — Comme nous l'avons vu plus haut, la *C. soluta* Dahlb. doit être une monstruosité accidentelle de la *C. nitidula* F. Un individu atteint de rufinisme que j'ai vu dans la collection Abeille, n'a pas de carène frontale très distincte, les pattes, les antennes et la marge apicale du 3e segment abdominal ont des teintes rousses, la base des segments abdominaux est noire, les nervures des ailes et les écailles sont rousses. Chez deux autres exemplaires, j'ai constaté une des ailes supérieures avec la nervure cubitale complètement effacée au milieu du côté extérieur de la 1re cellule discoïdale.

Patrie : France, Hongrie, Mecklembourg, Caucase, Prusse, Sibérie, Bohême.

— Base du 2e segment abdominal non ponctuée différemment du reste. 34

34 Joues très longues; antennes brun-marron; 3e segment abdominal ayant les côtés très longs, rectilignes, les dents externes plus longues que les internes. — Corps presque de grande taille, robuste, allongé, subparallèle, entièrement bleu-indigo, avec quelques reflets vert-bleu sur le thorax, les pattes, tout le dessous du corps, la face et le 1er segment abdominal. Pubescence blanche, longue. Tête un peu plus large que la partie antérieure du pronotum, à points médiocres, très serrés, ruguleux, subréticulés; face couverte d'épais poils blancs couchés, à ponctuation fine, coriacée, très serrée, terminée en haut par une carène transversale subcrénelée, avec deux petits rameaux remontant vers le 1er ocelle; joues non parallèles, au moins aussi longues que le 3e ar-

ticle antennaire; mandibules unidentées; antennes à fine villosité blanche, les deux premiers articles verts, le 3e un peu moins long que les deux suivants réunis. Pronotum très convexe, déclive en avant, les côtés fortement convergents en avant, la troncature antérieure un peu abrupte, un sillon médian, longitudinal; ponctuation des pro- et mesonotum un peu grosse, très serrée; coriacée, ruguleuse; celle de l'écusson et du postécusson plus forte, moins serrée, postécusson convexe; angles posticolatéraux du métathorax petits, à pointe subaiguë; mésopleures à points un peu plus gros, entremêlés de plus petits, serrés, ruguleux, les deux sillons visibles, l'aire inférieure fortement carénée postérieurement; tarses brun-roux; brunis en dessus, garnis d'épais poils blancs surtout en dessous; écailles concolores; ailes légèrement enfumées principalement au milieu, hyalines à la base, les nervures très épaisses, noir-bleuissant. Abdomen long, légèrement caréné sur le 2e segment, la ponctuation assez grosse, profonde et assez serrée : 1er segment à points plus gros, entremêlés de plus petits; 2e segment à angles posticolatéraux droits, subarrondis; 3e segment long, convexe sur le disque, à points un peu moins profonds, les côtés très longs, subrectilignes, convergents un peu en arrière; série antéapicale non creusée, 12 fovéoles petites, séparées, arrondies; marge apicale 4-dentée : dents subéquidistantes, disposées sur une ligne un peu courbe, les internes courtes, triangulaires, subobtuses, les externes plus longues, aiguës, la pointe un peu roussâtre-scarieuse; les emarginatura subégales, à sinus largement arrondi. Ventre bleu-vert. ♂ Long. 10 mill.

Nomima, N. sp.

PATRIE : Egypte : Le Caire (W. Innès).

— Joues courtes ou médiocres ; antennes noirâtres ou brunâtres ; 3e segment abdominal ayant les côtés non très longs, plus ou moins sinués, les dents apicales du 3e segment égales entre elles ou bien les externes plus courtes que les internes. **35**

35 Haut de la cavité faciale avec une carène transversale atteignant presque les yeux ; 3e article antennaire plus court que les deux suivants réunis ; tarses noirâtres avec le 1er article des postérieurs vert en dessus. — Corps de taille moyenne, assez robuste, subparallèle ; pubescence cendré-blanchâtre, longue et dressée ; entièrement bleu vif ou bleu-vert, ou bleue avec des places vert-bleu ou même vert-gai. Tête un peu plus large que le pronotum, à points médiocres, profonds, subcoriacés sur le vertex, subréticulés sur le front ; cavité faciale peu profonde, ordinairement vert-gai, ponctuée-subcoriacée, terminée en haut par une carène transversale ; joues médiocres, de la longueur du 4e article antennaire ; mandibules unidentées ; antennes noirâtres, les deux premiers articles verts, le 3e noir-bronzé, court, un peu plus long que le 4e. Pronotum court, un fort sillon au milieu du bord antérieur ; ponctuation des pro-, mesonotum et écusson médiocre, profonde, assez serrée, réticulée, subruguleuse ; postécusson convexe, à points plus gros, plus profondément réticulés ; angles posticolatéraux du métathorax larges, à pointe subaiguë, un peu dirigée en arrière; mésopleures ponctuées-réticulées, les deux sillons visibles, l'aire inférieure un peu creusée, carénée en arrière; écailles bleues, ailes faiblement enfumées, cellule radiale grande, fermée; pattes bleu-vert ou vert-bleu, abdomen subcylindrique, parallèle, assez convexe, caréné, à ponctuation assez grosse, espacée, entremêlée de quelques points plus petits : 1er segment à troncature antérieure abrupte, trisillonnée, le sillon médian profond, se continuant jusque sur le disque; 3e segment largement arrondi, à points plus petits et plus serrés, un peu déprimé sur le disque, légèrement renflé en bourrelet latéralement, les côtés du segment courts, rectilignes; série antéapicale peu creusée. séparée au milieu, 13-14 fovéoles confluentes au milieu, ouvertes largement; marge apicale courte, largement sinuée latéralement à sa naissance, 4-dentée : dents réunies à l'apex, disposées sur une ligne à peu près droite, subégales, équidistantes, triangulaires, aiguës, assez longues; les emarginatura subégales, à sinus arrondi. Ventre bleu-vert, taché et marginé de noir. ♂ Long. 6-9mm. (Sec. spec. typ. !)

La ♀ diffère du ♂ par le 3e article antennaire bleu, beaucoup plus long, deux fois long comme le 2e; par le 3e segment abdominal beaucoup plus long, plus déprimé sur le disque, plus renflé en dessus avant la série antéapicale, les dents plus longues et plus finement aiguës; oviscapte brun.

La coque est en forme de dé, allongée, elliptique, tronquée d'un côté, brune, à texture épaisse, recouverte d'un feutre grossier et lâche. **Indigotea**, Dufour et Perris.

Patrie : France, Bavière, Piémont.

Var. — *Daghestanica*, Mocs. Diffère du type par le coloris de la face, des côtés du vertex, du pronotum, de la marge apicale des deux premiers segments abdominaux, des pattes et du ventre, qui est vert-subdoré.

Patrie : Caucase (Daghestan). Sec. Mocsary.

— Carène du haut de la cavité faciale occupant simplement le milieu ; 3e article antennaire long comme les deux suivants réunis ; tarses roussâtres, brunis à l'extrémité, le 1er article des postérieurs nullement vert en dessus. — Corps de taille médiocre, allongé, subcylindrique ; pubescence blanchâtre, assez épaisse ; entièrement bleu-franc. Tête assez grosse, épaisse, à ponctuation médiocre, régulière, assez serrée ; cavité faciale évasée, très finement ridée transversalement au milieu, les côtés finement ponctués et couverts de poils blancs, serrés, le haut terminé au milieu par une petite carène transversale, arquée, regardant les ocelles ; joues médiocres ; mandibules unidentées ; antennes brunâtres, couvertes d'une épaisse villosité blanchâtre, les deux premiers articles bleu-vert, le 3e bleu en dessus à la base. Pronotum court, rectangulaire, un petit sillon obsolète au milieu du bord antérieur ; ponctuation des pro- et mesonotum assez profonde, médiocre, assez serrée, celle de l'écusson et du postécusson plus grosse et plus espacée ; mésopleures à points très irréguliers, ruguleux, les deux sillons visibles ; angles posticolatéraux du métathorax à pointe courte, fine, aiguë, recourbée en arrière; pattes bleues, un peu verdâtres en dessous; écailles bleues: ailes hyalines, cellule radiale très allongée, fermée. Abdomen subcylindrique, assez convexe, les côtés parallèles, réfléchis en dessous : 1er segment à points assez gros, espacés, les intervalles garnis d'autres petits points obsolètes, assez serrés; 2e segment à points médiocres, irréguliers, peu serrés, le disque vaguement caréné; 3e segment ovale-arrondi, régulièrement convexe, ponctué comme le précédent, mais un peu plus densément, les côtés courts; série antéapicale non creusée, interrompue au milieu, 12 fovéoles ouvertes, en partie confluentes, irrégulières, assez grandes au milieu, petites sur les côtés; marge apicale largement sinuée latéralement à sa naissance, 4-dentée : dents disposées sur une ligne courbe : les internes triangulaires, obtuses, plus longues que les externes, celles-ci plus courtes et plus obtuses; l'emarginatura du milieu triangulaire, à sinus subobtus, les autres irrégulièrement arrondies. Ventre vert un peu bleuâtre, avec deux taches noires à la base du 2e segment. ♂ Long. 5 1/2mm. (Sec. spec. typ.!) **Ragusæ**, STEFANI.

PATRIE : Sicile : Favorit (Th. de Stefani).

SECTION III — ZONATÆ.

1 Corps entièrement vert ou bleu, le 2e segment abdominal seulement avec une fascie ou deux taches dorées. 2

— Corps doré sur d'autres parties que sur le 2e segment abdominal. 6

2 Antennes noirâtres ou noir-brun. 4

— Antennes roux-testacé clair en dessous ou roux-foncé. 3

3 Antennes roux-testacé clair en dessous; côtés de la marge du 3e segment abdominal formant une ligne droite avec ceux du segment. — Corps de taille médiocre, allongé, subparallèle, entièrement vert-gai un peu doré, avec une tache feu-doré sur les côtés des segments 2 et 3 de l'abdomen et avec la marge apicale du 3e segment bleue; pubescence cendrée en dessus, blanche en dessous. Tête plus large que le pronotum, un peu vert-bleu sur l'occiput, à points assez gros, subréticulés; cavité faciale large, assez profonde, densément ponctuée-coriacée sur les côtés, finement striée transversalement au milieu, avec de nombreux points assez petits entremêlés de poils blancs, épais, le haut terminé par une carène tri-ondulée en forme d'accolade; joues courtes, non parallèles, de la longueur du 5e article antennaire; antennes avec le 1er article vert, les articles 2-4 brun-marron avec des reflets verts sur le 2e et la base du 3e, les articles 3 et 4 très courts, subégaux, formant ensemble une longueur à peine plus grande que celle du 5e, les autres articles roux-testacé clair, chaque article taché de brun-marron en dessus. Pronotum à côtés convergents en avant, la troncature antérieure déclive, un peu bleue, un sillon au milieu du bord antérieur; ponctuation

des pro- et mesonotum assez grosse, réticulée; aire médiane du mesonotum vert-bleu; écusson à points médiocres, peu profonds, très espacés sur le disque; postécusson convexe, ponctué-réticulé, avec une petite cavité au milieu de la suture antérieure; mésopleures avec les deux sillons visibles, l'aire inférieure carénée postérieurement; angles postico-latéraux du métathorax petits, étroits, recourbés en arrière, à pointe aiguë; écailles bleu-indigo; ailes subhyalines, nervures rousses; pattes concolores, tarses testacé-clair, roux-testacé à l'extrémité. Abdomen caréné, couvert de gros points espacés, profonds, très gros sur le disque : 1er segment avec la troncature antérieure concolore, sillonnée au milieu; 2e segment plus fortement caréné, les angles posticolatéraux assez forts, saillants, subaigus; 3e segment court, régulièrement convexe, un peu renflé avant la série antéapicale surtout latéralement, les côtés subrectilignes, sensiblement convergents en arrière; série antéapicale large, un peu creusée, séparée au milieu, 10 fovéoles grandes, longues, séparées, ouvertes; marge apicale courte, 4-dentée : dents disposées sur une ligne à peu près droite, équidistantes, les internes (peut-être brisées?) tronquées, courtes, les externes plus longues, aiguës, leur côté extérieur légèrement sinué; les emarginatura subégales, à sinus arrondi, celle du milieu un peu moins profonde. Ventre bleu-vert, chaque segment vert-doré au milieu; le 2e taché de noir, le bord apical du 3e légèrement scarieux. ♂ Long 7 1/2mm.

Annulata, Abeille-Buysson.

PATRIE : Syrie : Tibériade (E. Abeille de Perrin).

— Antennes roux-foncé; côtés de la marge du 3e segment abdominal formant une ligne arquée avec ceux du segment. — Corps de taille médiocre, assez robuste; avant-corps vert-bleu, l'aire médiane du mesonotum plus bleue, l'écusson vert-doré, l'abdomen avec le 1er segment vert-doré, feu-doré-verdâtre sur les côtés, les segments 2 et 3 feu-doré un peu verdâtre avec le milieu de la base bleu, la marge apicale du 3e bleue. Tête plus large que le pronotum, à points médiocres, profonds, médiocrement serrés, devenant réticulés sur le front qui est un peu teinté de vert-gai; cavité faciale assez profonde, densément et finement ponctuée-coriacée, avec d'épais poils blancs argentés, terminée en haut abruptement, avec une carène transversale très irrégulière et peu distincte; joues courtes, non parallèles, de la longueur du 2e article antennaire; mandibules bidentées; antennes avec le 1er article vert, les deux suivants bruns, le 3e subégal au 4e. Pronotum long, à côtés légèrement convergents en avant, troncature antérieure convexe, avec un léger sillon médian; ponctuation des pro- et mesonotum médiocre, régulière, réticulée; écusson à points très espacés, les intervalles lisses; postécusson convexe, ponctué-réticulé; angles posticolatéraux du métathorax longs, étroits, fortement recourbés en arrière, aigus; mésopleures avec les deux sillons visibles, l'aire inférieure légèrement carénée sur les bords; pattes vert-gai, tarses testacé-clair; écailles vert-bleu; ailes à peine enfumées, nervures roussâtres. Abdomen ovale, très vaguement caréné, à points gros, espacés, les intervalles avec quelques rares points très fins : 1er segment avec la troncature antérieure bleue; 2e segment avec les angles posticolatéraux subarrondis; 3e segment court, subtronqué-arrondi, très convexe sur le disque, la ponctuation moins grosse, plus serrée, les côtés longs, fortement convergents en arrière; série antéapicale peu ou point creusée, 10 fovéoles petites, arrondies, séparées, ouvertes; marge apicale très courte, 4-dentée : dents disposées sur une ligne un peu arquée, subégales, triangulaires, aiguës, subéquidistantes, petites; les emarginatura subégales, à sinus arrondi. Ventre vert-gai un peu doré, les segments 1 et 2 avec deux taches noires à leur base. ♂ Long. 7mm. (Sec. spec. typ. !) **Araratica**, Radoszkowsky.

Obs. — Extrêmement voisine de la *C. annulata* Ab. Buyss, mais elle en diffère par ses antennes roux-foncé, avec les articles 3 et 4 beaucoup plus longs; par la carène frontale peu distincte; par la forme générale du corps plus large; par l'abdomen très vaguement caréné, avec la base des segments 2 et 3 bleue, avec le 3e segment plus court, plus convexe, non renflé sur les côtés, les fovéoles très petites, peu visibles, les côtés de la marge formant avec ceux du segment une ligne arquée.

Patrie : Arménie, Mont Ararat (Radoszkowsky).

4 Haut de la cavité faciale sans carène distincte; dents apicales du 3e segment courtes, obtuses, subarrondies. — Corps de taille moyenne, robuste, subparallèle; tout l'avant-corps bleu-vert, l'écusson vert-gai, l'abdomen vert-doré avec une fascie feu-doré à peine verdâtre sur le 2e segment, la marge apicale du 3e segment bleu-clair vif. Absolu-

ment semblable à la *C. scutellaris* F. ♂, dont elle n'est très probablement qu'une variété distincte par les joues un peu plus courtes, les angles posticolatéraux du métathorax plus longs, plus étroits, à pointe plus aiguë, plus recourbée en arrière. La ponctuation abdominale rappelle celle de la femelle. ♂. (Sec. spec. typ.!) **Ariadne,** Mocsary.

Obs. — Il est bon de signaler dans cette occasion que, principalement dans les pays d'Orient, on rencontre des espèces dont le mâle revêt des teintes vertes exagérées.

Patrie : Grèce, Parnassos (A. Mocsary).

— Haut de la cavité faciale avec une forte carène transversale ; dents apicales du 3e segment abdominal spinoïdes ou aiguës. 5

5 Les trois premiers articles antennaires verts, le 4e beaucoup plus court que les deux précédents réunis.

Cyanopyga, Dahlb. Var. **Unica,** Rad. (Voir no 31).

— Les deux premiers articles antennaires verts, le 4e plus long que les deux précédents réunis. — Corps de taille médiocre, assez robuste, entièrement vert-gai, un peu bleuâtre sur la tête, le milieu du mesonotum et le disque des deux premiers segments abdominaux, avec deux taches feu-doré sur le tiers postérieur du 2e segment abdominal. Pubescence fine, longue, blanchâtre. Tête à points assez gros, peu serrés, profonds, devenant plus petits, serrés, réticulés sur le front; cavité faciale large, assez profonde, lisse au milieu, densément ponctuée sur les côtés, terminée en haut par une pente abrupte puis une carène transversale, forte, anguleuse de chaque côté près des yeux, et descendant le long de l'orbite interne; joues médiocres, non parallèles, de la longueur du 4e article antennaire; mandibules bidentées; antennes noirâtres, les articles 2 et 3 très courts, égaux. Pronotum court, à côtés fortement convergents en avant, la troncature antérieure déclive, vert-gai-subdoré, une dépression au milieu du bord antérieur, ponctuation assez grosse, peu serrée, subrégulière, subréticulée, profonde; mesonotum à points plus espacés; écusson à gros points très épars, les intervalles lisses; postécusson convexe, à gros points épars, subréticulés; angles posticolatéraux du metanotum petits, étroits, finement aigus; mésopleures avec les deux sillons visibles, l'aire inférieure fortement carénée postérieurement; pattes concolores, tarses brun-roussâtre; écailles concolores, ailes légèrement enfumées, cellule radiale non fermée. Adbomen assez convexe, à points assez gros, profonds, espacés: 1er segment à points plus espacés, troncature antérieure tri-sillonnée; 2e segment caréné, le tiers postérieur vert-gai avec deux taches feu-doré, angles posticolatéraux spinoïdes; 3e segment court, subtronqué, un peu renflé tout autour avant la série antéapicale, les côtés longs, arqués-arrondis; série antéapicale très peu profonde, 12 fovéoles petites, peu ouvertes, subégales, séparées, à fond bleu; marge apicale très courte, concolore, 4-dentée : dents égales, subparallèles, subéquidistantes, spinoïdes, très finement aiguës, assez longues, disposées sur une ligne à peu près droite; emarginatura à sinus arrondis. celle du milieu un peu moins profonde; le côté extérieur des dents externes assez fortement sinué et se continuant avec les côtés du segment en s'arrondissant légèrement. Ventre vert-bleu avec quelques reflets vert-subdoré. ♂ Long. 6 1/2mm. (Sec. spec. typ.!)

Aurimacula, Mocsary.

Obs. — Diffère de la *C. psittacina* Buyss, par son corps moins parallele; par le 3e article antennaire plus long que le 2e quoique plus court que le 4e; par le pronotum à côtés fortement convergents en avant et non ponctué de même; par les angles posticolatéraux du métathorax finement aigus et étroits; par les taches feu du 2e segment abdominal, et le 3e segment plus renflé avant la série antéapicale, les côtés de ce segment arrondis et longs, etc.

Patrie : Algérie, Bône (J. Pérez).

6 Premier segment abdominal bleu ou vert-bleu, ou vert-gai. 12

— Premier segment abdominal vert-doré ou feu-doré. 7

7 Premier segment abdominal vert-doré. 8

— Premier segment abdominal feu-doré. 19

8 Troisième segment abdominal bleu. 9

— Troisième segment abdominal feu-doré avec la marge apicale concolore ou bleue. 10

9 Dents du 3e segment abdominal fortes, subaiguës; 2e segment vert avec la base bleu-vif, les côtés seuls dorés. — Corps de taille moyenne, allongé, subcylindrique, entière-

ment vert-gai un peu doré, l'écusson doré-feu-verdâtre, le 1er segment abdominal vert-doré, les côtés des segments 1 et 2 dorés. Tête petite, moins large que le pronotum, à points médiocres, profonds, assez serrés, réticulés, ruguleux ; cavité faciale étroite, profonde, densément et finement ponctuée-coriacée, terminée en haut par une pente abrupte avec des traces de carène et comme deux petits rameaux entourant le 1er ocelle ; joues longues, parallèles, presque aussi longues que le 3e article antennaire ; antennes noirâtres, les trois premiers articles verts, le 3e long comme les deux suivants réunis. Pronotum long, cylindrique, avec un sillon médian au bord antérieur ; ponctuation thoracique médiocre, profonde, assez serrée, subréticulée ; écusson à points espacés, la base avec un espace lisse, garni de quelques petits points fins ; postécusson convexe, avec des petits points fins entremêlés à la réticulation ; angles posticolatéraux du métathorax grands, triangulaires, aigus ; mésopleures avec les deux sillons visibles, l'aire inférieure carénée tout autour ; écailles bleu-vert ; ailes légèrement enfumées ; pattes vert-gai un peu doré, tarses bruns. Abdomen plus long que l'avant-corps, vaguement caréné sur le 2e segment, la ponctuation médiocre, un peu serrée, profonde, régulière ; 2e segment vert-gai, les angles posticolatéraux arrondis ; 3e segment long, vert-gai, la base bleu-vif, le disque légèrement déprimé transversalement, les côtés longs et rectilignes ; série antéapicale un peu obsolète, 12 fovéoles petites, rondes, ouvertes, séparées ; marge apicale vert-bleu, 4-dentée : dents disposées sur une ligne courbe, triangulaires, équidistantes, subaiguës, subégales, les externes à peine plus allongées ; les emarginatura subégales, à sinus largement arrondis, les côtés de la marge légèrement sinués près des dents externes. Ventre vert-gai, les deux premiers segments tachés de noir; oviscapte brun-roux. ♀ Long. 9mm. (Sec. spec. typ. !). **Subcœrulea**, RADOSZKOWSKY.

OBS. — Le ♂ décrit par M. le général O. Radoszkowsky appartient à la *C. chlorochrysa*, Mocs, d'après le specimen que l'auteur a eu l'amabilité de m'envoyer.

PATRIE : Perse, Ashabad (Radoszkowsky).

— Dents du 3e segment abdominal très obtuses ; 2e segment feu-doré.
Bidentata L. Var. **Integra** F., **Madridensis** BUYSS (Voir no 23).

10 Marge apicale du 3e segment abdominal bleue. — Corps de taille moyenne, assez robuste; avant-corps vert-gai un peu doré, avec le metanotum, la poitrine, l'aire médiane du mesonotum et le cou un peu bleus, l'abdomen feu-doré avec le 1er segment et la base du 2e vert-doré; pubescence épaisse, dressée, gris-roussâtre; tête un peu plus large que le pronotum, à points médiocres, profonds, serrés, subréticulés, devenant plus petits et plus serrés sur le front ; cavité faciale assez profonde, densément ponctuée-coriacée, terminée en haut par une carène transversale subtriondulée ; joues très courtes, convergentes en avant, de la longueur du 4e article antennaire ; antennes marron en dessus, roux en dessous, les deux premiers

articles verts, le 3e brun-roux, très court, égal au 2e, le 4e plus petit que le 3e et plus petit aussi que le 5e. Pronotum court, troncature antérieure abrupte, un sillon médian antérieurement ; ponctuation des pro- et mesonotum médiocre, serrée, ruguleuse, assez profonde, subréticulée; écusson et postécusson à points plus gros et moins serrés ; postécusson convexe; angles posticolatéraux du métathorax petits, recourbés en arrière, subaigus; mésopleures ponctuées comme le pronotum, les deux sillons visibles, l'aire inférieure légèrement carénée sur les bords; pattes vert-bleu, tarses roux foncé ; écailles bleu-vif; ailes légèrement enfumées. Abdomen caréné, un peu déprimé, à points médiocres, peu serrés : 1er segment à points plus rapprochés, avec quelques-uns plus petits, troncature antérieure bleue, sillonnée au milieu ; 3e segment arrondi, à peine renflé tout autour avant la série anteapicale, les côtés courts, convergents en arrière ; série antéapicale un peu creusée, 14 fovéoles ouvertes, arrondies, rapprochées, irrégulières ; marge apicale très courte, 4-dentée ; dents courtes, triangulaires-aiguës, disposées sur une ligne arrondie ; équidistantes, égales ; emarginatura à sinus largement arrondis ; côtés de la marge presque droits et continus avec ceux du segment. Ventre bleu-vert taché de noir. ♂ Long. 7 1/2mm. (Sec. spec. typ. !)

Pœcilochroa, Mocsary.

Patrie : Algérie (Radoszkowsky, Gribodo).

— Marge apicale du 3e segment abdominal feu-doré. **11**

11 Les quatre dents du 3e segment abdominal bien distinctes.

Mutabilis, Buyss. ♂ (Voir section IV).

— Les dents internes du 3e segment abdominal seules bien distinctes.

Æstiva Dahlb., Var. **Sardarica**, Rad. (Voir section IV).

12 Troisième segment abdominal avec une forte dépression sur le disque, de chaque côté d'une carène médiane longitudinale. — Corps de taille moyenne, subparallèle, entièrement d'un beau bleu, avec les segments 2 et 3 de l'abdomen d'un beau doré-feu; pubescence blanchâtre; ponctuation du thorax ruguleuse, subréticulée, grosse. Tête plus large que le pronotum, à points moins gros, plus serrés, plus ruguleux; joues médiocres, convergentes en avant, de la longueur du 4e article antennaire; cavité faciale assez profonde, densément ponctuée, avec d'épais poils blancs, terminée en haut par une carène transversale arquée; mandibules bidentées (?); antennes brun-noirâtre, 1er article bleu, les 2e et 3e vert-gai, le 3e long comme deux fois le 4e. Pronotum très court, un large sillon médian antérieurement; mésopleures avec les deux sillons visibles, terminées par deux angles obtus dont l'un plus court que l'autre: écusson et postécusson plus grossièrement ponctués-réticulés; angles posticolatéraux du métathorax larges, à pointe subobtuse, un peu recourbée en arrière; écailles bleues, ailes légèrement enfumées, cellule radiale grande, ouverte; pattes bleues, tibias un peu verts. tarses bruns. Abdomen obo-

vale, à ponctuation grosse, assez serrée, régulière : 1er segment bleu franc avec la bordure apicale un peu dorée; 2e segment à carène brillante, très finement pointillée; 3e segment ovale-subtronqué, fortement caréné, un peu renflé tout autour avant la série antéapicale, les côtés rectilignes; série antéapicale creusée, 12 fovéoles médiocres, subrégulières, arrondies, ouvertes; marge apicale très courte à l'apex, longue sur les côtés, 4-dentée : dents internes rapprochées, triangulaires, aiguës, plus longues que les autres, celles-ci très largement sinuées sur leur côté extérieur jusqu'à la naissance de la marge; l'emarginatura du milieu plus profonde que les autres, triangulaire, à sinus obtus, les autres plus larges et à sinus arrondi. Ventre d'un beau bleu-vif. ♂ Long. 7 1/2mm. (Sec. spec. typ.!) **Placida,** Mocsary.

Obs. — Cette rare espèce copie presque exactement la conformation de la *C. inæqualis*, Dahlb. Il est facile de la distinguer de la *C. exsulans*, Dahlb, par les deux fortes dépressions du 3e segment abdominal.

Patrie : Hongrie : Budapest (Mocsary); Caucase (Radoszkowsky).

— Troisième segment abdominal sans fortes dépressions de chaque côté d'une carène médiane. 13

13 Angles posticolatéraux du metathorax en forme de lame à côtés subparallèles et tronquée à l'extrémité. — Corps de taille médiocre, assez trapu, robuste, subparallèle, entièrement vert-gai, avec le 3e segment abdominal et le tiers postérieur du 2e cuivré-

feu-doré; pubescence longue, blanche; tête couverte de points médiocres, assez serrés, subréticulés; cavité faciale subcarrée, un peu creusée, finement et régulièrement ponctuée-coriacée, avec de longs poils blancs, très serrés, terminée en haut brusquement mais sans carène transversale; joues assez longues, parallèles; antennes brun-noir, les articles 1 et 2 ainsi que la base du 3ᵉ verts. Pronotum courts, à côtés un peu convergents en avant; ponctuation thoracique régulière, médiocre, réticulée; écusson à points un peu plus gros; postécusson convexe, ponctué-réticulé: angles posticolatéraux prolongés en lame horizontale; pattes vertes, tarses roux; écailles vert-bleu; ailes hyalines, cellule radiale très grande, lancéolée, complète. Abdomen court, trapu, très convexe: 1ᵉʳ segment assez court, vert-gai, à ponctuation médiocre, assez dense, les intervalles pointillés éparsément; 2ᵉ segment vert-gai à la base, puis devenant progressivement cuivré-feu, ponctuation plus fine, plus serrée, subruguleuse, une légère carène médiane finement pointillée se continuant sur le 3ᵉ segment; celui-ci cuivré-doré, court, ovale-arrondi, subtronqué, sensiblement déprimé sur le disque, à peine renflé tout autour avant la série antéapicale, ponctué comme le précédent, les côtés droits; série antéapicale un peu creusée, 14 fovéoles très grandes, irrégulières, ouvertes, presque carrées au milieu; marge apicale assez longue, vert-gai, 4-dentée : dents réunies à l'apex, égales, triangulaires, aiguës. disposées sur une ligne à peu près droite, les internes plus éloignées entre elles que des externes; l'emarginatura du milieu plus large, à sinus très largement arrondi, un peu subrectiligne, les autres plus petites, aussi profondes, régulièrement arrondies; les côtés de la marge très profondément et largement sinués-échancrés. Ventre bleu-vert, brillant, taché de noir. ♂ Long. 9mm. (Sec. spec. typ.!) **Aurulenta,** Mocsary.

Patrie : Asie Mineure: Malatia (Mocsary).

— Angles posticolatéraux du métathorax triangulaire. **14**

14 Angles posticolatéraux du métathorax à pointe aiguë. **15**

— Angles posticolatéraux du métathorax largement obtus. **18**

15 Deuxième segment abdominal vert à la base. — Corps de taille presque grande, allongé, subcylindrique, vert-bleu avec la moitié postérieure du 2e segment abdominal et le 3e segment tout entier feu-doré; la poitrine, la troncature antérieure du pronotum, l'aire médiane du mesonotum et le postécusson plus bleus; pubescence grisâtre, dressée. Tête à points médiocres, profonds, peu serrés, subruguleux, devenant plus petits, serrés et ruguleux sur le front; cavité faciale assez profonde, lisse au milieu, densément ponctuée-coriacée sur les côtés, terminée en haut par une forte carène transversale arquée; joues courtes, non parallèles, de la longueur du 5e article antennaire; antennes noir-brun, les deux premiers articles et la base du 3e verts, le 3e et le 4e très courts, égaux et formant, pris ensemble, une longueur subégale à celle du 5e. Pronotum court, troncature antérieure abrupte, une dépression au milieu antérieurement; ponctuation des pro-, mesonotum et écusson médiocre, espacée, mêlée de points plus petits, le pronotum subruguleux; postécusson convexe, ponctué-réticulé, la suture antérieure béante; angles posticolatéraux larges, fortement recourbés en arrière; mésopleures avec les deux sillons visibles, l'aire inférieure carénée postérieurement; pattes concolores, tarses roussâtres; écailles concolores, ailes hyalines, cellule radiale presque fermée. Abdomen subparallèle, vaguement caréné, allongé, subcylindrique, couvert de points un peu gros, espacés, les intervalles lisses, avec quelques rares petits points : 1er segment fortement triimpressionné antérieurement; 2e segment avec les angles posticolatéraux subspinoïdes; 3e segment court, subtronqué-arrondi, à peine renflé tout autour avant la série antéapicale, les côtés assez longs, arqués, convergents en arrière; série antéapicale assez profonde, séparée au milieu, 14 fovéoles, larges, ouvertes, rapprochées, irrégulières, un peu allongées: marge apicale très courte, concolore, 4-dentée : dents triangulaires, finement aiguës, subégales, équidistantes, disposées sur une ligne légèrement arquée, les internes presque parallèles, les externes un peu divariquées; les emarginatura égales, à sinus largement arrondi; les côtés de la marge largement sinués. Ventre vert-doré taché de noir. ♂ Long. 8mm. (Sec. spec. typ.!)

Uljanini, Radoszkowsky.

Obs. — Semblable à la *C. regina* Ab.-Buyss., dont elle ne diffère que par le coloris, les ailes hyalines, la ponctuation plus espacée, les angles posticolatéraux du métathorax plus forts, les tarses roussâtres, le 3e segment abdominal plus renflé avant la série antéapicale, les dents équidistantes et plus longues.

La ♀ décrite par M. le général Radoszkowsky appartient à la *C. sarafschana*, Mocs.

PATRIE : Turkestan : Kisil-Kum (Radoszkowsky).

— Deuxième segment abdominal entièrement feu. **16**

16 Troisième article antennaire très court, subégal au 4e ou au 2e.

Mutabilis, Buyss. ♂ (Voir section IV).

— Troisième article antennaire long, plus long que le 2e. **17**

17 Dents apicales du 3e segment abdominal fortes, spinoïdes, aiguës, subégales. — Corps de taille médiocre, ou grande, large, trapu, subparallèle, entièrement bleu-vif, ou bleu-vert, ou vert-bleu, avec les segments abdominaux 2 et 3 feu-violacé ou feu un peu bleuissant; pubescence longue, fine, épaisse, cendrée en dessus, blanche en dessous. Tête large, à points médiocres. serrés, subruguleux, subréticulés, devenant subcoriacés sur le front; cavité faciale large, très peu profonde, densément ponctuée-coriacée, terminée en haut par une carène transversale n'atteignant pas les yeux et formant un petit rameau très court descendant dans le milieu de la face; joues assez longues, fortement convergentes en avant, de la longueur du 3e article antennaire; mandibules unidentées; antennes noirâtres, les deux premiers articles et la base du 3e verts ou bleu-vert, le

3e subégal au 4e. Pronotum court, convexe, à côtés convergents en avant, une dépression au milieu du bord antérieur, ponctuation médiocre, serrée, ruguleuse, subréticulée; ponctuation du mesonotum plus réticulée, moins ruguleuse, écusson à larges points peu profonds, peu serrés, réticulés; postécusson convexe, ponctué-réticulé; angles posticolatéraux du métathorax forts, triangulaires, à pointe subaiguë, faiblement recourbée en arrière; mésopleures réticulées densément, les deux sillons visibles, l'aire inférieure fortement carénée postérieurement; écailles bleu-vert; ailes légèrement enfumées, radiale un peu ouverte; pattes vert-bleu, tarses bruns, 1er article bleu en dessus. Abdomen très convexe, large, caréné, ponctuation assez grosse, profonde, peu serrée: 1er segment fortement convexe, troncature antérieure tri-impressionnée; 2e segment avec un espace à la base garni de points plus fins, serrés, coriacés, les angles posticolatéraux subspinoïdes; 3e segment souvent plus violacé-bleuissant, la ponctuation un peu plus ruguleuse, la base du disque couverte de points plus fins, non serrés, tout le tour renflé avant la série antéapicale surtout latéralement, les côtés rectilignes; série antéapicale un peu profonde, avec 10-12 fovéoles irrégulières, larges dans le milieu, ouvertes; marge apicale courte, 4-dentée: dents spinoïdes, finement aiguës, généralement subéquidistantes ou subégales. d'autres fois les internes un peu rapprochées et un peu moins longues, les externes toujours largement sinuées sur leur côté extérieur, l'emarginatura du milieu parfois moins profonde et moins large que les autres, à sinus arrondi, les externes profondes, largement arrondies. Ventre vert-bleu, 2e segment taché de noir. ♂ Long. 7-10mm.

La ♀ diffère du mâle par sa forme moins trapue, un peu ovale, moins convexe, le 3e article antennaire plus long que le 4e, le pronotum moins convexe, la teinte de l'avant-corps plus bleue, celle des segments 2 et 3 de l'abdomen feu-doré, nullement ou très faiblement violacée, le 3e segment abdominal déprimé sur le disque de chaque côté de la carène médiane, la série antéapicale plus profonde, la marge apicale plus longue ainsi que les dents. Ventre bleu, oviscapte brun.

Exsulans, DAHLBOM.

OBS. — M. le capitaine C. Ferton a trouvé cette espèce à l'état de larve à l'arsenal d'Alger le 5 juillet 1890, dans un nid maçonné d'un trou de mur et ouvert; le 24 octobre la larve était transformée en insecte parfait. La pupe est subcylindrique, arrondie des deux bouts, brune, translucide, brillante, en soie très fine. Malheureusement comme le susdit nid ne renfermait que cette seule larve, il a été impossible de savoir qui l'avait construit.

PATRIE : Algérie, Tunisie, Perse.

— Dents apicales du 3e segment abdominal obtuses, les internes peu distinctes.

Kessleri, RAD. (Voir Phal. 2. *Inæquales*).

18 Troisième segment abdominal couvert de poils assez fins, superficiels et espacés, le disque nullement renflé avant la série antéapicale. Corps de taille grande ou moyenne, allongé, robuste, entièrement bleu ou bleu-vert, diversement taché de bleu-indigo, avec le 3e seg-

—

ment abdominal en entier et le 2e, moins la base du disque, feu-doré resplendissant; pubescence épaisse, assez longue, dressée, noir-roussâtre, celle des parties inférieures cendré-obscur. Tête large, tachée de bleu-indigo aux ocelles, ponctuation médiocre, assez serrée, subruguleuse, irrégulière, devenant coriacée et plus fine sur le front; cavité faciale presque plane, densément pontuée-coriacée, terminée en haut par une carène transversale ondulée; joues courtes, de la longueur du 2e article antennaire; mandibules unidentées; antennes noirâtres, les trois premiers articles bleus ou bleu-vert, le 3e un peu moins long que les deux suivants réunis. Pronotum très court, troncature antérieure et un sillon médian bleu-indigo, très souvent avec quelques reflets vert doré; ponctuation des pro- et mesonotum irrégulière, peu serrée, peu profonde, subruguleuse, avec de petits points entremêlés; écusson à points peu serrés, plus gros; postécusson convexe, subréticulé; angles posticolatéraux du métathorax largement triangulaires, courts, obtus; mésopleures ruguleuses, les deux sillons visibles, l'aire inférieure carénée tout autour; écailles bleu-indigo; ailes assez enfumées, nervures épaisses, radiale subfermée avec le bord antérieur fortement enfumé; poitrine et pattes vert bleu au vert gai, parfois un peu dorés, tarses brun-noirâtre. Abdomen subparallèle, plus ou moins caréné: 1er segment bleu-vert, taché de bleu indigo transversalement sur le disque, rarement doré-verdâtre sur les côtés, ponctuation grosse, espacée, irrégulière, les intervalles irrégulièrement et obsolètement pointillés, troncature antérieure convexe, tri-impressionnée; 2e segment largement taché de bleu-indigo à la base, la tache bleue limbée de vert-doré et atteignant parfois les bords latéraux par la base, ponctuation irrégulière, médiocre, très serrée-coriacée sur le bleu, fine, obsolète et très espacée sur la partie feu-doré, les côtés à points plus gros, espacés, entremêlés de plus petits; 3e segment largement subtronqué-arrondi, régulièrement convexe, à peine renflé latéralement avant la série antéapicale, à points médiocres, assez serrés, irréguliers, les côtés très courts, droits; série antéapicale peu profonde, séparée au milieu, 12-20 fovéoles, à fond doré-verdâtre, larges, confluentes dans le milieu, petites, séparées sur les côtés; marge apicale assez longue, 4-dentée : dents assez éloignées des côtés, subégales, subéquidistantes, triangulaires-aiguës, disposées sur une ligne presque droite, les externes souvent un peu plus longues et plus aiguës, leur côté extérieur largement sinué, les côtés tout entiers sont convergents en arrière, subarrondis; les emarginatura subégales, à sinus arrondi. Ventre vert-bleu ou vert-gai un peu doré, taché et marginé de noir, le 3e segment avec le bord apical scarieux. ♂ Long. 7-11 mill.

La ♀ diffère du ♂ par le 4e article antennaire bleu en dessus, le 3e un peu plus long; par le 2e segment abdominal entièrement feu-doré, la ponctuation du disque moins serrée; par le 3e segment long, ovale-allongé, à ponctuation plus fine, le disque un peu déprimé de chaque côté de la carène médiane; par la série antéapicale non creusée dans le milieu, les fovéoles plus petites, la marge apicale plus longue, les dents plus espacées, emarginatura plus larges, les côtés depuis la base des dents presque droits; oviscapte brun.

Fulgida, Linné.

Obs — Elle est parasite du *Trypoxylon figulus* L. chez lequel j'ai suivi toute sa vie évolutive. La pupe est cylindrique, arrondie des deux bouts, brillante, brune, en soie très fine. Je l'ai vue souvent aussi entrer et sortir de nids approvisionnés par le *Crabro cephalotes* F.

Patrie : Commune dans toute l'Europe; Turkestan, Russie méridionale et orientale, etc...

— Troisième segment abdominal couvert de points profonds, ruguleux, le disque sensiblement renflé tout autour avant la série antéapicale.

Sarafschana, Mocs. (Voir Section IV.)

19 Pronotum franchement feu-doré. **20**

— Pronotum bleu, ou vert, ou vert-gai, ou avec quelques légers reflets dorés. **24**.

20 Pattes feu-doré. —Corps de taille moyenne, allongé, étroit, subparallèle; diversement et alternativement coloré de feu, de vert-doré et de bleu; pubescence courte, blanchâtre. Tête petite, arrondie, feu-verdâtre ou bleue, à points médiocres, peu serrés, l'orbite interne un peu bleu; cavité faciale bleu-vert ou vert-doré, peu profonde, densément ponctuée-coriacée, terminée en haut par une légère carène transversale; joues assez longues, parallèles, aussi longues que le 3e article antennaire; clypeus feu-doré ou bleu-vert; antennes brunes. les deux premiers articles vert-subdoré ou bleu vert, le dessus du 3e un peu bronzé-verdâtre, ce dernier article un peu

moins long que les deux suivants réunis. Pronotum feu-doré ou doré-verdâtre, long, à côtés fortement convergents en avant, troncature antérieure assez abrupte, bleue, un sillon médian antérieurement; mesonotum bleu, les aires latérales bleu vert, parfois un peu doré; ponctuation des pro- et mesonotum médiocre, subrégulière, peu serrée, profonde, parfois subréticulée; écusson feu-doré, à points plus gros et plus espacés; postécusson convexe, vert-gai, subdoré, à teinte feu en avant; metanotum vert ou bleu; les angles posticolatéraux du métathorax petits, presque droits, triangulaires, aigus, dirigés en arrière; mésopleures feu-doré, un peu vertes en dessous, ou doré-verdâtre, ponctuées comme le pronotum, les deux sillons visibles, l'aire inférieure un peu carénée, ruguleuse postérieurement; écailles bleues, bordées de vert puis de feu-doré; ailes légèrement enfumées, nervures roussâtres; pattes vert-subdoré en dessous, feu-doré en dessus, tarses roux. Abdomen long, à points médiocres, très peu serrés, profonds, plus gros que sur le pronotum : 1er segment feu-doré-grenat, la base bleue limbée de vert-doré, troncature antérieure abrupte, tri-impressionnée; 2e segment légèrement caréné, feu-doré-grenat avec une ligne bleu-vif à la base s'élargissant sur les côtés, la teinte bleue limbée de vert-doré; 3e segment long, subtronqué, bleu-vif, toute la marge apicale et le milieu du disque vert-doré, ou encore la moitié postérieure doré-verdâtre, le disque un peu déprimé, les côtés courts, subarrondis; série antéapicale obsolète, très peu profonde, 6-8 fovéoles petites, espacées, peu ouvertes; marge apicale assez longue, 4-dentée : dents internes plus rapprochées, obtuses ou subaiguës, très courtes, séparées par une emarginatura très peu profonde, à sinus largement arrondi; dents externes plus grandes, triangulaires, aiguës, les emarginatura obliques, à sinus arrondi; les côtés de la marge largement sinués près des dents externes. Ventre feu doré, taché de noir et de vert doré. ♀ Long. 8 mill.

Aurifascia, Brullé.

Obs. — Walker a décrit cette espèce sous le nom de *C. alternans;* j'ai pu voir son type. C'est également la *Var. a* de la *C. alternans* de Dahlbom.

Patrie : Egypte (L. Von Heyden); Arabie : Wâdy Gennèh (Walker).

— Pattes non feu-doré. 21

21 Deuxième segment abdominal taché de bleu à sa base — Corps de taille médiocre, subparallèle, subcylindrique, bleu-indigo ou bleu un peu vert, avec le pronotum, l'écusson, le postécusson, la moitié postérieure des segments 1 et 2 de l'abdomen feu-doré; pubescence grisâtre, courte, raide. Tête à points médiocres, un peu serrés, subréticulés; front un peu subruguleux, taché de vert légèrement doré, parfois même d'un peu de feu; cavité fasciale assez profonde, densément ponctuée-coriacée, terminée en haut par une déclivité, mais sans carène, rarement avec quelques traces de carène ondulée; joues très courtes, de la longueur du 5e article antennaire; mandibules bidentées; antennes noirâtres, le 1er article bleu, les deux suivants verts, le 3e moins long que les 4e et 5e réunis. Pronotum assez long, troncature anté-

rieure abrupte, bleue, un fort sillon antérieurement; ponctuation des pro- et mesonotum médiocre, régulière, réticulée, serrée, à points ocellés; mesonotum parfois avec un peu de bleu-vert légèrement doré sur le milieu de chaque aire; écusson à points plus gros, moins serrés; postécusson convexe, grossièrement ponctué-réticulé; metanotum avec quelques places un peu dorées; les angles posticolatéraux du métathorax petits, triangulaires, subaigus : mésopleures vert-doré en avant, les deux sillons visibles, l'aire inférieure carénée tout autour; écailles bleu-indigo, ailes à peine enfumées, nervures épaisses, radiale ouverte; pattes bleu-vif ou un peu vertes sur les tibias, tarses brun-roussâtre foncé. Abdomen à points assez gros, réguliers, serrés, rarement avec quelques petits points plus fins, épars : 1er segment avec la troncature antérieure sillonnée, la couleur bleue limbée de vert doré près de la partie feu et rectiligne; 2e segment avec la tache bleue limbée de vert doré; 3e segment assez long, ovale-tronqué, à peine déprimé sur le disque, légèrement renflé avant la série antéapicale, les côtés subrectilignes; série antéapicale assez large, 12 fovéoles irrégulières, ouvertes, un peu allongées, à fond brun, subscarieux; marge apicale longue, subquadridentée : les dents internes ne sont que deux petits angles obtus séparés par un petit sinus très peu profond; les dents externes courtes, subaiguës, légèrement sinuées sur leur côté extérieur, leurs emarginatura subobliques, à sinus largement arrondi. Ventre noir, taché de bleu-vert; oviscapte brun-roussâtre. ♀ Long. 6-8 mill.

Le ♂ ne devrait pas rentrer dans cette section, parce qu'il n'a pas de segment abdominal entièrement bleu. Il diffère de la ♀ par les parties feu du thorax souvent un peu verdâtres, la face vert-bleu, garnie de poils blancs épais; par les antennes marron, un peu roussâtres en dessous; par les écailles marron, subscarieuses, avec quelques teintes bleues; par le 3e segment abdominal court, subarrondi, transversal, convexe, largement maculé transversalement sur le disque, jusqu'à la série antéapicale, de feu-doré limbé de vert-doré; par la série antéapicale peu profonde, à fovéoles petites, espacées; la marge apicale courte, avec les dents internes réduites à de simples petites ondulations, les externes à de petits angles obtus. On distingue en plus un autre très petit angle obtus de chaque côté, à la naissance de la marge. Ventre bleu, 2e segment taché de noir, le 3e largement scarieux sur le bord apical. **Semicincta**, Lepeletier.

Obs. — D'après le type que j'ai vu au Museum, la *C. tricolor Luc.* est une *C. semicincta* Lep.

Patrie : Habite l'Europe méridionale, France méridionale, Algérie.

— Deuxième segment abdominal sans tache bleue. **22**

22 Troisième segment abdominal bleu, avec une tache feu-doré de chaque côté. — Semblable à la *C. Ramburi*, Spin. (Voir n° 29) dont elle diffère par le corps un peu plus robuste, le pronotum, le mesonotum et l'écusson d'un beau feu-doré, la ponctuation thoracique un peu plus grosse, plus distinctement réticulée, les angles posticolatéraux du métathorax un peu moins larges, à pointe très légèrement divariquée; le 3e segment abdominal avec la série antéapicale plus profonde, à fovéoles un peu plus grandes. La pubescence du vertex est courte, dressée, brunâtre, celle de la face blanche; les mandibules bidentées; les joues aussi courtes; le 2e article antennaire vert; les dents internes du 3e segment abdominal arrondies, les externes un peu plus longues, triangulaires, obtuses; l'emarginatura du milieu plus petite, subtriangulaire, à sinus obtus, les autres plus larges, à sinus largement arrondi. Ventre bleu, taché et marginé de noir. ♂ Long. 8-8 1/2 mill.

La ♀ diffère du ♂ par sa forme plus allongée, le 2e article antennaire noir-brun, le front avec quelques reflets feu, la série antéapicale plus profonde, toute la bordure extrême de la marge noire, souvent un peu scarieuse, les dents apicales plus longues, triangulaires, subaiguës; les tarses brunâtres; oviscapte brun. Parfois les taches feu du 3e segment abdominal envahissent tout le segment jusqu'à la série antéapicale, mais le milieu du disque reste toujours bleu, limbé de vert-doré. **Chrysostigma**, Mocsary.

Obs. — Cette espèce était connue sous le nom de *Ramburi* Spin., mais je crois que les caractères signalés ci-dessus suffisent pour la différencier du type de Spinola, à thorax bleu.

Patrie : France, Piémont, Lombardie, Espagne, Suisse, Caucase.

— Troisième segment abdominal sans taches feu de chaque côté. 23

23 Mesonotum bleu.

Splendidula, Dahlb. Variété (Voir n° 31).

— Mesonotum feu. — Corps de taille moyenne, allongé, subparallèle, subcylindrique, entièrement feu doré, avec la tête, le dessous du corps et le 3e segment abdominal bleus ou bleu-vert ou vert-bleu ; pubescence épaisse, dressée, gris-roussâtre, blanche sur les parties inférieures. Tête arrondie, épaisse, un peu noirâtre sur l'occiput, à points presque fins, assez serrés, subréticulés ; front vert-gai ou vert-doré, à points plus gros, ocellés, serrés, réticulés ; cavité faciale courte, assez profonde, densément ponctuée-coriacée sur les côtés, finement striée transversalement dans le milieu, terminée en haut par une carène transversale ondulée, parfois bi-anguleuse ; joues très courtes, fortement convergentes en avant, pas plus longues que le 4e article antennaire ; mandibules unidentées ; antennes brun-roussâtre, la base de chaque article ordinairement testacée, ou encore testacées avec chaque article taché de brun-roux, les articles 1 et 2 verts ou vert-doré, le 3e noir à reflets verts ou vert-doré, le 4e noirâtre, le 3e plus court que les deux suivants réunis. Pronotum souvent un peu verdâtre, troncature antérieure déclive, bleu-verdâtre au fond, un sillon médian antérieurement ; ponctuation des pro- et mesonotum assez grosse, profonde, serrée, fortement ruguleuse ; bord antérieur du mesonotum plus ou moins verdâtre, les sutures noires ; écusson à points plus gros ; postécusson convexe, grossièrement ponctué-réticulé, avec une petite cavité au milieu du bord antérieur; metanotum bleu, un peu vert au milieu; angles posticolatéraux du métathorax petits, triangulaires-aigus, à pointe subdivariquée; mésopleures ponctuées-réticulées, les deux sillons visibles, l'aire inférieure carénée tout autour; écailles noir de poix ou bleues; ailes subhyalines ou très légèrement enfumées, radiale incomplète; pattes souvent un peu vert-doré sur les tibias, les pattes postérieures noires en dessous, tarses bruns ou brun-roussâtre ou roussâtres. Abdomen indistinctement caréné, ponctuation assez grosse, espacée, entremêlée de petits points fins : 1er segment avec la base bleue ou bleu-vert, la troncature antérieure subconvexe, tri-sillonnée ou tri-impressionnée; 3e segment bleu ou bleu-vert, ordinairement taché de vert sur le disque, subarrondi, subtronqué, régulièrement convexe, à points plus fins et plus serrés, parfois subcoriacés, très légèrement renflé sur les côtés avant la série antéapicale, les côtés courts, faiblement convergents en arrière; série antéapicale large, non creusée, obsolète ou large et profonde, séparée au milieu, 10-12 fovéoles irrégulières, petites et indistinctes, ou visibles, moyennes et séparées; marge apicale médiocre, subquadridentée : dents internes réduites à deux petits angles arrondis ou à deux ondulations séparées par un petit sinus à fond aigu ou obtus ou arrondi, chez d'autres individus l'apex est subarrondi, imperceptiblement sinuolé; les dents externes très courtes, subaiguës ou subobtuses, séparées des dents internes chacune par un sinus oblique très peu profond, leur côté extérieur très faiblement ou nullement sinué; les côtés de la marge rectilignes et continus avec ceux du segment. Ventre vert-bleu, le 2ᵉ segment taché de noir, le 3ᵉ à bordure apicale large, scarieuse. ♂ Long. 7-9 mill.

La ♀ diffère du mâle par ses teintes plus vives; les antennes noirâtres, le 3ᵉ article plus long; le vertex noir; la bordure apicale du 2ᵉ segment de l'abdomen brillante, à points fins, obsolètes; le 3ᵉ segment plus bleu, légèrement comprimé sur les côtés, plus long, plus étroit à l'extrémité, souvent un peu déprimé sur le disque, les fovéoles plus grandes, longues, espacées, parfois roussâtres à fond scarieux; la marge apicale plus longue, les dents ou ondulations plus fortes, les emarginatura plus distinctes; d'autres fois la marge apicale est simplement et vaguement quadri-ondulée, comme tronquée. Oviscapte brun. **Bidentata,** Linné.

Obs. — La *C. bidentata* L. est très polymorphe et ses variétés sont tellement reliées entre elles qu'on est souvent embarrassé pour savoir précisément à laquelle de ces variétés appartient l'exemplaire que l'on a sous les yeux.

On trouve des individus ♂ ♀ atteints de rufinisme dans les antennes, les pattes, les écailles et la nervulation.

Cette espèce est parasite des *Odynerus spinipes* L. *lævipes* Shuck. et *parietum* L. Sa pupe est brun plus ou moins foncé, brillante, en soie fine; elle a la forme d'un dé ou bien elle est arrondie des deux bouts.

Patrie : Commune dans toute l'Europe, le Maroc, l'Algérie, la Tunisie, l'Égypte, la Syrie, l'Asie Mineure, le Turkestan, etc.

Var. *Cingulicornis*, Forst. — Semblable au type mais plus petite, plus étroite, la ponctuation chez la femelle plus fine. ♂♀ Long 5-7 mill.

Patrie : France, Hongrie, Sicile, Espagne, Grèce.

Var. *Gemma*, Ab. — Semblable au type dont elle ne diffère que par l'abdomen ayant le 2e segment élargi postérieurement, le 3e segment plus large à la base, largement tronqué à l'extrémité, les dents disposées sur une ligne droite. ♂ Long. 8-10 mill. (Sec. spec. typ.!)

Patrie : France, Italie, Taurie, Espagne.

Obs. — La *C. sinuosa* Eversman dont j'ai vu le type rentre dans cette variété. C'est également un mâle.

Var. *Daphnis*, Mocs. — Ne diffère du type que par sa petite taille. Le front est nettement bleu, la ponctuation abdominale un peu plus fine, plus profonde et plus serrée, le 3e segment de l'abdomen est plus vif avec des reflets bleu vert au milieu avant la série antéapicale et sur la marge, les fovéoles sont un peu plus grandes et la marge est très légèrement quadri-ondulée. ♂ Long. 7 mill. (Sec. spec. typ.!)

Patrie : Sicile (Radoszkowsky).

Var. *nigrina* Var. nov. Mélanisme. — Entièrement noir-bronzé avec les antennes, les pattes, les écailles et la nervulation roux plus ou moins clair. ♂.

Patrie : Piémont (Gribodo).

Obs. — Je profite de cette circonstance pour exprimer, à M. J. Gribodo, mes plus vifs remerciements au sujet des nombreuses et intéressantes communications qu'il a eu l'amabilité de me faire depuis le commencement de la publication de cet ouvrage.

Var. *maculifrons* Var. nov. — Semblable au type, mais plus cylindrique, le front et le disque du 3e segment abdominal tachés de feu, la marge apicale de ce même segment plus ou moins obsolètement quadri-ondulée, avec un petit angle arrondi de chaque côté à la naissance de la marge. ♂♀ Long. 7-9 mill.

Patrie : Europe méridionale : Provence, Sicile, Algérie, Espagne.

Var. *consanguinea*, Mosc. — Semblable au type et diffère de la variété précédente par le front non doré. l'abdomen plus allongé, la marge apicale du 3e segment de l'abdomen sans angle à sa naissance, le disque un peu plus renflé avant la série antéapicale. ♂♀ Long. 7 mill. (Sec. spec. typ. !)

PATRIE : Europe méridionale : Espagne, France méridionale, Algérie, Sicile, Grèce, Mongolie.

Var. *fenestrata*, Ab. — Semblable au type, mais avec l'aire médiane du mesonotum bleu-foncé, la ponctuation abdominale plus serrée, subcoriacée. ♂ Long. 7 mill. (Sec spec. typ. !)

PATRIE : Europe méridionale : Espagne, France méridionale, Corse.

Var. *pyrrhina*, Dahlb. — Semblable au type dont elle diffère par sa taille toujours petite, tout le thorax vert-bleu, l'aire médiane du mesonotum bleu-indigo, la ponctuation thoracique moins grosse et moins ruguleuse, celle de l'abdomen plus serrée et subcoriacée; le 3e segment abdominal un peu plus court, plus largement tronqué, plus renflé tout autour avant la série antéapicale, les dents ou angles externes toujours subaigus, bien distincts. ♂ Long. 6-7 mill.

PATRIE : France méridionale, Corse, Sicile, Espagne, Province Transcaspienne.

OBS. — Cette variété habite les pays méridionaux. Elle a été obtenue d'éclosion en même temps que le type et la variété *fenestrata*, par M. E. Abeille de Perrin.

La *C. serena* Rad., dont j'ai vu le type, n'est qu'une *C. bidentata*, L. *Var. pyrrhina*, Dahlb., dont l'avant-corps est un peu obscurci.

Var. *intermedia*, Buyss. — Semblable au type mais de taille plus grande, sensiblement plus étroite, avec une tache feu sur le front et le disque du 3e segment abdominal, la marge de ce segment quadri-ondulee, la moitié antérieure de l'aire médiane du mesonotum bleu-vert, la ponctuation abdominale grosse, irrégulière, subcoriacée. ♂ Long. 8 mill.

PATRIE : Provence, Algérie.

Var. *erythromelas*, Dahlb. — Diffère du type par son corps de grande taille, parallèle, très allongé, cylindrique, la cavité faciale ovale-arrondie en haut, faiblement carénée suivant cette forme, le front largement taché de feu-doré, la tête plus petite et plus ronde, le pronotum plus long, le 3e segment abdominal presque entier, très vaguement ondulé. ♀ Long. 10 mill.

PATRIE : Sicile, Piémont, Sardaigne, Provence, Russie méridionale.

OBS. — Cette variété est parasite de l'*Odynerus nobilis*, Sauss., ainsi que l'a constaté M. le capitaine C. Ferton à Marseille. Elle forme avec les variétés suivantes une race bien distincte.

La *C. cylindrica*, Eversman, ♀ dont j'ai vu le type, rentrerait plutôt dans cette variété à cause de sa taille, de sa forme cylindrique, etc , mais sa tête aussi grosse que chez le type et le front non taché de feu la relient évidemment au type.

Var. *sicula*, Ab. — Diffère du type par son corps de grande taille, parallèle, très allongé, cylindrique, la tête plus petite et plus ronde, le haut de la cavité faciale subarrondi bi-anguleux, le thorax presque toujours plus ou moins doré, verdâtre, l'aire médiane du mesonotum bleue antérieurement, puis doré-vert-bleuâtre, l'abdomen généralement un peu verdâtre, à ponctuation serrée, subcoriacée, le 3e segment quadri-ondulé ou plus ou moins entier, parfois presque régulièrement arrondi. ♂ ♀ Long. 8-10 1/2 mill. (Sec. spec. typ. !)

PATRIE : Sicile, Sardaigne, Piémont.

Var. *integra*, Fabr. — Diffère du type par son corps plus grand, parallèle, allongé, cylindrique, la tête plus ronde et plus petite, la cavité faciale avec le haut elliptique sans carène bien distincte, tout l'avant-corps vert ou vert-gai, avec le vertex et l'aire médiane du mesonotum bleu-foncé, le metanotum bleu-vert, le 1er segment abdominal vert-doré, vert antérieurement, le 2e segment doréverdâtre, le 3e segment presque entier, arrondi, simplement un peu anguleux de chaque côté; ponctuation thoracique plus fine, celle de l'abdomen beaucoup plus fine, serrée, coriacée. ♂ Long. 8-11 mill.

PATRIE : Marseille, Espagne.

OBS. — La *C. Gogorzæ*, Lichtenstein, dont j'ai vu le type dans la collection du musée de Madrid, n'est pas autre chose que cette variété. Lichtenstein l'avait reconnu de son vivant.

Var. *madridensis*, Var. nov. — Semblable à la variété précédente dont elle ne diffère que par la teinte doré-cuivré du front, du mesonotum, principalement sur les aires latérales, par le 1er segment abdominal feu-doré avec la troncature antérieure et la base vert-bleu, cette teinte envahissant les côtés et le milieu, le 3e segment simplement bisinué, les côtés légèrement anguleux. ♂ Long. 12 mill.

PATRIE : Espagne : Madrid (coll. du Musée de Madrid).

24 Troisième segment abdominal vert-doré. 25

— Troisième segment abdominal feu-doré.
Sarafschana, Mocs. ♀ (Voir no 18).

— Troisième segment abdominal bleu ou vert ou vert-bleu. 27

25 Fouet des antennes roux-testacé; pas de carène au front. — Semblable à la *C. imperatrix*, Buyss. (voir no 28) dont elle diffère cependant par le corps plus court et non parallèle; par des reflets dorés sur les pro-, mesonotum, écusson et mésopleures; par le haut de la cavité faciale sans carène transversale; par les joues un peu plus courtes, le 3e article antennaire subégal au 4e; par la ponctuation thoracique moins forte, plus serrée, subruguleuse; par le pronotum plus étroit que le mesonotum, fortement déprimé en avant; par les angles posticolatéraux des métapleures très rapprochés de ceux des épisternum; par le 3e segment abdominal bleu-vert avec des reflets vert-doré sur les

côtés; la série antéapicale à fovéoles plus petites, les dents plus réunies à l'apex, moins espacées entre elles, subégales; tout le dessous du corps et les pattes vert-gai un peu doré. ♂ Long. 8 mill. **Xanthocera,** KLUG.

OBS. — La *C. Barreri*, Rad., dont j'ai vu le type, ne diffère en rien de cette espèce.

PATRIE : Territoire transcaspien : Krasnowodsk (Mocsary), Sérax (Radoszkowsky).

— Fouet des antennes nullement roux-testacé. 26

26 Deuxième et 3e articles antennaires non métalliques; la marge apicale du 3e segment abdominal plus ou moins bleue, non concolore au disque. — Corps de taille moyenne ou grande, robuste, épais, entièrement vert-gai ou vert-bleu, plus ou moins vert-doré et bleu en certains endroits, avec les segments 1 et 2 de l'abdomen feu-doré-verdâtre; pubescence rare et grise en dessus, plus longue et blanche en dessous.

Tête au moins aussi large que le pronotum, ponctuation médiocre, assez serrée, subréticulée, devenant plus serrée encore, ruguleuse et réticulée sur le front; cavité faciale assez creusée, finement et densément ponctuée-coriacée, avec d'épais poils blancs, terminée en haut assez brusquement sans carène transversale; joues longues, subparallèles, presque aussi longues que le 3e article antennaire; mandibules bidentées; clypeus de longueur normale; antennes noir-brun, ou brunes, le 1er article seul vert, le 3e moins long que les deux suivants réunis.

Pronotum long, cylindrique, avec une petite dépression transversale de chaque côté parallèlement au bord postérieur, troncature antérieure abrupte, bleue, un sillon au milieu du bord antérieur; ponctuation des pro- et mesonotum médiocre, serrée, réticulée, ruguleuse; aire médiane du mesonotum bleue; écusson à points plus gros, la suture antérieure lisse et béante; postécusson convexe, grossièrement ponctué-réticulé avec une dépression au milieu du bord antérieur; angles posticolatéraux du métathorax longs, étroits, recourbés en arrière, à pointe subaiguë; mésopleures avec les deux sillons visibles, l'aire inférieure marginée tout autour par une carène; poitrine bleu-vert; pattes vertes, noirâtres en dessous, tarses brun-roussâtre: écailles bleu-vert, ailes assez enfumées, hyalines à l'extrémité, nervures fortes, brunroux, cellule radiale ouverte. Abdomen un peu cylindrique, assez convexe, couvert de points médiocres, assez serrés, une carène médiane sur toute la longueur : 1er segment à troncature antérieure noir-vert, grande, subtri-impressionnée; 2e segment avec une ligne vert-bleu à sa base; 3e segment vert-gai un peu doré, quelquefois un peu feu, avec une ligne bleu-vert à la base, ovale-subarrondi, régulièrement convexe sur le disque, les côtés assez longs, droits; série antéapicale creusée, séparée au milieu par la carène; 10-12 fovéoles profondes, irrégulières, confluentes transversalement, à fond bleu-vif; marge apicale bleu-vert, courte, convexe, 4-dentée : dents réunies à l'apex, assez éloignées des côtés, disposées sur une ligne presque droite, subéquidistantes, courtes, triangulaires, subaiguës, les internes un peu plus longues, les emarginatura subobliques, à sinus largement arrondi, celle du milieu plus petite, à fond elliptique; de chaque côté la marge apicale est sinuée, puis forme un petit angle arrondi, près de sa naissance et, au point même où elle est séparée des côtés du segment, il y a un petit sinus bien distinct. Ventre bleu-vert, le 2e segment largement taché de noir. ♂ Long. 8-11 mill.

La ♀ diffère du ♂ par la cavité faciale moins pointillée au milieu, sans poils épais, les tarses roussâtres, le 3e segment abdominal plus long, moins large à l'extrémité, très légèrement renflé avant la série antéapicale, les dents internes plus longues que les externes, un peu divariquées, non parallèles; l'emarginatura du milieu triangulaire, à sinus obtus; oviscapte brun. **Rutilans**, Dahlbom.

Patrie : France, Suisse, Bavière, Italie, Espagne.

— Deuxième et 3e articles antennaires verts; marge apicale du 3e segment abdominal concolore au reste du segment.

Cyanopyga, Dahlb. Variétés **Chlorisans**, Buyss. **Unica**, Rad., **Subaurata**, Rad. (Voir n° 31).

27 Fouet des antennes entièrement roux-testacé vif. **28**

— Fouet des antennes non entièrement roux-testacé; tarses nullement roux-testacé. **29**

28 Troisième segment abdominal bleu-vif; une carène frontale. — Corps de taille grande, étroit, parallèle, allongé, brillant, rappelant

la *C. rutilans*, Dahlb. (voir n° 26) dont il est cependant très distinct, en outre de la forme, par les caractères suivants: Pubescence du vertex blanche; tête arrondie, moins large que le pronotum, points médiocres, espacés, les intervalles très lisses et brillants; cavité faciale terminée en haut par une carène bien visible formant deux angles remontant vers les ocelles, le fouet des antennes roux-testacé-vif, le 2e article antennaire bruni à sa base, le 3e visiblement plus long que le 4e, les palpes maxillaires testacés; pronotum haut et convexe en avant, sans dépressions de chaque côté, parallèles au bord postérieur, le sillon médian du bord antérieur profond et large, la ponctuation espacée, profonde, les intervalles bosselés, très lisses et brillants; aire médiane du mesonotum à gros points très espacés, les aires latérales ponctuées comme le pronotum; le dessus du dorsulum plan, nullement convexe; écusson à gros points très espacés; postécusson très grossièrement ponctué-réticulé; angles posticolatéraux du métathorax plus larges, à pointe subobtuse; ailes très faiblement enfumées, nervures grêles, fines, rousses; pattes vertes avec tout le dessous des tibias et les tarses roux-testacé; abdomen d'un beau feu-doré, légèrement teinté de vert, très convexe, à points gros, profonds, espacés, les intervalles très lisses et brillants; 3e segment bleu vif, ayant de chaque côté une petite tache dorée, limitée par la série antéapicale et la base du segment; série antéapicale peu ou point creusée, les fovéoles à fond testacé-scarieux; marge apicale plus étroite, les dents beaucoup plus longues, spinoïdes, les internes parallèles et plus longues que les externes, l'emarginatura du milieu, subcarrée, le sinus à fond subrectiligne. ♂ Long. 10 mill. **Imperatrix,** Buysson.

Patrie : Turkestan (Radoszkowsky).

— Troisième segment abdominal bleu-vert; pas de carène frontale. — Semblable à la *C. imperatrix,* Buyss., dont elle diffère par son corps plus court et non parallèle, par des reflets dorés sur les pro-, mesonotum, écusson et mésopleures; par le haut de la cavité faciale sans carène transversale, les joues un peu plus courtes, le 3e article antennaire subégal au 4e, la ponctuation thoracique moins forte, plus serrée et rugúleuse; par le pronotum plus étroit que le mesonotum, fortement déprimé en avant; par les angles posticolatéraux des métapleures très rapprochés de ceux des épisternum, le 3e segment abdominal bleu-vert à reflets dorés sur les côtés, la série antéapicale à fovéoles plus petites, les dents plus réunies à l'apex, moins espacées entre elles, subegales; par tout le dessous du corps et les pattes vert-gai un peu doré. ♂ Long. 8 mill. **Xanthocera,** Klug.

Obs. — La *C. Barrei* Rad., dont j'ai vu le type, est la même espèce.

Patrie : Territoire transcaspien : Krasnowodsk (Mocsary); Sérax (Radoszkowsky).

29 Troisième segment abdominal bleu avec une tache feu de chaque côté. — Corps de taille moyenne, assez convexe, assez robuste, entièrement bleu-vert ou bleu vif avec quelques endroits bleu-indigo, les segments

1 et 2 de l'abdomen et une tache de chaque côté du 3e près de la base, d'un beau feu-doré; pubescence longue, dressée, gris-roussâtre. Tête arrondie, bleu-vif ou bleu-indigo, à points petits, profonds, subréticulés; front bleu-vert, à points moins fins, réticulés; cavité faciale petite, creusée, tout le milieu subimponctué, imperceptiblement strié transversalement, les côtés densément ponctués-coriacés avec d'épais poils blancs, le haut terminé par une pente déclive, sans carène distincte; joues très courtes, non parallèles, de la longueur du 2e article antennaire; clypeus tronqué; antennes noirâtres, le 1er article vert-bleu, le 2e noir-bronzé un peu verdâtre, le 3e plus court que les deux suivants réunis; pronotum long, bleu ou bleu-vert, à côtés parallèles, parfois tachés de vert-doré, troncature antérieure bleu-indigo, abrupte, un fort sillon au milieu du bord antérieur; mesonotum avec l'aire médiane bleu-indigo sa ponctuation ainsi que celle du pronotum serrée, médiocre, ruguleuse, irrégulière, subréticulée, un peu coriacée sur le mesonotum; écusson à points plus gros, peu serrés, réticulés; postécusson convexe, bleu indigo, à points plus petits, serrés, profonds, réticulés; angles posticolatéraux du métathorax médiocres, triangulaires, à pointe obtuse; mésopleures avec les deux sillons visibles; pattes bleues ou bleu-vert, noirâtres en dessous, tarses roussâtres; écailles brunes, subscarieuses; ailes assez enfumées, nervures épaisses, brunes, cellule radiale non complètement fermée. Abdomen assez convexe, couvert de points médiocres, peu serrés, avec quelques petits points fins entre-

mêlés : 1er segment avec quelques légers reflets verts, troncature antérieure vert-doré ou bleu-foncé limbée de vert, tri-impressionnée ; 2e segment avec une légère carène, le bord apical très engainant ; 3e segment subtronqué-arrondi, régulièrement convexe, bleu-vif sur le disque et la marge apicale, les taches feu latérales sont limbées de vert-doré et sont limitées par la base du segment et la série antéapicale, la partie engainée de la base est noire, tout le milieu du disque à points plus gros, espacés, les intervalles finement et densément pointillés, les côtés du segment courts et droits ; série antéapicale très peu creusée, 10 fovéoles transversales, ouvertes, séparées, médiocres ; marge apicale 4-dentée : dents courtes, arrondies, en forme de petits angles obtus, équidistantes, disposées sur une ligne à peu près droite, les emarginatura peu profondes, arrondies ; de chaque côté, à la naissance même de la marge, on distingue un tout petit angle obtus. Ventre noir, les segments 1 et 2 bleu-vif à leur partie postérieure, le 3e vert-bleu avec une large bordure apicale sarieuse. ♂ Long. 7 1/2 mill. **Ramburi,** Dahlbom.

Patrie : France, Algérie, Espagne.

— Troisième segment abdominal bleu, sans tache feu de chaque côté. **30**

30 Fouet des antennes toujours roux en dessous ; dents apicales du 3e segment abdominal courtes, celles du milieu obtuses, arrondies. **Bidentata,** L. Var. **Pyrrhina,** Dahlb. (Voir n° 23).

— Fouet des antennes très rarement roussâtre en dessous; dents apicales du 3e segment abdominal aiguës, plus ou moins longues. 31

31 Corps trapu, très convexe; abdomen avec la base aussi large que le thorax, et les côtés parallèles, une carène médiane longitudinale saillante. — Corps de taille médiocre, court, entièrement bleu ou bleu-vert, avec les segments 1 et 2 de l'abdomen feu-doré; pubescence courte, fine, épaisse, dressée, gris-roussâtre. Tête presque aussi large que le pronotum, à points médiocres, serrés, subréticulés, devenant fins et subcoriacés sur le front; l'occiput bleu-indigo; cavité faciale finement striée transversalement dans le milieu, densément et finement ponctuée sur les côtés, terminée en haut par une carène transversale bi-ondulée ou bi-anguleuse, parce qu'elle est brusquement arquée de chaque côté près des yeux; joues médiocres, subparallèles, de la longueur du 3e article antennaire; antennes noirâtres ou noir-brun foncé, les trois premiers articles verts, le 3e à peine plus long que le 4e; clypeus tronqué, subarrondi; mandibules bi-dentées. Pronotum large, parfois un peu vert-doré, subrectangulaire, convexe, troncature antérieure bleu-indigo, abrupte, un sillon au milieu du bord antérieur; ponctuation des pro- et mesonotum médiocre, serrée, subréticulée, ruguleuse; aire médiane du mesonotum bleu-indigo; écusson quelquefois un peu vert-doré, à points plus gros, peu serrés avec un petit espace très finement pointillé; postécusson convexe, ponctué-réticulé; angles

postico-latéraux du métathorax larges, triangulaires, à pointe subobtuse; pattes ordinairement vertes, ou vert-bleu, parfois un peu vert-doré, tarses brun-roussâtre; écailles bleu-indigo; ailes subhyalines ou légèrement enfumées, cellule radiale non complètement fermée. Abdomen convexe, garni dans toute sa longueur d'une carène saillante, lisse, ponctuation assez grosse ou médiocre, assez serrée, profonde : 1er segment souvent un peu vert-doré à la base, troncature avec un sillon assez sensible au milieu: 2e segment avec les côtés rectilignes, continus avec ceux des autres segments; 3e segment court, largement tronqué, bleu-indigo, presque toujours avec une tache bleu-vert ou vert-gai ou vert un peu doré sur le disque, celui-ci régulièrement convexe, puis très légèrement renflé avant la série antéapicale, les côtés sensiblement convergents en arrière; série antéapicale, assez creusée, séparée au milieu par la carène, 10-12 fovéoles larges, ouvertes, profondes, séparées, plus petites sur les côtés; marge apicale 4-dentée : dents courtes, disposées sur une ligne presque droite, triangulaires, aiguës, les internes un peu plus rapprochées ensemble et un peu plus courtes que les externes, celles-ci ayant leur côté extérieur non rectiligne, formant avec ceux du segment un vague et large sinus; les emarginatura à peu près aussi profondes les unes que les autres, celle du milieu plus petite. Ventre noir taché de bleu ou de bleu-vert, le 2e segment vert plus ou moins doré au milieu, ou encore bleu très largement taché et marginé de noir. ♂♀ Long. 6-8 1/2 mill.

La ♀ diffère du ♂ par ses teintes plus bleues, le 3e article antennaire plus long, les tarses brun-foncé ou brun-noirâtre, la base du 1er segment abdominal non vert-doré, le 3e segment plus long, un peu déprimé sur le disque, la marge apicale longue, les dents subégales, les côtés longs et subrectilignes, le ventre ordinairement bleu, très largement taché et marginé de noir; oviscapte brun.

Cyanopyga, DAHLBOM.

OBS. — M. le Dr Chobaut l'a obtenue d'éclosion d'un nid d'*Eumenes pomiformis* L. Var. *Mediterraneus* Kriechb. — On trouve quelques individus atteints de rufinisme dans les pattes, les antennes et la nervulation.

PATRIE : Toute l'Europe : France, Moldavie, Grèce, Sardaigne, Tunisie, Algérie, Maroc, Espagne.

Var. *Unica*, Rad. — Entièrement vert-bleu, excepté le 2e segment abdominal qui est doré-verdâtre sur le disque et feu sur les côtés. ♂ Long. 6-6 1/2 mill. (sec. spec. typ.!)

PATRIE : Province transcaspienne (Radoszkowsky).

Var. *Chlorisans*, var. nov. Diffère du type par tout l'avant-corps vert-gai-subdoré, un peu vert-bleu seulement sur l'occiput et l'aire médiane du mesonotum ; par la face et les tibias plus dorés, un peu feu, le 1er segment abdominal doré-verdâtre, le 3e vert-doré, taché d'un peu de feu-doré sur le disque; ventre comme chez le type, mais lavé de doré un peu feu. ♂ Long. 8 mill.

PATRIE : Grece : Aegina. (Dr Kruper).

Var. *Subaurata*. Rad. — Tout l'avant-corps et le 1er segment abdominal vert-bleu, le 2e segment doré-feu-verdâtre, le 3e bleu, un peu vert. ♂ Long. 8 mill (sec. spec. typ.!)

PATRIE : Perse : Ashabad. (Radoszkowsky).

Var. *Dominula*, Ab. — Diffère du type par sa ponctuation plus fine, régulière et serrée; le pronotum, l'écusson et souvent aussi le front sont verts ou vert-doré-feu; le 3e segment abdominal a les deux dents internes très courtes et obtuses ou simplement réduites à deux petits angles arrondis. Ventre vert-doré ou vert ou vert-bleu, le 3e segment bleu-vif ou bleu plus ou moins noir. ♂ Long. 7 mill. (sec. spec. typ.!)

PATRIE : France méridionale.

— Corps étroit, cylindrique; abdomen avec la base moins large que le thorax, sans carène médiane, ou très vaguement caréné, le 1er segment plus étroit à sa base qu'à son extrémité. — Semblable à l'espèce précédente, dont elle diffère par son corps de taille petite ou médiocre, étroit, grêle, cylindrique, beaucoup moins convexe; la pubescence plus longue, brune en dessus; le dessus du 4e article antennaire quelquefois vert ou vert-doré; le pronotum plus long, cylindrique; tout l'avant-corps souvent vert-gai avec des teintes dorées ou doré-feu sur la face, la base des antennes, le pronotum, les aires latérales du mesonotum, l'écusson et les pattes; les angles postico-latéraux du métathorax plus petits, droits, à pointe aiguë; l'abdomen étroit, cylindrique, un peu déprimé en dessus, plus long, à ponctuation plus fine et moins profonde : le 2e segment avec les côtés courbes surtout vers la partie postérieure; le 3e segment plus long, moins renflé avant la série antéapicale le disque légèrement déprimé, la couleur bleue plus foncée, souvent vert-bleu-noir, la série antépicale plus large, béante, les fovéoles plus confluentes, la marge apicale plus longue, les dents un peu plus fortes, les internes plus rapprochées entre elles, l'emarginatura du milieu plus petite que les autres, les dents externes beaucoup plus grandes ; le ventre feu-doré ou feu-doré-verdâtre ou vert-bleu largement marginé et taché de noir. ♂ Long. 4 1/2 à 8 mill.

La ♀ diffère du ♂ par la couleur plus bleue de l'avant-corps et du 3e segment abdominal ce dernier plus long, plus déprimé, les dents internes beaucoup plus longues et aiguës, équidistantes avec les externes ; le ventre noir, taché de feu-doré au milieu des segments 1 et 2, le 3e entièrement noir, à peine taché de bleu au centre ; oviscapte brun ou brun-roux. **Splendidula**, Dahlbom.

Obs. — Je l'ai obtenue d'éclosion de nids de *Trypoxylon figulus* L., *scutatum* Chevr. et d'*Osmia andrenoides* Spin. La coque est en forme de dé, mince, transparente, épaissie et brune au fond du côté arrondi. — La *C. insperata* Chevr. dont j'ai vu le type est la même espèce.

Patrie : Toute l'Europe : Grèce, Asie Mineure, Tunisie, Algérie, Maroc, Espagne, Moldavie, Russie, Corse, etc.

Var. *Aurotecta*, Ab. — Diffère du type par l'abdomen légèrement bombé sur le disque, plus cylindrique parce que les côtés sont plus réfléchis en dessous, les côtés du 2e segment sont presque droits, et font une ligne continue avec ceux des autres segments; l'emarginatura médiane de la marge apicale à fond subrectiligne, et moins profonde que les externes qui sont à sinus arrondi. Le mâle a généralement le pronotum et l'écusson vert-doré, ou doré ou bien feu-doré. Le ventre est bleu-vif ou bleu légèrement teinté de vert sur le milieu du 2e segment, qui est taché de noir de chaque côté à sa base. On ne peut considérer cette variété comme espèce, parce que de nombreux passages la relient au type. ♀♂ Long. 6-8 mill. (Sec. spec. typ. !)

Patrie : Corse, Sardaigne, Sicile, Espagne, Maroc.

Var. *Asiatica*, Mocs. — Diffère du type par le coloris du vertex, du pronotum, des aires latérales du mesonotum, du scutellum et des pleures plus ou moins vert-doré, par l'aire médiane du mesonotum bleue et par les dents apicales du 3ᵉ segment abdominal plus aigues. La ponctuation de l'avant-corps est plus grosse, moins serrée et moins ruguleuse, celle de l'abdomen est plus grosse et espacée. ♀ Long. 6 mill. (Sec. sp. typ. !)

PATRIE : Perse, Turkestan, Province Transcaspienne. (Radoszkowsky).

SECTION IV. — BICOLORES

1 Marge apicale du 3ᵉ segment abdominal concolore. 11

— Marge apicale du 3ᵉ segment abdominal d'une autre couleur. 2

2 Marge apicale du 3ᵉ segment abdominal nettement bleu-vif ou bleu-foncé. 6

— Marge apicale du 3ᵉ segment abdominal verte ou bleu-vert ou violacé-verdâtre. 3

3 Partie engainée de la base des segments abdominaux bleue; les côtés du 3ᵉ segment et de sa marge droits ou largement sinués; 4ᵉ article antennaire plus long que le 5ᵉ. — Corps de taille moyenne ou presque grande, robuste, convexe, vert-gai et bleu-vert sur l'avant-corps, l'abdomen ayant le 1ᵉʳ segment vert-doré, le 2ᵉ feu-doré, le 3ᵉ feu-doré-verdâtre; pubescence cendré-blanchâtre. Tête à gros points serrés, réticulés, devenant petits, subruguleux sur le front; cavité faciale striée

transversalement au milieu, ponctuée-coriacée sur les côtés avec d'épais poils blancs, terminée en haut par une carène transversale formant deux petits angles rentrants du côté des ocelles, parfois chacun de ces petits angles émet un petit rameau peu distinct qui, en se réunissant, entourent le 1er ocelle; joues médiocres, parallèles, de la longueur du 4e article antennaire; mandibules unidentées; antennes noir-brun, les deux premiers articles verts, le 3e très court, un peu moins long que le 4e et à peine plus long que le 2e. Pronotum assez convexe, troncature antérieure bleu-vif, un large sillon au milieu du bord antérieur; ponctuation des pro- et mesonotum assez forte, serrée, ruguleuse, subréticulée; aire médiane du mesonotum ordinairement bleu-vif; écusson convexe, à points médiocres, espacés, les intervalles lisses et brillants; postécusson convexe, ponctué-réticulé; angles posticolatéraux du métathorax larges, triangulaires, à pointe aiguë, droite; mésopleures grossièrement ponctuées-réticulées, les deux sillons plus ou moins visibles, l'aire inférieure un peu creusée, marginée tout autour d'une carène; pattes concolores, vert-gai ou vert-bleu, tarses brun-roussâtre foncé, le 1er article des postérieures avec quelques reflets métalliques verts; écailles vert-bleu; ailes légèrement enfumées, cellule radiale non fermée. Abdomen brillant, convexe, couvert de gros points profonds, peu serrés, les intervalles lisses et brillants : 1er segment avec la troncature antérieure bleu-vert, avec un large sillon médian; 2e segment avec une carène médiane brillante, très finement et éparsément pointillée, les angles posticolatéraux, spinoïdes, aigus; 3e segment court, subarrondi, légèrement renflé avant la série antéapicale, celle-ci très peu creusée, 12 fovéoles rondes, petites, ouvertes, séparées, disposées sur une ligne formant un angle remontant au milieu du disque; marge apicale concolore, c'est-à-dire vert-doré, courte, 4-dentée : dents subégales, subéquidistantes, triangulaires, aiguës, disposées sur une ligne très peu courbe; les emarginatura subégales, à sinus largement arrondis. Ventre vert-doré, parfois avec quelques reflets feu, le 2e segment avec deux petites taches noires à la base. ♂ Long. 7-10 mill.

La ♀ diffère du ♂ par les trois premiers articles antennaires verts, le 3e long comme deux fois le 2e et beaucoup plus long que le 4e; par la carène du front plus accusée, la ponctuation plus forte, les ailes plus enfumées; par l'abdomen d'un beau feu-doré resplendissant, le 1er segment un peu vert à la base, le 3e segment plus long, parfois un peu vert-doré au milieu, visiblement caréné, déprimé sur le disque, les fovéoles plus grandes, la marge apicale verte ou vert-bleu, les dents fortes, plus grandes, disposées sur une ligne fortement arquée; oviscapte brun-roussâtre. (Sec. spec. typ. !) Long. 8-11 mill.

Taczanovszkyi, Radoszkowsky.

Obs. — J'ai décrit le mâle sous le nom de *C. Mariæ* et la femelle sous celui de *C. viridimargo* Ab. Ce n'est qu'après avoir examiné les nombreux exemplaires que m'a envoyés M. le Dr M. Medina que j'ai reconnu mon erreur. La description du général Radoszkowsky a la priorité sur les miennes. — D'après le type que j'ai vu au musée de Madrid, la *C. prasina* Gogorza est une grosse femelle de cette brillante espece.

PATRIE : Espagne, Égypte, Syrie.

— Partie engainée de la base des segments abdominaux concolore ou noirâtre; côtés du 3e segment et de sa marge arqués-arrondis. 4

4 Deuxième et 3e articles antennaires très courts, égaux, pris ensemble formant une longueur égale à celle du 4e article.

Mutabilis, Buyss. Var. **Araxana,** Mocs. ♂

(Voir no 27).

— Troisième article antennaire plus long que le 4e. 5

5 Joues longues, parallèles; 3e article antennaire métallique. **Æstiva,** Dahlb. (Voir no 17).

— Joues courtes, non parallèles; 3e article antennaire noirâtre. — Avant-corps bleu-foncé, abdomen feu-grenat. Semblable à la *C. æstiva* Dahlb. (voir no 17) dont elle diffère par les antennes à articles plus courts, le 3e noirâtre ; par les joues courtes, non parallèles, la cavité faciale profonde, moins large, lisse et brillante avec quelques gros points épars ; par les angles posticolatéraux du métathorax très petits et obtus; par la ponctuation abdominale moins grosse, moins serrée, moins profonde, le 3e segment régulièrement convexe sur le disque, non renflé avant la série antéapicale et celle-ci non creusée, à fovéoles plus grandes, la marge apicale violacé-verdâtre, les quatre dents très distinctes, disposées sur une ligne droite, triangulaires, obtuses, subégales, l'emarginatura du milieu subtriangulaire. ♀ Long. 6-7 mill.

Le mâle que je soupçonne appartenir à cette espèce diffère de la femelle par son corps un peu plus court, la face couverte de poils blancs, la ponctuation abdominale plus grosse, le 3e segment abdominal plus court, la marge feu-doré, les dents apicales disposées sur une ligne plus droite, rappelant en petit la *C. comparata* Lep. mais avec le sinus médian plus profond. Long. 5-6 mill.

Interjecta, N. Sp.

Obs. — M. le Cne C. Ferton l'a obtenue d'éclosion d'un nid d'*Anthidium lituratum* Panz. dans une tige de ronce récoltée à Rognac, des Bouches-du-Rhône.

Patrie : Provence.

6 Bordures apicales de chaque segment abdominal bleues ; joues très longues. — Corps de taille moyenne, assez robuste. Avant-corps bleu avec des reflets verts un peu dorés sur le mesonotum, le bord antérieur du pronotum et le front ; abdomen feu-doré un peu cuivré avec la bordure apicale des segments 1 et 2 ainsi que la marge apicale du 3e bleues. Pubescence courte, fine, dressée, cendrée ; tête à points médiocres, peu serrés, devenant ruguleux et plus petits sur le front ; cavité faciale médiocrement profonde, densément et finement ponctuée-coriacée, terminée en haut brusquement par une carène transversale formant trois petits angles du côté des ocelles, de chaque angle extérieur part un petit rameau se dirigeant vers le 1er ocelle ; joues très longues, non parallèles, plus lon-

gues que le 3e article antennaire; antennes noir-brun, le 1er article vert avec l'articulation postérieure roussâtre, le 2e article brun-marron, le 3e plus long que le 4e. Pronotum long, les côtés sensiblement convergents en avant, troncature antérieure assez abrupte mais avec l'arête supérieure convexe, un sillon au milieu du bord antérieur; ponctuation des pro- et mesonotum forte, espacée, les intervalles lisses, brillants et bosselés; écusson à points moins espacés, subréticulés, un large espace médian antérieur imponctué, lisse, la suture antérieure profonde et béante; postécusson convexe, ponctué-réticulé, avec une petite cavité au milieu du bord antérieur; angles posticolatéraux du métathorax triangulaires, dirigés en arrière, à pointe obtuse, légèrement divariquée; mésopleures ponctuées comme le pronotum, les deux sillons visibles, l'aire inférieure carénée sur les bords, surtout postérieurement; pattes vert-bleu, tarses roussâtres; écailles bleu-vert; ailes légèrement enfumées, cellule radiale très grande, presque fermée. Abdomen subovale, assez convexe, légèrement caréné, à points un peu gros, espacés, les intervalles très lisses et brillants : 1er segment à troncature antérieure concolore, tri-impressionnée; 3e segment légèrement renflé sur les côtés avant la série antéapicale, côtés presque droits; série antéapicale peu profonde, séparée au milieu, 12 fovéoles petites, arrondies, ouvertes; marge apicale, légèrement subscarieuse-roussâtre par transparence, 4-dentée : dents fortes, aiguës, triangulaires, égales, équidistantes, disposées sur une ligne faiblement arquée, le côté extérieur des dents externes assez fortement sinué, les côtés de la marge subarrondis avec un très léger petit sinus à sa naissance ; les emarginatura égales, à sinus arrondis. Ventre bleu-vert, taché de noir. ♀ Long. 8 1/2 mill. (Sec. sp. typ. !) **Marginata**, MOCSARY.

PATRIE : Turkestan : Taschkend (Radoszkowsky).

— Bordure apicale des segments abdominaux 1 et 2 concolores; joues médiocres ou courtes. 7

7 Fouet des antennes marron-roussâtre; articulations des tibias et tarses roux-testacé; dents apicales du 3e segment abdominal longues, spinoïdes. — Corps de taille presque grande, trapu, large, convexe, robuste; tout l'avant-corps vert-gai un peu blanchâtre, avec quelques légers reflets subdorés sur le pronotum; l'abdomen feu-doré, un peu verdâtre antérieurement, la marge apicale du 3e segment bleu-vif. Pubescence blanchâtre; tête large, à points médiocres, peu serrés, subruguleux, devenant coriacés sur le front; cavité faciale profonde, densément et finement ponctuée-coriacée, avec d'épais poils blancs, terminée en haut par une légère carène transversale ondulée; joues non parallèles, presque aussi longues que le 3e article antennaire; antennes marron-roussâtre, le 1er article vert, le 3e un peu plus long que le 4e. Pronotum long, subcylindrique, un fort sillon au milieu; ponctuation thoracique forte, assez profonde, subruguleuse, subréticulée, médiocrement serrée; l'aire médiane du mesonotum à points très gros, plus espacés; postécusson

convexe, plus réticulé ; angles posticolatéraux du métathorax très longs, étroits, recourbés en arrière, finement aigus ; mésopleures ponctuées comme le pronotum, les deux sillons visibles, l'aire inférieure creusée-ponctuée, carénée sur les bords ; pattes vert-bleu avec les tarses et les articulations des tibias roux-testacé ; écailles bleu-vert, ailes subhyalines, nervures roussâtres. Abdomen large, obovale, caréné, à points gros, profonds, espacés, un peu ruguleux : 1er segment à troncature antérieure concolore, c'est-à-dire feu-doré un peu verdâtre ; un sillon médian ; 3e segment court, arrondi, convexe sur le disque, les côtés courts, droits, convergents en arrière ; série antéapicale très peu creusée, 16 fovéoles irrégulières, ouvertes, subconfluentes, à fond roussâtre-subscarieux ; marge apicale courte, 4-dentée : dents réunies un peu à l'apex, longues, triangulaires, subspinoïdes, aiguës, égales, un peu réfléchies en dessous, subéquidistantes, disposées sur une ligne régulièrement arrondie, les dents externes subdivariquées, leur côté extérieur bien sinué ; les emarginatura à sinus arrondi, les extérieures un peu obliques ; les côtés de la marge faiblement arqués avec un très léger petit sinus à sa naissance. Ventre vert-gai-subdoré taché de noir. ♂ Long. 9 mill. (Sec. spec. typ. !) **Asiatica**, Radoszkowsky.

Obs. — Cette espèce diffère de la *C. analis*, Spin., principalement par la ponctuation peu serrée de la tête et de l'abdomen, par la légère carène transversale du haut de la cavité faciale, par la forme des angles posticolatéraux du métathorax et des dents apicales du 3e segment abdominal, et par la couleur des tarses.

Patrie : Turkestan : Taschkend (Radoszkowsky).

— Fouet des antennes marron-foncé ou noirâtre. **8**

8 Carène frontale indistincte; 3e article antennaire plus long que le 4e. **9**

— Carène frontale nettement distincte; 3e article antennaire subégal au 4e. **10**

9 Corps cylindrique; ponctuation thoracique non serrée, subréticulée.

Scutellaris, FABR. Var. **Consobrina**, MOCS
(Voir section V).

— Corps large, trapu; ponctuation thoracique très serrée, ruguleuse. — Corps de taille moyenne ou médiocre, robuste, entièrement bleu avec quelques places bleu-vert, l'abdomen feu-doré avec la marge apicale du 3e segment bleue; pubescence épaisse, dressée, blanchâtre. Tête large, à points presque petits, irréguliers, devenant serrés et réticulés sur le front; cavité faciale étroite, légèrement creusée, brillante au milieu, densément et finement ponctuée sur les côtés avec d'épais poils blancs, terminée en haut par une faible déclivité avec quelques traces d'une carène flexueuse; joues convergentes en avant, de la longueur du 4e article antennaire; mandibules bidentées; antennes brun foncé, les deux premiers articles verts, le 3e plus long que le 4e, mais plus court que les deux suivants réunis. Pronotum long, subrectangulaire, troncature antérieure abrupte, un sillon au milieu du bord antérieur; ponctuation des pro- et mesonotum médiocre, très serrée, réticulée, ruguleuse; aire médiane du mesonotum bleu foncé ou bleu-noir, à points plus gros et plus profonds postérieurement; écusson et postécusson ponctués-réticulés; angles posticolatéraux du métathorax ordinairement vert-gai ou subdorés, petits, triangulaires, à pointe subaiguë; mésopleures normales; pattes vertes ou vert-gai, tarses brun-roussâtre plus ou moins foncé, rarement les premiers articles testacés; écailles bleues; ailes subhyalines ou légèrement enfumées, cellule radiale subfermée. Abdomen large, convexe, caréné, à points médiocres, assez serrés, subruguleux, irréguliers : 1er segment sans carène bien visible, troncature antérieure bleu-vert-doré, tri-impressionnée; 2e segment avec quelques points plus gros sur le disque; 3e segment court, subtronqué-arrondi, régulièrement convexe sur le disque, côtés longs, subarrondis; série antéapicale un peu creusée, brièvement séparée au milieu, 12-14 fovéoles ouvertes, profondes, irrégulières, séparées; marge apicale, 4-dentée : dents petites, disposées sur une ligne subarquée, les internes un peu plus éloignées entre elles que des externes, plus larges, triangulaires, subobtuses, les externes plus petites, aiguës ou subaiguës, leur côté extérieur vaguement sinué; emarginatura médiane largement arrondie, les autres légèrement obliques; la marge forme de chaque côté à sa naissance un faible petit angle arrondi. Ventre vert-doré ou vert-gai, un peu feu à la base du 3e segment ou sur les deux derniers segments, le 2e taché de noir. ♂ Long. 7-10 mill. (Sec. spec. typ.!)

La ♀ diffère du ♂ par son coloris plus bleu, les antennes noirâtres, le 1er article seul bleu-noir; par les pattes bleues, les tarses toujours de couleur foncée; par le 3e segment abdominal plus long, un peu comprimé, moins large, très légèrement renflé tout autour avant la série antéapicale, celle-ci profonde, à fovéoles confluentes, plus grandes, quelquefois à fond scarieux-roussâtre, la marge apicale plus longue, avec les dents plus grandes, les internes généralement rapprochées l'une de l'autre, subégales aux externes; par le ventre bleu ou bleu-vert.

Analis, Spinola.

Obs. — Cette espèce a été obtenue d'éclosion : par M. le Dr Chobaut d'un nid d'*Odynerus simplex*, Fabr.; par M. E. Abeille de Perrin d'un nid d'*Osmia andrenoides*, Spin. La *C. excisa*, Mocs., me semble n'être qu'une faible variété du mâle de cette espèce. En effet, la seule différence consiste dans le lobe supérieur des branches du forceps qui est beaucoup plus court que d'habitude.

Patrie : France, Bavière, Italie, Espagne, Maroc, Algérie, Tunisie, Égypte, Grèce, Russie, Turkestan.

10 Corps toujours de petite taille; ponctuation abdominale grosse, espacée, simple. — Semblable à la *C. Chevrieri*, Ab., ci-après, dont elle diffère par la taille petite, la ponctuation thoracique plus grosse et plus espacée, celle de l'abdomen plus grosse, plus espacée et simple; par les antennes marron plus foncé, l'épistome beaucoup plus large que le front, les écailles scarieuses, roussâtres, à reflets bleu-indigo-violacé, les tarses roux; par l'abdomen à carène plus accusée, le 2e segment légèrement renflé à sa partie postérieure qui est très engainante, les angles posticolatéraux aigus, plus subspinoïdes; le 3e segment plus sensiblement déprimé transversalement à la base, plus renflé tout autour avant la série antéapicale, les côtés longs et droits, la série antéapicale très large, 12 fovéoles très larges, longues, subparallèles, confluentes, à fond roussâtre-scarieux, les dents externes un peu sinuées sur leur côté extérieur, le reste des côtés de la marge droit et continu avec ceux du segment. L'avant-corps est bleu-vert ou vert-gai, parfois avec le vertex, les aires latérales du mesonotum et l'écusson vert-subdoré; l'aire médiane du mesonotum est toujours bleu-vif; les pattes et le ventre sont bleus ou bleu-vert, ou encore verts avec quelques légers reflets dorés. ♀ Long. 5 1/2-6 mill. (Sec. spec. typ.!) **Thalhammeri**, Mocsary

Obs. — Il ne s'agit très probablement que d'une variété de la *C. Chevrieri*, Ab., voisine de la *Var. pusilla*, Buyss. — La *C. distincta*, Mocs. ♀ d'après le type que j'ai vu, diffère de la *C. exigua*, Mocs. ♀ uniquement par la couleur vert-gai de l'avant-corps et du ventre avec des reflets dorés. De même la *C. exigua*, Mocs. ♀ dont j'ai examiné le type ne diffère de la *C. Thalhammeri*, Mocs., que par les dents du 3e segment abdominal qui sont disposées sur une ligne un peu moins courbe et la carène abdominale très accusée. La *C. Semenovi*, Rad., que j'ai vue également est encore une *Thalhammeri*.

Patrie : Turkestan, Hongrie méridionale, Caucase, Province transcaspienne.

Corps de taille moyenne ou presque grande, rarement petite; ponctuation abdominale moins grosse, rapprochée, plus ou moins double. — Diffère de la *C. analis*, Spin. (voir n° 9) par son corps plus allongé, subparallèle, moins trapu, parfois avec des teintes vertes, ou vert-doré ou même doré-feu sur le sommet des intervalles de la ponctuation du front, du pronotum et des aires latérales du mesonotum. Tête arrondie, à ponctuation un peu coriacée; cavité faciale striée-ponctuée transversalement au milieu, terminée en haut par une carène distincte, souvent un peu feu-doré, arquée-arrondie, émettant parfois de vagues petits rameaux, 1-2-3, vers les ocelles; joues très courtes, à peine aussi longues que le 2e article antennaire; mandibules unidentées; antennes noirâtres, le 1er article vert, le 2e vert ou noir-bronzé, le 3e court, subégal au 4e; la ponctuation thoracique serrée, subcoriacée, subréticulée. ruguleuse; l'écusson un peu élevé, le postécusson plus fortement convexe; les angles posticolatéraux du métathorax larges, à pointe obtuse ou subobtuse; écailles brun-subscarieux, à reflets verts; cellule radiale ouverte; l'abdomen plus allongé, à ponctuation régulière, égale, serrée, coriacée, les intervalles finement pointillés, le 3e segment plus long, à côtés longs et droits, le disque très légèrement deprimé puis un peu renflé avant la série antéapicale; celle-ci creusée, 16 fovéoles ouvertes, séparées quoique rapprochées; marge apicale noir-bleu, finement ponctuée-coriaciée, les dents courtes, égales, équidistantes; les côtés de la marge un peu arrondis, sans angle à sa naissance; les emarginatura égales, peu profondes, à sinus largement arrondi. ♂ Long. 6-10 mill. (Sec. sp. typ.!)

La ♀ diffère du ♂ par le 3e segment abdominal un peu plus long, la série antéapicale plus profonde, les fovéoles à fond scarieux-roussâtre; la marge apicale bleue, les dents disposées sur une ligne un peu plus courbe; ventre bleu plus foncé; oviscapte brun.

On rencontre parfois des individus atteints de rufinisme dans les pattes, les antennes et la nervulation. **Chevrieri**, Abeille.

Patrie : France, Espagne, Italie, Suisse, Grèce, Mecklembourg, Sicile, Maroc, Algérie, Tunisie, Russie méridionale, Sardaigne.

Var. *Perezi*, Mocs. — Diffère du type par les teintes du front, du pronotum, des aires latérales du mesonotum, de l'écusson et des mésopleures plus dorées, un peu feu, la ponctuation du 1er segment abdominal un peu plus grosse, celle des autres segments un peu plus coriacée; les antennes brunes et les tarses roussâtres. ♀♂ Long. 8-9 mill. (Sec. spec. typ.!)

Patrie : Algérie.

Var. *Pusilla*, var. nov. — Diffère du type par sa taille petite, et la ponctuation abdominale formée de très gros points espacés, dont les intervalles sont garnis d'autres points petits et peu enfoncés. ♀ Long. 6 mill.

Patrie : Algérie, Russie méridionale, France.

Var. *Tenera*, Mocs. — Diffère du type par sa taille petite, le coloris de l'occiput, du cou, de la troncature antérieure du pronotum de l'aire médiane du mesonotum, des écailles et une raie étroite près de celle-ci noir-bleu, le reste du thorax doré vert. ♀ Long. 6 mill.

Patrie : Algérie.

Var. *Valaisiana*, Frey-Gessner. — Diffère du type par sa taille plus forte, le pronotum et les aires latérales du mesonotum généralement plus feu-doré; par la carène du front descendant latéralement en avant des yeux près de l'orbite interne; par la marge apicale du 3e segment abdominal avec un peu de vert; par le ventre vert-bleu, avec un peu de feu-doré. ♂♀ Long. 9-10 mil. (Sec. spec. typ.!) Serait parasite de l'*Odynerus spinicornis*, Spin.

Patrie : Suisse : Sierre (Frey-Gessner).

11 Base des segments 1 et 2 de l'abdomen tachée de bleu-vif.

Sarafschana, Mocs. ♂ (Voir section III).

— Base du 2e segment abdominal jamais tachée de bleu-vif. **12**

12 Base des segments abdominaux sans tache distincte ou concolore. **14**

— Base du 1er segment abdominal taché de vert-bleu. **13**

13 Tache du 1er segment abdominal terne et occupant toute la base; ventre feu. — Corps de taille médiocre ou moyenne, assez robuste, à teinte mate, tout l'avant-corps bleu plus ou moins foncé, ordinairement bleu-vert sur le pronotum et les aires latérales du mesonotum, l'abdomen feu-doré ou feu-grenat, la base du 1er segment vert-bleu; pubescence blanche, peu épaisse, dressée. Tête de la largeur du pronotum, bleu-noir sur l'occiput, points petits, profonds, très serrés, ruguleux, coriacés, devenant moins profonds et réticulés sur le front; cavité faciale carrée, terminée en haut par une pente abrupte, mais sans carène; joues médiocres, non parallèles, subégales au 4e article antennaire; mandibules unidentées; antennes noir-brun, les trois premiers articles vert-doré, un peu feu, le 3e un peu moins long que les deux suivants réunis. Pronotum assez convexe, troncature antérieure un peu déclive, un fort sillon au milieu du bord antérieur; ponctuation du thorax médiocre, serrée, subcoriacée, ruguleuse, subréticulée; aire médiane du meso-

notum postérieurement couverte de points plus gros et réticulés; écusson et postécusson toujours bleu franc; angles posticolatéraux du métathorax étroits, longs, à pointe finement aiguë; les sillons des mésopleures peu distincts; pattes vert-bleu, tibias vert-gai, souvent dorés ou un peu feu en dessous, tarses roussâtres; écailles brunes; ailes assez enfumées, hyalines sur toute la bordure apicale, cellule radiale largement ouverte. Abdomen large à la base, obovale, légèrement caréné dans toute sa longueur; 1er segment court, sa base largement teintée de bleu-vert, passant insensiblement au doré-feu par le vert-doré, ponctuation médiocre, peu serrée, les intervalles finement ponctués coriacés, troncature antérieure large, bleue, tri-impressionnée, à points plus gros; 2e segment à points médiocres, serrés, subcoriacés; 3e segment court, subarrondi, à points plus gros, entremêlés de quelques-uns plus petits, le disque régulièrement convexe, les côtés un peu comprimés en dessous, longs, subrectilignes, convergents en arrière; série antéapicale creusée, 10-12 fovéoles, assez grandes, ouvertes, subtransversales, séparées; marge apicale 4-dentée, concolore : les dents non réunies à l'apex, disposées sur une ligne assez courbe, les internes un peu plus distinctes que les autres, triangulaires, subobtuses ou subaiguës, plus rapprochées ensemble que des externes; celles-ci aussi éloignées de la naissance de la marge que des internes, très courtes, obtuses ou seulement sous la forme d'un petit angle arrondi; l'emarginatura médiane plus petite que les autres, à sinus arrondi également; la marge apicale est ordinairement un peu débordante de chaque côté. Ventre feu-doré, le 1er segment presque tout noir, le 2e avec deux taches noires à sa base, la bordure apicale des segments 2 et 3 est noire. ♂ Long. 7-9 mill. (Sec. spec. typ.!)

La ♀ diffère du ♂ par le 3e segment abdominal un peu plus long, les côtés du segment dès lors plus longs aussi, rectilignes, et continus avec ceux de la marge; les dents internes un peu plus fortes. **Insoluta**, Abeille.

Obs. — C'est une erreur que de considérer cette espèce comme synonyme de la *C. comparata*, Lep., surtout après ce qu'en a dit M. Abeille de Perrin, qui a étudié à Turin le type de Lepeletier. dans la collection Spinola, type qui a servi à Dahlbom pour faire sa description *(l. c., p. 284-85)*. Dans la collection Spinola il se trouve deux exemplaires de *C. comparata*, Lep., ayant servi à Lepeletier pour sa description *(Ann. du Mus. Hist. nat. VII, p. 127, n° 17)* et son dessin *(l. c., fig. 12 de la planche des espèces inédites des genres Cleptes, Hedychrum et Chrysis)* : le premier tellement couvert de saletés et ayant l'extrémité abdominale si déchiquetée par les anthrènes, qu'il est absolument impossible de l'identifier; le second, qui a été communiqué à Dahlbom par M. Gilhiani, en deux morceaux, très sales aussi, mais où on voit assez nettement l'extrémité de l'abdomen. Le premier segment est à teinte verte légère, comme cela se voit assez souvent chez la *C. distinguenda*, Dahlb., et le ventre est vert-gai. M. Abeille de Perrin a nettoyé l'extrémité de l'abdomen, et la marge apicale est positivement 4-dentée, à dents égales, et absolument identique à celle de la *C. distinguenda*, Dahlb. De plus, pour la sculpture, dont la ponctuation était couverte de mucosité grasse reliant les points ensemble de manière à donner un aspect coriacé, tout à fait différent de son caractère réel, M. Abeille, après avoir lavé l'abdomen, a constaté que la ponctuation est parfaitement semblable à celle de *C. distinguenda*, Dahlb. Même sans l'affirmation de M. Abeille de Perrin, dont la vue est parfaite, il est difficile d'admettre la synonymie de la *C. insoluta*, Ab., avec la *C. comparata*, Lep.,

Dahlb. En effet, d'après Lepeletier et Dahlbom, le 3e segment abdominal chez leur *C. comparata* est largement arrondi, avec les dents externes plus aigues que les internes et formant elles-mêmes les angles latéraux, le ventre est vert-doré, les tarses bruns, la cellule radiale étroitement ouverte. Or, chez la *C. insoluta*, Ab., le 3e segment abdominal a les côtés subrectilignes et longs, les dents externes sont aussi éloignées des dents internes que de la naissance de la marge, les dents internes sont plus longues et plus aigues que les externes, le ventre est feu, les tarses roussâtres et la cellule radiale assez largement ouverte. De ces différences et avec le témoignage d'un naturaliste comme M. Abeille, il résulte qu'il est absolument certain et indiscutable que la *C. insoluta*, Ab., n'est point synonyme de la *C. comparata*, Lep., Dahlb.; et que la *C. comparata*, Lep., Dahlb., est un insecte semblable à la *C. distinguenda*, Dahlb., de forme un peu plus petite que de coutume. Il est en outre digne de remarque que la *C. comparata*, Lep., type provient de Meudon; or, la *C. insoluta*, Ab., étant essentiellement méridionale, il semble peu probable que l'on puisse la trouver dans les environs de Paris.

PATRIE : France méridionale, Espagne, Algérie.

— Tache du 1er segment abdominal brillante et n'occupant que le milieu de la base; ventre bleu-vert. **Handlirschi**, Mocs. (Voir no 10).

14 Mésopleures armées en dessous de deux dents aiguës. 15

— Mesopleures sans dents aiguës. 16

15 Troisième segment abdominal avec l'emarginatura médiane à sinus régulier, dents internes obtuses. — Corps de grande taille, robuste, allongé, parallèle, peu brillant par suite d'une fine pubescence blanche couvrant tout le corps; tout l'avant-corps d'un beau bleu-indigo, avec la face, le dessus du

pronotum, des aires latérales du mesonotum, de l'écusson et du disque des mésopleures verts ou bleu-vert, avec quelques rares reflets dorés; l'abdomen entièrement feu-doré teinté très légèrement de vert, couvert d'une fine pubescence blanchâtre. Pubescence du vertex longue, fine, épaisse, tête à points médiocres, très profonds, peu serrés, devenant fins et coriacés sur le front; cavité faciale profonde, canaliculée profondément au milieu, finement striée transversalement près des côtés, ceux-ci ponctués-coriacés, le haut terminé par une carène transversale bi-anguleuse; joues très longues, parallèles, de la longueur du 3e article antennaire; clypeus très large, tronqué; mandibules unidentées; antennes grêles, très longues, brun-roussâtre, les articulations inférieures rousses, les trois premiers articles verts, le 3e très long, plus long que les deux suivants réunis. Pronotum long, à côtés parallèles, troncature antérieure. abrupte, un large sillon au milieu du bord antérieur, une légère dépression transversale parallèle au bord postérieur de chaque côté près des angles postérieurs, ponctuation assez forte, très profonde, irrégulière, ruguleuse, serrée. Mesonotum à points peu serrés, les intervalles très finement pointillés; écusson grand, la suture antérieure béante, le milieu du disque à points espacés et le milieu du bord antérieur imponctué, lisse, le reste ponctué-subréticulé; postécusson convexe, profondément ponctué-réticulé, avec une cavité au milieu du bord antérieur; angles posticolatéraux du métathorax larges, forts, recourbés en arrière, à pointe aiguë; mésopleures ponctuées irrégulièrement, subcoriacées, ruguleuses, une vague dépression médiane longitudinale sur le disque, un large sillon transversal en dessous, l'aire inférieure brusquement armée de deux dents aiguës, la dent antérieure plus courte et plus aiguë, le reste de l'aire inférieure en dessous porte une petite cavité carénée tout autour; pattes bleu-indigo, tibias bleu-vert, tarses roussâtres; écailles bleu-indigo, un peu subscarieuses-roussâtres; ailes légèrement enfumées, nervures très épaisses, cellule radiale largement ouverte. Abdomen long, subparallèle, très fortement caréné sur toute sa longueur, à ponctuation grosse, profonde, serrée, subcoriacée, entremêlée de quelques points plus petits sur le 2e segment : 1er segment à troncature antérieure abrupte, bleu-indigo, tri-impressionnée; 2e segment avec la partie engainée de sa base bleu-vif; 3e segment long, subarrondi, fortement déprimé sur le disque de chaque côté de la carène, assez fortement renflé avant la série antéapicale, cette partie renflée à points plus fins et coriacés; la partie engainée de la base bleu-vif; côtés du segment longs, subrectilignes; série antéapicale un peu creusée, séparée au milieu, 16 fovéoles petites, irrégulières, séparées ou subconfluentes, ouvertes; marge apicale très courte, concolore, 4-dentée : dents réunies à l'apex, subégales, disposées sur une ligne courbe; dents internes plus rapprochées entre elles, courtes, triangulaires-obtuses, les externes triangulaires-aiguës, subspinoïdes, les côtés de la marge, près de la naissance de celle-ci, portent chacun un petit angle obtus et un large sinus allant de ce petit angle jusqu'à la dent externe; l'emarginatura médiane profonde, à sinus très largement arrondi, régulier, les autres plus grandes, un peu obliques. Ventre d'un beau bleu-indigo, 2e segment avec deux petites taches noires à sa base. ♂ Long. 11 mill.

Polytima, N. SP.

OBS. — Cette espèce se rapproche beaucoup de la *C. seminigra*, Walk. (*C. arrogans*, Mocs.).

PATRIE : Espagne.

— Emarginatura médiane du 3e segment abdominal avec un petit angle largement arrondi au fond du sinus, les dents internes aiguës.

Seminigra, WALK. (Voir 7e phalange : *Quinquedentatæ*).

16 Troisième segment abdominal tronqué transversalement, les dents situées sur les côtés. — Corps de taille presque grande, allongé, subparallèle, tout l'avant-corps vert-bleu avec quelques reflets dorés ou bronzés sur la face, le front, les mésopleures, le pronotum et les aires latérales du mesonotum; pubescence gris-roussâtre. Tête épaisse, grosse, plus large que le pronotum, à points médiocres, assez serrés, profonds, devenant subcoriacés sur le front; occiput parfois bleu-foncé; cavité faciale creusée, très finement striée transversalement au milieu, ponctuée-coriacée sur les côtés, convexe-arrondie en haut, sans carène; joues très courtes, non parallèles, de la longueur à peine du 2e article antennaire; antennes brun-marron, le premier article vert-bronzé, les 2e et 3e bron-

zés ou verts en dessus, le 3e moins long que les deux suivants réunis. Pronotum long, cylindrique, un fort sillon au milieu du bord antérieur, troncature antérieure bleu-foncé; ponctuation thoracique médiocre, profonde, ruguleuse, réticulée, les intervalles pointillés; aire médiane du mesonotum plus bleue ou bleu-foncé; postécusson convexe-gibbeux, ponctué-réticulé; angles posticolatéraux du métathorax larges à la base, courts, obtus ou aigus; mésopleures à ponctuation double, les deux sillons visibles, l'aire inférieure convexe; écailles vertes ou roussâtres-subcarieuses avec des reflets verts; ailes assez enfumées, nervures rousses; pattes rousses, bronzé-verdâtre en dessus, tarses roux. Abdomen long, feu-doré, parfois devenant violacé-bronzé sur les segments 2 et 3, pas de carène, ponctuation fine : 1er segment à ponctuation ayant les intervalles pointillés ou encore la ponctuation est fine avec de gros points espacés visibles surtout en avant, la troncature antérieure bleu-vert-doré, plane et abrupte au milieu, avec un sillon de chaque côté vers les angles antérieurs; 2e segment à ponctuation assez régulière et serrée ou avec quelques points entremêlés plus fins; 3e segment à ponctuation simple mais rapprochée, subruguleuse, le disque régulièrement convexe, les côtés longs et droits; série antéapicale obsolète, à fovéoles ponctiformes, peu distinctes, irrégulières; marge apicale concolore au disque, l'apex subondulé, de chaque côté de la troncature une très petite dent triangulaire, obtuse, subdivariquée, de chaque côté à la naissance de la marge se trouve un petit angle arrondi séparé de la dent de la troncature par une ligne presque droite; l'extrême bordure apicale noir-bronzé. Ventre feu-violacé-roussâtre, taché de noir sur le 2e segment. ♂ Long. 9 mill. (Sec. spec. typ.!)

La ♀ diffère du ♂ par la ponctuation thoracique un peu plus profonde, celle de l'abdomen plus régulière; le 3e segment abdominal plus long, plus franchement tronqué, un peu renflé de chaque côté avant la série antéapicale; les angles de la troncature dentiformes, aigus, séparés de ceux de la base de la marge par un profond sinus arqué; par le ventre feu un peu obscur, avec le 2e segment plus doré, brillant, taché de noir.

Amasina, Mocsary.

Obs. — Il est probable que les teintes rousses et violacé-bronzé sont dues au rufinisme.

Patrie : Asie Mineure : Amasia (Musée de Dresde) ♂; Tunis (J. Pérez) ♀.

— Troisième segment abdominal non tronqué transversalement, les dents internes au moins situées au milieu. 17

17 Les dents internes du 3e segment abdominal seules bien visibles; les externes très petites, sous la forme d'angles. — Corps de taille petite, médiocre ou moyenne, un peu large, assez robuste, cylindrique, entièrement bleu-vert ou vert-bleu, souvent teinté légèrement de vert-doré ou de feu sur les intervalles de la ponctuation du pronotum, des aires latérales du mesonotum et de l'écusson; l'abdomen feu-doré; pubescence roussâtre en dessus, blanchâtre en dessous. Tête de la largeur du pronotum, à points médiocres, profonds, serrés, subruguleux: ca-

vité faciale souvent vert-gai, assez profonde, finement striée-ponctuée transversalement au milieu, densément pontuée-coriacée sur les côtés, avec d'épais poils blancs, terminée en haut par quelques traces de carène transversale au milieu ; joues assez longues, subparallèles, plus longues que le 3e article antennaire ; mandibules bidentées ; antennes marron en dessous, noir-brun en dessus, avec les deux premiers articles et la base du 3e verts, le 3e un peu plus long que le 4e. Pronotum rectangulaire, la troncature antérieure bleu-foncé, abrupte, un sillon au milieu du bord antérieur ; ponctuation des pro- et mesonotum médiocre, serrée, ruguleuse, profonde, subréticulée ; aire médiane du mesonotum ordinairement bleu foncé ; écusson à points assez gros, profonds, espacés sur le disque, mais avec les intervalles finement pointillés ; postécusson convexe, à points moins gros, réticulés ; angles posticolatéraux du métathorax petits, à pointe subaiguë, ordinairement un peu recourbée en arrière ; mésopleures avec les deux sillons visibles ; pattes bleu-vert, tarses roussâtres plus ou moins foncés ; écailles bleu-foncé un peu noir ; ailes subhyalines, ou très légèrement enfumées, cellule radiale subfermée. Abdomen large, court, peu brillant, feu-doré ou feu grenat, couvert de points gros, assez serrés, profonds, subruguleux, un peu irréguliers : 1er segment un peu plus fortement ponctué, troncature antérieure bleu-vert, cette teinte s'étendant parfois sur toute la base du segment, un fort sillon médian ; 2e segment légèrement caréné ; 3e segment court, largement subarrondi, un peu transversal, fortement convexe sur le disque, côtés du segment courts, arrondis; série antéapicale légèrement creusée, 12-16 fovéoles petites, arrondies, séparées, parfois disposées en une ligne faisant un petit angle rentrant au milieu, marge apicale concolore, ou parfois teintée de bleu-violacé ou de verdâtre, courte, subquadri-dentée, subarrondie sur les côtés : dents internes petites, triangulaires, subaiguës, courtes, les externes souvent peu visibles ou formant simplement un petit angle plus ou moins arrondi; sur les plus gros exemplaires ces angles sont presque aussi grands que les dents internes, mais sont obtus; ces dents et angles sont subéquidistants; l'emarginatura médiane est subégale aux autres, mais plus profonde, à sinus régulièrement arrondi, les autres sont peu apparentes, peu profondes, légèrement obliques; les côtés de la marge sont subarrondis et forment, à sa naissance de chaque côté, un faible petit angle arrondi, ordinairement peu visible, mais distinct chez les individus les plus forts. Ventre noir, taché de feu-doré. ♂ Long. 5 1/2-7 1/2 mill.

La ♀ diffère du ♂ par sa forme allongée, parallèle, cylindrique, généralement bleue en dessous; par les antennes plus foncées en couleur, le 3e article métallique, presque égal aux deux suivants réunis; par le clypeus très large, les joues très longues, parallèles, plus longues que le 3e article antennaire; par les tarses de couleur plus foncée, la ponctuation thoracique plus réticulée; par l'abdomen plus cylindrique, à ponctuation un peu moins grosse, le 3e segment légèrement déprimé sur le disque, sensiblement renflé en bourrelet avant la série antéapicale, les fovéoles plus grandes, la marge apicale moins arrondie, un peu trapéziforme, les dents externes ordinairement plus distinctes, les internes souvent moins saillantes; par le ventre plus noir, taché de vert-bleu ou de feu. **Æstiva**, Dahlbom.

Obs. — On rencontre des individus atteints de rufinisme aux antennes et aux pattes. — La *C. Pomerantzovi* Rad, dont j'ai vu le type, est une femelle appartenant à cette espèce. — D'après M. Abeille, la *C. æstiva* serait parasite de l'*Odynerus gallicus* Sauss.

Patrie : France méridionale, Italie, Espagne, Sardaigne, Sicile, Algérie, Caucase, Grèce.

Var. *Sardaica*, Rad. Ne diffère du type que par la ponctuation abdominale un peu plus grosse et le 1er segment vert-bleu, doré sur les côtés. ♂ (Sec. spec. typ.!)

Patrie : Arménie : Ararat (Radoszkowsky).

— Toutes les dents du 3e segment abdominal bien distinctes ou les dents externes seules bien visibles. **18**

18 Les dents externes du 3e segment abdominal seules bien visibles, les internes sous la forme d'angles arqués-arrondis. **19**

— Toutes les dents du 3e segment abdominal bien distinctes. **20**

19 Ventre bleu-vert; série antéapicale du 3e segment abdominal à fovéoles grandes, profondes, largement ouvertes. — Semblable à la *C. verna* Dhb. qui suit, dont elle diffère par sa taille plus petite, subcylindrique, tout l'avant-corps bleu-vert, avec le pronotum un peu vert subdoré; par la cavité faciale profonde, le milieu subimponctué, lisse, le haut avec des traces de carènes transversales; les joues très courtes aussi, mais parallèles, le 1er article antennaire seul bleu en dessus, les autres bruns, le 2e un peu roussâtre, le 3e subégal aux deux suivants réunis. La ponctuation du front n'est pas plus grosse que celle de l'occiput, mais plus serrée, subcoriacée, celle du thorax médiocre, réticulée, simple; les angles posticolatéraux du métathorax petits, un peu recourbés en arrière, subobtus; les tibias bleu-vert comme les cuisses; l'abdomen avec quelques reflets verdâtres, subcylindriques, les côtés réfléchis en dessous, la ponctuation grosse, profonde et peu serrée : 1er segment avec la troncature antérieure bleue, cette teinte, devenue un peu verte, s'étend légèrement sur le disque; le 3e segment avec la série antéapicale profonde, présentant 10 fovéoles arrondies, parfois confluentes, à fond translucide-scarieux; la marge apicale entièrement marginée de brun-scarieux; les dents externes subobtuses, subscarieuses, l'emarginatura du milieu n'est qu'un léger sinus, le côté antérieur des dents externes est sinué et les côtés de la marge ne portent aucun angle distinct. Le ventre bleu-vert, largement taché et marginé de noir. ♀ Long. 7 1/2 mill. (Sec. spec. typ.!

Handlirschi, MOCSARY.

PATRIE : Asie Mineure : Brussa (Dr Kohl).

— ′ Ventre feu; série antéapicale du 3e segment abdominal à fovéoles très petites, obsolètes. — Corps de taille moyenne, allongée, robuste; tout l'avant-corps bleu et bleu-vert, avec quelques places du front, du pronotum et les aires latérales du mesonotum vert-gai; l'abdomen doré-feu. Pubescence gris-roussâtre; tête épaisse, arrondie, à peine plus large que le pronotum, à points médiocres, peu serrés, avec quelques-uns plus petits, épars; sur le front les points sont serrés, plus gros et subréticulés; cavité faciale très faiblement creusée, finement striée transversalement au milieu avec de petits points mêlés, les côtés densément ponctués, subcoriacés, le haut convexe, sans carène, subarrondi; joues très courtes, convergentes en avant, de la longueur du 2e article antennaire; mandibules bidentées; antennes brun-noirâtre, les deux premiers articles vert un peu cuivré, le 3e moins long que les deux suivants réunis. Pronotum long, cylindrique, troncature antérieure assez abrupte, un fort et long sillon médian en avant, la ponctuation médiocre, serrée, profonde, ruguleuse, entremêlée de points irréguliers, plus petits, ruguleux; mesonotum à points moins serrés et moins profonds; écusson et postécusson ponctués-réticulés; postécusson petit, convexe, avec une petite cavité au milieu du bord antérieur; angles posticolatéraux du métathorax droits, triangulaires, obtus; mésopleures à points petits, irréguliers, les deux sillons visibles, l'aire inférieure convexe, gibbeuse. Pattes vert-gai, tibias cuivrés, tarses roussâtres; écailles vert-bleu, ailes très légèrement enfumées, cellule radiale presque fermée. Abdomen ovale-allongé, légèrement caréné sur les deux premiers segments; les points médiocres, assez serrés, subcoriacés : 1er segment à points plus gros, moins serrés, entremêlés de quelques-uns plus petits; 2e segment plus convexe sur sa partie apicale; 3e segment court, tronqué transversalement, régulièrement convexe sur le disque, les côtés longs, convergents en arrière, un peu réfléchis en dessous; série antéapicale très peu creusée, 16 fovéoles petites, irrégulières, obsolètes, subconfluentes, peu ouvertes; marge apicale courte, concolore, légèrement bronzée sur l'extrême bord, subquadridentée : les dents internes sont deux angles arqués-arrondis, les dents externes courtes, triangulaires, subaiguës; les emarginatura sont de simples sinus très peu profonds, le sinus médian est subaigu; les côtés de la marge légèrement sinués, avec un petit angle de chaque côté, à la naissance même de la marge; ventre feu-doré, taché de noir. ♂ Long. 9 mill. **Verna**, Dahlbom.

Patrie : Caucase (Radoszkowsky).

20 Dents du 3e segment abdominal réunies à l'apex, c'est-à-dire que les dents externes sont plus rapprochées des dents internes que de la naissance de la marge; mandibules bidentées. **21**

— Dents du 3e segment abdominal disposées normalement. **22**

21 Ventre feu-doré-cuivré; clypeus très allongé; tarses roux-testacé.
Pallidicornis, Spin. Var. **Chloris**, Mocs.
(Voir Section V).

— Ventre non feu-doré-cuivré; clypeus normal; tarses brun-roussâtre. — Corps de taille moyenne ou grande, très robuste, large; tout l'avant-corps bleu ou bleu-vert, ou vert, ou bleu-foncé, ou encore vert-gai, l'aire médiane du mesonotum restant toujours bleu-foncé, l'abdomen feu-doré, ordinairement avec une légère teinte verte, le 1er segment presque toujours vert-doré à sa base ou même avec quelques teintes bleues; quelquefois l'abdomen est entièrement vert-doré, un peu feu sur les côtés. Pubescence gris-roussâtre, courte, dressée en dessus, plus longue et blanche en dessous. Tête à peu près de la largeur du pronotum, à points médiocres, assez serrés, subréticulés, devenant moins profonds, plus serrés et réticulés sur le front; cavité faciale rarement un peu dorée, assez profonde, densément ponctuée-coriacée, avec de nombreux poils blancs, terminée en haut par une carène transversale, arquée de chaque côté, près des yeux; joues médiocres, convergentes en avant, aussi longues que le 4e article antennaire; mandibules bidentées; antennes noir-brun, les deux premiers articles et la base du 3e verts, le 3e plus court que les deux suivants réunis, le 4e un peu rétréci en dessous, à la base. Pronotum long, à côtés toujours un peu convergents en avant; troncature antérieure déclive; un sillon médian; ponctuation des pro- et mesonotum irrégulière, assez forte, assez serrée, subréticulée, subruguleuse; écusson à points plus gros; postécusson convexe, plus profondément et plus grossièrement ponctué-réticulé, avec une petite dépression antérieure; angles posticolatéraux du métathorax médiocres, triangulaires, subaigus; mésopleures avec les deux sillons visibles, l'aire inférieure fortement marginée-carénee en arrière; pattes vertes ou vert-gai, rarement un peu dorées; écailles bleues, ailes assez enfumées, cellule radiale grande, très peu ouverte. Abdomen large, convexe, vaguement caréné dans toute sa longueur, les points gros, médiocrement serrés, profonds : 1er segment à ponctuation un peu plus grosse, la troncature antérieure subconvexe, plus verte ou bleu-vert, tri-impressionnée; 3e segment court, arrondi, convexe sur le disque, un peu plus sur les côtés, avant la série antéapicale; les côtés du segment courts, subarqués; série antéapicale peu profonde, 14-16 fovéoles, médiocres, arrondies, ouvertes, séparées, quelquefois confluentes et alors plus grandes et moins nombreuses; marge apicale courte, très légèrement débordante à sa naissance de chaque côté et arquée-arrondie jusqu'à l'apex qui est quadridenté : dents disposées sur une ligne arquée, subégales, équidistantes, très courtes, triangulaires, plus ou moins aiguës, les externes parfois obtuses et plus courtes, les emarginatura subégales, à sinus largement arrondi. Ventre bleu ou vert ou bleu-vert, souvent un peu doré à la base des parties vertes, les segments tachés et marginés de noir. ♂ Long. 7-10 mill.

La ♀ diffère du ♂ par la couleur de l'avant-corps, généralement plus bleue, celle de l'abdomen plus feu, le 1er segment moins vert-doré, mais souvent la troncature antérieure reste bleue; par les joues plus longues; par le 3e article antennaire plus long, bleu en dessus, égal aux deux suivants réunis, le 4e plus court et cylindrique; par le 3e segment abdominal plus long, presque toujours un peu déprimé sur le disque, et plus renflé avant la série antéapicale; par la marge plus longue, les dents plus égales, plus aiguës; par le ventre souvent plus coloré de noir; oviscapte brun. **Comparata**, Lepeletier.

Obs. — On trouve parfois des individus atteints de rufinisme dans les antennes et les pattes.

Il serait sans doute plus rationnel, pour ne pas embrouiller la nomenclature, de conserver à cette espèce le nom de *distinguenda* Dahlb. (nec. Spin.), puisque la *C. comparata* Lep. a toujours été insuffisamment décrite. Cependant Spinola ayant créé une *C. distinguenda* en 1838 (*Annales de la Soc. Ent. de France*, VII, p. 450), c'est-à-dire antérieurement à Dahlbom, il pourrait y avoir confusion, car bien que restée inconnue, il est certain que cette dernière est différente de l'espèce Dahlbomienne.

Patrie : Toute l'Europe, Corse, Sicile, Égypte, Maroc, Algérie, Tunisie, Sardaigne, Grèce, Asie Mineure, Turkestan, etc.

Var. *orientalis*, Mocs. Diffère du type par des teintes vert-doré sur le thorax et l'abdomen. ♂ ♀

Patrie : Perse, Caucase.

22 Troisième segment abdominal avec une dépression sur le disque, de chaque côté d'une carène médiane. — Corps de taille médiocre, ovale, assez robuste; tout l'avant-corps d'un beau bleu, rarement avec des reflets verts; l'abdomen d'un beau feu-doré, rarement aussi avec des teintes vertes; pubescence longue, très fine, blanche. Tête assez grosse, à points médiocres, assez serrés, subréticulés, subruguleux, devenant plus petits, très serrés, subcoriacés-réticulés sur le front; cavité faciale assez profonde, large, ordinairement verte, densément ponctuée-

coriacée et couverte de poils blancs, épais sur les côtés, substriée-ponctuée transversalement au milieu, terminée en haut abruptement par une forte carène transversale arquée; joues assez longues, fortement convergentes en avant, de la longueur du 4e article antennaire; mandibules bidentées; antennes noir-brun, les trois premiers articles verts, le 3e très long, de la longueur des deux suivants réunis. Pronotum court, à côtés parallèles, troncature antérieure abrupte, un sillon médian très distinct en avant; ponctuation des pro- et mesonotum assez grosse, serrée, ruguleuse, subréticulée, avec quelques rares petits points fins dans les intervalles; postécusson convexe, avec la suture antérieure toujours un peu béante; angles posticolatéraux du métathorax larges, fortement recourbés en arrière, à pointe finement aiguë; mésopleures avec les deux sillons visibles, l'aire inférieure divisée transversalement par une très forte carène, un peu crénelée au milieu, de manière à former deux dents obtuses; derrière ces deux dents le reste de l'aire inférieure est creusée et marginée. Pattes bleu-vert, tarses brun-roussâtre, le 1er article des postérieurs vert; écailles bleu-indigo, ailes subhyalines. Abdomen ovale, très fortement caréné dans toute sa longueur, à points gros, serrés, subréticulés, subruguleux : 1er segment souvent un peu doré-verdâtre, la troncature antérieure bleu-vert, tri-sillonnée; 3e segment ovale-subarrondi, un peu renflé tout autour, avant la série antéapicale, les côtés courts et droits: série antéapicale assez profonde, 14-16 fovéoles grandes, rondes, rapprochées, ouvertes; marge apicale courte, 4-dentée : dents réunies à l'apex, subégales, triangulaires, finement aiguës, disposées sur une ligne arquée, subéquidistantes, les côtés de la marge largement sinués depuis les dents externes; l'émarginatura du milieu plus profonde, triangulaire, à sinus obtus, les autres un peu obliques, à sinus largement arrondi. Ventre bleu-vert resplendissant, sans tache noire. ♂ Long. 5-9 mill.

La ♀ diffère du ♂ par le 3e segment abdominal plus long, plus déprimé sur le disque, plus renflé avant la série de fovéoles, les dents internes plus longues, les côtés de la marge apicale moins profondément sinués; oviscapte brun. **Inæqualis,** DAHLBOM.

OBS. — On trouve parfois des femelles ayant l'avant-corps bleu indigo presque noir, avec l'extrémité de l'abdomen feu-grenat-violacé.

PATRIE : Toute l'Europe, Maroc, Algérie, Égypte, Syrie, Grèce, Asie Mineure, Caucase, Turkestan, etc...

Var. *Caucasica*, MOCS. Diffère du type par des teintes vert-doré sur l'avant-corps, les pattes, la base des antennes, le ventre, le premier segment abdominal et la base du second. ♂ Long. 7 mill.

PATRIE Transcaucasie (Sec. Mocsary); Perse.

— Troisième segment abdominal sans forte dépression de chaque côté d'une carène médiane. 23

23 Taille petite; corps cylindrique; disque du 3e segment abdominal très sensiblement déprimé transversalement; cavité faciale striée transversalement. — Corps étroit, allongé; tête bleue, thorax vert, un peu bleuâtre sur l'aire médiane du mesonotum, abdomen feu-

grenat un peu bronzé ; pubescence cendrée, un peu roussâtre. Tête de la largeur du pronotum, à points médiocres, rapprochés, peu profonds, devenant réticulés sur le front ; cavité faciale un peu creusée, convexe en haut, avec quelques traces d'une carène transversale, bi-anguleuse ; joues subparallèles, un peu plus longues que le 4e article antennaire, mais plus courtes que le 3e ; antennes noirâtres, les trois premiers articles verts, le 3e noirâtre à l'extrémité, presque aussi long que les deux suivants réunis. Pronotum assez long, cylindrique, la troncature antérieure abrupte, un sillon médian en avant ; ponctuation des pro-, mesonotum et écusson formée de points assez gros, très espacés, à fond plan, peu profonds, les intervalles finement pointillés ; postécusson convexe, subréticulé, la suture antérieure large ; angles posticolatéraux du métathorax étroits, longs, dirigés en arrière, à pointe linéaire, subobtuse ; dessous du thorax bleuâtre ; mésopleures à points médiocres, peu serrés, le sillon médian longitudinal à peine distinct, l'aire inférieure faiblement carénée sur les bords ; écailles bleu-vert, ailes hyalines, cellule radiale fermée ; pattes verdâtres en dessus, bleues en dessous. tarses brun-roussâtre. Abdomen allongé, subcylindrique, à points un peu forts, allant en diminuant de grosseur à partir du bord apical du 2e segment jusqu'à la marge du 3e, peu profonds, espacés : 1er segment avec des reflets vert-cuivré, les intervalles de la ponctuation garnis de quelques petits points fins, troncature antérieure verte, tri-impressionnée ; 3e segment assez long, sensiblement déprimé transversalement, ce qui rend le disque un peu renflé tout autour avant la série antéapicale, les côtes du segment longs, droits et convergents en arrière; série antéapicale un peu creusée, 14 fovéoles, allongées, subparallèles espacées, vert-bleu; marge apicale avec de légers reflets verts, 4-dentée: dents courtes, triangulaires, subégales, subéquidistantes, les internes obtuses, les externes subaiguës; les emarginatura égales, à sinus arrondi, les extérieures obliques; les côtés des dents externes et ceux de la marge continus et droits. Ventre vert, tous les segments tachés de noir. ♀ Long. 5 1/2 mill.

Vaulogeri, n. sp.

Obs. — Cette espece a été découverte par M. le lieutenant M. Vauloger de Beaupré, auquel je suis heureux de la dédier en souvenir de ses chasses en Algérie.

La *C. Vaulogeri* rappelle la *C. varidens Ab.* dont elle se distingue par son corps plus étroit, plus cylindrique, son coloris, le pronotum plus long et la ponctuation espacée.

Patrie : Algérie : Bou-Kanefis.

— Taille moyenne ou grande; corps non cylindrique: disque du 3e segment abdominal faiblement ou nullement déprimé transversalement; cavité faciale toujours ponctuée. 24

24 Angles posticolatéraux du métathorax recourbés en arrière, crochus, à pointe aiguë; (chez le ♂, le 3e article antennaire subégal au 4e ou au 2e). 25

— Angles posticolatéraux du métathorax non recourbés en arrière; 3e article antennaire toujours plus long que le 4e ou que le 2e. 28

25 Avant-corps vert-doré. 26

— Avant-corps bleu; 1er segment abdominal feu-doré comme les suivants. 27

26 Avant-corps et 1er segment abdominal vert-doré. **Mutabilis**, Buyss. ♂ (Voir n° 27).

— Avant-corps vert-doré; abdomen avec le disque des segments 1 et 2 doré un peu verdâtre. **Mutabilis**, Buyss. ♀ Var. **Ambigua**, Rad. (Voir n° 27).

27 Ponctuation abdominale médiocre, peu serrée; ponctuation thoracique profonde, ruguleuse; ventre toujours feu (rarement un peu verdâtre chez le ♂). — Corps de taille moyenne ou médiocre, parallèle, cylindrique; tout l'avant-corps bleu ou bleu-vert, l'aire médiane du mesonotum toujours bleu-indigo-foncé; l'abdomen d'un beau feu-doré, très rarement avec quelques légers reflets verdâtres. Pubescence courte, dressée, roussâtre sur le vertex. Tête arrondie, de la largeur du pronotum, assez épaisse, à points médiocres, serrés, profonds, ruguleux, devenant petits et coriacés sur le front; cavité faciale resserrée un peu entre les yeux, assez profonde, finement et obsolètement striée transversalement au milieu, densément ponctuée-coriacée sur le reste, terminée en haut par une forte carène transversale; joues courtes, fortement convergentes en avant, de la longueur du 5e article antennaire; mandibules bidentées; antennes brun-noirâtre, les deux premiers articles et la base du 3e verts ou vert-doré; les articles, 2, 3 et 4 très courts,

subégaux. Pronotum assez court, cylindrique, à côtés parallèles, troncature antérieure assez abrupte, un large sillon médian en avant; ponctuation des pro- et mesonotum formée de points irréguliers, médiocres, entremêlés de plus petits, assez profonds, serrés, ruguleux; écusson à points moins serrés et plus forts; post-écusson convexe, profondément ponctué-réticulé, ordinairement avec une petite cavité au milieu du bord antérieur, la suture antérieure toujours béante; angles posticolatéraux du métathorax étroits, assez fortement recourbés en arrière, à pointe longue, subaiguë; pattes vertes ou bleu-vert, parfois vert-gai, tarses roussâtres; écailles bleues, ailes très légèrement enfumées, cellule radiale presque fermée. Abdomen cylindrique, caréné sur toute la longueur, à points médiocres, serrés, subcoriacés, ruguleux : 1er segment à points plus forts, troncature antérieure souvent un peu verdâtre, tri-sillonnée; 2e segment avec les angles posticolatéraux subspinoïdes; 3e segment court, large, subtronqué-arrondi, déprimé transversalement sur le disque, légèrement renflé avant la série antéapicale, les côtés assez fortement convergents en arrière, subarqués; série antéapicale peu creusée, séparée au milieu par la carène, 12 fovéoles, irrégulières, espacées, ouvertes; marge apicale concolore, courte, 4-dentée : dents disposées sur une ligne légèrement arquée, courtes, triangulaires, subégales, subéquidistantes; les côtés de la marge légèrement sinués à sa naissance; l'emarginatura du milieu un peu plus petite, à sinus arrondi. Ventre feu-doré ou doré très légèrement verdâtre, ou vert-doré à reflets feu; le 2e segment taché de noir. ♂ Long. 5 1/2-9 1/2 mill. (Sec. spec. typ.!)

La ♀ diffère du ♂ par ses joues plus longues, presque parallèles, de la longueur du 3e article antennaire; par les antennes ayant le 3e article plus long que le 4e et ce dernier plus long que le 2e; par le 3e segment abdominal plus long, moins large, plus déprimé sur le disque, plus renflé avant la série antéapicale, les dents plus longues, les côtés de la marge non sinués, continus avec ceux du segment et formant une ligne fortement convergente en arrière; par le ventre toujours d'un beau feu-doré; oviscapte brun. (Sec. spec. typ.!) **Cerastes,** Abeille.

Obs. — J'ai vu des individus atteints de rufinisme aux antennes et aux pattes.

M. le docteur A. Mocsary a décrit le ♂ et la ♀ de cette espèce sous le nom de *C. semiviolacea* (*Monogr. Chrys. o. l.*, p. 484) et plus loin (*l. c.*, p. 494) le ♂ seulement sous le nom de *C. cerastes*, Ab.

Patrie : Europe méridionale, Maroc, Algérie, Espagne, Tunisie, Egypte, Nubie, Syrie, Asie Mineure, Caucase, Grèce, etc.

— Ponctuation abdominale grosse, espacée; ponctuation thoracique peu profonde, non ruguleuse, les intervalles lisses; ventre vert ou feu. — Semblable à la *C. cerastes*, Ab. dont elle diffère par l'avant-corps bleu-vert ou vert-gai-subdoré et le 1er segment abdominal bleu vert ou vert-gai-subdoré; par le 2e segment vert-bleu sur le disque, vert-doré sur le reste du segment et feu-doré sur les côtés, par le 3e segment doré-feu ou doré-verdâtre, feu sur les côtés, le disque très faiblement déprimé et très faiblement renflé avant la série antéapicale, les côtés longs et subrectilignes, les dents internes très courtes, plus rapprochées ensemble, les externes plus larges, triangulaires-aiguës; beaucoup plus longues que les internes et un peu divariquées, leur côté extérieur droit avec un sinus à la naissance de la marge; par la ponctuation abdominale grosse et espacée, celle du thorax moins profonde, moins serrée, non ruguleuse, les intervalles lisses; par le ventre vert-bleu avec quelques reflets vert-subdoré; par les ailes hyalines à nervures roussâtres. ♂ Long. 6-6 1/2 mill.

La ♀ diffère du ♂, outre les caractères indiqués pour la *C. cerastes*, par l'avant-corps bleu-vif avec des reflets vert-bleu sur le pronotum, les aires latérales du mesonotum, l'écusson et les mésopleures; par les ailes légèrement enfumées; par l'abdomen feu-doré, le 1er segment avec une légère teinte verdâtre, le ventre vert ou bleu, parfois feu, des taches noires sur les deux premiers segments; oviscapte roussâtre. **Mutabilis**, Buysson.

Obs. — Cette espèce est tellement voisine de la *C. cerastes*, Ab., que l'on pourrait croire à une race orientale. Elle s'en distingue cependant par la ponctuation du thorax et de l'abdomen, le coloris, la forme des côtés du 3e segment abdominal et les dents apicales du ♂.

Patrie : Syrie, Caucase, Perse, Transcaspienne.

Var. *Ambigua*. Rad. — Diffère du type par l'avant-corps vert doré, l'abdomen ayant le disque des segments 1 et 2 doré un peu verdâtre, les dents du 3e segment un peu plus longues et plus aigues. ♀ (sec. sp. typ.)

Patrie : Province transcaspienne (Radoszkowsky).

Var. *Germabi*, Rad. — Diffère du type par son coloris entièrement vert-gai, moins le 3e segment abdominal et la moitié postérieure du 2e, qui sont vert-doré. L'aire médiane du mesonotum est bleu-vif. ♂ Long. 8 mill. (sec. spec typ. !)

PATRIE : Province Transcaspienne (Radoszkowsky).

Var. *Araxana*, Mocs. — Diffère du type par la teinte vert-doré des pronotum, mesonotum, écusson, mésopleures et écailles, de même que sur la base des segments 1 et 2 et la marge apicale du 3e. Ce qui est à très peu près la même chose que le type. ♂ Long. 8 mill.

PATRIE : Caucase (Sec. Mocsary).

28 Ponctuation du 3e segment abdominal jamais subcoriacée; pattes jamais feu-doré. — Corps de taille et de forme très variables, assez robuste, l'avant-corps vert-bleu, vert, bleu-foncé ou bleu-indigo, ordinairement avec des reflets d'un vert plus clair ou vert-doré sur le pronotum, la face, les aires latérales du mesonotum et l'écusson, l'abdomen d'un beau feu-doré ou un peu grenat-violacé ou très légèrement verdâtre; pubescence longue, blanchâtre ou plus ou moins gris-roussâtre. Tête plus large que le pronotum, à points assez gros, serrés, profonds, subrugueux, devenant plus petits, serrés, subcoriacés ou subréticulés sur le front; cavité faciale large, peu profonde, densément ponctuée-coriacée, terminée en haut par une carène transversale bien distincte; joues courtes, fortement convergentes en avant, de la longueur du 4e article antennaire; mandibules unidentées; antennes noir-brun, les deux premiers articles verts, le 3e un peu plus long que le 4e. Pronotum très court, les côtés toujours un peu convergents en avant, troncature antérieure déclive, un sillon mé-

dian en avant et très souvent une légère dépression parallèle au bord postérieur de chaque côté du sillon; ponctuation des pro- et mesonotum irrégulière, assez grosse, entremêlée de points fins, assez serrés, subruguleux; postécusson convexe; angles posticolatéraux du métathorax larges, triangulaires, épais, obtus ou subaigus; pattes vertes ou plus ou moins bleues ou vert doré, tarses brun-roussâtre; écailles bleues ou vertes, ailes subhyalines ou plus ou moins enfumées. Abdomen ovale, assez convexe, à ponctuation allant en diminuant de grosseur du 1er au 3e segment, caréné dans toute sa longueur : 1er segment à points gros, peu serrés, ordinairement les intervalles finement pointillés, troncature antérieure peu élevée, tri-sillonnée, dorée ou un peu verdâtre; 2e segment avec le tiers apical moins fortement ponctué que la base, les angles posticolatéraux droits, obtus ou aigus; 3e segment ovale-tronqué, régulièrement convexe sur le disque ou très faiblement déprimé, plus ou moins renflé tout autour avant la série antéapicale; les côtés du segment courts et droits; série antéapicale plus ou moins creusée, droite ou arquée, ou formant un angle rentrant au milieu, 16-18 fovéoles arrondies, médiocres ou grandes, confluentes ou séparées; marge apicale courte, concolore, 4-dentée : dents très variables, disposées sur une ligne droite ou plus ou moins arquée, souvent assez éloignées de la naissance de la marge, triangulaires, finement aiguës, ou spinoïdes, ou obtuses, les internes rapprochées, droites ou légèrement divariquées, les externes parfois moins aiguës, droites ou divariquées ou même regardant un peu les internes; les côtés de la marge droits ou plus ou moins profondément sinués ou encore subarqués-arrondis; les emarginatura très variables, celle du milieu souvent triangulaire, les autres ordinairement arrondies. Ventre vert-bleu ou vert-gai, parfois un peu doré, le 2e segment toujours taché de noir. ♂ Long. 5-10 mill.

La ♀ diffère du ♂ par le 3e article antennaire ordinairement bleu ou vert, plus long; par le 3e segment abdominal plus long, ordinairement plus déprimé sur le disque et plus renflé sur les côtés, la marge apicale plus longue et les dents plus fortes; oviscapte brun. **Ignita,** Linné.

Obs. — Parasite des *Odynerus parietum* L et *lævipes* Schuck, de l'*Eumenes pomiformis* L., du *Trypoxylon figulus* F., etc... Sa pupe arrondie-subtronquée des deux bouts ou obovale ou subelliptique, est brune, de consistance ferme, plus ou moins luisante, sans feutre.

Patrie : Toute l'Europe : Angleterre, Suède, Laponie, Russie, Sibérie, etc.. habite aussi l'Afrique, et l'Asie Orientale etc... très commune.

Var. *Infuscata*, Mocs. — Diffère du type par ses ailes plus enfumées, la ponctuation plus grosse, le thorax ordinairement bleu-foncé-obscur, le disque de l'abdomen plus fortement caréné, avec des reflets bleus ou violacés, le 1er segment plus large et plus court. ♀ (Sec. spec. typ.!) Long. 8 mill.

Obs. — J'ai vu des individus de cette variété avec le dessous des antennes roussâtres; parfois aussi le rufinisme atteint les pattes. C'est cette variété que M. J. Gribodo a signalée de Madère, en 1883, dans les *Ann. del Mus. civico di St. nat. di Gen.*, Vol. XVIII.

Patrie : Algérie, Sardaigne, Tunisie, Italie, Iles Canaries.

Var. *Fairmairei*, Mocs. — Diffère du type par sa

grande taille, l'avant corps bleu-indigo, les petites dépressions du pronotum plus sensibles, le 1er segment abdominal plus ou moins court. ♂ Long. 11 1/2 mill. (Sec. spec. typ. !)

Obs. — On trouve aisément des passages de cette variété au type vulgaire.

Patrie : Algérie : Oran (L. Fairmaire).

Var. *Kirschii*, Mocs. — Diffère de la variété précédente uniquement par sa taille encore plus forte et la ponctuation des segments abdominaux 1 et 2 très grosse et très profonde, avec quelques petits points fins dans les intervalles; le 1er segment abdominal plus court, le 3e sans carène, à ponctuation fine, subcoriacée. Ventre bleu avec le bord apical des deux premiers segments vert-bronzé, le 3e noir-bleu. ♀ Long. 10 1/2 mill. (sec. spec. typ. !)

Patrie : Maroc, Algérie.

Var. *Subcœruleans*, var-nov. — Diffère du type par l'avant-corps et les pattes vert-bronzé, l'abdomen violacé avec le disque bleu-indigo-verdâtre; ventre feu-bronzé. ♀ Long. 8 1/2 mill.

Patrie : Italie (J. Gribodo).

Var. *Curvidens*, Dahlb. — Diffère du type par les dents internes de la marge apicale du 3e segment abdominal fortement recourbées du côté des externes. Je n'ai jamais vu d'exemplaire à dents aussi recourbées que sur le dessin de Dahlbom.

Patrie : Europe méridionale (Sec. Dahlbom).

Var. *Longula*, Ab. — Diffère du type par sa grande taille, son corps plus allongé, par le 3e segment abdominal déprimé sur le disque, avec les dents apicales moins longues, subaigues ; par le ventre feu ou doré ou doré-verdâtre. L'avant-corps est parfois bleu-indigo-noirâtre avec le premier segment abdominal un peu verdâtre sur les côtés; ou bien encore l'avant-corps est bronzé-noir-verdâtre avec la base des segments 2 et 3 de l'abdomen un peu violacée. ♂♀ (Sec. spec. typ.!) Long. 10-12 mill.

Patrie : France, Hollande, Allemagne, Bavière, Saxe, Hongrie, Russie, Corée, Sibérie occidentale, Brésil.

Var. *terminata*, Dahlb. — Semblable au type dont il ne diffère que par la couleur de l'avant-corps qui est bronzé-noirâtre, la face bleuâtre, le pronotum plus verdâtre, le dessous du corps, le ventre et les pattes bleu-indigo, l'abdomen doré-feu-violacé-bronzé, le 3e segment vert-bronzé. ♂ (Sec. spec. typ. !)

Avec M. le Dr F. Kohl, je rattache à cette même variété la femelle suivante, réunie à la *C. terminata*, Dahlb. dans la collection du Musée de Vienne : avant-corps bronzé-indigo obscur, face et bordure antérieure du pronotum bleu-vert; pattes vert-bleu en dessus, brunes en dessous: antennes brunes, les deux premiers articles bleu-indigo foncé; écailles scarieuses-roussâtres; nervures des ailes roussâtres.

PATRIE : ♂ Autriche (Dahlbom); ♀ Asie Mineure : Brussa (Mann 1863), (F. Kohl).

Var. *obtusidens* Duf. et Perr. — Diffère du type par son corps un peu déprimé, surtout l'abdomen; ce dernier à ponctuation plus serrée sur le 2e segment, le 3e segment beaucoup plus long, les côtés de la marge apicale et du segment continus, droits et convergents en arrière, les dents apicales plus larges et obtuses; le ventre feu-doré. ♂ ♀ Long. 7 1/2 à 9mm. (Sec. spec. typ. !)

PATRIE : France, Belgique, Italie, Algérie.

Var. *brevidens* Tourn. — Diffère du type par son corps allongé, parallèle, avec des teintes vert-doré sur la face, le pronotum, les mésopleures et les pattes; la ponctuation abdominale moins profonde, les dents du 3e segment courtes; le ventre vert-doré, largement taché de noir. ♂ ♀ Long. 5 1/2-7mm. J'ai vu un spécimen envoyé par l'auteur au Musée de Madrid.

PATRIE : Répandue en France, Suisse, Saxe, Baviere, Russie, Moldavie, Italie, Espagne septentrionale.

Var. *rutiliventris* Ab. — Diffère du type par sa taille toujours petite, trapue, l'abdomen ovale, le pronotum et l'écusson presque toujours entièrement vert-doré à reflets feu; les pattes vert-doré ou dorées à reflets un peu feu, le ventre feu-doré, la face et les mésopleures vert-doré. ♂ ♀ Long. 6-7mm. (Sec. spec. typ. !)

PATRIE : France, Espagne, Italie, Tyrol, Suisse.

Var. *lugubris*. Var. nov. — Corps entièrement noir-mat avec quelques reflets cuivré-bronzé sur tout le dessus du corps ; le ventre, les pattes, les écailles et l'extrémité du 3e segment abdominal roussâtres. D'autres fois la tête et le thorax sont colorés a peu près comme chez le type, les antennes sont roussâtres et le reste du corps comme je viens de le dire. ♂ ♀ Long. 8-9mm.

PATRIE : France, Sibérie.

Var. *uncifera* Ab. — Diffère du type par le 1er segment abdominal feu-doré un peu verdâtre, ayant de chaque côté, sur le disque, une tache plus feu, finement pointillée. Ce segment est également plus court ; le 2e avec les angles posticolatéraux spinoïdes ; le 3e avec la carène médiane très finement chagrinée et la ponctuation plus serrée ; le ventre vert-doré ou vert-gai. ♀ Long. 7-10mm. (Sec. spec. typ. !)

OBS. — On trouve assez souvent des exemplaires faisant le passage avec le type. J'en ai vu aussi étant atteints de rufinisme aux pattes, antennes, écailles et nervulation.

PATRIE : France méridionale et occidentale, Espagne, Italie, Sardaigne, Corse, Asie Mineure, Algérie, Hongrie méridionale, Grèce, etc.

Var. *comta*, Forst. —Absolument semblable a la variété précédente ; l'abdomen est parfois vert-doré ou même vert-gai, le 1er segment, plus court également que chez le type, est souvent plus vert, les taches feu pointillées manquent ordinairement ; le 3e segment avec les côtés de la marge apicale sont subarqués ; les angles posticolatéraux du 2e segment plus ou moins spinoides. ♂ ♀ Long. 7-9mm.

OBS. — Je possède de nombreux passages entre cette variété et la précédente, et entre ces deux variétés et le type vulgaire. Il n'est donc pas permis de les considérer comme des espèces distinctes.

PATRIE : Taurie, Cyclades, Corse, Piémont, France méridionale et occidentale, Hongrie, Belgique.

— Ponctuation du 3e segment abdominal subcoriacée; ventre toujours feu; pattes presque toujours feu ou dorées. — Semblable à la *C. ignita* L. de taille moyenne dont elle diffère par sa forme un peu déprimée, l'abdomen un peu plus élargi postérieurement, peu convexe; par la pubescence plus épaisse sur tout le corps et roussâtre sur le vertex; par la ponctuation thoracique un peu plus serrée, les angles posticolatéraux du métathorax légèrement recourbés en arrière et parfois subaigus; par la ponctuation abdominale plus serrée, celle des segments 2 et 3 plus fine, régulière, subcoriacée. Généralement le pronotum, l'écusson, les écailles, les mésopleures et, plus rarement, les aires latérales du mésonotum portent des teintes feu; le plus souvent aussi les dents apicales de la marge du 3e segment abdominal sont courtes et moins aiguës, parfois les externes sont un peu plus courtes que les internes; rarement la marge revêt une teinte un peu plus verte. ♀ Long. 6-9mm. (Sec. spec. typ.!)

Le ♂ se distingue de la ♀ par le 3e segment abdominal plus court, plus large, les dents apicales ordinairement plus courtes et un peu éloignées des côtés. Le ventre et les pattes sont le plus souvent noir, teinté de feu-doré et le thorax d'un bleu plus foncé.

Auripes, WESM.

OBS. — Je dois à l'obligeance de M. L. Pandellé la communication du type unique de la *C. adulterina* Ab. C'est un mâle de *C. auripes* Wesm.

PATRIE : France, Belgique, Suisse, Piémont, Grèce, Bavière, Espagne.

SECTION V. — AURATÆ.

1 Dessus de l'avant-corps entièrement doré, ou cuivré, ou vert-gai à reflets cuivrés. 2

— Dessus de l'avant-corps en partie seulement doré ou cuivré. 12

2 Antennes roux-testacé, ou rousses. 3

— Antennes noirâtres, ou brunes, ou marron. 4

3 Antennes roux-testacé clair; 3e segment abdominal bleu-vert.
Xanthocera, Kl. (Voir section III, *Zonatæ*).

— Antennes rousses; 3e segment abdominal concolore aux autres. — Corps de taille moyenne, robuste, convexe, subparallèle, entièrement vert-doré-cuivré, l'abdomen plus feu-cuivré, surtout sur les côtés; pubescence blanc-sale, courte, dressée. Tête assez large, arrondie, à points médiocres, peu serrés, devenant plus petits, subréticulés et serrés sur le front; face longuement triangulaire; cavité faciale peu profonde, finement et densément ponctuée-coriacée, couverte d'épais poils blancs, couchés, terminée en haut par une carène transversale irrégulière formant 4-5 petits angles; joues très longues, convergentes en avant, plus longues que le 3e article antennaire; clypeus très long, avec quelques petits points épars, le disque convexe, presque imponctué; mandibules bidentées; antennes brun-roussâtre plus ou moins clair, rousses en dessous, le 1er article vert, le 2e brun-bronzé, le 3e roux ou brun-roux plus clair, un peu plus court que le 4e ou subégal à celui-ci. Pronotum long, fortement convexe-déclive antérieurement, avec un long sillon médian, ponctuation médiocre, assez serrée, subruguleuse, celle du mesonotum et de l'écusson plus grosse, moins serrée, subréticulée; le milieu de la suture antérieure de l'écusson béant et lisse; postécusson gibbeux-arrondi, un peu prolongé en arrière, ponctué-réticulé, la suture antérieure largement béante au milieu; angles posticolatéraux du métathorax étroits, longs, à pointe aiguë; mésopleures normales; pattes vert-doré-feu-cuivré, les articulations et les tarses roux-testacé; écailles vertes ou vert-bleu, subscarieuses; ailes subhyalines ou très légèrement enfumées, nervures roussâtres, cellule radiale non fermée. Abdomen très convexe, très légèrement caréné sur les deux derniers segments, à points gros, peu serrés, profonds : 1er segment avec la troncature antérieure large, abrupte, lisse ou peu ponctuée, légèrement tri-impressionnée; 2e segment avec la partie engainée de la base noire; 3e segment subarrondi, régulièrement convexe, la partie engainée de la base noire, les côtés un peu infléchis en dessous, médiocres, subrectilignes; série antéapicale obsolète, vaguement représentée par un léger sillon, 5-6 fovéoles indistinctes, très petites, très espacées; marge apicale concolore, courte, 4-dentée : dents réunies à l'apex, assez éloignées des côtés, disposées sur une ligne arquée, triangulaires, aiguës, subéquidistantes ; les internes souvent plus longues ; les emarginatura subégales, celle du milieu régulière, subelliptique, à sinus arrondi ; les côtés de la marge forment chacun, à sa naissance, un petit angle arrondi, et l'espace compris entre ce petit angle et les dents externes est largement sinué. Ventre resplendissant, entièrement d'un beau doré-cuivré ou avec une légère teinte verte sur les deux premiers segments, le 2e ayant à sa base deux petites taches noires. ♂ Long. 8-8 1/2mm.

La ♀ diffère du ♂ par sa teinte plus dorée, l'abdomen et le dessous du corps plus feu, à teinte rose ; par les antennes marron, roussâtre seulement à la base du fouet, ou avec la base du fouet feu-doré, le 3e article plus long que le 4e ; par les écaillettes parfois plus bleues ; les côtés de la marge apicale du 3e segment abdominal plus profondément sinué avant les dents externes, ce qui laisse un angle distinct au commencement de ce sinus. **Pallidicornis**, Spinola.

Patrie : Égypte (W. Innes) ; Algérie (Gribodo) ; Caucase (Radoszkowsky).

Obs. — La *C. armena* Dahlb. est la même espèce. Il est très probable aussi que le *Spintharis humeralis* Kl. est la même chose, cependant la description est trop insuffisante pour pouvoir établir avec certitude cette synonymie. La *C. humeralis* Mocs., décrite par M. le Dr A. Mocsary (*Additam 2um ad Monogr. Chrysid. o. t. u.* 1892, p. 231) est la ♀ de la *C. pallidicornis* Spin. sans aucun doute.

Var. *Chloris* Mocs. — Diffère du type seulement par l'avant-corps vert-gai un peu bleuâtre, les écailles plus bleues, les pattes vert-gai, les antennes un peu plus foncées. J'ai vu aussi des individus ayant des teintes d'un doré un peu feu sur le pronotum et l'écusson. ♂ Long. 8mm. (Sec. spec. typ.!)

PATRIE : Algérie.

4 Troisième segment abdominal avec les dents situées sur les côtés. 9

— Troisième segment abdominal avec les dents situées au sommet. 5

5 Troisième segment abdominal vert-doré avec la marge bleue.

Rutilans, DAHLB. (Voir section III).

— Troisième segment concolore aux autres. 6

6 Marge apicale du 3e segment abdominal bronzée. — Parfaitement semblable à la *C. Grohmanni* Dahlb. (Voir nº 22) dont elle ne diffère que par tout l'avant-corps vert-gai à reflets cuivrés sur le vertex, sur la partie antérieure du pronotum, sur tout le mesonotum, l'écusson et les mésopleures; par le 3e article antennaire à base verte et par la marge apicale du 3e segment abdominal bronzée. La face est bleu-vert et le dessous du thorax bleu vif, l'abdomen feu-doré un peu cuivré. ♀ Long. 7mm. (Sec. spec. typ.!) **Kolazii**, MOCSARY.

OBS. — Ne doit être, à mon avis, qu'une variété de la *C. Grohmanni* Dhb., voisine de la *Var. singula* Rad., puisqu'il n'y a que des différences de couleurs.

PATRIE : Autriche (Mocsary).

— Marge apicale du 3e segment abdominal concolore ou plus ou moins verte. 7

7 Corps de taille plus grande; les dents du 3e segment abdominal réunies à l'apex. 8

— Corps de taille médiocre ou petite; dents du 3e segment abdominal non réunies à l'apex, les côtés de la marge droits. 10

8 Les côtés de la marge du 3e segment abdominal profondément sinués avant les dents externes; dessous du corps feu, resplendissant. **Pallidicornis,** Spin. ♀ (Voir n° 3).

— Les côtés de la marge du 3e segment abdominal fortement arqués-arrondis; dessous du corps bleu. — Corps de taille moyenne, allongé, subparallèle; entièrement feu-doré-cuivré en dessus, bleu-vert en dessous. Tête couverte de points assez gros, réticulés, assez serrés, devenant irrégulièrement ruguleux sur le front; le derrière des yeux vert-gai; cavité faciale bleue, bordée de vert-gai subdoré, assez profonde, striée au milieu, striée-ponctuée sur les côtés, terminée en haut par une carène émettant, du côté du 1er ocelle trois petits rameaux obsolètes; joues excessivement courtes; antennes noir-brun, avec les deux premiers articles bleus, le 3e plus court que le 4e, un peu plus long que le 2e. Pronotum à côtés convergents en avant, troncature antérieure bleue, un sillon au milieu du bord antérieur; ponctuation des pro- et mesonotum assez grosse, serrée, réticulée, ruguleuse; suture de l'aire médiane du mesonotum vert-bleu; écusson et postécusson convexes, grossièrement ponctués-réticulés; metanotum vert, les angles posticolatéraux largement triangulaires, subaigus; mésopleures avec le disque feu-doré-cuivré, ponctué-réticulé, les deux sillons visibles, l'aire inférieure verte, très fortement carénée-crénelée tout autour, le commencement de la carène au bord postérieur est plus élevé; écailles bleu-vert; ailes légèrement enfumées, nervures brun-roussâtre; pattes vert-bleu, bleu-indigo en dessous, tarses roussâtres. Abdomen plus feu, à teinte mate, ovale-allongé, plus long que l'avant-corps, subparallèle, vaguement caréné : 1er segment à gros points peu serrés, profonds, entremêlés de petits points fins et serrés sur les côtés, la troncature antérieure verdâtre, trisillonnée; ponctuation des deux autres segments petite, serrée, coriacée; 2e segment avec les angles posticolatéraux spinoïdes; 3e segment subarrondi, régulièrement convexe sur le disque, un peu renflé avant la série antéapicale tout autour, les côtés du segment courts et droits; série antéapicale assez creusée, 18 fovéoles, rapprochées, grandes, arrondies, ouvertes; marge apicale concolore, 4-dentée : dents égales, éloignées des côtés, subéquidistantes, un peu verdâtres, triangulaires, aiguës, petites, disposées sur une ligne arquée; emarginatura subégales, à sinus arrondi; ventre bleu-vert, taché de noir. ♂ Long. 8mm. (Sec. spec. typ. !)

Opulenta, MOCSARY.

PATRIE : Algérie (H. de Saussure).

9 La base des segments abdominaux 2 et 3 bleu foncé; les dents du 3e segment toutes fortes et aiguës.

Viridans, RAD. Var. (Voir Section II).

La base des segments abdominaux 2 et 3 concolore au disque; les dents du 3e segment courtes, subobtuses. — Corps de taille petite, étroit, subparallèle, entièrement verdâtre-cuivré et un peu feu en dessus, le dessous bleu-vif et bleu-vert; pubescence courte, dressée, cendrée. Tête à points petits, serrés, profonds, devenant plus gros, moins profonds et réticulés sur le front; cavité faciale vert-gai un peu bleuâtre, peu profonde, finement striée transversalement au milieu, densément ponctuée sur les côtés, avec d'épais poils blancs, terminée en haut par une faible trace de carène transversale; joues longues, convergentes en avant, de la longueur du 3e article antennaire; mandibules bidentées; antennes noirâtre, les trois premiers articles verts, le 3e subégal aux deux suivants réunis. Pronotum cylindrique, troncature antérieure abrupte, bleu-vif, une petite dépression au milieu du bord antérieur; ponctuation des pro- et mesonotum médiocre, irrégulière, serrée, subruguleuse; écusson à points plus gros, moins serrés; postécusson petit, convexe, ponctué-réticulé, la suture antérieure bleu-vif; metanotum vert-bleu, les angles posticolatéraux droits, triangulaires, aigus; mésopleures vert-cuivré sur le disque, normales; tibias un peu bleu-vert, tarses bruns; écailles bleues, ailes hyalines, cellule radiale large, courte, subfermée. Abdomen subcylindrique, vaguement caréné, à points médiocres, peu serrés : 1er segment à points plus gros, entremêlés de plus petits, troncature antérieure bleu-vert, élevée, légèrement sillonnée au milieu; 3e segment court, tronqué, trapéziforme, régulièrement convexe, les côtés longs, subrectilignes, convergents en arrière; série antéapicale verte, peu profonde, séparée au milieu, 10-14 fovéoles médiocres, ouvertes, rapprochées; marge apicale concolore ou plus verte, courte, 4-dentée : dents internes rapprochées ensemble, plus courtes, triangulaires, obtuses; les externes un peu plus larges, souvent plus aiguës; emarginatura médiane plus petite, moins profonde, plus ou moins triangulaire, à sinus obtus ou arrondi, les autres larges, un peu obliques, plus profondes, à sinus arrondi; les côtés de la marge subrectilignes, subcontinus avec ceux du segment. Ventre bleu ou bleu-vert, 2e segment taché de noir. ♂ Long. 4-6 mm. La ♀ diffère du ♂ par la teinte du dessus plus feu, les joues plus longues, le 3e article antennaire vert à la base; par le 3e segment abdominal long, fortement déprimé sur le disque, renflé avant la série antéapicale, la marge plus longue, ordinairement vert-bronzé-cuivré, les dents internes plus avancées, les externes plus en retrait et plus fortes; par les tarses brun-roussâtre. Oviscapte subtestacé (Sec. spec. typ.!)

Varidens, Abeille.

Patrie : France, Espagne, îles Baléares.

10 Les dents du 3e segment abdominal, les plus près de la base du segment, petites, aiguës ou subaiguës, dirigées en arrière.

Pulchella, Spin. var. (Voir 8e phalange).

— Dents du 3e segment abdominal, les plus près de la base du segment, simplement sous la forme d'angles. 11

11 Joues courtes, plus courtes que le 3ᵉ article antennaire; angles posticolatéraux du métathorax aigus, à pointe un peu allongée; ponctuation médiocre et coriacée. — Corps de taille médiocre, allongé, cylindrique, entièrement feu-doré-cuivré en dessus, bleu-vif et bleu-vert en dessous; pubescence fine, cendrée, peu abondante. Tête arrondie, épaisse, à points fins, très serrés, coriacés, ruguleux, devenant un peu plus gros et réticulés-ocellés sur le front; cavité faciale vert-gai-subdoré, assez profonde, finement striée transversalement au milieu avec quelques points épars, les côtés densément ponctués-coriacés, le haut subconvexe, sans carène distincte : joues courtes, non parallèles; mandibules bidentées; antennes marron-roussâtre, le 1ᵉʳ article vert, les articles 2 et 3 bronzé-verdâtre avec les articulations testacées, le 3ᵉ beaucoup plus court que les deux suivants réunis; le derrière des yeux vert un peu cuivré; pronotum médiocrement long, à côtés parallèles, troncature antérieure vert-bleu, assez abrupte, un sillon médian antérieurement; ponctuation thoracique petite, très serrée, coriacée, ruguleuse; post-écusson convexe, quelquefois vert-bleu, subréticulé, une petite cavité bleue au milieu du bord antérieur, ou simplement la suture antérieure béante, bleue; metanotum vert-bleu, les angles posticolatéraux petits, un peu décombants, droits; mésopleures vertes avec le disque cuivré, normales; pattes vert-bleu, cuivrées en dessus; tarses testacé-roussâtre, un peu brunis à l'extrémité, le 1ᵉʳ article blanchâtre; écailles bronzé-cuivré; ailes faiblement enfumées. Abdomen al-

longé, subcylindrique, vaguement caréné, à ponctuation fine, serrée, subcoriacée, non ruguleuse : 1er segment à points un peu moins fins, entremêlés de plus petits, troncature antérieure verte ou vert-bleu ; 2e segment avec la bordure apicale très engainante ; 3e segment tronqué à l'extrémité, régulièrement convexe sur le disque, côtés du segment courts, subarrondis ; série antéapicale obsolète, non creusée, 14 fovéoles très petites, espacées ou confluentes, peu ouvertes; marge apicale concolore, coupée transversalement en ligne presque droite, chaque côté de la marge profondément incisé, à sinus largement arrondi ; les angles contigus à la troncature apicale sont obtus et ne dépassent ni la troncature ni la ligne d'incision, les angles les plus antérieurs obtus et la marge est très vaguement sinuée à sa naissance. Ventre bleu ou bleu-vert, le 2e segment taché de noir à sa base, le 3e parfois un peu doré. ♂ Long. 7-8 mill.

La ♀ diffère du ♂ par la face plus bleue, le 3e article antennaire vert seulement à la base, la ponctuation plus grosse, les écailles bleu-vert, le dessous du corps bleu-vif, le 3e segment abdominal plus long, les dents latérales aiguës ou subaiguës, les fovéoles ordinairement nulles et les tarses roux; oviscapte brun. **Incisa**. — Ab. Buysson.

Obs. — J'ai vu dans la collection du musée de Madrid les *C. bihamata* Gogorza, *angulata* Gog. et *strangulata* Gog. qui sont toutes des *C. incisa*, Ab.-Buyss. La *C. anomala* décrite par M. le Dr A. Mocsary. (*Add.* 2e *ad monogr. Chr. o. t. p* , p. 231) est une ♀ de *C. incisa*.

Patrie : France méridionale (C. Ferton), Espagne, Algérie, Syrie.

Joues très longues et parallèles, aussi longues que le 3e article antennaire; angles posticolatéraux du métathorax très courts, largement obtus; ponctuation très grosse et fortement ruguleuse. — Corps de taille moyenne, allongé, assez robuste; bleu-indigo ou bleu-vert en dessous, feu doré-cuivré en dessus; pubescence cendré-blanchâtre. Tête à points assez gros, subétriculés, ruguleux; cavité faciale vert-bleu, peu profonde, densément ponctuée subcoriacée sur toute sa surface, le haut convexe, sans carène; antennes brunes, le 1er article vert-bronzé ou bleu-bronzé, le 2e bronzé obscur. Pronotum très long, cylindrique, un sillon médian profond et se continuant presque jusqu'au bord postérieur; ponctuation thoracique forte, très ruguleuse, subrétriculée, grossièrement coriacée; postécusson et metanotum vert-doré ou postécusson un peu doré et le metanotum bleu; mésopleures vert-doré sur le disque, normales; écailles brunes, bronzé-verdâtre; ailes légèrement enfumées; pattes bleu-vert, tarses roux. Abdomen ovale, très convexe, sans carène distincte; 1er segment profondément et grossièrement ponctué, subréticulé, ruguleux, les intervalles finement pointillés, troncature antérieure bleu-vert, abrupte et lisse; 2e segment à points un peu moins gros, mais plus rugueux et assez rapprochés; 3e segment à points profonds, médiocres et subruguleux, convexe sur le disque, très légèrement renflé sur les côtés avant la série antéapicale; celle-ci obsolète, verte, 12 fovéoles peu distinctes, petites, subarrondies, parfois un peu confluentes; marge apicale densément ponctuée, subtronquée-arrondie, subquadridentée : l'apex forme un angle arrondi, les côtés de la marge fortement incisés, à sinus arrondi, les incisions formant chacune deux angles dentiformes, les plus rapprochés de l'apex plus longs, plus ou moins aigus, les autres, c'est-à-dire ceux qui sont les plus rapprochés de la naissance de la marge, petits et obtus, la bordure extrême est amincie, verdâtre-bronzé. Ventre vert-bleu, 2e segment taché de noir à sa base. ♀ Long. 8 mill. **Angulata**, DAHLBOM.

OBS. — Il me semble que la *C. rufitarsis* de Brullé doit être le même insecte.

PATRIE : Croatie (A. Korlevic, A. Mocsary).

12 Pronotum entièrement feu ou cuivré. 13

— Pronotum non entièrement feu, ni entièrement cuivré. 20

13 Mesonotum bleu ou bleu-vert. **Aurifascia**, BRULLÉ. (Voir Section III).

— Mesonotum en entier ou en partie feu. 14

14 Mesonotum entièrement feu. 15

— Mesonotum non entièrement feu. 17

15 Base des segments abdominaux 2 et 3 bleu-vif. **Semicincta**, LEP. ♂ (Voir Section III).

— Base des segments abdominaux 2 et 3 concolore au disque. 16

16 Face bleue. **Thoracica**, BUYSS. (V. 2e phalange.)

— Face feu. — Corps de taille moyenne, robuste, ovale-oblong, déprimé; bleu avec la face, les pro- et mesonotum, ainsi que l'abdomen feu-doré ; pubescence gris-roussâtre, dressée, longue. Tête bleu-indigo foncé, parfois noirâtre sur le vertex; à points médiocres, assez serrés; front vert-doré-feu, à points plus gros, ruguleux; cavité faciale courte, plus large que haute, lisse, resplendissante au milieu, les côtés avec des points peu serrés, terminée en haut carrément, sans carène distincte; joues courtes, non parallèles, de la longueur du 2ᵉ article antennaire; mandibules unidentées; clypeus noir-bronzé, fortement caréné longitudinalement. Antennes noir-brun : 1ᵉʳ article noir brillant, légèrement bronzé, à gros points, le 2ᵉ et la base du 3ᵉ verts, le 3ᵉ subégal aux deux suivants réunis. Pronotum à côtés subparallèles, troncature antérieure verte, assez abrupte, un sillon médian en avant, bordure extrême postérieure amincie, verdâtre; ponctuation des pro- et mesonotum médiocre, serrée, profonde, ruguleuse; l'écusson bleu-vert ou bleu; postécusson convexe, bleu, la suture antérieure profonde; metanotum bleu-vert, les angles posticolatéraux assez grands, à pointe subaiguë, légèrement recourbées en arrière; mésopleures bleues, normales; pattes courtes, robustes, à gros points espacés, bronzé-verdâtre-violacé, avec de longs et gros poils blancs hérissés; tarses noirâtres; écailles marron; ailes assez enfumées, à nervures très épaisses, cellule radiale ouverte. Abdomen large, ovale, peu convexe : 1ᵉʳ segment ordinairement un peu verdâtre en avant sur le disque, points médiocres entremêlés de très petits, troncature antérieure verdâtre, trisillonnée; 2e segment long, vaguement caréné, à points médiocres, peu serrés; 3e segment ovale-allongé subacuminé, souvent un peu feu-violacé ou feu-grenat, ponctuation plus grosse, peu serrée, une carène distincte, disque légèrement déprimé, un peu renflé avant la série antéapicale, les côtés longs, fortement convergents en arrière; série antéapicale assez creusée, 14 fovéoles, médiocres, rapprochées, ouvertes; marge apicale un peu noir-bronzé à l'apex, à points assez gros, espacés, 4-dentée : dents internes réunies à l'apex, courtes, triangulaires, obtuses, séparées par une petite emarginatura triangulaire à sinus obtus; les externes plus en retrait que la base des internes, courtes, arrondies, souvent sous la forme de petits angles obtus, séparées des autres chacune par une emarginatura grande, peu profonde, oblique, à sinus largement arrondi; on distingue un petit angle de chaque côté à la naissance de la marge. Ventre noir, taché de feu-doré ou de feu-violacé : oviscapte brun. ♀ Long. 7 1/2-10 mill. **Pyrophana**, DAHLBOM.

Je n'ai jamais vu le mâle.

OBS. — J'ai vu dans la collection du musée de Madrid le type de la *C. euchlamys* Mocs (*C. varidens* Gogorza) qui n'est autre chose qu'une ♀ de *C. pyrophana*, Dahlb.

PATRIE : France méridionale, Espagne, Algérie.

Var. *Viridimaculata*, var. nov. Diffère du type par sa face verte, bordée de vert-doré, par les pro- et mesonotum, la base du 1er segment abdominal et une tache de chaque côté du 2e doré-feu-verdâtre; tarses roux. ♀ Long. 8 mill.

PATRIE : France méridionale. (J. Bossavy).

17 Marge apicale du 3e segment abdominal bleu-vif. 18

— Marge apicale du 3e segment abdominal concolore au disque. 19

18 Tarses noirâtres : 3e article antennaire subégal au 4e; angles posticolatéraux du métathorax larges, obtus.

Chevrieri, Ab., Var. Perezi, Mocs. (Voir Section IV).

— Tarses roussâtres; 3e article antennaire beaucoup plus long que le 4e; angles posticolatéraux du métathorax petits, étroits, recourbés, aigus. — Corps de taille médiocre, assez convexe, d'un beau feu doré, avec les pattes, le dessous du corps et l'aire médiane du mesonotum verts, la marge apicale du 3e segment abdominal bleu-vif. Tète épaisse, un peu plus large que le pronotum, à points médiocres, peu serrés, assez profonds; cavité faciale profonde, lisse au milieu, densément et finement ponctuée sur les côtés, terminée en haut assez abruptement avec une carène transversale, trianguleuse, les angles externes se continuant un peu vers le 1er ocelle; joues nulles; clypeus très court; antennes roussâtres, les deux premiers articles verts, le 3e presque aussi long que les deux suivants réunis; pronotum court, à côtés parallèles, une dépression en avant, troncature antérieure abrupte, vert-bleu; ponctuation thoracique assez grosse, profonde, réticulée; postécusson convexe, vert-feu-doré; angles posticolatéraux du métathorax feu-doré en dessus; mésopleures à disque feu-doré, normales; écailles bleu-vif; ailes hyalines à nervures roussâtres. Abdomen assez convexe, à ponctuation grosse, régulière, assez serrée, les intervalles lisses : 1er segment avec la troncature antérieure verdâtre; 2e segment caréné, la base un peu verdâtre, la partie engaînée noire, la partie apicale très engainante à teinte grenat, les angles posticolatéraux spinoïdes; 3e segment ovale, la base légèrement teintée de vert, la partie engainée noire, le disque légèrement déprimé transversalement, les côtés longs, rectilignes convergents en arrière; série antéapicale creusée, 14 fovéoles, parallèles, ouvertes, séparées, assez rapprochées; marge apicale 4-dentée : dents disposées sur une ligne courbe, équidistantes, les internes courtes, obtuses, les externes aiguës, triangulaires et plus longues, les côtés de la marge un peu sinués vers les dents externes, les emarginatura à sinus obtus, peu profond, celle du milieu moins profonde encore. Ventre vert-bleu. ♀ Long. 7 mill. **Fertoni**, N. sp.

Obs. — Je suis heureux de dédier cette jolie espece à M. le capitaine C. Ferton, en souvenir de nos relations entomologiques.

Patrie : Algérie, Maroc, Crête.

19 Dents apicales du 3e segment abdominal subaiguës, les externes plus longues que les internes, l'emarginatura du milieu à sinus arrondi. — Corps de taille médiocre ou moyenne, allongé, vert-doré un peu feu-cuivré ou feu-doré-cuivré, avec le vertex, le postécusson et le metanotum vert-bleu, l'aire médiane du mesonotum et parfois aussi le vertex bleus; pubescence blanc-sale, fine,

assez épaisse, dressée. Tête à points petits, épars, irréguliers, devenant serrés, subréticulés, ruguleux sur le front; cavité faciale doré-verdâtre ou vert-gai, peu profonde, finement striée transversalement au milieu, densément ponctuée sur les côtés, convexe en haut, sans carène; joues très longues, parallèles, de la longueur du 1er article antennaire; mandibules bidentées; antennes brun-noir, 1er article vert-doré, le 2e et la base du 3e bronzé-verdâtre, parfois obscurément, le 3e presque deux fois long comme le 2e. Pronotum vert-doré à teinte feu ou feu-cuivré, troncature antérieure déclive, bleu-vert ou bleue, un sillon médian en avant, points médiocres, peu serrés, entremêlés d'autres fins; mesonotum à pontuation plus petite, écusson à points épars, les intervalles avec quelques rares petits points fins, le bord antérieur imponctué; postécusson convexe, ponctué-réticulé, le milieu de la suture antérieure béant et creusé; angles posticolatéraux du métathorax petits, un peu réfléchis, subobtus; mésopleures vert-gai ou bleu-vert, normales; écailles bleues; ailes subhyalines ou légèrement enfumées, à fortes nervures brunes; pattes vert-gai ou bleues, tarses brun-roussâtre. Abdomen ovale-allongé, légèrement caréné : 1er segment plus vert ou moins feu, à points médiocres, espacés, avec les intervalles finement pointillés, surtout sur les côtés, troncature antérieure couverte de fines stries concentriques, avec un sillon médian; 2e segment à points médiocres, espacés, entremêlés de points plus petits, les espaces lisses, la bordure apicale très engainante;

3e segment elliptique-subtronqué, un peu comprimé, déprimé sur le disque et légèrement renflé sur les côtés avant la série antépicale, ponctuation plus grosse, un peu serrée, subruguleuse, les côtés assez longs, subrectilignes : série antéapicale souvent presque nulle au milieu, 4-5 fovéoles de chaque côté, arrondies, séparées; marge apicale concolore, un peu comprimée, 4-dentée : dents disposées sur une ligne arquée, subéquidistantes; les internes petites, triangulaires, subaiguës, les externes plus longues, plus larges; emarginatura subégales, à sinus arrondi, celle du milieu moins profonde; côtés de la marge brièvement sinués près des dents externes et formant un petit angle de chaque côté à la naissance de la marge; l'extrême bordure apicale, hyaline-scarieuse. Ventre vert-gai-bleuâtre ou bleu, tous les segments tachés de noir à leur base. ♀ Long. 6-8 mill. **Facialis**, Ab. — Buysson.

Patrie : Syrie (Abeille de Perrin); Grèce (A. Mocsary).

— Dents apicales du 3e segment abdominal obtuses, les externes plus courtes que les internes, l'emarginatura du milieu en forme d'incision triangulaire. — Corps de taille presque grande, allongé, subparallèle, bleu ou bleu-vert avec la face verte, le dessus de la tête, le pronotum, les aires latérales du mesonotum et l'écusson vert-doré un peu cuivré, l'abdomen feu-doré-cuivré; pubescence épaisse, grisâtre, dressée, fine; tête un peu plus large que le pronotum, à points médiocres, assez serrés, devenant très serrés, réticulés sur le front; cavité faciale très peu creusée, densément ponctuée-coriacée, avec d'épais poils blancs couchés, terminée en haut par une légère carène transversale; clypeus large; joues longues, subparallèles (antennes brisées sur le type unique). Pronotum long, cylindrique, troncature antérieure abrupte, bleue, un fort sillon médian, bleu; ponctuation des pro- et mesonotum irrégulière, médiocre, profonde, ruguleuse, entremêlée de points plus petits; écusson large, à points plus gros, subréticulés, rapprochés, avec quelques petits points entremêlés; post-écusson convexe, ponctué-réticulé, avec une petite cavité au milieu du bord antérieur; angles posticolatéraux du métathorax triangulaires, un peu longs, subaigus; mésopleures normales; pattes bleu-vert, tarses roussâtres; écailles vert-bleu; ailes légèrement enfumées; cellule radiale fermée. Abdomen allongé, subparallèle, subcylindrique, légèrement caréné, à points médiocres, rapprochés, subcoriacés, entremêlés d'autres beaucoup plus fins : 1er segment plus cuivré, troncature antérieure bleu-vert, tri- impressionnée; 3e segment subarrondi, régulièrement convexe sur le disque, les côtés longs, droits; série antéapicale peu profonde, séparée par la carène, 10 fovéoles, irrégulières, arrondies, ouvertes; marge apicale concolore, courte, 4-dentée : dents internes courtes, subtriangulaires, obtuses; les externes plus larges, obtuses; les emarginatura extérieures largement et très profondément arrondies; côtés de la marge droits, continus avec ceux du segment. Ventre bleu et bleu-vert, taché de noir. ♂ Long. 9 1/2 mill. (Sec. spec. typ.!)

Mirabilis, RADOSZKOWSKY.

PATRIE : Caucase (Radoszkowsky).

20 Écusson et abdomen violets. — Corps d'assez grande taille, robuste, allongé, assez convexe, entièrement violet avec le mesonotum feu-doré, la tête feu avec le front doré-verdâtre; pubescence rare, blanchâtre. Tête plus petite que le pronotum, à points médiocres, profonds, peu serrés, mais devenant subréticulés et denses sur le front; cavité faciale peu profonde, à points petits, assez serrés, entremêlés de poils blancs, terminée en haut par une légère carène transversale bi-anguleuse, les extrémités ne touchant pas les yeux; clypeus long, feu; mandibules subbidentées; joues longues, subparallèles, de la longueur du 3e article antennaire; antennes brunes, le 1er article violet-bronzé, les articles 2 et 3 violets, le 3e égal aux deux suivants réunis. Pronotum long, déprimé en avant, les côtés fortement convergents en avant, un sillon au milieu du bord antérieur; une teinte légère feu-bronzé se distingue parfois sur le bord antérieur du pronotum, les mésopleures, le postécusson et le metanotum; ponctuation des pro- et mesonotum un peu forte, profonde, peu serrée, subréticulée; écusson large, plan, à points plus gros, espacés, les intervalles lisses; postécusson convexe, grossièrement réticulé; angles posticolatéraux du métathorax triangulaires, sensiblement sinués antérieurement, près de la base, la pointe droite, subobtuse; mésopleures normales, à points plus serrés, ruguleux; poitrine à reflets bronzés, pattes violettes, quelques reflets feu-bronzé sur les cuisses et les hanches; tarses bruns; écailles violettes; ailes beaucoup plus courtes que l'abdomen, assez enfumées, l'extrémité hya-

line, cellule radiale presque fermée. Abdomen long, très convexe, subparallèle, à points gros, profonds, espacés, les intervalles lisses : 1er segment à troncature antérieure grande, profondément tri-impressionnée; 2e segment vaguement caréné, les angles posticolatéraux subarrondis; 3e segment très long, déprimé sur le disque, sensiblement renflé avant la série antéapicale, les côtés très longs, presque droits; série antéapicale faiblement creusée, 12 fovéoles arrondies, espacées, ouvertes, médiocres; marge apicale concolore, seulement avec quelques légers reflets feu, 4-dentée : dents un peu roussâtres, médiocres, triangulaires; les internes plus courtes, subobtuses, rapprochées ensemble, les externes aiguës, plus longues, en retrait, leur côté extérieur largement et profondément sinué; les emarginatura à sinus arrondi, celle du milieu moins large. Ventre violet, avec le disque des segments 2 et 3 feu, tous les segments tachés de noir à la base. ♀ Long. 10 mill. **Episcopalis,** Spinola.

Obs. — J'ai vu le type de la *C Sinaica*, Walker, qui n'est autre que la *C. episcopalis*, Spin.

Patrie : Nubie : Chartoum (Kohl); Arabie : Mont Sinai, Gardens round (Walker. Dr W. Innes).
Cette espèce habiterait également l'Égypte et la Syrie, d'après Spinola, Guérin et M. le général O. Radoszkowsky.

— Écusson et abdomen non violets. 21

21 Écusson cuivré-bronzé ou feu-doré. 23

— Ecusson bleu ou vert. 22

22 Troisième article antennaire métallique;

abdomen subcylindrique, non déprimé, sans forte carène médiane.
Succincta, L. Var. **Bicolor**, Lep. (Voir 3e phalange).

— Troisième article antennaire non métallique; abdomen déprimé, fortement caréné. — Corps de taille petite ou médiocre, assez robuste, un peu déprimé; tout l'avant-corps bleu, avec le bord antérieur du pronotum et le mesonotum feu-doré ou vert-bleu-subdoré, parfois l'aire médiane du mesonotum bleu-vert, la partie postérieure presque toujours bleue ou bleu-noir; l'abdomen feu-doré, parfois avec une tache allongée sur le disque verte ou noir-bronzé-verdâtre; pubescence gris-roussâtre. Tête à points médiocres, serrés, profonds, subréticulés, devenant plus petits et réticulés sur le front; cavité faciale courte, plus large que longue, peu creusée, lisse au milieu, ponctuée-coriacée sur les côtés avec d'épais poils blancs, terminée en haut abruptement ou avec quelques traces de carène transversale; clypeus subcarré, vert-doré; joues médiocres, non parallèles, de la longueur du 3e article antennaire; mandibules unidentées; antennes noir-brun, les deux premiers articles et la base du 3e verts, le 3e plus long que le 4e. Pronotum court, à côtés convergents en avant, troncature antérieure bleue, peu abrupte, un sillon médian; ponctuation thoracique grosse, réticulée, serrée, ruguleuse; postécusson convexe, la suture antérieure largement béante; angles posticolatéraux du métathorax médiocres, un peu recourbés en arrière, à pointe subaiguë; mésopleures bleues, normales; écailles marron-bronzé; ailes subhyalines ou très faiblement enfumées; pattes vert-gai ou vert-bleu, tibias un peu vert-subdoré, tarses bruns. Abdomen court, large, obovale : 1er segment souvent avec une teinte verte, points médiocres, peu serrés, les intervalles subruguleux, obsolètement pointillés, troncature antérieure verte, tri-impressionnée; 2e segment à points plus petits, serrés, subruguleux; 3e segment court, ovale-subtronqué, à points plus gros, serrés, ruguleux, vaguement déprimé sur le disque de chaque côté de la carène médiane, les côtés courts. arrondis; série antéapicale un peu creusée, 10-12 fovéoles médiocres, ouvertes, rapprochées; marge apicale ordinairement teintée de vert, courte, 4-dentée : dents réunies à l'apex, triangulaires-aiguës, disposées sur une ligne arquée, subéquidistantes; les internes plus longues; les emarginatura à sinus arrondi; les côtés de la marge largement sinués. Ventre feu-doré, 1er segment vert le 2e taché de noir à sa base, tous marginés de noir. ♂ Long. 6-8 mill.

La ♀ diffère du ♂ par la ponctuation moins profonde, moins ruguleuse; par le 3e article antennaire plus long, subégal aux deux suivants réunis; par le milieu de la cavité faciale lisse, imponctué; les pattes garnies de poils longs, raides; le 3e segment abdominal plus long, subacuminé, la marge apicale verte ou bleu-bronzé, les dents internes plus avancées, plus rapprochées ensemble, séparées par un sinus triangulaire; les dents externes très petites, spinoïdes, fortement en retrait, séparées des internes chacune par une large emarginatura à fond subrectiligne, oblique;

les côtés de la marge sont vaguement bisinués. **Grohmanni**, DAHLBOM.

OBS. — Serait parasite, d'après M. E. Abeille de de Perrin, du *Crabro dives*, Dahlb.
J'ai vu des individus atteints de rufinisme aux antennes, aux pattes, aux écailles et à la nervulation des ailes.

PATRIE : France méridionale, Lombardie, Sardaigne, Sicile, Espagne, Algérie, Tunisie, Hongrie méridionale, Grèce, etc.

Var. *Singula*, Rad. Diffère du type par l'avant-corps vert-bleu, les pattes bronzé-cuivré, les parties feu-doré devenant cuivrées; par la marge du 3e segment abdominal et la bordure apicale du 1er verts; par le 2e article antennaire à peine bronzé, le 3e noir; par le haut de la cavité faciale terminée par une carène frontale plus distincte, bien qu'interrompue; par le ventre vert-cuivré. ♂ Long. 7-8 mill. (Sec. spec. typ.!)

PATRIE : Province transcaspienne (Radoszkowsky).

23 Mesonotum cuivré-bronzé. — Corps de petite taille; entièrement cuivré-bronzé avec la tête, le pronotum, le postécusson, le metanotum et le dessous du corps vert-bronzé; pubescence gris-brun, dressée, espacée. Tête très large, à points petits, peu serrés, devenant plus gros et ruguleux sur le front; cavité faciale très courte, creusée, verte, lisse et brillante au milieu, ponctuée-coriacée sur les côtés, terminée en haut abruptement, mais sans carène; joues médiocres, non parallèles; antennes brun-foncé, les deux premiers articles bronzés, le 3e un peu plus long que le 4e; épistome très court. Pronotum convexe, troncature antérieure très déclive-convexe, un sillon au milieu du bord antérieur, ponctuation médiocre, irrégulière, peu serrée, subruguleuse; celle du mesonotum et

de l'écusson plus forte et plus espacée; postécusson convexe, ponctué-réticulé; angles posticolatéraux du métathorax triangulaires, courts, droits, subaigus; mésopleures convexes, normales ; écailles bronzé-cuivré; ailes subhyalines. Abdomen obovale, légèrement caréné sur le 2e segment, à points un peu gros, légèrement espacés : 2e segment ayant au milieu de la base de son disque un espace à points serrés ; 3e segment ovale-allongé, un peu comprimé, les côtés légèrement réfléchis en dessous, médiocres, droits, convergents en arrière; série antéapicale large, un peu creusée, 10 fovéoles rapprochées, allongées, subparallèles; marge apicale concolore, longue au milieu, 4-dentée : dents disposées sur une ligne très arquée, les internes réunies a l'apex, courtes, triangulaires, subobtuses, séparées entre elles par une emarginatura subtriangulaire, très petite, peu profonde, à sinus subobtus; les externes très en retrait, beaucoup plus petites et obtuses, séparées des dents internes chacune par une emarginatura beaucoup plus grande, largement arrondie; côtés de la marge presque droits et continus avec ceux du segment. Ventre bronzé-cuivré, taché de noir. ♀ Long. 5 1/2 mill. (Sec. spec. typ.!) **Apicalis**, Radoszkowsky.

Patrie : Caucase (Radoszkowsky).

— Mesonotum bleu ou vert. — Corps de taille médiocre ou moyenne, robuste, subparallèle, assez convexe; tout l'avant-corps bleu et vert, l'écusson et l'abdomen feu-doré, la marge apicale du 3e segment abdominal bleue; pubescence dressée, assez épaisse, grisâtre. Tête plus large que le pronotum, à points médiocres, très serrés, subréticulés, devenant plus petits et plus réticulés sur le front; toute la face vert-gai ou un peu dorée, le front souvent avec une petite tache dorée, la cavité peu profonde, parfois substriée-ponctuée transversalement au milieu, densément ponctuée sur les côtés, avec d'épais poils blancs, terminée en haut par quelques traces d'une carène transversale émettant parfois deux petits rameaux se dirigeant vers le 1er ocelle; joues médiocres, convergentes en avant, de la longueur du 4e article antennaire; mandibules bidentées; antennes noir-brun, les deux premiers articles et la base du 3e verts ou vert-subdoré, parfois avec quelques reflets feu, le 3e article un peu plus long que le 4e. Pronotum long, à côtés parallèles, troncature antérieure assez abrupte, un sillon au milieu du bord antérieur, la partie antérieure ordinairement vert-bleu, parfois avec quelques reflets vert-gai ou subdorés; ponctuation des pro-, mesonotum et écusson médiocre, serrée, subréticulée, subruguleuse, les plus gros points ocellés; écusson avec le milieu de la suture antérieure béant et lisse; postécusson vert-bleu un peu doré, rarement feu-doré, ponctué-réticulé, convexe, avec la suture antérieure béante; angles posticolatéraux du métathorax souvent verts, petits, étroits, légèrement recourbés en arrière, à pointe aiguë; mésopleures vert-bleu, un peu dorées sur le disque, normales; pattes vertes ou vert-gai, ou un peu dorées, les tibias souvent plus ou moins feu-doré, tarses roux; écailles bleues, ailes très légèrement enfumées, cellule radiale courte, non fermée. Abdomen large, parfois avec des reflets verdâtres, convexe, sans carène bien apparente, à points médiocres, assez serrés, profonds; 1er segment à points un peu plus gros, troncature antérieure vert-bleu, tri-sillonnée; 2e segment avec les angles posticolatéraux subarrondis; 3e segment court, subtronqué, régulièrement convexe sur le disque, très légèrement renflé avant la série antéapicale, les côtés assez longs, subrectilignes; série antéapicale assez creusée, séparée au milieu par une faible carène, 14-16 fovéoles serrées, subconfluentes, irrégulières, ouvertes; marge apicale bleue ou vert-bleu, courte, 4-dentée-ondulée : dents internes sous la forme d'angles arrondis, séparés par un sinus à fond subaigu, les externes un peu plus étroites et moins arrondies, séparées des internes chacune par un large sinus, très peu profond; côtés de la marge subrectilignes, subcontinus avec ceux du segment. Ventre vert-bleu, 2e segment largement taché de noir à la base, le 3e largement marginé de noir-subscarieux à son extrémité. ♂ Long. 7-9 mill.

La ♀ diffère du ♂ par son corps plus allongé, le 3e article antennaire presque entièrement vert en dessus, le postécusson presque toujours feu-doré, la ponctuation abdominale plus grosse et moins serrée, le 2e segment abdominal plus distinctement caréné, le 3e plus long, un peu comprimé sur les côtés, légèrement déprimé sur le disque, plus renflé au milieu avant la série antéapicale, la marge plus longue, plus distinctement dentée; tarses brun-roussâtre; oviscapte brun.

Scutellaris, Fabricius.

Obs. — J'ai vu des individus atteints de rufinisme

dans les pattes, les antennes, les écailles et la nervulation des ailes.

PATRIE : Toute l'Europe : France, Espagne, Maroc, Italie, Algérie, Tunisie, Syrie, Angleterre, Belgique, Turkestan, Allemagne, Russie, etc., etc...

Comme je l'ai dit plus haut, la *C. Ariadne*, Mocs. est probablement une variété de cette espèce. Je possède une femelle de *scutellaris*, F. de Syrie (Coll. André) dont l'avant-corps est vert-gai, à ponctuation plus grosse, moins serrée, les intervalles lisses. Cet individu semble fournir un passage à la *C. Ariadne*, Mocs. ♂.

Var. *Consobrina*, Mocs. — Diffère du type par l'avant-corps sans tache feu, l'écusson est vert ou vert-doré; par l'abdomen à ponctuation un peu plus serrée chez la ♀; le 1er segment doré un peu verdâtre. ♂♀ Long. 7-8 mill. (Sec. spec. typ.!)

PATRIE : Perse, Province transcaspienne (Radoszkowsky).

OBS. — La *C. consobrina* Var. *nova* Rad , dont j'ai vu le type, rentre dans cette variété; les différences sont insaisissables.

Var. *Undulata*, Rad. Rufinisme. — Diffère du type par les antennes, les écailles, la nervulation des ailes et les pattes rousses, l'avant-corps noir-bronzé avec de légers reflets bleus, l'écusson à reflets feu; par l'abdomen feu-doré obscur, un peu verdâtre sur le 1er segment, la marge apicale du 3e verte. ♂ Long. 7 1/2 mill. (Sec. spec. typ.!)

PATRIE : Caucase (Radoszkowsky).

ESPÈCES RESTÉES INCONNUES

(SECTION II) : *Virides.*

C. Cœlestina, KLUG. — Ponctuée, bleue, ailes blanc-hyalin, antennes noires. Long. 4 lignes. Presque de la forme et de la grandeur de la précédente (*C. chlorospila*). Vert-bleu, densément ponctuée. Tête verte antérieurement, argentée-soyeuse près des yeux, antennes et mandibules noires. Lobe intermédiaire du mésothorax bleu-vif. Tarses à pubescence brunâtre. Ailes blanc-hyalin, nervures et stigma noirs. Second segment de l'abdomen bleu-vif à la base, le dernier avec quatre dents aiguës.

PATRIE : Égypte (Faium, au mois de juillet).

C. Diversa, DAHLB. — Médiocre, longue de 2 lignes et demie décimales, densément couverte de points médiocres, bleue marquée de vert, tarses brun-noir, 3e segment abdominal modérément convexe en entier, la série antéapicale distincte, continue : fovéoles nombreuses, médiocres, arrondies, les dents courtes, triangulaires, les emarginatura modérement arquées, les antérieures égales.

Semblable à la *C. orientalis* (*obliterata*, Mocs.), mais la couleur du corps plus bleue et surtout la série antéapicale du 3e segment abdominal qui est visible l'en distingue certainement. Corps linéaire, à pubescence courte, blanche et brunâtre, bleu ou bleuissant; le vertex, la région postérieure du pronotum, les aires latérales du dorsulum et le 3e segment abdominal avant la série plus ou moins verts ou scintillants de vert; l'écusson, la poitrine, les marges apicales et parfois aussi les côtés des segments abdominaux 1 et 2, vert-gai. Tête médiocrement arrondie-subcubique; vertex convexe; cavité faciale rectangulaire, planiuscule, densément ponctuée-coriacée, finement canaliculée au milieu, légèrement marginée transversalement en haut, la marginule deux fois arquée. Antennes courtes, subrobustes, brunâtres, le scape vert-bleu. Clypeus médiocre, transversal, subtrapéziforme, pointillé, vert, les bords brillants : les côtés testacés, la partie apicale noir de poix, le disque très légèrement caréné, avec une légère impression de chaque côté, le centre de la marge subtronqué ou plutôt largement émarginé en triangle très peu profond. Thorax subcylindrique, le dos convexe-déprimé ; les angles posticolatéraux du métathorax petits, triangulaires, aigus. Abdomen obtusément subrectangulaire, un peu plus long que le thorax mais de la même largeur que celui-ci, le dessus modérement convexe, et la ponctuation médiocrement dense ; les dents apicales du 3e segment disposées sur une ligne transverse, toutes sont courtes, triangulaires, mais les extérieures plus robustes, les centrales plus courtes, obtusiuscules, l'émarginatura centrale un peu moins profonde, et un peu moins large que chacune des extérieures ; la marge latérale oblique très légèrement et très obsolètement flexueuse ou presque droite. Pattes bleu-vert ou vert-bleu ; les tarses brunâtres ; les éperons, les extrémités des tibias et des articles des tarses brun-testacé. Ailes hyalines, nervures médiocres, noir de poix, cellule radiale triangulaire-lancéolée, ouverte à l'extrémité.

OBS. — Il se pourrait que les *C. diversa*, Dhb. et *lætabilis*, Buyss. fussent la même espèce : malgré la longue description de Dahlbom je ne puis en être assuré.

PATRIE : Égypte.

C. Angularis, Mocs. — Grande, allongée, assez robuste, vert-bleu ; pubescence longue et cendrée ; la face, la poitrine et la marge apicale des deux premiers segments dorsaux de l'abdomen verdissants ; cavité faciale planiuscule, densément ponctuée-coriacée, transversalement flexuoso-marginée en haut ; antennes brunâtres, les trois premiers articles vert-bleu, le troisième long, deux fois plus long que le second ; joues médiocres, égales au 2e article antennaire ; pronotum court, transversal, peu impressionné au milieu antérieurement ; metanotum convexe, les dents posticolatérales robustes, triangulaires-aiguës, longiuscules ; vertex plus densément et plus subtilement ponctué, le pronotum et le mesonotum à points plus épars et plus gros, subréticulés, avec les intervalles finement pointillés, l'écusson et le postécusson fortement mais moins profondément ponctués-réticulés ; les segments dorsaux de l'abdomen : le 1er fortement ponctué, le second plus finement, moins rugueusement et moins profondément ponctué, les intervalles subtilement pointillés : le 2e avec une carène médiane assez distincte, les segments 2 et 3 avec la base noir-bronzé, le 3e densément et finement ponctué, les côtés un peu rugueux, subcoriacé, convexe, un peu renflé avant la série, les fovéoles moins profondément enfoncées, assez grandes, subpellucides au nombre de 12 environ, suborbiculaires, séparées par une carène médiane déprimée-convexe, la marge apicale assez longue, densément ponctuée, quadridentée, les deux dents centrales assez longues, triangulaires, subaiguës, les deux externes formées par l'extrémité arquée des côtés (comme chez la *C. fasciata*, Oliv.); les emarginatura : l'intermédiaire arquée, les deux externes plus larges et obliques; ventre et pattes vert-bleu, tarses bleu-indigo en dessus, l'extrémité et le dessous brunâtre; ailes hyalines, nervures brunâtres, cellule radiale triangulaire-lancéolée, subcomplète, l'extrémité peu ouverte; écailles bleues. ♀ Long. 11 mill.

Espèce facile à distinguer à première vue par la ponctuation du thorax et de l'abdomen, mais surtout par la forme singulière de la marge apicale.

Patrie : Égypte.

C. Viridissima, Klug. — Pubescente vert-bleu, tarses pâles. Long. 3 1/2 lignes. Forme de la *C. ignita*. Vert-bleu vif, recouverte d'une pubescence fine et blanche surtout sur les côtés. Tête pubescente entre les yeux, argentée. Antennes brun-noir, le 1er et le 2e articles bleu-vert. Thorax vert, dorsulum du mésothorax et le dessus du métathorax bleus, rarement immaculé. Ecailles le plus souvent bleues à la base. Ailes blanc-hyalin, nervures et stigmates brunâtres. Pattes bleu-vert, tarses pâles. Abdomen immaculé.

Patrie : Égypte (Sacchara et province du Faium, au mois de juillet).

C. Minutissima, Rad. — Petite, allongée, assez robuste, vert-gai, le mesonotum et le 2e segment abdominal un peu vert-subdoré brillant. plus longuement pubescente de poils cendrés; cavité faciale planiuscule, large, densément pointillée-coriacée, canaliculée longitudinalement au milieu et lisse, le haut terminé par une marge transversale courte; antennes courtes, grêles, brunâtres, les deux premiers articles verts, le 3e très court, un peu plus court que le quatrième; joues proportionnellement assez longues, égales au 4e article antennaire; pronotum court, transversal, convexe, au milieu antérieurement, non impressionné; metanotum convexe, dents postico-latérales courtes, assez larges, subaiguës; vertex et dos du thorax ponctués-réticulés, les points assez denses, profonds, irréguliers; segments dorsaux de l'abdomen : 2e et 3e noir-bronzé à la base, le 2e avec une carène médiane assez distincte, tous les segments densément ponctués, un peu rugueux et moins profondément, le 3e convexe, à peine renflé avant la série, les fovéoles au nombre de six seulement, moins profondes, subarrondies, la marge apicale courte, densément pointillée, quadri-denticulée, les dents courtes, triangulaires-subaiguës, disposées un peu en arc, presque de même longueur, les emarginatura un peu arquées, la centrale plus étroite que les extérieures; ventre et pattes verts, le ventre avec le 2e segment taché de noir de chaque côté à la base, les tarses testacés; ailes hyalines purement, nervures pâles, cellule radiale triangulaire-lancéolée, complète. ♂ Long. 4 mill.

Espèce facile à reconnaîre par son petit corps vert-gai, par la cavité faciale, les antennes, les fovéoles et les dents anales.

PATRIE : Égypte.

C. **Kokandica**, RAD. — Petite, grêle, étroite, densément scrobiculée-ponctuée, vert-bleu; cavité faciale coriacée, avec une marge arquée en haut; clypeus presque court, la marge arquée; mandibules noir de poix; antennes brunâtres; thorax avec le dorsulum et le metanotum bleus; écusson vert-doré, angles posticolatéraux du métathorax médiocres, triangulaires, presque recourbés; 2e segment abdominal tournant au bleu-indigo, la marge fasciée de vert, une légère carène médiane; le 3e bleu-indigo avec la série antéapicale suboblitérée, les fovéoles grandes, profondes, interrompues, les dents triangulaires, non disposées en ligne droite; tarses blancs; ventre noir bleu. ♀ Long. 5 1/2 mill.

PATRIE : Turkestan (Ferghana, près Schahimardan).

C. **Concolor**, Mocs. — Petite, allongée, assez robuste, parallèle, bleu-vert, cavité faciale, les lobes du mesonotum, l'écusson et les segments dorsaux de l'abdomen un peu verts-subdorés, brillants; pubescence longue, cendrée et blanche; cavité faciale large, presque plane, densément pointillée-coriacée, très indistinctement marginée en haut; antennes allongées, grêles, brunâtres, les deux premiers articles et la base du 3e verts, ce dernier long, presque deux fois plus long que le 2e: joues longues, presque égales au 3e article antennaire; ponctuation du vertex et du dos du thorax assez dense, moins épaisse et profonde, subréticulée, entremêlée de points plus petits; metanotum convexe, les dents posticolatérales robustes, triangulaires-subaiguës; segments dorsaux de l'abdomen : ponctuation du 1er éparse, moins épaisse, et entremêlée de points très fins, celle du 2e rugueuse, très dense, et fine, celle du 3e dense et fine, la base du 2e et du 3e noir-bronzé, une carène médiane peu distincte, le 3e concave à sa base, assez fortement renflé avant la série, les fovéoles au nombre de six seulement, bien distinctes, grandes, suboblongues, profondes; marge apicale longiuscule, densément et très finement pointillée, quadridentée, dents disposées sur une ligne droite transversale, assez longues, triangulaires, subaiguës, les intermédiaires plus aiguës, égales, les emarginatura profondes, subégales, les côtés fortement rétrécis, légèrement sinués avant la dent externe; ventre et pattes vert-gai; 2e segment du ventre taché de noir de chaque côté à la base; tarses brun-testacé; ailes hyalines, nervures brunâtres, cellule radiale triangulaire, lancéolée, complète. ♀ Long. 5 mill.

PATRIE : Caucase (Vallée du fleuve Arax).

C. Circassica, Mocs. — Petite, allongée, parallèle, vert-bleu, le front, l'occiput, le pronotum, l'écusson et les mésopleures vert-subdoré; pubescence blanche et cendrée, moins longue; cavité faciale, une petite tache autour des ocelles, le cou, la partie tronquée du pronotum et le lobe médian du mesonotum noir-bleu; cavité faciale subétroite, profonde, densément ponctuée-coriacée, front convexe, mais un peu au-dessus on distingue une petite ligne arquée; antennes non longues, un peu épaisses, brunâtres, les deux premiers articles verts, le 3e court, cependant plus long que le 4e; joues courtes, un peu moins longues que le 3e article antennaire; pronotum assez long, transversal, impressionné antérieurement au milieu; metanotum convexe, dents posticolatérales courtes, robustes, moins recourbées, triangulaires-subaiguës; ponctuation du vertex et du thorax dense, moins épaisse et profonde, subréticulée; segments dorsaux de l'abdomen bleus, le premier et le second avec la partie apicale vert-subdoré, le 2e avec une carène médiane fine, continue, distincte, le 3e convexe à sa base, fovéoles profondes, enfoncées, grandes, oblongues, presque sulciformes, et un peu confluentes, pas nombreuses, 8 environ seulement, séparées par une carène médiane, la marge apicale longiuscule, densément et finement pointillée, quadridentée, dents disposées sur un arc léger, les intermédiaires un peu plus longues, triangulaires-aiguës, les emarginatura assez profondes, presque égales, la marge latérale droite, tronquée-oblique, non sinuée; ponctuation du 1er et du 2e segments dense, moins épaisse et profonde, celle du 3e encore plus dense et un peu plus fine; ventre vert-bleu, avec le 1er segment vert-subdoré comme les cuisses, tibias vert-bleu, tarses brunâtres; ailes hyalines, nervures grêles, brunâtres, cellule radiale lancéolée, incomplète, assez largement ouverte à l'extrémité. ♀ Long. 5 1/2 mill.

OBS. — Il se peut que cette espèce soit la femelle de ma *C. abbreviaticornis*, dont je ne connais que des mâles.

PATRIE : Caucase, vallée du fleuve Arax.

(SECTION III : *Zonatæ*).

C. Sehestedti, DAHLB. — Médiocre, longue d'environ deux lignes et demie décimales, bleue, densément couverte de points médiocres, le 2ᵉ segment abdominal doré. A peu près de la taille et de la forme de la *C. ignita*. Corps bleu; 2ᵉ segment dorsal de l'abdomen doré, le 3ᵉ entièrement convexe-déprimé, non renflé avant la série antéapicale, la marge apicale un peu proéminente, plane, série antéapicale distincte, à fovéoles médiocres, non confluentes, dents apicales courtes, obtuses, ce qui rend la marge comme ondulée. Antennes bronzé-vert à la base, devenant flaves à l'extrémité, tachées de brunâtre en arrière.

PATRIE : Tanger.

C. Zonata, DAHLB. — Presque petite, longue de une ligne et demie décimale à une ligne trois quarts, verte, à ponctuation dense, mediocre, subcoriacée, l'aire médiane du dorsulum bleue, le 2ᵉ segment de l'abdomen doré.

Presque de la forme d'une petite *C. ignita*. Se rapprochant beaucoup de la *C. soror* par son coloris, mais le corps est beaucoup plus petit et plus étroit, la ponctuation beaucoup moins épaisse, les dents du 3ᵉ segment abdominal obtuses, très courtes, très obsolètes. Le corps est densément couvert de points très médiocres, subcoriacés. Tête verte; cavité faciale légèrement étroite, rectangulaire, profonde, subtilement canaliculée au milieu, pointillée-coriacée sur les côtés et en haut où elle est marginée transversalement : cette marge émettant de chaque côté un petit rameau court, longitudinal, dirigé en arrière; antennes médiocres, vertes à la base, le fouet brun vif. Clypeus médiocre, transversal, subtrapéziforme, convexe sur le disque, tronqué dans sa marge apicale. Mandibules et bouche normales, thorax vert : troncature antérieure, l'aire médiane du mesonotum et le metanotum d'un bleu légèrement teinté de vert. Pattes vertes, tarses bruns. Ailes subhyalines, les nervures assez grêles, brunes; cellule radiale subtriangulaire-lancéolée, ouverte étroitement à l'extrémité. Abdomen comme chez la *C. semicincta,* mais la marge apicale du 3ᵉ segment est plus courte, bien que les dents et les emarginatura soient semblables; 1ᵉʳ segment bleu-vert, doré sur la marge apicale; 2ᵉ segment feu-doré, légèrement noir-bronzé à la base; 3ᵉ segment vert, avec une fascie bleu-indigo à la base; série antéapicale interrompue, 4-5 fovéoles de chaque côté, bleues, un peu grandes, profondes, arrondies. Ventre planiuscule, vert-bleu taché de noir.

PATRIE : Asie Mineure.

C. Soror, Dahlb. — Médiocre, longue de deux lignes et demie décimales, à ponctuation dense et médiocre, verte, le 2e segment abdominal avec une large fascie apicale et le 3e avec une tache de chaque côté de sa base vert-doré.

Semblable et tellement voisine de la *C. alternans* qu'on pourrait croire qu'elle en soit une variété, mais elle en diffère cependant par la couleur dominante du corps qui est le vert, le 1er segment abdominal non fascié, les emarginatura du 3e segment plus légères, les dents intermédiaires subobtuses, les tarses testacé pâle. la cavité faciale avec une marge en haut émettant cinq petits rameaux, etc... — Tête verte; vertex large, plan-déprimé; cavité faciale profonde, légèrement marginée transversalement en dessus, la marge cinq fois rameuse, les rameaux très petits, trois dirigés en haut, l'intermédiaire touchant l'ocelle, deux dirigés en bas. Antennes courtes, robustes, brunâtres, vertes à la base. Clypeus court, transversal, ponctué, le disque caréné-convexe, subtronqué au centre de la marge apicale. Mandibules, palpes et les angles de la marge occipitale proéminents de chaque côté comme chez la *C. alternans*. Thorax et pattes vertes, écailles bleues, avec le bord externe vert; aire médiane du mesonotum bleue un peu teintée de vert. Tarse parfaitement testacé-blanc. Premier segment abdominal vert, le 2e légèrement noir-bronzé à la base, puis vert-gai et enfin la plus grande partie qui est l'apicale vert-gai-doré; 3e segment densément ponctué-coriacé, vert-gai, avec une tache marginale de chaque côté, indéterminée, vert-doré, marge apicale éparsément pointillée, vert-bleu: série antéapicale à fovéoles médiocres, au nombre de 10 environ; dents apicales courtes, triangulaires, rendant la marge un peu comme ondulée, la marge latérale un peu plus oblique, légèrement arquée-flexueuse. Ailes hyalines, salies vers la cellule radiale, celle-ci triangulaire-lancéolée, largement ouverte à l'extrémité, nervures brunâtres. Ventre très brillant, vert-gai, médiocrement taché, pubescent et très subtilement pointillé. ♂.

Patrie : Ile de Rhodes.

C. Abeillei, Grib. — Médiocre, cylindrique, brillante, vert-gai, l'aire centrale du dorsulum et deux taches près des écailles, de même que la base des segments dorsaux 2 et 3 de l'abdomen, bleu-obscur, le 2e segment avec une large fascie apicale feu-doré, anguleuse au milieu : tête avec une ponctuation irrégulière très dense; pronotum et mésopleures ponctués d'une manière dense, épaisse et irrégulière, avec de petits points entremêlés; ponctuation du 1er et du 2e segments abdominaux un peu dense, celle du 3e dense, un peu épaisse; 2e et 3e segment avec une ligne médiane, longitudinale, brillante; tête, vue en avant, subcarrée, la ligne des joues courte, verticale, d'où il s'ensuit que la bouche est très large; cavité faciale peu profonde, bien marginée en haut par une carène presque droite, émettant de chaque côté deux petits rameaux; postécusson plan, déclive; abdomen très légèrement conique, un peu plus long que la tête et le thorax pris ensemble, la base non excavée, seulement avec une légère fovéole au milieu; l'aire antérieure du 3ᵉ segment très légèrement déprimée; série antéapicale assez abrupte, non interrompue; fovéoles médiocres, distinctes, subégales; l'aire anale allongée, vue en dessus elle paraît plus étroite que l'aire antérieure, armée de quatre dents, robustes, aiguës, triangulaires, subégales; les emarginatura arquées, la centrale un peu plus étroite que les latérales; ailes hyalines à la base, le disque enfumé (surtout près de la cellule radiale). ♀ Long. 10ᵐᵐ.

PATRIE : Syrie.

C. elegantula, SPIN. — Je ne regarde cette espèce que comme une variété assez remarquable de la *C. semicincta* (*Lepell. Ann. du Mus. t. VII, p. 127, n° 21*). Elle n'en diffère que par les couleurs du thorax. Dans notre exemplaire, le dos a une teinte générale vert-métallique à reflets bleuâtres. La bande bleue du mesothorax n'existe plus. La *C. semicincta* habite le cap de Bonne-Espérance. M. le Dʳ Klug m'en a communiqué les deux sexes sous le nom de *Pœcilocera alternans*. Je ne connais pas les caractères de ce genre *Pœcilocera*. Dans cette femelle, les couleurs sont précisément celles du mâle figuré *Ann. du Mus.* pl. 7, fig. 15 du t. VII. Celles du mâle sont plus ternes. Le rouge éclatant de la femelle n'est plus qu'un vert métallique à reflets dorés. Cet individu se rapproche davantage de notre *elegantula*.

PATRIE : Égypte.

Dahlbom la décrit ainsi : vertex et dos du thorax vert brillant sans couleur dorée, le 1ᵉʳ et le 2ᵉ segments de l'abdomen avec une large fascie apicale vert-doré, le 3ᵉ segment légèrement vert brillant avant l'apex.

C. cingulata, FOERST. — Verte, plus ou moins bleu-indigo en dessus; front transversalement caréné, joues également carénées; fouet des antennes et tarses noir-brunâtre; ailes enfumées, cellule radiale subfermée, radius peu courbé, veine humérale transversale, presque interstitiale; base des segments abdominaux bleu-indigo obscur, la marge postérieure vert-subdoré, le dernier segment plus profondément creusé avant l'extrémité, la marge postérieure quadridentée. ♂ Long. 6ᵐᵐ.

La couleur fondamentale de cette remarquable espèce est le vert profond, pas vif; la tête a la face avec le front d'un vert clair et vif; le front porte en travers, d'un bout à l'autre, une carène cintrée, ondulée, qui le sépare du vertex. Ce dernier est bleu-indigo, noirâtre tout autour des ocelles, mais les orbites des yeux sont verts. La carène des joues aiguë jusqu'au niveau des yeux. Scape des antennes et le 1er article du funicule verts. Thorax vert, avec une bande transversale sur le pronotum, le mesonotum (moins les marges latérales et une petite tache médiane) et le milieu de l'écusson bleu-indigo. Sur la couleur verte du metanotum est un bleu superficiel. Le front est finement ridé en travers, avec de gros points, le vertex a la ponctuation très grosse et très serrée à intervalles pointillés, la cavité faciale près des yeux est très finement ponctuée. Le thorax a le pronotum beaucoup plus fortement ponctué que le mesonotum et l'écusson, les intervalles très étroits et sans ponctuation plus fine, l'écusson a les intervalles de la ponctuation plus larges et pointillés. Pattes vert-vif, tarses noir-brun; ailes brunâtres, un peu claires seulement à la base; cellule radiale fermée non complètement, le radius faiblement courbé avant son milieu, la veine humérale transversale presque interstitiale. L'abdomen est en partie vert et en partie bleu-indigo sombre : 1er segment bleu-indigo au milieu de sa base, et transversalement en avant de la marge postérieure, les côtés sont largement vert-doré de même que la bordure apicale qui est très étroite; 2e segment bleu-indigo jusqu'au delà du milieu, les côtés et la marge postérieure vert-doré; 3e segment bleu-indigo à sa base, puis vert-doré jusqu'à l'impression transversale, enfin vert-obscur en arrière de l'impression transversale. Principalement sur le 3e segment la couleur bleu-indigo passe au bleu-vert avant de devenir or-vert. L'impression transversale du 3e segment est profonde, séparée au milieu par une carène brillante. En arrière, le bord du segment est cinq fois sinué, avec quatre dents droites, plus larges à la base, aiguës. La ponctuation du 1er segment est assez dispersée, les intervalles pointillés, celle du 2e assez éparse, mais plus fine sur les côtés et la ligne médiane, celle du 3e un peu plus dense, un peu plus grosse, les intervalles finement coriacés-ridés.

PATRIE : Sud de l'Europe.

C. jucunda, Mocs. — Submédiocre, allongée, à pubescence éparse, blanche; bleu-vif avec le front, le vertex, le pronotum, les lobes latéraux du mesonotum, l'écusson, le postécusson et le dessus des pleures cuivré-doré; cavité faciale assez profonde, pointillée-coriacée, canaliculée au milieu, marginée flexueusement en haut, cette marge émettant de chaque côté un petit rameau dirigé vers les ocelles; scape des antennes bleu, les deux premiers articles du fouet vert-subdoré, les autres brunâtres, le 2e article proportionnellement long, deux fois plus long que le 3e; clypeus ponctué vert-gai-doré, joues assez longues, égales au 3e article antennaire; front, vertex et dessus du thorax ponctué-réticulé; pronotum avec une impression médiane antérieurement; angles posticolatéraux du métathorax aigus, vert-doré; abdomen avec la base taché de noir-bronzé, tout le 1er segment et la partie apicale du 2e cuivré-feu-doré, une fascie subréniforme antérieurement et un peu prolongée dans le milieu, vert-doré et limbée, la partie basilaire du 2e segment et le 3e segment bleu-vif, ce dernier avec une ligne médiane longitudinale vert-doré; ponctuation de tous les segments subrugueuse, un peu éparse antérieurement, devenant plus dense en arrière; série antéapicale à fovéoles profondes, subarrondies, au nombre de huit environ, marge apicale quadridentée, dents intermédiaires arquées-obtuses, obsolètes, les latérales courtes, subaiguës, l'emarginatura centrale plus étroite que les autres; ventre vert-bronzé, le 2e segment taché de noir de chaque côté; pattes bleu verdissant, tarses brunâtres; ailes subhyalines, nervures brunâtres, cellule radiale lancéolée, complète, écailles bleues, tachées de vert au milieu. ♀ Larg. 6 1/2mm.

PATRIE : Macédoine.

OBS. — Le mâle a été décrit par M. A. de Semenow sous le nom de *C. leptopœcila*. D'après les descriptions de ces deux auteurs je ne puis trouver des différences assez sensibles pour les considérer comme especes distinctes. L'exemplaire de M. de Semenow provient du Monténégro.

(SECTION IV : *bicolores*).

C. impar, DAHLB. — Presque petite, longue d'une ligne et demie décimale, bleu-vert, l'abdomen très vert-doré, série antéapicale du 3e segment avec des fovéoles petites, arrondies, au nombre de 10 environ, les dents apicales petites, triangulaires, les intermédiaires avec l'extrémité obtuse; ailes hyalines, cellule radiale complète.

Très semblable et voisine de la *C. comparata* (n° 159), que je n'ai pas pu examiner convenablement à cause de sa mutilation et de la mucosité qui la couvre. Structure et sculpture identiques à celles de la *C. comparata*. Tête et thorax vert-gai. Antennes robustes, noir-brunâtre, vertes à la base. Clypeus légèrement arqué-émarginé à l'extrémité. Pronotum avec une fovéole ovale, très distincte, de chaque côté au-dessus des hanches. Cavité faciale subcarrée, planiuscule, distinctement arquée-marginée transversalement en haut. Troncature antérieure du pronotum et l'aire médiane du mesonotum bleues. Le sternum et le disque du metanotum bleuissent également. Pattes vertes, tarses brunâtres. Nervures des ailes brunes, les nervures costales et radiales seules épaisses, les autres grêles. 1er segment abdominal doré-vert, ventre concolore, avec la base bleuissante; 2e et 3e segments vert-doré: tout le 3e modérément convexe-subdéprimé; série antéapicale interrompue, les fovéoles petites, profondes, arrondies, distinctes, au nombre de 10 environ; marge apicale courte, pointillée; dents apicales petites, toutes triangulaires, mais les intermédiaires ont la pointe obtuse, les externes sont aiguës; les emarginatura légèrement arquées, la centrale médiocre, transversale, les externes un peu obliques et un peu plus larges; la marge latérale oblique ♂.

PATRIE : Ile de Rhodes.

C. manicata, DAHLB. — Presque grande, longue de trois lignes un tiers à trois lignes et demie décimales, robuste, ovale, oblongue, à ponctuation épaisse, bleu-vert, l'abdomen allongé, vert-doré, ventre taché de noir, de vert et de feu, pattes vertes, tarses (♂) blanc-testacé (♀) bruns, série antéapicale distincte, la marge latérale mutique (non en forme d'angle aigu).

Très semblable à la *C. armena* Spin., mais le corps plus long, le dos du thorax bleu-vert et non pas taché de doré, la série antéapicale distincte, la marge latérale du 3e segment non anguleuse mais très légèrement arquée, le ventre varié de couleur, les pattes vertes, etc... sont autant de choses qui la distinguent comme espèce propre. Clypeus non arqué mais transversal, la marge apicale noir-bronzé, polie, subproéminente. Thorax vert, l'aire médiane du dorsulum ainsi que toutes les sutures dorsales et pectorales bleues. Antennes brunâtres, verdissantes à la base, allongées chez le ♂, courtes chez la ♀. Ailes hyalines, salies dans le disque et la cellule radiale, nervures fortes, brunâtres, cellule radiale triangulaire-lancéolée, incomplète, modérément ouverte à l'extrémité. Série antéapicale du 3e segment abdominal distincte, fovéoles irrégulières, les plus grandes et les plus petites comptées ensemble forment le nombre 12; dents apicales robustes, triangulaires-aiguës, les externes non éloignées des côtés mais formant en même temps l'angle apical des côtés ♂ ♀.

PATRIE : Ile de Rhodes.

C. brevitarsis, THOMS. — Bleue, abdomen feu, éperon intérieur des tibias postérieurs fort et courbé. Abdomen oblong, le dernier segment avec quatre dents aiguës. Tarses postérieurs plus courts que les tibias. Mandibules bifides à l'extrémité.

· Taille et stature de la *C. ignita* et très semblable de couleur également, mais bien distincte par le mesonotum à ponctuation plus espacée et encore plus grosse, les antennes plus fortes, le dernier segment abdominal avec quatre dents moins aiguës, et la conformation des mandibules et des tibias.

PATRIE : Suède.

C. charon, Mocs. — Presque grande, allongée, subparallèle, assez robuste, verte et aussi avec des reflets vert-subdoré, pubescence éparse, cendrée et blanche; vertex derrière les ocelles, cou, côtés de l'écusson, et postécusson vert-bleu, le lobe médian du mesonotum bleu-indigo; cavité faciale presque étroite, assez profonde, canaliculée longitudinalement au milieu et densément et très subtilement striée en travers de chaque côté, les côtés ponctués-coriacés, le haut convexe, non marginé; antennes médiocres, un peu épaisses, noires, à pubescence blanche, les trois premiers articles verts, le 3e assez long, près du double plus long que le 4e: joues courtes, égales au 2e article antennaire; pronotum assez long, et cependant plus court que la tête, transversal-rectangulaire, muni antérieurement d'un sillon longitudinal au milieu, metanotum convexe, les dents postico-latérales courtes, obtuses, triangulaires; ponctuation du vertex et du dos du thorax dense, épaisse, irrégulière, subréticulée; les segments dorsaux de l'abdomen feu-doré, le 1er avec la base noir-bronzé, limbé de vert-doré en dessus, la base des segments 2 et 3 noir-bronzé, le 2e avec une carène médiane indistincte, le 3e convexe, legèrement renflé avant la série antéapicale, fovéoles presque nulles, au nombre de deux seulement, indistinctes, situées de chaque côté du milieu dans un sillon transversal assez profond, marge apicale assez longue, densément pointillée, tronquée modérément en arc et légèrement sillonnée transversalement, dents latérales seules distinctes, courtes, subaiguës, les côtés bisinués et anguleux avant le milieu, le sinus antérieur très léger, situé au commencement de la série, le postérieur profondément arqué; ponctuation des deux premiers segments très dense, très fine, irrégulière, subcoriacée, celle du troisième un peu plus forte, légèrement rugueuse; ventre varié de vert, de feu doré et de noir; pattes vert-bleu, tarses brunâtres; ailes hyalines, salies, nervures brunâtres, cellule radiale lancéolée, largement ouverte à l'extrémité. ♀ Long. 9 1/2mm.

PATRIE : Algérie : Blidah, Médéah.

C. dubitata, Mocs. — Médiocre, robuste, longue de 2 lignes et demie décimales, ponctuation médiocre et dense, dorsulum du vertex et du thorax coriacé et subruguleux, bleue en dessous, bleu-vert en dessus, dos de l'abdomen vert doré, le disque subcuivré, marge apicale bleu-vert avec des épines petites et subtiles, l'espace compris entre les épines subrectangulaire ou subtrapéziforme.

Très voisine et semblable de la *C. bihamata* Spin. dont elle est peut-être une variété du mâle seulement. Parce que la sculpture thoracique et la conformation anale de l'abdomen sont très différentes de celles de la *C. bihamata* et malgré que je n'aie pu voir qu'un seul exemplaire de la *C. prasina*, je regarde cette dernière comme espèce propre, en attendant que l'examen de plusieurs individus m'en donne la certitude.

Taille et forme parfaitement semblables; de même que la tête, à celles de la *C. bihamata*. Antennes plus robustes et plus longues, mais le scape est plus court que chez la *C. bihamata*. Mandibules noir de poix, tachées de vert à la base, largement roux-testacé à l'extrémité; d'après la description de Klug les mandibules seraient *testacées à la base*, coloris qui manque aux mandibules de notre exemplaire Dos du thorax couvert d'une ponctuation dense, coriacée ou subruguleuse, bleu-vert vif, sternum vert-bleu. Pattes et ailes comme chez la *C. bihamata*, mais les écailles vert-bleu. Premier segment dorsal de l'abdomen (dans l'exemplaire de Westermann, que j'ai sous les yeux) entièrement vert, avec quelques reflets dorés; 2e et 3e segments cuivrés, les côtés resplendissants, vert-doré, marge apicale du 3e bleu-vert, très brillante, déprimée, avec des épines subulées, petites, et très fines; l'espace qui sépare les épines se montre comme les trois côtés d'un trapèze. Le reste ne diffère en rien de la *C. bihamata* ♂.

PATRIE : Egypte.

OBS. — Je trouve, comme M. le Dr A. Mocsary, que l'insecte décrit ainsi par Dahlbom, comme étant la *C. prasina* de Klug, appartient a une espece bien différente. C'est pour cette raison que M. Mocsary a changé le nom de *C. prasina Dahlb.* (*nec Klug*) en *C. dubitata*. La *C. prasina* de Klug n'a que deux dents a la marge apicale du 3e segment abdominal, tandis que celle de Dahlbom (Hym. Eur. II p. 184 et Tab. X. fig. 104) en a quatre.

C. gracilicornis, SEM. — Médiocre, peu allongée, ni très brillante, subdoré-vert, avec des places légèrement teintées de bleu, les segments 2 et 3 de l'abdomen distinctement rosé-cuivré, noir bronzé è la base, ventre légèrement cuivré, taché de noir à la base du 2e segment. Antennes très grêles et allongées, brunâtres, le scape vert-doré, les deux premiers articles du fouet très légèrement vert-bronzé, 3e article deux fois plus long que le 2e. Tête large, à points denses, presque réticulés, cavité faciale large, couverte de poils très serrés, blancs, soyeux, terminée en haut par une carène, bianguleuse; clypeus assez court, très élevé longitudinalement au milieu; joues médiocres; pronotum déclive en avant, à peine déprimé au milieu, à points assez denses et forts, les intervalles rugu-leux légèrement et pointillés; mesonotum à ponctuation éparse, les intervalles à peine pointillés; mésopleures ponctuées comme le pronotum; écusson à points épars, un peu plus épais, les intervalles lisses: postécusson réticulé-ponctué; angles posticolatéraux du métathorax aigus, allongés et un peu recourbés en arrière. Ponctuation de l'abdomen non épaisse mais dense, les intervalles pointillés obsolètement sur le 1er segment, une carène distincte sur les segments 2 et 3; ce dernier segment un peu déprimé avant la série, les fovéoles au nombre de 20 environ, assez grandes, non confluentes; devenant ponctiformes sur les côtés près de la naissance de la marge, celle-ci assez longue, légèrement subarquée, terminée de chaque côté par une petite dent subspiniforme, puis elle est droite jusqu'à une autre petite dent, plus courte et moins aiguë, qui se trouve de chaque côté, à égale distance de la première dent indiquée et de la base du segment. Ailes presque hyalines, nervures brunâtres, devenant pâles à la base des ailes; cellule radiale incomplète, largement ouverte à l'extrémité. ♂ Long. 6 3/4mm.

PATRIE : Province Transcaspienne : Tedzhen.

C. chrysophora, SEM. — Diffère seulement de la *C. annulata* Ab-Buyss. par les dents apicales étroites, aiguës et longues, par l'émarginatura centrale beaucoup plus étroite et un peu plus profonde que les autres, par la ponctuation thoracique non réticulée, mais simple, et par les ailes plus hyalines, ♂.

PATRIE : Province Transcaspienne : monts Kopet-dagh près de Tschuli, et Perse boréale.

(SECTION V *auratæ*).

C. frontalis, KLUG. — Corps vert-cuivré, tête bleue en avant. Longueur 3 lignes. Plus petite que les autres, ponctuée, vert-cuivré. Tête impressionnée entre les yeux, bleu vif, couverte de poils blancs. Antennes brunâtres, excepté le 1er article qui est vert-bleu. Thorax cuivré-brillant sur le dos. Ailes hyalines, nervures et stigma brunâtres. Pattes vertes, tarses brunâtres. Abdomen cuivré-brillant en dessus, vert en dessous, le dernier segment arrondi à l'extrémité, émarginé au milieu en sinus aigu, et unidenté de chaque côté.

PATRIE : Egypte (vers la Pyramide de Saccahra).

C. helvetica MOCS. — Corps brièvement, très finement et très éparsement pubescent; pubescence d'un blanc grisâtre. Tête d'un beau vert clair, brillant, avec une petite tache bleue entre les ocelles; elle est grosse; vue de devant, elle offre une forme très arrondie; impression faciale profonde, occupant tout l'espace compris entre les yeux, limitée en haut par une carène transversale presque droite, assez brillante; le fond de l'impression est très finement ridé, chagriné et partagé longitudinalement par un fort sillon qui s'étend antérieurement jusqu'à la racine des antennes; de chaque côté de ce sillon elle est densément couverte d'une pubescence médiocrement longue, d'un beau blanc d'argent; le front, l'occiput et les joues sont très densément couverts de points moyens, ronds, assez profonds, ne laissant entre eux que des intervalles étroits, brillants; les joues sont limitées postérieurement par une fine carène abrégée environ à la hauteur des angles antérieurs du pronotum; ce dernier est rouge-doré brillant, il est aussi large que le mesonotum, parallèle sur les côtés, coupé droit devant, couvert d'une ponctuation moyenne, très serrée, assez profonde, semblable à celle de la tête: compartiments latéraux du mesonotum d'un beau bleu violet; postscutellum et flancs du mésothorax vert-doré, intervalles de la ponctuation par-ci par-là d'un rouge-doré brillant; métathorax vert-clair, un peu doré sur les angles latéraux; abdomen d'un rouge pourpre un peu doré, base du 1er segment verte, dorée, marge apicale du 3e d'un beau bleu clair, quadridentée, les dents peu saillantes, égales; la ligne transversale au-devant de la marge, formée de 16 points, grands, profonds, en forme de carré long; surface des trois segments couverte d'une ponctuation forte, égale, médiocrement serrée, les points profonds, ronds, laissant entre eux des intervalles lisses, brillants, d'une largeur environ égale à la moitié d'un des points; sur le 2e segment se montre une trace de carène longitudinale, lisse, brillante; poitrine, cuisses, tibias et ventre d'un beau vert clair, brillant; tarses brun-jaunâtre. Cette magnifique espèce a quelques rapports de taille et d'aspect avec la *C. æruginosa* Klug, mais elle s'en distingue nettement par son coloris, sa ponctuation, sa pubescence plus courte, et la structure du 3e segment; chez la *C. æruginosa* Klug, le bourrelet transversal qui précède la marge apicale est fort, saillant; au-dessus de lui, l'on voit une forte dépression transversale, et les dents de la marge sont assez saillantes, aiguës; chez la *C. superba (Helvetica)*, le bourrelet transversal qui précède la marge apicale, est peu saillant, peu accentué; au-dessus de lui le segment est régulièrement convexe, sans dépression transversale, et les dents apicales sont peu saillantes, les échancrures sont très largement ouvertes. ♂♀ Long. 5 1/2mm.

PATRIE : Suisse : Peney.

C. æruginosa DAHLB. — Médiocre, longue de deux lignes

décimales, densément pointillée-subcoriacée, noir-bleu en dessous, vert-cuivré en dessus, la marge apicale du 3e segment abdominal bleue, les dents courtes, distinctes, les externes triangulaires, les intermédiaires obtuses.

Forme de la *C. succincta*. Tête verte, front bleu, vertex densément et subtilement ponctué-ruguleux ou subréticulé. Clypeus médiocre ou presque petit, inégal, transversal, vert, la marge apicale noir-brunâtre, à peine émarginée, transversale. Mandibules noir de poix à la base, roussâtres à la pointe. Dos du thorax un peu convexe, médiocrement ponctué-subréticulé, vert-cuivré, metanotum, poitrine et pattes bleus, le metanotum avec les sutures et les angles verdâtres. Dos de l'abdomen médiocrement convexe, densément et médiocrement ponctué, vert-cuivré; le 1er des segments et le 2e noir-bronzé à la base; le 3e légèrement concave, déprimé transversalement au milieu, puis modérément convexe avant la série; série antéapicale interrompue au milieu par une petite carène, les fovéoles petites, arrondies, au nombre de 12 environ; marge apicale proéminente, éparsement pointillée, vert-bleu. Ventre noir, taché de bleu et de vert. ♀

PATRIE : Prusse.

C. Schousboei DAHLB. — Médiocre, longue environ de deux lignes décimales, densément et médiocrement ponctuée, vert-bleu, le dos du thorax et de l'abdomen dorés, la marge apicale du 3e segment bronzée, quadri-anguleuse.

Taille et aspect de la *C. succincta*, dont elle diffère cependant par tout le dos du thorax doré, la marge apicale du 3e segment abdominal quadri-anguleuse, comme trapéziforme, par les troncatures latérales obliques et la médiane droite; série antéapicale à fovéoles irrégulières, les unes distinctes, les autres confuses, interrompue au milieu par un très petit intervalle. Le reste est conforme en tout à la *C. succincta*. Tête bleue, tachée de vert. Ventre noir-bronzé, taché de vert et de bleu.

PATRIE : Tanger.

OBS. — Il se pourrait que ma *C. thoracica* ♀ fût la même espèce, bien que, chez les *thoracica* ♀ que j'ai vues, la marge apicale du 3e segment abdominal fût plus distinctement quadri-anguleuse que sur le dessin de Dahlbom.

C. Ehrenbergi DAHLB. — Médiocre, ovale, robuste, longue de deux lignes et demie décimales, ponctuation éparse, médiocre, bleue en dessous, verte avec des reflets dorés en dessus, tarses testacés, tête grande, cubique, non marginée au-dessus de la cavité faciale, occiput inerme, abdomen ovale, la marge latérale du 3e segment abdominal un peu flexueuse. la cellule discoïdale des ailes est complète, la radiale est incomplète, les nervures grêles et testacées.

Espèce remarquable par la structure de la tête qui est singulière. Corps ovale, brillant, à pubescence blanche, à ponctuation assez médiocre ou presque petite, éparse. Tête grosse, arrondie-cubique, verte; vertex épais, plus large que le pronotum, transversal, rectangulaire, déprimé, un peu convexe, avec des reflets dorés autour des ocelles, marge occipitale légèrement émarginée, arquée; tempes droites, un peu concaves, polies, non ponctuées, la marge postérieure émarginée; yeux presque petits, ovales-arrondis; cavité faciale carrée, médiocre, densément pointillée, légèrement et abruptement canaliculée au milieu. Antennes courtes, non épaisses, brunâtres, scape vert; joues très courtes, anguleuses, subprotubérantes à l'extrémité des tempes; clypeus court, transversal, déprimé, éparsément pointillé, très légèrement arqué-émarginé au centre de la marge apicale. Mandibules allongées, acuminées, sublinéaires, un peu arquées, la marge externe inférieure légèrement arquée-émarginée à partir de la base jusqu'au tiers de la longueur, au-dessus elles sont sillonnées longitudinalement, entièrement noir de poix, un peu plus claires avant la pointe, avec une tache verte à la base; labre petit, semilunaire. Thorax rectangulaire, plus étroit que la tête, un peu convexe sur le dos; pronotum court, transversal-rectangulaire, avec un petit sillon médian, la marge antérieure déclive, bleuissante, le reste vert un peu doré, brillant, les côtés concaves-émarginés; dorsulum court, transversal-ovale, médiocrement vert, un peu doré-brillant ainsi que l'écusson; angles posticolatéraux du metanotum presque petits, triangulaires. Pattes vertes, éperons et tarses testacés. Ailes blanc-hyalin, nervures grêles, excepté la costale qui est grosse, brun-testacé, cellule radiale lancéolée, ouverte à l'extrémité. Abdomen presque court, de la longueur du thorax, ovale, normalement déprimé transversalement à la base, le dos médiocrement convexe, densément pointillé, vert-gai avec quelques reflets dorés; 3e segment dorsal subsemilunaire, entièrement convexe d'une manière modérée, non déprime dans la région de la série, celle-ci continue : fovéoles nombreuses très petites, arrondies, facilement confondables avec le reste de la ponctuation du segment, marge apicale courte, subdéprimée, vert-bleuissant; dents apicales médiocres ou presque petites, spinoïdes, les emarginatura arquées, les latérales légères (ni profondes), presque étroites (non larges), la centrale profonde et le double si ce n'est le triple plus large que chacune des latérales; pour cela les dents sont rapprochées par deux de chaque côté et il n'y en a pour ainsi dire pas de centrales; ventre bleu, maculé de noir et de vert, entièrement déprimé, plan, nullement voûté ♀.

PATRIE : Égypte.

OBS. — M le Dr A. Mocsary en a vu un exemplaire provenant de Biskra (Algérie). D'après ce spécimen, il faudrait ajouter à la description de Dahlbom : les deux premiers articles antennaires verts, le 3e deux fois plus long que le 2e ; pronotum à ponctuation plus dense, tandis qu'elle est plus éparse et assez épaisse sur le mesonotum et l'écusson ; le 3e segment abdominal très étroit vers l'extrémité, la marge apicale vert-bleu. ♀ Long. 7mm.

C. megacephala DAHLB. — Médiocre, ovale, robuste, longue de 2 lignes et demie décimales, éparsement couverte de points médiocres, bleue en dessous, vert-bronzé-doré brillant en dessus, tarses testacés, tête très grande, cubique, cavité faciale non marginée en haut, occiput inerme, abdomen ovale, 3e segment avec la marge latérale flexueuse, la cellule discoïdale des ailes complète, la radiale incomplète, nervures épaisses, noir de poix.

Tellement voisine de la *C. Ehrenbergi*, qu'on la prendrait facilement, au premier abord, pour une variété de cette espèce. Cependant la *C. megacephala* s'en distingue certainement principalement par les caractères suivants : vertex, pronotum, mesonotum et dos de l'abdomen visiblement bronzé-doré-brillant ; tête plus grande et beaucoup plus épaisse ; front plus large et dès lors les yeux plus distants ; clypeus plus grand ; thorax plus épais ; fémurs et tibias vert-bleu ; ailes salies, hyalines, nervures fortes, noir de poix ; dos de l'abdomen plus densément ponctué, la marge basilaire du 2e segment noir-bronzé ; marge apicale du 3e un peu proéminente et distinctement plus déprimée que le reste du segment, série antéapicale presque oblitérée ou à peine distincte du reste du segment, les dents apicales plus grandes. Le reste ne comporte aucune autre différence entre ces deux espèces.

C. virginalis BUYSS. (*Ps-C. virgo* Semen. nec Ab.). — Médiocre, courte, un peu large, peu brillante, vert-gai, avec le pronotum et les lobes latéraux du mesonotum à reflets dorés, le dos de l'abdomen d'un rose délicat, avec quelques places (surtout à la base), légèrement vertes, le dernier segment avec la marge apicale blanchâtre, étroitement bordée d'une marge vitreuse, membraneuse, la base du 2e segment bronzé-noirâtre, ventre vert-doré, varié de rose ou de bleu-indigo et de noir, le fouet des antennes (excepté le 1er article qui est cuivré-verdâtre), l'extrémité des fémurs, tous les tarses et tous les tibias, les mandibules, les écailles, et la majeure partie des nervures des ailes testacé-flave. Antennes assez longues, scape vert-cuivré, le 3e article subégal au 4e. Tête assez large, yeux grands, très divergents sur le vertex, ponctuation régulière, réticulée ; pubescence blanche ;

cavité faciale étroite, recouverte de poils blancs soyeux, marginée en haut par une carène bianguleuse émettant deux petits rameaux dirigés vers les ocelles; clypeus allongé, trapéziforme; joues longues, plus longues que les deux premiers articles du fouet pris ensemble. Ponctuation du thorax grosse, profonde, très régulière, subréticulée ; pronotum assez long, sans impression antérieure; postécusson assez fortement convexe; dents posticolatérales du métathorax médiocres, aiguës, légèrement recourbées; mésopleures terminées par deux dents égales, très aiguës, spiniformes. Abdomen presque carré, un peu plus court que l'avant-corps, convexe sur le dos, la ponctuation grosse, profonde, très régulière, non dense; base du 1er segment légèrement impressionné transversalement; 2e segment plus long que les deux autres segments pris ensemble, une légère carène médiane, les angles posticolatéraux subobtus, un peu proéminents, étroitement testacés, subpellucides ; 3e segment court, largement et assez fortement déprimé en travers du milieu, légèrement renflé avant la série antéapicale, fovéoles translucides, assez petites, au nombre de 18 environ, séparées; marge apicale blanc de lait, avec un limbe vitreux-membraneux, très légèrement crénelé-ondulé, quadridenté; les deux dents latérales assez fortes, triangulaires-aiguës, et les deux centrales grêles, allongées, presque spiniformes, à pointe très aiguë, très légèrement incurvées en bas, rapprochées ensemble, l'emarginatura centrale étroite, profonde, arquée ; la marge située entre les dents latérales et les centrales longue et droite. Ventre finement et densément ruguleux-pointillé. Pattes assez grêles ; ailes hyalines, vitreuses, seulement à peine enfumées dans la cellule radiale vers la marge costale; cellule radiale large, très incomplète, largement ouverte à l'extrémité, cellule discoïdale grande, allongée, avec un très petit rudiment de nervure cubitale, droit; nervure postcostale distinctement éloignée de la nervure costale. ♂ Long. 5 3/4mm.

Patrie : Province Transcaspienne.

C. **Büchneri** Semen. — Médiocre, vert-doré vif, avec le tour des ocelles et le lobe médian du mesonotum bleu-indigo ; le pronotum, les lobes latéraux du mesonotum, les mésopleures et l'écusson plus dorés ; les côtés et la partie apicale des segments 1 et 2 de l'abdomen cuivré-doré, la base des segments 2 et 3 noire, ce dernier distinctement cuivré-doré avant la série antéapicale, la marge apicale subdoré-vert, devenant bleue à la base, l'extrémité largement limbée de noir et de noir-bleu ; écailles et pattes bleu-vert, tarses brun-noirâtre ; pubescence grisâtre. Antennes assez grêles, scape subdoré-vert, le reste brun-noirâtre, le 3e article deux fois plus long que le 2e. Tête large, front assez régulièrement ponctué-réticulé, cavité faciale large, assez profonde, subtransversalement pointillée-ruguleuse, très distinctement marginée en haut; joues très courtes. Pronotum court, à ponctuation fine et éparse; écusson à points plus gros, épars, avec d'autres plus petits: postécusson fortement convexe, ponctué-subréticulé, les intervalles vaguement pointillés; angles du métathorax larges, robustes, tronqués subobliquement en dehors. Abdomen assez allongé, subparallèle, à points assez épars, réguliers et forts sur les deux premiers segments, les intervalles pointillés, une légère carène médiane sur le 2e dont les angles postico-latéraux sont un peu aigus; le 3e segment a la ponctuation un peu oblique et rugueuse, il est un peu renflé avant la série antéapicale, celle-ci est profonde, composée de 16 fovéoles environ, inégales, profondes, séparée au milieu par une carène, marge apicale longue, quadridentée, les dents égales, assez étroites, allongées et fortement acuminées, les emarginatura profondes, subégales, les latérales un peu obliques; la marge latérale presque droite jusqu'à la base du segment. Ventre pointillé densément et d'une manière microscopique. Ailes inégalement salies, nervures noir de poix; cellule radiale étroitement lancéolée, presque complète, fortement enfumée près de la marge costale. ♂ Long. 8 1/4mm.

PATRIE : Turkestan.

7e Phalange : Quinquedentatæ

Marge apicale du 3e segment abdominal muni de cinq dents.

TABLEAU DES SECTIONS.

(Voir 6e Phalange, p. 440)

SECTION II. — VIRIDES.

1 Côtés du pronotum carénés ; ordinairement deux taches feu ou dorées sur le 2e segment abdominal. — Corps de taille moyenne, allongé, entièrement bleu-vert, ou vert-bleu ou même vert-gai subdoré, avec une tache apicale feu ou dorée de chaque côté du 2e

segment abdominal; pubescence espacée, dressée, noirâtre. Tête plus large que le pronotum, à points assez gros, entremêlés de plus petits, devenant un peu profonds, subréticulés sur le front; cavité faciale assez profonde, densément et finement ponctuée-coriacée, parfois un peu ridée-ponctuée transversalement à la base, les côtés couverts de poils blancs, le haut abrupte et très fortement caréné, cette carène incisée-crénelée au milieu et émettant deux petits rameaux entourant le 1er ocelle: joues courtes, non parallèles, de la longueur du 4e article antennaire: antennes noirâtres, les trois premiers articles et la base du 4e bleus ou verts, le 3e subégal aux deux suivants réunis. Pronotum court, fortement caréné-sinué sur les côtés, convexe sur le disque, un sillon au milieu du bord antérieur, troncature antérieure abrupte; ponctuation des pro- et mesonotum formée de points assez gros, espacés, les intervalles peu profondément pointillés; écusson à points plus gros; postécusson convexe, ponctué-réticulé; angles posticolatéraux du métathorax forts, triangulaires, subaigus; mésopleures ponctuées-subréticulées, les deux sillons visibles, l'aire inférieure un peu creusée, carénée sur le bord postérieur; pattes souvent un peu dorées en dessous des cuisses, tarses brun-noirâtre, le 1er article des tarses postérieurs vert; écailles bleues; ailes fortement enfumées, nervures un peu bleuissantes. Abdomen assez convexe, légèrement caréné, couvert de points médiocres, peu serrés, avec quelques rares petits points imperceptibles dans les intervalles: 1er segment à troncature antérieure profondément trisillonnée; 2e segment avec les angles posti-colatéraux arrondis; 3e segment ovale-subtronqué, arrondi, légèrement déprimé sur le disque, très légèrement renflé avant la série antéapicale, les côtés courts, presque droits; série antéapicale assez profonde, séparée au milieu par la carène qui est plus forte, 12 fovéoles très rapprochées, longues, ouvertes, subconfluentes; marge apicale concolore, médiocre, finement ponctuée, cinq fois dentée : dents subégales, subéquidistantes, triangulaires, subaiguës, disposées sur une ligne courbe, dent du milieu carénée dans sa longueur; emarginatura subégales, peu profondes, un peu obliques, à sinus arrondi. Ventre vert ou vert-doré ou bleu-vert, les segments avec de petites taches noires à la base. ♂ Long. 8-9 mill.

La femelle, qui est beaucoup plus commune que le ♂, diffère de celui-ci par le 3e article antennaire un peu plus long, les côtés de la marge apicale du 3e segment très peu profondément sinués avant les dents externes, les dents un peu plus grandes, plus aiguës. Oviscapte brun. **Lusca** Fabricius.

Patrie : ? ? France (Coll. Fairmaire, Coll. Abeille); Italie (teste Dahlbom).

Obs. — Cette espèce appartient à la faune asiatique et, à mon avis, n'a jamais été prise en Europe. Ce serait par suite d'erreurs d'étiquetage qu'elle aurait été signalée d'Italie et de France.

— Côtés du pronotum non carénés; pas de taches feu distinctes sur le 2e segment abdominal. — Corps de taille médiocre, presque petite, subparallèle, entièrement vert-gai un peu bleuâtre, plus bleu sur le vertex, sur le milieu des aires du mesonotum, le métathorax, la base des segments abdominaux et la marge apicale du 3e segment; pubescence fine, dressée, assez abondante, blanchâtre. Tête plus large que le thorax ; cavité faciale assez profonde, évasée, lisse au milieu avec des points épars, les côtés densément ponctués-coriacés avec des poils blancs; le haut abrupte avec quelques traces d'une carène transversale ; joues courtes, non parallèles; mandibules unidentées. Antennes noirâtres avec les deux premiers articles et la base du 3e en dessus verts, le 3e moins long que les deux suivants réunis. Ponctuation de l'avant-corps assez régulière, médiocre, profonde, subréticulée, médiocrement serrée. Pronotum court, la troncature antérieure fortement déclive, une dépression médiane, les côtés sinués mais non carénés, les angles antérieurs subtronqués; mésopleures et postécusson à points beaucoup plus gros; mésopleures avec les deux sillons très larges et diversement sculptés, l'aire inférieure carénée sur les bords; postécusson convexe ; angles posticolatéraux du métathorax larges, subaigus, un peu réfléchis en arrière; écailles bleues; ailes hyalines, le bord externe de la cellule radiale noirci, cette cellule très allongée, presque fermée; pattes vertes, tarses roussâtres, le 1er article subtestacé-clair. Abdomen assez convexe : 1er segment à points assez gros, la bordure apicale parfois un peu vert-doré sur les côtés ; 2e segment à points également un peu plus forts, une légère carène médiane, les angles posticolatéraux non spinoïdes, subaigus, la bordure apicale parfois vert-doré ; 3e segment régulièrement convexe, un peu renflé avant la série antéapicale, les côtés courts, un peu arqués, série antéapicale creusée, séparée au milieu par une légère carène, 14-16 fovéoles allant en diminuant de grandeur à partir du milieu ; marge apicale médiocre, cinq fois dentée : dents triangulaires, aiguës, subégales, équidistantes, les trois internes disposées sur une ligne droite, les autres un peu en retrait et formant une ligne légèrement arquée, les côtés de la marge sinués largement ; les emarginatura subégales, profondes, à sinus arrondi. Ventre vert-gai subdoré, le 2e segment avec deux taches noires à sa base, le 3e avec toute la partie apicale noirâtre, ♂ long. 6-7 mill.

La ♀ diffère du ♂ par le corps un peu plus allongé, le 3e segment abdominal plus long, le disque légèrement déprimé, et par le ventre un peu bleuâtre. **Inops** Gribodo.

Patrie : Egypte, Gambie.

SECTION III — ZONATÆ

1 Troisième segment abdominal entièrement bleu ; l'aire inférieure des mésopleures carénée, irrégulièrement crénelée.

— Corps de taille moyenne, court, robuste, assez convexe ; tout l'avant-corps à teinte mate, vert-bleuâtre, les segments abdominaux 1 et 2 doré-feu, le 3e bleu ; pubescence courte, raide, noirâtre. Tête bleu-foncé sur l'occiput, à points assez gros, serrés, profonds, subruguleux ; cavité faciale vert-gai, très profonde, à points peu profonds, espacés, les intervalles lisses et brillants, garnie sur les côtés d'une pubescence blanche et longue, terminée en haut brusquement par une carène très saillante, subondulée, arquée-arrondie. Antennes noirâtres, les deux premiers articles verts, le 3e assez court, égalant deux fois la longueur du 4e qui est très court. Pronotum transversal comme chez un *Hedychrum*, court, sans sillon au milieu du bord antérieur, la troncature antérieure déclive ; ponctuation des pro-, mesonotum et écusson très profonde, subréticulée, très grosse, serrée, subruguleuse; aire médiane du mesonotum, écusson et postécusson bleu-foncé; postécusson largement et brièvement conique à pointe aiguë, ponctué-réticulé plus densément et plus grossièrement; angles posticolatéraux du métathorax très larges, à pointe subaiguë, légèrement recourbée en arrière; mésopleures ponctuées-réticulées, le sillon transversal large et profond, l'aire inférieure ponctuée-sculptée profondément avec le bord postérieur caréné, irrégulièrement crénelé; écailles noir-bronzé; ailes assez enfumées, cellule radiale très grande, allongée, subfermée; pattes vert un peu bleuâtre, tarses brunâtres. Abdomen un peu plus court que l'avant-corps, au moins aussi large que le thorax, à points réguliers, profonds, médiocrement serrés : 1er segment très court, à troncature antérieure verdâtre; 2e segment fortement convexe, à côtés très courts, la base et le bord apical avec quelques reflets verts; 3e segment d'un beau bleu-foncé, très convexe sur le disque, à poils plus longs et plus épais que sur les autres, la ponctuation un peu plus serrée, les côtés rectilignes; série antéapicale assez creusée, 12 fovéoles ouvertes, séparées, subarrondies, plus grandes au milieu ; marge apicale très étroite, à points moins gros et plus profonds, cinq fois dentée : dents réunies à l'apex, disposées sur une ligne très peu courbe, égales, spinoïdes, aiguës, droites, équidistantes ; les emarginatura égales, à sinus arrondi ; les côtés de la marge largement sinués avant les dents externes. Ventre noir à la base, vert au milieu, bleu à l'extrémité avec la bordure apicale noirâtre. ♂ Long. 8 1/2 mill. **Megerlei** DAHLBOM.

PATRIE : Italie : Toscane (Dr P. Magretti).

— Troisième segment abdominal bleu avec deux larges taches feu-doré ; l'aire inférieure des mésopleures terminée par deux dents. **Amœna** EVERS. ♂.
(Voir Section IV).

SECTION IV. — BICOLORES.

1 Troisième segment abdominal bleu avec deux larges taches feu-doré, — Corps de grande taille, robuste ; tout l'avant-corps bleu un peu indigo, l'abdomen feu-doré avec la troncature du 1er segment, la partie engainée de la base des autres segments bleues, le 3e bleu avec deux larges taches feu-doré, une de chaque côté, ne laissant qu'un petit intervalle bleu sur le disque. Pubescence très fine, gris-cendré. Tête médiocre, couverte de points moyens fortement ruguleux, irréguliers, devenant fins et coriacés sur le front ; cavité faciale profonde, densément et finement ponctuée-coriacée, avec d'épais poils blancs, très

finement striée obliquement dans le milieu, terminée en haut par une forte carène transversale arquée ; joues très longues, parallèles, subégales au 3e article antennaire ; clypeus subtronqué, large. Antennes noirâtres, les deux premiers articles et la base du 3e bleus. Pronotum à côtés fortement convergents en avant, troncature antérieure abrupte, une dépression au milieu du bord antérieur, et une autre de chaque côté près du bord postérieur ; ponctuation des pro- et mesonotum irrégulière, grosse, profonde, subréticulée, espacée, fortement ruguleuse, les intervalles pointillés peu profondément ; écusson et postécusson ponctués-réticulés, le dernier plus densément et fortement ruguleux ; angles posticolatéraux du métathorax grands, larges, à pointe longue et finement aiguë, dirigée en arrière ; mésopleures densément ponctuées, les deux sillons visibles, l'aire inférieure à plan parallèle au disque, creusé dans sa longueur et terminé par deux dents, l'antérieure fine, aiguë, la postérieure obtuse et grosse. Écailles concolores, ailes légèrement enfumées, cellule radiale très grande, presque fermée ; pattes bleues, tarses brun foncé. Abdomen très large, plus large que le thorax, ovale, caréné sur toute sa longueur, ponctuation très grosse, profonde, rapprochée, ruguleuse, réticulée : 1er segment court, troncature antérieure tri-impressionnée ; 2e segment à carène forte, élevée, un peu bleue ; 3e segment ovale, les côtés réfléchis en dessous, la ponctuation moins grosse et moins serrée sur le milieu du disque, celui-ci déprimé, surtout de chaque côté de la carène médiane, assez fortement renflé en bourrelet tout autour avant la série antéapicale, les côtés des segments presque nuls ; série antéapicale profonde, creusée, atteignant de chaque côté la base du segment, séparée au milieu, 14 fovéoles environ, profondes, irrégulières, très espacées, subcarrées ; marge apicale bleue, médiocrement longue, cinq fois dentée : dents spinoïdes, aiguës, assez éloignées des côtés, disposées sur une ligne très courbe ; dent du milieu petite, séparée des intermédiaires de chaque côté par une emarginatura à sinus arrondi, dents intermédiaires et externes grandes, subégales, équidistantes, les intermédiaires séparées des externes par des emarginatura obliques, très largement arrondies, les côtés de la marge légèrement sinués vers les dents externes. Ventre bleu taché de noir. Oviscapte brun. ♀ Long. 12mm.

Le ♂ diffère de la femelle, d'après M. le Dr A. Mocsary (car je n'ai pas vu ce sexe), par l'abdomen dont les deux premiers segments sont vert-gai, subdorés, tachés de doré de chaque côté, et le troisième dont la base est bleu-indigo, la marge apicale vert-bleu.

Amœna, Eversmann.

Patrie : Sibérie méridionale occidentale : Omsk (Radoszkowsky) ; a été signalée de la Province Transcaspienne et de la Perse par M. le Dr A. Mocsary.

— Troisième segment abdominal feu-doré ou doré-verdâtre. — Corps de grande taille, très robuste ; l'avant-corps bleu vif avec des reflets vert-gai et un peu dorés sur la face, le front, le pronotum, les aires latérales du mesonotum, l'écusson, les mésopleures et les angles posticolatéraux du métathorax, ou bien bleu-indigo foncé, ou encore vert-gai un peu bleuté avec l'air médiane du mesonotum bleu-vif ; l'abdomen d'un beau feu-doré ou doré-verdâtre, le 1er segment avec les angles antérieurs ordinairement verdâtres ou un peu bleus lorsque l'abdomen est doré-verdâtre. Semblable à la *C. polytima*, Buyss. (Voir 6e Phalange, Section IV) dont elle diffère par la tête moins large, le pronotum plus long à côtés légèrement convergents en avant ; la ponctuation du thorax plus grosse, serrée ; l'écusson plus densément ponctué, avec un petit espace lisse au milieu de la base ; la petite cavité médiane de la base du postécusson plus petite et moins profonde ; les angles posticolatéraux du métathorax à pointe plus longue, aigüe, à côté externe presque droit ; les 10 derniers articles des antennes et les tarses noirâtres ; la ponctuation abdominale plus grosse et moins serrée, simple ; le 3e segment abdominal plus long et moins large, plus fortement déprimé de chaque côté de la carène médiane et par conséquent plus renflé tout autour avant la série antéapicale, cette dernière plus profonde, à fovéoles plus grandes, les dents beaucoup plus longues, triangulaires, aiguës, dont quatre subégales, la cinquième est médiane au milieu de l'emarginatura médiane, très petite, finement aiguë, ou simplement sous la forme d'un petit angle largement arrondi, les deux autres emarginatura sont à sinus subrectiligne avec un très petit angle au milieu peu visible. les côtés extérieurs des dents externes légèrement sinués, les côtés de la marge droits et snbcontinus avec ceux du segment. Les pattes sont vert-bleu, le 1er article des tarses postérieurs vert en dessus, le ventre bleu-vif, avec le 3e segment taché de vert à la base. Oviscapte brun. Tout le reste est semblable à la description que j'ai donnée de la *C. polytima*, les mésopleures également. ♀ Long. 10mm. (Sec. spec. typ. !)

Le ♂ diffère de la ♀ par le corps un peu plus épais, la ponctuation un peu plus grosse, le 3e segment abdominal plus court, moins déprimé sur le disque de chaque côté de la carène médiane, les dents disposées sur une ligne très peu arquée.

Arrogans, Mocsary.

Obs. — F. Walker a décrit cette espèce en 1871 sous le nom de *C. seminigra*. M. le Dr W. Innès m'en a communiqué les types ; un seul a l'avant-corps bleu-indigo foncé. La dénomination de *seminigra* ne se rapporte donc qu'à une exception, aussi je préfere conserver le nom d'*arrogans* que M. le Dr Mocsary a donné plus récemment à cette même espèce.

Patrie : Arabie : Wâdy Ferran (Walker) ; Mésopotamie ; Malatia (Mocsary) ; Algérie (M. Pic).

ESPÈCE RESTÉE INCONNUE

(Section IV *bicolores*) :

C. **Goliath**, Ab. — Très grande et très robuste. Tête verte, bleue sur le vertex, à gros points ocellés, très petits et ruguleux sur la cavité faciale, qui est assez profonde et nettement limitée en haut par une crête transversale ; médiocre et éparse sur le devant. Joues à côtés longs, droits et non ou à peine convergents. Mandibules obscures. Antennes noires, vertes sur leurs deux premiers articles. Thorax couvert de gros points ocellés peu serrés, séparés par de petits points sur le mesosternum, plus gros et très serrés sur l'écusson et le postécusson. Pronotum court, vert-brillant avec la base et le sommet bleus, ainsi que le sillon médian qui est large, profond et prolongé presque jusqu'à la base. Mesonotum avec chaque compartiment vert bordé de bleu. Écusson d'un vert brillant et doré, bordé de bleu. Postécusson et metasternum bleu sombre. Côtés de la poitrine verts, bordés de bleu. Postécusson gibbeux. Angles du metasternum longs et larges, coupés droit par côté, à pointe décombante et aigüe. Abdomen doré, large, massif, à côtés subparallèles, caréné fortement sur ses deux derniers segments ; à très gros points serrés, allant en diminuant à peine de grosseur et en augmentant à peine de densité du 1er au dernier segment. Celui-ci à côtés assez arrondis, peu déprimé de chaque côté de sa carène et en avant de sa ligne ponctuée, qui est assez immergée, formée de 8 ou 9 points de chaque côté. Rebord peu long, ponctué, à quatre dents aiguës également distantes, fortes, et dont les deux dents médianes sont séparées par une cinquième dent plus petite, assez pointue, le tout placé sur une ligne a peine courbe ; les dents latérales reliées au côté par une ligne très sinuée et allant en s'arrondissant fortement. Ventre entièrement bleu. Pattes bleues, vertes sur les tibias ; tarses presque noirs. Ailes, sales et enfumées, radiale s'arrêtant assez loin du bord. Écailles d'un bleu noir. Pubescence blanche, très dense, longue et dressée sur l'avant-corps et surtout sur la tête tout entière, soyeuse, couchée, très dense dans la cavité faciale. ♂ Long. 12mm.

Obs. — Il se pourrait que la *C. Goliath* fût une *C. arrogans* Mocs. (*seminigra* Walk). Il ne m'a pas été permis d'en voir le type.

Patrie : Espagne (Collection Dufour).

8e Phalange. — Sexdentatæ

Troisième segment abdominal avec sa marge apicale munie de six dents ou angles.

TABLEAU DES SECTIONS

(Voir 6e Phalange p. 440)

SECTION II — VIRIDES.

1 Postécusson fortement acuminé. 2

— Postécusson convexe. 4

2 Acumen du postécusson fortement caréné en dessus. — Corps de grande taille, étroit, très convexe, entièrement vert plus ou moins bleuâtre, rarement bleu-verdâtre, plus rarement vert-doré; pubescence blanchâtre. Tête plus petite que le pronotum, arrondie, à ponctuation médiocre, peu profonde, irrégulière, chaque ocelle accolé à une petite fossette lisse; front ordinairement vert-gai; cavité faciale profonde, carrée, terminée abruptement en haut, avec deux petites carènes saillantes, courtes, dirigées sur le front parallèlement aux

orbites internes, le milieu densément ponctué avec des poils blancs; antennes noir-brun, le 1er article et la base du 2e bleu-verdâtre, le 3e très court, à peine plus long que le 2e, le 4e environ deux fois long comme le 3e. Pronotum rétréci en avant, très court au milieu par suite d'une forte échancrure semi-circulaire faite antérieurement et où se loge la tête, les angles antérieurs très saillants, le disque convexe, bosselé, à points irréguliers, assez profonds, devenant beaucoup plus gros sur les côtés, une dépression sulciforme et longitudinale au milieu du disque; mesonotum très convexe, avec de gros points au-dessus des ailes et à la partie postérieure de l'aire médiane, sur le reste la ponctuation est médiocre, peu profonde, entremêlée de points assez fins; écusson gibbeux, surtout postérieurement, grossièrement et profondément ponctué-réticulé, avec une légère carène longitudinale sur tout le milieu; postécusson prolongé en une longue pointe triangulaire, subhorizontale, carénée en dessus, lisse à la pointe et sur l'arête de la carène, la base un peu excavée et lisse avec quelques rares petits points obsolètes, les côtés de la carène profondément et grossièrement ponctués-réticulés; metanotum à points médiocres, peu profonds, épars, entremêlés de points beaucoup plus petits. Mésopleures formées de deux plans superposés : le 1er, le plus rapproché des ailes, est le plus grand, avec deux carènes longitudinales, lisses; l'une beaucoup plus large, avec quelques petits points obsolètes, part de l'angle antérieur du mesonotum, l'autre étroite, se terminant en une petite dent, part de la partie antérieure de l'écaillette, le reste de ce 1er plan forme des espèces de sillons grossièrement ponctués-réticulés; le 2e plan est triangulaire, terminé en une longue dent obtuse, divisé dans toute sa longueur par une carène étroite aboutissant à la dent, les bords du plan sont légèrement relevés, de sorte que les deux aires formées par la carène médiane sont comme creusées, un peu bosselées transversalement. Ecailles bleu-indigo ou un peu verdâtres; ailes très fortement enfumées, bleuissantes, nervures épaisses. Dessous du corps et pattes ordinairement vert-gai ou un peu doré, les deux premiers articles des tarses verts en dessus, les autres bruns souvent un peu roussâtres. Abdomen assez convexe, un peu comprimé sur les côtés, à ponctuation assez grosse, espacée, assez profonde, les intervalles très finement et obsolètement pointillés : 1er segment assez long, les angles antérieurs carénés sur les côtés, dont la bordure est réfléchie en dessous largement, la partie réfléchie finement et densément ponctuée avec des points plus gros, épars, les angles posticolatéraux petits, mais spinoïdes; 2e segment long, légèrement caréné longitudinalement, ordinairement vert-doré latéralement avec une tache bleu-indigo de chaque côté, la bordure des côtés réfléchie en dessous et ponctuée comme sur le 1er segment, les angles posticolatéraux forts, spinoïdes; 3e segment à ponctuation plus fine, bleu-indigo avec quelques reflets verts, très rarement vert-doré, allongé, convexe à la base puis déprimé transversalement et ensuite renflé en bourrelet avant la série antéapicale, les côtés très longs, finement et densément ponctués à la base, et ayant chacun une petite dent épineuse peu éloignée de la base; série antéapicale creusée, à fovéoles rondes, médiocres, irrégulières, séparées, nombreuses; marge apicale longue, quadridentée, les dents aiguës, courtes, subégales, les intérieures sur une ligne droite, séparées par un large sinus à fond régulièrement arrondi ou rectiligne, au milieu duquel on voit très rarement un petit mucron spinoïde; les extérieures plus en retrait, séparées des autres chacune par un large sinus arrondi, oblique. Ventre vert-bleuâtre, ou vert-gai souvent un peu doré, chaque segment bordé de noir ou de bleu, 2e segment avec deux taches oblongues à la base. ♀ Long. 8 1/2 — 13 mill.

Le ♂ diffère de la ♀ par le 3e segment abdominal moins allongé, un peu plus large et la marge apicale plus courte. **Lyncea**, Fabricius.

Patrie : Habite toute la région tropicale, mais il se retrouve en Egypte et au Maroc.

Var. — *Midas*, Buyss. — Diffère du type par son corps vert-cuivré, avec le thorax, les pattes, le ventre et les côtés de l'abdomen feu-bronzé-cuivré. ♂ Long. 12mm.

Patrie : Même habitat que le type.

Obs. — Il est difficile de faire de l'ancien genre *Pyria*, un genre distinct. Il est basé simplement sur la longueur du 3e article antennaire qui est beaucoup plus court que le 4e. En effet, chez quelques *Chrysis*, le ♂ seul a le 3e article antennaire distinctement plus court que le 4e; d'autres fois, ces deux articles sont tellement courts qu'ils forment à eux deux une longueur égale à celle du 5e article. Je ne vois donc pas la nécessité de maintenir cette division qui peut faire naître de nouvelles ambiguïtés.

— Acumen du postécusson creusé en dessus. 3

3 Premier article antennaire et base du 2e verts, le 3e très court, pas plus long que le 2e. — Corps de grande taille, robuste, large ; pubescence longue, blanchâtre, peu épaisse ; entièrement d'un beau bleu avec quelques reflets verts, ou entièrement vert gai un peu doré, ou encore bleu-verdâtre ; le 3e segment abdominal toujours plus ou moins bleu. Tête épaisse, aussi large que le pronotum, ponctuation grosse, très profonde, subréticulée, ruguleuse, serrée ; cavité faciale large, assez profonde, grossièrement ponctuée-coriacée, avec de longs poils blancs sur les côtés, le milieu avec de gros points épars, le haut terminé par une forte carène transversale triangulaire, émettant de chaque angle une carène : les deux les plus rapprochées des yeux entourant le 1er ocelle, celle du milieu moins forte se dirigeant directement sur le 1er ocelle ; joues assez longues ; mandibules simples ; clypeus large, court ; antennes brun-noirâtre, le 3e article deux fois plus court que le 4e ; les côtés de la tête creusés-ponctués, fortement carénés. Pronotum court, échancré en avant, avec une forte dépression médiane antérieurement ; mesonotum très convexe, couvert, comme le pronotum, de très gros points épars, très profonds, irréguliers, les intervalles brillants avec de très petits points obsolètes. Ecusson très grossièrement et profondément ponctué-réticulé ; postécusson ponctué de même, prolongé horizontalement et creusé en dessus dans toute sa longueur, cette cavité grossièrement sculptée ; mésopleures grossièrement et profondément ponctuées-sculptées, formées de deux plans superposés : le 1er, le plus grand, porte un

profond sillon sculpté, longitudinal, partant de l'aile et se terminant en une grosse dent obtuse ; le 2e, ou aire inférieure, creusé-sculpté et terminé par une grosse dent obtuse, le bord postérieur fortement caréné avec une échancrure vers le milieu de sa longueur. Ecailles bleues ou vertes ou bleu-verdâtre ; ailes fortement enfumées, légèrement bleuissantes ; pattes vertes, ou bleu-verdâtre, ou bleues ; tarses brun-noirâtre ou brun-roux très foncé, le 1er article des postérieurs vert en dessus. Abdomen large, convexe, à points assez gros, profonds, espacés, les intervalles brillants, finement et irrégulièrement pointillés : 1er segment assez court, un fort sillon en avant dans lequel vient se loger la pointe du postécusson, les angles posticolatéraux droits ; 2e segment long, la bordure généralement de teinte plus claire, parfois un peu subdorée sur les sujets les plus verts, les angles posticolatéraux courts mais spinoïdes ; 3e segment assez long, fortement convexe à la base, puis déprimé transversalement, et légèrement renflé avant la série antéapicale, la ponctuation un peu moins grosse et plus serrée, surtout à la base du disque, les côtés longs, rectilignes ; série antéapicale creusée, 20-22 fovéoles rondes, ouvertes, subrégulières ; marge apicale peu longue, six fois dentée : dents spinoïdes, finement aiguës, subégales, les médianes plus rapprochées, séparées l'une de l'autre par un sinus régulier, arrondi, et séparées des intermédiaires chacune par un sinus plus large, suboblique ; les autres emarginatura encore plus larges et plus obliques ; la bordure extrême des emarginatura est ciselée obliquement en dessous dans l'épaisseur même du tégument. Ventre vert-bleuâtre, taché de noir, le 3e segment est échancré au milieu du bord apical en sinus aigu, se terminant par une carène pas très longue, devenant presque nulle chez le mâle. ♂ ♀ Long. 11 1/2 — 13mm.

Stilboïdes, Spinola.

Patrie : Caucase, Turkestan, Egypte, Syrie, Sénégal, Congo.

— Les trois premiers articles antennaires verts, le 3e long, subégal au 4e mais deux fois long comme le 2e — Semblable à la *C. stilboides* Spin. dont elle diffère par la tête plus petite, à face plus étroite, linéaire, les joues moins longues, non parallèles, le haut de la cavité faciale terminé par une carène transversale simple, arquée, non anguleuse ; par les articles des antennes indiqués ci-dessus ; par le pronotum plus long, à côtés encore plus convergents en avant, avec les angles posticolatéraux lisses, imponctués ; par le postécusson non creusé en dessus ; par les mésopleures ayant sur le disque un fort sillon subvertical profondément et grossièrement ponctué-sculpté, séparant deux espaces sublinéaires, lisses, imponctués, l'aire inférieure porte deux dents postérieurement ; par la ponctuation abdominale beaucoup plus espacée et plus fine ; par le 1er article des tarses brun-noirâtre, nullement vert en dessus ; par le 3e segment abdominal plus déprimé transversalement, les fovéoles plus grandes, ouvertes, les dents plus courtes et plus triangulaires, non spinoïdes, les trois emarginatura du centre plus largement arrondies que chez la *C. stilboides* et en même temps plus large que les emarginatura externes, tandis que chez la *C. stilboides*, les externes sont plus larges que les trois internes ; les dents externes sont très courtes, nullement triangulaires, ni aiguës. ♀ Long. 11mm.

Simillima, Gribodo.

Patrie : Algérie (Radoszkowsky).

4 Troisième segment abdominal avec toutes les dents réunies à l'apex. 5

— Troisième segment abdominal avec quatre dents à l'apex et deux situées à la naissance de la marge. 7

5 Tarses testacés ; 3e article antennaire plus court que le 4e. — Corps de taille presque grande, large, robuste, tout l'avant-corps vert-gai, l'abdomen vert-doré, le 2e segment avec une petite tache un peu plus dorée de chaque côté ; pubescence blanche, dressée ; tête à peine plus large que le pronotum, à points médiocres, serrés, très ruguleux, subréticulés, devenant plus petits sur le front ; cavité faciale large, subcarrée, assez profonde, finement et densément ponctuée-coriacée, terminée en haut par une forte carène transversale ; joues courtes, subparallèles, de la longueur du 2e article antennaire ; antennes brun-marron foncé, les deux premiers articles verdâtres. Pronotum court au milieu, troncature antérieure assez abrupte, une petite dépression au milieu du bord antérieur ; ponctuation des pro- et mesonotum un peu grosse, serrée, très ruguleuse, subréticulée, les intervalles ruguleux, obsolètement pointillés ;

aire médiane du mesonotum bleuissante; écusson et postécusson ponctués-réticulés, postécusson convexe, la suture antérieure béante; angles postico-latéraux du métathorax larges, triangulaires, à pointe aiguë, le côté postérieur de chacun avec un angle obtus réfléchi en dessous; mésopleures très ruguleusement ponctuées, sans sillon médian longitudinal, le transversal très large et profondément creusé-sculpté, l'aire inférieure diversement ponctuée-sculptée, les bords fortement carénés, surtout postérieurement où la carène est finement crénelée. Pattes vert-gai, testacées en dessous; écailles bleues, un peu scarieuses; ailes hyalines, cellule radiale presque fermée. Abdomen à côtés parallèles, caréné dans toute sa longueur : 1er segment à points médiocres, irréguliers, profonds, ruguleux, médiocrement serrés, devenant très gros en avant et sur les angles antérieurs, la troncature bleue, avec un fort sillon médian; 2e segment à points médiocres, assez serrés, un peu confluents, angles posticolatéraux spinoïdes; 3e segment court, à points plus petits et plus serrés, subcoriacés, convexe, les côtés très courts et fortement convergents en arrière; série antéapicale peu creusée, 18 fovéoles, petites, irrégulières; marge apicale concolore, très courte, six fois dentée : dents réunies à l'apex, disposées sur une ligne faiblement arquée, les internes plus longues que les autres, spinoïdes, aiguës, parallèles, séparées entre elles par une emarginatura semi-elliptique, les intermédiaires triangulaires, aiguës, les externes plus courtes que les autres, triangulaires, aiguës, séparées les unes des autres par des emarginatura un peu obliques à sinus arrondi ; les côtés de la marge légèrement sinués près des dents externes, puis formant une ligne un peu arquée. Ventre vert-gai : 2e segment taché de noir. ♂ Long. 7 1/2 mill. (Sec. spec. typ. !) La femelle, d'après M. Mocsary, serait vert-bleu.

Demavendæ, Radoszkowsky.

Patrie : Perse : mont Demavend (Radoszkowsky).

— Tarses non testacés ; 3e article antennaire plus long que le 4e. 6

6 Les six dents apicales du 3e segment abdominal, triangulaires, finement aiguës. — Corps de taille moyenne, assez robuste, entièrement d'un joli bleu-gai ; pubescence fine, dressée, assez abondante, blanc-sale ; tête plus large que le pronotum, à points médiocres, serrés, réticulés, subruguleux, devenant plus petits, très serrés, coriacés, ruguleux, sur le front ; cavité faciale presque plane, d'un bleu moins franc, à points peu serrés, avec des poils blancs, terminée en haut par une carène transversale ; joues courtes, non parallèles, de la longueur du 4e article antennaire ; antennes noirâtres avec les trois premiers articles bleus, le 3e plus court que les deux suivants réunis. Pronotum très court, transversal, à troncature antérieure déclive, une vague dépression au milieu du bord antérieur ; ponctuation thoracique grosse, serrée, réticulée, ruguleuse ; postécusson convexe ; angles posticolatéraux du métathorax assez forts, triangulaires, à pointe aiguë, recourbée en arrière ; mésopleures

avec les deux sillons visibles, l'aire inférieure carénée postérieurement, échancrée en un point en dessous et formant alors deux petites dents. Pattes concolores, tarses brun-noir, le 1er article des postérieurs bleu en dessus ; écailles concolores ; ailes hyalines. Abdomen ovale, assez convexe, légèrement caréné au milieu, dans toute sa longueur, ponctuation assez grosse, profonde, à intervalles plans et lisses : 3e segment long, à longs poils blanc-sale, un peu déprimé en dessus, les côtés très courts, droits, la ponctuation entremêlée de points très fins, serrés, peu profonds, immédiatement avant la série antéapicale, celle-ci assez creusée, large, séparée au milieu par la carène ; 22 fovéoles serrées, peu ouvertes, petites ; marge apicale concolore, six fois dentée : dents disposées sur une ligne courbe, égales, équidistantes, triangulaires, subaiguës, garnies de longs poils blanc-sale, le côté extérieur des dents externes droit et continu chacun avec celui du segment, les emarginatura égales, à sinus arrondi. Ventre entièrement bleu. ♀ Long. 6 1/2 mill. **Monochroa**, Mocsary.

Patrie : Algérie : Oran (H. de Saussure).

— Les deux dents externes du 3e segment abdominal obtuses, en forme d'angles. — Corps de taille médiocre ou moyenne, allongé, subparallèle, entièrement bleu ou bleu-vert ou bleu-indigo, l'abdomen bleu-indigo fascié de bleu-vert, de vert ou de vert-gai, parfois subdoré surtout sur les côtés ; pubescence longue, fine, dressée, cendrée. Tête plus large que le pronotum, à points assez gros, réticulés, ruguleux, devenant plus petits, plus serrés et plus ruguleux sur le front ; cavité faciale peu profonde, ordinairement vert-gai, densément ponctuée, à points assez gros, coriacés, avec des espaces lisses, imponctués, le haut en pente déclive, terminé au milieu par une légère carène transversale formant un petit angle remontant vers les ocelles, ou tri-ondulée-anguleuse, mais n'atteignant pas les orbites ; joues courtes, de la longueur du 4e article antennaire, convergentes en avant ; mandibules unidentées ; antennes noirâtres avec les trois premiers articles verts ou bleus, le 3e plus court que les deux suivants réunis. Pronotum court, troncature antérieure abrupte, un sillon médian antérieurement ; ponctuation thoracique assez grosse, profonde, réticulée, ruguleuse, les intervalles obsolètement pointillés ; postécusson convexe, à points plus gros ; angles posticolatéraux du métathorax largement triangulaires, à pointe très courte, subaiguë ou grossièrement obtuse ; mésopleures normales ; pattes vert-bleu, ou vert-gai parfois un peu doré, tarses brun-roussâtre ; écailles bleues, ailes assez enfumées, à nervures brun-roussâtre, cellule radiale grande, non fermée. Abdomen à côtés parallèles, peu convexe, ponctuation médiocre, espacée, à intervalles plans : 1er segment à troncature antérieure fortement convexe, abrupte, tri-sillonnée, le disque avec de gros points épars parmi les autres, devenant rapprochés, profonds, ruguleux sur les côtés ; 2e segment avec le bord apical à points fins, obsolètes, mais plus profonds, plus gros et plus serrés sur les côtés, angles posticolatéraux brièvement spinoïdes; 3e segment subrectangulaire, à points plus serrés, souvent un peu confluents, peu convexe, les côtés longs, convergents en arrière; série antéapicale profonde, séparée au milieu par une carène, 18 fovéoles, ouvertes, profondes. grandes au milieu, médiocres sur les côtés; marge apicale subconvexe, six fois dentée : les quatre dents internes disposées sur une ligne presque droite, égales, réfléchies en dessous, triangulaires, subaiguës; les dents externes très courtes, obtuses, ressemblant plutôt à des angles; un petit sinus à la naissance même de la marge de chaque côté; l'emarginatura du milieu plus profonde que les autres, un peu plus large que les intermédiaires, à sinus subelliptique, les emarginatura intermédiaires à sinus arrondi, les externes un peu obliques, plus larges que les autres, largement arrondies. Ventre vert-bleu ou vert-gai, parfois un peu doré sur le 2e segment qui est aussi largement taché de noir à sa base, les bordures apicales sont légèrement marginées de noir. ♂ Long. 6 1/2-9 1/2 mill.

La ♀ diffère du ♂ par le 3e segment abdominal beaucoup plus long, subarrondi, un peu déprimé sur le disque, la série antéapicale très large, les fovéoles parfois obsolètes, non ouvertes, longuement allongées dans la marge dans le sens de la longueur de l'abdomen; par la marge apicale de ce même segment beaucoup plus longue, l'emarginatura du milieu beaucoup plus large et plus profonde, ce qui rend les dents internes plus rapprochées des dents intermédiaires, les côtés de la marge beaucoup plus longs et subrectilignes ; par le ventre avec tous les segments tachés de noir. Oviscapte brun.

Violacea, PANZER.

OBS. — On trouve des individus atteints de rufinisme dans les antennes, les pattes, les écailles et la nervulation.

M. le docteur Chobaut en a trouvé un exemplaire mort dans son cocon, dans un nid d'*Osmia tridentata*. Duf. et Per.

PATRIE : Toute l'Europe : France, Allemagne, Espagne, Italie, Sardaigne, Hongrie.

7 Dents de la base du 3e segment abdominal, simplement en forme d'angles obtus, arrondis ; pas de taches nettement limitées sur le corps. — Corps de taille moyenne, assez robuste, entièrement bleu-vert avec le cou, l'aire médiane du mesonotum, et la moitié antérieure du disque du 2e segment abdominal franchement bleus ; pubescence blanchâtre. Tête plus large que le pronotum, densément ponctuée-subréticulée, les points devenant plus petits, plus serrés, subcoriacés sur le front ; face verte ; cavité faciale peu creusée, densément ponctuée-coriacée, finement striée au milieu, terminée en haut par une forte carène transversale ondulée ; joues très courtes, non parallèles, à peine de la longueur du 2e article antennaire ; antennes brunes, les deux premiers articles verts, le 3e subégal au 5e, le 4e plus court que le 5e. Pronotum court, cylindrique, déclive en avant, avec un sillon médian antérieurement ; ponctuation des pro- et mesonotum médiocre, espacée, subréticulée, les intervalles garnis de quelques petits points très fins ; écusson grossièrement ponctué-réticulé ; postécusson convexe, grossièrement et

profondément ponctué-réticulé; angles posticolatéraux du métathorax larges, triangulaires, aigus, à pointe un peu recourbée en arrière; mésopleures ponctuées-réticulées, les deux sillons visibles, l'aire inférieure creusée-sculptée, carénée sur les bords. Pattes vert-bleu, tarses bruns; écailles bleues, ailes subhyalines, cellule radiale enfumée, presque fermée. Abdomen obovale, caréné dans toute sa longueur: 1er segment à points un peu gros, espacés, les intervalles finement pointillés, troncature antérieure avec un sillon médian visible en dessus; 2e segment à points moins gros, plus espacés, avec de petits points entremêlés, les angles posticolatéraux droits; 3e segment court, subarrondi, régulièrement convexe, à points médiocres, assez serrés, les côtés très courts, droits; série antéapicale peu profonde, 14 fovéoles environ, ouvertes, assez grandes, rapprochées, confluentes; marge apicale concolore, courte, avec quatre dents apicales et deux angles latéraux; dents aiguës, spinoïdes, assez longues, égales, équidistantes, subparallèles, réunies à l'apex, séparées entre elles par des emarginatura subégales, semi-elliptiques; les angles, situés de chaque côté à la naissance même de la marge, sont larges, obtus, et l'espace compris entre eux et les dents intermédiaires est largement sinué. Ventre vert-bleu, le 2e segment avec deux taches noires, le 3e largement marginé de noir tout autour et à la base. ♂ Long. 7 mill. (sec. spec. typ. !)

Erivanensis, RADOSZKOWSKY.

PATRIE : Caucase : Erivan (Radoszkowsky).

— Dents de la base du 3e segment abdominal fortes, larges; des taches bleu foncé nettement limitées sur le thorax et l'abdomen. — Corps de taille moyenne, allongé, parallèle; avant-corps vert avec la troncature antérieure du pronotum, trois taches sur le pronotum, les sutures de l'aire médiane ainsi que les bords externes du mesonotum, et une tache sur l'écusson, bleu-foncé; l'abdomen bleu-vert avec une petite tache à chaque angle antérieur du premier segment, la base et une tache de chaque côté, touchant la base, aux segments 2 et 3, bleu-foncé; pubescence du dessus gris-roussâtre, courte, dressée. Tête plus large que le pronotum, épaisse; cavité faciale assez profonde, en partie lisse et ruguleuse, subponctuée sur le milieu, les côtés ruguleusement ponctués, le haut terminé très abruptement avec une forte carène transversale bi-ondulée-subarquée, les extrémités ne touchant pas les orbites; joues courtes, non parallèles, de la longueur du 4e article antennaire; clypeus large; labre vert; antennes noirâtres; les deux premiers articles et la base du 3e verts, le 3e plus court que les deux suivants réunis. Ponctuation de la tête et du thorax grosse, profonde, ruguleuse, subréticulée, les intervalles imperceptiblement chagrinés, avec quelques petits points fins, épars. Pronotum très court, à côtés non parallèles, légèrement sinués, troncature antérieure assez abrupte, une légère dépression au milieu du bord antérieur; postécusson convexe densément et grossièrement ponctué-réticulé; angles posticolatéraux du métathorax très forts, longs, dirigés en arrière, dilatés sur le côté postérieur, à pointe subobtuse; mésopleures avec le sillon longitudinal très court, visible seulement sous les ailes, le transversal très large et très profond, l'aire inférieure très fortement carénée sur les bords. Pattes vert-gai, tarses brun-roussâtre; écailles vertes, ailes légèrement enfumées, cellule radiale presque fermée. Abdomen long, parallèle, sans carène visible, très convexe, subcylindrique, les côtés réfléchis en dessous, couvert de points un peu gros, très peu serrés, les intervalles imperceptiblement chagrinés avec de petits points fins épars : 1er segment à points un peu plus gros, troncature antérieure concolore, très abrupte, tri-impressionnée; 2e segment avec les côtés très courts, de moitié plus courts que le disque, les angles posticolatéraux arrondis; 3e segment long, subtronqué-arrondi, un peu déprimé sur le disque, les côtés fortement divergents et formant chacun une forte dent subaiguë, dirigée en arrière, placée juste avant la marge apicale; série antéapicale peu profonde, séparée au milieu, 24 fovéoles, petites, irrégulières, rapprochées; marge apicale courte, quadridentée : dents réunies un peu à l'apex, les internes plus rapprochées entre elles, longues, triangulaires, finement aiguës, les externes assez éloignées des côtés, au moins deux fois plus éloignées de la naissance de la marge que des dents internes, plus courtes, triangulaires, aiguës; l'emarginatura du milieu subtriangulaire, à sinus arrondi, les emarginatura intermédiaires beaucoup plus larges, à sinus très largement arrondi; les côtés de la marge subarqués. Ventre bleu-vert, densément et finement pointillé-chagriné, subcoriacé, 2e segment taché de noir au milieu de la base. ♀ Long. 8 1/2 mill. **Andreana**, N. sp.

OBS. — La *C. Andrei* Mocsary (Mon. Chrys. Orb. terr. u. 1889 p. 215) appartient au genre *Hedychridium*. Je profite donc de cette circonstance pour dédier un de nos plus jolis Hyménoptères à la mémoire de mon ami, feu Edmond André. J'ai changé la terminaison afin d'éviter toute confusion avec l'espèce décrite par l'éminent naturaliste de Budapest. Dans les explications des planches XXIII et XXVII il faut lire *Andreana* au lieu de *Andrei*.

PATRIE : Egypte : Le Caire.

SECTION IV. — BICOLORES

1 Abdomen bleu-indigo à fascies feu-doré. — Semblable à la *C. violacea* Panz., dont elle n'est probablement qu'une variété. Elle en diffère par le corps un peu plus étroit, la pubescence brunâtre, la carène du haut de la face plus forte, transversale, à peine ondulée; par les pattes vert un peu doré; par l'abdomen bleu-indigo foncé avec la bordure apicale du 1er segment vert-doré en dessus, un peu feu sur les côtés, celle du 2e segment feu-doré, élargie sur les côtés, puis remontant sur le bord même des côtés jusqu'à la base du segment; le 3e segment avec une fascie feu-doré, précédant la série antéapicale et atteignant la base du segment sur les côtés; ventre vert-bleu, taché de noir. ♀ Long 8 mill. **Equestris**, DAHLBOM.

PATRIE : Russie, province d'Orenbourg : Spasck (Radoszkowsky), Kasan (Rev. Konow).

— Abdomen feu-doré ou cuivré plus ou moins verdâtre. 2

2 Troisième segment abdominal avec six dents apicales ; joues courtes. — Corps de taille moyenne ou presque grande, large, robuste, parallèle, convexe : tout l'avant-corps bleu-indigo, souvent un peu violacé, avec des reflets vert-bleu dans les intervalles de la ponctuation, l'abdomen vert-doré-cuivré, plus ou moins feu ; pubescence longue, épaisse, fine et blanchâtre. Tête médiocre, à points très serrés, coriacés, ruguleux, cavité faciale vert-bleu, subcarrée, médiocre, densément ponctuée-coriacée, ruguleuse, avec d'épais poils blancs, terminée en haut par une forte carène transversale en forme d'accolade; joues courtes, non parallèles, de la longueur du 4e article antennaire ; mandibules unidentées; antennes noirâtres, les deux premiers articles verts ou bleus, le 3e un peu plus long que le 4e. Pronotum très court, troncature antérieure abrupte, un sillon au milieu du bord antérieur, ponctuation grosse, profonde, ruguleuse, subréticulée, les intervalles ruguleux et finement pointillés ; mesonotum à points moins profonds, réticulés; écusson convexe, à points plus gros, réticulés, avec un espace finement pointillé en avant; postécusson convexe, ponctué-réticulé ; angles posticolatéraux du métathorax larges, triangulaires, à pointe aiguë, le bord postérieur ondulé, bisinué ; mésopleures normales; écailles bleu-indigo, tachées de vert-bleu ; ailes légèrement enfumées ; pattes bleu-vert, tarses noirâtres. Abdomen large, parallèle, couvert de points assez gros, peu serrés :

1er segment avec les intervalles de la ponctuation finement pointillés, troncature antérieure bleu-vert, profondément sillonnée au milieu ; 2e segment très vaguement caréné, à points plus petits, entremêlés, angles posticolatéraux spinoïdes ; 3e segment court, transversal, à points plus serrés, subréguliers, régulièrement convexe sur le disque, côtés du segment courts, droits, série antéapicale assez profonde, 18-20 fovéoles irrégulières, ouvertes, parfois confluentes au milieu ; marge apicale concolore, courte, six fois dentée : dents disposées sur une ligne presque droite, les quatre du milieu égales, équidistantes, triangulaires, aiguës, les externes un peu plus courtes avec leur côté extérieur largement sinué ; les emarginatura subégales, à sinus arrondi, celle du milieu un peu elliptique. Ventre noir, taché de vert, largement limbé de bleu-indigo. ♂ Long. 7-10 1/2 mill.

La ♀ diffère du ♂ par des teintes vert-doré répandues souvent sur le thorax dans les intervalles de la ponctuation, le 3e article antennaire souvent vert en dessus et plus long, les joues un peu plus longues, l'abdomen souvent caréné dans toute sa longueur, le 3e segment abdominal long, ovale, arrondi, légèrement déprimé sur le disque, légèrement renflé avant la série antéapicale et plus finement ponctué sur le milieu de cette partie renflée, les côtés de la marge vaguement bisinués. Oviscapte brun. **Micans** Rossi.

Obs. — D'après M. E. Abeille de Perrin, cette espèce serait parasite du *Cerceris arenaria* L.

On trouve des individus atteints de rufinisme dans les antennes et les pattes.

Patrie : Toute l'Europe : France, Espagne, Italie, Sardaigne, Algérie, Syrie, Grèce Hongrie, Russie,

Troisième segment abdominal avec quatre dents apicales et deux latérales; joues très longues et parallèles. — Corps de taille médiocre, allongé, l'avant-corps vert-gai, l'abdomen cuivré-doré. Tête vert-bleu, proportionnellement énorme, très épaisse, plus large que le pronotum, subcubique, à points fins, espacés, devenant un peu moins clairsemés sur le front; cavité faciale courte, presque plane, beaucoup plus large que longue, très finement pointillée, subcoriacée, avec d'épais poils blancs, terminée en haut subabruptement-convexe, sans carène transversale; joues plus longues que le 3e article antennaire; clypeus très large; mandibules longues, unidentées; antennes courtes, marron-roussâtre, le 1er article bleu, le 2e marron-roussâtre à reflets bleus, le 3e un peu plus long que le 4e. Pronotum presque carré, les angles antérieurs gibbeux, élevés en dessus, en angle droit, un peu creusé sur les côtés avec des stries, abrupte aux angles antérieurs, déclive au milieu avec un fort sillon médian; ponctuation thoracique espacée, médiocre, entremêlée de points petits et d'autres fins, les intervalles lisses et brillants; postécusson convexe, subréticulé; angles posticolatéraux du métathorax triangulaires à pointe aiguë, un peu longue; mésopleures normales, à points assez rapprochés; dessous du corps bleu-vert, pattes verdâtres, roussâtres en dessous, tarses roussâtres, subtestacés. Ecailles bleues, ailes hyalines, nervures testacées, cellule radiale presque fermée. Abdomen allongé, un peu subcylindrique, non caréné, à points médiocres, espacés, presque profonds, entremêlés de quelques autres plus fins, les intervalles très lisses et brillants: 1er segment à troncature antérieure plus verte; 2e segment avec la bordure apicale très engainante; 3e segment ovale-allongé, un peu comprimé à l'extrémité, régulièrement convexe sur le disque, les côtés longs et droits; série antéapicale peu creusée, 14 fovéoles, petites, rapprochées, rondes; marge apicale scarieuse-roussâtre vue par transparence, avec des reflets cuivré-doré, six fois dentée: quatre dents apicales longues, subspinoïdes, aiguës, subégales, subéquidistantes, un peu réfléchies en dessous, séparées par trois emarginatura subégales, à sinus arrondi; les dents latérales, situées presque à la naissance de la marge, courtes, triangulaires, dirigées en dessous, séparées des autres dents chacune par une emarginatura large, à fond irrégulier, subcrénelé. Ventre vert avec les segments 1 et 2 largement tachés de noir, le 3e vert-cuivré. Oviscapte brun. ♀ Long. 6 mill. (sec. spec-typ. !) **Sabulosa**, Radoszkowsky.

Patrie : Turkestan : Mont. Karak (Radoszkowsky).

SECTION V. — AURATÆ.

1 Pronotum, mesonotum et écusson toujours franchement feu-cuivré; corps large et trapu. — Corps de taille médiocre, bleu avec le pronotum, le mesonotum et l'abdomen feu-doré-cuivré; pubescence cendré-blanchâtre. Tête plus large que le pronotum, couverte de points petits, serrés, ruguleux; le front vert, parfois un peu doré, à points

moins profonds; cavité faciale finement striée obliquement au milieu, les stries convergentes en haut, les côtés densément ponctués-coriacés, le haut avec une carène transversale formant deux angles, dont chacun émet un petit rameau dirigé vers les ocelles; joues courtes, non parallèles, un peu plus longues que le 4ᵉ article antennaire; clypeus caréné au milieu; mandibules unidentées: antennes noirâtres, les deux premiers articles et une partie de la base du 3ᵉ verts, ce dernier aussi long que les deux suivants réunis. Pronotum court, à côtés sinués, une faible dépression longitudinale de chaque côté sur le disque près du bord postérieur, un sillon ordinairement bleu au milieu du bord antérieur, troncature antérieure bleue; ponctuation des pro- et mesonotum ruguleuse, profonde, irrégulière, les intervalles bosselés mais garnis de points beaucoup plus petits; écusson et postécusson ponctués-réticulés, ordinairement avec quelques reflets verts; postécusson petit, convexe, la suture antérieure béante; angles posticolatéraux du métathorax longs, subaigus, recourbés un peu en arrière, mésopleures bleues, ou bleu-vert, normales; pattes bleues ou bleu-vert, plus vertes sur les tibias, tarses bruns, un peu roussâtres; écailles bleues, tachées de vert, ailes légèrement enfumées. Abdomen court, fortement caréné longitudinalement, à points médiocres, profonds, assez serrés, ruguleux, entremêlés de points plus fins: 1ᵉʳ segment à troncature antérieure verdâtre; 2ᵉ segment très légèrement renflé sur son bord apical, qui est très engainant; 3ᵉ segment ovale, un peu renflé tout autour avant la série antéapicale, ponctuation un peu moins forte, côtés du segment très courts; série antéapicale profonde, séparée au milieu, 12-14 fovéoles irrégulières, profondes, ouvertes, rapprochées, à fond ordinairement plus vert ou un peu bronzé; marge apicale concolore, assez longue surtout au milieu, un peu convexe, subquadrianguleuse, c'est-à-dire avec quatre petits angles arrondis, assez éloignés des côtés, séparés par trois petits sinus peu profonds, celui du milieu subtriangulaire, subobtus, les autres plus larges, obtus et un peu obliques; quelquefois ces quatre angles sont à peine distincts, mais les côtés de la marge sont toujours droits avec une dent dirigée en arrière, située à la naissance de la marge; le bord extrême de la marge est hyalin scarieux. Ventre bleu, taché de vert à la base de chaque segment, le 2e taché de noir à la base, le 3e marginé de noir. ♂ Long. 7-8 mill. (sec. spec. typ.!).

La ♀ diffère du ♂ par l'écusson feu-doré-cuivré, le postécusson parfois un peu vert-doré sur le disque, le 3e segment abdominal déprimé transversalement sur le disque, plus renflé avant la série antéapicale, le ventre presque tout noir taché de vert et de bleu.

Pulchella Spinola.

Patrie : Italie, France, Sicile, Hongrie.

—— Var. *Hires*, Lucas (ex parte, nec Dahlbom). Diffère du type par le postécusson vert-cuivré un peu doré, la ponctuation thoracique plus ruguleuse, plus serrée, celle de l'abdomen un peu plus grosse, plus profonde, les quatre angles apicaux du 3e segment presque toujours peu visibles, ce qui fait que la marge est presque entière au milieu; les dents latérales ordinairement plus aigues; parfois les parties bleues sont vertes, les mésopleures un peu plus teintées de vert, la marge un peu bronzée. Même taille. Je n'ai jamais vu que des ♀. (sec. spec. typ. !)

PATRIE : Algérie, France méridionale, Espagne.

OBS. — C'est la même variété qui a été décrite par M. Abeille de Perrin sous le nom de *C. spinifera*. Le nom de *dives* Luc. a la priorité. Il ne s'agit vraiment que d'une variété, tant les caractères différentiels sont de peu d'importance.

—— Var. *calimorpha* Mocs. — Diffère du type par la ponctuation thoracique peu serrée, à intervalles pointillés et plus grands ; l'écusson bleu-vert, les écailles vert-doré, les mésopleures tachées de vert avec quelques reflets feu-cuivré ; la ponctuation abdominale plus petite, profonde, plus espacée, à intervalles brillants, le 3e segment abdominal avec les fovéoles à fond bleu, les angles peu distincts, les intermédiaires séparés des dents latérales par un sinus arrondi ; les dents latérales beaucoup plus courtes, le sinus du milieu de l'apex triangulaire, peu profond. ♂ Même taille.
La ♀ diffère du ♂ par son front taché de feu-cuivré, l'écusson feu-cuivré doré, le postécusson vert-cuivré. Le 3e segment abdominal est conformé comme chez le type, mais les dents latérales sont toujours plus petites.

PATRIE : Suisse, France, Hongrie.

OBS. — C'est cette variété qui a été décrite par Dahlbom sous le nom de *C. dives*, qui est postérieur à celui donné par M. H. Lucas.

—— Tout le thorax, vert-gai un peu cuivré ; corps étroit, cylindrique. — Corps de taille médiocre, allongé, parallèle, tout l'avant-corps vert-gai un peu cuivré ; l'abdomen cuivré-doré-feu ; pubescence blanchâtre. Tête à peu près de la longueur du pronotum, épaisse, arrondie, à points médiocres, peu serrés, les intervalles lisses, brillants ; front à points plus petits, plus serrés, peu profonds ; cavité faciale bleue à la base, peu profonde, lisse et brillante, avec des points épars sur les côtés, terminée en haut par une pente très déclive, avec quelques traces d'une carène irrégulière lisse, émettant deux petits rameaux lisses, parallèles, dirigés vers les ocelles ; joues courtes, parallèles, de la longueur du 2e article antennaire ; antennes courtes, brun roussâtre, le 1er article bleu, le 3e très court, plus court que les deux suivants réunis qui sont aussi très courts. Pronotum long, cylindrique, troncature antérieure déclive, un sillon au milieu du bord antérieur, ponctuation un peu grosse, subréticulée, subruguleuse ; mesonotum à points plus gros, réticulés ; écusson et postécusson convexes, ponctués-réticulés ; angles posticolatéraux du métathorax très courts, triangulaires, obtus ; mésopleures normales ; pattes bleues, un peu violacées, légèrement bleu-verdâtre en dessus ; tarses roux-testacé. Écailles bleu-indigo, tachées de vert ; ailes très faiblement enfumées, nervures subtestacé-roussâtre. Abdomen long, assez convexe, très légèrement caréné, à points petits, médiocrement serrés, à intervalles lisses et brillants ; 1er segment un peu plus vert, à points un peu plus gros, entremêlés de quelques-uns très petits, le bord apical à points plus serrés, troncature non sillonnée, sub-convexe, bleu-verdâtre ; 2e segment à bord apical très engainant ; 3e segment régulièrement convexe sur le disque, à côtés médiocres, un peu arqués ; série antéapicale non creusée, 10 fovéoles, rondes, espacées, ouvertes ; marge apicale concolore, six fois dentée : dents courtes, triangulaires, subobtuses, les internes réunies à l'apex, les intermédiaires formant les angles de la troncature, les extérieures placées à la naissance de la marge, plus petites que les autres ; l'emarginatura du milieu triangulaire, plus petite et moins profonde, à sinus subaigu ; les emarginatura intermédiaires un peu obliques, larges, à sinus largement arrondi ; les emarginatura latérales très faibles, subarrondies ; bord extrême de la marge hyalin-scarieux. Ventre bleu et vert, taché de noir. ♀ Long. 7 mill. (sec. spec. typ. !)

Plusia, Mocsary.

Patrie : Algérie : Sétif (H. de Saussure).

ESPÈCES RESTÉES INCONNUES

(Section II. *Virides*).

C. distinguenda, Spin. — ♀ Long. 2 lignes, Largeur 1/2 ligne. Plus petite et proportionnellement plus étroite que la *C. violacea* Panz., avec laquelle on serait tenté de la confondre, mais dont elle diffère spécifiquement par les caractères suivants : La couleur générale du corps est vert-métallique, à reflets bleuâtres. (Dans la *violacea*, elle est bleu métallique à reflets violets.) Le vertex est arrondi et il se confond insensiblement avec le front. (Dans la *violacea*, il en est séparé brusquement par une ligne transversale qui a un rebord assez saillant). Le bord postérieur du 3e anneau est quadridenté, et les trois espaces interjacents. celui du milieu est évidemment le plus petit. (Dans la *violacea*, les quatre dents uniformes sont équidistantes, et même dans les femelles, l'espace du milieu est quelquefois le plus large).

PATRIE : Egypte.

(SECTION V. — *Auratæ*).

C. Vahli, DAHLB. — Médiocre, longue de 2 lignes décimales et un peu plus, à ponctuation épaisse, bleu-doré sur la tête, la poitrine et le metanotum, vert-doré sur le pronotum, le postécusson et le 1er segment dorsal de l'abdomen, cuivré-doré sur le mesonotum et les segments 2 et 3 de l'abdomen.

Très semblable à la *C. candens*, Germ. et Nob. — Corps épais, à ponctuation épaisse, marge basilaire du 2e et du 3e segments de l'abdomen noir-bronzé, marge apicale du 3e segment médiocre, violet-cuivré, conformée à peu près comme chez la *C. pulchella*. Antennes et tarses noir-brunâtre, scape des premières et pattes vert-bleu. Ailes hyalines, nervures noir-brun. Ventre bleu-indigo ou bronzé-violacé, la marge des segments vert-bleuissant.

PATRIE : Tunis.

C. Herzensteini, SÉMEN. — Médiocre, modérément brillante, subdoré-vert, le fond des points légèrement bleuissant, le vertex, le pronotum, les lobes latéraux du mesonotum et l'écusson plus ou moins rosé-cuivré, l'abdomen rosé-cuivré avec la base du 1er segment, les côtés des autres segments et dans le fond des gros points (surtout vus dans un certain sens) verts, la base des segments 2 et 3 assez largement limbée de noir ; ventre vert-doré, taché de bleu-noir à la base du 2e segment, le 3e presque entièrement cuivré ; fouet des antennes brun-testacé, tarses flave-testacé ; pubescence grise. Scape des antennes subdoré-vert. Tête densément et assez subtilement ponctuée-rugueuse, cavité faciale densément pointillée-coriacée, couverte de poils blancs soyeux, non marginée en haut ; joues presque aussi longues que le 2e article antennaire. Thorax grossièrement ponctué, les intervalles plus ou moins rugueux, un peu élevés, vaguement pointillés ; postécusson gibbeux, très grossièrement ponctué-réticulé, avec une fovéole assez profonde à la base et à fond brillant ; pronotum allongé, fortement sillonné au milieu ; angles posticolatéraux du métathorax aigus, subspiniformes, distinctement divariqués ; écailles distinctement rugueuses, ponctuées. Abdomen étroit, à points très gros sur le 1er segment (surtout à la base), les intervalles grands, très subtilement pointillés, la base marquée de chaque côté d'une aire lisse ; 2e segment plus finement ponctué, les intervalles beaucoup moins densément pointillés, on distingue des traces d'une carène médiane, assez large, très subtilement pointillée ; 3e segment non convexe, moins régulièrement et un peu obliquement ponctué et pointillé, nullement renflé avant la série antéapicale, celle-ci non enfoncée, composée de 14 fovéoles environ, plus ou moins confluentes (surtout les médianes) ; marge apicale assez courte, munie de six dents indéterminées : une dent obtuse et obsolète de chaque côté au commencement de la série antéapicale, ensuite une dent latérale mieux déterminée séparée du côté par une emarginatura non profonde, en outre le sommet de la marge forme un petit lobe, à peine proéminent, large et arrondi ; la marge latérale est droite depuis la dent latérale jusqu'à la base du segment. Ventre très subtilement pointillé. Ailes légèrement salies, nervures brun-noir, cellule radiale presque complète. ♂ Long. 8 1/2 mill.

PATRIE : Perse boréale.

5e GENRE. — STILBUM, SPINOLA.

στιλβω, je brille.

(Pl. XXVIII et XXIX).

Corps de grande taille, très convexe, subatténué aux deux extrémités Tête toujours plus petite que le pronotum, le 1er ocelle enfoncé dans une dépression circonscrite. Yeux occupant plus des deux tiers de la largeur de la face ; joues et épistome prolongés en forme d'un long bec à côtés parallèles ; mandibules longues, falciformes, simples ; mâchoires parfois cornées, allongées, arrondies ; languette longue, pliée en deux, subarrondie, la bordure fimbriée. Les côtés du corps diversement sculptés, carénés, dentés. Des parapsides. Ailes comme chez les *Chrysis*, ordinairement les supérieures portent une légère trace de nervure transverso-cubitale, brisée, émettant au point de la brisure une petite nervure subparallèle à la nervure radiale. La suture antérieure de l'écusson est creusée et béante ; le postécusson est prolongé horizontalement en arrière et creusé profondément en dessus. Le 3e segment abdominal est fortement renflé en bourrelet tout autour avant la série antéapicale et la marge apicale est quadridentée.

Le 5e segment dorsal de l'abdomen, chez la ♀, est épaissi, bifide, couvert de fortes aspérités; le 6e dorsal est épaissi, acuminé-caréné, avec un fort sillon longitudinal sur le milieu de la carène, les côtés sont scarieux, hyalins, couverts de fines aspérités; le 7e dorsal porte de chaque côté de son extrémité un faisceau de poils. Le 5e segment ventral est un peu épaissi, acuminé, avec de légères aspérités confluentes et formant des rides transversales; le 7e ventral est sinué ou émarginé à l'extrémité, les autres sont simples et normaux. Les baguettes sont larges.

Les crochets des ♂ sont conjugués, finement aigus; les volsella allongées; les tenettes étroites, aiguës; les branches du forceps à extrémité allongée; le couvercle génital est subtriangulaire, allongé, arrondi au sommet.

Le genre *Stilbum* ne possède en Europe qu'une seule espèce; mais celle-ci est représentée par plusieurs variétés, se reliant toutes les unes aux autres par de nombreux passages. Ces splendides insectes butinent sur les fleurs des *Eryngium*, des *Mentha*, etc. Ils sont peu farouches. Les femelles déposent leurs œufs dans les cellules des gros Euménides, avant qu'elles soient closes, absolument comme le font les *Chrysis*. Il y a donc peu d'exactitude dans la supposition faite par M. Fabre, dans la troisième série de ses intéressants *Souvenirs Entomologiques*. Si M. Fabre a vu un *Stilbum* explorer la maçonnerie d'un nid terminé d'Eumène, c'est que la Chrysidide cherchait une cellule inachevée. Et si de ce même nid il est sorti, au mois de mai suivant, un *Stilbum*, c'est que ce dernier avait été pondu par une mère survenue avant le cimentage d'une des cellules. Ceci me rappelle deux brochures dans lesquelles un Anglais, M. A. Chapman, expose ses études sur les *Chrysis* parasites d'Odynères. Malheureusement le mangeur, le mangé et les provisions sont confondus tour à tour. Un autre noble étranger, plus voisin du pays des Gascons, m'annonça un jour qu'une *Chrysis cyanea* avait fait elle-même son nid qu'elle avait approvisionné de je ne sais plus quels coléoptères, des charançons, je crois. Peut-être s'agissait-il d'une *Chrysis* ayant pondu dans un nid de *Cerceris*, destructeur de charançons, et comme la larve de *Chrysis* dévore celle du *Cerceris*, l'illusion a dû être facile.

1 Corps de grande taille, rarement moyenne, robuste, très convexe, resplendissant, couvert de poils longs, assez raides, blancs ou grisâtres; entièrement vert ou bleu-vert ou vert-bleu, plus rarement vert-gai un peu bleuâtre, ou encore vert-gai un peu doré, surtout sur les segments 1 et 2 de l'abdomen et sur les aires latérales du mesonotum, le vertex et le pronotum; le 3e segment abdominal toujours bleu, parfois un peu verdâtre, ayant à sa base des teintes concolores au 2e segment. Tête beaucoup moins large que le pronotum, arrondie en dessus, plus longue que large; vertex à points peu profonds, réguliers ou subconfluents; cavité faciale longue, étroite, assez profonde, régulièrement striée transversalement, avec des poils très fins, denses, grisâtres, tout le long des orbites internes; clypeus avec un large sillon longitudinal plus ou moins profond; labre noir un peu bronzé; antennes noir-brunâtre, les trois premiers articles toujours bleu-verdâtre ou verts, parfois aussi le 4e, le 3e sensiblement plus long que le suivant. Pronotum très court au milieu, rétréci en avant, large dans sa partie postérieure; bord antérieur régulièrement échancré pour faire place à la tête, la troncature très abrupte, les angles antérieurs forts, le dessus est bosselé avec des points épars, peu profonds, irréguliers, devenant sur les côtés gros, profonds, serrés, réticulés; un sillon médian assez

court au bord antérieur. Mésopleures formées de deux plans : le 1er, qui est le plus grand, est profondément sillonné et caréné de chaque côté, c'est-à-dire antérieurement et postérieurement ; les sillons avec de grosses fovéoles irrégulières, le disque subconvexe, à points épars, irréguliers et obsolètes ; le 2e plan, qui est limité en haut par le sillon transversal habituel et qui est dès lors l'aire inférieure, porte quatre grosses dents, disposées en triangle, c'est-à-dire une à l'extrémité inférieure, une petite en avant, et deux postérieurement dont une plus large et plus obtuse. Mesonotum très convexe, très brillant, lisse avec des points rares, fins, très obsolètes, devenant serrés, gros, très profonds et subréticulés sur la partie postérieure de l'aire médiane et au-dessus des écailles, les sutures garnies de gros points très profonds, serrés. Écusson très grossièrement et profondément ponctué-réticulé, les points à fond très brillant ; le milieu de la base sur la suture antérieure avec une cavité subtriangulaire, profonde, imponctuée ; postécusson fortement ponctué-réticulé sur les côtés, lisse et brillant dans la partie creusée. Écailles concolores au mesonotum ; ailes assez enfumées ; les nervures épaissies, bleuissantes. Dessous du corps et pattes bleu-verdâtre ou vert-bleuâtre ou vert-gai un peu doré ; tibias et tarses roussâtres en dessous, avec des poils gris-roussâtre, très serrés, courts, raides ; tarses verdâtres ou vert un peu bleuâtre sur le dessus de tous les articles. Abdomen resplendissant, très convexe, un peu comprimé sur les côtés, à points assez gros, très épars, les intervalles lisses, très brillants, avec quelques rares petits points fins peu profonds : 1er segment très court, surtout au milieu, plus large que les autres, la troncature antérieure lisse, très abrupte, les angles antérieurs forts et arrondis, les angles posticolatéraux largement arrondis; 2e segment très long en dessus, les còtés courts avec les angles posticolatéraux spinoïdes; 3e segment comprimé surtout postérieurement, allongé, fortement déprimé transversalement à la base, puis fortement renflé en bourrelet transversalement avant la série antéapicale, celle-ci creusée, 20 fovéoles, séparées, ouvertes, allant en diminuant de grandeur du milieu aux côtés; la partie engainée de la base fortement et profondément ponctuée, la partie renflée garnie de points médiocres, très épars et peu profonds; marge apicale longue, lisse, imponctuée ou avec quelques points peu profonds, quadri-dentée, les côtés très longs, presque droits, les quatre dents aiguës ou subaiguës, à peu près droites, disposées sur une ligne courbe, les internes un peu plus courtes, les externes plus aiguës; l'emarginatura du milieu plus petite, à sinus arrondi régulièrement, les autres un peu plus larges, subobliques, un peu plus profondes. Ventre bleu-verdâtre, plus bleu aux extrémités de chaque segment, plus vert ou même vert-doré à la base de chacun d'eux, le 2e segment avec deux larges taches noires à la base. ♀ Long. 10-15mm.

Le ♂ diffère de la ♀ par le 3e article antennaire plus court, à peu près subégal, au 4e, les articles 4-7 en totalité ou en partie verts ou vert bleuâtre en dessus; par la cavité faciale plus étroite; par le 3e segment abdominal plus court, moins comprimé, les dents apicales plus courtes, disposées sur une ligne droite, la marge apicale plus courte.

Splendidum Fabricius.

Patrie : Commun dans toute la région méditerranéenne. France, Espagne, Maroc, Algérie, Tunisie, Portugal, Sardaigne, Italie, Syrie, Egypte, Grèce, Asie-Mineure, Caucase, Turkestan, etc. Le type habite surtout les régions chaudes. En France, il se rencontre dans tout le midi, et même remonte dans le bassin du Rhône jusqu'à la Grande-Chartreuse, où M. Maurice Pic l'a capturé.

Obs. — Il est impossible de distinguer plusieurs espèces dans la série des variétés qui suit, car on trouve des passages dans le coloris et dans la ponctuation. Il est même très difficile de savoir d'une manière précise a quelles variétés doivent se rattacher les individus décrits par les auteurs anciens. Dahlbom avait tres bien saisi l'affinité du plus grand nombre de ces variétes; et, comme il dit avoir vu les types de Fabricius, je me repose sur lui pour établir comme type spécifique la *Chrysis splendida* F., c'est-à-dire sa variété *b* (Hym. Eur. II, p. 358). Il est probable que Forster a décrit un *Stilbum* (Nov. spec. Ins. Centuria 1°, 89, 1771) sous le nom de *Chrysis cyanura;* toutefois, il dit : « *Abdomen undique nitens viride, duo extrema ad apicem segmenta cyanea.* » Je n'ai jamais vu de *Stilbum* vert ayant seulement les deux derniers segments bleus. Sans doute c'est le bourrelet antéapical du 3e segment que Forster a pris pour un segment distinct de la marge apicale. Je ne m'explique pas très bien non plus les mots : « *scutelli loco duo dentes,* » distinctes des angles posticolatéraux du métathorax, puisque Forster ajoute : « *Sub alis versus abdomen utrinque dentes singuli.* » Dans le doute, je préfere en rester à l'espèce Fabricienne.

Ce type habite aussi toute l'Afrique, Madagascar; toute l'Asie.

Var. *Amethystinum,* Fabr. Semblable au type, mais entièrement bleu-indigo ou bleu légèrement vert surtout sur le pronotum et l'abdomen (segments 1 et 2). Mesonotum couvert de points très obsolètes et très espacés, parfois presque lisse, excepté sur la partie postérieure de l'aire médiane et immédiatement au-dessus des écailles, où les points sont serrés, très profonds, subréticulés et gros ♂♀.

PATRIE : Égypte, Tunisie, Algérie, Maroc, Syrie, Asie-Mineure, Arabie, Turkestan, Italie.

OBS. C'est la variété la plus répandue dans les pays chauds; elle existe comme le type dans toute l'Afrique et toule l'Asie.

M. Elzear Abeille de Perrin l'a récoltée à Jaffa et à Jérusalem et l'a obtenue d'éclosion de nids d'*Eumenes dimidiatipennis* Sauss (*). Les cocons

(*) L'*Eumenes dimidiatipennis* Sauss. serait assez répandu en Syrie. M. Elz. Abeille de Perrin l'a rencontre dans toute la Palestine : Jaffa, Ramleh, Jérusalem, Jéricho, Nazareth, etc. Son nid est fait de terre sableuse gâchee, rouge, brune ou jaunâtre, suivant la nature du terrain de la localité. La composition est uniformément de sable très fin. Dans les nids que j'ai eus sous les yeux on ne voyait point à l'exterieur de ces gros grains de sable comme on peut le remarquer sur ceux de l'*Eumenes unguiculus* Vill. Leur forme est assez variable, mais ils sont toujours pluricellulaires. Les cellules sont peu nombreuses, 4-6 par groupe ; une première assise de 3-5 cellules est souvent surmontée de une ou deux autres cellules placées au milieu, de manière à former un mamelon conique, comme dans la fig. 2 PL. III. Quand la cellule est en voie d'approvisionnement, l'ouverture est circulaire, infundibuliforme avec les rebords évasés, recourbés en dehors, comme l'indique la fig. 1 de la planche III. Mais dès que la cellule est approvisionnee, l'ouverture est bouchée, l'entonnoir rempli de sable gâché et souvent même complètement recouvert de maçonnerie. Les cellules sont fort irrégulières : tantôt allongées-ovales, tantôt elliptiques, ou encore hémisphériques. La larve enduit la cellule d'une fine pellicule blanche, généralement adhérente aux parois, mais excluant toujours les déjections. Ces dernières sont souvent séparées du berceau de la nymphe par plusieurs couches de la même pellicule. Ces details sont relevés d'après plusieurs nids que M. Abeille de Perrin m'a communiques. Voici encore ce que mon ami m'ecrivait à ce sujet : « Ces nids sont appliqués contre les murs, sous les toitures, les véran« das, etc. Ceux qui sont noircis tapissaient les angles du plafond d'un four « arabe, où il règne une fumée opaque au moment du chauffage. Était-ce la « fumée qui incommodait l'Eumène constructeur? Tant il y a que les nids re« coltés dans ce four avaient presque tous la forme de fourneau avec « ouverture évasée médiane, et par conséquent ne présentaient pas les agglo« mérations phalanstériennes que l'on remarquait en général dans ces cons« tructions. Les *Stilbum* étaient chacun seul dans sa cellule. Quant à l'Ophio« nide, il remplaçait le *Stilbum* dans certaines cellules et je suppose qu'il avait « dû se comporter comme celui-ci vis-à-vis l'Eumène. » L'ophionide dont parle notre intéressant explorateur est sans doute parasite du *Stilbum* et de l'*Eumenes*, comme nous avons vu le *Diomorus igneiventris* dévorer les larves du *Cemonus unicolor F.* et de l'*Ellampus auratus*. M. Abeille l'a obtenu d'éclo-

sont ovales-arrondis, bruns, recouverts d'une fine bourre de soie grisâtre, plus abondante du côté le plus gros.

Var. *Leveillei*, Buyss. Rufinisme. Corps de grande taille, entièrement noir-bronzé; mesonotum couvert de points effacés, ponctuation nulle sur le centre des aires latérales; pattes roux-bronzé. ♀

PATRIE : Tonkin (A. Léveillé); Bombay (R. C. Wroughton).

OBS. Bien que cette variété n'appartienne pas à notre faune, je la signale pour établir plus sensiblement le polymorphisme de l'espèce.

Var. *Variolatum*, Costa. Le plus souvent de très grande taille, bleu indigo, avec quelques reflets verts sur les côtés du corps et les pattes, ou encore avec des reflets vert-gai un peu doré sur la tête, le pronotum, les mésopleures, les aires latérales du mesonotum, les côtés du 1er segment abdominal et tout le 2e segment; mesonotum couvert de points peu profonds, ruguleux, vaguement subréticulés, parfois ruguleux transversalement; pronotum rugueux, grossièrement et subrégulièrement ponctué-réticulé; sur la partie postérieure de l'aire

---

sion des mêmes nids que les *Stilbum*. et dans les cellules où ils se trouvaient on ne voyait plus aucune trace de la nourriture de l'Ichneumonide. Ce dernier, dont j'ai donné le portrait dans la planche III, fig. 6 et 7, est assez voisin des *Banchus* Grav. mais représente plutôt un genre, encore inédit, faisant le passage des *Campoplex* Grav. aux *Leptobatus* Grav. Il participe des deux genres et diffère de chacun d'eux également. Je lui donnerai le nom de *Leptobatides*, car c'est avec les *Leptobatus* qu'il a le plus d'affinité. Voici sa diagnose.

Leptobatides Gen. nov. — Tête petite, vue de face, aussi longue que large; yeux très grands, très saillants; face rectangulaire, à côtés parallèles; clypeus large, transversal, a bordure presque rectiligne; mandibules unidentées; antennes très longues, grêles, filiformes, unicolores; pronotum creusé largement de chaque côté; mesonotum convexe; écusson convexe, un peu elevé; pattes longues, grêles; hanches fortement développées; trochanters tres longs; metathorax inerme, convexe, avec une petite carène transversale antérieurement. stigmates allongés. Ailes mediocres, areole pentagonale, assez grande. Abdomen pétiolé, subcomprimé, surtout chez la ♀, subegal en longueur à l'avant-corps; tarière de la longueur de l'abdomen, moins le premier segment; stigmates du 1er segment abdominal médiocres, très éloignés de l'extrémité du postpétiole, beaucoup plus rapprochés entre eux que du bord postérieur du segment.

L. Abeillei n. sp. Corps allongé, étroit, comprimé, à pubescence tres courte,

médiane du mesonotum et immédiatement au-dessus des ailes les points sont très profonds et réticulés. ♂♀ Long. 13-21 mill.

PATRIE : Nouvelle-Hollande, Australie.

OBS. N'appartient pas à notre faune.

Var. *Siculum*. TOURN. Corps de taille très variable, doré ou feu-doré ou doré-feu avec des reflets vert-gai sur le thorax et plus rarement sur les segments 1 et 2 de l'abdomen, ou encore entièrement vert-doré ; mesonotum couvert de points assez serrés, peu profonds, excepté sur la partie postérieure de l'aire médiane du mesonotum et immédiatement au-dessus des ailes où les points sont très gros, profonds et réticulés. ♂♀ Long. 10-15 mill.

PATRIE : France, Algérie, Tunisie, Maroc, Esgagne, Sicile, Sardaigne, Italie.

OBS. J'ai vu des individus atteints de rufinisme dans les pattes, les antennes, les écailles et la nervulation.

Var. *Pici*. VAR. NOV. Entièrement bleu-vif, avec le thorax densément ponctué-réticulé, au moins

---

fine, couchée, grisâtre. Ponctuation fine, peu profonde, peu serrée sur l'avant-corps, presque nulle ou obsolète sur l'abdomen. Tête jaune avec une tache brun-noir sur le front et quelquefois aussi sur le vertex, ou encore tête brun-noir avec la face et le tour des yeux jaunes; antennes jaunes; mandibules jaunes, roussées au sommet. Pronotum étroit, brun-noir bordé de jaune en dessus ; partie creusée des côtés striée transversalement dans la moitié inférieure, ponctuée dans le haut; mesonotum brun-noir avec deux bandes jaunes longitudinales, délimitant l'aire médiane ; écusson et post-écusson jaunes. imponctués ; poitrine, épimeres mésosternales et metasternum brun-noir, à ponctuation ruguleuse, médiocre, serrée. assez profonde ; tranche du metanotum jaune ainsi que les écailles ; ailes hyalines, nervures testacées ; pattes jaune-testacé, hanches brun-roussâtre, trochanters, extrémités des cuisses et des tibias postérieurs legèrement brun-roux ; abdomen jaune avec le 1er segment et la base des autres brun noirâtre; les segments du ventre brun-roussâtre; tarière roussâtre. ♀ Long. 10-18 mill.

Le ♂ diffère de la ♀ par sa taille plus petite, l'abdomen moins comprimé, les derniers segments presque entièrement brun noir, simplement taches de jaune au bord apical.

PATRIE : Syrie.

Je suis heureux de pouvoir dédier ce curieux Ophionide à M. E. Abeille de Perrin, en souvenir de ses voyages en Orient.

aussi densément que chez la *Var. calens* F. ♂ Long. 11 mill.

PATRIE : Algérie (M. Pic.)

OBS. Je suis heureux de donner à cette variété encore inédite le nom de M. Maurice Pic, en souvenir de ses explorations en Algérie.

Var. *Caspicum*, VAR. NOV. Tout le corps bleu-vert excepté le 3e segment abdominal, le postécusson, l'écusson et le vertex bleu-indigo; mesonotum couvert de points assez serrés comme chez la variété *calens* F. ♂ Long. 12-13 mill.

PATRIE : Province Transcaspienne : Otreck (Radoszkowsky); Abyssinie (J. de Gaulle).

Var. *Calens* F. Corps de taille variable; avant-corps bleu avec une teinte verte ou vert-doré sur le pronotum et le mesonotum ; segments 1 et 2 de l'abdomen doré-feu ou feu-doré-cuivré; mesonotum couvert de points médiocres, assez serrés, assez profonds, irréguliers et entremêlés comme grosseur, excepté sur la partie postérieure de l'aire médiane et au-dessus des ailes où ils sont très gros, profonds et réticulés; ponctuation de l'écusson un peu moins grosse, plus serrée, plus ruguleuse. ♂♀ Long. 11-13 mill.

PATRIE : Europe Centrale et Méridionale, France, Espagne, Italie, Suisse, Sardaigne, Hongrie, Autriche, Province Transcaspienne, Taurie, Turcomanie, etc...

OBS. D'après M. Abeille, cette variété déposerait ses œufs dans les cellules du *Pelopæus pectoralis* Dahlb. M le docteur Mocsary l'indique comme parasite du *Pelopæus distillatorius*, Latr.

On trouve des individus atteints de rufinisme dans les antennes, les pattes, les écailles et la nervulation des ailes.

4e Tribu. — Parnopidæ.

Caractères. — Corps de taille grande ou moyenne, large, robuste, déprimé en dessus. Mâchoires et languette très allongées, linéaires, en forme de trompe, repliée en dessous du corps pendant le repos; palpes labiaux composés de 1 ou 2 articles, palpes sous-maxillaires composés également de 1 ou 2 articles; languette profondément bilobée à son extrémité; mandibules allongées, avec une petite dent du côté interne et parfois une dilatation du côté externe; yeux grands. Pronotum transversal; mesonotum avec les sutures longitudinales parfois peu visibles; des parapsides distinctes. Ailes longues, étroites : ailes supérieures avec les cellules brachiale, costale et médiane complètes, la cellule anale presque fermée, la cellule radiale très incomplète, les 1re et 3e discoïdales figurées vaguement par une ligne brunie, quelques traces de la nervure postérieure; ailes inférieures avec les nervures costale et anale. Episternum du mésothorax invisibles de profil; mésopleures larges, à disque presque plan; episternum du métathorax petits, formant un angle dentiforme, comme chez les *Euchrysididæ*; les stigmates du métathorax situés en dessus des angles posticolatéraux des métapleures, grands, linéaires, ouverts. Abdomen composé de 3 segments visibles chez la femelle, et de 4 chez le mâle. Tarses barbelés antérieurement de forts éperons, surtout chez la femelle; les ongles simples. Ventre concave.

GENRE. — PARNOPES, Latreille.

πάρνοψ, οπος ou πάρνοπες, ὁ, sorte d'insecte des Anciens.

(Pl. XXX-XXXII)

Clypeus convexe; vertex souvent un peu échancré; postécusson prolongé en lame horizontale; hanches épaisses, renflées; cuisses antérieures un peu renflées postérieurement. Bord apical des premiers segments abdominaux aminci, avec leurs angles posticolatéraux spiniformes; dernier segment abdominal visible très convexe sur le disque, puis avec deux fortes dépressions transversales, sub-obliques, séparées par une carène plus ou moins forte et parfois garnies de poils denses, le bord apical de ce même segment renflé en un étroit bourrelet, avec l'extrême bordure réfléchie en dessous et garnie de nombreuses petites dents en scie, irrégulières.

Derniers segments abdominaux protactiles de la ♀ simples, entiers, scarieux, hyalins; les baguettes dilatées dans leur milieu.

Les crochets du ♂ sont larges, échancrés du côté extérieur, cette échancrure formant une dent en forme de crochet; le fourreau est très grand, et les lamelles très larges couvrent toute la surface inférieure de chaque crochet. Les volsella sont grandes, à larges oreillettes hyalines, dilatées sur les côtés, le milieu est épais, corné, parfois un peu caréné. Il n'y a pas de tenettes distinctes; elles sont figurées par un repli de la base de la volsella. Les branches du forceps sont très développées, très concaves, enfermant presque totalement toutes les autres pièces; leur extrémité est acuminée du côté inférieur. La pièce basilaire est grande, semblable à celle des *Euchrysididæ*. Le couvercle génital est grand.

Les *Parnopes* sont peu nombreuses en espèces et elles habitent de préférence les pays chauds. La *P. carnea* Rossi seule se rencontre dans l'Europe centrale. Elles vivent du nectar des fleurs, même à corolle profonde (*Eryngium*,

Thymus serpyllum L., etc.), que leur longue trompe leur rend accessibles. Elles déposent leurs œufs, dit-on, dans les cellules des *Bembex*, où elles peuvent facilement pénétrer grâce à la conformation de leurs pattes. Ma région ne nourrissant aucun de ces insectes, il ne m'a pas été possible d'étudier leurs mœurs. La larve n'a jamais été décrite jusqu'à présent.

1 Abdomen entièrement vert ou bleu. 2

— Abdomen, au moins en partie, roux-testacé. 3

2 Corps étroit; mesonotum avec de grands espaces lisses, imponctués; marge apicale des segments abdominaux nullement amincie, à points épars; écailles complètement vert-bleu. — Corps de taille presque grande, allongé, entièrement vert-bleu avec des reflets bleu-indigo sur l'abdomen et surtout sur le 3e segment abdominal; pubescence blanche, rare, assez longue. Tête un peu plus large que le pronotum; occiput vaguement sinué, légèrement caréné transversalement dans sa largeur; vertex garni de gros points irréguliers, ruguleux, assez serrés; cavité faciale presque plane, à points petits, irréguliers, très peu serrés mais ruguleux, les côtés garnis de poils blancs couchés, le haut avec un mucron conique, aigu, situé au milieu du front; joues très courtes; clypeus à disque très convexe, tronqué-émarginé. Antennes brun-roux, le 1er article vert avec les articulations rousses, le 2e article roux, le 3e moins long que les deux suivants réunis. Pronotum court, étroit, à points médiocres, ruguleux, épars, les intervalles avec quelques petits points fins, la troncature anté-

rieure très abrupte, à arête vive, aiguë, s'élevant en forme de deux dents au milieu, une de chaque côté d'une dépression médiane, les côtés du pronotum profondément sinués, les angles antérieurs forts, aigus, divariqués. Mesonotum à points médiocres, très épars, irréguliers, avec de grands espaces lisses imponctués ou avec quelques rares petits points fins, obsolètes. Écusson profondément et très grossièrement ponctué-réticulé; postécusson prolongé en lame, trilobée postérieurement, ponctué-réticulé comme l'écusson. Angles posticolatéraux du métathorax très grands, à pointe aiguë; mésopleures grossièrement ponctuées-réticulées, le bord postérieur et inférieur irrégulièrement crénelé; pattes concolores, avec les articulations, le dessous des tibias et les tarses roux; écailles vert-bleu, éparsément ponctuées; ailes assez enfumées. Abdomen allongé, chaque segment lisse antérieurement avec quelques petits points clairsemés, les intervalles très finement et obsolètement pointillés, la partie apicale non amincie, à points petits, espacés, bien que plus abondants que sur le disque : 2e et 3e segment avec les angles posticolatéraux spinoïdes; 3e segment à points plus nombreux, plus forts, à peu près régulièrement espacés sur tout le disque, un peu plus serrés sur les deux dépressions, les côtés arqués, sans former ni dents, ni angles, la marge apicale fortement réfléchie en dessous, garnie de petites dents très irrégulières disposées sur deux rangées. Ventre brun, très lisse, les segments à bordure scarieuse. ♀ Long. 10mm.

Chez le ♂ le 3e segment est conformé

comme le 2e de la femelle et le 4e comme le 3e de cette dernière, mais un peu plus court, les dépressions subcontinues et plus transversales. La forme du corps est un peu plus parallèle. **Smaragdina**, Smith.

Patrie : Egypte : Le Caire (Dr W. Innes).

— Corps large, robuste ; mesonotum à points espacés, mais sans de grands espaces lisses, imponctués ; marge apicale des segments abdominaux amincie, très densément ponctuée ; écailles vertes, subscarieux-testacé. — Corps de taille grande ; pubescence blanchâtre ; « doré-vert avec une nuance bleu-indigo assez faible sur la base des aires du mesonotum et les bords du dernier segment abdominal ; antennes noires, scape vert ; mandibules noires, avec l'extrémité rouge. » Thorax vert-gai, un peu doré ; pronotum court, à ponctuation profonde, espacée, les intervalles avec quelques rares petits points ; mesonotum à points gros, profonds, espacés, les intervalles lisses et brillants ; mésopleures grossièrement ponctuées-réticulées, avec un petit espace finement pointillé ; écusson très court, grossièrement ponctué-réticulé ; écailles vertes, ponctuées, subscarieux-testacé, le bord postérieur arrondi ; postécusson pourvu d'une lame élevée, dilatée sur les côtés ; les angles posticolatéraux grands, aigus ; pattes roux-testacé, les fémurs et les tibias longitudinalement rayés de vert en dessus ; ailes un peu enfumées. Abdomen large, à points espacés et assez gros. Ventre roux-testacé. ♂ Long. 12mm. (Sec. spec. typ!)

Apicalis, Walker.

PATRIE : Arabie : Tajura. détroit de Babe-el-Mandeb. (Walker, W. Innes.)

OBS. — Le type qui est resté au Caire, et que j'ai vu, est privé de la tête. La description de cette partie m'a été donnée par M. le Dr F. W. Kirby, qui l'a faite sur l'exemplaire du *British Museum*.

3 Dernier segment abdominal (non protractile) roux-testacé. — Corps de grande taille, robuste, large, un peu déprimé; tout l'avant-corps et le 1er segment abdominal vert-cuivré, ou vert un peu doré ou vert-bronzé, le reste de l'abdomen roux-testacé; pubescence blanche. Tête à peu près de la longueur du pronotum, à points médiocres, profonds, très ruguleux, coriacés; occiput avec une dépression en forme de sinus ; cavité faciale un peu creusée, à points très fins entremêlés de gros points épars, avec une épaisse pubescence argentée, soyeuse, couchée, terminée en haut en pente très douce sans carène, simplement avec un petit point élevé tuberculeux, au milieu du front; joues presque nulles; clypeus grand, fortement gibbeux sur le disque qui est fortement ponctué-ruguleux, la partie antérieure réfléchie, noire et profondément émarginée au sommet; mandibules bidentées; antennes noir-roussâtre, à fine pubescence soyeuse, blanche, le 1er article noir-bronzé, arqué, un peu dilaté au sommet, le 3e article plus étroit à sa partie inférieure, subégal aux deux suivants réunis, les autres articles ont, en dessous, le bord apical légèrement épaissi. Pronotum court, fortement sinué sur les côtés, les angles antérieurs subaigus, un peu divariqués, la troncature antérieure très abrupte, perpendiculaire, un sillon au

milieu du bord antérieur, et près de chacun des angles antérieurs se trouve un petit emplacement garni de poils blancs, soyeux; ponctuation des pro - et mesonotum grosse, très profonde, subréticulée, très ruguleuse; mesonotum un peu déprimé au milieu de sa suture postérieure; écusson plan, très grossièrement et ruguleusement ponctué-réticulé, la suture antérieure largement béante; postécusson formant en son milieu une lame horizontale, triangulaire - subcordiforme, noir-bronzé, fortement ruguleuse en dessus, la suture antérieure béante, les côtés en dessous brillants et fortement striés; angles posticolatéraux du métathorax très forts, larges, à pointe finement aiguë; mésopleures légèrement convexes, ponctuées comme le pronotum, avec une pubescence assez épaisse, le bord antérieur marginé-caréné, le côté postérieur finement denticulé avec une grosse dent arrondie près des episternum du métathorax. formée par une incision; écailles très grandes, brun-roussâtre, devenant roux-testacé sur les bords qui ont une marge scarieuse, hyaline ou testacé très clair; ailes assez enfumées, hyalines à la base. Pattes concolores, avec les genoux, les tibias et les tarses roux-testacé. Abdomen à côtés parallèles, à points gros, peu serrés, subruguleux, une vague carène longitudinale; les angles posticolatéraux de chaque segment avec une dent devenant de plus en plus forte : 1er segment avec la bordure apicale largement amincie, scarieuse, testacée, finement et densément ponctuée-coriacée; sur les côtés la bordure apicale est roux-testacé avec d'épais poils blancs, soyeux; la troncature anterieure assez abrupte avec une forte impression de chaque côté aux angles antérieurs; 2e segment avec la bordure apicale semblable, parfois les côtés ont des reflets verts ou violacés; 3e segment plus long que les deux précédents réunis, convexe, ovale, les côtés longs, presque droits, les dépressions garnies de poils blancs, soyeux, épais, la carène médiane fortement ponctuée, la bordure apicale convexe, un peu en bourrelet, et garnie de nombreuses dents spinoïdes, irrégulières, aiguës, l'apex terminé par une dent plus forte. Ventre roux-testacé. ♀ Long. 9-12mm.

Le ♂ a le 3e segment conformé comme le 2e de la ♀ et c'est le 4e qui est semblable au 3e de celle-ci; le ventre a également quatre segments. **Carnea**, Rossi.

Patrie : France, Algérie, Espagne, Suisse, Hongrie, Allemagne, Russie méridionale, Turkestan.

Obs. — Serait parasite de différents *Bembex*.

Var. *Unicolor* Grib. semblable au type, mais avec l'abdomen entièrement roux-testacé. ♂ Long. 10-12mm.

Patrie : Algérie (collection Perris).

Var. *Fasciata* Mocs. semblable au type, mais avec une teinte violette sur le milieu des deux derniers segments de l'abdomen. ♂ Long. 11-12mm.

Patrie : France.

Var. *Caucasica* Mocs. semblable au type, mais avec le fouet des antennes, les écailles et les cuisses postérieures roux testacé. ♂ Long. 12 mm.

Patrie : Arménie.

— Dernier segment abdominal (non protractile) bleu-indigo. — Semblable à la *P. carnea* Rossi, dont elle diffère par le corps un peu plus trapu; l'avant-corps bleu-vert-bronzé, la majeure partie du 1er segment abdominal et le 4e bleu-indigo; les antennes brun-noirâtre, les deux premiers articles noir-bronzé, le 3e un peu plus long, subégal aux deux suivants réunis; l'occiput échancré-déprimé plus profondément, les ocelles entourés chacun d'une dépression; la ponctuation des pro -, mesonotum et mésopleures plus grosse, moins serrée, subréticulée, avec des intervalles lisses sur le mesonotum; les écailles plus larges et subtronquées en arrière; les ailes plus enfumées; le postécusson avec l'extrémité de la lame tronquée; les pattes bleues, noirâtres en dessous, les tibias et les tarses roux-testacé; le 1er segment abdominal avec tout le bord apical roux-testacé, comme chez la *P. carnea;* les segments 2 et 3 légèrement plus renflés en leur milieu; le 3e segment un peu plus convexe antérieurement, avec la base testacée, la ponctuation un peu plus profonde et un peu plus grosse. ♂ Long. 13-14mm. (Sec. spec. typ.!)

La ♀ diffère par un segment testacé en moins à l'abdomen. **Popovii** Eversmann.

Patrie : Sibérie, confins de Mongolie (Radoszkowsky); Chine septentrionale : Tschi-fu (Musée de Vienne). Pourrait se rencontrer dans le Turkestan.

ESPÈCES RESTÉES INCONNUES.

P. denticulata. Spin. — Médiocre, longue de trois lignes décimales, vert-doré, avec le fouet des antennes, les pieds et les trois premiers segments dorsaux de l'abdomen roux-testacé, les écailles et la bordure anale pâles, les ailes hyalines avec les nervures médiocres, brunes. Nous n'avons pas vu l'insecte, aussi nous ne pouvons que rapporter les indications de Spinola. Antennes, pattes et les trois premiers segments dorsaux de l'abdomen roux-testacé; tête, scape des antennes, thorax, hanches des pattes et le 4e segment dorsal de l'abdomen vert-métallique à reflets dorés. Ecailles des ailes et la marge anale de l'abdomen pâlissantes. Postécusson tuberculiforme: en tubercule petit, obtus et légèrement émarginé. Quatrième segment dorsal de l'abdomen convexe, sans dépressions de chaque côté avant la marge (comme on en voit chez les autres espèces du genre); la marge anale arquée, un peu épaissie, fortement dentée en scie : les denticules aigus, dirigés obliquement. ♂

Patrie : Egypte?

P. Fischeri. Spin. — Médiocre, longue de trois lignes décimales, à ponctuation éparse, polie, vert très vif, écailles vert-bleu, antennes, genoux, une partie des tibias et tarses jaune-roux, la marge anale triangulaire subcornée, ailes hyalines, enfumées vers la nervure costale, les nervures épaisses, couleur de poix. Très différente des autres espèces du genre par la couleur, la ponctuation, le poli du corps et par la forme du dernier segment abdominal. Corps linéaire-subelliptique, plus étroit et beaucoup moins robuste que celui de la *P. carnea*, brillant, très vert. Tête densément ponctuée-ruguleuse; cavité faciale médiocre, subcarrée, planiuscule, pointillée-coriacée, couverte de poils blancs soyeux, libre en haut et nullement marginée; antennes très courtes, scape vert-bleu, rayé de marron en dessous, le 2e article marron, le reste du fouet brun-subferrugineux; clypeus grand, transversal, subsémilunaire, pointillé, convexe-subcaréné transversalement, la marge apicale blanche, submembraneuse légèrement arquée-émarginée ou plutôt en retrait, arquée (peut-être est-ce le labre qui est très étroitement uni au clypeus?); mandibules marron, avec la base et l'extrémité noir de poix; mâchoires noir de poix à reflets violets, palpes et languette testacé-jaunâtre. Thorax cylindrique, rectangulaire, déprimé en dessus; pronotum brillant vaguement ponctué, les intervalles non polis mais très subtilement pointillés, les côtés légèrement arqués-émarginés, de sorte que les angles antérieurs et postérieurs sont un peu proéminents, dorsulum poli, très brillant, vaguement et irrégulièrement ponctué; écusson ponctué-réticulé, scrobiculé; metanotum coriacé, plus ou moins brillant, la lame du postécusson ponctuée rugueuse, d'une forme subsémicirculaire irrégulière, les bords inégalement crénelés; les angles posticolatéraux du métathorax médiocres; mésopleures brillantes ponctuées-réticulées, la marge apicale arquée irrégulièrement crénelée-denticulée; tibias verts; les cuisses et les tibias des pattes antérieures sont testacé-jaunâtre en dessous, de même que le dessous des postérieurs, les genoux, les tarses et l'extrémité de tous les tibias. Abdomen ovale-subconique, le dos poli, très brillant, couvert de points médiocres et petits, très espacés; 3e segment dorsal conique-subtriangulaire, les dépressions antémarginales obliques, sublinéaires; la marge anale subcornée, couverte de petites dents irrégulières. Ventre (chez l'individu qui m'est communiqué) concave, noir de poix, peut-être à reflets violets métalliques chez les individus frais, car Spinola dit : « ventre violet métallique). ♀

PATRIE : Egypte.

SUPPLÉMENT

SUPPLÉMENT

Depuis le 2 février 1891, date vers laquelle furent imprimées les premières pages de ce volume, j'ai examiné un très grand nombre de collections, de sorte que j'ai bien des additions à faire. Je dois aussi remercier MM. Pedro Antiga, Anatael Cabrera y Diaz, A. Flamary, J. Gribodo, F. Lombard, le Rév. F. D. Morice, et M. Pic, qui m'ont communiqué une foule d'espèces des plus intéressantes et même inédites.

Je ne puis m'empêcher de parler des vifs regrets que m'a laissés la mort de l'excellent général Octave Radoszkowsky. de Varsovie, car c'est grâce à lui surtout, que j'ai pu connaître les Chrysides de l'Europe orientale. Sa complaisance n'avait d'égale que sa générosité, aussi les relations qu'on avait avec lui ne pouvaient être que des plus agréables et des plus utiles. Deux autres personnes, le Rév. père A. Tholin et M. le marquis U. d'Abzac de la Douze, ont droit également à tous mes regrets. Le premier, ravi encore très jeune à l'affection des siens, explorait avec succès les environs de La Seyne et de Toulon-sur-Mer. Le second, grand ami des sciences naturelles et surtout botaniste distingué, m'apportait son concours en recueillant à mon intention les Chrysides de sa région, la Dordogne.

BIBLIOGRAPHIE

p. 50 à 60.

N°	Auteur	Année	Titre
12a	Buysson (R. du)	1893	Contribution aux Chrysides du Globe (*Revue d'Entomologie T. XII, p 245-254.*)
12b	—	1895-96	Catalogue méthodique des Chrysidides de France. (*Revue scientifique du Bourbonnais et du centre de la France. 8e et 9e années.*)
24a	Dalla Torre (C. G. de)	1892	Catalogus Hymenopterorum hucusque descriptorum systematicus et synonymicus. Vol. VI. Chrysididæ (Tubuliferæ). Lipsiæ.
88a	Mocsary (A.)	1892	Additamentum secundum ad monographiam Chrysididarum orbis terrarum universi. (*Termeszetrajzi füzetek. Vol. XV. Parte 4. p. 213-240.*)
94a	Pérez (J.)	1895	Voyage de M. Ch. Alluaud aux Canaries. — Hyménoptères. (*Annales de la Société Entomologique de France. Vol. LXIV, p 198*).
104	Radoszkowsky (O.)	1891	Descriptions de Chrysides nouvelles. (*Revue d'Entomologie T. X, p 183-198.*)
104a	—	1893	Descriptions d'Hyménoptères nouveaux. (*Revue d'Entomologie, T. XII, p 242*)
104b	—	1893	Faune hyménoptérologique transcaspienne. (*Horæ societ. Entom. Ross. T. XXVII. Janvier 1893.*)
116a	Semenow (A. de)	1891	Revisio Hymenopterorum musei zoologici academiæ cæsareæ scientiarium Petropolitanæ. (*Bulletin de l'Académie des sciences de Saint-Petersbourg T. XIII, p. 179-186.*
116b	—	1892	Chrysididarum species novæ (*loc cit T XIII, p. 241-265.*)
116c	—	1891	Ellampus Olgæ n. sp. (*Horæ Societatis Entom Rossicæ, T XXV, p. 383-385*)
116d	—	1892	De Genere Pseudochrysis (*loc. cit , T. XXVI, p. 480-491*)

P. 61. TABLEAU DES TRIBUS.

Ce tableau doit être modifié ainsi :

1 Abdomen convexe en dessous ; stigmates métathoraciques situés en dessus des angles posticolatéraux, près de l'insertion des ailes inférieures.

I. Cleptidæ Aaron.

— Abdomen concave en dessous. 2

2 Ongles des tarses avec plusieurs crochets ; stigmates métathoraciques situés en dessus des angles posticolatéraux, près de l'insertion des ailes inférieures.

II. Ellampidæ Buyss.

— Ongles des tarses simples. 3

3 Stigmates métathoraciques situés en dessous des angles posticolatéraux ; mâchoires et languette de la bouche courtes, rétractées au repos ; palpes labiaux composés de 3 articles, palpes sous-maxillaires de 5 articles.

III. Euchrysididæ Buyss.

— Stigmates métathoraciques situés en dessus des angles posticolatéraux ; mâchoires et languette de la bouche très-allongées, linéaires, en forme de trompe repliée en dessous du thorax au repos ; palpes labiaux et sous-maxillaires composés de 1-2 articles seulement.

IV. Parnopidæ Aaron.

P. 64. GENRE HETEROCŒLIA.

Depuis la publication de cette partie de mon ouvrage, j'ai disséqué plusieurs exemplaires de l'*Heterocœlia nigriventris* Dhb. et je trouve actuellement que cet insecte doit être exclu de la famille des *Chrysididæ*, pour être placé dans celle des *Proctotrypidæ*, à côté des *Mesitius*, dont l'affinité est très sensible.

Les yeux très petits, arrondis; les antennes insérées sur un petit *torulus*; le clypeus avec une forte carène longitudinale, proéminente dans toute sa longueur; les palpes sous-maxillaires de 6 articles; le postécusson nul; la longue suite de segments visibles à l'abdomen; la conformation du 1er segment ventral: tous ces caractères forment un ensemble qui sépare complètement l'*Heterocœlia* des *Cleptes* et encore plus des autres Chrysides.

P. 68 GENRE CLEPTES.

Si les femelles des *Ellampidæ* et des *Euchrysididæ* sont absolument dépourvues de glandes vénénifiques et accessoires, celles des *Cleptes* en possèdent qui sont très développées et rendent conséquente leur manière de pondre directement dans le corps des larves de Tenthrédides.

P. 70.

Au n° 3 on doit mettre en opposition avec

le *Cleptes Putoni* Buyss. une variété du mâle du *C. orientalis* Dhb, comme il suit :

— Corps robuste, trapu ; tête, pro-, mesonotum et écusson vert-vif, le reste du thorax bleu-indigo ; bord antérieur des yeux touchant presque les mandibules ; tarses noirâtres, le 1er article vert en dessus ; ponctuation générale, principalement celle du thorax, beaucoup plus grosse et plus profonde ; postécusson ponctué-réticulé, ruguleux.

Orientalis DAHLBOM. ♂

P. 73.

J'ai reçu de M. M. Pic une femelle de *Cleptes Saussurei* Mocs. qu'il a prise à Fos, dans les Bouches-du-Rhône. Elle ne diffère en rien de celle de la collection de M. H. de Saussure.

P. 74.

MM. M. Pic, J. de Gaulle et F. D. Morice ont pris en Algérie la femelle du *Cleptes Anceyi* Buyss. Elle diffère du mâle par sa ponctuation très espacée, l'avant-corps feu-doré resplendissant. avec une teinte violacée sur la tête et le mesonotum, une teinte verte sur les mésopleures et la partie postérieure du métathorax qui est bleu-noirâtre Les antennes et les pattes sont brunes avec les articles 2 et 3 des antennes et les tarses roussâtres, le scape un peu violacé. Par la dichotomie on arrive au *C. scutellaris* Mocs. ♀, aussi il faut mettre au n° 9 :

9 Troisième segment abdominal sans cou-

leur rousse à sa base; ponctuation thoracique très éparse.

Anceyi Buyss. ♀

— Troisième segment abdominal avec la base rousse; ponctuation thoracique sensiblement moins espacée. 9 (bis)

En effet, la ♀ du *C. Anceyi* diffère de celle du *scutellaris*, par sa taille moins robuste, la tête moins grosse, la ponctuation thoracique très espacée, celle de l'abdomen beaucoup plus fine, la couleur des pattes et du 3e segment abdominal. Il est donc facile de les confondre.

P. 79.

D'après les règlements adoptés par le congrès de Moscou, on doit dire *Cleptes afra Luc. Var. Medinai* Buyss. au lieu de *Medinæ*. Cette variété a été capturée en Algérie par M. Maurice Pic.

P. 82. M. J. de Gaulle a rapporté d'Algérie le *Cleptes Syriaca* Buyss. ♂ Il diffère de celui de Nazareth, simplement par les taches métalliques des derniers segments abdominaux qui sont doré-verdâtre.

P. 83. Le *Cleptes pallipes* Lep. ♂ ♀ existe aussi en Bavière et en Sardaigne.

Var. *Androgyna*, Var. nov. — Semblable au type, mais avec les segments 4 et 5 de l'abdomen entièrement bleu-vif, la tête feu-doré-cuivré et les antennes épaisses et courtes comme chez la femelle, avec les quatre premiers articles roux-testacé. Les ailes ont une légère fascie enfumée, rappelant celle qui se voit chez la femelle. ♂.

Patrie : Mecklenburg (F. W. Konow).

P. 86. Le *Cleptes nitidula* F. ♂ ♀ se trouve aussi

en Bavière et en Angleterre. Parfois le milieu des tibias intermédiaires et postérieurs devient brun. ♂ (Coll. F. Smith).

P. 89. J'ai vu de Sardaigne une ♀ de *Cleptes Chevrieri* Frey, atteinte de rufinisme dans les pattes, les antennes, les écailles et la nervulation.

P. 93. Ajouter aux espèces restées inconnues :

Cleptes Mocsaryi, Séménow. — Petit, recouvert de poils épais, dressés, noirs, devenant grisâtres sur la partie inférieure du corps, tête bronzé-noir, peu brillante, avec quelques reflets violacé-bronzé, principalement près des yeux et sur le vertex vers les ocelles, pro- et mesonotum (avec les pro- et mésopleures), l'écusson et le post-écusson vert-doré et cuivré-doré, médiocrement brillants, le disque du pronotum plus ou moins teinté de pourpre, métathorax noir, non opaque, faiblement bronzé-brillant, l'abdomen entièrement noir de poix, seule la base du 1er segment (surtout en dessous), légèrement roussâtre, les fémurs noir-de-poix, les tibias, surtout dans le tiers apical et les tarses en entier, plus ou moins roussâtres, les antennes entièrement brun-noirâtre excepté le scape qui est à teinte métallique; écailles roux-noirâtre. Antennes un peu épaisses, non comprimées, le 2e article du fouet non cylindrique, égal au 1er, deux fois long comme le 3e, le dernier article obtus, subarrondi à l'extrémité. Tête assez densément, mais non fortement ponctuée; vertex, front et face légèrement convexes, la face profondément sillonnée longitudinalement depuis l'ocelle antérieur jusqu'à l'extrémité du clypeus; joues un peu longues, égales au 1er article du fouet. Pronotum médiocrement allongé, peu convexe, non densément ponctué, la base avec la seconde marge postérieure distinctement impressionnée transversalement et garnie d'une série très obsolète de points presque indistincts. Mesonotum à points dispersés et plus fins; mésopleures irrégulièrement rugeuses-ponctuées; metanotum légèrement aplani, assez finement rugeux, subréticulé, les carènes longitudinales (plus ou moins obliques) légèrement indiquées seulement en dehors; les angles postico-latéraux droits, nullement allongés ni proéminents. Abdomen médiocrement allongé, oblong-ovale, le 1er segment dorsal imponctué, mais médiocrement brillant, les autres segments non densément ponctués mais très finement et sub-irrégulièrement, lisses plus ou moins sur les marges postérieures. Ailes dépassant la longueur de l'abdomen d'un tiers, légèrement salies jusque vers la base, nervures brunes; ailes antérieures avec la cellule radiale incomplète, la nervure radiale peu à peu oblitérée vers l'extrémité, bien que distincte. ♀ Long. 5 mill.

PATRIE : Hongrie.

P. 93. TRIBU ELLAMPIDÆ

Au lieu de *Heteronychidæ*, il faut lire *Ellampidæ*, voici pourquoi : En 1887, M. H. de Saussure créa *(Societas Entomologica*, n° 1, p. 3) pour un groupe de Pompilides, le sous-genre *Heteronyx*. Cette similitude de nom pourrait induire en erreur. Ma tribu étant composée des genres ayant les ongles plus ou moins denticulés, je préfère lui composer un nouveau nom, avec celui du genre *Ellampus*, qui renferme les Chrysides dont les ongles sont les plus denticulés. Aussi partout où le mot *Hétéronychide* est écrit, il faut le remplacer par celui de *Ellampide*, qui a le même sens dans la classification adoptée dans cet ouvrage.

P. 100. GENRE NOTOZUS

J'ai vu le *Notozus productus* Dhb. de Sardaigne et du Caucase. Cette espèce peut être atteinte de rufinisme dans les pattes, les antennes, les écailles et la nervulation.

Var. *Vulgatus*, Buyss. — Cette variété peut être atteinte de rufinisme comme le type. Elle existe aussi en Sardaigne, en Espagne et en Algérie.

Var. *Mutans*, Var. nov. — Semblable à la var. *vulgatus*, mais avec l'abdomen doré-verdâtre. Elle semble faire le passage au *N. rufitarsis* Tourn. qui n'est peut-être bien qu'une variété verte du type de Dahlbom. ♀ Long. 6 mill.

PATRIE : Italie : Turin (J. Gribodo).

P. 106. J'ai capturé le *Notozus superbus* dans le

département de l'Allier. J'ai vu aussi le type de l'*Ellampus femoralis* Eversmann, qui est une femelle de *N. superbus* Ab. Il faut donc signaler cette espèce de la Russie orientale : Kasan (Eversmann et Radoszkowsky).

Var. *Rufescens*, Var. nov. Semblable au type, mais atteinte de rufinisme. Antennes, pattes, écailles, nervulation des ailes et ventre roux ; avant-corps noir-bronzé-obscur; dessus de l'abdomen roussâtre-obscur, avec quelques reflets verdâtres. ♀ 7 1/2 mill.

PATRIE : Sibérie orientale : Amur (Radoszkowsky).

P. 110. Le *Notozus angustatus* Mocs. est simplement une variété verte du *N. Panzeri* F. La couleur, la taille plus petite et plus étroite constituent les seules différences qui le séparent du type de Fabricius. J'ai vu des *Panzeri* petits et étroits, avec l'abdomen devenant vert, et aussi des *angustatus* ayant le 3e segment abdominal plus ou moins feu.

PATRIE : Bavière ; Russie; France : Passy (J. de Gaulle).

— J'ai vu d'Asie-Mineure et je possède de Smyrne la ♀ du *N. rufitarsis* Tourn. Elle diffère du ♂ par l'abdomen un peu moins convexe, l'extrémité du 3e segment un peu plus allongée. L'abdomen peut être vert-doré, légèrement teinté de feu et la plateforme apicale du 3e segment a les lobes un peu plus courts. ♀ Long. 6 3/4 mill.

P. 111. Au n° 13, il faut mettre en opposition du *Notozus obesus* Mocs. le *N. Komarovi* Rad. par les caractères suivants :

— Les côtés de la tête, derrière les yeux, fortement dilatés-anguleux ; les cuisses antérieures armées d'une longue dent. — Semblable au *N. obesus* Mocs. (et dès lors de la forme du *N. productus* Dhb.), mais en différant principalement par ce qui suit : avant-corps bleu-indigo, abdomen bleu-vert; antennes non atténuées à l'extrémité; ponctuation de l'avant-corps (moins celle du métathorax), espacée, grosse, trés peu profonde, subréticulée; les côtés de la tête, derrière les yeux, avec une forte dilatation anguleuse précédée d'un sinus assez profond, très distinct; cuisses antérieures armées postérieurement d'une longue et forte dent, obtuse à l'extrémité; tarses roux-clair; écailles noires; abdomen moins convexe, à ponctuation un peu plus fine, la plateforme apicale large, à sinus très peu profond, les lobes continus avec les côtés du segment. ♀ Long. 7 1/2 mill. (Sec. spec. typ.!)

Komarovi, RADOSZKOWSKY.

PATRIE : Province transcaspienne : Merv (Radoszkowsky).

P. 120. GENRE ELLAMPUS

M. le Dr Medina y Ramos a pris à Séville l'*Ellampus Horwathi* Mocs.

P. 123. L'*Ellampus Wesmæli* Chevr. habite aussi l'Italie et le Caucase (J. Gribodo). J'ai vu un individu ayant l'incision apicale du 3e segment abdominal moins profonde et les lobes presque nuls.

P. 125. Il faut opposer à l'*Ellampus pusillus* F., l'*E. hypocrita* Buyss. par les caractères suivants :

— Incision apicale du 3e segment abdominal, non comprimée, les lobes dentiformes, divariqués, scarieux. — Corps trapu, court, assez large, entièrement bleu un peu vert, brillant. Tête de la largeur du thorax, ponctuée-réticulée sur le front; cavité faciale presque plane, lisse. Antennes brunes, les deux premiers articles bleu-vert, le 3e aussi long que les deux suivants réunis. Vertex, pronotum et la moitié antérieure du mesonotum à points petits, très espacés, irréguliers; le reste du thorax ponctué-réticulé. Postécusson convexe-gibbeux ou convexe subconique; écailles concolores; ailes presque hyalines; pattes concolores, tarses roux, cuisses antérieures normales, ongles des tarses avec quatre crochets allant en diminuant de longueur. Abdomen court, très convexe, à points très fins et très espacés devenant plus gros et un peu ruguleux sur les côtés et sur le 3e segment; bordure extrême du 2e segment scarieuse-roussâtre; 3e segment triangulaire, toute la bordure apicale scarieuse-roussâtre, l'apex acuminé, avec une incision triangulaire à sinus subobtus, les lobes formant deux dents obtuses, légèrement divariquées et scarieuses-roussâtres, les côtés du segment sont très vaguement bisinués. Ventre vert-bleu. ♂ ♀ Long. 4 mill. **Hypocrita**, BUYSSON.

PATRIE : Mongolie : Kansu-Jelysyn-Kuse (Radoszkowsky); Perse, Mer Caspienne occidentale.

P. 126. J'ai vu l'*E. pusillus* F. du Caucase.

Var. *Schmiedeknechti*, Mocs. — On trouve des exemplaires de cette variété ayant une teinte feu-cuivré sur l'abdomen et quelques parties du thorax.

P. 128. L'*Ellampus parvulus* Dhb. existe en Tunisie, en Sardaigne et en Corse. Il peut être atteint de rufinisme dans les antennes, les écailles, la nervulation et les pattes. Les ailes sont parfois un peu enfumées.

P. 130. J'ai vu l'*Ellampus punctulatus* Dhb. de Suisse : Serre (F. D. Morice).

P. 131. J'ai vu l'*Ellampus Bogdanovi* Rad. provenant d'Italie, de Moldavie et de Valachie.

P. 132. Chez l'*Ellampus Araraticus* Rad. le vertex prend facilement une teinte bleuâtre et parfois le thorax en entier, mais surtout en dessous, devient vert-bleu. Cette dernière coloration conduirait par la dichotomie à l'*E. politus* Buyss. Dans ce cas, on le distinguera de ce dernier par son corps sensiblement moins convexe, le disque des pro- et mesonotum recouvert de petits points fins, très épars, mais distincts; par l'abdomen à points fins, très épars mais très distincts également; enfin par le 3e segment abdominal qui est ruguleux, plus court, plus arrondi, avec le sinus des côtés très sensible, beaucoup plus profond que chez l'*E. politus;* la bordure extrême du segmént est épaissie et forme un petit bourrelet.

P. 137. L'*Ellampus æneus* Panzer existe en Sardaigne, dans la Transcaucasie, et il peut être atteint de rufinisme dans les pattes, les antennes, les écailles et la nervulation. Le cocon, découvert par M. H. Nicolas, d'Avignon, qui a élevé l'insecte, est blanchâtre, hyalin, allongé, arrondi d'un bout et tronqué de l'autre.

La *Var. Chevrieri* Tourn. existe en Italie.

P. 139. L'*Ellampus puncticollis* Mocs. habite aussi la France, l'Italie et l'Espagne.

La *Var. atratus* Mocs. existe en Italie : Alpes carniques.

P. 140. L'*Ellampus cœruleus* Dhb. vit en Bavière, Valachie, Italie. Il serait aussi parasite du *Cemonus unicolor* Fab., d'après M. J. de Gaulle. La *Var. virens* Mocs. se trouve en Angleterre (F. D. Morice).

P. 143. Au lieu de *curtiventris* Tourn., il faut lire, *biaccinctus* Buyss. Var. *Gasperinii* Mocs. L'*Ellampus curtiventris* Tourn., que je ne connais pas en nature, est peut-être autre chose. J'ai vu plus de 80 exemplaires de l'*E. biaccinctus* ♂ ♀, et d'après l'examen de ces insectes, je conclus que l'*E. auratus* L. Var. *Gasperinii* Mocs. en est une variété noire : le thorax est devenu noir et les lobes de l'incision apicale du 3e segment abdominal sont parfois plus courts. Ce dernier caractère se retrouve insensiblement chez les individus à thorax bleu.

Il faut également supprimer l'observation. La figure 20 de la planche XI représente un ongle de l'*E. biaccinctus*.

Voici la description de l'*E. curtiventris* Tourn.

« Cet *Omalus* a des rapports intimes avec « l'*Omalus auratus* Dhb.; il s'en distingue « par l'abdomen, qui est beaucoup plus « court, relativement plus large, plus con- « vexe, par le 3e segment autrement incisé à « l'extrémité, etc... Corps parcimonieuse- « ment paré d'une pubescence très fine, « courte, grisâtre. Coloris variant chez les « trois exemplaires que j'ai sous les yeux.

« La tète et le thorax sont d'un beau bleu, « légèrement lavé de vert; le scutellum et le « postscutellum sont noirs; cuisses et tibias « verts, brillants; l'abdomen est très brillant: « chez l'un des sujets, il est d'un beau rou- « geâtre-doré, chez un autre, il est vert-doré, « enfin chez le troisième, il est d'un cuivreux « foncé, presque noir sur le disque; mandi- « bules rousses, antennes noires, avec les « deux premiers articles verts; tarses noirs. « Tête avec l'impression faciale large, arron- « die à son sommet et remontant moins haut « vers les ocelles que chez l'*O. auratus;* la « ponctuation du front est formée de gros « points ronds, plus gros et par suite beau- « coup moins nombreux que chez l'*O. aura-* « *tus*, le sommet de la tête derrière les « ocelles est entièrement lisse. Le bord an- « térieur et les côtés du pronotum sont « marqués de quelques gros points variolés, « le reste de ce segment est lisse, avec « quelques points ronds, larges, superficiels; « le mesonotum est lisse antérieurement; il « est marqué postérieurement et sur les cô- « tes, près du compartiment médian, de « points peu profonds, ronds, très grands; « les autres parties du thorax sont ponc- « tuées à peu près comme chez l'*O. auratus*, « mais les points sont plus grands et moins « nombreux, quoique aussi serrés. L'abdo- « men, vu de profil, est presque aussi haut « qu'il est long, tandis que chez l'*auratus*, il « est presque deux fois aussi long qu'il est « haut; les deux premiers segments sont « lisses, le 3e offre surtout postérieurement « quelques gros points, larges, épars, super- « ficiels; il est postérieurement plus régulié-

« rement arrondi, moins étiré en pointe que « chez l'*auratus*, l'incision terminale est « moins ouverte, beaucoup moins anguleuse, « presque parallèle sur les côtés, arrondie « dans le fond. ♂ ♀ Long. 4 1/2-5 mill. »

PATRIE : Russie méridionale ; Sarepta.

P. 146. J'ai vu l'*E. politus* Buyss. de Smyrne.

P. 148. L'*Ellampus sculpticollis* Ab. habite aussi l'Italie et la Transcaucasie.

P. 150. L'*E. auratus* L. habite également le Maroc, l'Algérie, la Tunisie, l'Égypte, etc... Il peut être atteint de rufinisme dans les pattes, les ailes, les écailles et les antennes.

Var. *Cupratus*, Mocs. — Algérie (M. Pic).

Var. *Anthracinus*, Buyss. — Semblable au type, mais entièrement noir, sans aucun reflet métallique, tarses et antennes noirs; ailes plus enfumées. ♂ Long. 4 mill.

PATRIE : Normandie (J. de Gaulle).

P. 152. L'*E. biaccinctus* Buyss. habite aussi l'Italie et la Bavière.

Var. *Gasperinii*, Mocs. — Dalmatie; Attique; Italie; France.

P. 155.

Il faut au n° 2 opposer au *Philoctetes deflexus* Ab. une espèce algérienne, à laquelle je donne le nom de M. le Dr A. Chobaut, qui l'a découverte.

2 Corps entièrement vert-gai plus ou moins bleuissant; ponctuation des pro- et mesonotum grosse, espacée, à fond plat. — Corps de petite taille..... etc. **Deflexus** ABEILLE.

— Corps vert-bleu avec la tête franchement

bleu-indigo foncé; ponctuation des pro- et mesonotum presque nulle sur le disque. très rare, fine et obsolète. — Semblable au *P. deflexus* Ab., mais distinct par son corps trapu, plus convexe; par la tête plus large, entièrement bleu-indigo foncé, le vertex presque imponctué; par les pro- et mesonotum dont le disque est lisse, brillant, à ponctuation très rare, fine et obsolète; par l'abdomen plus court, plus convexe, à ponctuation fine et serrée, un peu ruguleuse, le 3e segment plus convexe et plus court. Le postécusson est conique, le dessous du corps et les cuisses sont bleu-indigo, les tarses brun-noirâtre. ♂ ♀ Long. 3mm.

Chobauti N. SP.

PATRIE : Algérie : Biskra (Dr A. Chobaut, Rev. F. D. Morice).

OBS. Il se pourrait que ce fût une variété verte du *P. Tiberiadis* Ab. Buyss., car il y a beaucoup d'affinité entre ces deux insectes.

P. 156. GENRE PHILOCTETES.

Le *Philoctetes Omaloïdes* Buyss. a été pris à Turin (J. Gribodo) et en Tunisie (Dr Sicard).

P. 159.

Le *Philoctetes Abeillei* Buyss. a été pris dans l'île Majorque (F. Konow).

P. 162.

Le *Philoctetes Friesei* Mocs. m'a été envoyé de Barcelone (A. Cabrera y Diaz).

P. 168. GENRE HOLOPYGA.

J'ai vu l'*Holopyga fervida* F. atteinte de rufinisme.

P. 170. . . .

J'ai vu un ♂ d'*H. miranda* Ab. venant de Tanger (Dr Chobaut).

P. 172.

Il existe en Algérie une très belle variété de l'*Holopyga Mlokosewitzi* Rad.

— *Var. Gribodoi* Var. nov. Diffère du type par sa couleur bleu-indigo, par le mesonotum, l'écusson et le postécusson vert-doré, par la ponctuation générale moins grosse, surtout sur l'abdomen où elle n'est nullement rugueuse; par le 2e segment non renflé postérieurement, le 3e non renflé également, et, chez le mâle, le bord postérieur de ce dernier segment n'a pas la bordure extrême réfléchie en dessous, ni sillonnée. ♂ ♀ Long. 6 1/2[mm]. Il y aurait donc chez l'*H. Mlokosewitzi* un polymorphisme analogue à celui que l'on trouve chez les *H. punctatissima* Dhb. et *gloriosa* F.

PATRIE : Algérie (J. Gribodo, M. Pic, J. de Gaulle).

P. 175.

J'ai vu l'*H. chloroidea* Dhb. atteinte de rufinisme. Elle habite aussi la Sardaigne et la Valachie.

P. 178.

J'ai vu l'*H. gloriosa* F. Var. *viridis* Guér. provenant d'Algérie (G. Vachal, M. Pic.).

P. 191. GENRE HEDYCHRIDIUM.

J'ai reçu l'*Hedychridium femoratum* Dhb. d'Algérie (C[ne] C. Ferton).

P. 195.

J'ai capturé l'*Hedychridium coriaceum*

Dhb. dans le département de l'Allier et je l'ai de Suisse : Bérisal (F. D. Morice).

P. 196.

M. F. D. Morice a capturé l'*Hedychridium integrum* Dhb. au Simplon.

P. 197.

J'ai vu l'*Hedychridium cupratum* Kl.-Dhb. du Museum de Munich; il a été déterminé par Dahlbom lui-même, et j'ai constaté que c'est le même insecte que l'*H. integrum* Dhb.

J'ai reçu l'*H. integrum* Dhb. du Mecklenburg (F. W. Konow).

Var. maculatum var. nov. Diffère du type par tout l'abdomen qui devient bleu-vert, suivant l'incidence de la lumière sous laquelle on le regarde et par l'avant-corps qui est vert-bronzé. ♀ Long. 6mm.

PATRIE : Mecklenburg (F. W. Konow).

P. 199.

Hedychridium minutum Var. infans Ab. — Espagne, Algérie.

Var. *homœopathicum* Ab. — Espagne.

Var. *reticulatum* Ab. — Tunisie.

Var. *jucundum* Mocs. — Espagne, Corse.

P. 201.

L'*Hedychridium Buyssoni* Ab. habite aussi l'Espagne.

P. 203.

Hedychridium Algirum Mocs. Var. *pulchellum* Mocs. Diffère du type par le post-écusson feu et cuivré-doré, la face entièrement noir-violacé. ♀ Long. 4mm.

PATRIE : Caucase (Sec. Mocsary).

P. 205.

Hedychridium sculpturatum Ab. — Maroc (Dr Chobaut), Corse (C. Ferton), Suisse : Sierre (F. D. Morice).

P. 207.

J'ai vu l'*H. roseum* Rossi atteint de rufinisme aux pattes, aux antennes, aux écailles, à la nervulation et au ventre. Il habite aussi la Corse (Cne C. Ferton).

P. 213.

GENRE HEDYCHRUM.

L'*Hedychrum cœlestinum* Spin. habite l'Abyssinie (J. de Gaulle).

P. 214.

Hedychrum chalybæum Dhb. — Mecklenburg (Konow).

P. 221.

H. lucidulum F. Var. *Antigai* var. nov. Mélanisme. Avant-corps vert-cuivré, abdomen noir-violacé. ♂ Long. 6mm.

PATRIE : Barcelone (P. Antiga).

Var. *micans* Luc. — Espagne.

P. 227.

Hedychrum longicolle Ab. — Corse (Cne Ferton).

P. 228.

H. Gerstæckeri Chevr. — Valachie.

P. 229.

Ajouter aux espèces inconnues du genre *Hedychrum*.

H. collare Semenow. — Médiocre, subopaque, bleu-vert, tête et thorax plus ou moins variés de bleu-indigo, abdomen cuivré-doré vif en dessus, à reflets très légers verdâtres sous un certain jour, fémurs vert-bleu et légèrement noirâtres, tibias vert-bronzé plus vif, tarses brun-testacé, ventre noir de poix. brillant, mandibules roux-noirâtre, bleu-vert à la base du côté externe, écailles noir-roussâtre à peine bronzées et peu brillantes; tout le dessus du corps avec des poils gris, très courts et épars. Antennes assez grêles, brunes, scape bleu-vert, le pédicelle à peine bleu-vert, le scape assez grêle et allongé, égal aux trois articles suivants pris ensemble, le pédicelle médiocrement court, 1 fois 1/2 seulement plus court que le 3e article, le 4e article subégal au pédicelle. Tête modérément large, régulièrement et densément réticulée-ponctuée, les points devenant, seulement derrière les yeux, ruguleux, sensiblement disjoints subtransversalement; cavité faciale ni large, ni profonde, subtilement striée transversalement, non marginée en haut; clypeus suballongé, non brillant, subobsolètement ponctué-ruguleux sur les côtés; front et vertex à poils gris, très courts et non denses; joues très courtes; tempes étroites, dépassant à peine le pédicelle des antennes, non marginées. Pronotum très allongé, de près de 1 fois 1/3 plus long que le mesonotum, presque droit au bord antérieur, le milieu avec une impression étroite mais profonde, tout le dessus très densément et régulièrement subréticulé ponctué, ce qui le rend opaque; angles postérieurs dirigés en arrière, mais les pointes légèrement divariquées. Mesonotum ponctué à peu près de même (un peu plus grossièrement sur les côtés, surtout vers la base); mésopleures ponctuées-réticulées un peu plus grossièrement et très régulièrement. Écusson ponctué-réticulé presque grossièrement, surtout à la base; postécusson presque gibbeux, plus grossièrement ponctué-réticulé; les côtés du métathorax et les angles posticolatéraux de celui-ci (qui sont droits, spiniformes, et divariqués), assez subtilement ponctués-rugueux. Abdomen peu convexe, la base du 1er segment noir-bronzé, avec une impression assez forte au milieu; les deux premiers segments densément et assez fortement ponctués et dès lors peu brillants, les côtés un peu plus fortement et presque rugueux; le 3e segment ponctué un peu plus éparsement, plus grossièrement et moins profondément, le milieu à peine déprimé transversalement, la marge apicale à peine infléchie, et les dents latérales à peine saillantes, la bordure extrême étroite, pellucide. Ventre avec le 2e segment ponctué et pointillé assez densément, le 3e sans crochet apical. Tous les fémurs très subtilement coriacés-pointillés: les métatarses postérieurs forts, légèrement courbés à la base, les articles suivants formant une longueur un peu plus longue que celle de celui-ci. Ailes inégalement salies, nervures et stigmates brun clair. ♀ Long. 6mm.

PATRIE : Sarepta, de la Province de Saratow.

P. 233. GENRE CHRYSOGONA.

Le cocon de la *Chrysogona assimilis* Dhb. a été découvert par M. H. Nicolas, d'Avignon; il est en forme de dé, assez épais, brillant, brun et de texture fine et serrée.

P. 240. GENRE SPINOLIA.

M. F. Ancey, fils, a capturé un assez grand nombre de *Spinolia magnifica* Dhb. ♂ ♀ en Algérie. J'en ai vu qui sont atteintes de rufinisme dans les antennes, les pattes et la nervulation. Quelquefois le ventre passe au vert-bleu, les écailles et le thorax deviennent feu-doré, avec l'aire médiane du mesonotum et le postécusson vert-bleu; ce dernier peut être conique.

P. 246.

Spinolia Dournovi Rad. — Tunisie.

P. 250. GENRE EUCHRŒUS.

Il faut opposer à l'*Euchrœus Doursi* Gribodo une espèce inédite très distincte.

2bis Troisième article antennaire court, égal au 4e; joues courtes; 3e segment abdominal fortement déprimé transversalement sur le disque. **Doursi** GRIBODO

— Troisième article antennaire assez long, plus long que le 4e, d'un tiers de sa longueur; joues longues, de la longueur du 3e article antennaire; 3e segment abdominal non déprimé transversalement sur le disque. — Corps large, robuste, entièrement feu-doré-cuivré, avec l'aire médiane du mesonotum en partie verte et bleue, et une étroite ligne vert-bleu à la base du 2e segment abdominal. Pubescence blanche. Cavité faciale peu profonde, évasée, très finement et densément ponctuée-coriacée, avec un sillon large et profond au milieu, en dessous du front, le haut de la cavité évasé, avec une petite protubérance médiane, divisée elle-même par le sillon que je viens d'indiquer; des traces d'une vague carène ondulée, avec deux vagues rameaux comme entourant le 1er ocelle; joues parallèles et longues; clypeus avec une assez forte protubérance au milieu, le bord apical fortement émarginé; antennes brunes, les deux premiers articles bronzé-verdâtre. Ponctuation de la tête et du thorax serrée, ruguleuse, réticulée, irrégulière sur la tête et les aires latérales du mesonotum. Pronotum avec les côtés fortement convergents en avant, très déclive-déprimé au milieu antérieurement; les deux dents des mésopleures normales; les angles posticolatéraux du métathorax médiocres, à pointe obtuse ou subaiguë; tibias et tarses testacés. Abdomen parfois avec quelques reflets bleu-vert, large, déprimé, légèrement caréné, à ponctuation fine, assez serrée, peu profonde : 1er segment à points plus gros, espacés, avec quelques petits points fins; 2e segment très engainant avec un léger bourrelet avant la série antéapicale, très déclive et nullement abrupte antérieurement; fovéoles de la série antéapicale petites, les côtés du segment arqués-arrondis; marge apicale irrégulièrement crénelée, l'apex parfois incisé triangulairement, une petite dent obtuse se distingue de chaque côté à la naissance de la marge. Ventre avec deux larges taches noires. ♀ Long. 11-12mm.

Moricei N. SP.

PATRIE : Algérie : Biskra (Rev. F. D. Morice).

P. 256.

Euchrœus purpuratus F. — Algérie. Le

♂ a parfois la base du 2e segment abdominal noire.

Var. consularis var. nov. Diffère du type par sa couleur entièrement bleu-indigo, avec l'occiput, l'aire médiane du mesonotum et la base du 2e segment abdominal noirs. ♂ Long. 8-9 1/2mm.

PATRIE : Algérie.

P. 258.

M. J. Vachal m'a communiqué plusieurs exemplaires de l'*Euchrœus egregius* Buyss. ♂ provenant de Tunisie.

P. 266. GENRE CHRYSIS

Il faut ajouter aux *Chrysis tenella* Mocs. et *genalis* Mocs. une jolie petite espèce d'Algérie, découverte par M. M. Pic.

— Antennes avec les deux premiers articles seuls verts, le 3e un peu plus long que le 4e, aucun article renflé en dessous; 3e segment abdominal largement émarginé à l'apex. — Corps de petite taille, subcylindrique, entièrement vert-vif à reflets bleus; pubescence assez abondante, très fine, blanchâtre, sur tout le dessus du corps; tête un peu plus large que le pronotum, cavité faciale plane, convexe en haut, subimponctuée au milieu qui est légèrement sillonné, les côtés à points médiocres, serrés; joues de la longueur du 3e article antennaire, convergentes en avant; antennes marron-roussâtre; ponctuation de tout le corps médiocre, peu serrée, entremêlée de points plus petits, irréguliers. Pronotum à côtés sinués, tout le devant fortement et largement déclive, impressionné avec un sillon médian atteignant presque le bord postérieur; postécusson convexe, avec la suture antérieure béante; angles posticolatéraux du métathorax très fins, longs, dirigés en arrière, subaigus; mésopleures normales, le sillon longitudinal peu visible; écailles vertes, subscarieuses; ailes légèrement enfumées, nervures en partie testacées; pattes concolores, tarses roux. Abdomen subcylindrique, non caréné; 3e segment régulièrement convexe, les côtés médiocres, droits, série antéapicale remontant un peu au milieu, 14 fovéoles irrégulières, ouvertes, un peu transversales, parfois confluentes; marge apicale courte, largement émarginée à l'apex, la bordure extrême hyaline, un petit angle de chaque côté à la naissance de la marge. Ventre vert-bleu avec des reflets dorés. ♂ Long. 4mm.

Hebes NOV. SP.

PATRIE : Algérie : Laghouat (M. Pic).

P. 273.

Il faut opposer à la *Chrysis basalis* Dhb. une espèce inédite :

— Corps étroit, allongé, grêle; front non caréné; marge apicale du 3e segment abdominal feu, concolore au reste du segment; ponctuation thoracique irrégulière, avec des points fins entremêlés. **Basalis** DAHLBOM.

— Corps non étroit, assez robuste; front avec quelques traces d'une carène; marge apicale du 3e segment abdominal bleu-vert vif; ponctuation thoracique serrée, coriacée, régulière, uniforme. — Tout l'avant-corps et le 1er segment abdominal vert-bleu terne, avec le vertex, la partie postérieure du pronotum et l'aire médiane du mesonotum bleu-vif, les segments abdominaux 2 et 3 feu. Tête arrondie, épaisse, de la largeur du pronotum; joues courtes, subparallèles; le front avec quelques traces d'une carène; antennes courtes, les trois premiers articles verts, le 1er un peu doré, le 3e égale les deux suivants réunis. Pronotum à côtés subparallèles, troncature antérieure élevée, abrupte; angles posticolatéraux du métathorax droits, aigus; ailes un peu enfumées; pattes vertes, tarses subtestacé-roussâtre, obscurcis à l'extrémité. Abdomen convexe, légèrement caréné dans toute sa longueur, à points médiocres, serrés, coriacés, assez profonds; les 2e et 3e segments feu-doré, à teinte terne, avec les bords latéraux, l'extrême bord apical et la marge apicale du 3e bleu-vert; 3e segment convexe, les côtés assez longs, convergents en arrière, la série antéapicale peu profonde, bleu-vert, 18 fovéoles environ, irrégulières, ouvertes, séparées, arrondies; marge apicale assez courte, un peu débordante sur les côtés, entière, régulière, excepté à l'apex où elle est légèrement sinuée. Ventre vert-bleu taché de noir. ♂ Long. 6 1/4mm.

Calpensis N. SP.

PATRIE : Gibraltar (Rev. F. D. Morice).

OBS. Cette espèce se rapprocherait un peu de la *C. succincta* L. Var. *Frivaldskyi* Mocs.

P. 278.

Chrysis incrassata Spin. — Corse (C. Ferton).

P. 302.

Il faut opposer à la *Chrysis Osiris* Buyss. une espèce inédite :

— Cavité faciale plane; pronotum sans sillon médian antérieurement; angles posticolatéraux du métathorax à pointe droite, obtuse.

Osiris Buysson.

— Cavité faciale creusée; pronotum avec un sillon médian sur toute sa longueur; angles posticolatéraux du métathorax à pointe aiguë, recourbée en arrière. — Semblable à la *C. Osiris* Buyss. dont elle diffère par sa forme plus étroite, plus convexe, l'avant-corps plus cuivré; la tête épaisse, à peu près de la largeur du pronotum, la cavité faciale plus profonde, avec un grand espace lisse en haut, les joues aussi longues mais moins fortement convergentes en avant, ce qui fait que la face n'est point triangulaire; les antennes plus épaisses et plus courtes; par le pronotum long, subcylindrique; la ponctuation thoracique et celle du vertex régulière, un peu moins grosse; par l'abdomen moins large, le 1er segment ayant la ponctuation très irrégulière, coriacée, fine et serrée, le 2e et le 3e à points plus gros, espacés, le 3e comprimé sur les côtés, avec la marge apicale bi-sinuolée, irrégulière. De plus, le dessous du corps, les hanches et les cuisses sont bleu-vert, les tarses roussâtres. ♀ Long. 5mm.

Errans n. sp.

Patrie : Algérie : Biskra (Rev. F. D. Morice).

Obs. Cette espèce diffère de la *C. igneola* Buyss., dont elle est aussi très voisine, principalement par la pubescence qui est longue et abondante surtout sur les pattes, par les joues plus longues, par la ponctuation thoracique plus réticulée, par le sillon médian du pronotum, par le 3e segment abdominal non déprimé transversalement et par la marge apicale qui est très légèrement sinuolée.

P. 307.

C. albitarsis Mocs. — Tunisie (J. de Gaulle).

P. 312.

M. F. D. Morice a retrouvé à Biskra la *C. Tafnensis* Luc. en avril 1894. Elle n'avait plus été signalée depuis la description qu'en a donnée M. H. Lucas, en 1849.

P. 313.

Le ♂ de la *C. simplex* F. a les joues subparallèles, convergentes en avant. C'est un ♂ de cette espèce que j'ai décrit p. 328 sous le nom de *simplicicornis*. Il faut ajouter à la description : Mandibules sub-bidentées.

P. 324.

Il faut mettre entre parenthèses en bas de la page (excepté chez la *C. simplex* qui les a sub-bidentées).

P. 327.

C. hirsuta Gerst. — Angleterre. La *C. bicolor* de la collection de F. Smith, que m'a communiquée M. F. D. Morice, est une *C. hirsuta* Gerst.

P. 328.

La *C. Osmiæ* Thoms. habite aussi l'Angleterre (Dr Mason, F. D. Morice). En bas de la page, il faut lire *C. simplex F.* ♂ au lieu de *C. simplicicornis*.

P. 332.

Il faut opposer aux *Chrysis pruna* Grib. et *barbara* Luc. une splendide espèce découverte par M. le Dr A. Chobaut.

— Postécusson convexe; joues très longues et parallèles; 3e segment abdominal fortement renflé en bourrelet avant la série antéapicale. — Semblable à la *C. Kohli* Mocs. dont elle diffère cependant par son corps entièrement d'un beau feu-doré un peu grenat, ou doré-cuivré à reflets verts et feu; par la bouche prolongée longuement en avant, les joues beaucoup plus longues, parallèles, plus longues que le 4e article antennaire, le clypeus beaucoup plus long; par le 3e article antennaire encore plus long; par le thorax plus large, à ponctuation beaucoup plus grosse, épaisse, plus profonde, très rugueuse: par l'écusson et le postécusson élevés, beaucoup plus convexes; par le bourrelet du 3e segment abdominal un peu plus accentué. Les ailes ont des reflets bleus surtout en dessous : ♀ Long. 9^mm.

Le ♂, découvert par M. M. Pic, diffère simplement de la ♀ par le 1er article des tarses cuivré-doré, les joues un peu moins longues, par le 3e segment abdominal tronqué très largement et transversalement, avec un léger sinus à l'apex, et les fovéoles un peu plus grandes.

Patrie : Algérie. Teniet-el-Haad (Dr A. Chobaut, M. Pic), Biskra (Rev. F. D. Morice).

Obs. Cette espèce est si belle, que je suis heureux de lui donner le nom de mon ami, M. le Dr Chobaut, en souvenir de ses chasses en Algérie.

Chobauti n. sp.

P. 340.

Au n° 11, il faut opposer à la *C. cuprata* Dhb. une espèce inédite :

— Tarses blanchâtres; ponctuation thoracique régulière, réticulée; mandibules simples.

Cuprata. DAHLBOM.

— Tarses brun-roussâtre; ponctuation thoracique irrégulière, coriacée; mandibules bidentées. — Semblable à la *C. cuprata* Dhb. mais elle en diffère par les joues beaucoup plus longues, de la longueur du 3e article antenaire; par la face couverte de poils argentés, soyeux; par les mandibules, la ponctuation; par la couleur des tarses; par l'abdomen plus feu, plus cylindrique, à ponctuation fine, serrée, subcoriacée, le 3e segment plus tronqué transversalement, la série antéapicale creusée, à fovéoles plus petites, la marge apicale légèrement sinuée à l'apex. ♂ Long. 5mm.

Curta N. SP.

PATRIE : Algérie. (F. D. Morice).

P. 344.

Chrysis tumens Buyss. — Tunisie. (J. Vachal).

P. 356.

Au n° 21, il faut ajouter :

— Tout le dessus du corps cuivré-feu-verdâtre, moins le postécusson qui est vert. — Corps de petite taille, étroit, brillant, entièment cuivré-feu-verdâtre, avec le postécusson, le métathorax et le dessous du corps verts; pubescence blanc-sale, très fine, très courte, peu abondante. Tête un peu plus large que le pronotum, cavité faciale verte, peu profonde, lisse en grande partie, le haut convexe; joues assez longues, convergentes en avant; antennes brunes, les deux premiers articles et la base du 3e verts, le 3e plus long que le 4e. Ponctuation thoracique médiocre, réticulée, assez serrée, irrégulière, entremêlée de points plus petits. Pronotum subcylindrique, court, une large dépression au milieu du bord antérieur; postécusson convexe, avec une petite cavité au milieu de la suture antérieure; angles posticolatéraux du métathorax petits, recourbés, aigus; mésopleures convexes, normales; pattes vertes, tarses brun-roussâtre obscur; écailles bleues, ailes hyalines, cellule radiale grande, presque fermée. Abdomen subcylindrique, à points médiocres, peu serrés; 1er segment à points plus irréguliers, une étroite bordure bleuissante; 2e segment assez convexe dans son tiers postérieur qui est très engainant; 3e segment comprimé, très distinctement déprimé transversalement sur le disque, un peu renflé au milieu avant la série antéapicale, cette dernière peu profonde, 12 fovéoles assez grandes, ouvertes, arrondies, séparées; marge apicale courte, régulièrement entière. Ventre noir, maculé de vert. ♀ Long. 5 1/4 mm.

Igneola N. SP.

PATRIE : Algérie : Biskra (Dr A. Chobaut).

P. 358.

C. Laïs Ab. — Rome (F. D. Morice).

P. 361.

La ♀ de le *C. fulminatrix* Buyss., découverte à Constantine par M. F. D. Morice, diffère du ♂ par le 5e article antennaire noir, les joues un peu plus longues, la ponctuation abdominale un peu plus serrée et plus fine.

P. 370.

La ♀ de le *C. Cirtana* Luc., découverte à Constantine par M. F. D. Morice, diffère du ♂ simplement par le 3e segment abdominal un peu comprimé sur les côtés, légèrement déprimé sur le disque et la marge apicale régulièrement arrondie.

P. 380.

La *C. dichroa* Dhb. habite aussi la Corse; elle est parasite également de l'*Osmia versicolor* Latr. (Cne Ferton).

P. 397.

C. Saussurei Chevr. — Tunisie.

P. 401.

C. mediocris Dhb. — Corse (Cne Ferton).

P. 411.

C. versicolor Spin. — Tunisie.

P. 417.

On doit ajouter à la *C. Leachii* Shuck. une très jolie variété :

Var. Corsica var. nov. Diffère du type par son coloris entièrement d'un beau feu-doré-cuivré, simplement avec une étroite bordure postérieure bleue sur le pronotum, l'écusson et les segments 1 et 2 de l'abdomen. La marge apicale du 3e segment abdominal est bleue comme dans le type ♀.

PATRIE : Corse. Bonifacio (Cne. C. Ferton).

Obs. M. Ferton m'a également envoyé de Corse, un mâle de *C. Leachii* dont les parties qui sont habituellement feu-doré, se trouvent vert-cuivré chez celui-ci et la marge apicale du 3e segment abdominal est noire.

P. 421.

La *C. succincta* L. et sa variété *Gribodoi* Ab. habitent la Corse (C. Ferton).

P. 429.

J'ai reçu de M. J. Vachal une *C. cylindrosoma* Buyss. provenant de Tunisie; le thorax a une teinte plus verte que chez les autres exemplaires que j'ai vus.

P. 434.

J'ai reçu de M. R. C. Wroughton, Esq, un ♂ complet de *C. Scioensis* Grib. provenant d'Aden; les tarses sont blanchâtres, brunis à l'extrémité.

P. 443.

J'ai reçu de l'Hindoustan une variété de la *C. fuscipennis* Brullé que l'on pourra retrouver en Egypte et en Syrie avec le type :

Var. dorsata v. nov. semblable à la *Var. Mossulensis* Ab.-Buyss., mais avec tout le dorsulum du thorax noir-bronzé-cuivré; parfois aussi une teinte cuivré-obscur se voit sur le vertex, les pattes et les deux premiers segments de l'abdomen. ♀ Long. 9-11 1/2mm.

PATRIE : Présidence de Bombay: Poona (R. C. Wroughton).

P. 452.

La *C. chlorochrysa* Mocs. habite également la Province Transcaspienne : Sérax (Radoszkowsky). Les antennes sont parfois brun-marron. Si l'on n'arrive pas à une bonne détermination par le n° 4 (p. 446), j'engage beaucoup à prendre le n° 11 (p. 456). Ce groupe est très difficile et je crains que la couleur des antennes ne soit pas un bon caractère, il vaut mieux qu'il soit contrôlé par une autre différence plastique.

P. 455.

La *C. maracandensis* Rad. a été prise à Gardaïa, en Algérie, par M. Pic. Peut avoir les antennes brunes ; parfois aussi la marge apicale du 3e segment abdominal n'est pas plus distinctement bleu-vif que le reste du segment qui, lui-même, peut avoir des reflets bleu-vif.

P. 472.

Il faut opposer aux *Chysis palliditarsis* Spin. et *electa* Walk., qui ont la série antéapicale du 3e segment abdominal non creusée, la *C. Maracandensis* Rad. qui l'a profonde et très distinctement creusée.

P. 479.

J'ai vu la *C. abbreviaticornis* Buyss. du Maroc (Dr Chobaut) et de Gibraltar (F. D. Morice). Les mandibules sont simples.

La *C. Seraxensis* Rad. habite l'Hindoustan. Elle varie comme taille de 4 1/3mm à 6mm. Les plus petits individus ont souvent des reflets vert-doré un peu feu sur les côtés des deux premiers segments de l'abdomen, et les tarses sont roussâtres. La ♀ diffère du ♂ par le 3e segment abdominal plus long, les côtés de ce segment plus longs également.

Var. viridipes Var. nov. Diffère du type

par sa taille un peu plus forte et les tarses brunâtres, le 1er article des tarses postérieurs vert en dessus. ♀ Long. 7 1/4mm. Cette variété pourra se rencontrer avec le type dans des régions plus proches.

Patrie : Hindoustan : provinces centrales. (R. C. Wroughton).

P. 488.

M. M. Pic a pris la *C. nomima* Buyss. à Bou-Sâada, en Algérie. Cette espèce a la série antéapicale du 3e segment abdominal nulle ou avec quelques rares petites fovéoles peu visibles sur les côtés.

P. 517.

J'ai vu des *C. chrysostigma* Mocs., de Nyons (A. Ravoux), ayant le 3e segment abdominal feu-doré avec la mage apicale bleu-vert, le disque seul porte à sa base une large tache arrondie bleu-foncé, limbée de vert-doré.

P. 521.

C. bidentata L. Var. consanguinea Mocs. — Corse (C. Ferton).

P. 523.

C. bidentata L. Var. Sicula Ab. — Angleterre (F. Smith, F. D. Morice). Le Rév. F. D. Morice m'a communiqué le type de la *Cd ornata* de F. Smith (1862), de Bristol (type actuellement la propriété du Dr Mason); cet insecte est une *C. bidentata L. V. Sicula* Ab. (1878). Par suite de la priorité du nom de Smith, il faut désigner cette variété sous la dénomination suivante : *C. bidentata L. Var. ornata* Smith.

P. 535.

C. cyanopyga Dhb. Var. *dominula* Ab.— Maroc (A. Chobaut).

P. 541.

J'ai vu deux *C. interjecta* Buyss. sorties de cocons d'*Anthidium lituratum* Panz.; la Chrysis n'avait pas filé de cocon particulier.

P. 562.

La *C. æstiva* Dhb. Var. *Sardarica* Rad. habite aussi la Tunisie.

P. 572.

Au n° 24, il faut opposer au groupe *ignita* et au groupe *cerastes* les caractères suivants, qui appartiennent à une espèce distincte :

— Angles posticolatéraux du métathorax petits, aigus, nullement crochus; dents du 3e segment abdominal réunies à l'apex, les externes plus éloignées de la naissance de la marge que du milieu. Antennes du ♂ ayant le 3e article un peu plus court que le 4e. — Corps de taille médiocre, parallèle, vert-gai mêlé de teintes bleu-vif, 1er segment abdominal vert-doré un peu feu, 2e et 3e segments feu-doré-verdâtre, ternes. Tête de la largeur du pronotum, cavité faciale bleuissante, densément ponctuée-coriacée, terminée en haut par une carène transversale un peu ondulée, atteignant les orbites; joues très courtes; mandibules subbidentées; antennes noirâtres, les deux premiers articles et la base du 3e vert-bleu. Ponctuation de l'avant-corps grosse, irrégulière, réticulée, assez profonde. Pronotum court, un fort sillon médian, longitudinal, les côtés convergents en avant; écusson et postécusson convexes, mésopleures normales; pattes bleu-vert, tarses roussâtres avec le 1er article bleu en dessus; écailles bleuissantes; ailes sub-hyalines, cellule radiale très grande, allongée, subfermée. Abdomen convexe, vaguement caréné au milieu longitudinalement, ponctuation grosse, profonde, serrée, avec quelques petits points entremêlés : 1er segment court, large à la base; 2e segment avec les angles posticolatéraux spinoïdes; 3e segment régulièrement convexe, à points un peu moins gros, plus serrés, les côtés légèrement arqués-arrondis; série antéapicale, creusée, 12 fovéoles, grandes, rondes, ouvertes, rapprochées; marge apicale courte, régulièrement arquée-arrondie, 4-dentée : dents triangulaires, aiguës, courtes, équidistantes, égales, disposées sur une ligne presque droite, réunies à l'apex, séparées par des emarginatura à sinus régulièrement arrondis, les externes éloignés des côtés, les côtés de la marge régulièrement et assez fortement arqués-arrondis. Ventre bleu-vert taché et marginé de noir. ♂ Long. 7mm.

Mauritii N. SP.

PATRIE : Algérie. Laghouat (M. Pic.)

Obs. Je dédie cette espèce à M. Maurice Pic, en reconnaissance de ses communications d'espèces algériennes.

P. 579.

Il faut ajouter à la *C. ignita L.* la variété suivante :

Var. *cuprata* Mocs. semblable au type, mais avec une teinte cuivrée légère sur la face, le vertex, le mesonotum et l'ecusson, très sensible sur le pronotum, les écailles et et le disque des mésopleures. ♀ Long. 7 1/2mm.

Patrie : Grèce (sec. Mocsary).

P. 586.

J'ai omis, dans la description de la *C. pallidicornis* Spin., de mentionner les côtés de la tête qui sont anguleux, dilatés, arrondis, derrière les yeux.

P. 587.

Au n° 4, il faut ajouter deux autres espèces et corriger la première phrase ainsi :

4 Troisième segment abdominal avec les dents non réunies au sommet, normalement disposées. 9

— Troisième segment abdominal avec les dents réunies au sommet. 4bis

4bis Tempes dilatéés. 4ter

— Tempes normales, non dilatées. 5

4ter Haut de la cavité faciale sans carène ; front plan ; mandibules avec une petite (♂) ou une forte (♀) dilatation anguleuse en dessous ; 3e segment abdominal étroit dans son tiers postérieur. — Corps de taille médiocre, allongé, entièrement d'un beau cuivré-doré brillant, avec les côtés de la tête et du thorax vert-bleu et la marge apicale du 3e segment abdominal bleus; pubescence courte, dressée, blanchâtre. Tête énorme, beaucoup plus large que le thorax, épaisse, les côtés sont coupés droits, sub-excavés, puis fortement renflés anguleusement avant les mandibules, ponctuation médiocre, très espacée, les intervalles brillants, lisses; face beaucoup plus large que longue, cavité faciale courte, presque plane, à points fins, assez serrés, le haut convexe, un peu strié longitudinalement; joues courtes, subparallèles, de la longueur du 2e article antennaire; clypeus très court, mais très développé transversalement; mandibules falciformes, étroites, longues, avec une forte dilatation anguleuse en dessous, subbidentées en dessus; antennes noirâtres, les deux premiers articles verts, le 3e plus long que le 4e. Ponctuation des pro-, mesonotum et écusson médiocre, très espacée, les intervalles lisses et brillants; pronotum court, plan en dessus, sillonné longitudinalement, échancré sur les côtés, ce qui rend les angles antérieurs très saillants; postécusson convexe, à points plus gros, plus serrés, réticulés; angles posticolatéraux du métathorax ponctués-réticulés, ruguleux, triangulaires, droits, subaigus; mésopleures plus densément ponctuées, les deux sillons visibles, l'aire inférieure convexe; pattes vert-bleu, hérissées de poils blancs, tarses roux-subtestacé; ailes hyalines. Abdomen ovale, couvert de poils blancs, à points plus serrés : 1er segment avec les intervalles de la ponctuation obsolètement pointillés; 2e segment avec les angles posticolatéraux arrondis; 3e segment triangulaire, subtronqué-arrondi, atténué à l'extrémité, à points plus profonds, ruguleux longitudinalement; série antéapicale non creusée, 14 fovéoles petites, arrondies, séparées, marge apicale très courte, 4-dentée; dents réunies à l'apex, petites, assez longues, triangulaires, aiguës, subspinoïdes, disposées sur une ligne assez courbe, l'emarginatura du milieu plus large que les autres, à fond subrectiligne, les deux autres à sinus arrondi, les côtés de la marge largement sinués jusqu'à la naissance de celle-ci où elle est un peu débordante, anguleuse. Ventre bleu-vert, taché de noir : oviscapte brun. ♀ Long. 6 1/4mm.

Le ♂ diffère de la ♀ par sa tête non énorme, simplement plus large que le pronotum, les côtés ne sont pas incisés, la base des mandibules n'est pas dilatée anguleusement, les mandibules sont plus courtes, avec une petite dilatation anguleuse distincte en dessous; le 3e article antennaire subégal au 4e; la ponctuation générale plus serrée; le pronotum plus convexe, avec les côtés à peine sinués; les tarses testacé-clair, surtout le 1er article; les fovéoles de la série antéapicale du 3e segment abdominal plus petites et la marge est un peu plus anguleuse de chaque côté à sa naissance.

Ehrenbergi. DAHLBOM.

PATRIE : Algérie, Biskra. (Dr Chobaut, M. Pic, J. Vachal. Rev. F. D. Morice.)

Obs. Cette espèce est très remarquable par la conformation de sa tête et de son pronotum. Le ♂ était sans doute ignoré de Dahlbom. La forme des mandibules est toute particulière; peut-être est-elle semblable chez la *C. megacephala* Dhb.

— Haut de la cavité faciale caréné, front normal, convexe; mandibules normales, sans aucune dilatation en dessous; 3e segment abdominal largement arrondi, non rétréci particulièrement. — Semblable à la *C. pallidi-*

cornis Spin. dont elle diffère par les antennes noirâtres, la cavité faciale abruptement creusée, plus courte, à poils blancs peu épais; par les joues très courtes, à peine aussi longues que le 2e article antennaire; par le clypeus court, la ponctuation plus grosse, irrégulière, peu serrée avec des intervalles bosselés et brillants; par le pronotum court, peu convexe, les ailes hyalines, les angles posticolatéraux du métathorax petits, à pointe courte et recourbée en arrière; par l'abdomen un peu déprimé antérieurement, non cylindrique, ovale, le 2e segment plus large que les autres; la marge apicale du 3e segment bleu-vert, la série antéapicale avec quelques grosses fovéoles ouvertes, arrondies, séparées. Le reste est conformé comme chez la *C. pallidicornis* Spin.; la couleur est doré-cuivré-verdâtre, avec les segments 2 et 3 de l'abdomen (moins la marge apicale bleu-vert de ce dernier segment) d'un beau feu-doré; les pattes et le ventre sont à teintes plus vertes que les autres parties du corps. ♂ Long. 6 2/3mm.

Temporalis N. SP.

PATRIE : Algérie. Laghouat (M. Pic).

P. 591.

La *C. varidens* Ab. vit également en Algérie.

P. 599.

La *C. Fertoni* Buyss. peut aussi avoir les antennes brunes, les aires latérales du mésonotum vertes avec des reflets feu-doré, l'abdomen moins fortement caréné, les angles posticolatéraux du 2e segment très brièvement subspinoïdes, le côté extérieur des dents externes du 3e segment indistinctement sinué et les nervures des ailes brunes.

Le ♂ n'est pas encore connu.

P. 607.

Il faut ajouter à la *C. Grohmanni* Dhb. une variété rappelant un peu la *C. Kolazyi* Mocs. p. 587.

Var. *pallescens* var. nov. Diffère du type par sa petite taille, par tout l'avant-corps vert-gai, avec des reflets cuivrés sur le vertex et le dorsulum, l'abdomen cuivré un peu feu, avec la marge apicale du 3e segment substestacée, translucide ; et par le haut de la cavité faciale qui n'a pas de carène.

♀ Long. 5mm.

PATRIE : Algérie (F. D. Morice).

TABLE GÉNÉRALE ALPHABÉTIQUE

DES TRIBUS, GENRES, ESPÈCES, VARIÉTÉS

ET DE LEURS SYNONYMES

Les noms adoptés sont en caractères ordinaires. Chacun d'eux est suivi du numéro de la page du texte ou l'insecte est décrit. Le signe S indique que la page qui suit est dans le Supplément.

Les synonymes sont en caractères italiques. Ils sont suivis du nom réel placé entre parenthèses et c'est à ce dernier qu'il faudra recourir, en le cherchant à son rang alphabétique, si l'on veut se reporter à la description de l'espèce.

Achrysis Sem.

Unicolor Sém. (Spinolia unicolor Dahlb.)

Brugmoia Rad.

Pellucida Rad. (Euchrœus pellucidus Rad.)
Pallispinosa Sem. (Euchrœus pallispinosus Walk.)

CHRYSIDIDÆ. 13

Chrysis L. 259

Abbreviaticornis Buyss. 479
Abeillei Grib. 618
Acceptabilis Rad. 481
Adonidum Rossi (n'appartient pas à la famille).
Adulterina Ab. (auripes W. ♂).
Ænea F. (Ellampus æneus F.)
Æneipes Tourn. (succincta L. Var. Germari W.)
Ærata Dahlb. 282
Æruginosa Dahlb. 626
Æstiva Dahlb. 562
Affinis Luc. 343
Albipennis Dahlb. (Spinolia unicolor Dahlb.)
Albipilis Mocs. 483
Albitarsis Mocs. 307
Alexandri Buyss. 390
Algira Mocs. (Spinolia insignis Luc.)
Alternans Dahlb (elegantula Spin. et auritascia Brullé).
Amasina Mocs. 559
Ambigua Rad. (mutabilis Buyss. Var.)
Amethistina F. (Stilbum splendidum F. Var.)
Amethistina Dahlb. (fuscipennis Brullé).
Amœna Ev. 639
Analis Spin 547
Analis Forst. (splendidula Dahlb.)
Analis Chevr. (Chevrieri Ab.)

Analis Rad. (Asiatica Rad.)
— Var. *incerta* Rad. Thalammeri Mocs.)
— Var. *Perrini* Rad. (analis spin.)
— Var. *Rubescens* Rad. (analis Spin.)
Anceyi Buyss. 405
Andreana Buyss. 660
Angularis Mocs. 613
Angulata Dahlb. 595
Angulata Ab. (incisa Ab.-Buyss.)
Angusticollis Mocs. 383
Angustifrons Ab. 374
Angustula Schenck (ignita L.)
Annulata ab.-Buyss. 193
Anomala Mocs. (incisa Ab.-Buyss. ♀)
Apicalis Rad. 608
Araratica Rad. 495
Araxana Mocs. (mutabilis Buyss. Var.)
Ardens Coqueb. (Hedychridium minutum Lep.?)
Ariadne Mocs. 496
Armena Dahlb. (pallidicornis Spin.)
Arrogans Mocs. 641
Ashabadensis Rad. 394
Asiatica Rad. 544
Assimilis Dahlb. (Chrysogona assimilis Dahlb.)
Aurata L. (Ellampus auratus L.)
Aureicollis Ab. 367
Aureola Först (elegans Lep.)
Aurichalcea Lep. (cœruleipes F.)
Aurichalcea W. (succincta L. ♂.)
Aurichalcea Forst. (cœruleipes F.)
Aurifascia Brullé. 514
Aurifrons Dahlb. 305
Aurimacula Mocs. 498
Auripes W. 583
Auropicta Mocs. 345
Aurora Christ (bidentata L.)
Aurotecta Ab. (splendidula Dahlb. Var.)
Aurulenta Mocs. 505
Austriaca F. 324
Austriaca Dahlb. (neglecta Shuck.)
Austriaca Zett. (hirsuta Gerst. ou Osmiæ Thoms. ou pustulosa Ab. ?)
Baeri Rad. (dichroa Dahlb.)
Barbara Luc. 332
Barrei Rad. (xanthocera Kl.)
Basalis Dahlb. 275
Basalis Gogorza (bidentata L. Var. integra F.)
Basalis de Stef (succincta L. V. Frivaldszkyi Mocs.)
Beryllina Zschach. (mediocris Dhlb. ?)
Bianchii Sem, (mutabilis Buyss. ou cerastes Ab.)
Bicolor Dahlb. (hirsuta Gerst.! et! Osmiæ Thoms.)
Bicolor de Stef. (succincta L.)
Bicolor Lep. (succincta L. Var.)
Bicolor Ab. (succincta L.)
— Var. *Gribodoi* Ab. (Succincta L. Var.)
Bidentata L. 520
Bidentata Vill. (cyanea L.)
Bihamata Spin. 431
Bihamata Gogor. (incisa Ab.-Buyss.)
Bispina Sém. (bihamata Spin. ♀)
Blanchardi Luc. (palliditarsis Spin.)
Blanchardi Mocs. (lœtabilis Buyss.)
Blancoburgensis Schmied. (serrata Dhlb.)
Branickii Rad. 449
Brevidens Tourn. (ignita L. Var.)
Brevidentata Schuck. (ignita L. V. obtusidens Dul. !)
Brevitarsis Thoms. 622
Buchneri Sém. 630
Buyssoni Mocs. (pellucida Buyss.)
Calens F. (stilbum splendidum F. Var.)
Calens Christ (succincta L. ?)
Calimorpha Mocs. (pulchella Spin. Var.)
Calpensis Buyss. S. 720
Candens Germ. (Lais Ab. ?)
Candens Dhlb. (elegans Lep.)
Candens Dhlb. ♂ (Phrine Ab. ou Destefanii Mocs ?)
Candens Buyss. (Destefanii (Mocs.)
Carinæventris Mocs (angustifrons Ab.)
Carnea F. (Parnopes carnea F.)
Caucasica Rad. (micans Rossi).
Cerastes Ab. 575
— Var. *Caucasica* Mocs. (mutabilis Buyss.)
Chalcites Mocs. (Spinolia chalcites Mocs.)
Chalcochrysa Mocs. (scutellaris F. V. undulata Rad.)
Chalcophana Mocs. tenella Mocs. Var.)
Charon Mocs. 623
Chevrieri Ab. 550
Chevrieri Mocs. (comparata Lep.)
Chloris Mocs. (pallidicornis Spin. Var.)
Chlorochrysa Mocs. 452
Chloroprasis Buyss. (affinis Luc.)
Chobauti Buyss. S. 723
Chrysochlora Mocs. 466
Chrysophora Sém. 625
Chrysoprasina Forst (rutilans Dahb.)

Chrysorrhousa Zschach. (succincta L. Var. ♂?
Chrysostigma Mocs. 517
Circe Mocs. 313
Cincta Brullé (elegantula Spin.)
Cingulata Först. 619
Cingulicornis Först. (bidentata L. Var.)
Circassica Mocs (abbreviaticornis Buyss.?) 616
Cirtana Luc. 370
Cœlestina Kl. 612
Cœrulans Rad. (nitidula F.)
Cœrulea Dahlb. (Ellampus œneus F. et cœruleus Dahlb.)
Cœruleipes F. 352
Cœrulcipes Forst. (dichroa Dahlb.?)
Cœruleiventris Ab. 355
Cœrulescens F. (cœruleipes F.)
Communis Walk. (lætabilis Buyss.?)
Comparata Lep. 568
Comparata Ev. (ignita L. Var. comta Forst.)
Comparata Mocs. (insoluta Ab.)
Comparata Lampr. (ignita L. V obtusidens Duf.?)
Compta Rad. (ignita L V. comta Forst.)
Comta Forst. (ignita L. Var.)
Concolor Mocs. 615
Conflucns Dahlb. (elegans Lep.)
Consanguinea Mocs. (bidentata L. Var.)
Consobrina Mocs. (scutellaris F. Var.)
— Var. *nova* Rad. (scutellaris F. V. consobrina Mocs.)
Coronata Spin. (bidentata L. V. pyrrhina Dhlb.?)
Crassimargo Spin. (emarginatula Spin. ♀)
Cribrata Gerst. (analis Spin.)
Cruenta Mocs. (fulgida L.)
Cuprata Dhlb. 342
Cuprea Rossi (cœruleipes F.)
Curta Buyss. S. 724
Curvidens Dahlb. (ignita L. Var.)
Cyanea L. 436
Cyanea Vill. (nitidula F.)?
Cyaniventris Mocs. (varicornis Spin. ♀)
Cyanocœlia Mocs. (desertorum Ab.-Buyss. ♀)
Cyanochroa Forst. (nitidula F.)
Cyanochrysa Först. (Taczanowszkyi Rad ♂)?
Cyanopyga Dhlb. 534
Cyanura Först. (Stilbum splendidum F.?)
Cyanura Dhlb. 277
Cyanura Ev. (incrassata Spin.)
Cyanura Gog. (bidentata L. V. Madridensis Buyss.)
Cylindrica Ev. (bidentata L.)
Cylindrosoma Buyss. 429
Dahlbomi Chevr. (analis Spin.)
Daphnis Mocs. (bidentata L. Var.)
Decora Mocs. (splendidula Dhb. ou cyanopyga Dhb ?)
Demavendæ Rad. 652
Dentipes Rad 477
Desertorum Ab.-Buyss 295
Desidiosa Buyss. 280
Destefanii Mocs. 364
Djelma Buyss. 285
Diacantha Mocs 427
Dichroa Dhlb. 380
Dichopsis Buyss. 378
Dimidiata F. (bidentata L.)
Distinguenda Spin 669
Distinguenda Dhb. (comparata Lep.)
Distincta Mocs. (Thalhammeri Mocs.)
Diversa Dhlb 612
Dives Luc. (pulchella Spin. Var.)
Dives Dhb. (pulchella Spin. Var. calimorpha Mocs.)
Dives Chevr. (pulchella Spin. Var calimorpha Mocs.)
Dominula Ab. (cyanopyga Dhb Var.)
Dorsata Brullé (elegans Lep. ♀)
Dournovi Rad. (Spinolia Dournovi Rad.)
Dubia Rossi (n'appartient pas à la famille).
Dubitata Mocs. 623
Edentula Schrank (Holopyga ovata Dhb. ou Hedychrum lucidulum F. ♂)?
Edentula Rossi (bidentata L. ♂.)
Ehrenbergi Dahlb. 627
Eldari Rad. (aureicollis Ab)
Electa Walk. 453
Elegans Lep. 408
Elegans Brullé (dichroa Dhb. ?)
Elegantula Spin. 619
Elzearii Buyss. 346
Emarginata Marq. (emarginatula Spin.)
Emarginatula Spin. 320
Episcopalis Spin. 604
Erigone Mocs. 296
Erivanensis Rad. 657
Errans Buyss. S. 721
Erratica Ab -Buyss. (fuscipennis Brullé).
— V. *Mossulensis* Ab.-Buyss. (fuscipennis Brullé Var.)
Erythromelas Dhb. (bidentata L. Var.)

Equestris Dhb. 660
Euchlamys Mocs. (pyrophana Dhb.)
Excisa Mocs. (analis Spin.)
Exigua Mocs. (Thalhammeri Mocs.)
Exsulans Dhb. 509
Fascialis Ab.-Buyss. 601
Fairmairei Mocs. (ignita L. Var.)
Fallax Mocs. (mediocris Dhb. Var.)
Fasciata Oliv. (violacea Panz. ?)
Fasciata Spin. (uniformis Dhb.)
Fedtschenkoi Rad. (cyanura Dhb.)
Fenestrata Ab. (bidentata L. Var.)
Fenestrata Rad. (bidentata L. V. fenestrata Ab.)
Fertoni Buyss. 599
Fervida F. (Holopyga fervida F.)
Festiva F. (Euchrœus festivus F.)
Filiformis Mocs. 381
Flammea Lep. (refulgens Spin.)
Flavitarsis Forst. (analis Spin.)
Foveata Dhlb. 411
Foveata Rad. (genalis Mocs.)
Frivaldskyi Mocs. (succincta L. Var.)
Frontalis Kl. 625
Fugax Ab. 337
Fulgida L. 512
Fulminatrix Buyss. 361
Fulvicornis Mocs. 445
Fuscipennis Brullé 443
Fuscipennis Dhb. (Ellampus cœruleus Dhb.)
Gastrica Dhb. 384
Gazagnairei Buyss. 359
Gemma Ab. (bidentata L. Var.)
Genalis Mocs. 268
Germabi Rad. (mutabilis Buyss Var.)
Germari W. (succincta L. Var.)
Gertabi Rad. (mutabilis Buyss. Var. Germabi Rad.)
Gestroi Grib. (Spinolia Gestroi Grib.)
Gloriosa Dhb. (Grohmanni Dhb.)
Gloriosa F. (Holopyga gloriosa F.)
Gogorzæ Licht. (bidentata L. V. integra F.)
Goliath Ab. 642
Gracilicornis Sém. 624
Gracilis Schenck (ignita L. V. brevidens Tourn. ?)
Gracillima Lampr. (Chrysogona gracillima Först.)
Graelsii Guer. (analis Spin.)
Graja Mocs. 385
Grandior Pallas (Parnopes carnea F. ?)
Gratiosa Mocs. (incrassata Spin. Var.)
Gribodoi Ab. (succincta L. Var.)
Grohmanni Dhb. 607
Gyllenhali Dhb. (dichroa Dhb. ♂?)
Gyllenhali Mocs. (filiformis Mocs.
Handlirschi Mocs. 563
Hebes Buyss, S. 719
Hecuba Mocs. (Sarafschana Mocs. ♂).
Helvetica Mocs. 625
Herzensteini Sém. 670
Hesperidum Rossi (n'appartient pas à la famille).
Hiendlmayri Mocs. (varicornis Spin. Var. ♂)
Hirsuta Gerst, 327
Humboldti Dhb. (cyanura Dhlb.?)
Humboldti Mocs. (cyanura Dhlb.)
Humeralis Kl. (pallidicornis Spin?)
Humeralis Mocs. (pallidicornis Spin. ♀)
Humilis Buyss. 310
Hungarica Scop. (succincta L. ?)
Hybrida Lep, 340
Hydropica Ab. 309
Igneola Buyss. S. 725
Ignifrons Brullé (aurifrons Dhb.?)
Ignita L. 579
— Var. *Alcione* Shuck. (ignita L. Var. ?)
— Var. *Asterope* Shuck. (ignita L. Var. ?)
— Var. *Celeno* Shuck. (ignita L. Var. ?)
— Var. *Electra* Shuck. (ignita L, Var. ?)
— Var. *Maia* Shuck. (ignita L. Var. ?)
— Var. *Taygeta* Shuck. (ignita L. Var. ?)
Ignita F. Var. (austriaca F. ?)
Ignita Dhb. Var. c. (auripes W.)
Igniventer Guér. (ignita L. V. obtusidens Duf. et Per.)
Igniventris Ab. (cerastes Ab.)
Igniventris Marq. (cerastes Ab.?)
Illigeri W. (succincta L. V. bicolor Lep.)
Illudens Buyss. 334
Impar Dhb. 621
Impar Rad. (nitidula F. ?)
Imperatrix Buyss. 529
Imperialis Dhb. (semicincta Lep.)
Impressa Schenck (ignita L.)
Inæqualis Dhb. 570
Incisa Ab.-Buyss. 593
Incrassata Spin. 278
Indigotea Duf. et Perr. 490
Inermis Zschach. (neglecta Schuck. ?)
Innesi Buyss. 391
Insida Rossi (n'appartient pas à la famille.)
Insignis Luc. (Spinolia insignis Luc.)

Insoluta Ab. 353
Insoluta Mocs. (comparata Lep.)
Insperata Chevr. (splendidula Dhb.)
Integra F. (bidentata F Var.)
Integra Dhb. (Hedychridium integrum Dhb. et H. minutum Lep.)
Integrella Dhb. (neglecta Shuck.)
Interjecta Buyss. 541
Iris Christ (nitidula F.)?
Janthina Först (indigotea Duf. et Per.)
Joppensis Ab.-Buyss. 373
Jucunda Mocs. 620
Kessleri Rad. 392
Kirschii Mocs. (ignita L. Var.)
Kohli Mocs. 366
Kokandica Rad. 615
Kolazii Mocs. 587
Komarovi Rad. 461
Kriechbaumeri Grib. (Chrysogona assimilis Dhb.?)
Kruperi Mocs. 317
Kuthyi Mocs. (neglecta Shuck. Var.)
Lœtabilis Buyss. 474
Lagodechii Rad.. (angustifrons Ab.)
Lais Ab. 357
Lampas Christ (Hedychridium roseum Rossi).
Lamprosoma Först. (Spinolia magnifica Dhb.)
Lativentris Tourn. (Osmiæ Thoms.)
Lazulina Fœrst (Spinolia unicolor Dhb.)
Leachii Shuck. 417
Lepida Mocs. 376
Leptopœcila Sém. (jucunda Mocs. ♂?)
Leskii Zschach (scutellaris F. ♂?)
Limbata Mocs. (Euchrœus limbatus Dhb.)
Lucasi Ab. 318
Lucidula F. (Hedychrum lucidulum F.)
Lusca F. 633
Lydiæ Mocs. 371
Lyncea F. 646
Macrostoma Grib. 387
Maculicornis Kl. (fulvicornis Mocs. V. Murgrabi Rad.?)
Magnidens Pérez (ignita L. V. infuscata Mocs.)
Magrettii Buyss. 273
Manicata Dhb. 622
Manicata Rad. (comparata Lep.)
Maracandensis Rad. 455
Marginalis Schenck (analis Spin.)
Marginata Mocs. 543
Mariæ Buyss. (Taczanowszkyi Rad. ♂)
Marococana Mocs. (cyanopyga Dhb.)
Marqueti Buyss. 271
Mauritii Buyss. S. 731
Mediocris Dhb. 401
Megacephala Dhb. 629
Megerlei Dhb. 637
Melanophris Mocs. 413
Mendax Ab. (varicornis Spin.)
Mesochlora Mocs. 382
Micans Oliv. (Ellampus cœruleus Dhb.?)
Micans Rossi. 662
Miegii Guér. (comparata Lep. ♀)
Minutissima Rad. 614
Minutula Schenck (succincta L.)
Mirabilis Rad. 602
Mixta Dhb. 403
Mlokosewitzi Rad. (tenella Mocs. Var.)
Mocquerysi Buyss 368
Monochroa Mocs. 653
Monochroma Mocs. (taurica Mocs. ♂)
Morawitzi Mocs. (Spinolia Morawitzi Mocs.)
Mulsanti Ab. 284
Multicolor Walk. (mutabilis Buyss.) exclu. Var. B.
Murgabi Rad. (fulvicornis Mocs. Var.)
Murgrabi Rad. (fulvicornis Mocs. V. Murgabi Rad.)
Mutabilis Buyss. 576
Mutica Först (pustulosa Ab.?)
Naila Mocs. (pustulosa Ab mélanos?)
Neglecta Shuck. 322
Nitidula F. 485
Nitidula Germ. (succincta L. V. Germari W.)
Nobilis Sulsz. (Stilbum splendidum F. Var. calens F.?)
Nobilis Schrk. (Hedychrum lucidulum F.?)
Nobilis Fuessly (Stilbum splendidum F.?)
Nobilis Kl. (stilboides Spin.)
Nomima Buyss. 488
Obscura Rad. (scutellaris F. V. undulata Rad.)
Obsoleta Dhb. (ignita L.)
Obtusidens Duf. et Per. (ignita L. Var.)
Obtusiventris Först. (succincta L.?)
Ocellata Blanch. (fulgida L.)
Octavii Buyss. 476
Olivieri Brulle. 439
Oraniensis Luc. 353
Opulenta Mocs. 589
Ornata Sm. (bidentata L.?)
Ornatrix Christ (fulgida L.)
Osiris Buyss. 303

Osmiæ Thoms. 328
Osmiæ Ab. (osmiæ Thoms. et hirsuta Gerst.)
Ottomana Mocs. 294
Pallidicornis Spin. 586
Palliditarsis Spin 451
Pallipes Tourn. 381
Panzeri F. (Notozus Panzeri F.)
Patriarchalis Rad. (versicolor Spin.) 302
Pelopcicida Ab.-Buyss. 438
Pellucida Buyss. 419
Peninsularis Ab Buyss.
Perezi Mocs. (Chevrieri Ab. Var.)
Perrini Rad. (analis Spin.)
Persica Rad. (Chrysogona assimilis Dhb.)
Phryne Ab. 363
Picticornis Mocs. (sulcata Dhb.)
Placida Mocs. 503
Plusia Mocs 669
Plumata Rossi (n'appartient pas a la famille).
Poecilochroa Mocs. 501
Polytima Buyss. 557
Pomerantzovi Rad. (æstiva Dhb. ♀)
Porphyrea Mocs. 353
Prasina Gog. (Taczanowszkyi Rad. ♀)
Prasina Dhb. (dubitata Mocs.)
Prima) Schaeff. (ignita L.)
Prodita Buyss. 433
Pruna Grib. 330
Psittacina Buyss. 471
Pulchella Spin. 666
Pulcherrima L. (bidentata L. V. fenestrata Ab.)?
Pulchra Rad. (Spinolia magnifica Dhb.)
Pumila Kl. (Chrysogona assimilis Dhb.?)
Punctatissima Vill (Stilbum splendidum F.?)
Purpurascens Mocs. 377
Purpurata F. (Euchrœus purpuratus F.)
Purpureifrons Ab. 348
Pusilla F. (Ellampus pusillus F.)
Pustulosa Ab. 299
Pustulosa Gog. (simplex Dhb.)
Pyrocœlia Mocs. (simplex Dhb. ♀)
Pyrogaster Brullé simplex Dhb. Var.?)
Pyrophana Dhlb. 597
Pyrrhina Dhb. bidentata L Var.)
Quadrispina Ab.-Buyss. 460
(*Quarta*) Schaeff. (cœruleipes F ?)
(*Quinta*) Schaeff. (violacea Panz ?)
Ragusæ de Stef. 491
Ramburi Dhb.-Mocs 541
Refulgens Spin 287
Regia F. Hedychrum lucidulum F.)
Regina Ab.-Buyss. 468
Remota Mocs. 447
Rhodia Mocs. 386
Rogenhoferi Mocs. (Spinolia Rogenhoferi Mocs.)
Rosea Rossi (Hedychridium roseum Rossi).
Rosenhaueri Forst. (scutellaris F.)
Ruddii Schuck. (auripes W.?)
Rufa Panz. (Hedychridium roseum Rossi).
Rufitarsis Brullé (angulata Dhb.?)
Rufiventris Dhb. (Mulsanti Ab.?)
Rufiventris Rad. (austriaca F.)
Rutilans Oliv. (splendidula Dhb.?)
Rutilans Mocs. (splendidula Dhb.)
Rutilans Dhb. 527
Rutilans Rad. (imperatrix Buyss.)
Sabulosa Rad. 664
Sarafschana Mocs. 512
Sarahsensis Rad. (seraxensis Rad.)
Sardarica Rad. (æstiva Dhb. Var.)
Saussurei Chevr. 397
Schousbœi Dhb. (thoracica Buyss.?)
Schousbœi Evers.-Rad (elegans Lep. ♀)
Schousbœi Marq. (varidens Ab.)
Sciœnsis Grib. 434
Scita Mocs. 297
Scutellaris F. 610
— Var. *Modesta* Tourn (scutellaris F.)
Scutellaris Panz. (Notozus Panzeri F.?)
(*Secunda*) Schaeff. (Hedychrum lucidulum F.)
Segmentata Dhb. (Scutellaris F.)
Segusiana Gir. (Spinolia magnifica Dhlb.)
Sehestedti Dahlb. 617
Semenovi Rad. (Thalhammeri Mocs.)
Semiaurata F. (Cleptes semiaurata L.)
Semicincta Lep. 516
Semicyanea Brullé (Laïs Ab.?)
Seminigra Walk. (airogans Mocs.)
Semiviolacea Mocs. (cerastes Ab.)
Separanda Mocs. 291
Seraxensis Rad. 479
Serena Rad. (bidentata L. V. pyrrhina Dhb.)
Sexdentata Christ (micans Rossi?)
Sexdentata Panz. (violacea Panz.)
Sickmanni Mocs. (Sarafschana Mocs. ♀).
Sicula Ab. (bidentata L. Var.)
Similaris Tourn. (Osmiæ Thoms.)
Similis Lep. (micans Rossi).
Simillima Grib. 650

Simplex Dhb. 315
Simplicicornis Buyss. (simplex Dhb. ♂).
Sinaica Walk. (episcopalis Spin.)
Singula Rad. (Grohmanni Dhb. Var.)
Singularis Spin. 631
Sinuata Brullé (pulchella Spin. V. dives Luc.)?
Sinuata Rad. (Sarafschana Mocs.?)
Sinuosa Evers -Rad. (bidentata L.)
Sinuosiventris Ab. 414
Sinuosiventris Gog. (elegans Lep. ♂).
Sispes F. (n'appartient pas à la famille).
Smyrnensis Mocs. 386
Socia Dhb. (dichroa Dhb. V. minor Mocs.?)
Sodalis Mocs. 383
Somalina Mocs. 458
Soluta Dhb. (Chrysogona soluta Dhb.)
Soluta Rad. (nitidula F.)
Soror Dhb. 618
Speciosa Rad. 470
Spinifera Ab. (pulchella Spin. V. dives Luc.)
Spinolæ Montr. (Stilbum splendidum F.?)
Splendida F. (Stilbum splendidum F.)
Splendidula Rossi (splendidula Dhb. ou cyanopyga Dhb.)
Splendidula Dhb.) 536
Stilboides Spin. 649
Stoudera Panz. (fulgida L.)
Stoudera Jur. (fulgida L.)
Stouderi Lahr. et Imh. (fulgida L.)
Strangulata Gog. (incisa Ab.-Buyss.)
Subaurata Rad. (cyanopyga Dhb. Var.)
Subcœrulea Rad. 500
Subsinuata Marq. (mediocris Dhb.)
Succincta Ab. (succincta L. Var. Germari W.)
Succincta L. 421
Succincta Panz. (succincta L. Var. bicolor Lep.)
Succincta Dhb. (succincta L. Var. bicolor Lep.?)
Succincta Chevr. (succincta L. Var. bicolor Lep.)
Succinctula Dhb. (succincta L. et Var. Germari W.?)
Sulcata Dhb. 292
Sulcata Rad. (Spinolia magnifica Dhb.)
Superba Tourn. (Helvetica Mocs.)
Superba Rad. (splendidula Dhb. ou cyanopyga Dhb.)
Sybarita Först. (Chevrieri Ab.)
Syriaca Guér. (episcopalis Spin.)
Sznabli Rad. 463
Taczanovszkyi Rad. 539
Tæniophoris Först. (inæqualis Dhb.)
Tatnensis Luc. 312
Tarsata Dhb. (succincta L. Var. Friwaldskyi Mocs. ♂).
Taurica Mocs. 464
Tekensis Sém. 414
Temporalis Buyss. S. 735
Tenella Mocs 269
Tenera Mocs (Chévrieri Ab. Var.)
Terminata Dhb. (ignita L.)
(Tertia) Schaeff. (cyanea L.)
Thalassina Zschach (bidentata L.)
Thalhammeri Mocs. 548
Thoracica Buyss. 406
Thuringiaca Schmied. (neglecta Shuck.)
Transcaspica Mocs. 399
Transversa Dhb. 382
Tricolor Luc. (semicincta Lep.)
Trimaculata Först. (ærata Dhb.)
Trisinuata Mocs. 390
Truncata Dhb. (Ellampus truncatus Dhb.)
Tumens Buyss. 344
Uljanini Rad.-Mocs. 506
Uljanini Rad. ♀ (Sarafschana Mocs.)
Uncifera Ab. (ignita L. Var.)
Undulata Rad. (scutellaris F.)
Unicolor Dhb. (Spinolia unicolor Dhb.)
Unicolor Luc. (Lucasi Ab.)
Uniformis Dhb.) 350
Vagans Rad. 425
Vahli Dhb. 670
Valaisiana Frey (Chevrieri Ab Var.)
Varicornis Spin. 290
— Var. *obliterata* Ab. (varicornis Spin. ♂).
Varicornis Rad. (sulcata Dhb.)
Varidens Ab. 591
Varidens Gcz. (pyrophana Dhb.)
Variegata Oliv. (Euchrœus purpuratus F.)
Vaulogeri Buyss. 572
Venusta Mocs. (hybrida Lep.)
Verna Dhb. 565
Versicolor Spin. 411
Versicolor Luc. (cyanopyga Dhb. splendidula Dhb. et bidentata L. Var. pyrrhina Dhb.)
Virginalis Buyss. 629
Virgo Ab. ((Chrysogona assimilis Dhb.)
Viridana Dhb. 386

Viridana Rad. (pruna Grib.)
Viridans Rad. 483
Viridimargo Ab.-Buyss. (Taczanowszkyi Rad. ♀).
Viridissima Kl. 614
Viridula L. (bidentata L.)
— Var. *erythromelas* Frey. (bidentata L. Var. cingulicornis Först.)
— Var. *integra* Mocs. (bidentata L. Var. integra et Var. pyrrhina Dhb.)
— Var. *pulcherrima* Lep. (bidentata L. V. fenestrata Ab.)
Violacea Panz. 656
Violacea Rossi (Ellampus cœruleus Dhb.)?
Violacea Schranck (nitidula F.)?
Vitripennis Schenck (ignita L.)?
Vomerina Costa (lyncea F.)
Wustnei Mocs. 412
Xanthocera Kl. 525
Zetterstedti Dhb. ♂ (equestris Dhb.?)
Zetterstedti Dhb. ♀ (equestris Dhb.)
Zonata Dhb. 617
Zuleica Buyss. 336

Chrysogona Först. 231

Assimilis Dhb. 233
Gracillima Först 235
Pumila Mocs. (assimilis Dhb.)
Soluta Dhb. 234
Tarsata Tourn. (assimilis Dhb.)

Chrysura Dhb.

Humboldti Dhb. (Chrysis cyanura Dhb ?)
Unicolor Dhb. (Spinolia unicolor Dhb.)

Cleptes Latr. 68

Abeillei Buyss. 88
Aerosa Först. 84
Aerosa Tourn. (Abeillei Buyss.)
Afra Luc. 79
Anceyi Buyss. 74
Aurata Panz. (semiaurata L.)
Aurata Dhb. 92
Buyssonis Sem (Putoni Buyss.)
Chevrieri Frey. 89
Chyseri Mocs. (Chevrieri Frey).
Coccorum F. (n'appartient pas à la famille).
Consimilis Buyss. (Chevrieri Frey ♂).
Diana Mocs. (semiaurata L.)
Fallax Mocs. (nitidula F. ♂).
Femoralis Mocs. 92
Flammifer Sém. (Radoszkowskyi Mocs.)
Fulgens F. (n'appartient pas à la famille).
Ignita F. 77
— Var. *Chevrieri* Frey. (Chevrieri Frey).
— Var. *Scutellaris* Mocs. (scutellaris Mocs.)
Insidiosa Buyss. 85
Larvarum F. (n'appartient pas à la famille).
Mayeti Buyss. 81
Minutus F. (n'appartient pas à la famille).
Mocsarii Sém. S. 701
Morawitzi Rad. 70
Muscarum F. (n'appartient pas à la famille).
Nigriventris Dhb. (Heterocœlia pulchella Luc.)
Nitidula F. 86
Nitidulus Mocs. ♂ (Chevrieri Frey ♂?)
Obsoletus Sém. (Chevrieri Frey.?)
Orientalis Dhb. 72
Pallipes Lep. 83
Perezi Gog. (Afra Luc. ♂).
Putoni Buyss. 71
Radoszkowskyi Mocs. 83
Saussurei Mocs. 73
Scutellaris Mocs. 76
Semiaurata L. 91
Semicyanea Tourn. 92
Splendens F. (semiaurata L. ♂).
Stigma F. (n'appartient pas à la famille).
Syriaca Buyss. 82
Thoracica Guér. (nitidula F. ♀).

CLEPTIDÆ 64

Cymura Dhb.

Splendida Dhb. (Hedychrum cœlestinum Spin.)

Dichrysis Licht.

Diplolepis F.

Chrysis F. (cleptes ignita L.)

ELLAMPIDÆ 93

Ellampus Spin. 116

Æneus F. 137
Affinis W. (æneus F.)
Albipennis Mocs. (Notozus albipennis Mocs.)

Ambiguus Dhb. (Notozus ambiguus Dhb.)
Angustatus Mocs. (Notozus Panzeri F. Var.)
Appendicinus Ab. (Wesmaeli Chevr. Var.)
Araraticus Rad. 132
Auritus L. 150
— Var. *Gasperinii* Mocs. (biaccinctus Buyss. Var.)
Biaccinctus Buyss. 152
Bidens Först. (Notozus superbus Ab.)
Bidentatus Luc. (Chrysis bidentata L.)
Bidentatus Evers. (bidentulus Dhb.)
Bidentulus Dhb. 124
Bidentulus Lep. (bidentulus Dhb. ou Wesmæli Chevr.?)
Bipartitus Mocs. (Notozus productus Dhb. Var. vulgatus Buyss.)
Blandus Forst (æneus F. Var.)
Bogdanovi Rad. 131
Caudatus Mocs. (Philoctetes caudatus Ab.)
Chevrieri Tourn. (æneus F. Var.)
Chlorosoma Luc. 134
Chrysonotus Dhb. (Notozus chrysonotus Dhb.)
Chrysonotus Forst. (Holopyga gloriosa F. V. ignicollis Dhb.)
Cœrulescens Mocs. (cœruleus Dhb.)
Cœruleus Dhb. 140
Cœruleus Dhb. (Notozus viridiventris Ab.)
Cœruleus Mocs. (Notozus viridiventris Ab.)
Cœruleus Thoms. (truncatus Dhb.)
Cœruleus Shenck (cœruleus Dhb.)
Cribratus Kl, (Holopyga gloriosa F. Var. ignicollis Dhb.?)
Curtiventris Tourn. S. 707
Difficilis Tourn. 153
Deflexus Mocs. (Philoctetes deflexus Ab.)
Eversmanni Mocs. (Notozus Eversmanni Mocs.)
Femoralis Evers. (Notozus superbus Ab.)
Freyi Tourn. (puncticollis Mocs.)
Friesei Mocs (Philoctetes Friesei Mocs.)
Frivaldszkyi Mocs. (Notozus productus Dhb.)
Frivaldszkyi Frey. (Notozus productus Dhb. V. vulgatus Buyss.)
Generosus Forst. (Holopyga gloriosa F. Var. ovata Dhb.)
Horwathi Mocs. 120
Hypocrita Buyss. S. 705
Imbecillus Mocs. 135
Inflammatus Först (Holopyga gloriosa F.)
Kohli Mocs. (Notozus Panzeri F. ♂).
Magrettii Buyss. 145
Madanai Buyss 148
Micans Kl. (Philoctetes micans Kl.)
Minutus W. (pusillus F.)
Minutus Dhb. (truncatus Dhb.)
Montanus Mocs. (Notozus viridiventris Ab.)
Nanus Saund. 152
Omaloides Mocs. (Philoctetes Omaloides Buyss.)
Panzeri Shuck. (Notozus Panzeri F.)
Panzeri Mocs. (Notozus Panzeri F.)
Parvulus Dhb.) 128
Parvulus Gog. (Wesmæli Chevr.)
Politus Buyss. 146
Præstans Först. (cœruleus Dhb.)
Productus Dhb. (Notozus productus Dhb.)
Puncticollis Mocs. 139
Punctulatus Dhb. 130
Punctulatus Mocs. (Bogdanovi Rad.)
Pusillus F. 126
Pygmæus Schenck. (æneus F.)
Pyrosomus F. (Notozus chrysonotus Dhb.)
Pyrosomus Mocs. (Notozus Chrysonotus Dhb.)
Rudowi Mocs. (Bogdanovi Rad.)
Rufitarsis Mocs. (Notozus rufitarsis Tourn.)
Sanzii Gog. (Notozus productus Dhb.)
Sareptanus Mocs. 121
Schmiedeknechti Mocs. (pusillus F. Var.)
Schulthessi Mocs. (Sareptanus Mocs. Var.)
Sculpticollis Ab. 148
Similis Mocs. 141
Spina Lep. (Notozus superbus Ab. teste Abeille).
Spina Dhb. (Notozus superbus Ab.)
Spina Court. (Notozus productus Dhb. V. vulgatus Buyss.?)
Socius Mocs. (parvulus Dhb.)
Soror Mocs. (Notozus viridiventris Ab. Var.)
Testaceicornis Buyss. 144
Tiberiadis Mocs. (Philoctetes Tiberiadis Ab.)
Truncatus Dhb. 119
Turkestanicus Mocs. 135
Violaceus Mocs. (cœruleus Dhb.)

— V. *virens* Mocs. (cœruleus Dhb. Var.)
Violaceus W. cœruleus Dhb. et truncatus Dhb.)
Violascens Mocs. (Notozus violascens Mocs.)
Viridiventris Mocs. (Notozus viridiventris Ab.)
Wesmæli Chevr. 123
Wesmœli Mocs. (Horwathi Mocs.)

Euchrœus Latr. 249

Beckeri Tourn. (limbatus Dhb.)
Doursi Grib. 251
Egregius Buyss. 258
Festivus F. 259
Limbatus Dhb. 254
Moricei Buyss. S. 717
Pallispinosus Walk. 259
Pellucidus Rad. 255
Purpuratus F. 258
Purpureus Latr. (purpuratus F.)
Quadratus Dhb. (purpuratus F. ♂)
Quadratus Shuck (purpuratus F. ♂).
Sexdentatus Latr. (purpuratus F. ♂).

Gonochrysis Licht.

Hedychrydium Ab. 179

Aheneum Dhb. 189
Algirum Mocs. 203
Anale Dhb. 187
Ardens Frey (minutum Lep.)
Buyssoni Ab. 201
Caspicum Mocs. 189
Coriaceum Ab (minutum Lep.)
Coriaceum Frey. (minutum Lep.)
Coriaceum Dhb. 195
Elegantulum Buyss. 194
Femoratum Dhb. 191
Femoratum Ab. (roseum Ross.).
Flavipes Evers. 182
Gratiosum Ab. 192
Heliophilum Ab.-Buyss. 191
Hispanicum Buyss. 202
Incrassatum Dhb. 188
Integrum Dhb. 197
Jakowlewi Sém. (minutum Lep. V. reticulatum Ab.?)
Minutum Gog. (minutum Lep. V. reticulatum Ab.)
Minutum Lep. 198
— Var. *coriaceum* Ab. (minutum Lep.)
Monochroum Buyss. 184
Nanum Chevr. (roseum Rossi Var.)
Plagiatum Mocs. 185
Pulchellum Mocs. Algirum Mocs. Var.)
Purpurascens Dhb. 208
Roseum Rossi. 207
Sculpturatum Ab. 205
Zelleri Dhb. 183

Hedychrinæ Mocs

Hedychrum Latr. 209

Aheneum Dhb. (Hedychridium Aheneum Dhb.)
Alterum Lep. (rutilans Dhb.)
Anale Dhb. (Hedychridium anale Dhb.)
Ardens Shuck. (Hedychridium minutum Lep.)
Avlicum Spin. (lucidulum F.)
Auratum Lat. (Ellampus auratus L.)
Aureicolle Mocs. (lucidulum F. Var.)
Bidentulum Lep. (Ellampus bidentulus Lep.)
— Var. *ænea* Shuck. (Ellampus æneus F.)
— Var. *imperiale* Shuck. (Ellampus cœruleus Dhb.)
— Var. *viride* Shuck. (Ellampus æneus F.)
Callosum Rad. (Hedychridium aheneum Dhb.)
Carinulatum Schenck (Hedychridium minutum Lep.?)
Chalconotum Forst (Holopyga fervida F.)
Chalybæum Dhb. 214
Chloroideum Dhb. (Holopyga chloroidea Dhb.)
Cirtanum Grib. 216
Cœlestinum Spin. 213
Cœrulescens Lep. (Ellampus cœruleus Dhb.(
Cœrulescens Shuck. (chalybæum Dhb.)
Cœrulescens Chevr. (Holopyga Chloroidea Dhb.)
Collare Sém. S. 713
Coriaceum Dhb. (Hedychridium coriaceum Dhb.)
Cupratum Dhb. (Hedychridium integrum Dhb.)
Cupreum Dhb. (Hedychridium integrum Dhb.)
Cupreum Rad. (cirtanum Grib.)
Curvatum Först. (Holopyga chloroidea Dhb.)
Cyaneum Mocs. (simile Mocs.)
Erschovi Rad. (Hedychridium roseum Rossi).

Fastuosum Luc. (Holopyga gloriosa F. V. ovata Dhb.)
Fellmanni Luc. (Holopyga fervida F.)
Femoratum Dhb. (Hedychridium femoratum Dhb.
Femoratum Mocs. (Hedychridium roseum Rossi).
Fervidum Latr. (Holopyga fervida F.)
Fervidum Lep. (rutilans Dhb.?)
Flavipes Evers. (Hedychridium flavipes Evers.)
Flavitarse Costa (Hedychridium femoratum Dhb.?)
Frivaldskyi Mocs. 229
Gerstaeckeri Chevr. 228
Grandis Tourn. (virens Dhb.)
Gratiosum Marq. (Hedychridium gratiosum Ab.)
Incrassatum Dhb. (Hedychridium incrassatum Dhb.)
Incrassatum Rad. (rutilans Dhb.)
Integrum Dhb. (Hedychridium integrum Dhb. et minutum Lep.)
Longicolle Ab. 227
Longipilis Tourn. (lucidulum F. ♂?)
Lucidulum F. 221
Lucidulum Latr. (lucidulum F.)
Lucidum Lep. (Holopyga gloriosa F.)
Luculentum Först. 222
Mauritanicum Luc. (Holopyga Mauritanica Luc.)
Metallicum Dhb. (Holopyga chloroidea F.?)
Micans Luc. (lucidulum F. Var.)
Minimum Duf. et Perris (Ellampus auratus L.)
Minutum Lep. (Hedychridium minutum Lep.)
Mlokosewitzi Rad. (Holopyga Mlokosewitzi Rad.)
Nanum Chevr. (Hedychridium roseum Rossi Var.)
Nitidum Lep. (Holopyga fervida F.)
Nitidum Panz. (Ellampus æneus F. ou cœruleus Dhb.?)
Nobile Mocs. (lucidulum F.)
Numidicum Luc. (Holopyga gloriosa F. Var. ovata Dhb.)
Obscurum Tourn. (Gerstaeckeri Chev. Var.?)
Panzeri Panz (Notozus Panzeri F.)
Phœnix Buyss. (virens Dhb. ♀)
Plagiatum Mocs. (Hedychridium plagiatum Mocs.)
Purpurascens Dhb. (Hedychridium purpurascens Dhb.)
Radoszkowskyi Buyss. 213
Regium Lep. (lucidulum F. ♂.)
Roseum Lep. (Hedychridium roseum Rossi).
Rufum Panz. (Hedychridium roseum Rossi).
Rutilans Dhb. 219
Scutellare Tourn. (Hedychridium sculpturatum Ab. ♀)
Sculptiventre Buyss. 217
Semicyaneum Mocs. 226
Semiviolaceum Mocs. (lucidulum F. Var.)
Simile Mocs. 215
Solandii Court. (Hedychridium flavipes Evers.)
Solskyi Rad. (Holopyga Solskyi Rad.)
Spina Lep. (Notozus productus Dhb.?)
Stilboides Walk. (cœlestinum Spin.)
Suave Tourn. (Hedychridium roseum Rossi).
Szaboi Mocs. (lucidulum F. Var.)
Virens Dhb. 224
Virens Gog. (rutilans Dhb. Var. perfidum Buyss.)
Viride Guér. (Holopyga gloriosa F. Var.)
Viridiaureum Tourn. (rutilans Dhb.)
Zelleri Dhb. (Hedychridium Zelleri Dhb.)

Heterocœlia Dhb. 65

Nigriventris Dhb. (pulchella Luc.)
Pulchella Luc. 67

Heteronychidæ (Ellampidæ.)

Hexachrysis Licht.

Homalus Saund.

Nanus Saund. (n'est probablement pas de la famille).

Holopyga Dhb. 163

Ahenea Mocs. (Hedychridium aheneum Dhb.)
Algira Mocs. (Hedychridium Algirum Mocs.)
Amœnula Dhb. (gloriosa F. Var.)
Amœnula Mocs. (gloriosa F. Var. amænula Dhb. et V. ovata Dhb.)
— V. *punctatissima* Dhb. (punctatissima Dhb.)

— V. *viridis* Guér. (gloriosa F. Var.)
Analis Mocs. (Hedychridium anale Dhb.)
Angustata Schenck. (gloriosa F. V. amœnula Dhb. et Var. ignicollis Dhb.)
Ardens Mocs. (Hedychridium minutum Lep.)
Bellipes Mocs. (Hedychridium flavipes Evers.)
Bifrons Ab. 169
Bogdanovi Rad. (Ellampus Bogdanovi Rad.)
Buyssoni Mocs. (Hedychridium Buyssoni Ab.)
Caspica Mocs. (Hedychridium Caspicum Mocs.)
Caudata Ab. (Philoctetes caudatus Ab.)
Chalybæus Marq. (Hedychrum chalibæum Dhb.?)
Chloroidea Dhb.) 175
Chrysonota Mocs. (gloriosa F. V. ignicollis Dhb.)
Cicatrix Ab Philoctetes micans Kl. et Abeillei Buyss.)
Cicatrix Gog. (Philoctetes micans Kl. et Abeillei Buyss.)
Coriacea Mocs. (Hedychridium coriaceum Dhb.)
Cribrata Kl. (gloriosa F. V. ignicollis Dhb.?)
Cuprata Mocs. (Hedychridium integrum Dhb.)
Curvata Mocs. (chloroidea Dhb.)
Deflexa Ab. (Philoctetes deflexus Ab.)
Elegantula Mocs. (Hedychridium elegantulum Buyss.)
Femorata Mocs. (Hedychridium femoratum Dhb.)
Fervida F. 168
Flavipes Mocs. (Hedychridium flavipes Evers.)
Generosa Schenck. (gloriosa F. V. amœnula Dhb. et V. ignicollis Dhb.
Gloriosa F. 176
— V. *fastuosa* Ab. (gloriosa F. V. viridis Guer.)
— V. *lucida* Gog. (gloriosa F.)
— V. *Mauritanica* Ab. Mauritanica Luc.)
Gloriosa Gog. (gloriosa F. V. ovata Dhb. et amœnula Dhb.)
Gratiosa Mocs. (Hedychridium femoratum Dhb.)
Heliophila Mocs. (Hedychridium heliophilum Ab.-Buyss.)
Hispanica Tourn 178
Imperialis Gradl. (gloriosa F.)
Incrassata Mocs. (Hedychridium incrassatum Dhb.)
Integra Mocs. (Hedychridium integrum Dhb.)
Jucunda Mocs. (Hedychridium minutum Lep. V. jucundum Mocs.)
Jurinei Chev, (gloriosa F. V. ignicollis Dhb.)
Mauritanica Luc. 166
Micans Dhb. (Philoctetes micans Kl.)
Miranda Ab. 170
Mlokosewitzi Rad. 172
Ovata Dhb. (gloriosa F. Var.)
— V. *gloriosa* Dhb. (gloriosa F.)
Plagiata Mocs. (Hedychridium plagiatum Mocs.)
Pulchella Mocs. (Hedychridium Algirum Mocs. Var. pulchellum Mocs.)
Punctatissima Dhb. 173
Punctatissima Schenck (gloriosa F. V. amœnula Dhb.)
Purpurascens Mocs. (Hedychridium purpurascens Dhb.)
Reticulata Mocs. (Hedychridium minutum Lep. V. reticulatum Ab.)
Rosea Mocs. (Hedychridium roseum Rossi).
Sculpturata Mocs. (Hedychridium sculpturatum Ab.)
Scutellaris Mocs. (Hedychridium incrassatum Dhb.?)
Semi-ignita Marq. (Philoctetes caudatus Ab.)
Sicheli Chevr. (chloroidea Dhb.)
Similis Mocs. (gloriosa F. V. ignicollis Dhb.)
Smaragdina Tourn. (chloroidea Dhb.)
Solskyi Rad. 165
Speciosissima Buyss. 174
Splendens Chevr. (fervida F.)
Splendida Schenck (gloriosa F. V. amœnula Dhb.)
Varia Schenck (gloriosa F. V. ignicollis Dhb.)
Zelleri Mocs. (Hedychridium Zelleri Dhb.)

Ichneumon L.

Auratus Panz (Cleptes semiaurata L. ♂).
Chrysis F. (Cleptes ignita F. ♂).
Ignitus F. (Cleptes ignita F. ♀).
Nitidulus F. (Cleptes nitidula F. ♀).
Semiauratus F. (Cleptes semiaurata L. ♀).
Splendens F. (Cleptes semiaurata L. ♂).

Mesitius SPIN.

Carcelii Westw. (Heterocœlia pulchella Luc.)

Monochrysis LICHT.

Notozus FÖRST. 95

Affinis Schenck. (Panzeri F.)
Albipennis Mocs. 109
Ambiguus Dhb. 115
Ambiguus Ab. (viridiventris Ab. et Putoni Buyss,)
Angustatus Mocs. (Panzeri F. Var.)
Anomalus Först. (Ellampus truncatus Dhb.)
Bidens Först. (superbus Ab.)
Bipartitus Tourn. (productus Dhb. V. vulgatus Buyss.)
Chrysonotus Dhb. 98
Cœruleus Schenck (viridiventris Ab.)
Constrictus Först. (Panzeri F.)
Elongatus Schenck (Panzeri F.)
Eversmanni Mocs. 114
Frivaldszkyi Först. (productus Dhb.)
Komarovi Rad. S. 704
Konowi Buyss. 102
Longicornis Tourn. (productus Dhb. ♀).
Minutulus Schenck (Panzeri F.)
Obesus Mocs. 111
Olgæ Sém. (Panzeri F.)
Particeps Buyss. 105
Panzeri F. 104
Productus Dhb. 100
Pulchellus Schenck. (Panzeri F.)
Putoni Buyss. 108
Pyrosomus Först. (chrysonotus Dhb.)
Rufitarsis Tourn. 110
Superbus Ab. 106
Tournieri Dalla Torre (albipennis Mocs. ?)
Truncatus Lampr. (Ellampus truncatus Dhb.)
Violascens Mocs. 115
Viridiventris Ab. 113
Viridis Tourn. (albipennis Mocs. ?) 115

Olochrysis LICHT.

Omalus DHB.

Æneus Panz. (Ellampus æneus F.)
— V. *Chevrieri* Ab. (Ellampus æneus F. V. Chevrieri Tourn.)
— V. *pygialis* Buyss. (Ellampus æneus F. V. pygialis Buyss.)
Ambiguus Ab. (Notozus ambiguus Dhb.)
Appendicinus Ab. (Ellampus Wesmæli Chevr. Var.)
Auratus Dhb. (Ellampus auratus L.)
— V. *abdominalis* Buyss. (Ellampus auratus L. Var.)
— V. *maculatus* Buyss. (Ellampus auratus L. Var.)
— V. *triangulifer* Ab. (Ellampus auratus L. Var.)
Bidentulus Ab. (Ellampus bidentulus Lep.)
Chrysonotus Ab. (Notozus chrysonotus Dhb.)
Cæruleus Dhb. (Ellampus cœruleus Dhb.)
Curtiventris Tourn. (Ellampus curtiventris Tourn.)
Minutus Marq. (Ellampus pusillus F.)
Nitidulus Marq. (Ellampus æneus F.)
Panzeri Ab. (Notozus Panzeri F.)
Parvulus Dhb. (Ellampus parvulus Dhb.)
Politus Buyss. (Ellampus politus Buyss.)
Productus Dhb. (Notozus productus Dhb.)
Punctulatus Dhb. (Ellampus punctulatus Dhb)
Pusillus Dhb. (Ellampus pusillus F.)
Rudowi Buyss. (Ellampus Bogdanovi Rad.)
Sculpticollis Ab. (Ellampus sculpticollis Ab.)
Scutellaris Ab. (Notozus Panzeri F.)
Superbus Ab. (Notozus superbus Ab.)
Triangulifer Ab. (Ellampus auratus L. Var.)
Truncatus Dhb. (Ellampus truncatus Dhb.)
Viridiventris Ab. (Notozus viridiventris Ab.)
Wesmæli Ab. (Ellampus Wesmæli Chevr.)

Parnopes LATR.

Apicalis Walk. 685
Carnea F. 688
Denticulata Spin. 690
Fischeri Spin. 690
Grandior Pall. (carnea F.)
Grandior Mocs (carnea F.))
Popovii Evers. 689
Smaragdina Smith. 685

Pentachrysis LICHT.

Philoctetes AB.-BUYSS. 153

Abeillei Buyss. 159
Caudatus Ab. 182
Chobauti Buyss. S. 710
Deflexus Ab. 156
Friesei Mocs. 162
Micans Kl. 158
Obtusus Buyss. 155
Omaloides Buyss. 157
Tiberiadis Ab.-Buyss. 161

Platycelia DHB.

Ehrenbergi Dhb. (Chrysis Ehrenbergi Dhb.)

Pyria LEP. ET SEVV.

Armata Lep. et Serv. (Chrysis lyncea F.)
Lusca Lep. et Serv. (Chrysis lusca F.)
Lyncea Gerst. (Chrysis lyncea F.)
Reichei Spin. (Chrysis lyncea F.)
Smaragdula Brullé (Chrysis stilboides Spin.)

Pseudochrysis SÉM.

Aureicollis Sém. (Chrysis aureicollis Ab.)
Cœruleiventris Sém. (Chrysis cœruleiventris Ab.)
Durnovi Sém. (Spinolia Durnovi Rad.)
Egregia Sém. (Euchrœus egregius Buyss.)
Festiva Sém. (Euchrœus festivus F.)
Gratiosa Sém. (Chrysis incrassata Spin. V. gratiosa Mocs.)
Humboldtii Sém. (Chrysis cyanura Dhb.)
Incrassata Sém. (Chrysis incrassata Spin.)
Insignis Sem. (Spinolia insignis Luc.)
Kohli Sém. (Chrysis Kohli Mocs).
Lamprosoma Sém. (Spinolia magnifica Dhb.)
Limbata Sem. (Euchrœus limbatus Dhb.)
Marqueti Sém. (Chrysis Marqueti Buyss.)
Mocsarii Sem. (Chrysis Alexandri Buyss.)
Morawitzi Sém. (Spinolia Morawitzi Mocs.)
Neglecta Sém. (Chrysis neglecta Schuck.)
Pallipes Sem. (Chrysis pallipes Tourn.)
Pallispinosa Sem. (Euchrœus pallispinosus Walk.)
Pellucida Sem. (Euchrœus pellucidus Rad.)
Purpurata Sém. (Euchrœus purpuratus F.)
Rogenhoferi Sém. (Spinolia Rogenhoferi Mocs.)
Singularis Sem. (Chrysis singularis Spin.)
Transversa Sem. (Chrysis transversa Dhb.)
Unicolor Sém. (Spinolia unicolor Dhb.)
Uniformis Sém. (Chrysis uniformis Dhb.)
Vagans Sém. (Chrysis vagans Rad.)
Virgo Sém. (Chrysis virginalis Buyss.)

Sphex L.

Ignita Poda (Chrysis ignita L.)
Nobilis Scop. (Hedychrum lucidulum F. ou Holopyga gloriosa F. Var. ignicollis Dhb.)
Semiaurata L (Cleptes semiaurata L.)
Violacea Scop. (Ellampus cœruleus Dhb.?)

Spinolia DHB.-BUYSS. 236

Algira Mocs. (insignis Luc.)
Chalcites Mocs. 249
Dournovi Rad. 246
Gestroi Grib. 249
Insignis Luc. 241
Magnifica Dhb. 240
Morawitzi Mocs. 240
Rogenhoferi Mocs. 248
Unicolor Dhb. 244

Spintharina SÉM.

Mocsarii Sém. (Chrysis Alexandri Buyss.)
Pallipes Sem. (Chrysis pallipes Tourn.)
Vagans Sém. (Chrysis vagans Rad.)

Spintharis KLUG

Frontalis Kl. (Chrysis frontalis Kl.)
Limbata Sém. (Euchrœus limbatus Dhb.)
Maculicornis Kl. (Chrysis maculicornis Kl.)
Mocsaryi Rad. (Chrysis Alexandri Buyss.)
Pallipes Tourn. (Chrysis pallipes Tourn.)

Prasina Kl. (Chrysis prasina Kl.)
Pumila Kl. (Chrysogona assimilis Dhb.)
Singularis Spin. (Chrysis singularis Spin.)
Vagans Rad. (Chrysis vagans Rad.)
Virgo Sem. (Chrysis virginalis Buyss.)
Viridissima Kl. (Chrysis viridissima Kl.)
Xanthocera Kl. (Chrysis xanthocera Kl.)

Stilbum Spin.

Amethystinum Sém. (splendidum F. Var.)
— Var. *festivum* Mocs. (splendidum F.)
Calens F. (splendidum F. V.)
Cyanurum Mocs. (splendidum F.)
— V. *Amethystinum* Mocs. (splendidum F. Var.)
— V. *Nobile* Mocs. (splendidum F. V. calens F.)
— V. *Siculum* Mocs. (splendidum F. V. Siculum Tourn).
— V. *Splendidum* Mocs. (splendidum F. V. variolatum Costa).
Hedenborgi Dhb. (Chrysis stilboides Spin.)
Lynceum Dhb. (Chrysis lyncea F.)
Nobile Mocs. (splendidum F. V. calens F.)
Sexdentatum Guér. (Chrysis stilboides Spin.)
Siculum Tourn. (splendidum F. Var.)
Splendidulum Westw. (splendidum F. V. amethystinum Fabr.)
Splendidum Fabr. 676
Variolatum Costa (splendidum F. Var.)
Wesmaeli Dhb. (splendidum F.)
Westermanni Dhb. (splendidum F. V. siculum Tourn.)

Tetrachrysis Licht.

Vespa Fourcr.

Aurata Fourc. (Holopyga gloriosa F. V. ovata Dhb.?)
Carbunculus Fourc. (Hedychrum lucidulum F. ♀)?
Cuprea Fourc. (Hedychrum rutilans Dhb.?)
Ignita Fourc. (Chrysis comparata Lep ?)
Rufescens Fourc. (Cleptes semiaurata L. ♀?)
Viridis Fourc. (Holopyga chloroidea Dhb.?)

TABLE METHODIQUE

DES MATIÈRES CONTENUES DANS CE VOLUME

Avant-propos V
Dédicace VII
Préface IX

CHRYSIDIDÆ 13

§ I. Caractères généraux 14
1. Tête et annexes 14
2. Thorax 15
3. Pattes et ailes 17
4. Abdomen 18
5. Armures génitales 19
6. Distinction des sexes 22
7. Espèce, variété, race 23
8. Rufinisme et mélanisme 25

§ II. Vie évolutive 26
1. Premiers états 26
2. Nourriture 29
3. Moyens de défense 30
4. Accouplement 31
5. Durée de la vie des Chrysides 32
6. Mœurs 32
7. Parasites des Chrysides 42

§ III. Distribution géographique 43

§ IV. Chasse et préparation 44
1. Chasse 44
2. Préparation 47

§ V. Avertissement sur la terminologie 48
Bibliographie 50
Tableau des tribus. 61
Considérations générales sur l'enchaînement des tribus et des genres 62

1re Tribu. — **Cleptidæ** 64
Tableau des genres 64
1er genre. — *Heterocœlia* 65
2e genre. — *Cleptes* 68

2e Tribu. — **Ellampidæ** 93
Tableau des genres. 94
1er genre. — *Notozus* 95
2e genre. — *Ellampus* 116
3e genre. — *Philoctetes* 153
4e genre. — *Holopyga*. 163
5e genre. — *Hedychridium* 179
6e genre. — *Hedychrum* 209

3e Tribu. — **Euchrysididæ**. 229
Tableau des genres 231
1er genre. — *Chrysogona* 231
2e genre. — *Spinolia* 236
3e genre. — *Euchrœus* 249
4e genre. — *Chrysis* 259

Tableau des Phalanges. 264
1re Phalange : integerrimæ . . 265
2e Phalange : inæquales. . . . 388
3e Phalange : unidentatæ . . . 415
4e Phalange : bidentatæ . . . 423
5e Phalange : tridentatæ . . . 433
6e Phalange : quadridentatæ . 440
7e Phalange : quinquedentatæ 631
8e Phalange : sexdentatæ . . . 643

5e genre. — *Stilbum*. 671

4e Tribu. — **Parnopidæ** 681
1er genre. — *Parnopes* 682

Supplément. 69

Errata 757
Table alphabétique des tribus, genres, espèces, variétés et de leurs synonymes 735
Table méthodique des matières: 753
Dates de publication des différentes parties de ce volume. 755
Catalogue méthodique et synonymique de toutes les espèces décrites . . . . 1* à 22*
Explication des planches I à XXXII . . . . . . sans pagination

---

DATES DE PUBLICATION

DES DIFFÉRENTES PARTIES DE CE VOLUME

Pages	1 à 88	Juillet 1891
—	89 à 144	Janvier 1892
—	145 à 208	Avril 1892
—	209 à 272	Octobre 1893
—	273 à 336	Avril 1894
—	337 à 400	Octobre 1894
—	401 à 480	Avril 1895
—	481 à 544	Juillet 1895
—	545 à 624	Octobre 1895
—	625 à 704	Avril 1896
—	705 à 766 et 1* à 22*	Octobre 1896

ERRATA

Page 15	17e et 20e lignes	lisez :	*de 3 ou de 1-2 articles*, au lieu de (3 ou de 2 articles).
— 18	8e ligne	—	*posterieure et cubitale*, au singulier.
— —	9e ligne	—	*sur la bordure externe*, au lieu de (sur la nervure cubitale).
— 19	33e ligne	—	*possible à cet organe de percer*, au lieu de (possible que cet organe puisse percer).
— 22	8e et 9e lignes	—	*de tribu à tribu*, au lieu de (de sous-famille a sous-famille.).
— 23	9e ligne	—	*chez les Euchrysididæ*, au lieu de (chez les Chrysididæ).
— 29	1e et 2e lignes	—	*Comme impatiente*, au lieu de (comme d'impatience).
— 31	3e ligne	—	*Coeruleiventris*, au lieu de (cyaniventris).
— 42	18e ligne	—	*Ellampide*, au lieu de (Héteronychide).
— 51	17e ligne	—	*p. 1 — 134*, au lieu de (p. 1 — 34).
— 52	10e ligne	ajoutez :	*1771*.
— —	13e ligne	lisez :	*VII*, au lieu de (19).
— —	18e ligne	—	*1857*, au lieu de (1847).
— 56	29e ligne	—	*Des Ritters*, au lieu de (Des Bitters).
— 60	1re ligne	—	*Walcknaer*, au lieu de (Walknaer).
— 61			Voir le supplément p. 697.
— 64	18e ligne	lisez :	*mésothorax*, au lieu de (métathorax).
— 65	7e ligne	ajoutez :	*Palpes maxillaires de 6 articles*.
— 74	14e ligne	lisez :	*metathorax*, au lieu de (mésothorax).
— 79	29e ligne	—	*Medinai*, au lieu de (Medinæ).
— 81	13e ligne	—	*Coll. Perris*, au lieu de (Coll. Péres).
— 92	14e ligne	—	*Tournier*, au lieu de (Tourn).
— 93	20e ligne	—	*Ellampidæ*, au lieu de (Heteronychidæ).
— —	34e ligne	—	*figurées*, au lieu de (simulées).
— 95	13e ligne	—	ὄζος, au lieu de (ὄξος).
— 98	31e ligne	—	*14*, au lieu de (13).
— 115	36e ligne	—	*Tournier*, au lieu de (Tournjer).
— 131	31e et 34e lignes	—	*Bogdanovi*, au lieu de (Bagdanovi).
— 135	12e ligne	—	*points*, au lieu de (poils).
— —	29e ligne	—	*Perse*; au lieu de (Perse :).
— 143	9e ligne	—	*biaccinctus Buyss. Var. Gasperinii Mocs.*, au lieu de (Curtiventris). Supprimer toute l'observation.
— 148	avt-dre ligne	—	*Medanai*, au lieu de (Medanæ).

— 155 7e ligne — *Bou-Kanefis*, au lieu de (Biou-Kanefis).
— 158 29e ligne — *segments*, au lieu de (segmenis).
— 163 24e ligne — *metathorax*, au lieu de (mesothorax).
— 171 6e ligne — *Turkestan : Chodchent*, au lieu de (Russie : Chodehent).
— 250 13e ligne — *volsella très larges à la base*, au lieu de (volsella très larges, la base).
— 278 dernière ligne — *(2*, au lieu de (1).
— 324 dernière ligne effacer la parenthese tout entière.
— 328 avt-dre ligne lisez : *simplex F.* ♂, au lieu de (simplicicornis n. sp.).
— 464 17e ligne — *Mocsary*, au lieu de Radoszkowsky.
— 525 7e ligne — *Barrei*, au lieu de (Barreri).
— 587 6e ligne — *dents non réunies au sommet*, au lieu de (dents situées sur les côtés).
— — 25e ligne — *Kolazyi*, au lieu de (Kolasii).
— 696 28e ligne — *(A. de)*, au lieu de (A. ds).

Errata des Explications des Planches.

Pl. II 9e ligne lisez : *les tenettes c*, au lieu de (les tenettes a).
— XI 22e ligne — *de l'E biaccinctus Buyss. Var. Gasperinii Mocs.*, au lieu de (de l'E. curtiventris Tourn.).
— XXIII 21e ligne — *Andreana*, au lieu de Andrei.
— XXVII 15e ligne — *Andreana*, au lieu de Andrei.

CATALOGUE MÉTHODIQUE ET SYNONYMIQUE

DES HYMÉNOPTÈRES D'EUROPE (1)

Les Chrysides.

1re Tribu. — Cleptidæ.

G. 1. — CLEPTES LATREILLE 1802 (69)

1 **Morawitzi**, RADOSZKOWSKY. ♂ ♀ 1877 (99)

2 **Aurata**, DAHLBOM. ♂ 1845 (23)

3 **Putoni**, R. DU BUYSSON. ♀ 1886 (8)
— . — ♂ 1888 (10)
— *C. Buyssonis. A de Séménow.* ♂ 1891 S. (116a)

4 **Orientalis** DAHLBOM. ♀ 1854 (24)
— — *Mocsary.* ♂ ♀ 1889 (87)

5 **Saussurei**, MOCSARY. ♀ 1889 (87)

6 **Anceyi**, R. DU BUYSSON. ♂ ♀

7 **Syriaca**, R. DU BUYSSON. ♂ 1887 (10)

8 **Ignita**, FABRICIUS
—Ichneumon ignitus *F.* ♀ 1787 (31)
— — Chrysis, *Fabricius.* ♂ 1787 (31)
—Diplolepsis Chrysis *F* ♂ 1804 (34)
—C. Ignita, *F.* ♀ 1804 (34)

9 **Scutellaris**, MOCSARY. ♂ ♀ 1890 (88)
—C. ignita F. Var. scutellaris *Mocs.* ♂ ♀ 1889 (87)

10 **Afra**, LUCAS. ♀ 1849 (77)
— — *R. du Buysson.* ♂ ♀ 1887 (10)
— — *C. Perezii Gogorza,* ♂ 1887 (50)

Var Médinai, R. DU BUYSSON. ♀

11 **Mayeti**, R. DU BUYSSON. ♀

12 **Insidiosa**, R. DU BUYSSON ♀

13 **Nitidula**, FABRICIUS.
—Ichneumon nitidulus, *F.* ♀ 1793 (32)
—C. thoracica, (*Laporte) Guérin.* ♀ 1844 (58)
—C. nitidula, *F.* ♀ 1804 (34)
— — *Shuckard.* ♂ ♀ 1837 (117)
—C. nitidulus *Mocsary.* ♀ (seulement) 1889 (87)
—C. Fallax, *Mocsary.* ♂ 1889 (87)

(1) Pour abréger, les citations d'ouvrages sont remplacées, dans ce catalogue, par un simple numéro de concordance placé entre parenthèses et renvoyant à la Bibliographie publiée pages 50 et suivantes.

14 Radoszkowskii, MOCSARY. ♂♀ 1888 (102)

—C. flammifer, *A. de Séménow*. ♀ 1891 S. (116a)

15 Ærosa, FŒRSTER. ♂ 1853 (36)

16 Abeillei, R. DU BUYSSON. ♀♂ 1887 (10)

—C. ærosus, *Tournier*. 1879 (131)

17 Chevrieri, FREY.

—C. ignita, *F.* **Var.** *Chevrieri Frey*. ♀ 1887 (38)

—C. ignita, *Chevrier*. ♀ 1862 (14)

—C. Chyzeri, *Mocsary* ♀ 1889 (87)

—C. nitidulus, *Mocsary* ♂ ? 1889 (87)

—C. consimilis, *R. du Buysson*. ♂ 1887 (10)

—C. obsoletus, *A. de Semenow*. ♀ ? 1891 S. (116a)

18 Semicyanea, TOURNIER. 1879 (131)

19 Pallipes, LEPELETIER. ♀ 1806 (71)

—C. semiauratus, *Mocsary*. ♂ (ex parte) 1889 (87)

Var. androgyna, R. DU BUYSSON. ♂ S

20 Semiaurata, LINNÉ

—Sphex semiaurata, *L.* ♂ 1761 (76)

—Chrysis semiaurata, *F.* ♀ 1775 29)

—? Vespa rufescens, *Fourcroy*. ♀ 1785 (37)

—Ichneumon semiauratus, *F.* ♀ 1787 (31)

—C. semiaurata, *F.* ♀ 1804 (34)

— — *Latreille*. ♂♀ 1805 (69)

—Ichneumon splendens, *F.* ♂ 1798 (33)

— — auratus, *Panzer*. ♀ 1798 (92)

—C. auratus, *Panzer*. ♂ 1806 (94)

—C. splendens, *F.* ♂ 1804 (34)

—C. semiauratus, *Mocsary*. ♂ (ex parte). ♀ 1889 (87)

—C. Diana, *Mocsary*. ♂ 1889 (87)

21 Femoralis, MOCSARY. 1890 (88)

22 Mocsaryi, A. DE SÉMÉNOW. 1891 S. (116a)

2e Tribu — Ellampidæ.

G. 1. — NOTOZUS FŒRSTER. 1853 (36)

1 Chrysonotus, DAHLBOM.

—Elampus chrysonotus, *Dhlb.* 1854 (24)

—N. pyrosomus, *Fœrster*. 1853 (36)

—Omalus chrysonotus, *Abeille*. 1879 (3)

—Ellampus pyrosomus, *Mocsary*. 1889 (87)

2 Productus, DAHLBOM.

—Elampus productus, *Dhlb.* 1854 (24)

—Hedychrum spina, *Lepeletier*. ? 1806 (71)

—N. Frivaldskyi, *Fœrster*. ♀ 1853 (36)

—Omalus productus, *Abeille*. 1879 (3)

—Ellampus Frivaldskyi, *Mocsary* ♂♀ 1882 (82)

—N longicornis, *Tournier*. ♀ 1889 (132)

—Ellampus Sanzii, *Gogorza*. 1887 (50)

— — spina, *Mocsary*. 1889 (87

Var. Vulgatus, R. DU BUYSSON. ♂♀

—N. bipartitus, *Tournier*. ♂ 1879 (131)

Var. mutanis, R. DU BUYSSON S.

3 Konowi, R. DU BUYSSON.

4 Particeps, R. DU BUYSSON.

5 Panzeri, FABRICIUS.

—Chrysis scutellaris, *Panzer*. 1798 (92

— — Panzeri, *Fabricius*. 1804 (34)

—Hedychrum Panzeri, *Panzer*. 1806 (94)

—Elampus Panzeri, *Shuckard.* 1837 (117)
—N. constrictus, *Fœrster.* ♂ 1853 36
—N. Panzeri, *Fœrster.* 1853 (36)
—N. Affinis, *Schenck.* 1856 (109)
—N. elongatus, *Schenck.* 1856 (109)
—N. pulchellus, *Schenck.* 1856 (109)
—N. minutus, *Schenck.* 1856 (109)
—Ellampus Panzeri, *Schenck* 1870 (110)
—Omalus Panzeri, *Abeille.* 1879 (3)
—Ellampus Panzeri, *Mocsary.* 1889 (87)
— — Kohli, *Mocsary.* ♂ 1889 (87)

Var. Angustatus, MOCSARY.

—Ellampus Angustatus, *Mocsary.* 1889 (87)

6 Putoni, R. DU BUYSSON.

—Omalus ambiguus, *Abeille.* (ex parte) 1879 (3)

7 Ambiguus, DAHLBOM.

—Elampus ambiguus, *Dhlb.* 1851 (24)

8 Superbus, ABEILLE. 1878 (2)

—N. bidens, *Fœrster.* ♀ 1853 (36)
—Elampus spina, *Dahlbom.* 1854 (24)
— — femoralis, *Eversmann.* ♀ 1857 (28)
— — bidens *Schenck.* 1870 (110)

Var. rufescens, R. DU BUYSSON. S.

9 Obesus, MOCSARY. 1890 (88)

10 Komarovi, RADOSZKOWSKY. 1893 S. (104b)

11 Albipennis. MOCSARY. 1889 (87)

—? N. viridis, *Tourn.* 1889 (132)
—? — Tournieri, *Dalla Torre.* 1892 S. (24)

12 Rufitarsis, TOURNIER. 1879 (131)

—Ellampus rufitarsis, *Mocsray.* 1889 (87)

13 Viridiventris, ABEILLE. 1878 (2)

—Elampus cœruleus, *Dahlbom.* 1854 (24)
—N. cœruleus, *Schenck.* 1856 (109)
—Ellampus viridiventris, *Mocsary.* 1882 (82)
—Omalus ambiguus, *Abeille.* (ex parte) 1879 (3)
— —Ellampus cœruleus, *Mocsary.* 1889 (87)
— —montanus, *Mocsary.* 1890 (88)

Var. soror, *Mocsary.*

—Ellampus soror, *Mocsary.* 1889 (87)

14 Eversmanni, MOCSARY. 1889 (87)

—Elampus ambiguus, *Eversmann.* 1857 (28)

15 Violascens, MOCSARY. 1889 (87)

16 Olgæ, DE SEMENOW. 1891 S. (116c)

G. 2. — ELLAMPUS SPINOLA. 1806 (121)

1 Horwathi, MOCSARY. 1889 (87)

—E. Wesmæli, *Mocsary.* 1882 (82)

2 Sareptanus, MOCSARY. 1889 (87)

Var. inflammatus, MOCSARY. 1890 (88)

Var. Schulthessi, MOCSARY.

—E. Schulthessi, *Mocsary.* 1890 (88)

Var. subauratus, MOCSARY.

—E. Schulthessi, *Mocs.* Var. subauratus, *Mocsary.* 1890 (88)

3 Truncatus, DAHLBOM.

—Chrysis truncata, *Dhlb.* 1831 (22)
—E. minutus, *Dhb.* 1845 (23)
—E. violaceus, *Wesmael.* (ex parte) 1839 (137)
—Notozus anomalus, *Fœrster.* 1853 (36)
—E. truncatus, *Dhb.* 1854 (24)
—E. cœruleus, *Thomson.* 1870 (128)
—Omalus truncatus, *Abeille.* 1879 (3)
—Notozus truncatus, *Lamprecht.* 1881 (67

4 **Wesmaeli**, Chevrier. 1862 (14)
—E. pusillus, *Wesmael.* (ex parte) 1839 (137)
E. bidentulus, *Dhb.* Var. a. 1854 (24)
—Omalus Wesmaeli, *Abeille.* 1879 (3)

Var. appendicinus, Abeille.
—Omalus appendicinus, *Ab.* 1878 (2)

5 **Bidentulus**, Lepeletier.
—Hedychrum bidentulum, *Lep.* 1806 (71)
—E. pusillus, *Wesmael.* (ex parte) 1839 (137)
—E. bidentulus, *Dhb.* var. b. 1854 (24)
—E. bidentatus, *Eversmann.* 1857 (28)
—Omalus bidentulus, *Abeille.* 1879 (3)

6 **Pusillus**, Fabricius.
—Chrysis pusilla, *F.* 1804 (34)
—E. minutus, *Wesmael.* 1839 (137)
—Omalus pusillus, *Dhb.* 1854 (24)
—E. pusillus, *Schenck.* 1856 (109)
—Omalus minutus, *Marquet.* 1879 (78)
— — pusillus, *Abeille.* 1879 (3)

Var. Schmiedeknechti, Mocsary.
—E. Schmiedeknechti, *Mocs.* 1889 (87)

7 **Hypocrita**, R. du Buysson. 1893 S. (12a)

8 **Magrettii**, R. du Buysson. 1890 (11)

9 **Parvulus**, Dahlbom.
—Omalus parvulus, *Dhb.* 1854 (24)
—E. socius, *Mocsary.* 1889 (87)

10 **Punctulatus**, Dahlbom.
—Omalus punctulatus, *Dhb.* 1854 (24)
—E. punctulatus, *Mocsary.* 1889 (87)

11 **Araraticus**, Radoszkowsky. 1889 (103)

12 **Bogdanovi**, Radoszkowsky.
—Holopyga Bogdanovi, *Rad.* 1877 (99)
—Ellampus punctulatus, *Mocsary.* 1882 (82)
—Omalus Rudowi, *R. du Buysson.* 1887 (10)
—Ellampus Rudowi, *Mocsary.* 1889 (87)
—Holopyga Bogdanovi, *Mocs.* 1889 (87)

13 **Chlorosoma**, Lucas. 1849 (77)

14 **Turkestanicus**, Mocsary. 1889 (87)

15 **Imbecillus**, Mocsary. 1889 (87)

16 **Æneus**, Fabricius.
—Chrysis ænea, *F.* 1787 (31)
—Omalus æneus, *Panzer.* 1805 (92)
—Hedychrum nitidum, *Panzer.* ♂ 1806 (94)
—Chrysis cœrulea, *Dahlbom.* 1831 (22)
—Hedychrum bidentulum, *Shuckard.* Vars. 2, 3, 4. 1837 (117)
—Elampus affinis, *Wesmael.* 1839 (137)
—E. æneus, *Fœrster.* 1853 (36)
—E. pygmæus, *Schenck.* 1856 (109)
—Omalus nitidulus, *Marquet.* 1879 (78)

Var. blandus, Fœrster.
—E. blandus, *Fœrster.* 1853 (36)

Var. pygialis, R. du Buysson. 1887 (10)

Var. Chevrieri, Tournier.
—E. Chevrieri, *Tournier.* 1877 (129)
—Omalus æneus, *Panz.* Var. Chevrieri, *Abeille.* 1879 (3)
—E. æneus, *F.* Var. Chevrieri, *Mocsary.* 1889 (87)

17 **Puncticollis**, Mocsary. 1887 (85)
—E. Freyi, *Tournier.* 1889 (132)

Var. atratus, Mocsary. 1887 (85)

18 **Similis**, Mocsary. 1889 (87)

19 Cœruleus, Dahlbom.

—Chrysis cœrulea, *Dhb.* 1831 (22)
—Sphex violacea, *Scopoli?* 1763 (115)
—Chrysis violacea, *Rossi?* 1790 (105)
— — micans, *Olivier?* 1790 (90)
—Hedychrum cœrulescens, *Lepeletier?* 1806 (71)
—Omalus nitidus, *Panzer?* 1805 (92)
—Hedychrum nitidum, *Panzer?* ♀ 1806 (94)
—Chrysis fuscipennis, *Dhb.* 1829 (21)
—Hedychrum bidentulum, *Shuckard.* Var. imperiale. 1837 (117)
—E violaceus, *Wesmael.* 1839 (137)
—Omalus cœruleus, *Dhb.* 1845 (23)
—E. præstans, *Fœrster.* 1853 (36)
— — cœruleus, *Schenck.* 1856 (109)
— — violaceus, *Schenck.* 1870 (110)
— — cœrulescens, *Mocsary.* 1882 (82)
— — violaceus, *Moscary.* 1889 (87)

Var. virens, Mocsary 1889 (87)

20 Testaceicornis, R. du Buysson.

21 Politus, R. du Buysson.

—Omalus politus, *R. du Buysson.* 1887 (10)
—E. politus, *Mocsary.* 1889 (87)

22 Curtiventris, Tournier.

—Omalus curtiventris, *Tourn.* 1879 (131)

23 Auratus, Linné.

—Chrysis aurata, *Linne.* 1761 (76)
—Vespa aurata, *Fourcroy* 1785 (37)
—Hedychrum auratum, *Latreille* 1805 (69)
E. auratus, *Wesmael.* 1839 (137)
—Hedychrum minimum, *Dufour et Perris* 1840 (27)
—Omalus auratus, *Dhb.* 1845 (23)

Var. triangulifer, Abeille.

—Omalus triangulifer, *Abeille.* 1877 (1
— — auratus. *L* Var. triangulifer. *Ab.* 1879 (3)

Var. abdominalis, R. du Buysson 1887 (10)

Var. maculatus, R. du Buysson. 1887 (10)

Var. cupratus, Mocsary. 1889 (87)

Var. virescens, Mocsary. 1889 (87)

Var. indigoteus, R. du Buysson.

Var. obscurus, Tournier 1889 (132)

Var. anthracinus, R. du Buysson. 1895 S (12b)

Var. viridiventris, Mocsary. 1890 (88

24 Biaccinctus, R. du Buysson.

Var. Gasperinii, Mocsary.

—E. Auratus, *L.* Var. Gasperinii, *Mocs.* 1889 (87)

25 Sculpticollis, Abeille. 1878 (2

26 Medanai, R. du Buysson. 1890 (11)

27 Difficilis, Tournier. 1889 (132)

G. 3 — **PHILOCTETES,** Abeille-Buysson. 1887 (10)

1 Obtusus, R. du Buysson

2 Chobauti, R. du Buysson. S.

3 Deflexus, Abeille.

—Holopyga deflexa, *Abeille.* 1878 (2)

4 Omaloides, R. du Buysson 1888 (10)

5 Abeillei, R du Buysson.

6 Micans, Klug.

—Elampus micans, *Klug.* 1835 (62)
—Holopyga micans, *Dahlbom.* 1854 (24)
— — cicatrix, *Abeille.* 1878 (2

7 Tiberiadis, Abeille-Buysson. 1887 (10)

8 Caudatus, Abeille.

—Holopyga caudata, *Abeille.* 1878 (2)

9 Friesei, Mocsary.
—Ellampus Friesei, *Mocsary.* 1889 (87)

G. 4. — **HOLOPYGA**, Dahlbom. 1854 (24)

1 Fervida, Fabricius.
—Chrysis fervida, *Fabricius.* 1781 (30)
—Hedychrum fervidum, *Latreille.* 1805 (69)
— — nitidum, *Lepeletier.* 1806 (71)
— — Fellmanni, *Lucas.* 1849 (77)
— — chalconotum, *Fœrster.* 1853 (36)
—Holopyga splendens, *Chevrier.* 1869 (15)
— — fervida, *Abeille.* 1879 (3)

2 Bifrons, Abeille. 1878 (2)

3 Miranda, Abeille. 1878 (2)

4 Chloroidea, Dahlbom.
—Hedychrum chloroideum, *Dahlbom.* 1854 (24)
— — curvatum, *Fœrster.* 1853 (36)
— ? — metallicum, *Dahlbom.* 1854 (24)
— ? — Vespa viridis, *Fourcroy.* 1785 (37)
—Holopyga Sicheli, *Chevrier.* 1862 (14)
— — Smaragdina, *Tournier.* 1877 (129)
—Hedychrum cœrulescens, *Chevrier.* (nec Lep.) 1862 (14)

5 Mlokosiewitzi, Radoszkowsky.
—Hedychrum Mlokosiewitzi, *Radoszkowsky.* 1876 (97)

Var. Gribodoi, R. du Buysson. S.

6 Punctatissima, Dahlbom. 1854 (24)
—H. amœnula, *Dahlbom*. Var. punctatissima, *Mocsary.* 1889 (87)

7 Gloriosa, Fabricius.
—Chrysis gloriosa, *Fabricius.* 1793 (32)
—Ellampus inflammatus, *Fœrster.* 1853 (36)
— ? Hedychrum lucidum, *Lepeletier.* 1806 (71)
—Holopyga ovata, *Dahlbom.* Var. gloriosa, *Fabricius.* 1854 (24)
— —imperialis, *Gradl.* ♂ 1881 (51)

Var. ignicollis, Dahlbom.
—H. ovata, *Dahlbom.* Var. ignicollis, *Dahlbom.* 1854 (24)
— ? Sphex nobilis, *Scopoli.* 1763 (115)
—Ellampus chrysonotus, *Fœrster.* 1853 (36)
—H. varia, *Schenck.* 1856 (109)
— — generosa, *Schenck,* (ex parte) 1870 (110)
— — angustata, *Schenk,* (ex parte) 1871 (111)
— — Jurinei, *Chevrier.* 1862 (14)
— ? Elampus cribratus, *Klug.* 1835 (62)
—H. similis, *Mocsary.* 1889 (87)

Var. aureomaculata, Abeille. 1879 (3)
—H. amœnula, *Dahlbom,* (ex parte) 1845 (23)
— — ovata, *Dahlbom.* ex parte. 1854 (24)

Var. amœnula, Dahlbom.
—H. amœnula, *Dahlbom.* 1845 (23)
—H. ovata, *Dahlbom.* (ex parte.) 1854 (24)

Var. ovata, Dahlbom.
—H. ovata, *Dahlbom.* 1854 (24)
—H. amœnula, *Dahlbom* 1845 (23)
—? Chrysis edentula, *Schrank.* (nec Rossi) 1802 (114)
—? Vespa aurata, *Fourcroy.* 1785 (37)
—Hedychrum fastuosum, *Lucas.* 1849 (77)
— — Numidicum, *Lucas.* 1849 (77)
—Ellampus generosus, *Fœrster.* 1853 (36)

—H splendida, *Schenck*. 1856 (109)
— — generosa, *Schenck*. 1856 (109)
— — punctatissima, *Schenk*. 1856 (109)
— — angustata, *Schenk*, (ex parte.) 1871 (111)

Var. viridis, Guerin.

—Hedychrum viride, *Guérin*, (nec Cresson) 1842 (57)
— —Numidicum, *Abeille*. 1879 (3

8 Speciosissima, R. du Buysson.

9 Hispanica, Tournier. 1889 (132)

10 Mauritanica, Luc. 1849 (77)

—H. gloriosa, *Fabricius*. Var. Mauritanica, *Abeille*. 1879 (3)

11 Solskyi, Radoszkowsky.

—Hedychrum Solskyi, *Radoszkowsky*. 1877 (99)

G. 5. — **HEDYCHRIDIUM**, Abeille. 1878 (2)

1 Flavipes, Eversmann. 1857 (28)

—Hedychrum Solandri, *Courtiller*. 1858 (20)
—Holopyga bellipes, *Mocsary*. 1879 (80)

2 Zelleri, Dahlbom.

—Hedychrum Zelleri. *Dahlbom*. 1845 (23)

3 Monochroum, R. du Buysson. 1888 (10)

4 Plagiatum, Mocsary. 1883 (83)

5 Anale, Dahlbom.

—Hedychrum anale, *Dahlbom*. 1854 (24)

6 Incrassatum, Dahlbom.

—Hedychrum incrassatum, *Dahlbom*. 1854 (24)

7 Aheneum, Dahlbom.

—Hedychrum aheneum, *Dahlbom*. 1854 24
— — callosum, *Radoszkowsky*. 1876 (97

8 Caspicum, Mocsary.

—Holopyga caspica, *Mocsary*. 1890 (88)

9 Heliophilum, Abeille-Buysson. 1887 (10

10 Femoratum, Dahlbom.

Hedychrum femoratum, *Dahlbom*. 1854 (24)

11 Gratiosum, Abeille. 1878 (2,

12 Elegantulum, R. du Buysson. 1887 (10

13 Coriaceum, Dahlbom.

—Hedychrum coriaeum, *Dahlbom*. 1854 (24)

14 Integrum, Dahlbom.

—Chrysis integra, *Dahlbom*. Var. C. 1831 (22)
—Hedychrum cupratum, *Dahlbom*. 1854 (24)
— —cupreum, *Dahlbom*. 1845 (23)

Var. maculatum, R. du Buysson. S.

15 Minutum, Lepeletier.

—Hedychrum minutum, *Lepeletier*. 1806 (71)
—? Chrysis ardens, *Coquebert*. 1801 (18)
—Hedychrum carinulatum, *Schenck*. 1861 (109)
—H. minutum, *Lepeletier*. Var. coriaceum, *Abeille*. 1879 (24)

Var. jucundum, Mocsary.

—Holopyga jucunda, *Mocsary*. 1889 (87)

Var. viridimarginale, R. du Buysson.

Var oereolum, R. du Buysson.

Var. infanis, Abeille. 1878 (2)

Var cinctum, R. du Buysson.

Var. homoeopathicum, ABEILLE. 1878 (2)

Var. reticulatum, ABEILLE. 1878 (2)

—H. Jakowlewi, *de Séménow.* 1892 S. (116b)

—Holopyga reticulata, *Mocsary.* 1889 (87)

16 **Buyssoni**, ABEILLE. 1887 (10)

17 **Hispanicum**, R. DU BUYSSON.

18 **Algirum**, MOCSARY.

—Holopyga algira, *Mocsary.* 1889 (87)

Var. pulchellum, MOCSARY.

—Holopyga pulchella, *Mocsary.* 1892 S. (88a)

19 **Sculpturatum**, ABEILLE. 1877 (1)

—Hedychrum scutellare, *Tournier.* 1878 (130)

20 **Roseum**, ROSSI.

—Chrysis rosea, *Rossi.* 1790 (105)
— — Lampas, *Christ.* 1791 (17)
— — rufa, *Panzer.* 1801 (92)
—Hedychrum roseum, *Lepeletier.* 1806 (71)
— — rufum, *Panzer.* 1806 (94)
—Chrysis Rosæ, *Dahlbom.* 1829 (21)
—Hedychrum Erschovi, *Radoszkowsky.* 1877 (99)
— — suave, *Tournier.* 1878 (130)
—Hedychridium roseum, *Rossi.* Var. femoratum, *Abeille.* 1879 (3)

Var. chloropygum, R. DU BUYSSON. 1888 (10)

Var. nanum, CHEVRIER.

—Hedychrum nanum, *Chevrier.* 1870 (16)

—H. nanum, *Abeille.* 1879 (3)

21 **Purpurascens**, DAHLBOM.

—Hedychrum purpurascens, *Dahlbom.* 1854 (24)

G. 6. — **HEDYCHRUM**. LATREILLE. 1802 (69)

1 **Cœlestinum**, SPINOLA. 1838 (122)

—Cymura splendida, *Dahlbom.* 1845 (23)

—H. Stilboides, *Walker.* 1871 (136)

2 **Radoszkowskyi**, R. DU BUYSSON.

3 **Chalybœum**, DAHLBOM. 1854 (24)

—H. cærulescens, *Shuckard.* (nec Lepeletier) 1837 (117)

4 **Simile**, MOCSARY. 1889 (87)

—H. cyaneum, *Mocsary.* (nec Brullé) 1888 (102)

5 **Cirtanum**, GRIBODO. 1879 (54)

—H. cupreum, *Radoszkowsky* (nec Dahlbom) 1869 (96)

6 **Sculptiventre**, R. DU BUYSSON. 1888 (10)

7 **Rutilans**, DAHLBOM. 1854 (24)

—? Vespa cuprea, *Fourcroy.* 1785 (37)
—? H. fervidum, *Wesmael.* 1839 (137)
—H. viridiaureum, *Tournier.* 1877 (129)
—H. incrassatum, *Radoszkowsky.* (nec Dahlbom) 1877 (99)

Var. perfidum, R. DU BUYSSON.

Var. viridi-auratum, MOCSARY. 1889 (87)

8 **Lucidulum**, FABRICIUS.

—Chrysis lucidula, *Fabricius.* 1775 (29)
—? Sphex nobilis, *Scopoli.* 1763 (115)
—Chrysis nobilis, *Schrank.* 1781 (113)
—? Vespa carbunculus, *Fourcroy.* 1785 (37)
—Chrysis regia, *Fabricius.* 1793 (32)
—? edentula, *Schrank.* 1802 (114)
—H. alterum, *Lepeletier.* 1806 (71)
—H. aulicum, *Spinola.* 1843 (123)
—? H. longipilis, *Tournier* 1877 (129)

Var. semiviolaceum, Mocsary.
—H. semiviolaceum, *Mocsary*. 1889 (87)

Var. aureicolle, Mocsary.
—H. aureicolle, *Mocsary*. 1889 (87)

Var. micans, Lucas.
—H. micans, *Lucas*. 1849 (77)

Var. Szaboi, Mocsary.
—H. Szaboi, *Mocsary*. 1889 (87)

Var. Antigai, R. du Buysson. S.

9 Luculentum, Fœrster. 1853 (36)

10 Virens, Dahlbom. 1854 (24)
—H. grandis, *Tournier*. 1889 (132)
—H. Phœnix, *R. du Buysson*. 1888 (10)

Var. Caucasicum, Mocsary. 1889 (87)

11 Semicyaneum, Mocsary. 1889 (87)

12 Longicolle, Abeille. 1877 (1)

13 Gerstæckeri, Chevrier. 1869 (15)
—? H. obscurum. *Tournier*. 1878 (130)

Var. rufipes, R. du Buysson.

14 Frivaldskyi, Mocsary. 1889 (87)

15 Collare, de Séménow. 1892 S. (116b)

3e Tribu. — Euchrysididæ.

G. 1. — CHRYSOGONA, Fœrster. 1853 (36)

1 Assimilis, Spinola, Dahlbom. ♀♂ 1854 (24)
—Chrysis (Spintharis) pumila, *Klug*. 1845 (64)
—Chrysis virgo, *Abeille*. 1877 (1)
—C. tarsata, *Tournier*. ♂ 1879 (131)
—Chrysis persica, *Radoszkowsky*. (1881 101)

2 Gracillima, Fœrster. 1853 (36)
—Chrysis gracillima, *Lamprecht*. 1881 (67)

3 Soluta, Dahlbom. 1854 (24)

G. 2. — SPINOLIA, Dahlbom-Buysson.

1 Magnifica, Dahlbom. 1854 (24)
—Chrysis lamprosoma, *Fœrster*. 1853 (36)
— — Segusiana, *Giraud*. 1863 (47)
— — sulcata, *Radoszkowsky*. 1866 (96)
— — pulchra, *Radoszkowsky*. 1879 (100)
—Pseudochrysis lamprosoma, *de Séménow*. 1892 S. (116d)

2 Morawitzi, Mocsary. 1889 (87)
—Pseudochrysis Morawitzi, *de Seménow*. 1892 S. (116d)

3 Insignis, Lucas.
—Chrysis insignis, *Lucas*. 1849 (77)
— —Algira, *Mocsary*. 1892 S. (88a)
—Pseudochrysis insignis, *de Séménow*. 1892 S. (116d)

4 Unicolor, Dahlbom.
—Chrysis unicolor, *Dahlbom*. 1831 (22)
—Chrysura unicolor, *Dahlbom*. 1845 (23)
—Chrysis lazulina, *Fœrster*. 1853 (36)
— — albipennis, *Dahlbom*. 1854 (24)
—Achrysis unicolor, *de Séménow*. 1892 S. 116d)
-Pseudochrysis unicolor, *de Séménow*. 1892 S. (116d)

5 Dournovi, Radoszkowsky.
—Chrysis Dournovi, *Radoszkowsky*. 1866 (96)
—Pseudochrysis Dournovi, *de Séménow*. 1892 S. (116d)

9 Rogenhoferi, Mocsary. 1889 (87)

—Pseudochrysis Rogenhoferi,
de Séménow. 1892 S. (116[d])

7 Chalcites, MOCSARY.

—Chrysis chalcites, *Mocsary.*
1890 (88)

8 Gestroi GRIBODO.

—Chrysis Gestroi, *Gribodo.*
1874 (52)

G 3. — **EUCHROEUS**, LATREILLE.
1806 (70)

1 Moricei, R. DU BUYSSON. S.

2 Doursi, GRIBODO. 1875 (53)

3 Limbatus, DAHLBOM 1854 (24)

—E. Beckeri, *Tournier.* 1879 (131)
—Pseudochrysis limbata,
de Séménow. 1892 S. (116[d])

4 Pellucidus, RADOSZKOWSKY.

—Brugmoia pellucida, *Radoszkowsky.* 1877 (99)
—Pseudochrysis pellucida,
de Séménow. 1892 S. (116[d])

5 Pallispinosus, WALKER. 1871 (136)

—Pseudochrysis pallispinosa,
de Séménow. 1892 S. (116[d])
—Brugmoia pallispinosa,
de Séménow. 1892 S. (116[d])

6 Purpuratus, FABRICIUS.

—Chrysis purpurata, *Fabricius.* ♀
1787 (31)
— —variegata, *Olivier.* ♀ 1790 (90)
—Euchrœus sexdentatus,
Dahlbom. ♂ 1854 (24)
— quadratus, *Shuckard.* ♂
1837 (117)
— — purpureus, *Abeille.* 1879 (3)
—Pseudochrysis purpurata,
de Séménow. 1892 S. (116[d])

Var. consularis, R. DU BUYSSON.

7 Egregius, R. DU BUYSSON.
1887 (10)

— Pseudochrysis egregia,
de Séménow. 1892 S. (116[d])

8 Festivus, FABRICIUS.

—Chrysis festiva, *Fabricius.*
1793 (32)
—Pseudochrysis festiva,
de Séménow. 1892 S. (116[d])

G. 4. — **CHRYSIS**, LINNÉ. 1767 (75)

1 Hebes, R. DU BUYSSON. S.

2 Genalis, MOCSARY. 1887 (84)

—C. foveata, *Radoszkowsky,*
nec Dahlbom, 1877 (99)

3 Tenella, MOCSARY. 1889 (87)

Var. Chalcophana, MOCSARY.

—C. Chalcophana, *Mocsary.*
1889 (87)

Var. Mlokosewitzi, RADOSKOWSKY.

—C. Mlokosewitzi, *Radoszkowsky.*
1888 (102)

4 Marqueti, R. DU BUYSSON. 1887 (10)

—Pseudochrysis Marqueti,
de Séménow. 1892 S. (116[d])

5 Magrettii, R. DU BUYSSON.
1890 (11)

6 Calpensis, R. DU BUYSSON. S.

7 Basalis, DAHLBOM. 1854 (24)

8 Cyanura, DAHLBOM. 1854 (24)

—C. Humboldti, *Dahlbom.* 1845 (23)
—C. Fedtschenkoi, *Radoszkowsky.*
1877 (99)
—Pseudochrysis Humboldti,
de Séménow. 1892 S. (116[d])

Var. minor, MOCSARY. 1889 (87)

Var. minuta, MOCSARY. 1889 (87)

9 Incrassata, SPINOLA. 1838 (122)

—C. cyanura, *Eversmann.* 1857 (28)

—Pseudochrysis incrassata, *de Séménow.* 1892 S. (116d)

Var. gratiosa, Mocsary.

—C. gratiosa, *Mocsary.* 1889 (87)
—Pseudochrysis gratiosa, *de Séménow.* 1892 S. (116d)

10 Desidiosa, R. du Buysson.

11 Ærata, Dahlbom 1854 (24)

—C. trimaculata, *Færster.* 1853 (36)
—C. Blancoburgensis, *Schmiedeknecht.* 1880 (112)

12 Mulsanti, Abeille. 1878 (2)

—? C. rufiventris, *Dahlbom.* 1854 (24)

Var. rudis, R. du Buysson.

13 Djelma, R. du Buysson.

14 Refulgens, Spinola. 1806 (121)

—C. flammea, *Lepeletier.* 1806 (71)

Var. Amasinopsis, R. du Buysson.

15 Varicornis, Spinola. 1838 (122)

—C. Hiendlmayri, *Mocsary.* 1889 (87)
— — cyaniventris, *Mocsary.* 1889 (87)
— — mendax, *Abeille.* 1878 (2)

16 Separanda, Mocsary. 1889 (87)

17 Sulcata, Dahlbom. 1854 (24)

—C. picticornis, *Mocsary* 1889 (87)

18 Ottomana, Mocsary. 1889 (87)

19 Desertorum, Abeille-Buysson. 1887 (10)

—C. cyanocœlia, *Mocsary.* 1889 (87)

20 Erigone, Mocsary. 1889 (87)

21 Scita, Mocsary. 1889 (87)

22 Pustulosa, Abeille. 1878 (2)

—? C. Austriaca, *Zetterstedt.* 1840 (138)

— —? Mutica, *Færster.* 1853 (36)
— —? Naïla, *Mocsary.* 1890 (88)

Var. orientalis, R. du Buysson.

23 Pelopæicida, Abeille-Buysson. 1887 (10)

24 Osiris, R. du Buysson. 1887 (10)

25 Errans, R. du Buysson. S.

26 Aurifrons, Dahlbom. 1854 (24)

—C. ignifrons, *Brullé.* 1832 (5)

27 Albitarsis, Mocsary. 1889 (87)

28 Hydropica, Abeille. 1878 (2)

29 Humilis, R. du Buysson. 1887 (10)

30 Tafnensis, Lucas. 1849 (77)

31 Circe, Mocsary. 1889 (87

32 Simplex, Dahlbom. 1854 (24)

—C. pyrocœlia, *Mocsary.* 1889 (87)
— — simplicicornis, *R. du Buysson.*

Var. gigantea, R. du Buysson.

—? C. pyrogaster, *Brullé.* 1832 (5)

33 Kruperi, Mocsary. 1889 (87

34 Viridana, Dahlbom. 1854 (24)

35 Lucasi, Abeille. 1878 2)

—C. unicolor, *Lucas,* nec Dahlbom. 1849 77)

36 Emarginatula, Spinola. 1808 (121)

—C. crassimargo, *Spinola.* 1843 (123)

37 Neglecta, Shuckard 1837 (117)

—C. integrella, *Dahlbom.* 1854 (24)
— — Thuringiaca, *Schmiedeknecht.* 1880 (112)
—Pseudochrysis neglecta, *de Séménow.* 1892 S. (116d)

Var. Kuthyi, Mocsary.

—C. Kuthyi, *Mocsary.* 1889 (87)

38 Aureicollis, Abeille. 1878 (2)
—C. Eldari. *Radoszkowsky*. 1893 S. (104ª)
—Pseudochrysis aureicollis, *de Séménow*. 1892 S. (116ᵈ)

39 Austriaca, Fabricius. 1804 (34)
—C. rufiventris, *Radoszkowsky*. 1876 (98)

40 Hirsuta, Gerstaecker. 1869 (46)
—C. bicolor, *Dahlbom*. 1854 (24)

41 Osmiæ. Thomson. 1870 (128)
—? C. bicolor, *Dahlbom*. 1854 (24)
— — lativentris, *Tournier*. 1879 (131)
— — similaris, *Tournier*. 1879 (131)

42 Chobauti, R. du Buysson. S.

43 Kohli, Mocsary. 1889 (87)
—Pseudochrysis Kohli, *de Séménow*. 1892 S. (116ᵈ)

44 Pruna, Gribodo. 1879 (54)

45 Barbara. Lucas. 1849 (77)

46 Illudens, R. du Buysson.

47 Zuleica, R. du Buysson. 1890 (12)

48 Fugax, Abeille. 1878 (2)

49 Hybrida, Lepeletier. 1806 (71)
—C. Venusta, *Mocsary*. 1878 (79)

50 Cuprata, Dahlbom. 1854 (24)

51 Curta, R. du Buysson. S.

52 Affinis, Lucas. 1849 (77)
—C. chloroprasis, *R. du Buysson*. 1888 (10)

53 Tumens, R. du Buysson.

54 Auropicta, Mocsary. 1889 (87)

55 Elzearii. R. du Buysson.

56 Purpureifrons, Abeille. 1878 (2)

57 Joppensis, Abeille-Buysson. 1887 (10)

58 Uniformis, Dahlbom. 1854 (24)
—C. fasciata, *Spinola*, nec Olivier 1805 (120)
—Pseudochrysis uniformis, *de Séménow*. 1892 S. (116ᵈ)

59 Cœruleipes, Fabricius. 1804 (34)
—C. cuprea. *Rossi*. 1790 (105)
— — cœrulescens, *Fabricius*. 1798 (33)
— — aurichalca, *Lepeletier*. 1806 (71)
— — aurichalcea, *Fœrster*. (nec Provencher) 1853 (36)

60 Oraniensis, Lucas. 1849 (77)

61 Porpyrea, Mocsary. 1889 (87)

62 Cœruleiventris, Abeille. 1878 (2)
—Pseudochrysis cœruleiventris, *de Séménow*. 1892 S. (116ᵈ)

63 Igneola, R. du Buysson. S.

64 Laïs, Abeille. 1878 (2)
—C. candens, *Germar*. ♀ (? ♂) 1817 (43)
— —? semicyanea, *Brullé*. 1832 (5)

65 Gazagnairei, R. du Buysson. 1890 (12)

66 Phryne, Abeille. 1878 (2)
—? C. semicyanea, *Brullé*. 1832 (5)

67 Fulminatrix, R. du Buysson. 1888 (10)

68 Destefanii, Mocsary. 1889 (87)
—C. candens, ♂ *R. du Buysson*. 1888 (10)

69 Mocquerysi, R. du Buysson. 1887 (10)

70 Cirtana, Lucas. 1849 (77)

71 Lydiæ, Mocsary. 1889 (87)

72 Angustifrons, Abeille. 1878 (2)
—C. carinæventris, *Mocsary*. 1882 (82)
— — Lagodechii, *Radoszkowsky*. 1888 (102)

Var. Castillana, R. du Buysson.

73 Lepida, Mocsary. 1889 (87)

74 Purpurascens, Mocsary. 1889 (87)

75 Dichropsis, R. du Buysson.

76 Dichroa, Dahlbom. 1854 (24)
—? C. elegans, *Brullé*, nec Lepeletier. 1832 (5)
— —? cœruleipes, *Fœrster*, nec Fabricius, 1853 (36)
— — Bæri, *Radoszkowsky*. 1866 (96)
— — Gillenhali, *Dahlbom*. ♂ 1854 (24)

Var. minor, Mocsary. 1889 (87)
—? C. socia, *Dahlbom*. 1854 (24)

Var. lævigata, Abeille. 1879 (3)

77 Pallipes, Tournier.
—Spintharis pallipes, *Tournier*. 1879 (131)
—Pseudochrysis pallipes, *de Séménow*. 1892 S. (116d)
—Spintharina pallipes, *de Séménow*. 1892 S. (116d)

78 Transversa, Dahlbom. 1854 (24)
—Pseudochrysis transversa, *de Séménow*. 1892 S. (116d)

79 Mesochlora, Mocsary. 1892 S. (88a)

80 Sodalis, Mocsary. 1892 S. (88a)

81 Angusticollis, Mocsary. 1892 S. (88a)
—? C. auropicta, *Mocsary*, Var.

82 Gastrica, Dahlbom. 1854 (24)

83 Graja, Mocsary. 1889 (87)

84 Rhodia, Mocsary. 1889 (87)

85 Smyrnensis, Mocsary. 1889 (87)

86 Macrostoma, Gribodo. 1874 (52)

87 Trisinuata, Mocsary. 1889 (87)

88 Alexandri, R. du Buysson.
—Spintharis Mocsaryi, *Radoszkowsky*. 1889 (103)
—Spintharina Mocsaryi, *de Séménow*. 1892 S. (116d)
—Pseudochrysis Mocsaryi, *de Séménow*. 1892 S. (116d)

89 Innesi, R. du Buysson.

90 Kessleri, Radoszkowsky. 1877 (99)

91 Ashabadensis, Radoszkowsky. 1891 S. (104)

92 Saussurei, Chevrier. 1862 (14)

93 Transcaspica, Mocsary. 1889 (87)

Var. nostra, Radoszkowsky. 1891 S. (104)

94 Mediocris, Dahlbom. 1854 (24)

Var. fallax, Mocsary.
— — C. fallax, *Mocsary* 1889 (87)

Var. afflicta, R. du Buysson.

95 Mixta, Dahlbom. 1854 (24)

96 Anceyi, R. du Buysson, 1888 (10)

97 Thoracica, R. du Buysson.

98 Elegans, Lepeletier. 1806 (71)
— C. dorsata, *Brullé*. 1832 (5)
— — confluens, *Dahlbom*. 1845 (23)
— — candens, *Dahlbom*. 1845 (23)
— — aureola, *Fœrster* 1853 (36)
— — Schousboei, *Radoszkowsky*. nec Dahlbom. 1866 (96)

Var. Melanura, R. du Buysson.

99 Versicolor, SPINOLA. 1808 (121)

100 Foveata, DAHLBOM. 1845 (23)

101 Wustnei, MOCSARY. 1889 (87)

102 Melanophris, MOCSARY. 1889 (87)

103 Singularis, SPINOLA. 1838 (122)
—Pseudochrysis singularis *de Séménow* 1892 S (116d)

104 Sinuosiventris, ABEILLE. 1878 (2)

105 Tekensis, DE SÉMÉNOW. 1892 S. (116d)

106 Leachii, SHUCKARD. 1837 (117)

Var. Corsica, R. DU BUYSSON S.

107 Peninsularis, ABEILLE-BUYSSON. 1887 (10)

108 Succincta, LINNE. 1767 (75)
—? C. hungarica, *Scopoli*. 1772 (110)
— —? calens, *Christ*, nec Fabricius. 1791 (17)
— — succinctula, *Dahlbom*. (1854 (24)
— — minutula, *Schenck*. 1871 (111)

Var. Friwaldskyi, MOCSARY.
—C. Frivaldskyi, *Mocsary*. 1882 (82)
— — tarsata, *Dahlbom*. 1854 (24)
— — basalis, *Destefani*. nec Dahlbom. 1888 (124)

Var. Gribodoi, ABEILLE.
— C. Gribodoi, *Abeille*. 1878 (2)

Var. Germari, WESMAEL.
—C. Germari, *Wesmael*. 1839 (137)
— — nitidula, *Germar*, nec Fabricius. 1817 (43)
— — aurichalcea *Wesmael*, nec Fœrster, nec Provencher. 1839 (137)
— — æneipes, *Tournier*. 1879 (131)

Var. Bicolor, LEPELLETIER.
—C. bicolor, *Lepeletier*. 1806 (71)
— — succincta *Panzer*. 1801 (92)
— — Illigeri, *Wesmael*. 1839 (137)

Var. Sparsepunctata, R. DU BUYSSON.

Var. Abeillei, FREY-GESSNER. 1887 (38)

109 Vagans, RADOSZKOWSKY.
—C. vagans, *Radoszkowsky*. 1897 (99)
—Spintharis vagans, *Mocsary*. 1889 (87)
—Spintharina vagans, *de Séménow*. 1892 S ((116d)
—Pseudochrysis vagans, *de Séménow*. 1892 S (116d)

110 Diacantha, MOCSARY. 1889 (87)

111 Cylindrosoma, R. DU BUYSSON. 1890 (12

112 Bihamata, SPINOLA. 1838 (122)
—C bispina *de Séménow*. 1892 S. (116b)

113 Prodita, R. DU BUYSSON.

114 Scioensis, GRIBODO. 1879 (54)

115 Cyanea, LINNE. 1761 (76)
—C. bidentata *Villers*, nec Linné. 1789 (134)

116 Pellucida, R. DU BUYSSON. 1887 (10)
—C. Buyssoni, *Mocsary* 1889 (87)

117 Olivieri, BRULLÉ. 1846 (7)

118 Fuscipennis, BRULLÉ. 1846 (7
—C. erratica, *Abeille-Buysson*. 1887 (10)
— — amethystina, *Dahlbom*. 1854 (24)

Var. Mossulensis, ABEILLE BUYSSON. 1887 (10)

Var. Dorsata, R. DU BUYSSON. S.

119 Fulvicornis, Mocsary. 1889 (87)

Var. Murgabi, Radoszkowsky. 1891 S. (104)

—? C. maculicornis, *Klug*, (1845 (64)

120 Remota, Mocsary. 1887 (86)

121 Branickii, Radoszkowsky. 1870 (98)

122 Palliditarsis, Spinola. 1838 (122)

—C. Blanchardi, *Lucas*. 1849 (77)

123 Chlorochrysa Mocsary. 1887 (86)

124 Electa, Walker. 1871 (136)

125 Maracandensis, Radoszkowsky. 1877 (99)

Var. simulatrix, Radoszkowsky 1891 S. (104)

126 Somalina, Mocsary. 1889 (87)

127 Quadrispina, Abeille-Buysson, 1887 (10)

128 Komarovi, Radoszkowsky. 1891 S. (104)

129 Sznabli, Radoszkowsky. 1891 S. (104)

130 Taurica, Mocsary. 1889 (87)

—? C. monochroma, *Mocsary* ♂. 1892 S. (88a)

131 Chrysochlora, Mocsary 1889 (87)

132 Regina, Abeille-Buysson. 1887 (10)

133 Speciosa, Radoszkowsky. 1877 (99)

134 Psittacina, R. du Buysson. 1887 (10)

135 Lœtabilis, R. du Buysson. 1887 (10)

—? C. communis, *Walker*. 1871 (136)

—C. Blanchardi, *Mocsary*, nec Lucas. 1892 S. (88a

136 Octavii, R. du Buysson.

137 Dentipes, Radoszkoswky. 1877 (99)

138 Abbreviaticornis, R. du Buysson.

—C. circassica *Mocsary* ♀. 1892 S. (88a)

139 Seraxensis, Radoszkowsky. 1891 S. (104

Var. viridipes, R. du Buysson. S.

140 Acceptabilis, Radoszkowsky 1891 S. (104

141 Albipilis, Mocsary. 1889 (87

142 Viridans, Radoszkowsky. 1891 S. (104)

143 Nitidula, Fabricius. 1775 (29)

— ? C. cyanea, *Villers*, nec Linné. 1789 (134)

—? — Iris, *Christ* 1791 (17)

— — violacea *Schrank*, nec Panzer. 1802 (114)

— — cyanochroa *Fœrster*. 1853 (36)

— — cœrulans, *Radoszkowsky*. nec Fabricius 1866 (96)

— — soluta, *Radoszkowsky*, nec Dahlbom. 1866 (96)

—? — soluta, *Dahlbom*, 1854 (24)

144 Nomima, R. du Buysson.

145 Indigotea, Dufour et Perris. 1840 (27)

—? C. indica, *Schrank*. 1801 (114)

— — jantina, *Fœrster*. 1853 (36)

Var. Daghestanica, Mocsary 1889 (87)

146 Ragusæ, de Stefani. 1888 (124)

147 Annulata, Abeille-Buysson. 1887 (10)

148 Araratica, Radoszkowsky. 1889 (103)

149 Ariadne, Mocsary. 1889 (87)

150 Aurimacula, Mocsary. 1889 (87)

151 Subcœrulea, Radoszkowsky ♀. 1891 (104)

152 Pœcilochroa, Mocsary. 1889 (87)

153 Placida, Mocsary. 1879 (80)

154 Aurulenta, Mocsary. 1889 (87)

155 Uljanini, Radoszkowsky. ♂. 1877 (99)

156 Exsulans, Dahlbom. 1854 (24)

157 Fulgida, Linné. 1761 (76)

—C. ornatrix, *Christ.* 1791 (17)
— — Stoudera, *Jurine.* 1807 (61)
— — Stondera, *Panzer.* 1809 (92)
— — Stouderi, *Labram.* 1842 (65)
— — cruenta, *Mocsary.* 1883 (83)

158 Sarafschana, Mocsary. 1889 (87)

—C. Uljanini, *Radoszkowsky* ♀. 1877 (99)
— — Hecuba, *Mocsary* ♂. 1889 (87)
— — Sickmanni, *Mocsary* ♀. 1892 S. (88a)

159 Aurifascia, Brullé. 1846 (7)

—C. alternans, *Dahlbom.* ex-parte 1854 (24)
— — alternans, *Walker.* 1871 (136)

160 Semicincta, Lepeletier. 1806 (71)

—C. imperialis, *Dahlbom,* nec Westwood. 1845 (23)
— — tricolor, *Lucas.* 1849 (77)

161 Jucunda, Mocsary. 1889 (87)

—C. leptopœcila, *de Séménom.* 1892 S. (116b)

162 Chrysostigma, Mocsary. 1889 (87)

—C. Ramburi *Dahlbom.* (ex-parte. 1851 (24)

163 bidentata, Linné. 1767 (75)

—C. viridula, *Linne.* 1761 (76)
— — thalassina *Zschach.* 1788 (139)
— — Aurora, *Christ.* 1791 (17)
— — edentula, *Rossi.* 1792 (106)
— — dimidiata, *Fabricius.* 1798 (33)
—Elampus bidentatus, *Lucas.* 1849 (77)

Var. cingulicornis, Fœrster.

—C. cingulicornis, *Fœrster.* 1853 (36)

Var. gemma, Abeille. 1878 (2)

—C. sinuorsa, *Eversmann,* 1857 (28)

Var. Daphnis, Mocsary.

—C. Daphnis, *Mocsary.* 1889 (87)

Var. nigrina, R. du Buysson.

Var. maculifrons, R. du Buysson).

Var. consanguinea, Mocsary.

—C. consanguinea, *Mocsary.* 1889 (87)

Var. fenestrata, Abeille. 1878 (2)

Var pyrrhina, Dahlbom.

—C. pyrrhina, *Dahlbom.* 1845 (23)
— — serena *Radoszkowsky.* 1891 S. (104)

Var. intermedia, R. du Buysson. 1887 (10)

Var. erythromelas, Dahlbom.

—C. erythromelas, *Dahlbom.* 1845 (23)
— — cylindrica, *Eversmann.* 1857 (28)

Var. Ornata, Smith

—C. ornata, *Smith.* 1862 (118)
— — bidentata, *Linné.* Var. Sicula, *Abeille.* 1878 (2)

Var. integra, Fabricius.
—C. integra, *Fabricius*. 1787 (31)
— — Gogorzæ, *Lichtenstein*. 1879 (74)

Var. Madridensis. R. du Buysson.

164 Xanthocera, Klug. 1845 (64)
—C. Barrei, *Radoszkowsky*. 1891 S (104)

165 Rutilans, Dahlbom, nec Olivier. 1854 (24)
—Chrysoprasina, *Fœrster*. 1853 (36)

166 Imperatrix, R. du Buysson. 1887 (10)
—Chrysoprasina, *Fœrster* Var. imperatrix, *Mocsary* 1889 (87)

167 Ramburi, Dahlbom, (ex-parte.) 1854 (24)

168 Cyanopyga, Dahlbom. 1854 (24)
—? C. splendidula, *Rossi*. 1790 (105)
— — splendidula *Mocsary*. 1889 (87)
— — versicolor, *Lucas*. 1849 (77)
— — Maroccana, *Mocsary*. 1883 (83)

Var. unica, Radoszkowsky.
—C. splendidula, *Radoszkowsky*, Var. unica, *Radoszkowsky*. 1891 S. (104)

Var. Chlorisans, R. du Buysson.

Var. subaurata, Radoszkowsky.
—C. subaurata, *Radoszkowsky*. 1891 S. (104)

Var. Dominula, Abeille.
—C. dominula, *Abeille*. 1877 (1)

169 Splendidula, Dahlbom. 1845 (23)
—? C. rutilans, *Olivier*, nec Dahlbom. 1790 (90)
— — analis, *Shuckard* 1837 (117)
— — insperata *Chevrier*. 1870 (16)

Var. Aurotecta, *Abeille*.
—C. aurotecta, *Abeille*. 1879 (3)

Var. Asiatica, Mocsary. 1889 (87)

170 Taczanowszkyi, Radoszkowsky. 1876 (98)
—? C. cyanochrysa, *Fœrster*. 1771 (35)
— — viridimargo, *R. du Buysson* ♀. 1887 (10)
— — Mariæ, *R. du Buysson* ♂ 1887 (10)
— — prasina, *Gorgoza*, nec Klug. 1887 (50)

171 Interjecta, R. du Buysson

172 Marginata, Mocsary. 1889 (87)

173 Asiatica, Radoszkowsky. 1888 (102)

174 Analis, Spinola 1808 (121)
—C. Grælsii, *Guérin*, 1842 (57)
— — flavitarsis, *Fœrster*. 1853 (36)
— — marginalis, *Schenck*, nec Brullé. 1856 (109)
— — Dahlbomi, *Chevrier*. 1862 (14)
— — cribrata, *Gerstæcker*. 1869 (46)
— — Perrini, *Radoszkowsky*. 1888 (102)
— — excisa, *Mocsary*. 1888 (102)

175 Thalammeri. Mocsary. 1889 (87)
—C. distincta, *Mocsary*. 1887 (84)
— — exigua, *Mocsary*. 1889 (87)
— — Semenovi, *Radoszkowsky* 1891 S (104)
— — analis, *Spinola*. Var. incerta, *Radoszkowsky*. 1879 (100)

176 Chevrieri, Abeille, nec Mocsary. 1877 (1)
—C. analis, *Chevrier*. 1862 (14)
— — Sybarita, *Fœrster* 1853 (36)

Var. Perezi, Mocsary.

—C. Perezi, *Mocsary*, 1889 (87)

Var. pusilla, R. DU BUYSSON.

Var. tenera, MOCSARY.
—C. tenera, *Mocsary*. 1892 S. (88a)

Var. Valaisiana, FREY-GESSNER.
—C. sybarita, *Færster*. Var. Valaisiana, *Frey-Gessner*. 1887 (38)

177 Insoluta, ABEILLE. 1878 (2)
—C. comparata, *Mocsary*, nec Lepeletier. 1889 (87)

178 Polytima, R. DU BUYSSON.

179 Amasina, MOCSARY. 1889 (87)

180 Æstiva, DAHLBOM. 1854 (24)
—C. Pomerantzovi, *Radoszkowsky*. 1891 S. (104)

Var. Sardarica, RADOSZKOWSKY.
—C. Sardarica, *Radoszkowsky*. 1889 (103)

181 Handlirschii, MOCSARY. 1889 (87)

182 Verna, DAHLBOM. 1854 (24)

183 Comparata, LEPELETIER, nec Mocsary. 1806 (71)
—? Vespa ignita. *Fourcroy*. 1785 (37)
—C. distinguenda, *Dahlbom*. nec Spinola. 1854 (24)
—manicata, *Radoszkowsky*. 1866 (96)
—Chevrieri, *Mocsary*, nec Abeille. 1879 (81)

Var. Orientalis, MOCSARY. 1889 (87)

184 Inæqualis, DAHLBOM. 1845 (23)
—C Miegii, *Guérin*. 1842 (57)
— —tæniophris, *Færster*. 1853 (36)

Var. Caucasica, MOCSARY. 1889 (87)

185 Vaulogeri, R. DU BUYSSON.

186 Mauritii, R. DU BUYSSON. S.

187 Cerastes, ABEILLE. 1878 (2)
—C. igniventris, *Abeille*. 1877 (1)
— — semiviolacea, *Mocsary*. 1889 (87)
—? — Bianchii, *de Séménow*. 1892 S. (116b)

188 Mutabilis, R. DU BUYSSON. 1887 (10)
—? C. Bianchii, *de Séménow*. 1892 S. (116b)
— —multicolor, *Walker*, (ex parte.) 1871 (136)

Var. ambigua, RADOSZKOWSKY.
— C. ambigua, *Radoszkowsky*. 1891 S. (104)

Var. Germabi, RADOSZKOWSKY.
—C. Germabi, *Radoszkowsky*. 1891 S. (104)

Var. Araxana, MOCSARY. 1892 S. (88a)
—C. Aranana, *Mocsary*. 1892 S. (88a)

189 Ignita, LINNÉ. 1761 (76)
—Sphex ignita, *Poda*. 1761 (95)
—C. vitripennis, *Schenck*. 1856 (109)
— — impressa, *Schenck*. 1856 (109)
— — angustula, *Schenck*. 1856 (109)

Var. infuscata. MOCSARY. 1889 (87)
—C. magnidens, *Perez*. 1895 S. (94a)

Var. Fairmairei, MOCSARY.
—C. Fairmairei, *Mocsary*. 1889 (87)

Var. Kirschii, MOCSARY.
—C. Kirschii, *Mocsary*. 1889 (87)

Var. subcœruleans, R. DU BUYSSON.

Var. curvidens, DAHLBOM.
—C. curvidens, *Dahlbom*. 1854 (24)

Var. longula, ABEILLE. 1879 (3)

Var. cuprata, MOCSARY. 1890 (88)

Var. terminata, DAHLBOM.

—C. terminata, *Dahlbom*. 1854 (24)

Var. obtusidens, Dufour et Perris.

—C. obtusidens. *Dufour et Perris*. 1840 (27)

— — igniventer, *Guérin*. 1842 (57)

—? — brevidentata, *Schenck*. 1856 (109)

—? — comparata, *Lamprecht*. 1881 (67)

Var. brevidens, Tournier.

—C. brevidens, *Tournier*. 1879 (131)

Var. rutiliventris, Abeille. 1879 (3)

Var. lugubris, R. du Buysson.

Var. uncifera, Abeille.

—C. uncifera, *Abeille*. 1878 (2)

Var. comta, Fœrster.

—C. comta, *Fœrster*. 1853 (36)

190 Auripes, Wesmael. 1839 (137)

—C. Ruddii, *Shuckard*. 1837 (117)

— — adulterina, *Abeille*. 1878 (2)

191 Pallidicornis, Spinola. 1838 (122)

—C. armena, *Dahlbom*. 1854 (24)

—? Spintharis humeralis, *Klug*. 1845 (64)

—C. humeralis, *Mocsary*. 1892 S. (88)

Var. Chloris, Mocsary.

—C. chloris, *Mocsary*. 1889 (87)

192 Kolazyi, Mocsary. 1889 (87)

193 Ehrenbergi, Dahlbom. 1854 (24)

—Platycœlia Ehrenbergi, *Dahlbom*. 1845 (23)

194 Temporalis, R. du Buysson.

195 Opulenta, Mocsary. 1889 (87)

196 Varidens, Abeille. 1878 (2)

197 Incisa, Abeille-Buysson. 1887 (10)

—C. bihamata, *Gogorza*. 1887 (50)

— — angulata, *Gogorza*. 1887 (50)

— — strangulata, *Gogorza*. 1887 (50)

— — anomala, *Mocsary* 1892 S. (88)

198 Angulata, Dahlbom 1854 (24)

—? C. rufitarsis, *Brullé*. 1832 (5)

199 Pyrophana, Dahlbom. 1854 (24)

—C. euchlamys, *Mocsary*. 1889 (87)

— — varidens, *Gogorza*. 1887 (50)

Var. viridimaculata. R. du Buysson.

200 Fertoni, R du Buysson.

201 Facialis, Abeille-Buysson. 1887 (10)

202 Mirabilis, Radoszkowsky. 1876 (98)

203 Episcopalis, Spinola, nec Guerin. 1838 (122)

—C. Syriaca, *Guérin*. 1842 (57)

— — Sinaica. *Walker*. 1871 (136)

204 Grohmanni, Dahlbom. 1854 (24)

—C. gloriosa, *Dahlbom*. 1845 (23)

Var. singula, Radoszkowsky

—C. singula, *Radoszkowsky*. 1891 S. (104)

Var. pallescens, R. du Buysson.

205 Apicalis. Radoszkowsky. 1879 (100)

206 Scutellaris, Fabricius 1794 (32)

—C. segmentata, *Dahlbom*. 1829 (21)

Rosenhaueri, *Fœrster*. 1853 (36)

Var. consobrina, Mocsary.

—C. consobrina, *Mocsary*, 1889 (87)

— — consobrina. Var. nova, *Radoszkowsky*. 1891 S. (104)

Var, unidulata, RADOSZKOWSKY.
—C. undulata, *Radoszkowsky*. 1879 (100)
— — obscura, *Radoszkowsky*, nec Smith. 1876 (98)
— — Chalcochrysa, *Mocsary*. 1887 (84)

207 **Cœlestina**, KLUG. 1845 (64)

208 **Diversa**, DAHLBOM. 1854 (24)

209 **Angularis**, MOCSARY 1889 (87)

210 **Viridissima**. KLUG. 1845 (64)

211 **Minutissima**. RADOSZKOWSKY. 1876 (98)

212 **Kokandica**, RADOSZKOWSKY. 1877 (99)

213 **Concolor**, MOCSARY. 1892 S. (88a)

214 **Circassica**. MOCSARY. 1892 S. (88a)

215 **Sehestedti**, DAHLBOM. 1854 (24)

216 **Zonata**, DAHLBOM. 1854 (24)

217 **Soror**, DAHLBOM 1854 (24)

218 **Abeillei**, GRIBODO. 1879 (54)

219 **Elegantula**, SPINOLA. 1838 (122)
—C. cincta, *Brullé*. 1846 (7)
— — alternans, *Dahlbom*, (ex parte). 1854 (24)

220 **Cingulata**, FŒRSTER. 1853 (36)

221 **Jucunda**, MOCSARY. 1889 (87)
—C. leptopœcila, *de Séménow*. 1892 S. (116b)

222 **Impar**. DAHLBOM 1854 (24

223 **Manicata**, DAHLBOM. 1854 (24)

224 **Brevitarsis**, THOMSON 1870 (128)

225 **Charon**, MOCSARY. 1889 (87)

226 **Dubitata**, MOCSARY. 1889 (87)

—C. prasina, *Dahlbom*, nec Klug. 1854 (24)

227 **Gracilicornis**, DE SEMENOW. 1892 S. (116b)

228 **Chrysophora**, DE SEMÉNOW. 1892 S. (116b)

229 **Frontalis**, KLUG. 1845 (64)

230 **Helvetica**, MOCSARY. 1887 (84)
—C. superba, *Tournier*, nec Cresson, nec Radoszkowsky. 1879 (131)

231 **Æruginosa**, DAHLBOM. 1854 (24)

232 **Schousboei**, DAHLBOM. 1854 (24)

233 **Megacephala**, DAHLBOM. 1854 (24

234 **Virginalis**, R. DU BUYSSON.
—Pseudochrysis virgo, *de Séménow*, nec Abeille. 1892 S. (116b

235 **Büchneri**, DE SÉMÉNOW. 1892 S. (116b

236 **Lusca**, FABRICIUS. 1804 (34

237 **Inops**, GRIBODO. 1884 (56)

238 **Megerlei**. DAHLBOM. 1854 (24

239 **Amœna**, EVERSMANN. 1857 (28)

240 **Arrogans**, MOCSARY. 1889 (87)
—C. seminigra, *Walker*. 1871 (136)

241 **Goliath**, ABEILLE. 1878 (2)

242 **Lyncea**, FABRICIUS. 1775 (29)
—Pyria armata, *Lepeletier* et *Serville*. 1825 (72)
— —Reichei, *Spinola*. nec Dahlbom. 1838 (122)
—Stilbum lynceum, *Dahlbom*. 1845 (23)
—Pyria lyncea, *Gerstaecker*. 1862 (45)
—Chrysis vomerina, *Costa*. 1864 (19

Var. Midas, R. DU BUYSSON. 1891

243 Stilboides, Spinola. 1838 (122)
—Stilbum sexdentatum, *Guérin*. 1842 (57)
— — Hedenborgi, *Dahlbom*. 1845 (23)
—Chrysis nobilis, *Klug*, 1845 (61)
—Pyria smaragdula, *Brullé*, nec Lepeletier et Serville. 1846 (7)

244 Simillima, Gribodo. 1879 (54)

245 Demavendæ, Radoszkowsky. 1881 (101)

246 Monochroa, Mocsary. 1889 (87)

247 Violacea, Panzer. 1806 (94)
—? C. fasciata, *Olivier*, nec Fabricius, nec Spinola. 1790 (90)
— — sexdentata, *Panzer*, nec Christ, nec Fabricius. 1798 (92)

248 Erivanensis, Radoszkowsky. 1879 (100)

249 Andreana, R. du Buysson.

250 Equestris, Dahlbom. 1845 (23)

251 Zetterstedti, Dahlbom. 1845 (23)

252 Micans, Rossi. 1792 (106)
—C. sexdentata *Christ*, nec Fabricius, nec Panzer. 1791 (17)
— — similis, *Lepeletier*. 18 6 (71)
— — Caucasica, *Radoszkowsky*. 1876 (98)

253 Sabulosa, Radoszkowsky. 1877 (99)

254 Pulchella, Spinola. 1808 (121)

Var. dives, Lucas, (ex parte) nec Dahlbom. 1849 (77)
—C. spinifera, *Abeille*. 1878 (2)

Var. calimorpha, Mocsary. 1882 (82)
—C. dives, *Dahlbom*. 1854 (24)

255 Plusia, Mocsary. 1889 (87)

256 Distinguenda, Spinola. 1838 (122)

257 Vahli, Dahlbom. 1854 (24)

258 Herzensteini, de Semenow. 1892 S. (116b)

G. 5. — **STILBUM**, Spinola. 1806 (121)

1 Splendidum, Fabricius.
—Chrysis splendida, *Fabricius*. 1775 (921)
—? — cyanura, *Fœrster*. 1771 (35)
— — nobilis, *Fuessly*, nec Sulzer. 1778 (41)
—Stilbum, cyanurum, *Mocsary*. 1889 (87)
—Stilbum amethystinum, *Fabricius*. Var. festivum, *Mocsary*. 1879 (80)

Var. amethystinum, Fabricius.
—Chrysis amethistina, *Fabricius*. 1775 (29)
—Stilbum cyanurum, *Fœrster*. Var. amethystinum, *Mocsary*. 1889 (87)

Var. Leveillei, R. du Buysson. 1891

Var. variolatum, Costa.
—S. variolatum, *Costa*. 1864 (19)
—S. cyanurum, *Fœrster*. Var. splendidum, *Mocsary*. 1889 (87)

Var. siculum, Tournier.
—S. Siculum, *Tournier*. 1878 (130)
— — Westermanni, *Dahlbom*, (ex parte). 1845 (23)
— — Splendidum, *Dahlbom*, (ex parte). 1854 (24)
— — cyanurum, *Fœrster*. Var. siculum, *Mocsary*. 1889 (87)

Var Pici, R. du Buysson.

Var. Caspicum, R. du Buysson.

Var. calens, Fabricius.
—Chrysis calens, *Fabricius*. 1781 (30)

—? — nobilis, *Sulzer*, nec Klug. 1776 (126)
—Stilbum nobile *Mocsary*. 1882 (82)
—S cyanurum, *Fœrster*. Var. nobile, *Mocsary*. 1889 (87)

4e Tribu. — Parnopidæ.

G. 1. — PARNOPES, LATREILLE. 1796 (68)

1 **Smaragdina**, SMITH. 1874 (119)

2 **Apicalis**, WALKER. 1871 (136)

3. **Carnea**, FABRICIUS.
—Chrysis carnea, *Fabricius*. 1775 (29
— — grandior, *Pallas*. 1771 (91

Var. unicolor, GRIBODO. 1879 (54

Var. fasciata, MOCSARY. 1889 (87

Var. Caucasica, MOCSARY. 1889 (87)

4 **Popovii**, EVERSMANN. 1857 (28)
—P. Sinensis, *Smith*. 1874 (119)

5 **Denticulata**, SPINOLA. 1838 (122)

6 **Fischerei**, SPINOLA. 1838 (122)

Paris. — E. KAPP, imprimeur, 83, rue du Bac.

EXPLICATION

DES PLANCHES

PLANCHE I

Caractères généraux

1 Thorax de *Chrysis ignita*, L., vu de profil.

a Pronotum ou scutellum du prothorax
b Epimères du prosternum ou propleures.
c Hanche antérieure.
d Aire médiane du mesonotum ou du scutum du mesothorax
e Aire laterale du mesonotum ou du scutum du mésothorax
f Epimère du mesosternum ou mésopleure
g Episternum du mésothorax
h Ecaille.
i Parapside.
j Scutellum du mésothorax ou ecusson
k Scutum du métathorax ou postécusson.
l Scutellum du métathorax.
m Epimère du metasternum ou métapleure.
*m*1 Repli de la métapleure.
n Angle posticolatéral du métathorax.
o Stigmate
p Episternum du métathorax.
*p*1 Repli de l episternum du métathorax
q Hanche intermédiaire.
r Hanche postérieure.

2 Thorax d'*Hedychridium minutum*, Lep., vu de derrière en raccourci.

j Scutellum du mesothorax ou écusson.
k Scutum du métathorax ou postecusson.
l Scutellum du metathorax.
m Epimeres du metasternum ou métapleures
n Angles posticolateraux du metathorax.
o Stigmates

3 Patte antérieure de *Chrysis cyanea*, L.

a Hanche
b Trochanter.
c Cuisse
d Tibia.
e Peigne ou etrille.
f Tarses.

4 Antenne de *Chrysis cyanea*. L.

5 Patte antérieure de *Notozus superbus*, Ab.

a Hanche.
b Trochanter.
c Cuisse.
d Tibia
e Peigne ou étrille.
f Deux premiers articles des tarses.

6 Bouche de *Chrysis cyanura*. Dahlb., vue de profil.

a Languette
b Mâchoire.

7 Côté de la tête de *Notozus superbus*, Ab.

a Côté de la tete derrière l'œil dilaté anguleusement.
b Frange du côté.
c Œil.

8 Bouche de *Chrysis cyanura*, Dahlb., vue de face.

a Languette.
b Lobes des mâchoires.

9 Mâchoire de *Chrysis cyanea*, L.

a Tige.
b Lobe.
c Palpe sous-maxillaire

10 Palpes labiaux et languette (vue étalée) de *Chrysis ignita*, L.

11 Mandibule de *Stilbum splendidum*, Fab.

12 Mandibule de *Notozus Panzeri*, Fab.

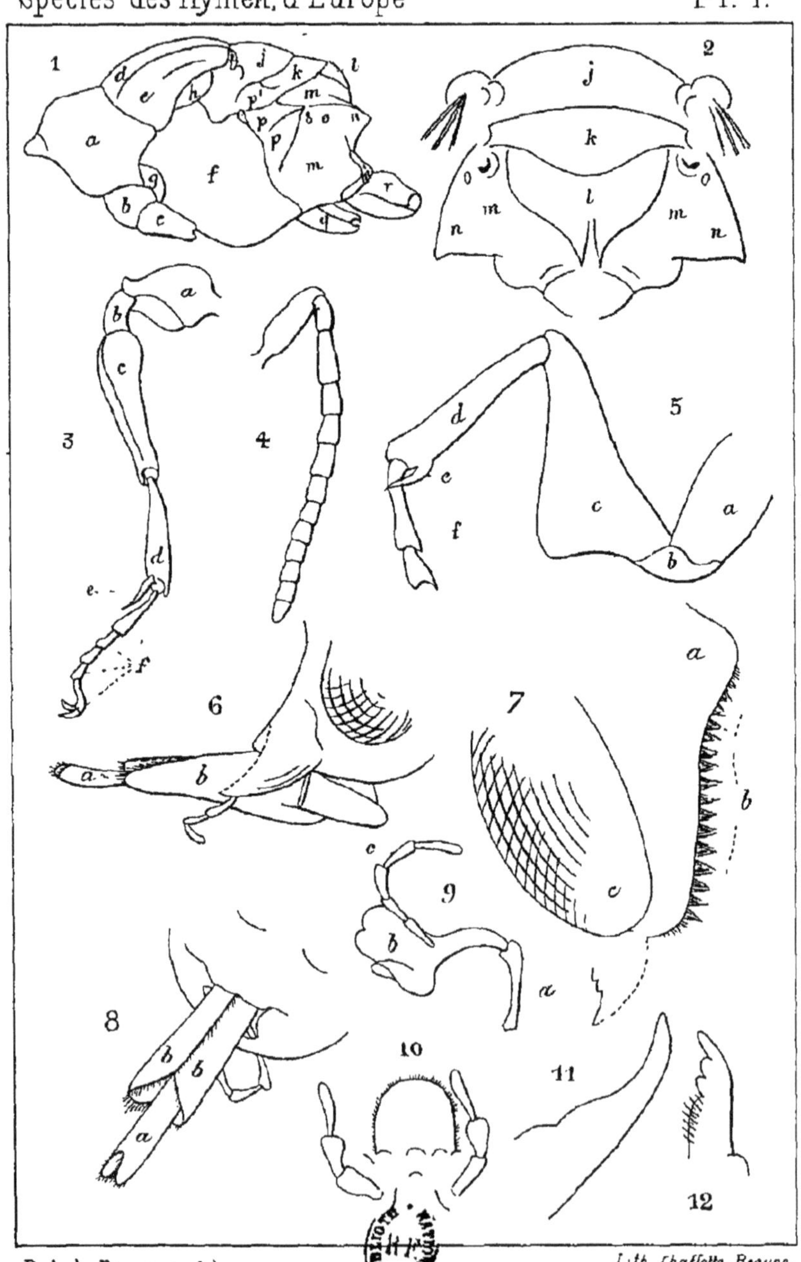

Rob du Buysson, del

Lith. Chaffotte, Beaune.

CHRYSIDES

(PLANCHE II)

PLANCHE II

Caractères généraux

1 Armures génitales du mâle de la *Chrysis ignita*, L., étalées et vues en dessus.

a Crochets
b Volsella
c Tenettes infléchies en dessus
d Branches du forceps
e Pièce basilaire.

2 Armures génitales du mâle de la *Chrysis ignita*, L., dans leur position normale et vues en dessus. Les tenettes a sont infléchies en dessus.

3 id. vues en dessous.

4 Couvercle génital ou septième segment ventral du mâle de *Chrysis ignita*, L.

5 Armures génitales du mâle de l'*Euchrœus purpuratus*, F., étalées et vues en dessous.

6 Armures génitales de la femelle de l'*Hedychridium roseum*, Rossi.

a Oviscapte
b Stylets.
c Baguettes du 8e segment ventral
d 8e segment dorsal.

7 Aile supérieure de *Chrysis*.

8 Aile inférieure de *Cleptes*.

9 Œufs de Chrysides.

a Œuf d'*Ellampus auratus*, L.
b Œuf de *Chrysis ignita*, L.

10 Œuf de *Chrysis fulgida*, L.

11 Cocons de Chrysides.

a Cocon de *Chrysis ignita*, L
b id. de *Chrysis cyanea*, L
c id d'*Ellampus pusillus*, F
d Cocon d'*Ellampus auratus*, L.
e id. d'*Ellampus cœruleus*, Dahlb
f id de *Stilbum splendidum*, F.

12 a Larve de *Chrysis ignita*, *L*. fraîchement éclose, premier âge.

b Œuf qui a donné naissance à la larve.

13 Larve de *Chrysis ignita*, L., le quatrième jour après son éclosion.

14 — — le sixième —

15 a Larve adulte de *Chrysis cyanea*, L.

b Sa tête vue de face.

16 a Larve adulte d'*Ellampus auratus*, L.

b Sa tête vue de face; ses yeux sont vaguement dessinés et on distingue deux petits mucrons antenniformes.

17 Tête, très grossie et vue de face, de la larve adulte de la *Chrysis neglecta*, Shuck.

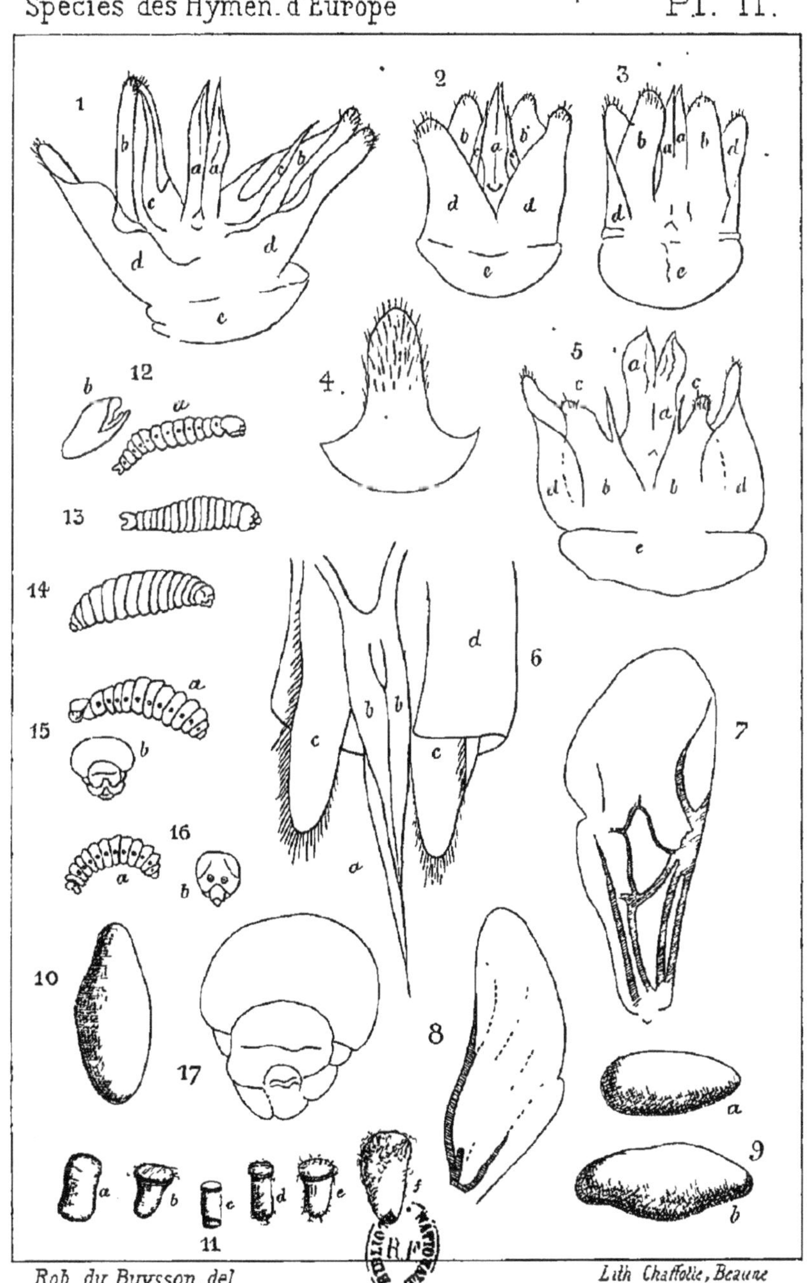

Rob du Buysson, del

Lith Chaffolie, Beaune

CHRYSIDES

(PLANCHE III)

PLANCHE III

Parasites

1 Nid de l'*Eumenes dimidiatipennis*, Sauss., avec ses ouvertures lorsqu'il est en voie d'approvisionnement. Il n'y a jamais qu'une cellule d'ouverte à la fois. Les ouvertures latérales sont figurées seulement pour indiquer leur place.

2 Le même, complètement terminé.

3 *Diomorus Kollari*, Fœrst. ♀.

4 — *igneiventris*, Costa, ♀.

5 *Eurytoma tibialis*, Boh. ♀.

6 *Leptobatides Abeillei*, Buyss. ♂.

7 Abdomen de *Leptobatides Abeillei*, Buyss. ♀, vu de profil.

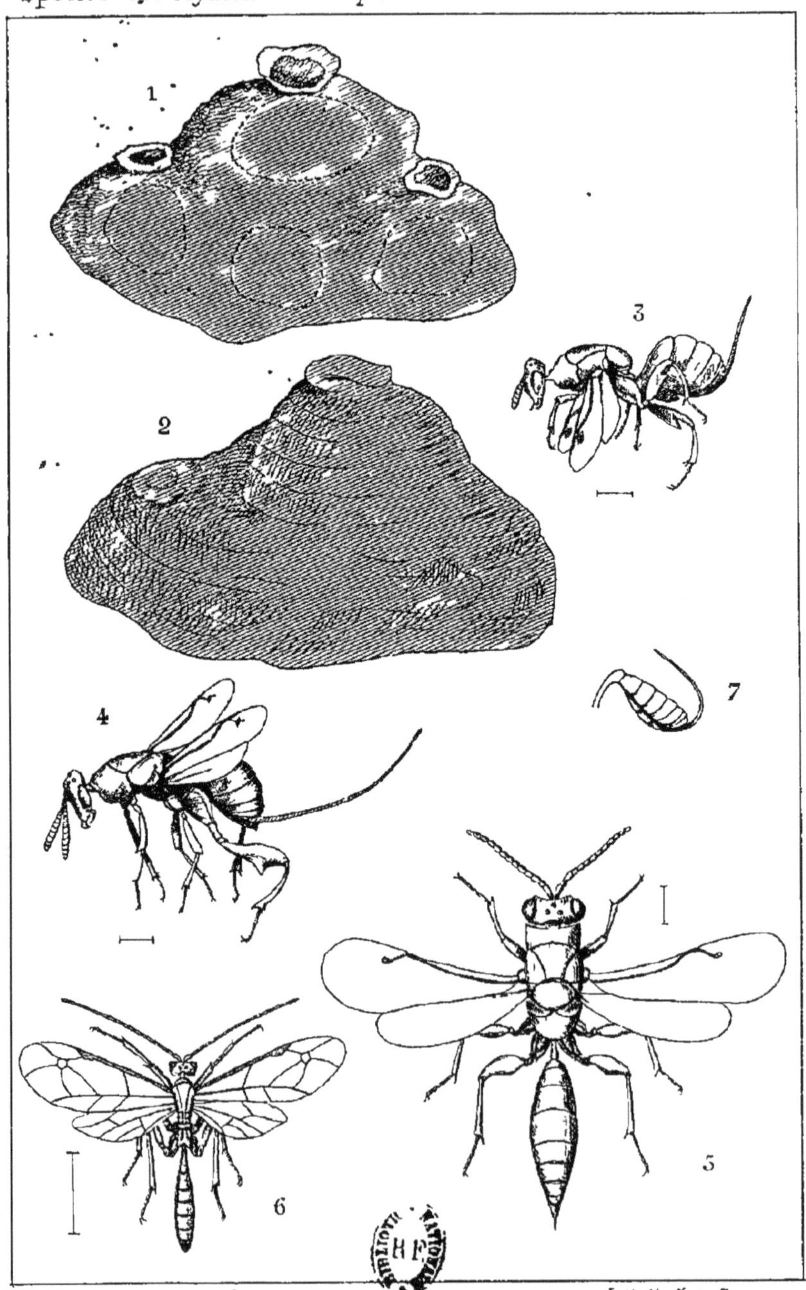

Rob du Buysson del

Lith Chofforh. Beaune.

CHRYSIDES

(Parasites)

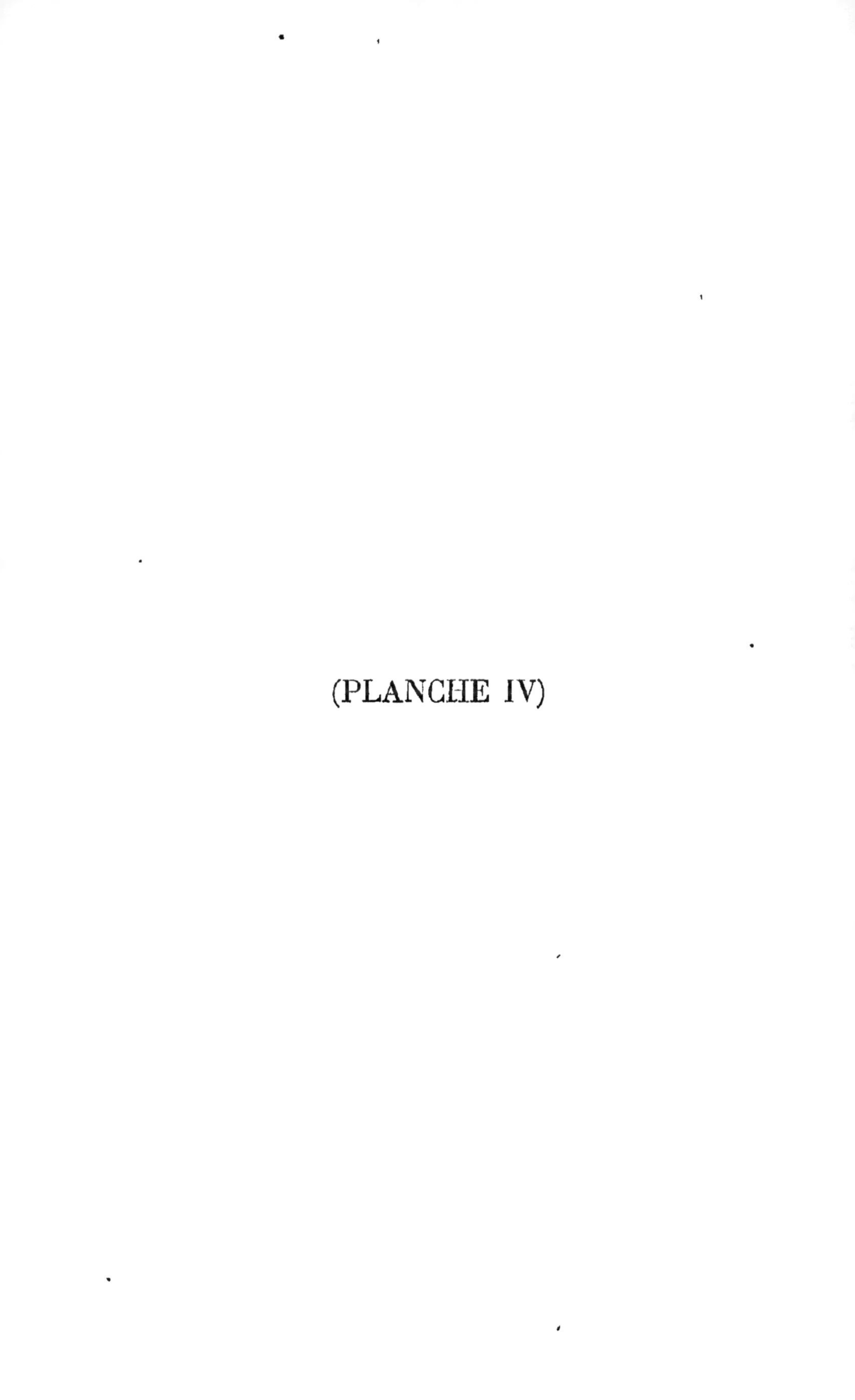

(PLANCHE IV)

PLANCHE IV

Cleptidæ : Heterocœlia

1 Tête de l'*Heterocœlia nigriventris*, Dahlb. ♀, vue de face et très grossie.

2 Partie antérieure de la tête du même, vue de profil, pour montrer l'épaisseur de la carène du clypeus.

3 Aile du même.

4 Abdomen du même.

5 *Heterocœlia nigriventris*, Dahlb. ♀.

6 Extrémité abdominale du ♂ d'après Dahlbom.

7 Ongle du même.

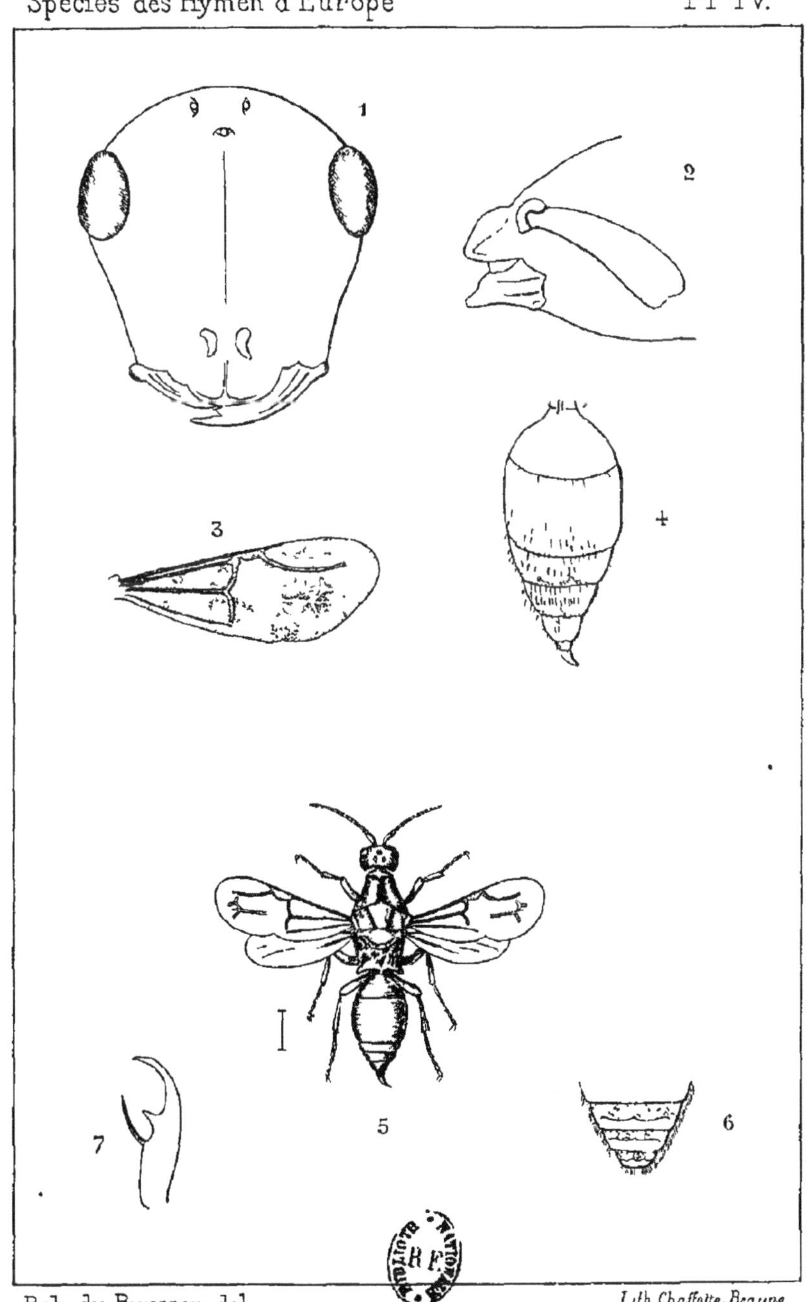

Rob du Buysson, del

Lith Chaffotte, Beaune

CHRYSIDES

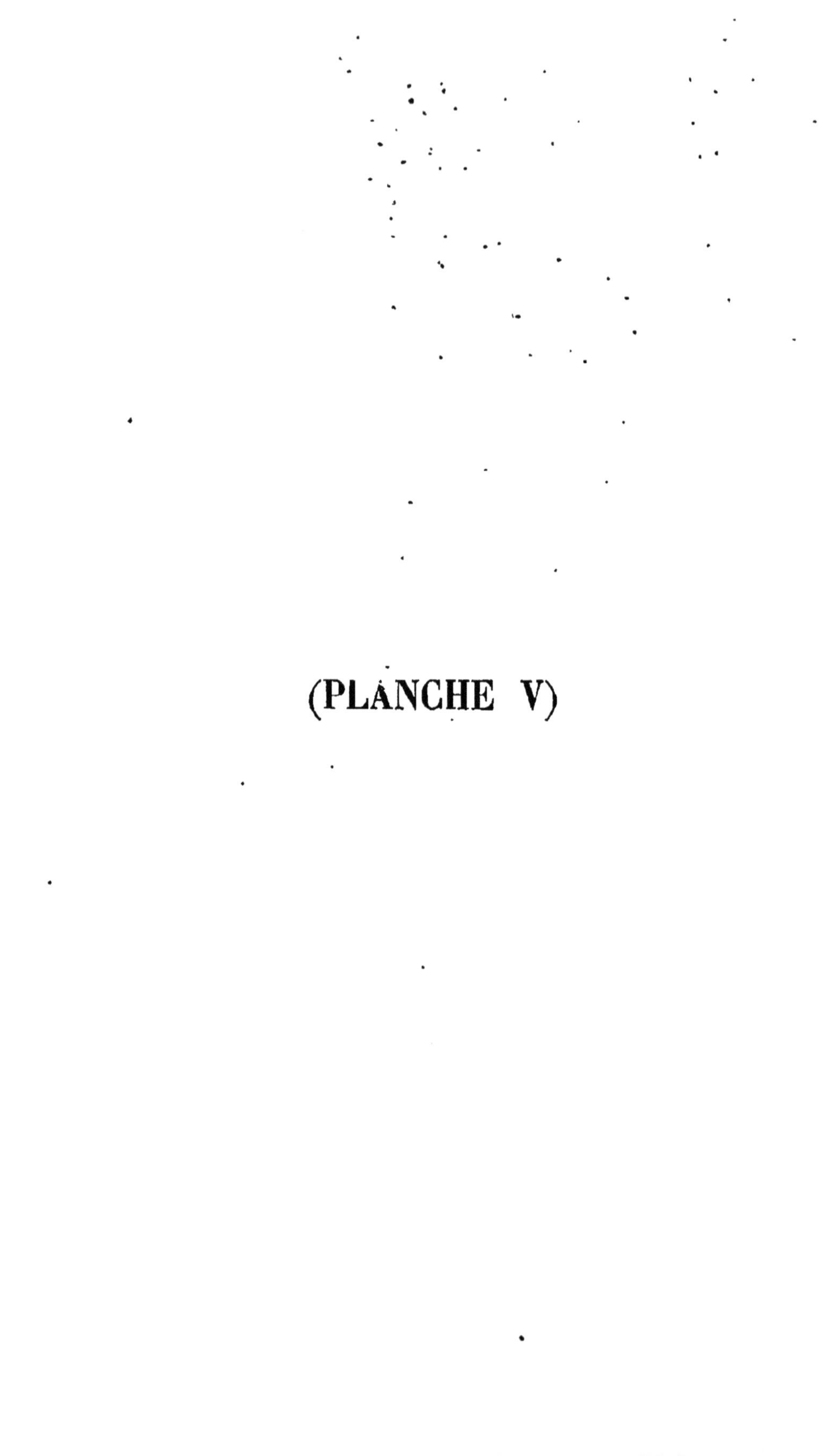

(PLANCHE V)

PLANCHE V

Cleptidæ : Cleptes

1 Ongles de *Cleptes.*

2 Thorax de *Cleptes semiaurata,* L., vu de profil.

a Pronotum.
b Propleure.
c Hanche anterieure.
d Aire médiane du mesonotum.
e Aire latérale —
f Mésopleure.
g Episternum du mésothorax.
h Ecaille.
i Parapside.
j Ecusson.
k Postécusson.
l Scutellum du métathorax.
m Métapleure
n Angle posticolatéral du métathorax.
o Stigmate.
p Epistornum du métathorax.
p' Repli de l'épisternum du métathorax.
q Hanche intermédiaire.
r Hanche postérieure.

3 Mandibule de Cleptes.

4 Armures génitales du mâle de *Cleptes semiaurata,* L., avec le couvercle génital (f), vu en dessous.

a Crochets.
b Volsella.
c Tenettes.
d Branches du forceps.
e Pièce basilaire.
f Couvercle génital.

5 Volsella et tenette du même.

b Volsella.
c Tenette.

6 Crochets du même.

7 Couvercle génital du même, vu en dessus.

8 Mâchoire et palpe sous-maxillaire de *Cleptes.*

a Tige.
b Lobe.
c Palpe sous-maxillaire.

9 Languette et palpes labiaux de *Cleptes.*

10 Armures génitales de la femelle de *Cleptes semiaurata,* L.:

a Oviscapte.
b Stylet.
c Baguettes.

11 Base de la patte postérieure d'un *Cleptes semiaurata,* L., vue en dessus:

a Hanche.
b Trochanter.
c Cuisse.

12 La même, vue en dessous.

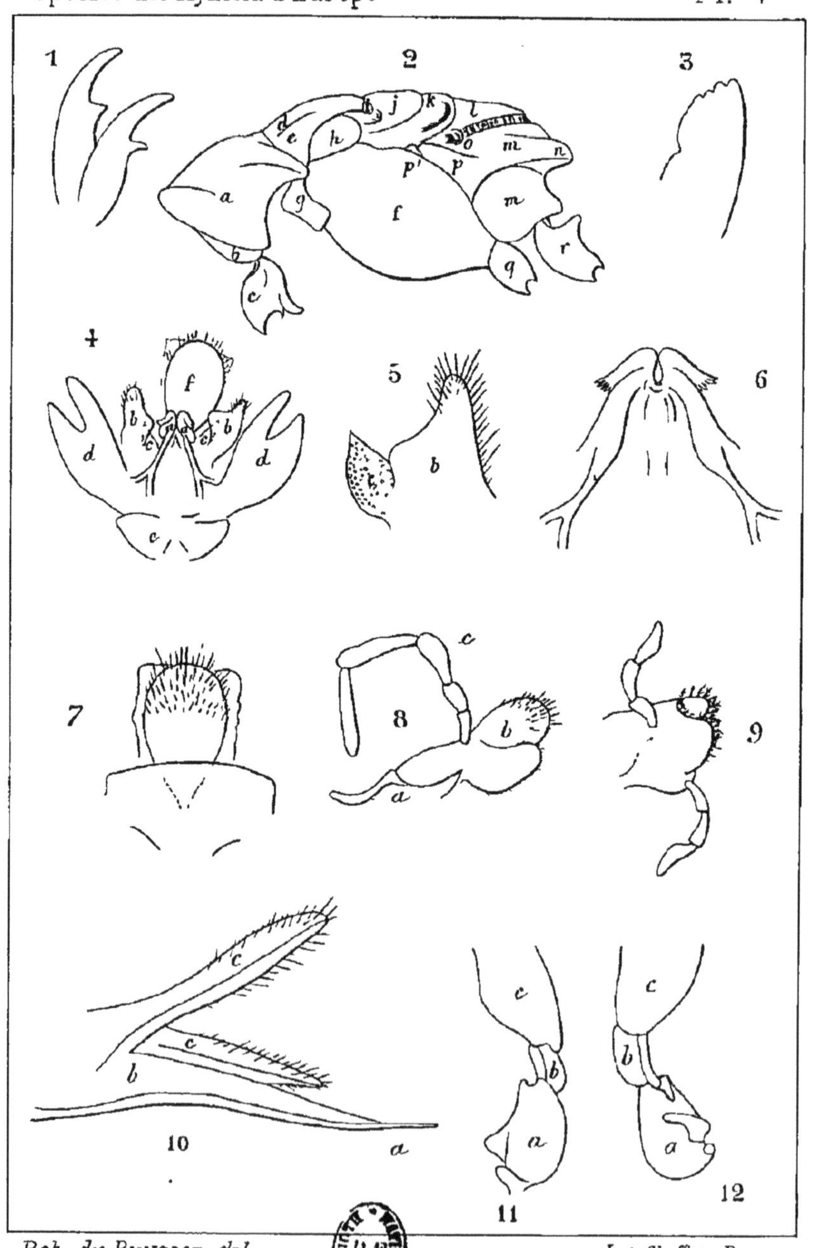

Rob du Buysson, del

Lith Chaffotte, Beaune

CHRYSIDES

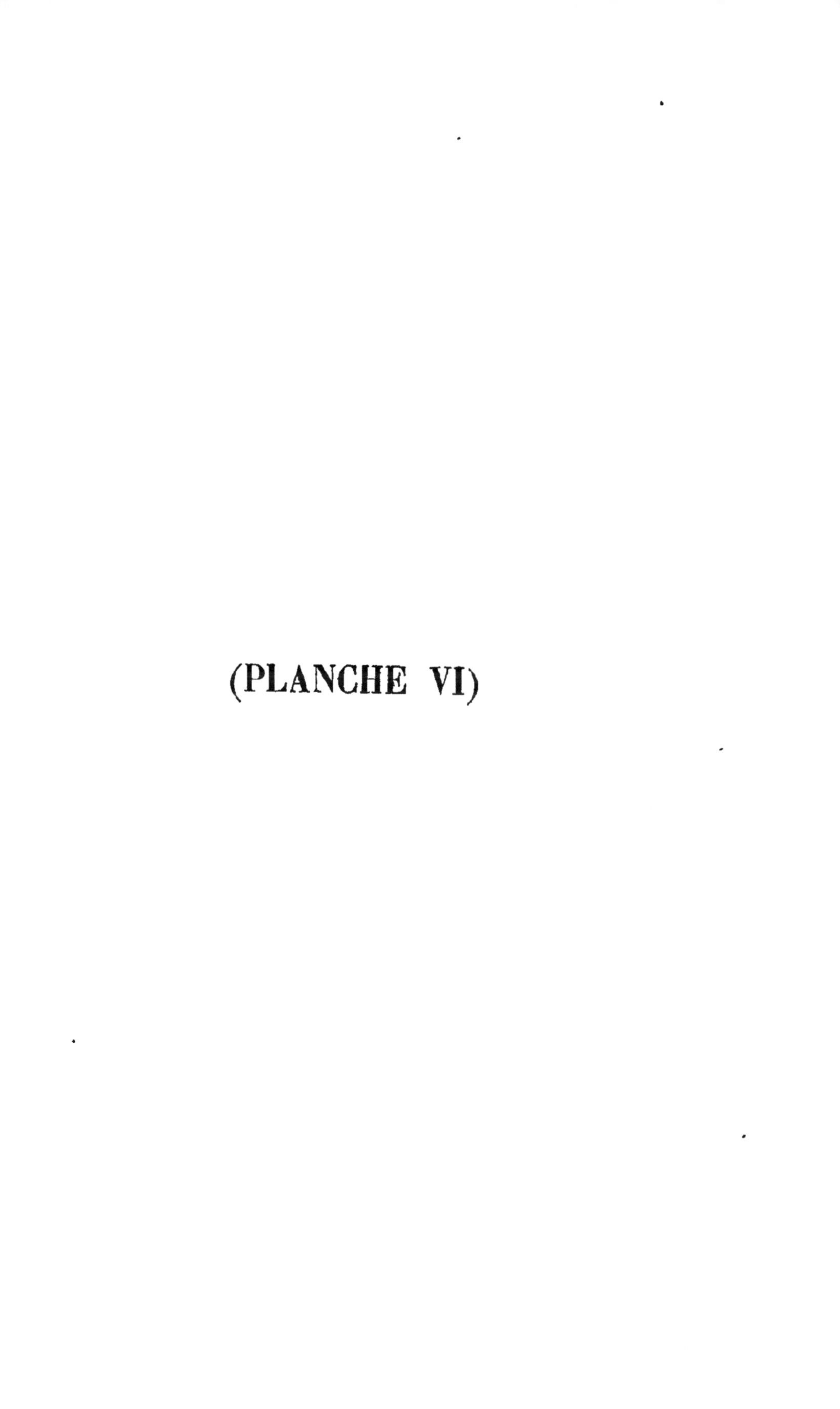

(PLANCHE VI)

PLANCHE VI

Cleptidæ : Cleptes.

1 Aile supérieure de *Cleptes*.

2 Aile inférieure de *Cleptes*.

3 Base d'une patte antérieure de *Cleptes semiaurata*, L.

a Hanche avec apophyse dentiforme. *b* Trochanter. *c* Cuisse.

4 Base d'une patte antérieure de *Cleptes pallipes*, Lep.

a Hanche avec son apophyse peu saillante. *b* Trochanter. *c* Cuisse.

5 *Cleptes nitidula*, Fabr. ♀.

6 Pronotum de *Cleptes semiaurata*, L.

7 — *Cleptes Abeillei*, Buyss.

8 — *Cleptes nitidula*, F.

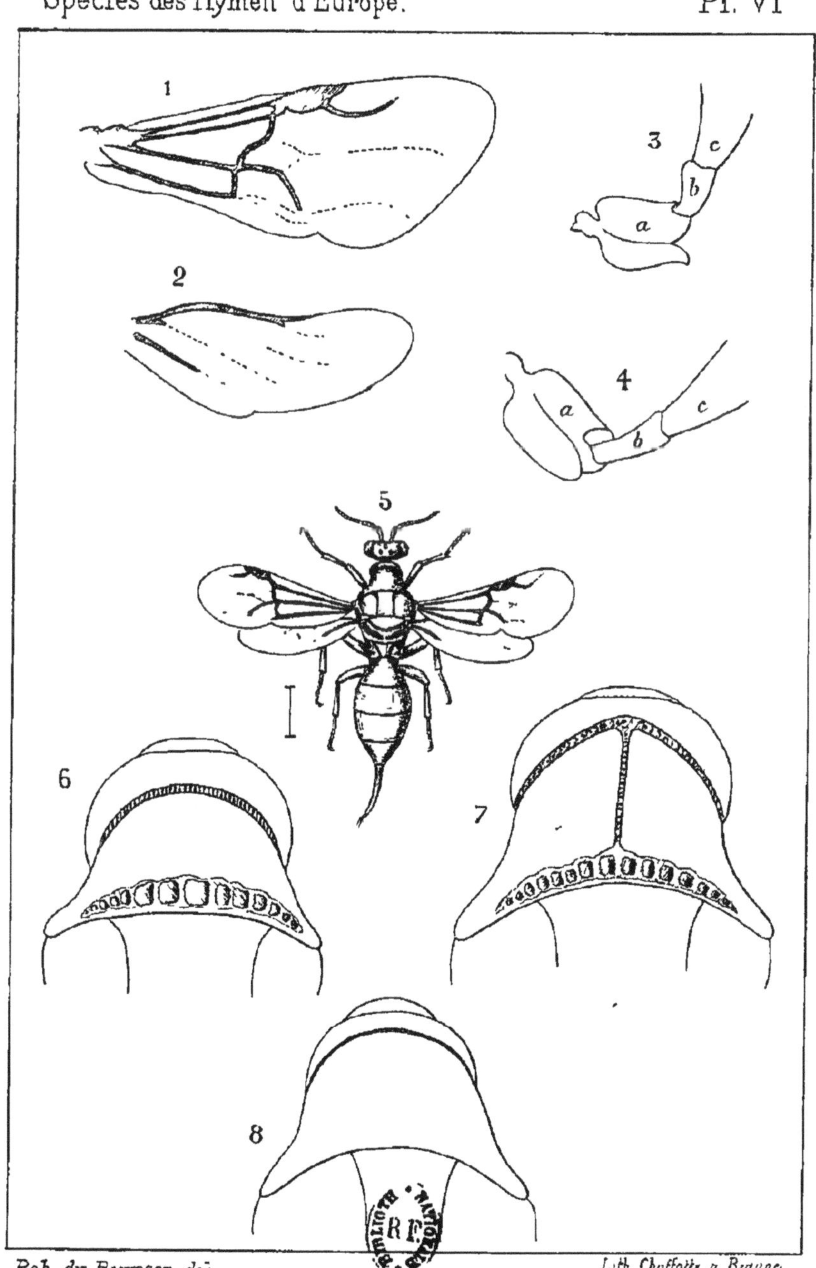

Rob du Buysson, del.

Lith. Chaffotte à Beaune.

CHRYSIDES

(PLANCHE VII)

PLANCHE VII

Heteronychidæ : Notozus

1 Thorax de *Notozus Panzeri*, F., vu de profil.

a Pronotum.
b Propleure.
c Hanche antérieure.
d Aire médiane du mesonotum.
e Aire laterale —
f Mesopleure.
g Episternum du mesothorax.
h Ecaille.
i Parapside.
j Ecusson.
k Postecusson.
l Scutellum du métathorax.
m Métapleure.
n Angle posticolatéral du metathorax.
o Stigmate.
p Episternum du métathorax.
p' Repli de l'episternum du métathorax.
q Hanche intermédiaire.
r Hanche postérieure.

2 *Notozus productus*, Dahlb, var. *vulgatus*, Buyss.

3 Ongle de *Notozus albipennis*, Mocs.

4 — — *viridiventris*, Ab.

5 — — *superbus*, Ab.

6 — — *productus*, Dahlb.

7 — — *Putoni*, Buyss.

8 — — *Panzeri*, F.

9 a Profil du 3e segment abdminal de *Notozus albipennis*, Mocs.
a' Plate-forme apicale, vue de face.

10 Extrémité apicale du 3e segment abdominal de *N. rufitarsis*, Tourn.

11 Moitié gauche des armures génitales du mâle de *N. Panzeri*, F.

a Les crochets.
b La volsella.
c La tenette.
d La branche du forceps.

12 Crochets du mâle de *N. productus*, Dahlb.

13 Moitié gauche des armures génitales du mâle de *N. productus*, Dahlb.

b La volsella.
c La tenette.
d La branche du forceps.

14 Couvercle génital du mâle du même.

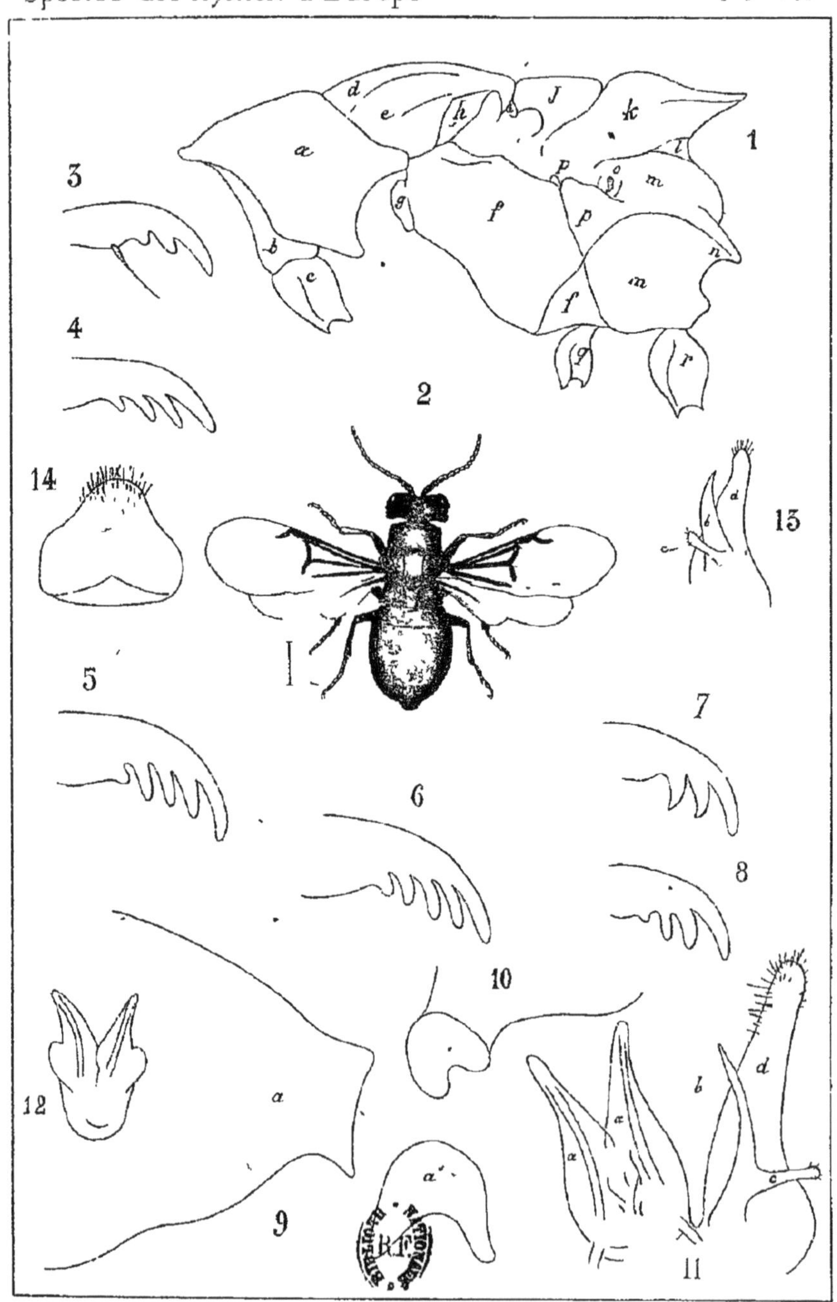

Rob. du Buysson, del. Lith Bouffaut Freres Gray

CHRYSIDES

(PLANCHE VIII)

PLANCHE VIII

Heteronychidæ : Notozus

1 a Profil du 3e segment abdominal de *Notozus viridiventris*, Ab
b Plate-forme apicale, vue de face.

2 *d* Profil du 3e segment abdominal de *N. chrysonotus*, Dahlb.
d' Plate-forme apicale, vue de face.

3 a Profil du 3e segment abdominal de *N. superbus*, Ab.
b Extrémité apicale, vue de face.

4 *m* Abdomen de *N. Putoni*, Buyss
m' Extrémité apicale du 3e segment.

5 a Profil du 3e segment abdominal de *N. productus*, Dahlb.
b Plate-forme apicale, vue de face.
c — — (varieté).

6 *q* Profil du 3e segment abdominal de *N. productus*, Dahlb. ♀.
q' Plate-forme apicale, vue de face.

7 *n* Profil du 3e segment abdominal de *N. Konowi*, Buyss.
n' Plate-forme apicale, vue de face.

8 *r* Profil du 3e segment abdominal de *N. particeps*, Buyss.
r' Plate-forme apicale, vue de face.

9 *l* Profil du 3e segment abdominal de *N. Panzeri*, F.
l' Plate-forme apicale, vue de face.

10 a Profil du 3e segment abdominal de *N. angustatus*, Mocs.
a' Plate-forme apicale, vue de face.

Rob. du Buysson, del

Lith Bouffaut Frères Gray

CHRYSIDES

(PLANCHE IX)

PLANCHE IX

Heteronychidæ : Ellampus.

1. Mandibule d'*Ellampus*.
2. Mâchoire d'*Ellampus* avec palpe sous-maxillaire.
3. Languette d'*Ellampus* avec palpes labiaux.
4. Thorax d'*Ellampus auratus* L. vu de profil.
5. Armures génitales de l'*E. auratus* L., ♂
6. Moitié gauche des armures génitales du même, autre forme
   b volsella.
   c tenette
   d branche du forceps.
7. Crochets du même.
8. *Ellampus auratus* L.
9. Profil du postécusson de l'*E. Wesmaeli* Chevr.
10. Aile inférieure d'*Ellampus*.
11. Aile supérieure d'*Ellampus*.
12. Crochets du mâle de l'*E. truncatus* Dahlb.
13. Moitié droite des armures génitales du mâle du même.

(PLANCHE XXXII)

PLANCHE XXXII

Parnopidæ : Parnopes.

1. Ecaille de la *Parnopes smaragdina* Smith.
2. — *P. carnea* Rossi.
3. *P. carnea* Rossi ♀.
4. Postécusson de la *P. carnea* Rossi, vu en dessus.
5. — *P. smaragdina* Smith, vu de profil.

SUPPLÉMENT

6. Tête vue de face et très grossie de la larve d'un *Ellampus auratus* L.

   a a. Papilles antennaires.

   b. Clypeus.

   c. Labre.

   d d. Mandibules au repos.

   e e. Mâchoires avec les papilles qui doivent se transformer en palpes maxillaires.

   f. Languette avec les deux papilles qui doivent se transformer en palpes labiaux, et, au-dessus, l'ouverture transversale de l'œsophage.

   g g. Deux taches brunes situées où les yeux doivent se trouver plus tard.

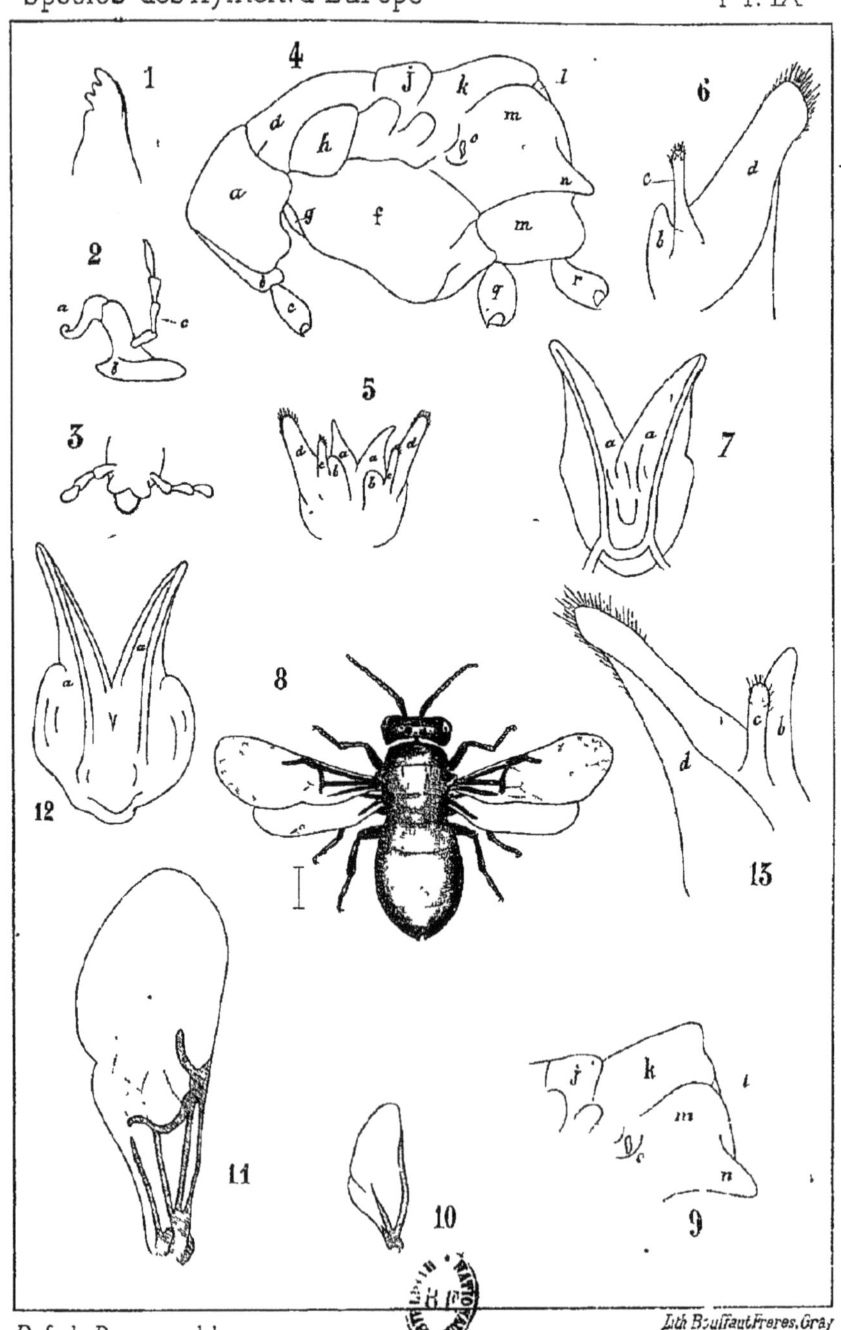

Rob du Buysson, del.

Lith Boufraut Frères, Gray

CHRYSIDES

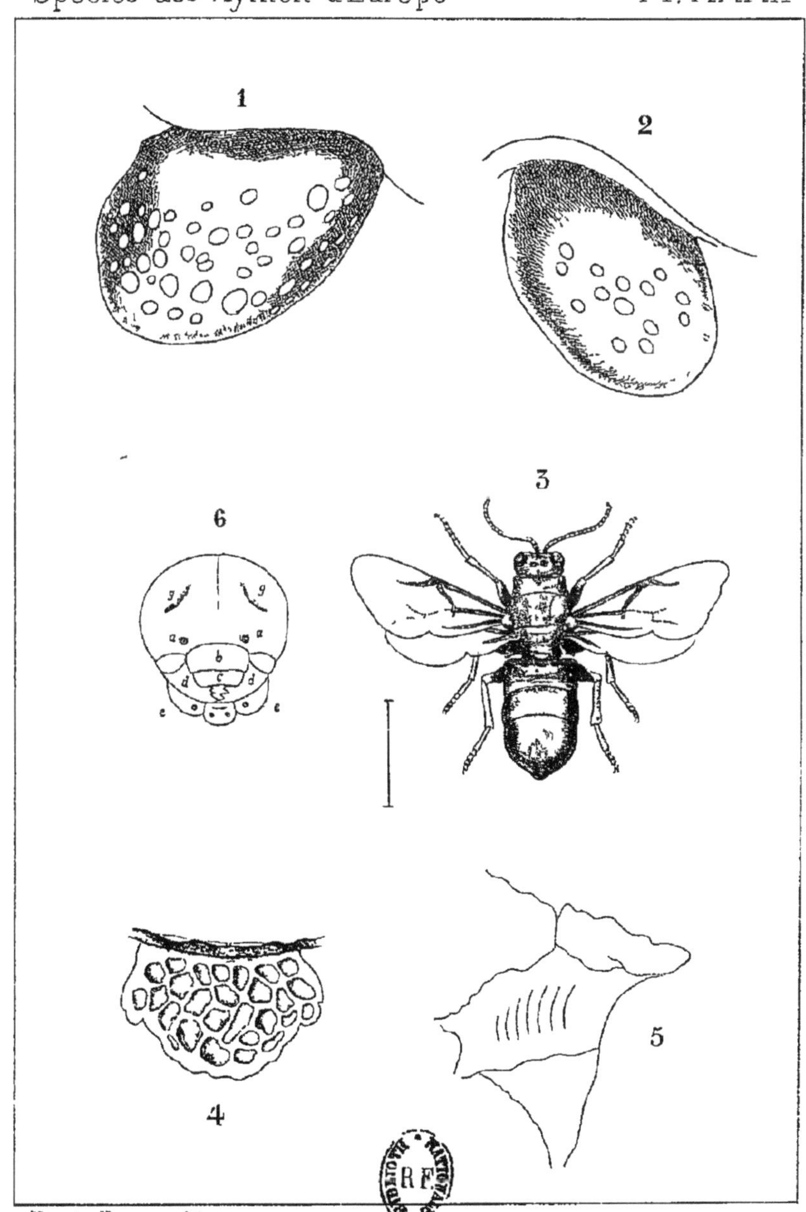

Rob du Buysson del

CHRYSIDES

Paris. — E. Kapp, imprimeur, 83, rue du Bac.

(PLANCHE X)

PLANCHE X

Heteronychidæ : Ellampus.

1\. *a*. Profil du 3e segment abdominal de l'*Ellampus Horwathi* Mocs.
a'. Extrémité apicale du même, vue de face.

2\. *b*. Profil du 3e segment abdominal de l'*E. truncatus* Dahlb.
b'. Extrémité avicale du même, vue de face.

3\. *c*. Profil du 3e segment abdominal de l'*E. bidentulus* Lep.
c'. Extrémité apicale du même, vue de face.

4\. *d*. Profil du 3e segment abdominal de l'*E. Wesmaeli* Chev. Var *appendicinus* Ab.
d'. Extrémité apicale du même, vue de face.

5\. Extrémité apicale du 3e segment de l'*E. punctulatus* Dahlb.

6\. — de l'*E. coeruleus* Dahlb.

7\. — de l'*E. chlorosoma* Luc.

8\. — de l'*E. imbecillus* Mocs.

9\. — de l'*E. biaccinctus* Buyss.

10\. — de l'*E. sculpticollis* Ab.

11\. de l'*E. Medanæ* Buyss.

12\. *a, b, c*. Différentes formes de l'incision apicale du 3e segment abdominal chez l'*E. auratus* L.

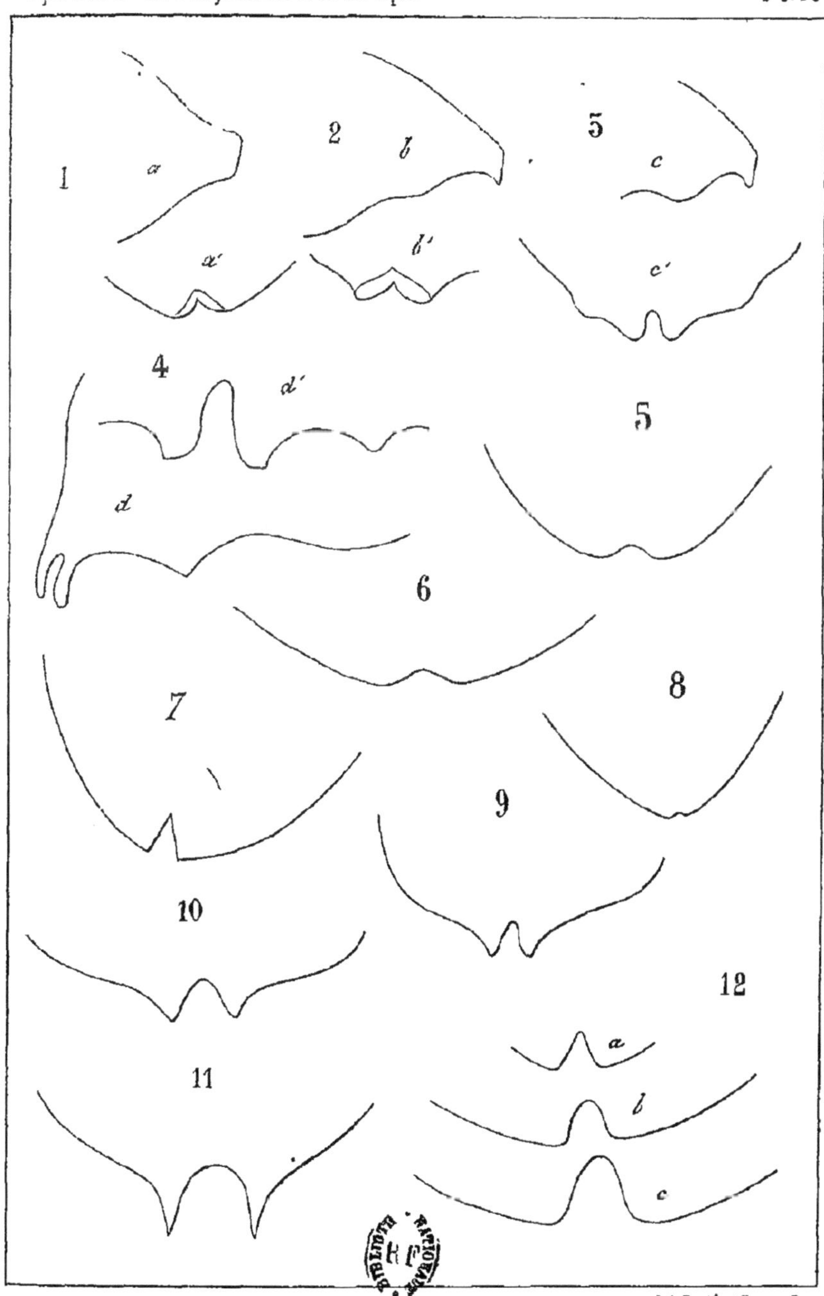

Rob. du Buysson, del

Lith Boufiaut Frères, Gray

CHRYSIDES

(PLANCHE XI)

PLANCHE XI

Heteronychidæ : Ellampus.

1. Ongle des tarses postérieurs de l'*Ellampus pusillus* F.
2. — du même, autre forme.
3. — de l'*E. Wesmaëli* Chevr.
4. — du même, autre forme.
5. — de l'*E. bidentulus* Lep.
6. — de l'*E. punctulatus* Dahlb.
7. — du même, autre forme.
8. — de l'*E. auratus* L.
9. — de l'*E. politus*. Buyss.
10. — de l'*E. truncatus* Dahlb.
11. — de l'*E. biaccinctus* Buyss.
12. — de l'*E. parvulus* Dahlb.
13. — de l'*E. æneus* Panz.
14. — du même *Var. pygialis* Buyss.
15. — de l'*E. puncticollis* Mocs.
16. — de l'*E. sculpticollis* Ab.
17. — de l'*E. coeruleus* Dahlb.
18. — de l'*E. Bagdanovi* Rad.
19. — de l'*E. Horwathi* Mocs.
20. — de l'*E. curtiventris* Tourn.

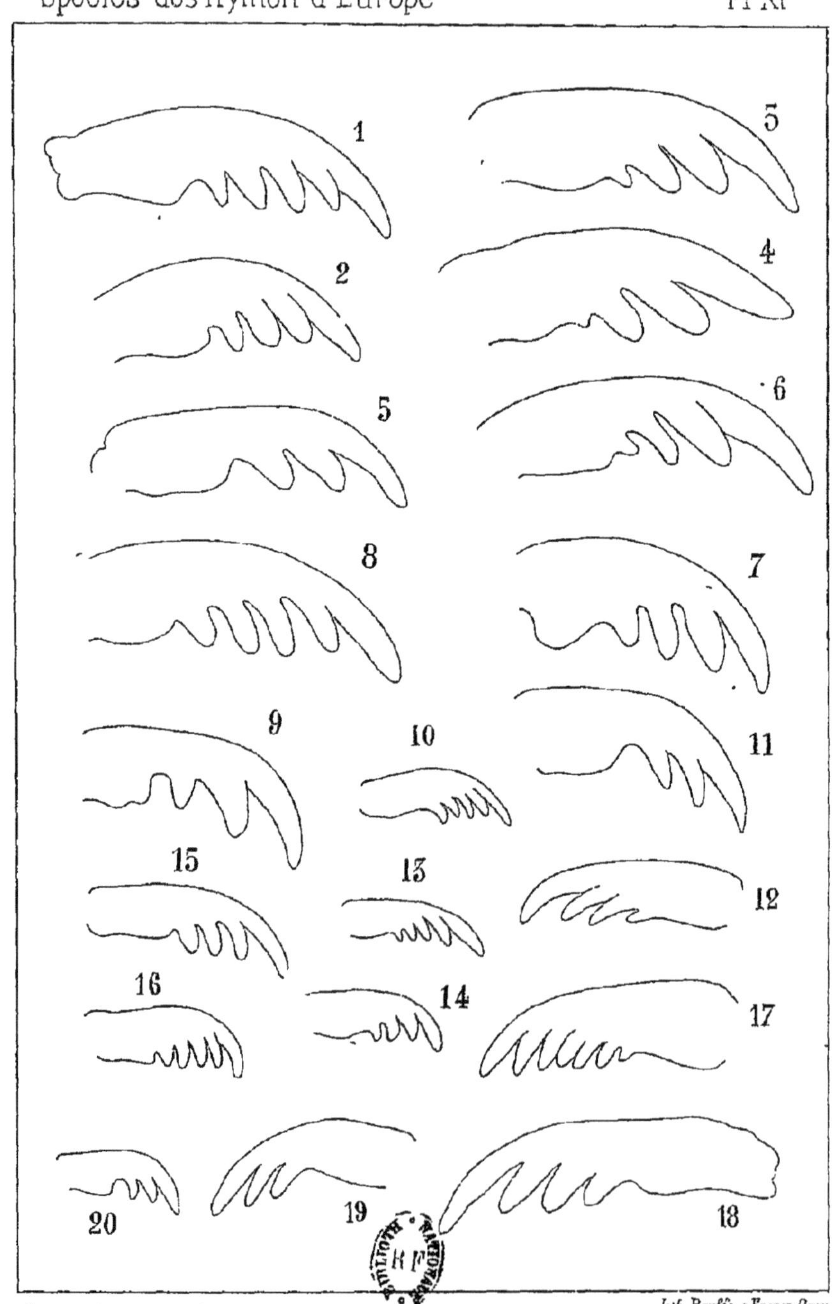

Rob du Buysson, del

Lith Bouffaut Frères Gray

CHRYSIDES

(PLANCHE XII)

PLANCHE XII

Heteronychidæ : Philoctetes.

1. Aile supérieure de *Philoctetes.*
2. Aile inférieure de *Philoctetes.*
3. Armures génitales du mâle de *Philoctetes deflexus* Ab., vues en dessous.
4. Moitié droite des mêmes armures génitales :

   b volsella
   c tenette
   d branche du forceps.

5. Crochets du même.
6. Tibia postérieur du même, vu en dessous.
7. Ongle des tarses postérieurs du même.
8. — du *P. micans* Kl.
9. — du *P. Omaloides* Buyss.
10. — du *P. Tiberiadis* Ab. Buyss.
11. *Philoctetes deflexus* Ab. ♀
12. Profil du 3e segment abdominal du *P. caudatus* Ab.
13. — du *P. Tiberiadis* Ab. Buyss.

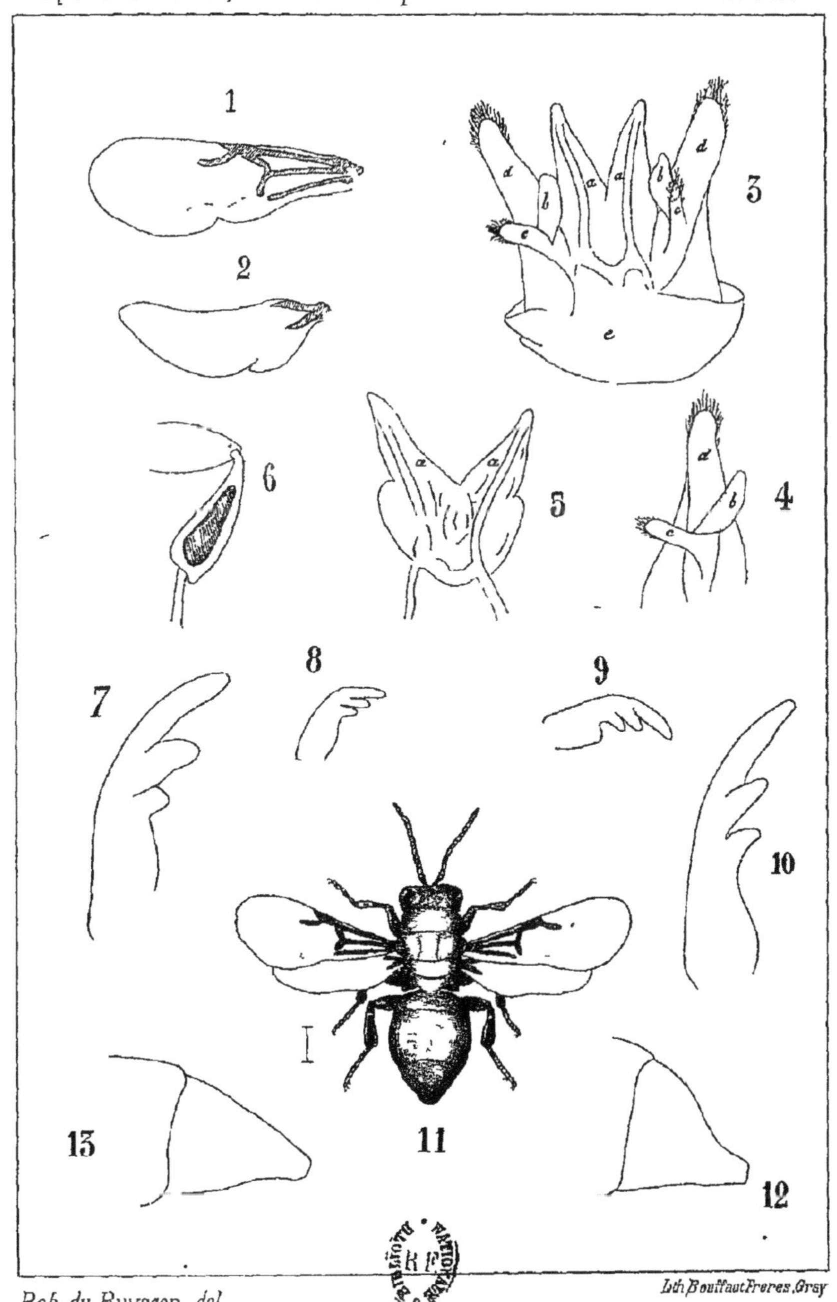

Rob. du Buysson, del

Lith Bouffaut Frères, Gray

CHRYSIDES

(PLANCHE XIII)

PLANCHE XIII

Heteronychidæ : Holopyga.

1. Thorax de l'*Holopyga fervida* Fabr., vu de profil.
2. Extrémité abdominale de la femelle de l'*H. Mauritanica* Luc
3. Mâchoire d'*Holopyga* avec palpe sous-maxillaire.
4. Languette d'*Holopyga*, vue de profil avec ses palpes labiaux.
5. 8e segment dorsal de l'abdomen de la femelle de l'*H. gloriosa* F. *Var. ignicollis* Dahlb., avec ses armures génitales.
6. Mandibule d'*Holopyga*.
7. Couvercle génital du mâle de l'*H. chloroidea* Dahlb.
8. Armures génitales du même, vues en dessous.
9. Aile inférieure d'*Holopyga*.
10. Aile supérieure d'*Holopyga*.

Rob du Buysson del

Lith Bouffaut Freres Gray

CHRYSIDES

(PLANCHE XIV)

PLANCHE XIV

Heteronychidæ : Holopyga.

1. Ongle des tarses de l'*Holopyga chloroidea* Dahlb.
2. — de la même, autre forme.
3. — de l'*H. Solskyi* Rad.
4. — de l'*H. gloriosa F. Var. aureomaculata* Ab.
5. — de la même, autre forme.
6. — de l'*H. gloriosa* F.
7. — de l'*H. fervida* F.
8. *Holopyga gloriosa F. var. ignicollis* Dahlb. ♂.
9. Deux ongles d'un même tarse d'une femelle d'*H. gloriosa F. Var. amœnula* Dahlb.
10. Ongle des tarses du mâle de la même, autre forme.
11. — de l'*H. gloriosa F. Var. ignicollis* Dahlb.
12. — de l'*H. gloriosa F. Var. ovata* Dahlb.
13. — de la même, autre forme.
14. 6e segment ventral de l'abdomen de la femelle de l'*H. fervida* F.
15. — de l'abdomen de la femelle de l'*H. gloriosa F. Var. ignicollis* Dahlb.
16. 6e segment ventral de l'abdomen de la femelle de l'*H. gloriosa F. Var. ovata* Dahlb.
17. 7e segment dorsal de l'abdomen de la femelle de l'*H. gloriosa F. Var. ignicollis* Dahlb., vu de profil.
18. 7e segment dorsal de l'abdomen de la femelle de l'*H. fervida* F.

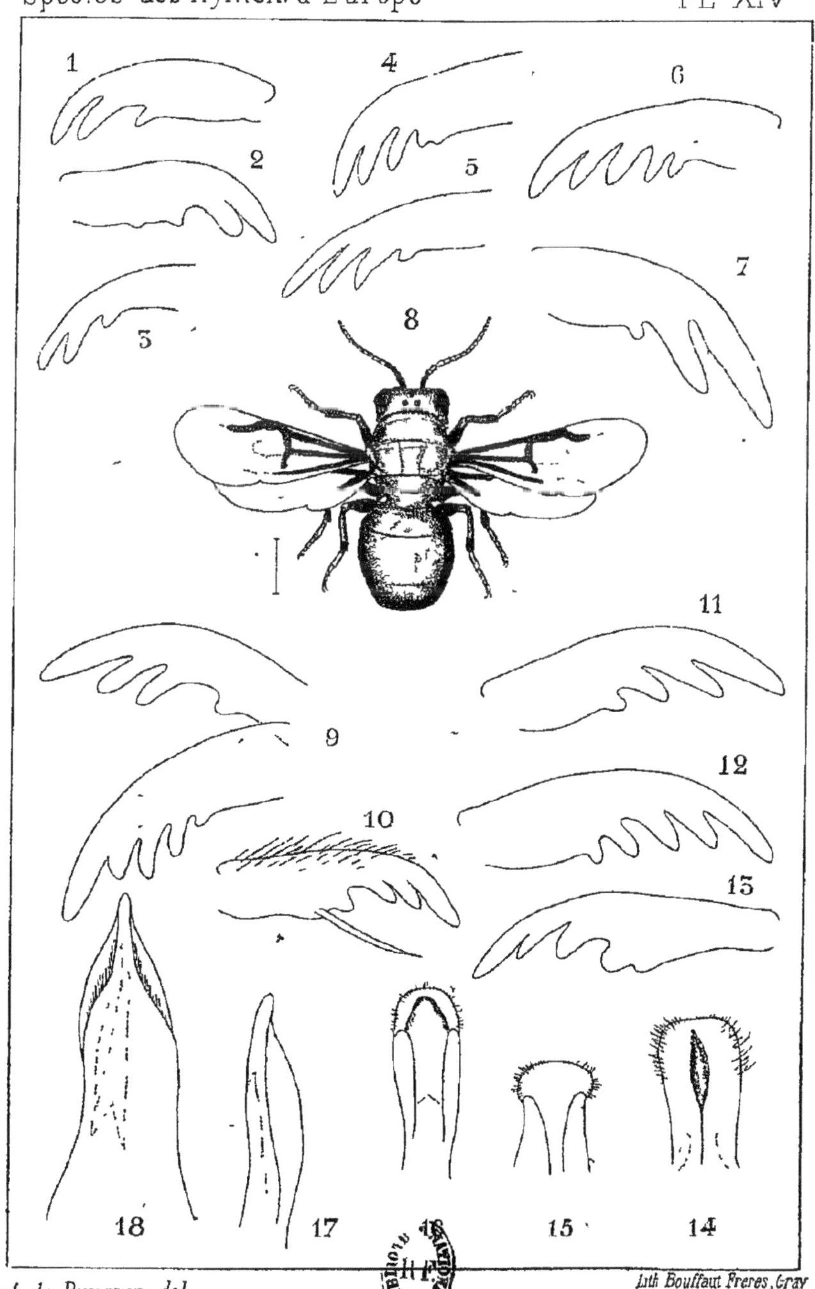

ob. du Buysson, del

Lith Bouffaut Freres, Gray

CHRYSIDES

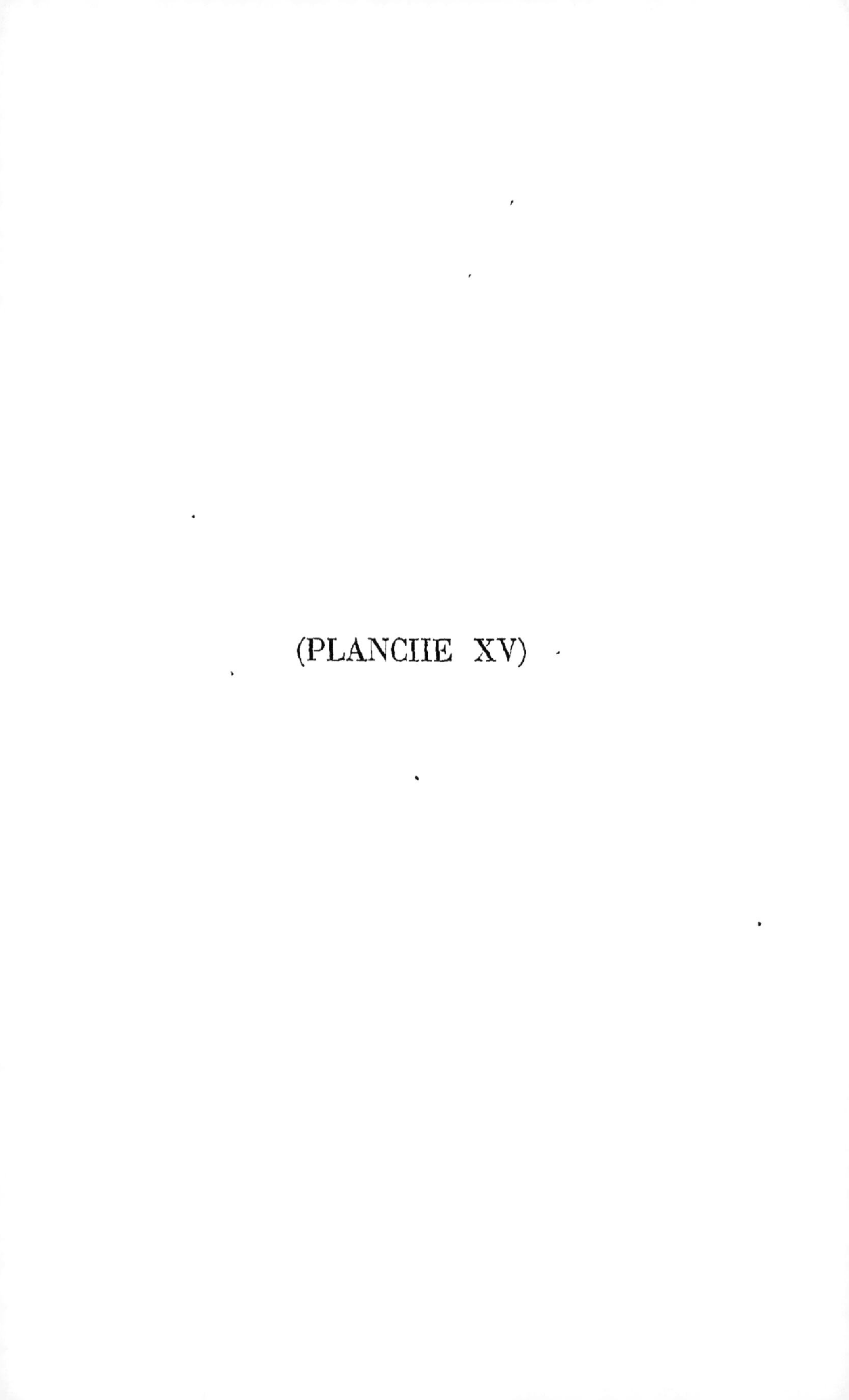

(PLANCHE XV)

PLANCHE XV

Heteronychidæ : Hedychridium.

1. Thorax de l'*Hedychridium minutum* Lep., vu de profil.
2. Ongle des tarses de l'*H. integrum* Dahlb.
3. — de l'*H. roseum* Rossi.
4. *Hedychridium roseum* Rossi.
5. Aile supérieure d'*Hedychridium*.
6. Armures génitales du mâle de l'*Hed. roseum* Rossi, vues en dessous.
7. Couvercle génital du même.
8. Mandibule d'*Hedychridium*.

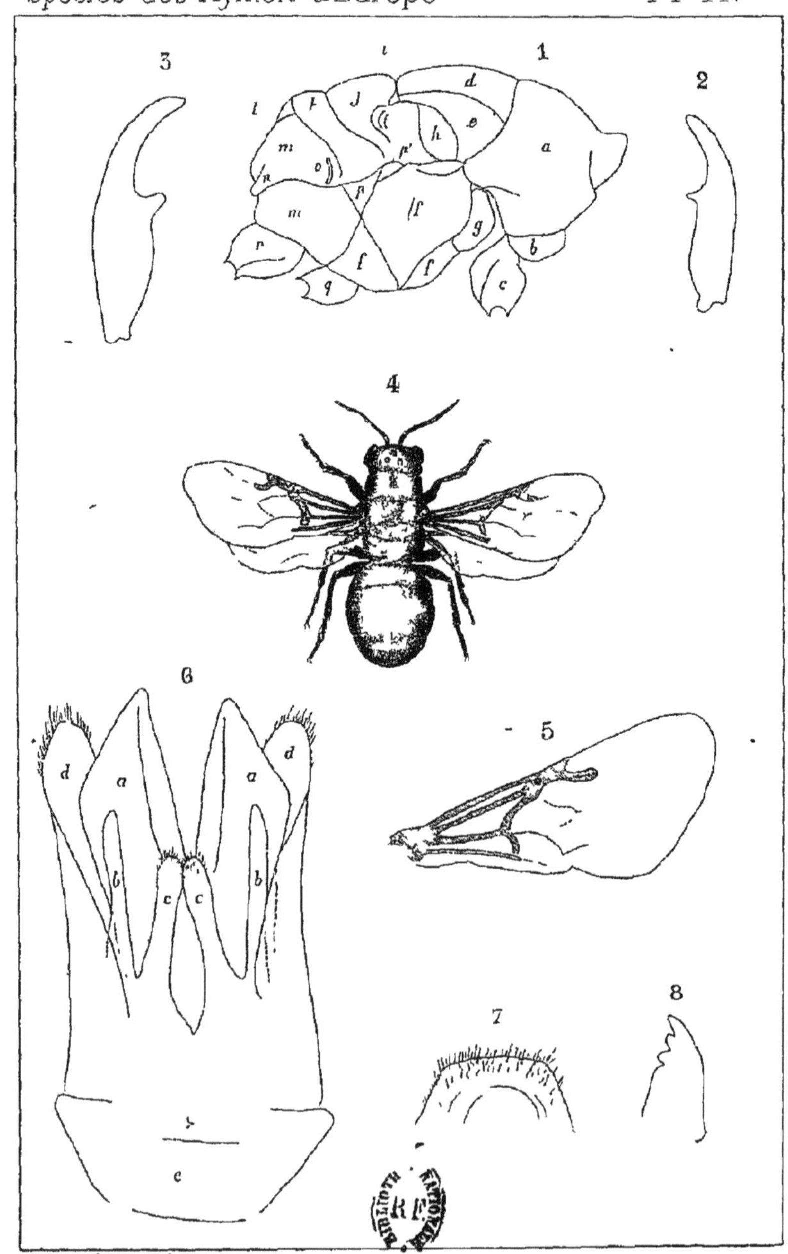

Rob du Buysson del

CHRYSIDES

(PLANCHE XVI)

PLANCHE XVI

Heteronychidæ : Hedychridium et Hedychrum.

1. *Hedychridium flavipes.* Evers. ♀
2. — *incrassatum* Spin.
3. Aile supérieure d'*Hedychrum*.
4. Aile inférieure d'*Hedychrum*.
5. Troisième segment abdominal de l'*Hedychrum cœlestinum* Spin. vu de profil.
6. Troisième segment abdominal de l'*H. Gerstæckeri* Chevr. vu de profil.
7. *Hedychrum lucidulum* Dahlb. ♂
8. Extrémité d'un tibia postérieur, vu en dedans avec sa fossette *a*, chez l'*Hedychrum lucidulum* Dahlb. ♀
9. Tarse antérieur de l'*H. rutilans* Dahlb. ♀

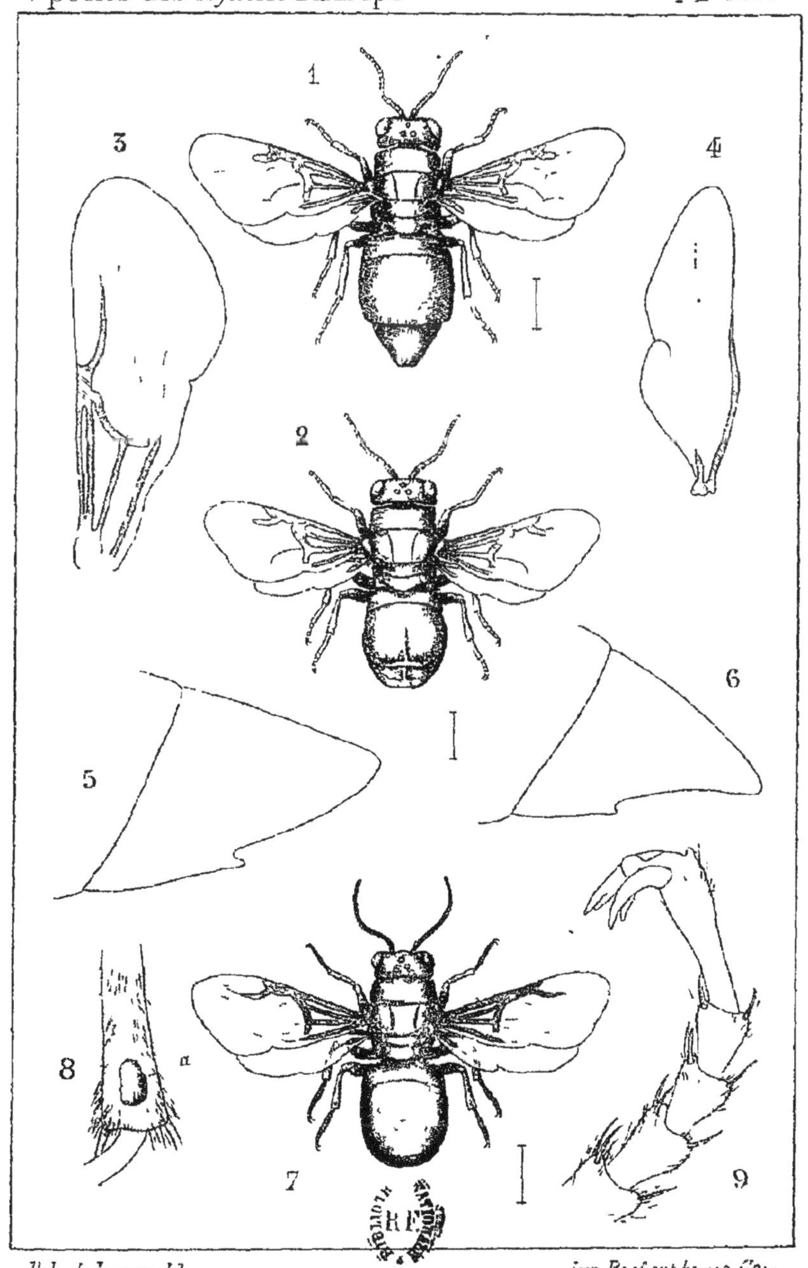

Rab. du Buysson del. Lith. Bouffaut frères Gray

CHRYSIDES

(PLANCHE XVII)

PLANCHE XVII

Heteronychidæ : Hedychrum.

1. Thorax de l'*Hedychrum lucidulum* Dahlb. ♀, vu en dessus.
2. Armures génitales du mâle de l'*H. lucidulum* Dahlb.
3. Crochets du même, autre forme.
4. Armures génitales du même, autre forme des crochets.
5. Languette et palpes labiaux d'*Hedychrum*.
6. Mandibule d'*Hedychrum*.
7. Mâchoire et palpe sous-maxillaire d'*Hedychrum*.
8. Ongle des tarses de l'*H. rutilans* Dahlb.
9. — de l'*H. lucidulum* Dahlb.
10. — de l'*H. cœlestinum* Spin.
11. Armures génitales de la femelle de l'*H. lucidulum* Dahlb., avec le 6ᵉ segment ventral.

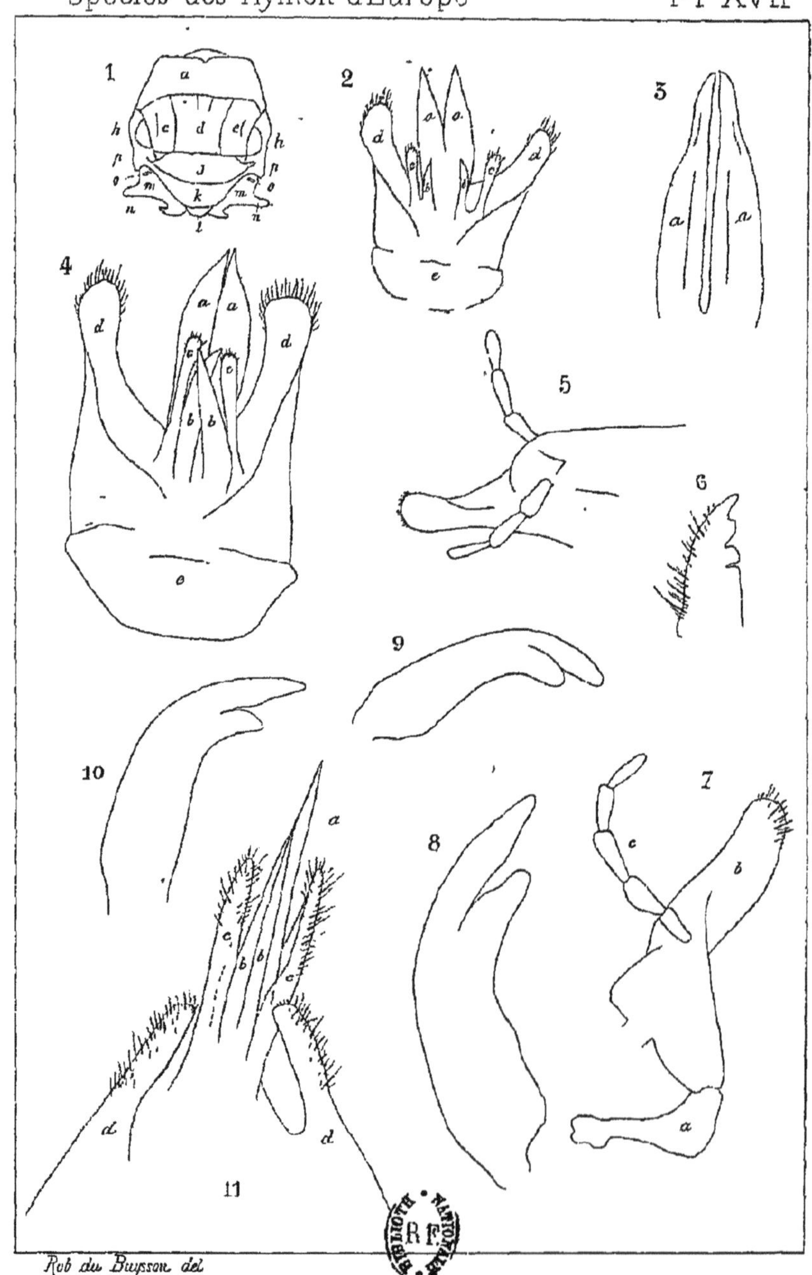

Rob du Buysson del

CHRYSIDES

(PLANCHE XVIII)

PLANCHE XVIII

Euchrysididæ : Chrysogona.

1. Armures génitales d'un mâle de *Chrysogona assimilis* Spin.
2. Aile supérieure de *Chrysogona.*
3. Aile inférieure du même.
4. *Chrysogona assimilis* Spin. ♂.
5. 3e segment abdominal du même ♂.
6. — ♀.
7. — ♂ ♀, autre forme.
8. Mandibule de *Chrysogona.*
9. Ongle des tarses du même.

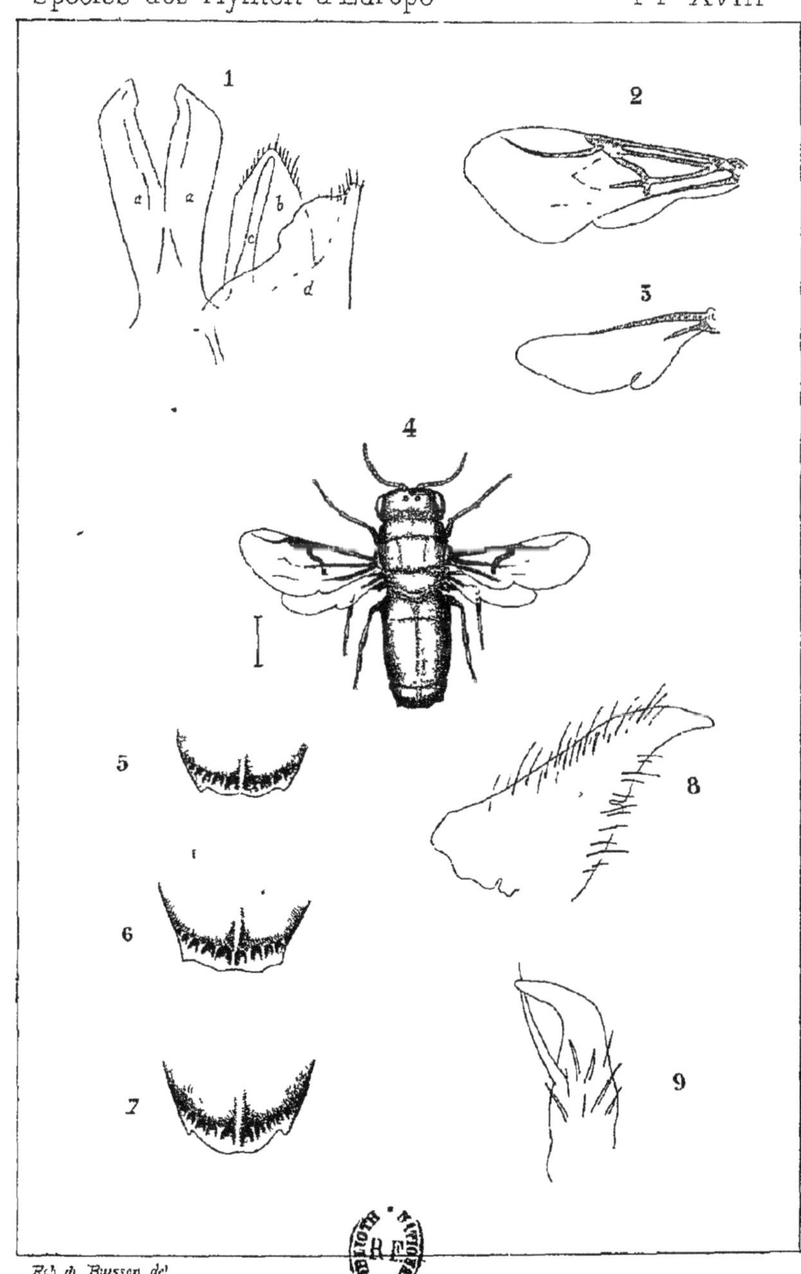

Rob du Buysson del

CHRYSIDES.

(PLANCHE XIX)

PLANCHE XIX

Euchrysididæ : Spinolia.

1. Cinq premiers segments protractiles de l'abdomen des femelles de *Spinolia* (*S. Durnovi* Rad.).

a. 3e segment abdominal dorsal.
b. 4e segment dorsal.
c. 5e segment dorsal.
d. 6e segment dorsal.
e. 4e segment ventral.
f. 5e segment ventral.
g. 6e segment ventral.

2. Armures génitales du mâle de la S. *insignis* Luc., vues en dessous.
3. Volsella et tenette du même, plus grossies et vues en dessous.
4. Les mêmes, vues en dessus.
5. Couvercle génital du mâle de la S. *insignis* Luc.
6. Tête vue de face de la *S. unicolor* Dahlb. ♂.
7. *S. unicolor* Dahlb. ♀.
8. Crochets du mâle de la *S. insignis* Luc., fortement grossis et vus en dessous.
9. 3e segment abdominal de la S. *unicolor* Dahlb. ♂, vu de profil.
10. 3e segment abdominal de la S. *magnifica* Dahlb. ♂, vu de profil.
11. Aile supérieure de *Spinolia*.

Species des Hymén d'Europe. PL. XIX

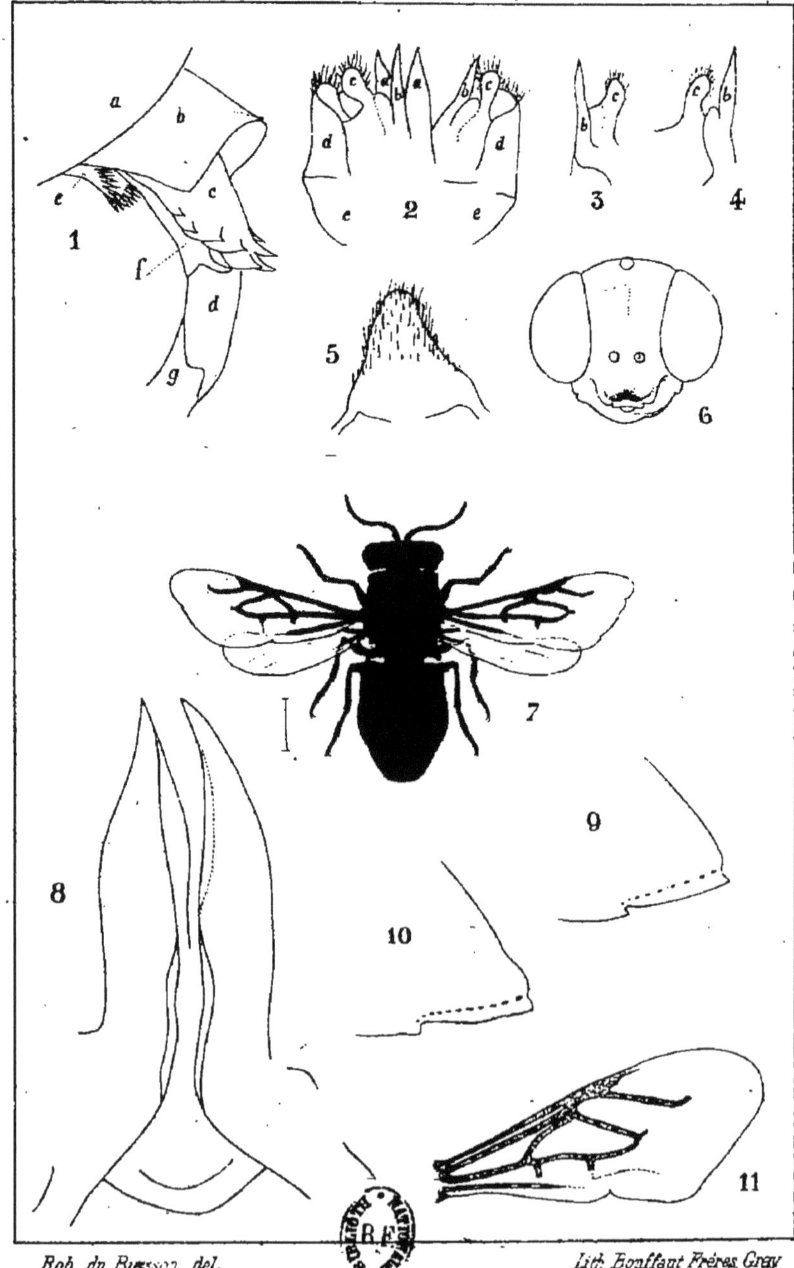

Rob. du Buysson, del. Lith. Bouffaut Frères, Gray

CHRYSIDES

(PLANCHE XX)

PLANCHE XX

Euchrysididæ : Euchroeus.

1. Armure génitale du mâle de l'*Euchroeus purpuratus* F., vue en dessus.
2. — vue en dessous et étalée.
3. Couvercle génital du même.
4. *Euchroeus purpuratus* F. ♀.
5. Bouche du même, vue de profil.
6. Mandibule de l'*E. Doursi* Grib.
7. 3e segment abdominal, vu de profil, de l'*E. purpuratus* F. ♂.
8. — vu en dessus, de l'*E. purpuratus* F. ♀.
9. Armure génitale de la femelle du même.
   - *a.* 8e segment dorsal.
   - *b.* Baguettes.
   - *c.* Oviscapte et stylets réunis.

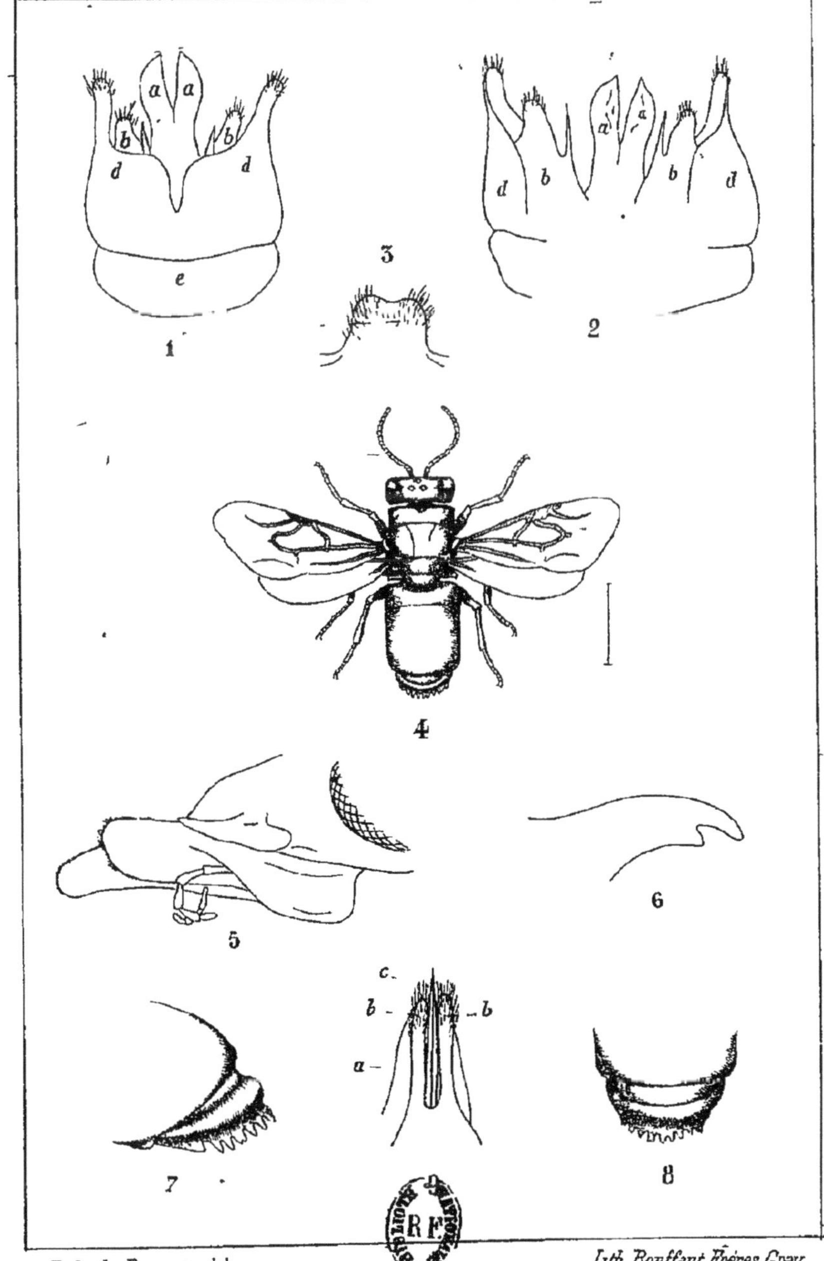

Rob. du Buysson, del. *Lith Bouffaut Frères Gray*

CHRYSIDES

(PLANCHE XXI)

PLANCHE XXI

Euchrysididæ : Chrysis.

1. Mandibule de *Chrysis hybrida* Lep.
2. — *comparata* Lep.
3. — *neglecta* Schuck.
4. Tarses antérieurs de *C. Saussurei* Chevr.
5. Ongle de *Chrysis*.
6. Mâchoire et son palpe maxillaire de *C. ignita* L.
7. Crochets du mâle de la *C. ignita* L., vus en dessus.
8. Les mêmes, vus en dessous : la verge sortie *(a)* a été abaissée pour laisser voir les papilles de la paroi interne du fourreau (grossissement 350 diamètres).
9. Mandibule de *Chrysis æstiva* Dahlb.

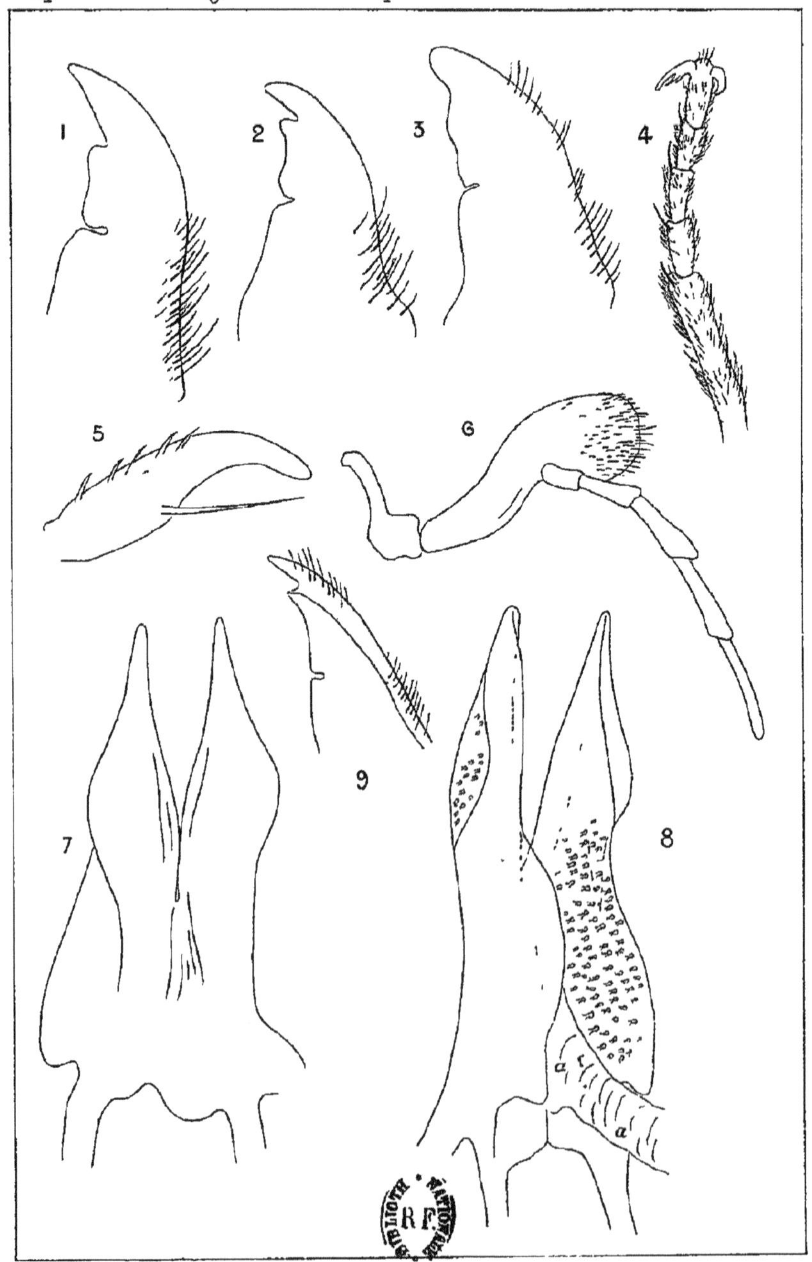

Rob du Buysson del.

CHRYSIDES

(PLANCHE XXII)

PLANCHE XXII

Euchrysididæ : Chrysis.

1. Partie des armures génitales du mâle de la *Chrysis Leachii* Schuck., vues en dessous.
2. Branche du forceps du même, vue en dessus.
3. Couvercle génital du même.
4. Partie des armures génitales du mâle de la *C. micans* Rossi, vues en dessous.
5. Couvercle génital de la *C. ignita* L. ♂.
6. — *C. Saussurei* Chevr. ♂.
7. — *C. Chevrieri* Ab. ♂.
8. — *C. dichroa* Dahlb. ♂.
9. — *C. fulgida* L. ♂.
10. — *C. uniformis* Dahlb. ♂.
11. Partie des armures génitales du mâle de la *C. uniformis* Dahlb., vues en dessous.
12. Partie des armures génitales du mâle de la *C. succincta* L., vues en dessous.
13. Crochets du même, vus en dessous.

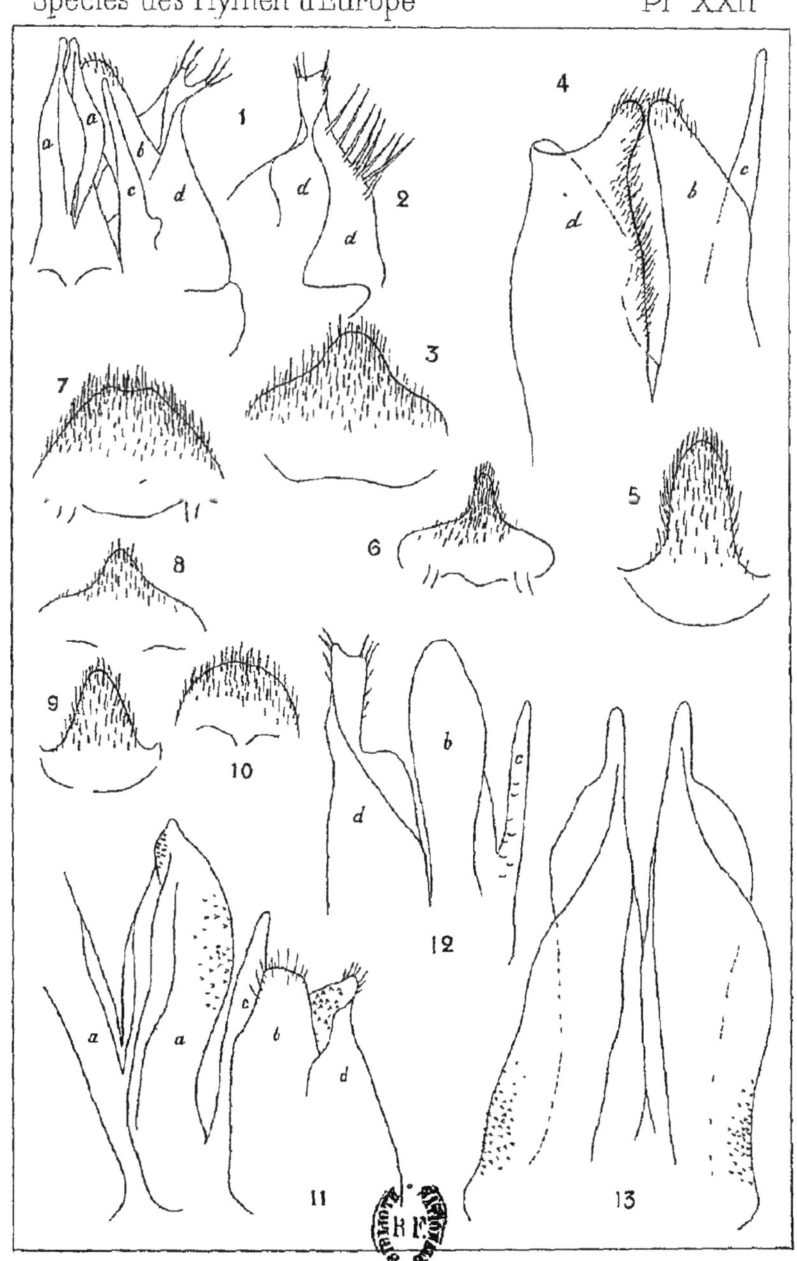

Rob du Buisson del

CHRYSIDES

(PLANCHE XXIII)

PLANCHE XXIII

Euchrysididæ : Chrysis.

1. Partie de l'armure génitale du mâle de la *C. Saussurei* Chevr., vue en dessous.
2. Partie de l'armure génitale du mâle de la *C. lyncea* F., vue en dessous.
3. Tenette de la *C. bidentata* L. ♂.
4. Fouet d'une antenne de *C. purpureifrons* Ab. ♂ :

   a = 3ᵉ article antennaire.

   b, *c*, *d* = 4ᵉ, 5ᵉ et 6ᵉ articles antennaires renflés en dessous.
5. Base du fouet d'une antenne de *C. Chevrieri* Ab.:

   a = 3ᵉ article antennaire.

   b = 4ᵉ article —
6. Base du fouet d'une antenne de *C. analis* Spin.
7. — *C. cerastes* Ab. ♂.
8. — *C. lyncea* F.
9. Un des angles posticolatéraux du métathorax de la *C. vagans* Rad.
10. — *C. Demavendæ* Rad.
11. — *C. cyanura* Dahlb.
12. — *C. trisinuata* Mocs.
13. — *C. Andrei* Buyss.
14. — *C. episcopalis* Spin.
15. — *C. asiatica* Rad.
16. — *C. polytima* Buyss.
17. — *C. seminigra* Walk.
18. Mésopleure gauche d'une *C. ignita* L., vue de profil :

   1 = disque, *s* = sillon médian longitudinal.

   2 = aire inférieure, *v* = sillon transversal.
19. Profil du 2ᵉ segment abdominal de la *C. albipilis* Mocs.

   a = angle posticolatéral (du segment) spinoïde.
20. Profil du 2ᵉ segment abdominal de la *C. nomima* Buyss.

   a = angle posticolatéral non spinoïde.

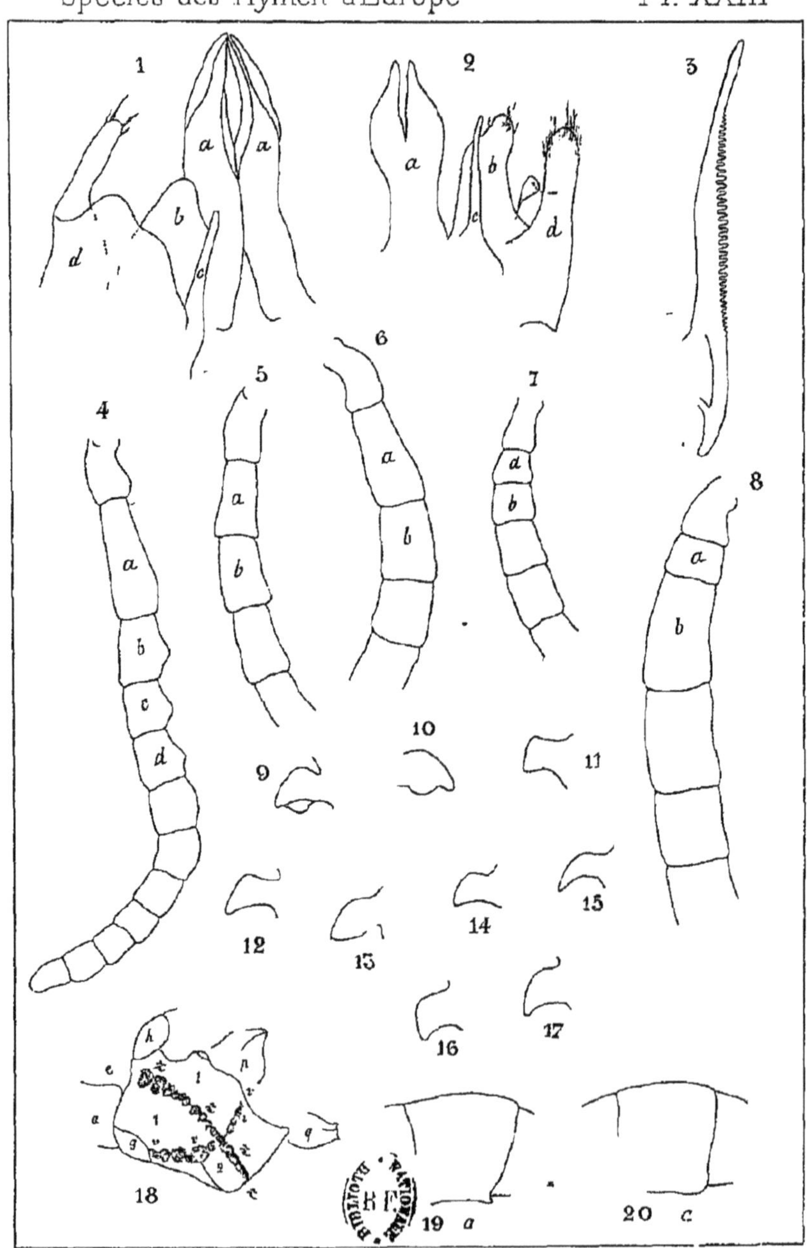

Rob du Buysson del

CHRYSIDES

(PLANCHE XXIV)

PLANCHE XXIV

Euchrysididæ : Chrysis.

1. Postécusson de *Chrysis barbara* Luc., vu de profil.
2. — (conique) de *C. aerata* Dahlb., vu de profil.
3. — (gibbuleux-subconique) de *C. pustulosa* Ab., vu de profil.
4. — (convexe) de *C. simplex* Dahlb., vu de profil.
5. — de *C. stilboides* Spin., vu de profil.
6. — de *C. lyncea* F., vu de profil.
7. 3e segment abdominal de *C. cyanura* Dahlb. ♂, vu de profil.
8. — *C. incrassata* Spin. ♀, vu de face.
9. — *C. sulcata* Dahlb. ♀, vu de profil.
10. — *C. neglecta* Schuck. ♂, vu de face.
11. — *C. tumens* Buyss. ♂, vu de profil.
12. — *C. emarginatula* Spin. ♀, vu de face.
13. — — ♂ —
14. — *C. cuprata* Dahlb. ♂, vu de profil.
15. — *C. uniformis* Dahlb. ♀, vu de face.
16. — *C. oraniensis* Luc. ♀, vu de profil.
17. — *C. barbara* Luc. ♀, vu de face.
18. — *C. ashabadensis* Rad. ♂ (*a* = vu de face, *b* = vu de profil).
19. Extrémité apicale du 3e segment abdominal de la *C. cæruleipes* F. ♀, vue en dessous de manière à distinguer entièrement le repli apical.
20. Extrémité apicale du 3e segment abdominal chez la *C. oraniensis* Luc. ♀.

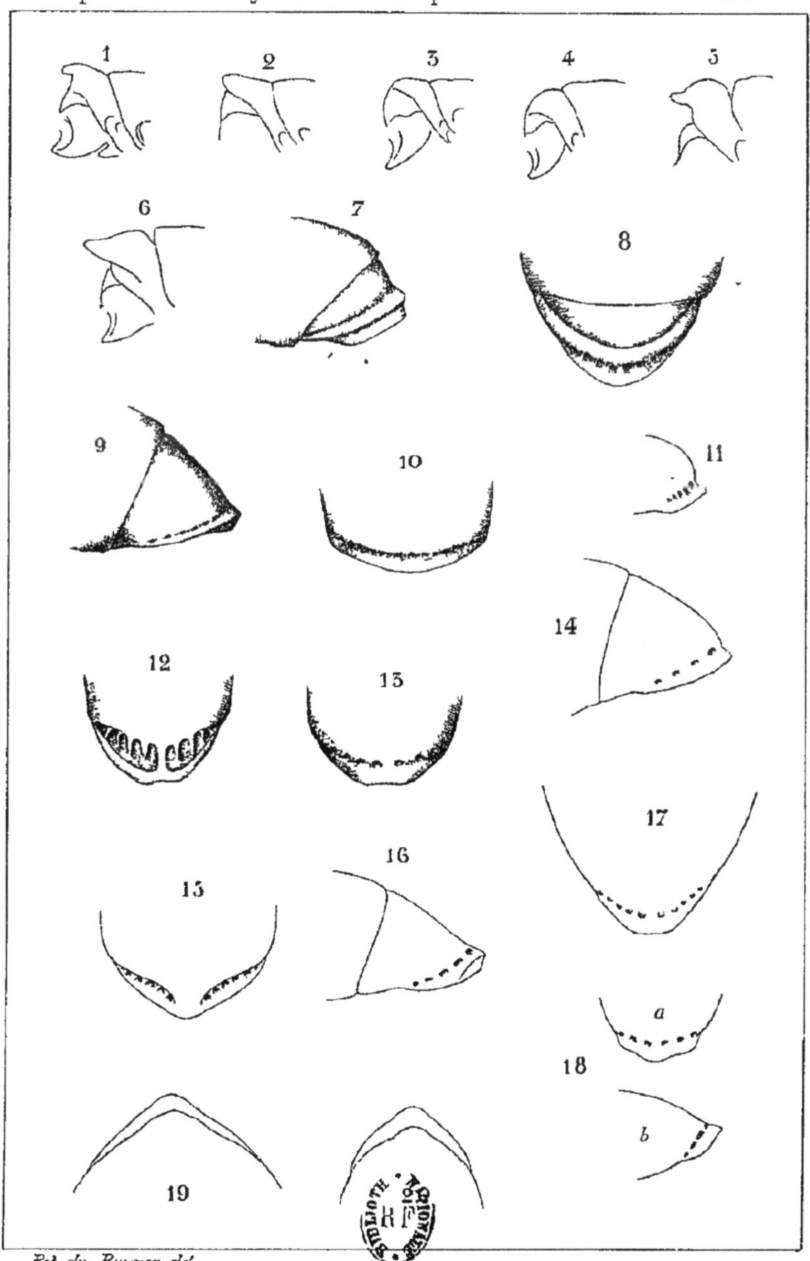

Rob du Buysson del

CHRYSIDES

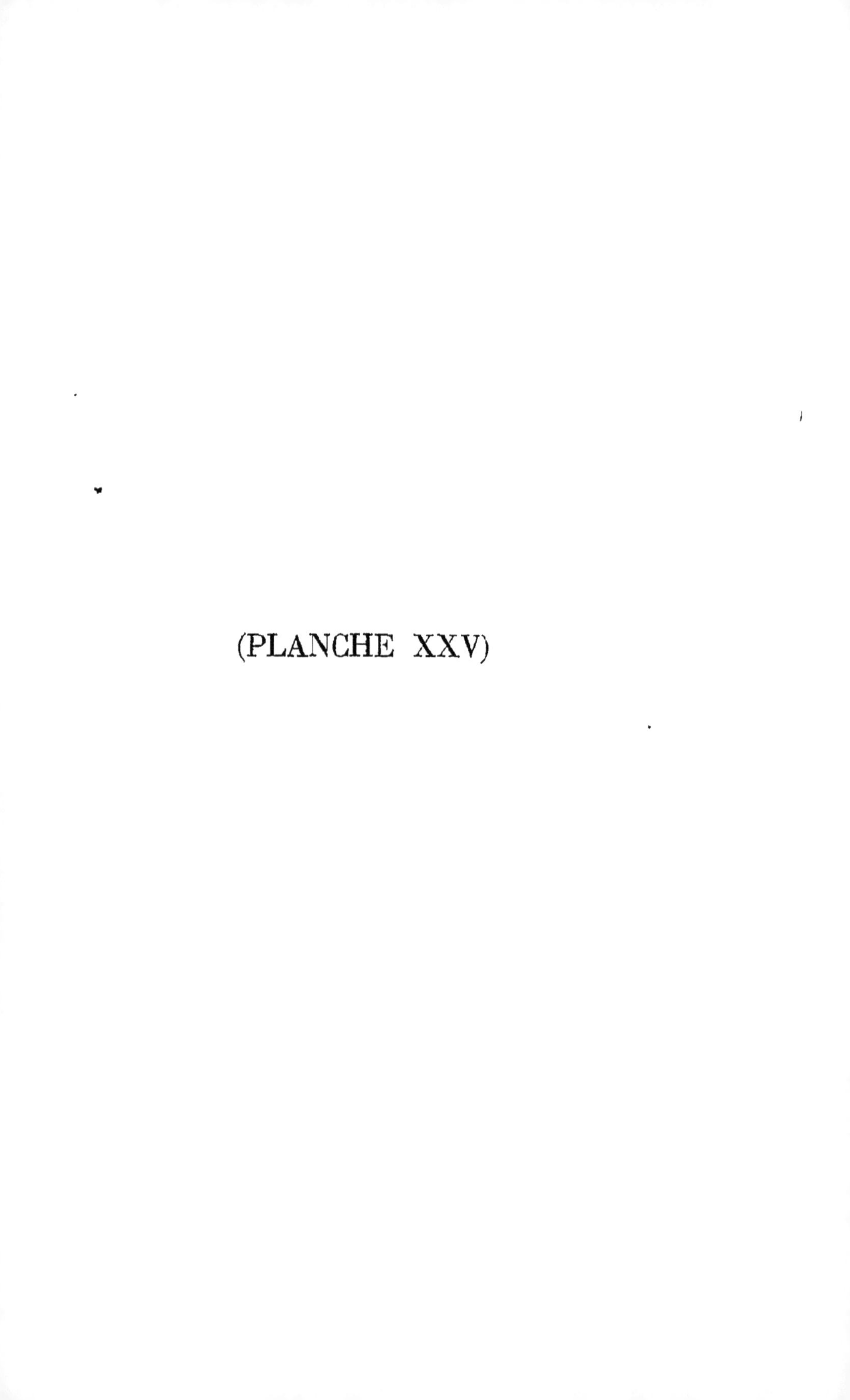

(PLANCHE XXV)

PLANCHE XXV

Euchrysididæ : Chrysis.

1. 3e segment abdominal de *Chrysis Transcaspica* Mocs. ♀ :
   - *a*. Vu de face.
   - *b*. Vu de profil.
2. *Chrysis fulgida* L. ♀.
3. 3e segment abdominal de *C. Saussurei* Chevr. ♂, vu de face.
4. *C. violacea* Panz. ♂.
5. 3e segment abdominal de *C. Innesi* Buyss. ♂, vu de profil.
6. — *C. versicolor* Spin. ♀, vu de profil.
7. *C. ignita* L. ♀.
8. 3e segment abdominal de *C. elegans* Lep. ♀, vu de profil.
9. — *C. peninsularis* Ab. ♀, vu de profil.
10. — *C. succincta* L. ♀, vu de face.
11. — *C. succincta* L. V. *Gribodoi* Ab. ♀, vu de face.
12. — *C. succincta* L. Var. *bicolor* Lep. ♀, vu de face.
13. Tête vue de face et très grossie d'une larve de *Chrysis ignita* L.
   - *a a*. Papilles antennaires.
   - *b*. Clypeus.
   - *c*. Labre.
   - *d d*. Mandibules recouvertes par le clypeus et le labre.
   - *e e*. Mâchoires avec les papilles devant se tranformer en palpes maxillaires.
   - *f*. Languette avec les deux papilles devant se transformer en palpes labiaux et, au-dessus, l'ouverture transversale de l'œsophage.
14. Tête vue de face et très grossie d'une larve de *C. cyanea* L.

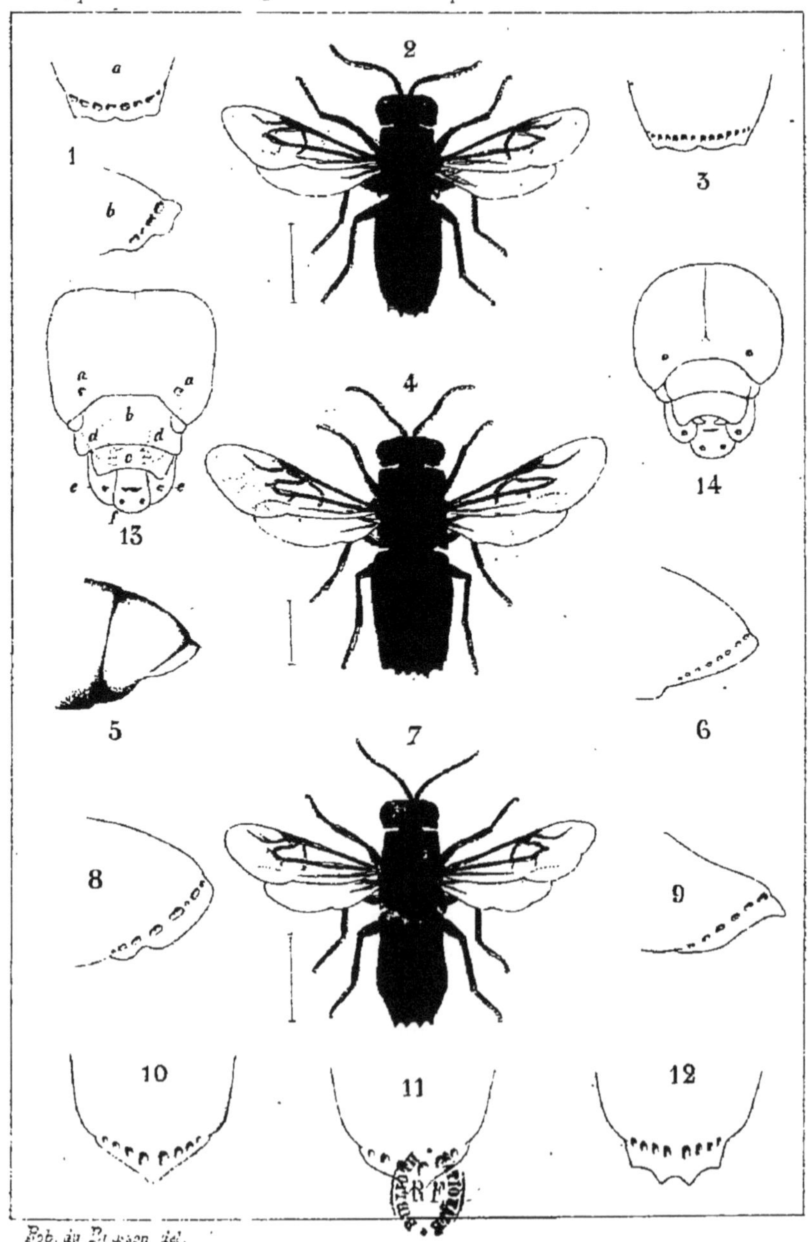

Rob. du Buysson del.

CHRYSIDES

(PLANCHE XXVI)

PLANCHE XXVI

Euchrysididæ : Chrysis.

1. 3e segment abdominal de la *Chrysis cyanea* L. ♀, vu de profil
2. — *C. pellucida* Buyss. ♂, vu de face.
3. — *C. Scioensis* Grib ♀, vu de profil.
4. — *C. diacantha* Mocs. ♀, vu de face.
5. *Chrysis succincta* L. ♀.
6. 3e segment abdominal de la *C. bihamata* Spin. ♂, vu de face.
7. Extrémité apicale du 3e segm. abdominal de la *C. verna* Dahlb. ♂.
8. — *C. Handlirschi* Mocs. ♀.
9. — *C. Branickii* Rad. ♂.
10. 3e segment abdominal de la *C. Sznabli* Rad ♂, vu de face.
11. Extrémité apicale du 3e segment abdominal de la *C. mirabilis* Rad. ♂.
12. 3e segment abdominal de la *C. viridans* Rad. ♀, vu de face.
13. — *C. Amasina* Mocs. ♀, vu de profil.
14. Extrémité apicale du 3e segment abdominal de la *C. Amasina* Mocs. ♂.
15. 3e segment abdominal de la *C. Komarovi* Rad. ♂, vu de profil.
16. — — vu de face.

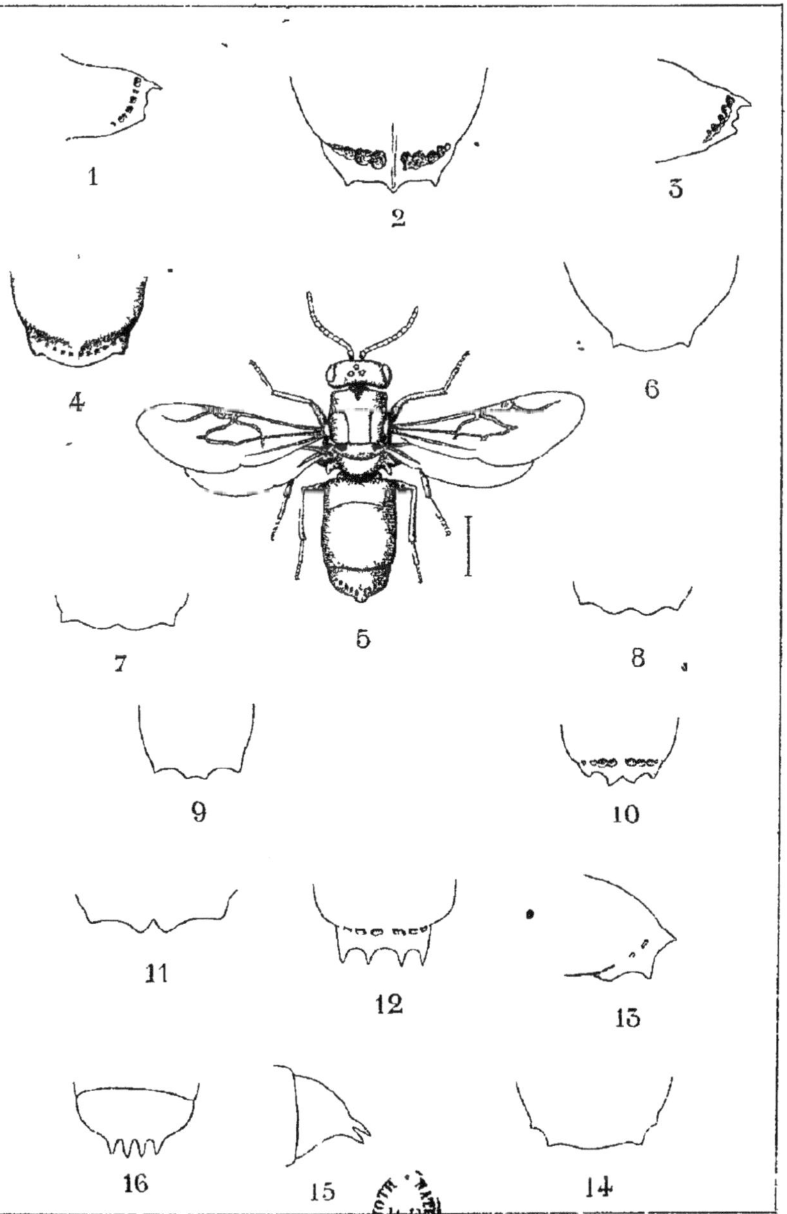

1 2 3

4 5 6

7 8

9 10

11 12 13

16 15 14

Rob du Buysson del

CHRYSIDES

(PLANCHE XXVII)

PLANCHE XXVII

Euchrysididæ : Chrysis.

1. 3e segment abdominal de la *C. nomima* Buyss. ♂, vu de face.
2. — *C. indigotea* Duf. et Perris. ♀, vu de profil
3. — *C. nitidula* Fabr. ♀, vu de profil.
4. *C. Somalina* Mocs. ♂, vu de profil.
5. — *C. incisa* Ab.-Buyss. ♀, vu de profil.
6. — — ♂, vu de profil.
7. — *C. Grohmanni* Dahlb. ♀, vu de face.
8. — *C. æstiva* Dahlb. ♂, vu de face.
9. — — autre forme.
10. — *C. pulchella* Spin. ♀, vu de face.
11. — — vu de profil.
12. — *C. inops* Grib. ♂, vu de face.
13. — *C. Andrei* Buyss. ♀, vu de profil.
14. — *C. lyncea* Fabr. ♂, vu de profil.
15. — *C. violacea* Panz. ♂, vu de face.

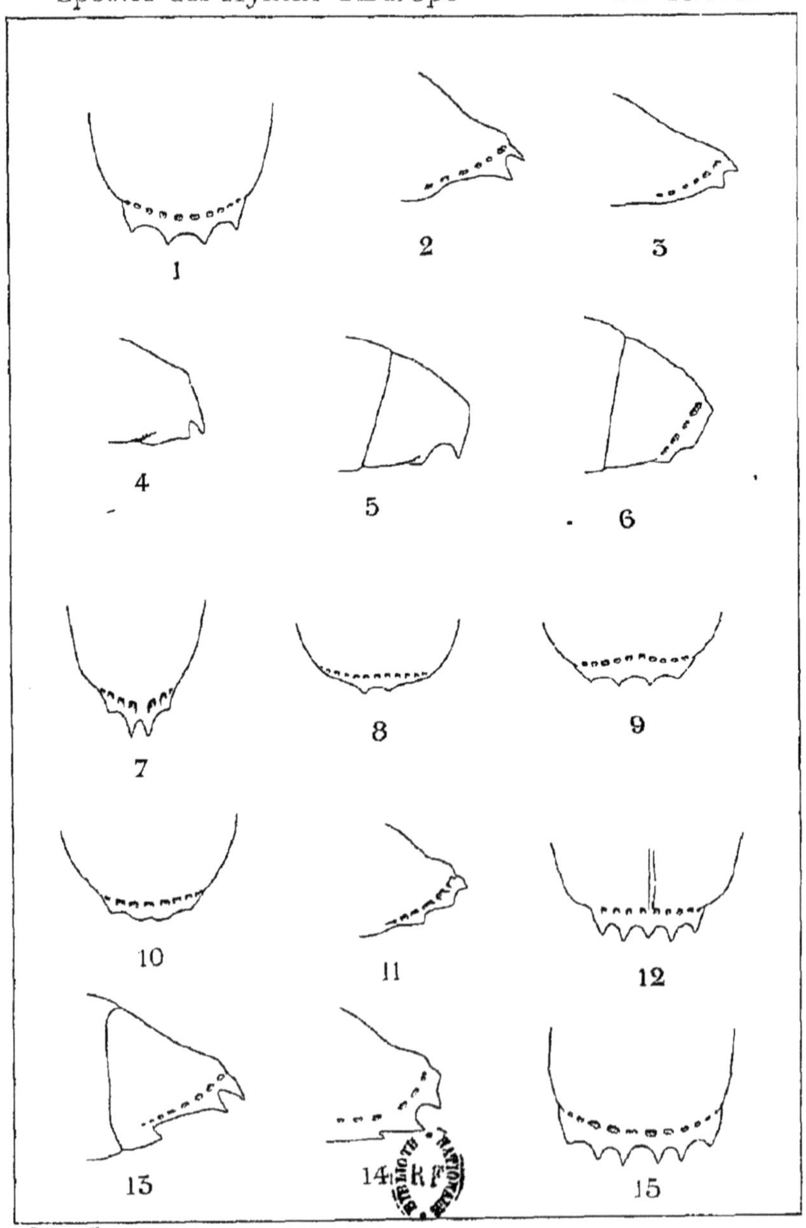

Rob du Buysson del.

CHRYSIDES

(PLANCHE XXVIII)

PLANCHE XXVIII

Euchrysididæ : Stilbum.

1. Armure génitale du mâle du *Stilbum splendidum* F., vue en dessous.
2. Mâchoire de *Stilbum*.
3. Languette et palpes labiaux de *Stilbum*.
4. Couvercle génital du *S. splendidum* F. ♂.
5. Crochets du *S. splendidum* F. Var. *calens* Spin. ♂.
6. Volsella et tenette du même.
7. Branche du forceps du même.
8. Premiers segments protractiles de la femelle des *Stilbum*, vus de profil :

   a = 5ᵉ segment dorsal | c = 5ᵉ segment ventral.
   b = 6ᵉ segment dorsal. | d = 6ᵉ segment ventral.

9. Premiers segments protractiles de la femelle des *Stilbum*, vus en dessus :

   a = extrémité bifide du 5ᵉ segment dorsal.
   b = 6ᵉ segment dorsal avec son épaississement médian creusé en dessus dans sa longueur.

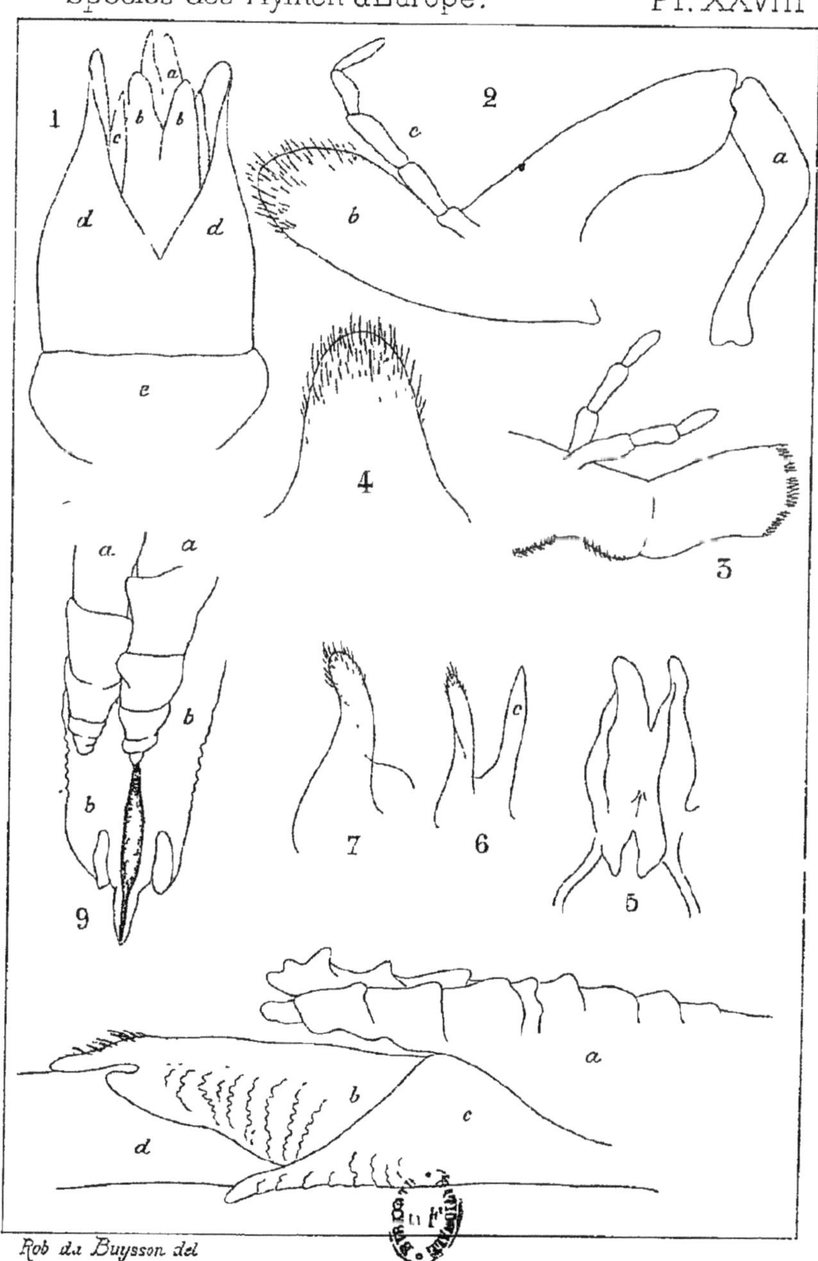

Rob du Buysson del

CHRYSIDES

(PLANCHE XXIX)

PLANCHE XXIX

Euchrysididæ : Stilbum.

1. Baguettes des femelles de *Stilbum.*
2. Oviscapte, stylets et 8ᵉ segment dorsal des femelles de *Stilbum.*
3. Tête de *Stilbum*, vue de face.
4. 3ᵉ segment abdominal de *Stilbum*, vu de profil.
5. *Stilbum splendidum* F. Var., *calens* F. ♀.
6. Postécusson de *Stilbum*, vu de profil.
7. Aile supérieure de *Stilbum.*
8. Aile inférieure du même.

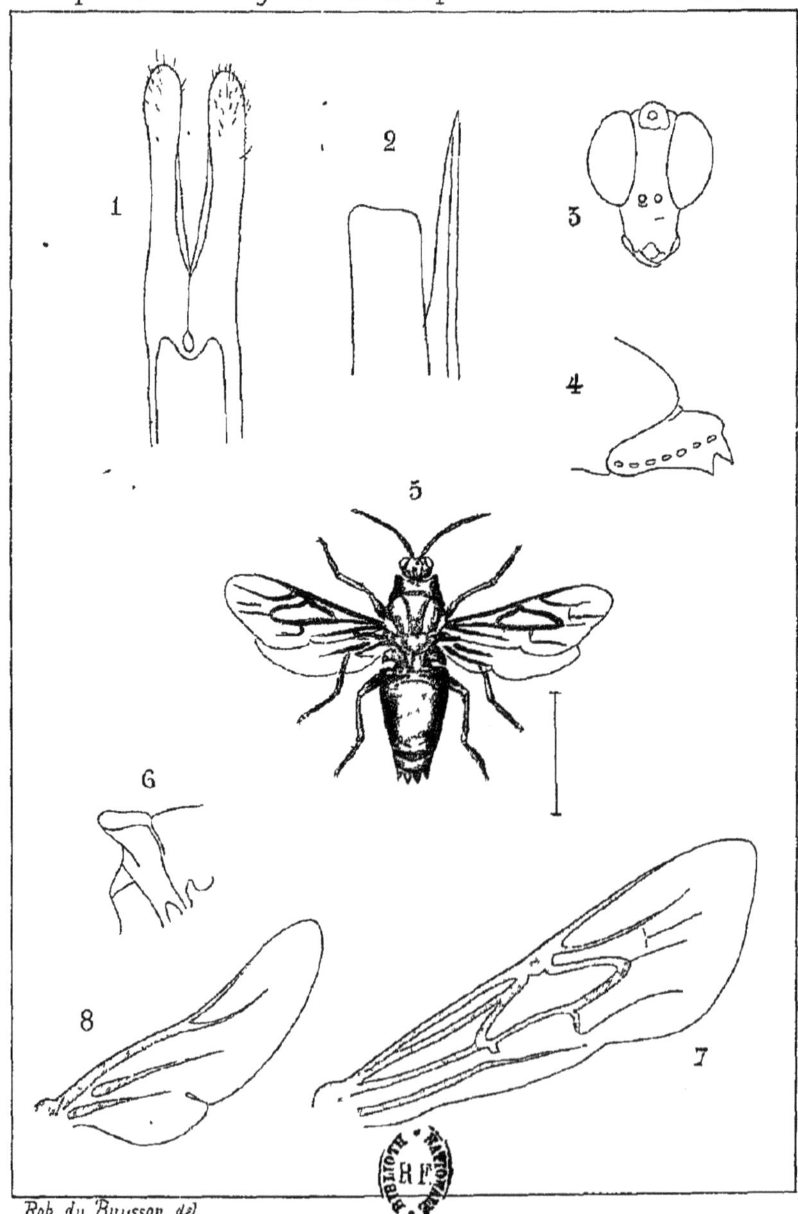

Rob du Buysson del

CHRYSIDES

(PLANCHE XXX)

PLANCHE XXX

Parnopidæ : Parnopes.

1. Bouche de la *Parnopes carnea* Rossi, vue de profil.
2. Tarse antérieur de *Parnopes*.
3. Palpe labial de 2 articles.
4. Palpe sous-maxillaire de 1 article.
5. Mâchoire de *P. carnea* Rossi.
   - *a*. Tige.
   - *b*. Lobe.
   - *c*. Palpe sous-maxillaire.
6. Extrémité étalée de la languette d'une *Parnopes*.
7. Mandibule de *Parnopes*.
8. Aile supérieure de *Parnopes*.
9. Armures génitales de la femelle des *Parnopes*.
   - *a*. Oviscapte.
   - *b*. Stylet.
   - *c*. Baguette.

Species des Hymen d'Europe. Pl. XXX

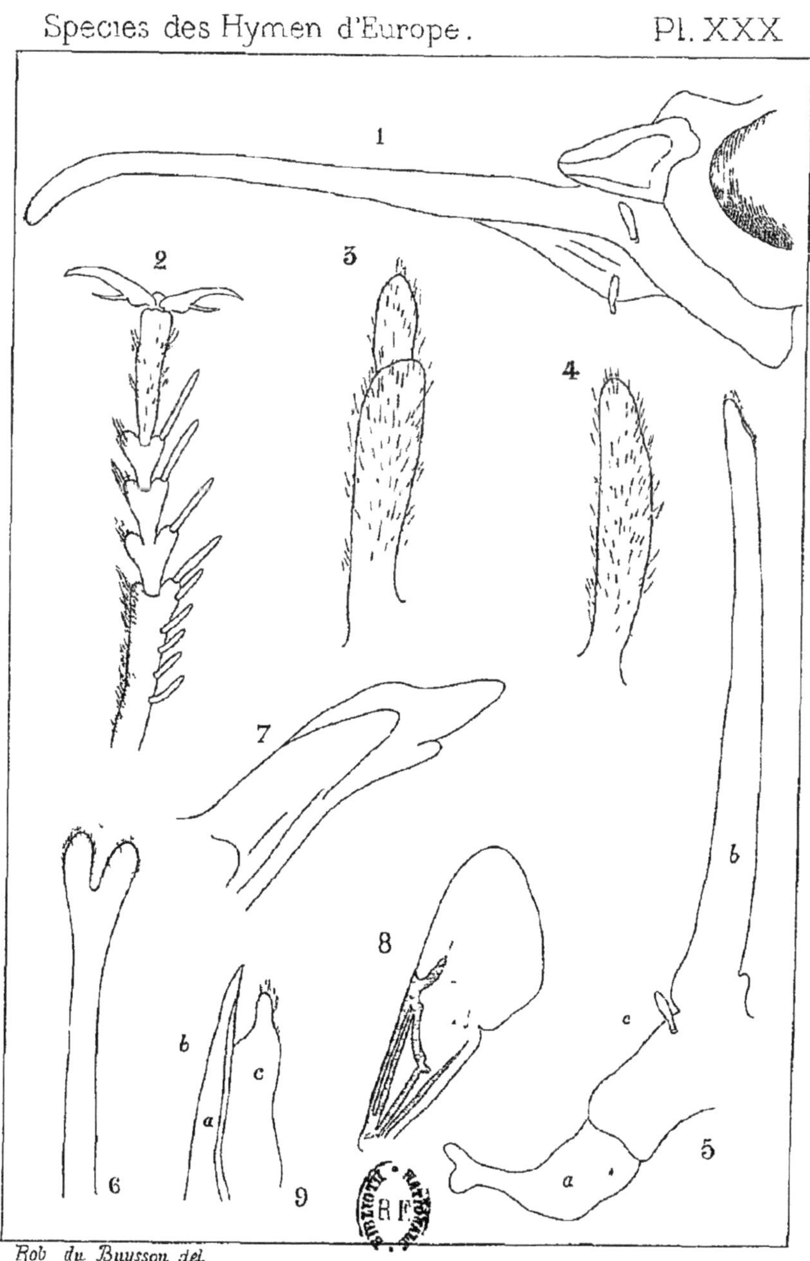

Rob du Buysson del

CHRYSIDES

(PLANCHE XXXI)

PLANCHE XXXI

Parnopidæ : Parnopes.

1. Armures génitales du mâle de la *Parnopes carnea* Rossi, vues en dessus :
   - *a*. Crochets.
   - *d*. Branches du forceps.
2. Les mêmes vues en dessous.
3. Crochets du même.
4. Moitié droite de l'armure génitale du même, vue en dessous et étalée :
   - *a*. Crochet.
   - *b*. Volsella.
   - *d*. Branche du forceps.
5. Volsella du même.
6. Couvercle génital du même.
7. Base d'une antenne et clypeus du même.
   - *a*. Clypeus, vu de profil.
   - *b*. Scape de l'antenne.
8. Clypeus du même, vu en dessus.

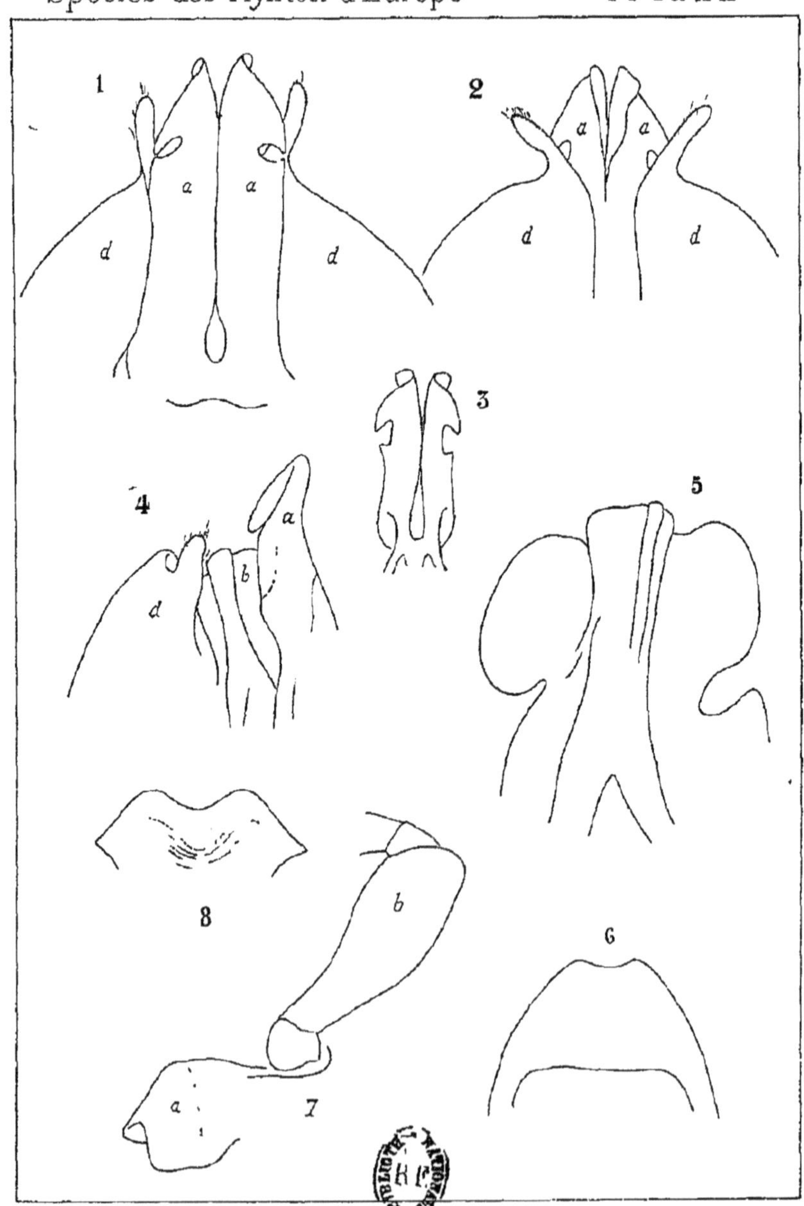

Rob du Buysson del.

CHRYSIDES

www.ingramcontent.com/pod-product-compliance
Ingram Content Group UK Ltd.
Pitfield, Milton Keynes, MK11 3LW, UK
UKHW020253230726
13925UKWH00001B/12